普通高等教育农业农村部“十四五”规划教材

普通高等教育“十四五”规划教材
生物科学类专业系列教材

植物生理学

第3版

蔡庆生　主编

中国农业大学出版社
·北京·

内容简介

植物生理学是研究植物生命活动规律及植物生长发育过程中内外源调控机制的科学，是所有以植物为研究对象的各专业的重要基础课程。

本次修订是在上一版的基础上，参考国内外广泛使用的植物生理学教材内容，结合本科教学实践和相关研究进展进行的。本教材内容包括植物水分生理，植物的矿质营养和氮同化，光合作用，呼吸作用，同化物运输，植物次生代谢，植物激素生理与信号转导，植物生长、生殖、成熟、衰老和逆境生理。所有图表附参考出处，部分图增附了二维码彩图；文后在二维码中附英中文索引，便于教材使用者延伸学习。

本书可用作高等院校开设植物生理学课程各专业的教材，也可作为以植物为研究对象的各领域的教学、科研人员和考研学生的参考书。

图书在版编目(CIP)数据

植物生理学/蔡庆生主编．--3版．--北京：中国农业大学出版社，2023.1(2025.1重印)

ISBN 978-7-5655-2894-1

Ⅰ.①植… Ⅱ.①蔡… Ⅲ.①植物生理学－教材 Ⅳ.①Q945

中国版本图书馆 CIP 数据核字(2022)第 255577 号

农业农村部教材办公室审定编号：NY-1-0078

书　　名　植物生理学　第3版

作　　者　蔡庆生　主编

策划编辑　赵　艳　　**责任编辑**　刘耀华

封面设计　郑　川　李尘工作室

出版发行　中国农业大学出版社

社　　址　北京市海淀区圆明园西路2号　　**邮政编码**　100193

电　　话　发行部 010-62733489，1190　　读者服务部 010-62732336

编辑部 010-62732617，2618　　出　版　部 010-62733440

网　　址　http://www.caupress.cn　　**E-mail**　cbsszs@cau.edu.cn

经　　销　新华书店

印　　刷　运河(唐山)印务有限公司

版　　次　2023年1月第3版　　2025年1月第3次印刷

规　　格　210 mm×285 mm　　16开本　　19.5印张　　575千字

定　　价　60.00元

第 3 版编写人员

主　　编　蔡庆生

副 主 编　陈　颖　范桂枝　何龙飞　娄来清　王海珍　许晓明　於丙军　张子义

编写人员　（按参加编写章节先后排序）

蔡庆生	南京农业大学	谭明普	南京农业大学
娄来清	南京农业大学	常　明	南京农业大学
陈亚华	南京农业大学	王海珍	塔里木大学
夏　妍	南京农业大学	陈　颖	南京林业大学
郑录庆	南京农业大学	张　群	南京农业大学
许晓明	南京农业大学	何龙飞	广西大学
陆　巍	南京农业大学	韩占江	塔里木大学
范桂枝	东北林业大学	於丙军	南京农业大学
张子义	内蒙古农业大学	朱昌华	南京农业大学
赵鸿彬	内蒙古农业大学	鲁燕舞	南京农业大学
甘立军	南京农业大学	方志刚	喀什大学
谢寅峰	南京林业大学	徐　敏	新疆农业大学

第 2 版编审人员

主　　编　蔡庆生

副 主 编　何龙飞　於丙军　张子义　范桂枝　王海珍　彭立新　陈　颖

编写人员　（按参加编写章节先后排序）

蔡庆生　南京农业大学
谭明普　南京农业大学
彭立新　天津农学院
陈亚华　南京农业大学
夏　妍　南京农业大学
娄来清　南京农业大学
许晓明　南京农业大学
张子义　内蒙古农业大学
赵鸿彬　内蒙古农业大学
陆　巍　南京农业大学
甘立军　南京农业大学
谢寅峰　南京林业大学
王海珍　塔里木大学
陈　颖　南京林业大学
范桂枝　东北林业大学
何龙飞　广西大学
韩占江　塔里木大学
於丙军　南京农业大学
张　群　南京农业大学

主　　审　沈振国　南京农业大学

第 1 版编审人员

主　编　蔡庆生

副主编　何龙飞　曾晓春　於丙军　谢寅峰

参　编　（按姓氏拼音排列）

蔡永萍　安徽农业大学

陈亚华　南京农业大学

范桂枝　东北林业大学

甘立军　南京农业大学

高丽萍　安徽农业大学

刘　新　青岛农业大学

刘　艳　内蒙古农业大学

陆　巍　南京农业大学

彭立新　天津农学院

谭明普　南京农业大学

王光霞　内蒙古农业大学

许晓明　南京农业大学

张子义　内蒙古农业大学

审　稿　沈振国　南京农业大学

蒋德安　浙江大学

第3版前言

本教材自2011年第1版出版和2014年第2版出版以来，分别被评为“普通高等学校精品课程建设教材”和“全国高等农林院校生物科学类专业‘十二五’规划系列教材”。主编蔡庆生及多名参编者所在的南京农业大学植物生理学教学团队所负责的植物生理学课程先后立项建设“江苏省高等学校精品课程”“江苏省高等学校双语精品课程”和“南京农业大学双一流课程”。本次教材的修订是植物生理学课程建设的一个重要组成部分。

本教材力求在4方面形成鲜明的特色：第一，避免与相关基础课程内容的重复。在内容上尽量删减植物生理学教材与其他基础课程重复的内容，增加深层次剖析植物生命活动及其生理调控机理的内容。第二，恰当反映植物生理学学科发展动态和最新研究成果，密切理论联系实际。为了解决学科发展动态内容丰富与课时有限的矛盾，在每个章节中，撰写与相应章节知识点有关的最新理论研究成果和植物生理学理论在相关研究领域和生产实际中应用的导向性学习内容，引导教材使用者合理地拓展学习，及时追踪学科前沿和联系生产实际。第三，严格尊重他人知识产权。本教材中所有引用他人主编教材或发表论文中的图表，皆一一标注引用出处，一方面是尊重他人知识产权；另一方面也便于学生顺藤摸瓜，深入和拓展学习。第四，合理利用发达的互联网。及时推荐有利于植物生理学学习和研究的相关资源，方便学生自学；建设课程展示和互动平台，方便师生交流。

自本教材2014年10月第2版出版，至今已7年多，在此期间，一方面，植物生理学及其相关领域的研究有了许多新的突破；另一方面，教材编写团队成员的学术水平也有了明显的提高，在信号转导、逆境分子生理、营养生理、植物的抗氧化胁迫、植物激素生理等研究领域取得了令人关注的成果。编委中有9人晋升为教授，在科研和教学上积累了丰富的经验，在人才培养和教学实践中，所有编委都对教材更新的迫切性和重要性达成共识。植物生理学是一门专业基础课程，课程教学过程中需引导学生们在掌握基础理论知识的同时学会灵活应用。与之相应，教材内容需要密切联系农林生产实际，密切联系相关专业的研究实际。党的二十大报告提出：全面推进乡村振兴，牢牢守住18亿亩耕地红线，全方位夯实粮食安全根基，积极稳妥推进碳达峰碳中和。在此次修订过程中，对各章节相应内容的侧重点作出了调整。比如，增添应用植物生理学相关理论解决越来越引起重视的环境污染、粮食安全、食品安全、能源危机等方面的内容。再者，随着电子网络设施的普及，过去需要详细举例阐述的内容，现在利用新技术后，可以通过数字化的形式呈现，在丰富内容的同时，兼顾教材版面精炼，方便教材使用者深入学习。

本次教材修订整体框架基本不变，鉴于植物生理学全国研究生统一考试的内容中增设了植物次生代谢，本教材新增加了相应章节。其余章节中，进一步优化更新了图表，侧重增加了植物生理学理论在农学、林学、草学等研究领域以及农业、林业和草业生产中应用方面的内容。书中部分图增附了二维码彩图。各章节修订情况如下：

绪论部分，增加了介绍植物生理学重大研究的新进展；植物生理学发展相关联的大事件移入附录中；在“植物生理学展望”中，进一步强化了植物生理学在农业及相关研究和生产实践中的重要作用。

第 1 章植物水分生理。适当补充前沿性研究成果，丰富糖调节气孔运动的机制，在淀粉－糖互变学说的基础上，增加了蔗糖对气孔运动的调节机制；扩充红光和蓝光对气孔运动的调节机制；在“合理灌溉的生理基础”中适当增加生产中的实例。

第 2 章植物的矿质营养和氮同化。在有益元素后补充了有害元素相关内容；增加了植物需肥临界期的概念及其在生产上的应用实例。

第 3 章光合作用。补充了光抑制和光保护机制及其在指导生产中的应用内容；删去了与生物化学重复的图表及相应文字；增加了光合生理在人工能源和生物能源中的应用内容。

第 4 章呼吸作用。进一步精简了与生物化学重复的植物呼吸代谢途径；补充了与呼吸作用相关的前沿性研究成果。

第 5 章同化物运输。适当补充了韧皮部中信号转导的分子运输内容；加强了源流库理论与生产实践结合的内容。

第 6 章植物次生代谢为新增章节。

第 7 章植物激素生理与信号转导。更新补充了生长素、赤霉素和水杨酸的生物合成、代谢、运输以及信号转导新的研究成果；删去了与《植物生理学实验》重复的部分；适当融进了生长素、脱落酸、乙烯、独脚金内酯等激素信号转导前沿性研究成果。

第 8 章植物生长生理。更新了植物细胞生长和分化的部分内容和图表；精简了植物生长的影响因子及其调控内容；补充了光敏色素的作用机制、光形态建成有关的信号转导的相关内容。

第 9 章植物生殖生理。补充了春化作用的生理与分子机制和成花素的最新研究进展；进一步突出了光周期现象和春化作用理论对研究和生产实际的指导作用。

第 10 章植物成熟和衰老生理。题目中删去了“休眠”；增强了植物衰老调控的内容，补充了相应的图表。

第 11 章植物逆境生理。删去了与《植物生理学实验》重复的植物抗逆性的研究方法等内容；补充了植物抗逆性与信号转导的研究成果。

此外，还更新了附录中植物生理学主要相关资源，增加了反映植物生理学前沿性研究报道的相关微信平台。

本次第 3 版教材的编写、修改过程中，得到江苏省教育委员会、南京农业大学、中国农业大学校内外各级领导和同行们的大力支持，同时吸收了兄弟院校师生的意见和建议，在此表示诚挚的感谢。本教材引用了国内外许多已出版教材和科技论文中的图表、数据和资料，为尊重版权和知识产权，引用之处一一加以标注，并列为参考文献，在此一并深表感谢！

期望本次再版的教材能够对现行其他植物生理学教材在某些方面有所补充，形成的特色能满足植物生理学师生教与学的需要。但由于编者水平有限，教材仍难免有缺陷和不足之处，诚请阅读和使用本教材的前辈、同行、学生提出宝贵意见，以便教材的不断完善。

编　者

2022 年 10 月

第 2 版前言

植物生理学是研究植物生命活动规律及其生长发育过程中受环境和内源调控机制的科学，是生物学、农学中所有以植物为研究对象的各专业的重要基础课程。由于植物生理学科的迅猛发展，国际、国内植物生理学教材建设皆一直受到高度重视。无论是国外英文版的 *Plant Physiology*、还是国内中文版的《植物生理学》，都在不断出新，持续产生诸多版本。仅以南京农业大学植物生理学教学为例，从 20 世纪 70 年代末国家实施改革开放、恢复正常的高等教育制度和秩序以来，先后使用了多个主编和出版渠道的植物生理学教材，如原北京农学院主编的全国高等农业院校试用教材(1979)，江苏农学院主编(1984)、潘瑞炽主编(第 3 版，1995；第 4 版，2003)、曹仪植和宋占午主编(1998)及王忠主编(2000)的《植物生理学》，还有李合生主编的《现代植物生理学》(第 1 版，2002；第 2 版，2006)和蔡庆生主编的普通高等学校精品课程建设教材《植物生理学》(2011)。近年来，在合理选用部分国内教材为主要教材和辅助教材的同时，还先后以 *Introduction to Plant Physiology*(Hopkins，第 2 版，1999；第 4 版，2008)，*Plant Physiology*(Taiz 和 Zeiger，第 3 版，2002；第 4 版，2006；第 5 版，2010)等英文原版教材为教师备课用参考教材。在集各种教材之所长、结合植物生理学学科发展动态和学生学习状态反馈的基础上，自行研制和不断完善了本科生植物生理学课堂教学教案和多媒体教学课件。从多年来的教学实践出发，本次编写作为"全国高等农林院校生物科学类专业'十二五'规划系列教材"之一的《植物生理学》的主导思想是：编写一部体现农林特色、植物生产类特色、农林院校特点，反映当代植物生理学课程建设与植物生理学科发展最新成果、适合高等农林院校植物生产类及相关专业本科生使用的教材。

本教材在蔡庆生主编的普通高等学校精品课程建设教材《植物生理学》基础上修订而成。在本次编写中，除经典图表外，增加和引用了最新图表；增强了附录的检索功能。删去了原精品课程建设教材第 1 章植物细胞生理，将植物细胞信号转导内容融入第 6 章植物激素生理与信号转导中，将植物细胞的亚显微结构与功能内容分别写进相应章节中。在每章前列出预习思考题，在每章中增加了相应理论在相关学科研究中和在生产实践中的应用内容。具体改进如下：

1. 在第 1 章植物水分生理中，增加了最新的有关水孔蛋白结构与功能的研究内容；在"合理灌溉的生理基础"中，增加了水分利用率的基本概念与节水农业的前沿性研究内容。

2. 在第2章植物的矿质和氮素营养中，增加了氮、磷、钾的供需矛盾、肥料利用率与富营养化概念等内容，指出了农业生产中用肥不当所引起的环境问题。

3. 在第3章光合作用中，增加了叶绿体结构与功能、类胡萝卜素的合成等内容，弱化了原初反应、光合单位等内容，增加了未来大气CO_2浓度增加条件下植物光合特性的内容。

4. 在第4章植物的呼吸作用中，增加了线粒体结构与功能的内容，简化了与生物化学重复的各具体的呼吸代谢途径，增加了植物呼吸代谢功能上的多面性内容。

5. 在第5章植物体内同化物的运输与分配中，增加了利用激光共聚焦扫描显微镜研究韧皮部运输的内容；以压力流动学说为重点，剖析了学说的提出、验证、完善的过程。

6. 在第6章植物激素生理与信号转导中，增加了各种植物激素的生物合成途径、受体、基因表达和信号转导等最新报道内容，尤其增加了与逆境响应密切相关的激素ABA的信号转导机制、ABA介导的植物抗旱机理等内容。

7. 在第7章植物生长生理中，增加了种子萌发的调控、植物生长的调控内容，增强了光形态建成内容，削减了感性运动内容。将种子和芽的休眠移至第9章植物休眠、成熟和衰老生理中。

8. 在第8章植物生殖生理中，增加了春化作用与光周期诱导的分子机制，补充了成花素内容，进一步充实了花器发育的ABC模型及其基因调控内容。

9. 在第9章植物休眠、成熟和衰老生理中，增加了植物衰老调控的内容。

10. 在第10章植物逆境生理中，充实了重金属污染及植物修复方面的内容。

每章先由2名编委完成撰写和修改，后由其他编委审改。全书由蔡庆生统稿后，交由沈振国主审。张群、史永红、李军营等也参与了图表绘制、部分段落编写等工作，在此表示感谢。

本教材引用了国内外许多已出版教材和科技论文中的图表、数据和资料，为尊重版权和知识产权，引用之处一一加以标注，并列作参考文献，在此一并深致感谢！

受编者水平和编审时间限制，教材中定有不少缺点和错误，敬请各位前辈、同行和广大读者批评指正，提出宝贵意见，以便今后作进一步修订完善。

编　者

2014年8月

第1版前言

植物生理学是农学门类植物生产各专业的一门专业基础必修课程，也是生物门类多个专业的专业基础必修或选修课程。由于植物生理学科的迅速发展，国际国内植物生理学教材建设皆一直受到高度重视。无论是国外英文版的“Plant Physiology”还是国内中文版的《植物生理学》，都在不断出新，持续产生诸多版本。仅以南京农业大学植物生理学教学为例，从20世纪70年代末国家实施改革开放、恢复正常的高等教育制度和秩序以来，先后使用了多个主编和出版渠道的植物生理学教材，如原北京农业大学主编的全国高等农业院校试用教材(1979)、江苏农学院主编的(1984)、潘瑞炽主编的(第3版，1995)、曹仪植和宋占午主编的(1998)、王忠主编的(2000)、武维华主编的《植物生理学》(2003)和李合生主编的《现代植物生理学》(第1版，2002；第2版，2006年)。近年来，在合理选用部分国内教材为主要教材和辅助教材的同时，还先后以*Introduction to Plant Physiology*(Hopkins，第2版，1999)*Plant Physiology*(Taiz & Zeiger，第3版，2002；第4版，2006)等英文原版教材为教师备课用参考教材。在集各种教材之所长、结合植物生理学学科发展动态和学生学习状态反馈的基础上，自行研制和不断完善了本科生植物生理学课堂教学教案和多媒体教学课件。从多年来的教学实践出发，本次教材编写的主导思想是：编写一部反映当代植物生理学课程建设与植物生理学科发展最新成果、体现植物生产类特色、农林院校特点，适合农、林大学植物生产类及其相关专业本科生使用的教材。

在计划编写本部教材之初，正值国家教育部推行全国研究生统一入学考试农学门类初试科目和内容进行优化和调整之时。因此，本教材在内容上力求充分展现植物生理学基本概念和基础知识、结合实际反映植物生理学学科及相关联学科的研究和发展动态的同时，注意涵盖教育部制定的农学门类研究生全国统一考试植物生理学考试大纲考查范围。以便于使用本教材的学生“了解植物生理学的研究内容和发展简史，认识植物生命活动的基本规律，理解和掌握植物生理学的基本概念、基础理论知识和主要实验的原理与方法。能够运用植物生理学的基本原理和方法综合分析、判断、解决有关理论和实际问题”。

本教材共分11章，分别为：第1章，植物细胞生理；第2章，植物水分生理；第3章，植物的矿质和氮素营养；第4章，光合作用；第5章，植物的呼吸作用；第6章，植物体内同化物的运输与分配；第7章，植物激素生理与信号转导；第8章，植物生长生理；第9章，植物生殖生理；第10章，植物成熟、衰老和脱落生理；第11章，植物的逆境生理。全书由蔡庆生统稿，交由沈振国和蒋德安主审。张阿英、史永红、陈莹、李军营、娄来清、沈立等也参与了编写、绘制部分图表等工作，在此一并表示感谢。

本教材中引用了国内外许多已出版的教材和科技论文中的图表、数据和资料，为尊重版权和知识产权，引用之处一一加以标注。

受编者水平和编审时间限制，教材中定有不少缺点和错误，敬请各位前辈、同行和广大读者批评指正，提出宝贵意见，以便今后作进一步修订完善。

编　者

2010年10月

目　录

绪 论

1 植物生理学的基本概念和基本内容

尽管植物种类多种多样，但植物生命活动的基本原理，尤其是控制它们代谢和生长发育的基本原理是相似的。可以讲，植物生理学（Plant Physiology）是一门以植物，尤其是以高等植物为研究对象，研究这些植物生命活动过程中支配和调控其代谢和生长发育的基本原理的学科，是综合利用现代分子生物学研究技术与传统生理生化手段以及植物学、分类学、解剖学、细胞学、生态学等多个学科的知识，并基于物理和化学原理，来认识植物生命活动现象和规律及二者之间关系，认识外界环境如何对植物生命过程施加影响的科学。它作为植物生产类和生物类的一门专业基础课，为植物高产、优质提供理论依据，为植物基因功能及表达调节和转基因等研究提供明确的生理目标和调控措施。

在100多年前就已有植物生理学教材问世。随着科学的发展，植物生理学学科内容的持续充实、更新和深入，持续不断地有新的植物生理学教材出版。以国际上被广泛使用的植物生理学英文原版教科书为例，有Hopkins主编的 *Introduction to Plant Physiology*、Taiz等主编的 *Plant Physiology and Development*。尽管经过多次再版，但其框架基本变化不大。前者分植物与能量、植物与水分和矿质营养、植物生长发育、胁迫与次生代谢、植物生物技术五大部分；后者将植物细胞、基因结构与基因表达作为全书铺垫，在此基础上，将21个章节内容归类在水分与溶质转运、生化与代谢、生长与发育等三大部分之中，将光信号、激素信号及其他信号通路贯穿在第三大部分——生长与发育过程之中。

总的来看，植物生理学涉及细胞生理、代谢生理、生长发育生理和逆境生理等几大方面。其中，以研究植物细胞结构特点与功能为主的植物细胞生理是了解植物生命活动规律的必要基础。植物代谢生理广泛地包括水分代谢、矿质营养、光合作用、呼吸作用等物质代谢和能量代谢的内容，它们是植物生长发育的基础。生长发育生理则以植物生命活动周期为主线，贯穿激素作用、信号转导、环境调控等内容，由内到外地反映植物生长、分化和发育全过程中生命活动规律和调控作用。同样是研究植物生命活动规律的逆境生理则侧重于研究植物适应或抵御胁迫环境（逆境）的生理特点和反应规律，随着地球环境的变化、植物和作物生长环境的逆变，逆境生理研究越来越受到重视。

很显然，植物生理学所涉及的研究内容都与农业生产实际及相关专业的研究有着密切关系。其中，关于植物矿质营养和水分的吸收和运输、光合作用、呼吸作用、植物激素生理和逆境生理等内容与农业生产实际关系最为直接，即使是看上去与农业生产实际无直接关联的植物生长、信号转导等研究，也可通过植物生长调节物质来人为调控开花、结果、果实成熟和衰老等过程，从而加深了植物生理学与农业生产实际间的关系。

2 植物生理学的理论与试验基础

植物生理学是一门量化性极强的科学，其知识体系的获得与其他科学存在许多相似之处。但是，植物生理学所研究的对象远远比物理学、化学要复杂得多，其复杂性导致了植物生理学所面对的各种特有的困难。必须强调，植物生理学知识的获得起始于由精确的手段所测得的观测或试验数据，它们是提出植物生理学有待解决的问题、种种假说的基础，对于假说推导的结论进一步采用试验进行验证，对于经过试验验证的结论进行推论，由假说和推论间的成功演绎将最终导出可信服的理论（图绪1）。

与其他自然科学一样，作为获得植物生理学知

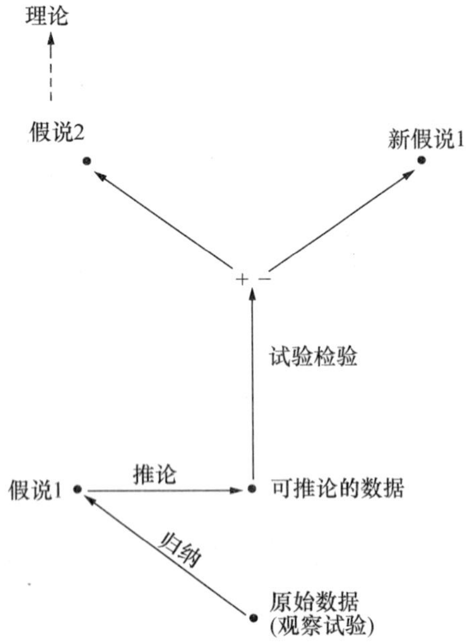

图绪 1　从试验到理论假说的基本模式

(参照 Mohr,1995)

识和建立植物生理学理论的基础,正确地观测植物生命活动现象,采取成熟的手段获取可靠的试验数据,并完整地诠释,使观测或试验所得的结果可以随时得到重现,这些是植物生理学研究中所必需的。任何故意篡改或试验有总体过失情况下所得到的信息都不再属于科学的范畴,在科学研究工作中,严谨诚实是不可或缺的品质。

在科学试验中,提出与植物生理学相关的问题非常重要,只有可以被解答的问题才具有科学意义。但是,一方面,一些在某个阶段或时期"没意义"的问题,会随着科学技术的发展而变得有意义,先进可靠的技术手段对于数据的获得是必需的;另一方面,农业生产实践过程中会持续产生一系列新的有待解决的科学和实际问题。总体而言,植物生理学研究是从农业生产实践或以植物为对象的研究过程中孕育、以相应的假说为基础、从已确立好的相匹配的技术手段开始、随着相关科学技术的进步而发展的。当研究手段变得不恰当时,需要及时从技术和理论层面进行修正;当生产实践出现新的问题时,需要借助各种方式不断深入发展植物生理学理论与试验手段,利用植物生理学研究成果推动农业生产技术革新和进步。

3　植物生理学发展与生物科学发展史

植物生理学的产生与发展皆与生物科学发展史、其他相关学科的科学与技术发展甚至与社会动态有着密切关系(附录 1)。从附录 1 中不难看出,20 世纪以来众多诺贝尔奖项的产生和产生后的影响与植物生理学的发展密切相关。以 Calvin 阐明光合碳循环为例,利用放射性同位素(^{14}C)示踪、层析技术,明确了光合作用过程中植物同化 CO_2 的生化反应步骤,揭开了光合作用中 CO_2 固定之谜,于 1961 年获诺贝尔化学奖。植物生理学是一门建立在实验基础上的学科,用数据解释植物生命的活动规律、分析环境调控效果。各项数据的获得又随着科学技术的发展而向宏观拓展和向微观深入。从 17 世纪 Van Helmont(荷兰)的柳枝盆栽、浇水称重实验,18 世纪 Priestley J(英国)密封钟罩实验,19 世纪 van Liebig J(德国)提出植物矿质营养学说,到 20 世纪初诞生相对系统独立的植物生理学科,新学科、新技术对植物生理学的渗透使植物生理学不断得到更新和迅猛发展。由研究植物生长发育现象、本质到规律,步步深入。20 世纪中后期以来,化学调控的广泛应用,促进了植物生理学中植物激素生理的理论研究迅速发展;分子生物学的渗透,使植物生理学在基因水平上的调控研究水平突飞猛进。

4　植物生理学展望

在世界人口增加、粮食不足、能源紧缺、环境污染越来越严重等现状下,农业及其相关产业对植物生理学寄予了更大期望。以追施氮肥实现粮食增产为例,利用 Haber 法合成氨、生产氮肥,该过程需要的能量主要依赖石油,故氮肥的价格随石油价格而波动,在石油危机的当今,肥料价格也越来越高,仅仅靠增加施肥来提高作物产量受到经济方面的限制,而且不合理的施肥会对农业生态环境造成负面影响。利用固氮菌内的固氮酶催化固氮反应机制,借助遗传工程,将以往只是存在于豆科植物中的根瘤菌扩展到其他植物,使其他高等植物也具有固氮能力,预计这类研究将会取得满足植物对氮需求的效果。

农业生产中,培育和推广优质高产品种、优化栽培管理技术是保证作物品质和产量的两条重要途径。其中,既需要遗传学、育种学的理论和实践,也需要植物生理学研究的深入。以光合作用的研究为例,20 世纪中叶,植物生理学家即根据植物固定 CO_2 的方式将植物分为 C_3 和 C_4 型。到 20 世纪后期，选育高光效、高 CO_2 浓缩机制、低光呼吸、高水分利用率作物新品种已成为高产、优质、节能、高效新品种选育的主要目标。

目前，人类所使用的大部分能源是化石燃料，即由过去久远的绿色植物所固定的太阳能。当今人类日益扩大的生产活动消耗的石油和煤炭比绿色植物固定太阳能所形成的要多得多，如此下去，地球上的化石能源枯竭将不可避免，因此，替代化石能源的开发越来越受到世界范围内的重视，其中，开发能源植物资源已成为热门课题。高光能利用率、生育期调控、物质吸收转运等植物生理学知识在能源植物资源的开发中富有应用潜力。

植物的生命活动既受到遗传因素的控制，又随时受到环境因素的调控。一方面，相关领域、相关学科的科学研究的持续发展和深入，极大地丰富了植物生理学的研究内涵，尤其是借助分子生物学理论和研究手段，从基因水平的基因功能表达到性状表现，利用种种遗传突变体深入研究植物生理学所要研究的正常环境条件下及各种逆境条件下植物生长发育调控机制，这已成为植物生理学发展的趋势。另一方面，植物生理学研究的深入，充分认识植物内在生理活动规律，可以改造、保护和利用自然，指导工农业生产，为我国现代经济建设和社会发展服务。对人类面临的人口、健康、环境、粮食、能源及其他资源等诸多问题的解决，对于农业生产实践中有待解决的各类问题，对自然资源的利用和环境保护中存在的问题，对医药工业和能源工业中有待开发的方方面面等，起着直接或间接的作用，并且与解决这些问题所开展的相关领域的研究有着密切联系。因此，植物生理学的应用领域及应用前景无限广阔。

第1章 植物水分生理

水是生命之源，对于植物也不例外，植物的生命活动必须在其组织、细胞具有一定的含水量的状况下才能进行，植物过度失水、缺水，其生命活动就会受阻，甚至停止。植物对水分的吸收、转运、利用和排出过程，称为水分代谢(water metabolism)。

1.1 水在植物生命活动中的重要性

水是植物生命活动中不可或缺的介质，水的重要性与水的特殊理化性质有关。

1.1.1 水的理化性质

水是一种结构不对称的极性分子(polar molecule)，由于水分子中电子云分布不均匀，使得氧原子端带负电荷，氢原子端带正电荷，正负电荷相等，表现为电中性(electron neutrality)。相邻的水分子间，带部分负电荷的氧原子与带部分正电荷的氢原子以静电引力相互吸引而形成氢键(hydrogen bond)，使水分子之间有很强的内聚力，也能与植物体内的蛋白质、纤维素、多糖等生物大分子结合。正是水分子间的氢键作用，使水具有如下特点。

1. 高比热

比热(specific heat)是指单位质量的物质温度升高1 ℃所需的热量。水的比热为4.187 $J \cdot g^{-1} \cdot ℃^{-1}$。除液态氨外，在其他的液态和固态物质中，水的比热最大。由于水中存在缔合分子，当水受热时，要消耗相当多的热量来破坏氢键。当水的温度降低时，会释放出比其他液体更多的热量。因此，水具有调节植物体温的作用，有利于植物适应气温多变的环境。

2. 高汽化热

汽化热(vaporization heat)是指在一定温度下，将单位质量的物质由液态转变为气态所需的热量，又称为蒸发潜热。在25 ℃时，使1 g水变为气态需要的热量为2.45 kJ。在所有液体中，水的汽化热最高，有利于植物在炎热的夏天通过蒸腾作用有效地散失水分，降低体温。

3. 高内聚力、抗张强度、黏附力和表面张力

同类分子间的引力称为内聚力(cohesion force)。由于水中存在大量的氢键，水的内聚力很大。由于水分子间的内聚力，水具有很高的抗张强度(tensile strength)，水柱可以抵抗外界拉力而不被拉断。在液体中，液相与固相间的相互引力称为黏附力(adhesion force)。由于水分子的极性特点，它很容易与其他极性物质之间形成氢键而相互吸引，因此水与极性物质间有较强的黏附力。当水与物质间的黏附力大于水的内聚力时，处于界面的水分子均受到垂直向内的拉力，这种作用于单位长度表面上的力称为表面张力(surface tensive force)。在导管的水分运输中，表面张力维持了水流的连续性。

4. 毛细作用

毛细作用(capillarity)是指在液相与固相接触的表面间的一种相互作用。由于水的内聚力、黏附力和表面张力的共同作用使水分沿着毛细管上升到一定高度产生毛细现象。植物细胞壁的纤维素微纤丝间有许多空隙，它们形成很多细小而弯曲的毛细管网络，使水分沿着这些网络上升。但是，在木质部的导管中，水分是以集流的方式进行长距离运输的。

5. 高介电常数

水具有较高的介电常数(dielectric constant)，能抵消电荷间相互吸引的作用，特别适合溶解离子及带有极性基团，如带有—OH和—NH_2的大分子物质。因此，水是许多电解质和极性分子如蛋白质、氨基酸、碳水化合物等大分子的良好溶剂。这些大分子在水中能形成亲水胶体，水分子结合在带电荷离子的周围，形成高度可溶的水化离子。水分子还可以与植物细胞壁、质膜上固定电荷结合，形成结合水

层。原生质中的蛋白质和核酸的结构及其生物活性，都因其与水分子紧密结合有关。

1.1.2 植物的含水量

植物的含水量因植物种类、器官或组织、植物生长的环境不同而有很大不同。

水生植物的含水量可达鲜重的90%以上，而在干旱环境中生长的低等植物的含水量则仅占鲜重的6%左右。草本植物的含水量为70%～85%，木本植物的含水量则低于草本植物。

对于同一株植物，不同器官和不同组织的含水量也不一样。幼嫩部位如根尖、嫩梢、幼苗、绿叶、发育的果实等含水量为60%～90%。树干为40%～50%，休眠芽为40%，风干种子为10%～14%。总体而言，生命活动旺盛的器官或组织，水分含量较高。

对于生长在不同环境的同一种植物中，其含水量也有差异。生长在荫蔽、潮湿环境中的植物的含水量比生长在向阳、干燥环境中的高些。

1.1.3 植物体内水分存在的状态

水分在植物细胞内通常以束缚水（bound water）和自由水（free water）2种状态存在。水分与原生质中的主要成分蛋白质、大分子碳水化合物等形成亲水胶体。因此，原生质是一个胶体系统（colloidal system）。蛋白质分子的疏水基（如烷烃基、苯基等）在分子内部，而亲水基（如—NH_2，—COOH，—OH等）则在分子的表面。这些亲水基对水有很大的亲和力，容易起水合作用（hydration）。所以原生质胶体颗粒具有亲水性（hydrophilic nature），其表面吸附着很多水分子，形成一层很厚的水层。水分子距离胶粒越近，吸附力越强；反之吸附力则弱。相对而言，靠近胶粒、被胶体颗粒吸附而不易自由流动的、不能起溶剂作用的水分称为束缚水；距离胶粒较远、可以自由流动的、可以起溶剂作用的水分称为自由水。

植物体内的自由水与束缚水的含量和比例是变动的，直接影响植物的代谢强度。自由水含量越高，植物代谢越旺盛。束缚水不参与代谢作用，束缚水含量与植物抗逆性强弱密切相关。通常用自由水与束缚水的比值来衡量植物代谢强度和植物抗逆性。由于自由水含量不同，原生质亲水胶体有两种不同状态，即含水量较多的溶胶（sol）和含水量较少的凝胶（gel）。除了休眠种子的原生质呈凝胶状态外，在大多数情况下，原生质呈溶胶状态。

1.1.4 水分在植物生命活动中的作用

1. 水分是细胞质的主要成分

细胞质的含水量一般为70%～90%，呈溶胶状态，保证了细胞中各种代谢的正常进行。如果含水量减少，细胞质变成凝胶状态，生命活动就大大减弱，如休眠种子。

2. 水分是许多代谢过程的反应物质

在光合作用、呼吸作用、有机物质合成和分解的过程中，都有水分子参与。

3. 水分是生化反应及植物吸收和运输物质的溶剂

水是固态的无机物质和有机物质的最好溶剂，大多数物质只有溶解在水中才能被植物吸收和转运。

4. 水分能保持植物的固有姿态

由于细胞含有大量水分，维持细胞的膨压，进而使植物保持坚挺姿态，保持叶片的伸展、根系下扎于土壤中、花开放等。

5. 水分是细胞分裂和伸长不可缺少的物质

细胞的伸长只有在充分吸水的膨胀状态下才能进行。当水分欠缺时，细胞丧失膨压，不能正常伸长，以致细胞不能正常分裂。

6. 水分在植物的生态环境中起重要作用

由于水的特殊理化性质，植物通过蒸腾散热，调节体温，减轻高温强光伤害；水能调节植物周围的环境，增加大气湿度，改善土壤及植物表面温度等。

1.2 植物细胞对水分的吸收

在正常生理代谢状态下，植物细胞总是不断地进行水分的吸收和散失，水分在胞内和胞间不停地进行运动。不同组织之间、不同器官之间水分的分配与调解是通过水分进出细胞实现的。因此，掌握植物细胞与水分关系的知识，是了解植物水分代谢的基础。

1.2.1 植物细胞的水势

1.2.1.1 自由能、化学势与水势

根据热力学原理，系统中物质的总能量分为

束缚能(bond energy)和自由能(free energy)。束缚能是不能用于做有用功的能量的;自由能是指在恒温条件下,物质能用于做有用功的能量。

1 mol 物质的自由能就是该物质的化学势(chemical potential),它可衡量物质反应做功所用的能量。同样,衡量水分反应或做功能量的高低,可用水势表示。在植物生理学上,广泛使用水势的概念来表示水分子发生化学反应的本领及转移的潜在能力。水势(water potential,Ψ_w)就是每偏摩尔体积水的化学势差,即水溶液的化学势(μ_w)与纯水的化学势(μ_w^0)之差($\Delta\mu_w$),除以水的偏摩尔体积($\bar{V}_w$)所得的商。水势 Ψ_w(Ψ,psi,希腊字母)可用下式表示:

$$\Psi_w = \frac{\mu_w - \mu_w^0}{\bar{V}_w} = \frac{\Delta\mu_w}{\bar{V}_w}$$

式中:水的偏摩尔体积(partial molar volume)$\bar{V}_w$ 是指(在一定温度和压力下)1 mol 水中加入 1 mol 某溶液后,该 1 mol 水所占的有效体积。$\bar{V}_w$ 的具体数值,随不同含水体系而异,与纯水的摩尔体积 V_w 不同。在稀的水溶液中,$\bar{V}_w$ 和 V_w 相差很小,在实际应用时,往往用 V_w 代替 $\bar{V}_w$。

化学势的单位为 $J \cdot mol^{-1}$($J = N \cdot m =$ 牛顿·米),而偏摩尔体积的单位为 $m^3 \cdot mol^{-1}$,两者相除得 $N \cdot m^{-2}$,成为压力单位 Pa(帕),这样就把以能量为单位的化学势转化为以压力为单位的水势。

$$\text{水势} = \frac{\text{水的化学势}}{\text{水的偏摩尔体积}} = \frac{N \cdot m \cdot mol^{-1}}{m^3 \cdot mol^{-1}} = N \cdot m^{-2} = Pa$$

纯水的自由能最大,水势也最高,但是水势的绝对值不易测得。因此,在同样温度和同样大气压的条件下,测定纯水和溶液的水势之差。纯水的水势定义为零,其他溶液就与它相比。溶液中的溶质颗粒降低了水的自由能,溶液的水势低于纯水的水势,为负值。溶液浓度越高,水势越低。植物叶片的水势一般为 −0.3～−1.5 MPa。

水总是由高水势处自发流向低水势处,直到两处水势相等为止。任何含水体系的水势,会受到能改变水的自由能的诸因素(如溶质、压力、温度、高度等)的影响,使体系的水势有所增减。

1.2.1.2 植物细胞的水势

植物细胞水势 Ψ_w 由 3 个部分组成:

$$\Psi_w = \Psi_\pi + \Psi_p + \Psi_m$$

式中:Ψ_π 为渗透势,Ψ_p 为压力势,Ψ_m 为衬质势。

渗透势(osmotic potential,Ψ_π)亦称溶质势(solute potential,Ψ_s),是因溶质颗粒的存在而降低的水势。溶质的水势低于纯水的水势,为负值。在标准压力下,溶液的压力势为 0,此时,溶液的渗透势等于溶液的水势。溶液的渗透势取决于溶液中溶质颗粒(分子或离子)数,细胞渗透势主要受细胞液浓度的影响,因此,凡是影响细胞液浓度的内外条件,都可引起渗透势的改变。

压力势(pressure potential,Ψ_p)是指由于静水压的存在而使体系水势改变的数值,Ψ_p 一般为正值。原生质吸水膨胀,对细胞壁产生压力(膨压,turgor pressure),由于细胞壁富有弹性,原生质则受到一种与膨压大小相等、方向相反的反作用力,即壁压。由壁压引起的细胞水势增加的数值,就是细胞的压力势,通常情况下为正值。当细胞失水引起初始质壁分离(plasmolysis)时,细胞的压力势为零,而剧烈蒸腾时,细胞的压力势则为负值。植物导管中溶液常处于负压下。

衬质势(matric potential,Ψ_m)是指由于衬质[表面能够吸附水分的物质,如蛋白质(体)、纤维素、染色体、膜系统等]与水相互作用而引起水势降低的值,一般为负值。干燥种子中,细胞原生质处于凝胶状态,其细胞的水势主要由衬质势组成。未形成液泡的细胞,主要利用构成细胞壁的果胶和纤维素以及细胞中的蛋白质亲水胶体对水的吸附力吸收水分。而已形成液泡的细胞的衬质势只有 −0.01 MPa,对总水势的影响可以忽略不计。土壤颗粒为典型的衬质,土壤的水势以 Ψ_m 为主,即土壤水势等于土壤衬质势。

此外,重力对水势也有影响,称为重力势(Ψ_g)。重力势与水的密度、重力加速度、水相对参考状态时的高度有关。每 10 m 高度对水势的增加量约 0.1 MPa。考虑到水分在细胞水平移动,与渗透势和压力势相比,重力组分通常忽略不计。

综上所述,不同细胞由于体系组成的差异,其水势组成亦有差异。对于形成液泡的成熟细胞,其含水体系主要由细胞质、液泡、细胞器等构成。由于水分平衡时,细胞各部位的水势相等,但细胞质和细胞器水势组成复杂难以测定,而液泡水势较易测定,其衬质势又可忽略不计,所以成熟细胞的水势由液泡

水势来代替，即

$$\Psi_w(\text{成熟细胞})=\Psi_w(\text{液泡})=\Psi_\pi+\Psi_p$$

对于无液泡的风干种子等细胞的水势，Ψ_m 是细胞水势的主要组成部分，所以其水势就等于衬质势，即 $\Psi_w=\Psi_m$。

由于植物细胞具有坚硬的细胞壁，因此很小的细胞体积变化都会引起细胞膨压的很大变化，进而引起水势的改变。细胞体积、Ψ_w、Ψ_p、Ψ_π 之间的关系可以用图 1-1 来表示。由图 1-1 可见，当细胞相对体积较大时，很小的体积变化（$\Delta V/V=1.0-0.95=0.05$）会引起 Ψ_p 的很大变化，此时细胞水势的变化主要是由 Ψ_p 引起的，而细胞 Ψ_π 改变较小。细胞壁越坚硬，Ψ_p 变化曲线的斜率 ε 越大，由细胞体积变化引起的细胞膨压变化就越大。Ψ_p 变化曲线的斜率 ε 并非不变，它随着细胞相对体积的下降、膨压的降低而减少。当细胞相对体积降低到 0.9 以下时，细胞水势的变化主要由 $\Psi\pi$ 的改变决定。

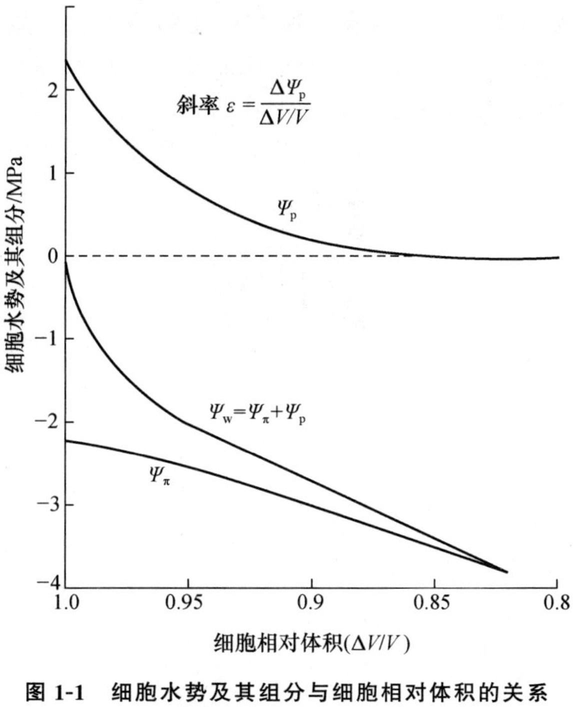

图 1-1　细胞水势及其组分与细胞相对体积的关系

（参考 Tyree 和 Jarvis，1982）

1.2.2　植物细胞对水分的吸收

水分运动的方式包括扩散（diffusion）、渗透（osmosis）和集流（bulk flow）。在一个系统中，由于分子的随机热运动所造成的物质从较高化学势区域移向较低化学势区域的现象，称为扩散作用。扩散是短距离内水分移动的主要方式，如细胞间水分转移。由于压力差的存在而使大量原子或分子集体运动的现象称为集流。集流是水分长距离运输的主要方式，如木质部导管中的水分移动。水分的跨膜运输，既包括依赖于水势梯度的跨膜扩散，也包括通过膜上水孔蛋白的微集流运动。

植物细胞对水分的吸收，取决于细胞与外界溶液或与其他相邻细胞之间的水势差，当细胞水势高于外界溶液或其他相邻细胞时，细胞失水；反之，则吸水。细胞水势越低，其吸水力越强。当细胞水势与外界溶液水势相等时，水分处于动态平衡状态，细胞与外界溶液之间没有水分移动。水势差不仅决定水分移动的方向，还影响水分移动的速度，水势差越大，水分移动速度就越快。

植物细胞主要的吸水方式可分为渗透吸水和吸胀吸水。

1.2.2.1　渗透吸水

植物细胞通过渗透作用吸水，称为渗透吸水（osmotic absorption of water）。渗透吸水是成熟细胞（具有大液泡的细胞）的主要吸水方式。渗透作用是指水分从水势高的系统通过半透膜向水势低的系统移动的现象，是一种特殊的扩散形式。细胞壁主要是由纤维素分子组成的微纤丝构成，水分和溶质都可以通过；而细胞的质膜和液泡膜等生物膜易于透过水分，对其他溶质具有选择性，因此，它们是半透膜。

当把植物细胞置于纯水或稀溶液中时，细胞原生质层、液泡内的细胞液与外界溶液之间就构成了渗透体系，会发生渗透作用，植物细胞进行渗透吸水。

当细胞液泡的水势高于外界溶液水势时，细胞开始失水，细胞体积逐渐缩小；当 $\Psi_w=\Psi_\pi$，$\Psi_p=0$ 时，细胞处于初始质壁分离状态；如果细胞进一步失水，由于细胞壁和原生质层的伸缩性差异，细胞壁无法继续缩小，原生质层便和细胞壁分开，发生质壁分离（plasmolysis）。如果把发生了质壁分离的细胞浸在水势较高的稀溶液或纯水中，细胞吸水，整个原生质层恢复原来的状态，重新与细胞壁相接触，这种质壁分离的细胞重新吸水而使原生质体慢慢恢复原来状态的现象称为质壁分离复原（deplasmolysis）。

利用细胞质壁分离和质壁分离复原的现象，可以：①证明细胞原生质层具有选择透性，植物细胞是一个渗透体系；②判断细胞的死活，因为死细胞不发生质壁分离现象；③测定细胞液的渗透势，因为细胞处于初始质壁分离状态时细胞的水势等于细胞的渗透势；④判断物质透过原生质体的速度，同时可以比较原生质黏度大小。

1.2.2.2 吸胀吸水

植物细胞中亲水胶体吸水膨胀的现象称为吸胀作用(imbibition)。吸胀吸水是依赖于低 Ψ_m 而引起的吸水。对于无液泡的分生组织和干燥种子来说，Ψ_m 是细胞水势的主要组分，它们吸水主要依赖于低的 Ψ_m。

植物细胞的原生质、细胞壁及淀粉粒等都是亲水物质，它们与水分子之间有极强的亲和力，形成亲水胶体。水分子以氢键、毛细管力、电化学作用力等与亲水物质结合之后，使之膨胀。亲水胶体吸引水分子的力量称为吸胀力，不同物质吸胀力的大小与它们的亲水性有关。蛋白质、淀粉和纤维素相比，蛋白质类物质吸胀力最强，淀粉次之，纤维素最小。因此，豆科植物种子的吸胀作用比禾谷类种子要显著。豆科植物种子的子叶中含有大量的蛋白质，而种皮中则有较多的纤维素，所以在豆科植物种子的吸胀过程中，由于子叶的吸胀力较种皮大而使种皮胀破。

细胞吸胀力的大小，取决于 Ψ_m 的高低。干燥种子、干枯的茎秆等 Ψ_m 常低于－10 MPa，有的甚至达－100 MPa，所以很容易发生吸胀吸水。当种子吸水后，Ψ_m 很快上升。如将种子放在纯水中，当种子吸水膨胀达到最大程度时，$\Psi_m = \Psi_w = 0$。由于吸胀过程与细胞的代谢活动没有直接关系，所以又将吸胀吸水称为非代谢性吸水。

1.2.3 细胞间的水分移动

水分进出细胞取决于细胞与外界溶液之间的水势差。相邻细胞间的水分移动方向，取决于细胞间的水势差异，水分总是从水势高的细胞向水势低的细胞流动。如图 1-2 所示，虽然细胞 X 的渗透势(－1.3 MPa)低于细胞 Y 的渗透势(－1.2 MPa)，但两者的压力势不同，导致前者的水势(－0.6 MPa)高于后者的水势(－0.8 MPa)。所以细胞 X 的水分流向细胞 Y。

当有多个细胞连在一起时，如果一端的细胞水势较高，另一端水势较低，顺次下降，就形成一个水势梯度(water potential gradient)，水分便从水势高的一端流向水势低的一端。植物体内组织和器官之间水分流动方向也是依据这个规律。

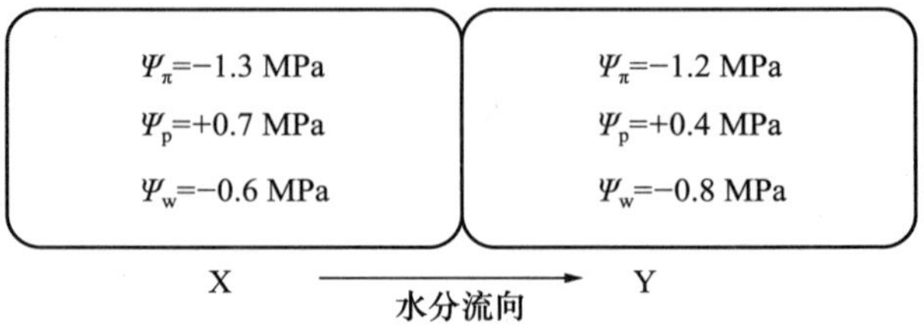

图 1-2 两个相邻细胞之间水分移动情况

1.2.4 水分跨膜运输与水孔蛋白

曾经认为水分跨膜的渗透过程主要是单个水分子透过细胞膜的扩散作用，细胞膜是一种半透膜，允许许多水分子自由通过。但是，细胞膜是由膜脂双分子层和蛋白质紧密排列而成的，而水分子是极性很强的不溶于脂类的分子。所以，很难理解不溶于脂的水分子能够透过膜脂双分子层快速进出细胞膜。

1988 年 Agre 研究组在人的血红细胞膜上首次发现了一个 28 ku 的疏水性跨膜蛋白，将其定名为水通道蛋白，又称水孔蛋白(aquaporins，AQPs)，后来证实 AQPs 几乎存在于所有生物体内。在植物体内，单个水分子既可以通过膜脂双分子层间隙进入细胞，也可以通过 AQPs 孔道进入细胞(图 1-3)，但是，植物体内大量水分的长距离运输是以集流的方

图 1-3 彩图

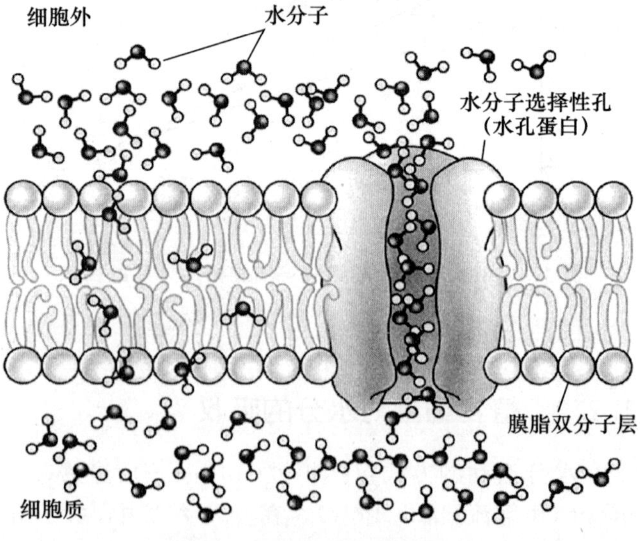

图 1-3 水分跨膜运输示意图

(参考 Taiz 等，2015)

式通过膜上的 AQPs 形成的通道进行的。绝大多数 AQPs 以四聚体形式存在，这种结构可能对蛋白质的稳定性和在膜上的定位很重要。AQPs 是一类具有选择性、高效转运水分的跨膜通道蛋白。

高等植物中参与水分运输的 AQPs 主要有 2 类：一类是质膜内在蛋白（plasma membrane intrinsic proteins，PIPs），另一类是液泡膜内在蛋白（tonoplast intrinsic proteins，TIPs）。AQPs 的相对分子量为 2.5×10^4～3.4×10^4，由 250～300 个氨基酸组成，氨基末端（N）、羧基末端（C）都位于细胞质侧。AQPs 有 6 个跨膜的 α 螺旋结构区段（H1～H6，图 1-4），于跨膜区间形成 5 个环，A、C、E 3 个环朝向胞外，B、D 2 个环朝向胞质，其中 B 环和 E 环各有一个高度保守的 NPA（天冬酰胺-脯氨酸-丙氨酸，Asn-Pro-Ala）特征序列，B 环和 E 环向膜脂双分子层中折叠，在折叠中 2 个 NPA 共同形成 1 个水孔通道（图 1-5），直径约 0.3 nm，稍大于水分子直径 0.28 nm，以此限制其他分子的进入。

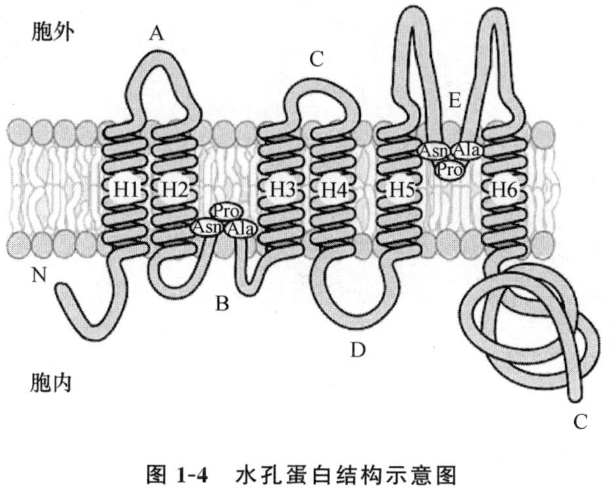

图 1-4 水孔蛋白结构示意图

（改自 Buchanan 等，2000）

6 个跨膜螺旋（H1～H6）和 2 个保守的 NPA

（天冬酰胺-脯氨酸-丙氨酸）残基

AQPs 活性的调节包括转录水平的调节，转录后水平的调节和翻译后修饰等。转录水平受植物发育阶段、干旱、低温和高盐等逆境、脱落酸和赤霉素等激素的调节。植物 AQPs 的表达还表现出明显的器官、组织、细胞特异性。翻译后修饰主要是通过磷酸化、甲基化、糖基化等调控 AQPs 门控的开闭。植物 AQPs 磷酸化主要发生于 N 端或 C 端的丝氨酸（Ser）。有试验证明，Ca^{2+} 依赖型蛋白激酶（calcium-dependent protein kinase，CDPK）可使特殊丝氨酸

图 1-5 彩图

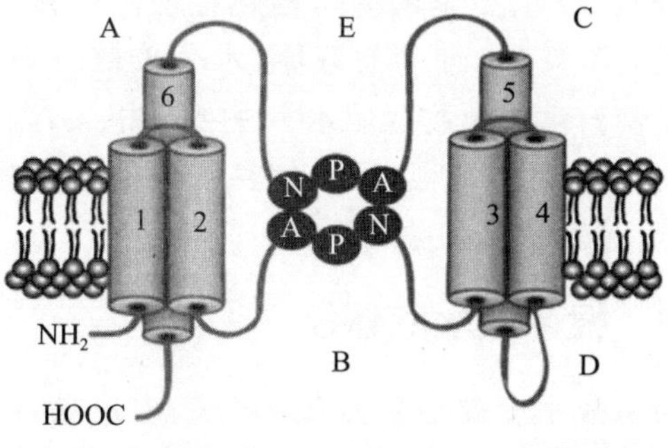

图 1-5 折叠后由 2 个 NPA 形成的水孔通道

（引自 Kapilan 等，2018）

残基磷酸化，AQPs 的水通道加宽，水集流通过量剧增。如果把该残基的磷酸基团除去，则水通道变窄，水集流通过量减少。翻译后修饰也受外界环境因素的影响。

AQPs 的功能归纳为 4 方面：①AQPs 在水分跨细胞途径运输时起主要作用，促进水的长距离运输。②在逆境应答等过程中，由质膜 AQPs 完成细胞内外的水分跨膜运输，调节细胞内外水分平衡。AQPs 的开闭受 pH 和其他信号如渗透性的调节。③调节细胞的胀缩。通过液泡膜上的 AQPs 使水分快速出入液泡，可保证细胞能迅速膨胀和收缩，调节气孔运动。④运输其他小分子物质。曾经认为 AQPs 的功能只是运输水分，但是，目前在植物中也发现了少量水孔蛋白可同时运输其他小分子物质，如 CO_2、甘氨酸和甘油等。

此外，AQPs 的发现，为水进入细胞的共质体途径提供了依据。

1.3 植物根系对水分的吸收

虽然陆生植物可以通过它的整个地上部分，例如叶片、枝条、皮孔等吸收水分，但是这些部位吸收水的量很少，根系才是陆生植物吸收水分的主要器官。

1.3.1 根系吸水的部位

根系吸收水分的部位是根系顶端幼嫩的部分，从根尖开始向上约 10 cm 的范围，包括根冠、分生

区、伸长区和根毛区，其中根毛区吸收水分的能力最强。因为根毛区有丰富的根毛，增大了吸收面积；根毛细胞壁的外部由果胶质组成，黏性强，亲水性也强，有利于与土壤颗粒黏着和吸水；根毛区的输导组织发达，对水分移动的阻力小。根尖的其他部位吸收水分较少，主要是因为木栓化程度高或输导组织未形成或不发达，细胞质浓厚，水分扩散阻力大，移动速度慢。由于植物吸收水分主要靠根尖，因此，在移栽时尽量保留细根，可以使移栽后的植株尽快吸收水分，减轻植株的萎蔫程度。

1.3.2 根系吸水的途径

根系吸水主要通过根毛、皮层、内皮层，再经过中柱薄壁细胞进入导管，水分在根中的径向运输途径有 3 条(图 1-6)，即质外体途径、共质体途径和跨膜途径。质外体途径(apoplast pathway)是指水分通过细胞壁、细胞间隙等没有细胞质的部分移动，水分的这种移动方式不跨过细胞膜，阻力小，移动速度快。但是，根中的质外体常常是不连续的，它被内皮层的凯氏带分隔成 2 个区域：一是内皮层外，包括根毛、皮层的胞间层、细胞壁和细胞间隙，称为外部质外体；二是内皮层内，包括成熟的导管和中柱各类细胞的细胞壁，称为内部质外体。因此，水分由外部质外体进入内部质外体时必须通过内皮层细胞的共质体途径才能实现。共质体途径(symplast pathway)是指水分从一个细胞的细胞质经过胞间连丝移动到另一个细胞的细胞质，形成一个细胞质的连续体，移动速度较慢。跨膜途径(transmembrane pathway)是指水分从一个细胞移动到另一个细胞，要两次通过质膜，还要通过液泡膜，故称跨膜途径。共质体途径和跨膜途径统称为细胞途径(cellular pathway)。这 3 条途径共同作用，使根部吸收水分。

图 1-6 彩图

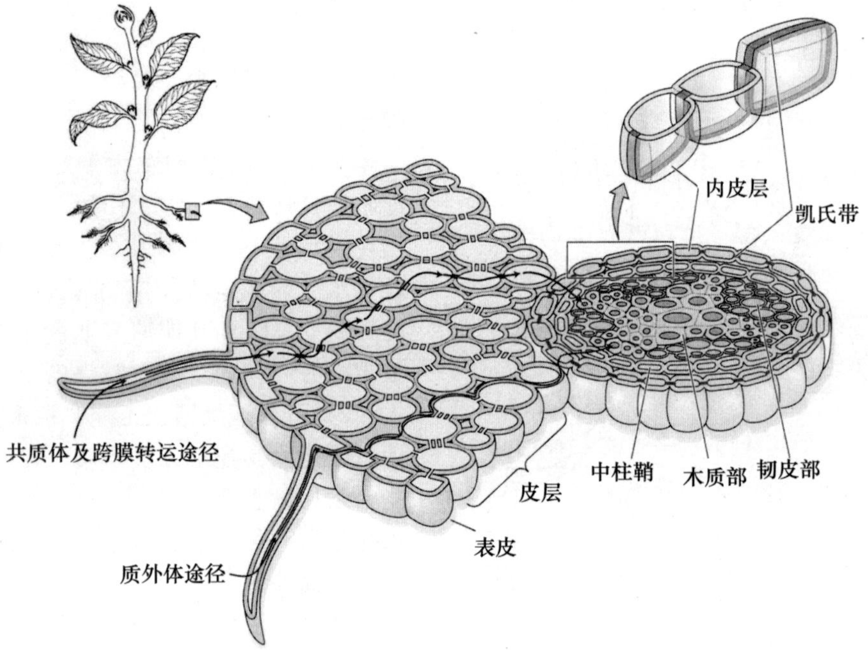

图 1-6 根系吸水的途径

(参考 Taiz 等，2015)

1.3.3 根系吸水的机制

根据吸水动力不同，根系吸水分为两类，即主动吸水和被动吸水。主动吸水通过根压实现，被动吸水通过蒸腾拉力完成，后者较为重要。

1.3.3.1 主动吸水

由于植物根系的生理活动而引起的吸水过程称为主动吸水(active absorption of water)。植物利用代谢能量(根系呼吸作用释放的能力)，主动吸收土壤溶液中的溶质，并将其转运到根的中柱和木质部导管，引起中柱细胞和导管中的溶质浓度增加、水势下降，造成根系内外、内皮层内外的水势梯度，根部导管中溶液的水势低于外界溶液的水势(即水势差)，水分顺着水势梯度从外部进入导管，产生了使水分向上运输的动力——根压。

根压(root pressure)，是指由于植物根系生理活动而促使液流从根部上升的压力。将一株生长旺盛的植物在近地面处切断，切口处套上橡皮管并与压力计相接，即可测得根压的数值(图 1-7)。大多数植物的根压为 0.1～0.2 MPa，部分木本植物可达 0.6～0.7 MPa。由于根压的形成是建立在根系利用呼吸作用释放的能量主动吸收土壤溶液中的离子的基础上，所以，由根压引起的根系吸水是主动吸水过程。

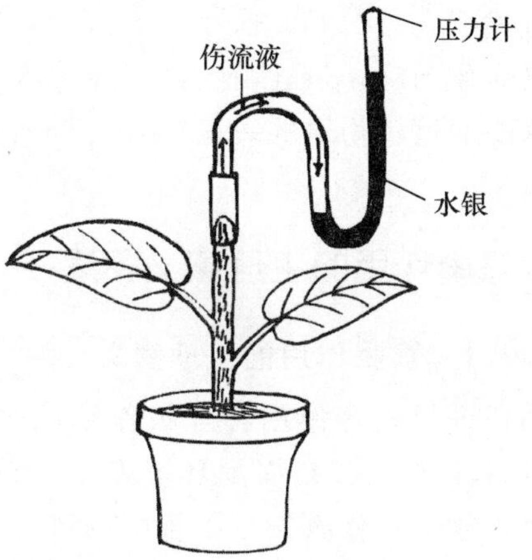

图 1-7　植物根压测定示意图(自绘图)

伤流和吐水两种生理现象可以证实根压的存在。伤流(bleeding)，是指从受伤或折断的植物组织溢出液体的现象。从伤口流出的汁液称为伤流液(bleeding sap)。伤流液的数量和成分，可作为根系活动能力强弱的生理指标。吐水(guttation)，是指植物叶片尖端或边缘的水孔向外溢出液滴的现象。该现象经常发生在土壤水分充足、潮湿、高温环境中生长的根系活动强、生长健壮的植株上。经呼吸抑制剂处理的植株根系活力下降，其吐水量也下降，因此吐水现象可以作为根系生理活动的指标，并能用以判断幼苗长势的强弱。

1.3.3.2　被动吸水

被动吸水(passive absorption of water)是由于地上部的蒸腾作用而引起的根部吸水方式，其驱动力是蒸腾拉力(transpirational pull)。蒸腾拉力是指因叶片蒸腾作用而产生的使导管中水分上升的力量。

植物叶片进行蒸腾作用时，气孔张开，气孔下腔附近的叶肉细胞因蒸腾失水而水势下降，这些叶肉细胞便会从相邻细胞吸收水分，导致相邻细胞的水势下降，水分就会在细胞间由高水势处向低水势处移动，最后靠近叶脉导管的叶肉细胞从叶脉导管中获取水分，引起叶脉导管水势下降，从叶脉导管→茎内导管→根内导管形成由低到高的水势梯度，水分便顺着水势梯度由根内导管向上运输，结果使根部细胞水分亏缺，水势降低，从周围环境(土壤)中吸收水分。在这个吸水过程中，根只是作为水分进入植物体的通道，不需要消耗能量，因此，蒸腾拉力引起的吸水属于被动吸水。水分在导管中的运动是一种集流，其上升的动力为水势梯度。

根压和蒸腾拉力在根系吸水过程中所占的比重，因植株蒸腾速率而异。通常蒸腾强的植物的吸水主要是由蒸腾拉力引起的。只有春季叶片未展开时，蒸腾速率很低的植株，根压才成为植物吸水的主要方式。

1.3.4　影响根系吸水的土壤条件

因为根系生长在土壤中，所以土壤条件直接影响根系的吸水。影响根系吸水的土壤条件有土壤水分状况、土壤温度、土壤通气状况、土壤溶液浓度等。

1.3.4.1　土壤水分状况

土壤中的水分并不是都能被植物利用。按其能否被植物利用，分为可利用水和不可利用水。通常用土壤永久萎蔫系数和田间持水量衡量土壤可利用水。

植物体内水分亏缺时，茎、叶出现下垂，即发生萎蔫(wilting)。其中，由于植物蒸腾失水的速率大于根系吸水的速率造成的萎蔫称为暂时萎蔫(temporary wilting)，当蒸腾作用减弱后，发生暂时萎蔫的植物即可恢复正常状态。当植物发生暂时萎蔫时，土壤并不缺乏植物可利用的水分。由于土壤中缺乏植物可利用的水分造成的萎蔫称为永久萎蔫(permanent wilting)。蒸腾作用减弱后发生永久萎蔫的植物不能恢复原状。引发永久萎蔫时的土壤水分含量称为土壤永久萎蔫系数(permanent wilting coefficient)，它表明土壤中植物可利用水的下限。超过土壤永久萎蔫系数的土壤水分则为土壤中的可利用水分。土质不同，土壤永久萎蔫系数存在差异，例如，粗沙、沙壤、黏土的土壤永久萎蔫系数分别约为 1%、6%、15%，但是水势却基本相同，约为－1.5 MPa。

田间持水量(field moisture capacity)是指当土壤中重力水全部被排除而保留全部毛管水和束缚水时的土壤含水量，是大多数植物可利用的土壤水上限。不同土质田间持水量也有差异，一般黏土＞壤土＞沙土，其水势约为－0.01 MPa。田间持水量是土壤保水性能的一个重要指标。当土壤自然含水量相当于田间持水量的70%～100%时，最有利于植物对水分的吸收利用。因此，在农业生产中设计田间排灌沟渠、制订灌排水定额时常参考该指标。田间持水量减去土壤永久萎蔫系数为植物可利用水，即土壤有效含水范围。土壤有效含水范围与土壤质地、土壤结构、土壤有机质含量和土壤层位有关，通常壤土的有效含水范围大，黏土次之，沙土则较小。

1.3.4.2 土壤温度

在适宜的温度范围内，土温愈高，愈有利于根系吸水。高温、低温对水分的吸收都不利。土壤温度过低对根系吸水的影响有：①低温使水的黏性增大，扩散速率降低；②低温使原生质黏性增大，水分扩散阻力加大；③低温使呼吸减弱，能量供应减少，影响根系主动吸水；④低温使根系生长缓慢，有碍吸水面积的增加。土壤温度过高对根系吸水的影响有：①高温加速根的老化过程，使根的木质化部位几乎达到尖端，吸收面积减少，吸收速率也下降；②高温使根细胞中的各种酶变性失活，影响根系的主动吸水。

温度变化对根系吸收水分也有影响，急剧降温比缓慢降温对根系吸水的影响更大，所以在生产中要避免在高温时间灌水，如在夏天中午的烈日下用冷水浇灌，会急剧减少根系对水分的吸收，使植株失去水分平衡，导致植株萎蔫。夏季“午不浇园”就是这个道理。

1.3.4.3 土壤通气状况

通气差的土壤处于缺氧和二氧化碳浓度过高的状态，短时间内可使植物呼吸减弱，继而阻碍吸水；长时间则导致植物无氧呼吸，产生和积累较多酒精，根系中毒受伤，吸水减少。当土壤淹水（涝害）时，由于土壤空气不足，植物也难以吸水，表现出缺水现象。

1.3.4.4 土壤溶液浓度

土壤溶液浓度直接影响土壤水势，从而影响根系吸水。当土壤溶液浓度较低，土壤水势较高时，根系易于吸水；而在盐碱地上，由于盐分浓度过高，土壤水势低（有时低于－10 MPa），植物吸水困难，形成生理干旱。因此在栽培管理中，应该避免一次施肥过多或过于集中，否则会阻碍根系吸水，甚至导致根细胞水分外流而产生“烧苗”现象。

1.4 植物的蒸腾作用

植物从土壤中吸收的水分，一小部分（1%～5%）用于代谢，绝大部分散失到体外。水分从植物体中散失到外界的方式有2种：一种是以液体状态散失到体外，如吐水和伤流；另一种是以气体状态散失到体外，如蒸腾作用，这是水分从植物体向外散失的主要方式。

蒸腾作用（transpiration）是指植物体内的水分以气体状态通过植物体的表面（主要是叶）散失到体外的现象。

1.4.1 蒸腾作用的生理意义和途径

1.4.1.1 蒸腾作用的生理意义

植物在进行光合作用和呼吸作用的过程中，主要通过叶片上的气孔与周围环境发生气体交换，同时伴随有大量的水分散失。尽管植物进行蒸腾作用消耗水分会引起水分亏缺，破坏植物的水分平衡，甚至引起伤害，但是，它对植物的生命活动具有重要的生理意义。

（1）蒸腾作用是植物进行水分吸收和运输的主要动力。特别是高大的植物，假如没有蒸腾作用，由蒸腾拉力引起的吸水过程便不能产生，植株较高部分也无法获得水分。

（2）蒸腾作用是植物根系吸收矿质盐类及矿质营养和根中合成有机物向地上部运输的动力。矿质营养溶于水中才能被植物吸收和在体内运转，而蒸腾拉力又是水分吸收和体内流动的动力，根中的矿质营养和有机物随水分向地上部运输。

（3）蒸腾作用能够降低叶片的温度。当太阳光照射到叶片上时，大部分光能转变为热能，植物通过蒸腾作用，将液态水转变为气态，释放体内热量，降低叶片温度，避免灼伤。

（4）蒸腾作用的正常进行有利于 CO_2 的同化。当叶片进行蒸腾作用时，开放的气孔是 CO_2 进入叶片的通道。

1.4.1.2 蒸腾作用的途径

幼嫩植物暴露在空气中的全部表面都能发生蒸腾作用。植物长大后，成熟的树木枝条，由于表皮木栓化，水分很难通过，植物的蒸腾作用绝大部分在叶片进行。植物的蒸腾作用通常通过以下3种方式进行。

皮孔蒸腾(lenticular transpiration):木本植物经由枝条的皮孔和木栓化组织的裂缝散失水分,称为皮孔蒸腾。但是皮孔蒸腾量非常小,约占树冠蒸腾总量的0.1%。

角质层蒸腾(cuticular transpiration):通过叶片和草本植物茎的角质层散失水分,称为角质层蒸腾。角质层较难透水,所以角质层蒸腾所占比例不大。幼嫩或生长在潮湿环境中的植物,其角质层较薄,角质层蒸腾所占比例较大,可占总蒸腾量的1/3~1/2。而在阳光充足环境中生长的植物及成熟的叶片角质层较厚,其角质层蒸腾量较低,占总蒸腾量的5%~10%。长期生长在干旱条件下的植物其角质层蒸腾量更低,其蒸腾总量小于5%。

气孔蒸腾(stomatal transpiration):植物体内的水分通过叶片上的气孔以气态形式扩散到体外的过程称为气孔蒸腾。由于气孔张开时,水汽外散的阻力最小,因此,气孔蒸腾是植物蒸腾作用的最主要途径。

1.4.2 气孔蒸腾与气孔运动

气孔是植物与外界进行气体交换的门户,水蒸气、CO_2、O_2共用这个门户,气孔的开放程度直接影响植物的蒸腾、光合和呼吸作用。

1.4.2.1 气孔的数量、分布和大小

气孔的数量、分布、大小因植物种类和生长环境而异。不同植物的气孔频度(stomatal frequency,单位叶面积上气孔的数目)差异较大,一般为40~500个·mm^{-2}。阳生植物具有较多的气孔,可达100~200个·mm^{-2};而阴生植物的气孔较少,一般为40~100个·mm^{-2}。

不同植物气孔分布特点也不相同,许多植物叶片的上下表皮都有气孔,如小麦、水稻、玉米等单子植物叶片的上下表皮都有气孔,且上下表皮的气孔数目大致相等;双子叶草本植物如番茄、豌豆、马铃薯等的气孔主要分布在下表皮;但是木本植物气孔只分布在下表皮;浮水植物的气孔都分布在上表皮。保卫细胞的水平位置差异也很大,有的凸出叶表面,有的凹入叶表面。气孔一般长7~38 μm,宽1~12 μm,而进出气孔的CO_2和H_2O分子的直径分别为0.46 nm和0.54 nm,因此气体交换畅通。全部气孔完全张开时,其总面积只占叶片总面积的1%~2%。

气孔面积虽小,但蒸腾速率却很高,通过气孔蒸发的水量相当于所在叶面积蒸发量的10%~50%,甚至达到100%。因为在任何蒸发表面上,由于扩散分子相互碰撞的机会少,气体分子经过边缘的扩散速度总是大于通过表面中央的扩散速度。扩散面积越小,其边缘与面积的比值就越大,那么通过边缘的扩散量也就越大,即边缘效应越大。可见,通过小孔的扩散速率不与小孔面积成比例,而与其边缘周长成正比,这一现象称为小孔扩散律(small pore diffusion law)或小孔扩散原理。小孔边缘效应的大小与小孔的分布与间距有关,距离过近,即频度过高,扩散出来的水分子之间相互干扰,影响扩散的速率;当然,如果气孔频度过低,单位面积上的气孔数过少,扩散速度自然也会降低。一般小孔间的距离约10倍于小孔直径时,边缘效应较为显著,而大部分植物叶片气孔的分布均在这一范围。

1.4.2.2 气孔运动

气孔运动即气孔的开放与关闭。通常,气孔在白天开放,晚上关闭。气孔运动与保卫细胞的结构特点有关。双子叶植物的肾形保卫细胞的内壁(靠近气孔一侧)厚而外壁薄,微纤丝绕气孔呈扇形辐射排列。当保卫细胞吸水膨胀时,较薄的外壁易于伸长,向外扩展,但微纤丝难以伸长,着力于内壁,牵引内壁导致气孔张开。禾本科植物的保卫细胞为哑铃形,中间部分的胞壁厚,两头薄,微纤丝呈径向排列。当保卫细胞吸水膨胀时,微纤丝限制两端胞壁纵向伸长,而改为横向膨大,这样就将两个保卫细胞的中部撑开,导致气孔张开(图1-8)。

保卫细胞具有整套的细胞器。与其他表皮细胞不同的是保卫细胞含有叶绿体和淀粉体。其叶绿体虽然与叶肉细胞中的不同,叶绿体发育不好,类囊体结构小,基粒少,但能进行光化学反应,生成ATP,为气孔运动提供能量。叶绿体内的淀粉含量变化与叶肉细胞相反,白天气孔张开时,淀粉含量下降,夜间气孔关闭,淀粉积累。保卫细胞中参与光合碳循环的核酮糖-1,5-二磷酸羧化酶(Rubisco)活性较低,但具有较高的磷酸烯醇式丙酮酸羧化酶(PEPC)活性,能催化磷酸烯醇式丙酮酸(PEP)与CO_2生成草酰乙酸,草酰乙酸进一步转变成苹果酸,而苹果酸参与气孔运动的调节。保卫细胞中有丰富的线粒体,呼吸代谢酶的活性显著高于叶肉细胞,这可能与气孔运动对能量的需求有关。

图 1-8 彩图

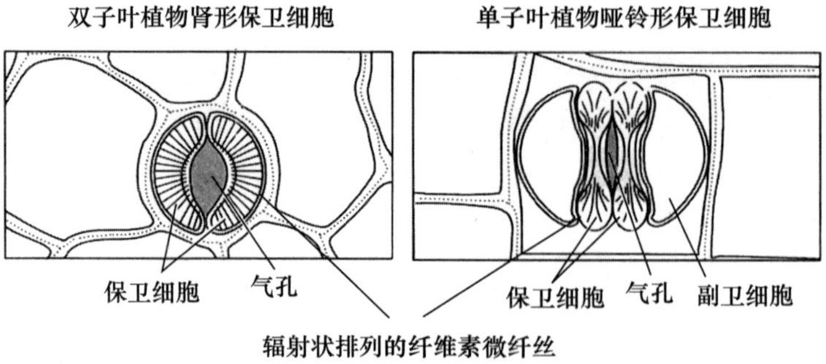

图 1-8　保卫细胞结构特点

(参照 Taiz 等,2015)

1.4.2.3　气孔运动的机制

引起气孔运动的最直接的原因是保卫细胞吸水或失水导致膨压的变化,膨压的变化与可溶性糖、苹果酸和 K^+ 等引起的保卫细胞水势变化有关。目前,气孔运动的可能机制主要有以下几种假说。

1. 糖调节气孔运动

20 世纪初,有学者提出淀粉-糖互变假说(starch-sugar interconversion hypothesis),认为保卫细胞水势的变化主要是由保卫细胞中淀粉和糖互相转化引起的,而糖和淀粉的互相转化则是淀粉磷酸化酶(starch phosphorylase)在不同 pH 下作用的结果。

淀粉+Pi $\underset{\text{淀粉磷酸化酶 pH降低}}{\overset{\text{pH升高}}{\rightleftharpoons}}$ 葡萄糖-1-磷酸 ⟷ 己糖+磷酸

在光照条件下,植物进行光合作用,消耗 CO_2,细胞质内的 pH 升高(pH 6.1～7.3),促使淀粉磷酸化酶将淀粉水解转变为可溶性糖,保卫细胞水势下降,水分从副卫细胞或表皮细胞进入保卫细胞,气孔张开。在黑暗条件下则相反,呼吸产生的 CO_2 使保卫细胞的 pH 下降(pH 2.9～6.1),淀粉磷酸化酶把可溶性糖转变为淀粉,水势升高,水分从保卫细胞进入副卫细胞或表皮细胞,气孔关闭。

20 世纪 90 年代,有学者发现蔗糖是调节保卫细胞水势的主要物质之一。在红光和蓝光的照射下,保卫细胞中糖(主要是蔗糖)的含量增加,促进气孔开放。保卫细胞中蔗糖浓度的增加主要取决于 3 条途径:一是保卫细胞中淀粉的水解;二是保卫细胞中光合作用产生的糖;三是叶肉细胞光合作用合成的糖经质外体途径运输,通过膜上蔗糖-H^+ 共转运体或己糖-H^+ 共转运体进入保卫细胞,这是保卫细胞中蔗糖的主要来源。淀粉的水解和光合作用分别受蓝光和红光调控。

然而,许多实验现象并不支持糖调控气孔运动的假说,如:①气孔的开闭不完全依赖光合作用,在光照条件下,没有 CO_2 供应时,气孔仍能张开。②某些植物如洋葱等的保卫细胞中甚至无叶绿体,也就无淀粉的积累与代谢,但气孔仍可开闭。③虽然保卫细胞中糖的含量是白天高、夜间低,但已有证据表明,当黑夜转为白天时,气孔先开放,而后才有糖含量的升高(图 1-9)。因此,有学者认为,目前并没有足够的证据证明糖可以调控保卫细胞渗透势,它可能仅通过糖酵解和 TCA 循环为苹果酸的合成代谢提供碳骨架或作为信号通过己糖激酶和 ABA 引起气孔关闭。

20 世纪 90 年代末,Talbott 和 Zeiger 的研究结果表明,蔗糖调节保卫细胞的渗透作用在保卫细胞内 K^+ 浓度下降后而增强。一天中,在日出初期,保卫细胞对气孔开放的主要渗透调节物质是 K^+;在日出 3～4 h 之后,保卫细胞中的 K^+ 浓度开始下降,蔗糖浓度快速增加,蔗糖则成为气孔开放主要的渗透调节物质。保卫细胞中的蔗糖可能来自保卫细胞叶绿体光合作用、淀粉水解转化或从叶肉细胞运入。在蔗糖调节阶段,气孔开度与光合作用相关。

2. K^+ 吸收假说

K^+ 吸收假说认为,保卫细胞质膜上的质子泵(H^+-ATPase)可被光激活,能够水解保卫细胞中由氧化磷酸化或光合磷酸化生成的 ATP,产生的能量将 H^+ 从保卫细胞转移到周围细胞中,使保卫细胞的 pH 升高,质膜电位发生超极化(使膜电位变得更负),产生跨膜的电化学势梯度,从而驱动 K^+ 从周围

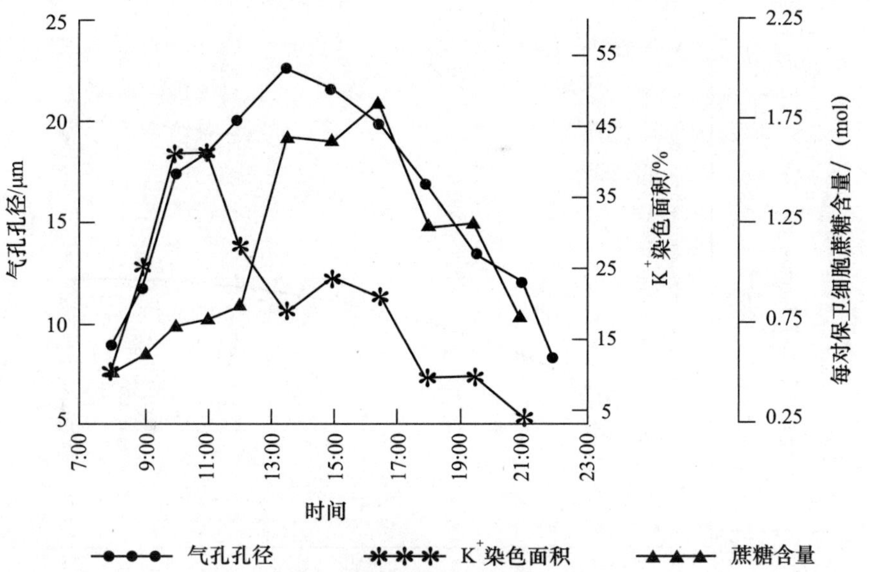

图 1-9 蚕豆叶片气孔开度、保卫细胞中 K^+ 和蔗糖含量的日变化

(引自 Taiz 等,2015)

细胞经过保卫细胞质膜上的内向 K^+ 通道(inward K^+ channel)进入保卫细胞,在 K^+ 进入保卫细胞的同时,为平衡细胞电性,同价的阴离子(Cl^-)通过 H^+/Cl^- 同向运输载体或 OH^-/Cl^- 反向运输载体进入保卫细胞,与新合成的苹果酸一起贮存在液泡中。使保卫细胞渗透势下降,其吸水膨胀,气孔张开。另外,Ca^{2+} 的吸收或阴离子的释放使质膜电位去极化(使膜电位变得更正)。胞质中 Ca^{2+} 浓度升高,抑制质膜上的质子泵和内向 K^+ 通道,激活阴离子通道,导致阴离子被释放到保卫细胞外;质膜去极化进一步激活膜上的外向 K^+ 通道,并驱使 K^+ 流出保卫细胞,使其渗透势上升,失水而收缩,气孔随之关闭。

3. 苹果酸代谢学说

苹果酸代谢学说(malate metabolism theory)的核心在于苹果酸在气孔运动中起着渗透调节作用。在光照下,保卫细胞内的部分 CO_2 被利用时,pH 上升至 8.0~8.5,从而活化了 PEP 羧化酶,它可催化由淀粉降解产生的 PEP 与 HCO_3^- 结合形成草酰乙酸,并进一步被 NADPH 还原为苹果酸。

$$\text{PEP}+\text{HCO}_3^- \xrightarrow{\text{PEP羧化酶}} \text{草酰乙酸}+\text{磷酸}$$

$$\text{草酰乙酸}+\text{NADPH(或NADH)} \xrightarrow[\text{还原酶}]{\text{苹果酸}} \text{苹果酸}+\text{NADP}^+\text{(或NAD}^+\text{)}$$

进入保卫细胞液泡中的苹果酸,与 Cl^- 和 K^+ 保持电平衡。同时,降低水势,促使保卫细胞吸水,导致气孔开放。当叶片由光下转入暗处时,该过程则发生逆转。

上述阐述气孔运动机制的假说存在共同点,即气孔运动受到糖、苹果酸、K^+ 等各种渗透物质的调控,这些渗透物质在光照条件下浓度升高,引起保卫细胞水势下降。除此之外,这几种假说之间还存在紧密的联系,共同调控气孔的运动。

1.4.2.4 影响气孔运动的外界因素

影响气孔运动的因素很多,归纳起来包括内部因素和外界因素。由于气孔的特殊结构和生理特性,气孔运动很容易受外界因素的调节。以下侧重讨论外界因素对气孔运动的影响。

1. 光

在水分供应充足的条件下,光是调节气孔运动的主要因素。除了景天酸代谢植物外,大多数植物都是在光下气孔张开,在黑暗中气孔关闭。光可促进保卫细胞内苹果酸的形成和 K^+、Cl^- 的积累。不同植物气孔张开所需光强有所不同,例如烟草只要有完全日照的 2.5%光强即可,而大多数植物则要求较高的光强。不同光质对气孔张开作用效果也不相同,红光和蓝光都可引起气孔张开,但蓝光更有效(图 1-10)。研究表明,气孔对光的反应是两个不同系统的综合效果:一是通过促进保卫细胞的光合作用而产生的间接效应,这种效应能被光合电子传递抑制剂敌草隆(DCMU)抑制;二是受蓝光调控的,通

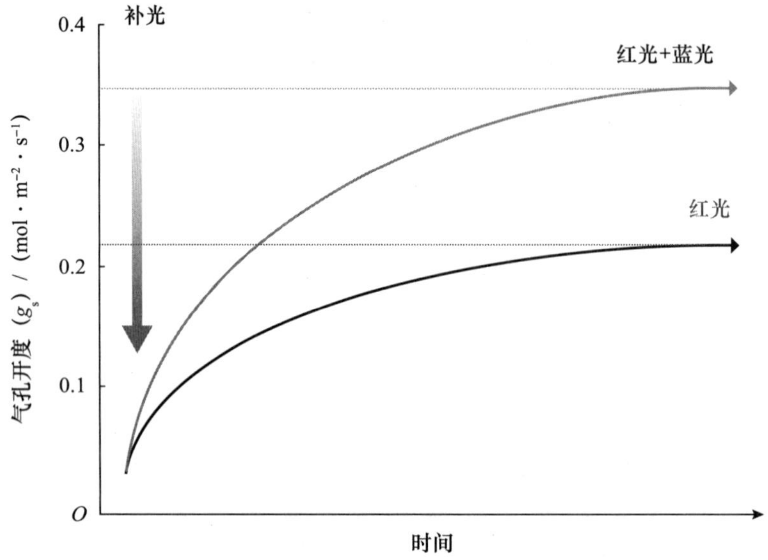

图 1-10　红光和蓝光引起的气孔开度变化

(引自 Matthews 等,2020)

过光受体感受光信号而发生的直接效应,这种效应不会被 DCMU 抑制。红光的吸收是通过叶绿素,蓝光的光受体可能是向光素(phototropin,Phot)。有人认为蓝光可能通过磷酸化向光素 Ser/Thr 残基活化质膜 H^+-ATP 酶,不断泵出 H^+,形成跨膜电化学势梯度,促进 K^+ 内流通道跨膜转运 K^+,引起保卫细胞内 K^+ 浓度增加,同时合成苹果酸,使保卫细胞水势降低,气孔张开(图 1-11)。

2. 温度

气孔开度(stomatal aperture)一般随温度的上升而增大。在 30 ℃左右的温度下气孔开度最大,超过 30 ℃或低于 10 ℃的低温下,气孔部分张开或关闭。这表明气孔运动是与酶促反应有关的生理过程,温度可能是通过影响呼吸作用和光合作用来影响气孔开度。过高温度会引起保卫细胞失水、膨压下降,导致气孔关闭。

3. CO_2

无论在光下或黑暗中,低浓度 CO_2 促进大多数植物气孔张开,高浓度 CO_2 能使气孔迅速关闭。但是,对于完全关闭的气孔用无 CO_2 的空气处理,气孔仍保持关闭,说明对气孔运动起作用的不是叶面 CO_2 的浓度,而是气孔下腔的 CO_2 浓度。CO_2 对气孔运动影响的机理尚不清楚。

4. 水分

叶片水分含量直接影响保卫细胞的膨压,从而影响气孔开闭。当水分供应不足或蒸腾过于强烈,保卫细胞发生水分亏缺时,即使在光照下气孔也关闭;但当叶片被水饱和,表皮细胞含水量高,挤压保卫细胞时,气孔在白天也会关闭。气孔对环境水分胁迫最敏感。当空气相对湿度下降,而叶片水分状况还未改变时,气孔关闭以降低蒸腾,防止水分过度亏缺,有人将气孔的这种反应称为前馈式调节(feed-forword manner)。当土壤水分供应减少时,木质部出现水流下降、压力势下降等水力学信号(hydraulic signal)的改变,引起保卫细胞膨压降低,气孔关闭,以减少水分的进一步散失,这种反应称为反馈式调节(feed-back manner)。

5. 植物激素

细胞分裂素和生长素促进气孔张开,低浓度的脱落酸(10^{-6} $mol \cdot L^{-1}$)会使气孔关闭。采用酶放大的免疫测试法(enzyme amplified immunoassay)测定单个细胞中的脱落酸含量显示,当叶片未受到水分胁迫时,保卫细胞中含有微量 ABA,当叶片因蒸腾失水而使其鲜重降低 10%时,保卫细胞的 ABA 可增加 20 倍。ABA 促使气孔关闭的可能原因是:ABA 会提高胞质 Ca^{2+} 浓度和胞质溶胶 pH,一方面抑制保卫细胞质膜上的内向 K^+ 通道蛋白活性,促进外向 K^+ 通道蛋白活性,使细胞内 K^+ 浓度减少;与此同时,ABA 活化外向 Cl^- 通道蛋白,Cl^- 外流,保卫细胞内 Cl^- 浓度减少,保卫细胞膨压就下降,气孔

图 1-11 彩图

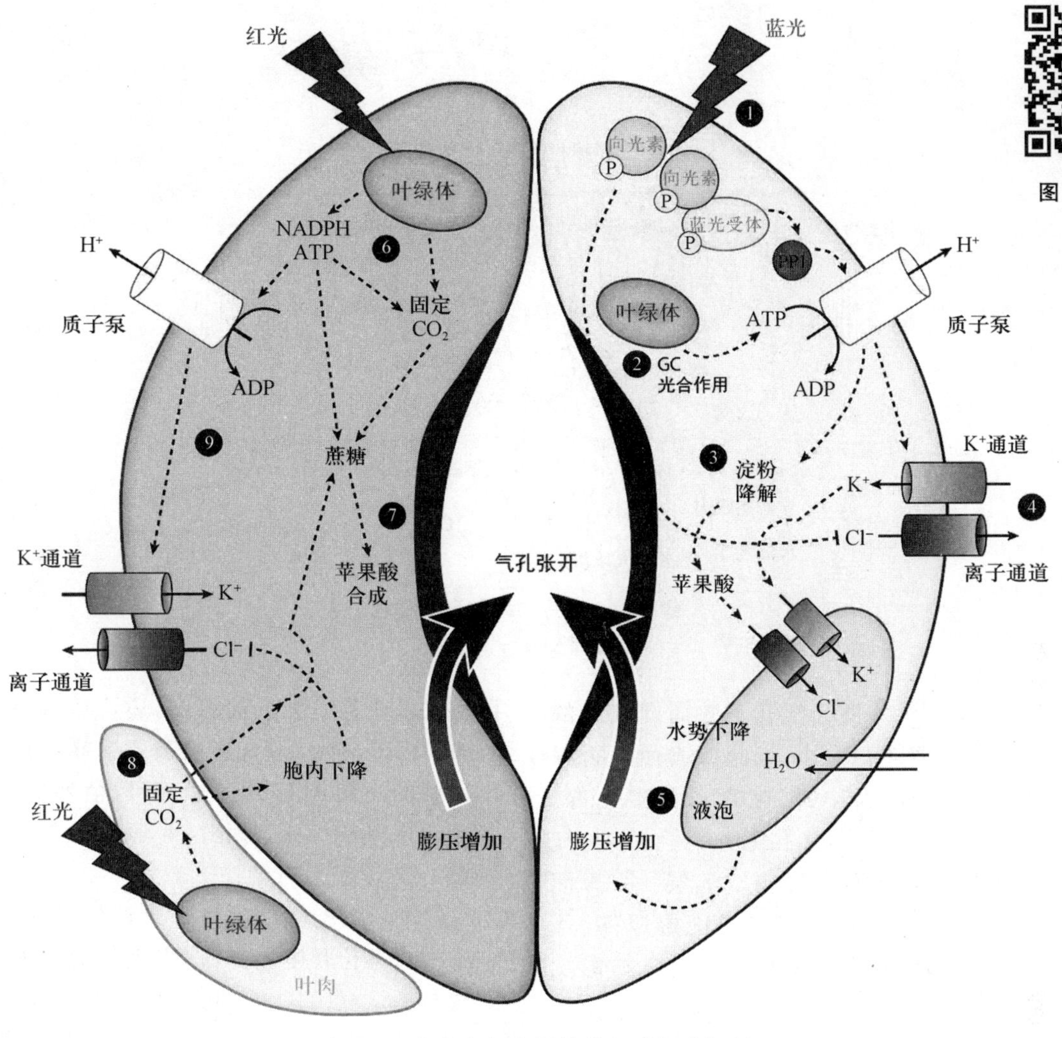

图 1-11　蓝光和红光调控的气孔运动机制

(引自 Lawson 和 Matthews，2020)

①蓝光激活向光素(Phot)引起保卫细胞膜上 H^+-ATPase 活化；②光合作用产生 ATP；③淀粉降解促进苹果酸的合成；④K^+ 内流通道被激活而 Cl^- 外流通道被抑制；⑤K^+、Cl^- 和苹果酸运入液泡，引起水势下降，细胞吸水膨胀，气孔张开；⑥光合作用固定 CO_2，生成 ATP、NADPH 和蔗糖；⑦蔗糖水解为苹果酸合成提供底物；⑧叶肉细胞光合作用固定 CO_2，引起保卫细胞 C_i 下降，阻碍 Cl^- 外流，同时生成的蔗糖转运至保卫细胞；⑨活化的 H^+-ATPase 引起 K^+ 内流，保卫细胞水势下降，吸水，气孔张开。C_i：细胞内 CO_2 浓度；Phot：向光素；BLUS1：一种 Ser/Thr 蛋白激酶；PP1：蛋白激酶；GC：保卫细胞

关闭。作为信号分子，ABA 作用于保卫细胞的 ABA 受体后(详见第 7 章)，引起下游的一系列信号转导过程最终使气孔关闭。

气孔运动的调控是一个十分复杂的过程，气孔运动主要受保卫细胞渗透调节，除此之外，还受细胞微丝骨架聚合和解聚、液泡的形态变化、内源节律以及保卫细胞周围的表皮细胞膨压等方面的调节。

1.4.2.5　影响气孔蒸腾的内外因素

气孔蒸腾包含水蒸气的蒸发和扩散两个过程。先是叶肉细胞中的水分通过气孔下腔周围的细胞壁表面向气孔下腔蒸发；然后经过气孔下腔和气孔扩散到叶面的扩散层，再由扩散层扩散到空气中去(图 1-12)。

蒸腾速率取决于气孔下腔内水蒸气向外的扩散力和扩散阻力，即与气孔下腔的水蒸气浓度(P_L)和大气水蒸气浓度(P_a)之差成正比，与包括界面层阻力(r_L)和叶内阻力(r_A)在内的扩散途径的阻力成反比，可以用下式表示：

$$\text{蒸腾速率}=\frac{\text{扩散力}}{\text{扩散阻力}}=\frac{P_L-P_a}{r_L+r_A}$$

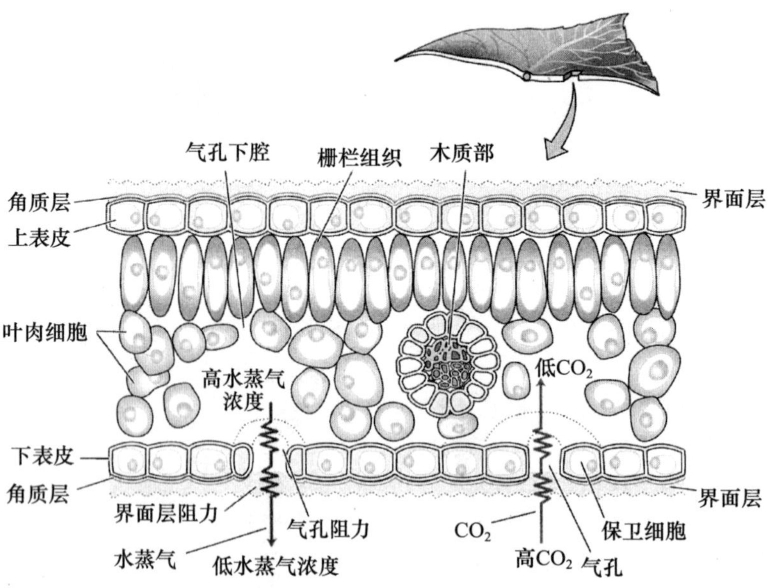

图 1-12　叶片中水的蒸腾途径

（参照 Taiz 等，2015）

气孔下腔的水蒸气浓度与气孔下腔周围细胞的特性有关，如气孔下腔体积大小、细胞壁表面是否粗糙、有无折皱、质膜透性大小、细胞含水量多少等。扩散阻力中叶内阻力主要是气孔阻力，其大小与气孔开度有关；而存在于叶面的静止空气层——界面层（boundary layer），其阻力大小与界面层厚薄、气孔是否内陷、气孔口有无茸毛等有关。对蒸腾影响最大的是气孔阻力。通过改变气孔大小和开闭来调节蒸腾作用的方式称为蒸腾作用的气孔调节；但当水分供应不足或蒸腾量过大时，叶肉细胞失水，气孔下腔水蒸气不再饱和，此时即使气孔张开，蒸腾也很弱，这种现象称为“初干”，植物通过初干调节蒸腾作用的方式称为非气孔调节。

1. 影响气孔蒸腾的内因

气孔频度：气孔频度大有利于蒸腾的进行。

气孔大小：气孔孔径较大，内部阻力小，蒸腾较强。

气孔下腔：气孔下腔容积大，叶内外蒸气压差大，蒸腾快。

气孔开度：气孔开度大，蒸腾快；反之，蒸腾减弱。

气孔构造：气孔构造不同也会影响蒸腾作用，气孔下陷的，扩散层相对加厚，阻力大，蒸腾较慢。

2. 影响气孔蒸腾的外因

光照：光照是影响蒸腾作用的主要外界条件。它不仅可以提高大气的温度，还可以提高叶温，从而增加叶内外蒸气压差，加快蒸腾速率。同时，光是气孔运动的主要调节因素，大多数植物的气孔在光下张开，而在暗中关闭，因此，光照减少气孔阻力，促进蒸腾。

温度：首先，大气温度通过调控呼吸作用和光合作用影响气孔开度。其次，当大气温度升高时，叶温比气温高 2～10 ℃，因此气孔下腔水蒸气压的增加大于空气，增加了叶片内外蒸气压差，蒸腾作用加强。但温度过高时，叶片失水过多，降低了保卫细胞的膨压，引起气孔关闭，降低蒸腾作用。

湿度：在温度相同的情况下，大气的相对湿度越大，其蒸气压就越大，使叶片内外蒸气压差降低，气孔下腔的水蒸气不易扩散出去，蒸腾减弱；反之，大气相对湿度较低，则蒸腾速度加快。

风速：风对蒸腾的影响比较复杂，微风促进蒸腾，因为一定的风速可以吹散气孔外的水蒸气扩散层，减小界面层阻力，增大气孔内外的蒸气压差，加快蒸腾速率。但强风使气孔开度减小或关闭，增大气孔扩散阻力，降低气孔蒸腾。

蒸腾作用的昼夜变化是由外界条件决定的。此外，凡能影响气孔运动的因素也影响气孔蒸腾。

3. 减慢蒸腾速率的途径

植物通过蒸腾作用会散失大量的水分，一旦水分供应不足，植物就发生萎蔫。因此，在农业生产上，为了维持作物体内的水分平衡，常需采取有效措施，减少蒸腾消耗。例如在作物移栽时，要尽量保护好幼根，以保证水分吸收；适当去掉一部分枝叶，以减少蒸腾面积；选择适合的时间进行移栽，如在午后或阴天移栽植物，或栽后搭棚遮阴，实行设施栽培等，以降低蒸腾速率。

在生产上还常使用一些化学药剂以减少蒸腾，例如使用抗蒸腾剂醋酸苯汞、阿特拉津、乙酰水杨酸、脱落酸(S-诱抗素)等抑制气孔开放；使用硅酮、胶乳阻碍水分散失；使用高岭土等反射光线，降低叶温。低浓度脱落酸喷洒叶表面，可抑制气孔开放达数天，且作用快，在 2～10 min 内可使多种植物气孔关闭。

1.4.2.6 蒸腾作用的指标

蒸腾作用常用的指标有下列 3 个。

蒸腾速率(transpiration rate)：蒸腾速率是植物在单位时间内、单位叶面积上通过蒸腾作用散失的水量，常用单位为 $g \cdot m^{-2} \cdot h^{-1}$、$mg \cdot dm^{-2} \cdot h^{-1}$。大多数植物白天的蒸腾速率是 $15 \sim 250\ g \cdot m^{-2} \cdot h^{-1}$，夜晚是 $1 \sim 20\ g \cdot m^{-2} \cdot h^{-1}$。由于叶面积测定有困难，有时也可以用 100 g 叶鲜重每小时蒸腾失水的克数来表示。

蒸腾效率(transpiration ratio)：蒸腾效率是植物消耗 1 kg 水形成干物质的克数，常用单位为 $g \cdot kg^{-1}$。这一比率越大，表明消耗一定量的水所制造积累的干物质越多，水的利用愈经济，故称“蒸腾效率”，一般野生植物的蒸腾效率是 $1 \sim 8\ g \cdot kg^{-1}$，大部分农作物蒸腾效率是 $2 \sim 10\ g \cdot kg^{-1}$。

蒸腾系数(transpiration coefficient)或需水量(water requirement)：与蒸腾效率相反，蒸腾系数是植物制造积累 1 g 干物质蒸腾消耗水分的克数。蒸腾系数愈大，利用水分的效率愈低，需水量愈高。木本植物的蒸腾系数比较低，白蜡树约 85，松树约 40，草本植物的蒸腾系数比较高，大部分栽培作物的蒸腾系数是 100～500。同一植物在不同生育期的蒸腾系数是不同的。在旺盛生长期，干重增加较快，所以蒸腾系数较小；生长较慢时，蒸腾系数就较大。

1.5 植物体内水分的运输

1.5.1 水分运输的途径

水分从土壤经过植物体到大气的过程中，一部分要经过共质体，另一部分要经过质外体。其具体途径是：土壤→根毛→皮层→内皮层→中柱鞘→根的导管或管胞→茎的导管→叶柄导管→叶脉导管→叶肉细胞→叶细胞间隙→气孔下腔→气孔→大气。

水分在植物根、茎、叶内的运输有 2 种途径：质外体运输和共质体运输。

1. 质外体运输

质外体运输经过死细胞。导管和管胞都是中空无原生质体的长形死细胞，细胞与细胞之间有孔，特别是导管细胞的横壁几乎消失殆尽，对水分运输的阻力很小，适于长距离运输。裸子植物的水分运输途径是管胞，被子植物是导管和管胞。

2. 共质体运输

共质体运输经过活细胞。水分从皮层→根中柱、叶脉→叶肉细胞，都是经过活细胞。这部分在植物内的长度不过几毫米，距离很短，但因细胞内有原生质体，阻力很大，运输速度很慢，一般只有 $10^{-3}\ cm \cdot h^{-1}$。所以，没有真正输导系统的植物(如苔藓和地衣)不能长得很高。在进化过程中出现了管胞(蕨类植物和裸子植物)和导管(被子植物)，才有可能出现高达几米甚至几百米的植物。

1.5.2 水分运输的速度

活细胞原生质体对水流移动的阻力很大，因为原生质体是由许多亲水物质组成的，都具有水合膜，当水分流过时，原生质体把水分吸住，保持在水合膜上，水流便遇到阻力。试验表明，在 0.1 MPa 条件下，水流经过原生质体的速度只有 $10^{-3}\ cm \cdot h^{-1}$。

水分在木质部中运输的速度比在薄壁细胞中快得多，为 $3 \sim 45\ cm \cdot h^{-1}$，具体速度因植物输导组织隔膜大小而定。具环孔材的树木的导管较大而且较长，水流速度最高为 $20 \sim 40\ cm \cdot h^{-1}$，甚至更高；具散孔材的树木的导管较短，水流速度慢，只有 $1 \sim 6\ cm \cdot h^{-1}$；而裸子植物只有管胞，没有导管，水流速度更慢，还不到 $0.6\ cm \cdot h^{-1}$。

1.5.3 水分沿导管上升的机制

如前所述，根压能使水分沿导管上升，但根压一般不超过 0.2 MPa，而 0.2 MPa 也只能使水分上升 20.4 m。许多树木的高度远比这个数值大得多，同时蒸腾旺盛时根压很小，所以高大乔木水分上升的主要动力不只是根压。

那么，水分沿导管上升的动力是什么？水分在导管中的运动是一种集流，其上升的动力为压力势梯度（即水势梯度），造成植株上下导管中压力势梯度的原因：一是根压（正压力势），二是蒸腾拉力（负压力势）。根压不足以实现这个过程，因此，在一般情况下蒸腾拉力才是水分上升的主要动力。强烈蒸腾时，顶端叶片水势可降至－3.0 MPa，而根部水势一般在－0.4～－0.2 MPa，因此，根部的水分可顺着水势梯度上升至乔木的顶端。蒸腾拉力要使水分在茎内上升，导管的水分必须形成连续的水柱。如果水柱中断，蒸腾拉力便无法把下部的水分拉上去。

导管中保持连续不断的水柱的根本原因在于较高的水分子的内聚力（cohesive force）（相同分子之间的相互吸引力）。据测定，植物细胞中水分子的内聚力达 20 MPa 以上。叶片蒸腾失水后，便从下部吸水，所以水柱一端总是受到拉力；与此同时，水柱本身的重量又使水柱下降，这样上拉下堕使水柱产生张力（tension）。木质部水柱张力为 0.5～3 MPa。草本植物的水柱张力是 0.15～0.5 MPa，灌木是 0.7～0.8 MPa，高大树木是 2～3 MPa。显然，水分子内聚力远比水柱张力大，故可使水柱不断。这种以水分具有较大的内聚力足以抵抗张力，保证由叶至根水柱不断来解释水分上升原因的学说，称为内聚力学说（cohesion theory），亦称蒸腾-内聚力-张力学说（transpiration-cohesion-tension theory），由爱尔兰人 H. H. Dixon 提出。对于该学说近几十年来争论较多。争论的焦点有两方面：一方面是水分上升是不是也有活细胞参与？有人认为导管和管胞周围的活细胞对水分上升也起作用，但是更多的研究指出，茎部局部死亡（如用毒物杀死或烫死）后，水分照样能运到叶片。另一方面是木质部里有气泡，水柱不可能连续，为什么水分还继续上升？但是有更多的试验者支持这个学说。他们认为，水分子与水分子之间具有内聚力，水分子与细胞壁分子之间又具有强大的附着力（adhesive force），所以水柱中断的机会很小。而且，在张力的作用下，植物体内所产生的连续水柱，除了在导管腔（或管胞腔）之外，也存在于其他空隙（如细胞壁的微孔）里。

1.6 合理灌溉的生理基础

在农业生产中，水是农作物产量形成的限制因素，正如农谚所说："有收无收在于水。"因此，将水分生理的理论，应用于农业生产中，掌握农作物的需水规律，使用科学合理的灌溉方法，以最少的水分消耗换取最大的作物产量，对于提高农作物的产量具有重要的实际意义。

1.6.1 作物的需水规律

1.6.1.1 不同作物需水量不同

作物需水量因作物种类而异。大豆和水稻的需水量较多，小麦和甘蔗次之，高粱和玉米最少。以生产等量干物质而言，需水量小的作物比需水量大的作物所需水分少，或者在水分较少时，尚能制造较多的干物质，因而受干旱影响较小。就利用等量水分所产生的干物质而言，C_4 植物比 C_3 植物多 1～2 倍。

一般蒸腾系数的大小可作为估计某种作物需水量的依据，即以作物的生物产量乘以蒸腾系数作为理论最低需水量。例如某作物的生物产量为 15 000 $kg \cdot hm^{-2}$，其蒸腾系数为 500，则该作物的总需水量为 7 500 000 $kg \cdot hm^{-2}$。但在实际应用时，还应考虑土壤保水能力的大小、降雨量的多少以及生态需水等。因此，实际需要的灌水量要比上述数字大得多。

1.6.1.2 同一作物不同生育期需水量不同

同一作物在不同生长发育时期对水分的需要量也有很大差别。随着作物生长，其蒸腾面积不断扩大，个体不断长大，需要的水分就不断增多，同时，作物本身生理特征不断改变，对水分的需要量也有所不同。

现以小麦为例，分析作物在不同生长发育时期对水分的需要情况。

第 1 个时期：从萌芽到分蘖期。这个时期主要进行营养生长，根系发育很快，叶面积比较小，植株耗水量不大。

第 2 个时期：从分蘖后期到抽穗期即孕穗期。这时茎、叶和穗开始迅速发育，小穗分化，叶面积增大，耗水量最多。该时期植株代谢强烈，如果缺水，小穗分化不佳（特别是雄性生殖器官发育受阻）或畸形发育，茎的生长受阻，结果是植株矮小，产量减低。因此，这个时期是植物对水分不足特别敏感的时期，称为第 1 个水分临界期（critical period of water），也可以通俗称之为关键时期。这个临界期，严格来说，就是从四分体到花粉粒形成的时期。

第 3 个时期：从抽穗到开始灌浆。这个时期叶面积的增长基本结束，主要进行受精和种子胚胎生长。如果缺水，上部叶片因蒸腾强烈开始从下部叶片和花器官吸取水分，引起结实数目减少，导致减产。

第4个时期：从开始灌浆到乳熟末期。这个时期营养物质从母体各部分运到籽粒。物质运输与植株水分状况有关。如果缺水，有机物运输变慢，造成灌浆困难，籽粒瘦小，产量降低，同时也影响旗叶的光合速率和寿命，进一步减少有机物的制造。这个时期是第2个水分临界期。

第5个时期：从乳熟末期到完熟期。消耗水分较少。此时如果供水过多，反而会使小麦贪青迟熟，籽粒含水量增高，影响品质。

1.6.1.3 作物的水分临界期

水分临界期是指植物在生命周期中，对水分缺乏最敏感、最易受害的时期。一般而言，植物的水分临界期多处于花粉母细胞四分体形成期，这个时期一旦缺水，就使性器官发育不正常。如小麦一生中的两个水分临界期即孕穗期和从开始灌浆到乳熟末期。其他农作物也有各自的水分临界期，如大麦在孕穗期，玉米在开花至乳熟期，高粱、黍在抽花序到灌浆期，豆类、荞麦、花生、油菜在开花期，向日葵在花盘形成至灌浆期，马铃薯在开花至块茎形成期，棉花在开花结铃期。由于水分临界期缺水对产量影响很大，因此，应确保农作物水分临界期的水分供应。

1.6.2 合理灌溉的指标

作物是否需要灌溉可依据作物的形态、生理性状和指标、气候特点、土壤墒情进行判断。

1. 形态指标

有经验的技术人员或农民常常根据作物的形态指标来判断作物是否需要灌溉。缺水的作物在形态上常表现出生长缓慢，幼嫩茎叶萎蔫、叶色呈暗绿色或茎叶变红等现象。然而当植物出现这些形态特征的时候，往往其体内代谢方面已受到干旱的损伤，因为从缺水到引起作物形态变化有一个滞后期。

2. 生理指标

灌溉的生理指标是指能够灵敏地反映植物体内水分状况的某些生理特性。植物叶片含水量、细胞液浓度、渗透势、水势和气孔开度等均可作为灌溉的生理指标。当土壤水分不足时，叶片是反映植株生理变化最敏感的部位。首先叶片含水量降低，细胞液浓度升高，水势及渗透势下降，气孔开度减小或关闭。当有关生理指标达到临界值时，就应及时进行灌溉。需要指出的是，作物灌溉的生理指标因不同作物种类、生育期、测定部位，以及不同地区和时间而有差异，在实际应用中需结合当地具体情况校正临界值，以便有效指导灌溉实践。

3. 土壤指标

通常，适宜作物正常生长发育的根系活动土层是0～90 cm，其土壤含水量为田间持水量的60%～80%，如果低于此含水量，应及时进行灌溉。土壤含水量对灌溉有一定的参考价值，但是由于灌溉的对象是作物而不是土壤，所以最好以作物本身的情况作为灌溉的直接依据。

1.6.3 合理灌溉的方法

当确定了作物的需水量、灌溉时期之后，应该制定合理的灌溉制度和方法。灌溉的原则是节约用水，科学用水，用较少的水资源设计灌溉，以增加作物的水分生产力。在实施灌溉过程中，应不断改进灌溉设施和灌溉方法，以达到充分利用有限的水资源，获得较高的经济产量的目的。

作物的灌溉方法通常采用沟渠排灌法。但近年来，人们又较广泛地应用了喷灌（sprinkling irrigation）和滴灌（drip irrigation）技术。喷灌技术是指利用喷灌设备将水喷到作物的上空成雾状，再降落到作物或土壤中。而滴灌技术是指在地下或土表装上管道网络，让水分定时定量地流出到作物根系的附近。水分（也可添加营养物质）从管上的小孔缓慢地滴出，让作物根系经常处于良好的水分、空气、营养状态下。滴灌是我国干旱区农业节水灌溉的主要模式，这种灌溉技术使用方便、模式自动化，节省人力成本，在干旱地区已得到大面积的应用。这2种方法都可以更有效地节约和利用水分，同时使作物能及时地得到水分。

在以上灌溉方法的基础上，还应根据不同作物的特点采用特殊的水分管理计划，以适应当地的水资源条件。具体方法如下：

（1）局部根区灌溉（partial rootzone irrigation，PRI） 即根系分区交替灌溉。对于垄作栽培作物，根据作物需水规律，可以对其根系分布区隔垄滴灌，交替进行，如图1-13所示。这样即可以满足作物对水分的吸收，又避免了水分流失到根区外造成的浪费。在西北干旱地区，与常规灌溉相比，采取高频局部根区灌溉时，可促进苹果根系生长，增强水分吸收能力并减少非生产性水分的流失，提高水分利用效率。

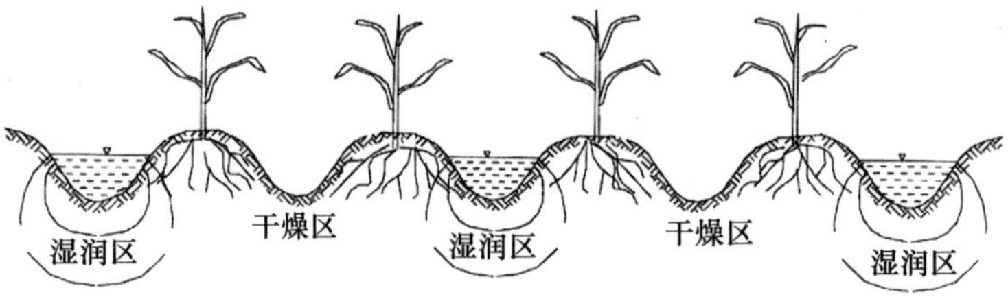

图 1-13　局部根区灌溉方法示意图

（引自 Zhang，2013）

（2）持续性亏缺灌溉（sustained deficit irrigation，SDI）　即根据作物需水量持续定量灌溉，以满足作物对水分的需求，同时又不浪费水资源。这种方法需要充分掌握作物整个生长发育期的需水量。

（3）调亏灌溉（regulated deficit irrigation，RDI）　即根据作物不同生长发育时期的需水量定量灌溉，以满足作物各个生长发育时期对水分的需求，这种方法需要精确掌握作物不同生长发育期的需水量。

（4）干湿交替灌溉/见干见湿/间歇灌溉（alternative wetting and drying，AWD）　即在作物需水时灌溉，待土壤稍微干燥时再灌溉，让土壤有干湿交替过程，既保证了作物对水分的需求，又使得土壤有良好的通气状况，同时不浪费水资源。干湿交替灌溉是我国目前水稻生产中应用最广泛的一种灌溉方式，在全国各稻区得到了大面积的推广应用。相比于传统的淹水灌溉，这种灌溉模式最多可减少灌水 1/3，可提高灌溉水利用率 1/5～1/2。

在农业生产中，人们总结出很多实践经验，针对农作物不同叶龄、不同生育期对水分的需求量，采用不同的节水灌溉方法，例如，水稻生产中，根据其叶龄和稻穗发育的不同时期，采用节水农业的精确灌溉方法和灌溉量。在 15 叶龄（15）时，由搁田改为间隙湿润灌溉。在水稻灌浆期，采取干湿交替措施，可以促进籽粒灌浆，使水稻优质高产。可谓精准农业，也是现代节水农业生产发展的方向（图 1-14）。

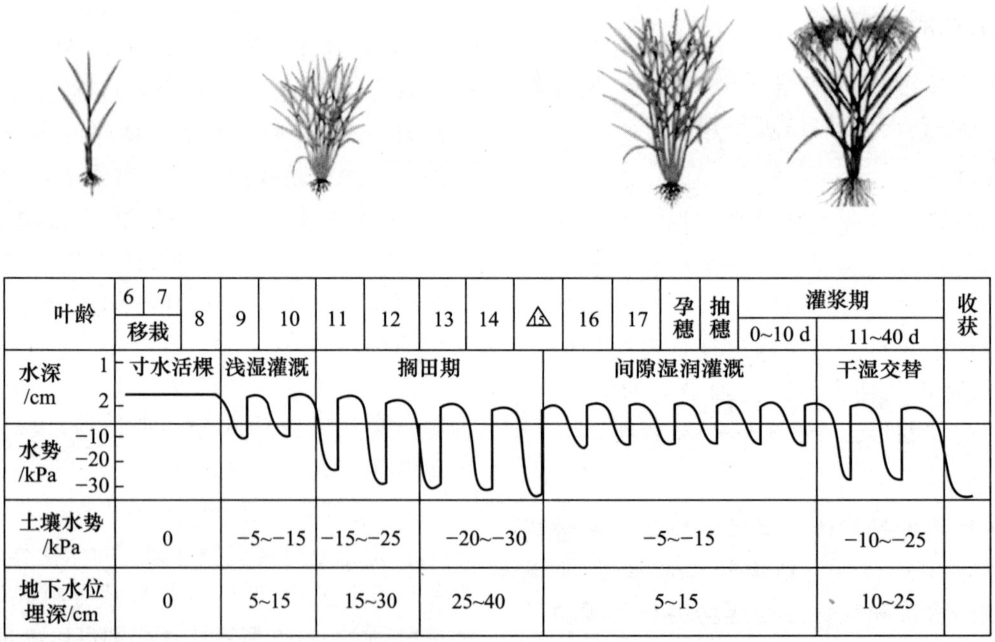

各生育期达到上述指标即灌3~5 cm浅层水，地下水位低，沙土地及穗数型粳稻品种取上限值，地下水位高、黏土地及大穗型杂交籼稻等取下限值；籼稻和杂交粳稻取中间值。

图 1-14　水稻优质高产精确灌溉示意图

（引自 Zhang，2013）

(5)综合旱地农业系统(integrative dryland farming system,DFS) 采取各种农艺措施,如中耕除草、地表覆盖等以减少地表蒸发,不同发育时期采取不同的灌溉方法和灌溉量等,收集贮存雨水灌溉等,均可以充分利用有限的水资源,减少水分浪费,提高水分利用率。在我国干旱地区,如新疆,农田常覆盖地膜以保水保温;南方地区,双季晚稻严重缺水,而早稻又有充足的自然降水,可利用稻田周边沟渠或蓄水池蓄积雨水,用于晚稻灌溉,缓解晚稻缺水问题。

当前淡水资源缺乏,我国提出节水农业工程技术,意思是指根据作物生长需水规律和供水条件,有效地利用降水和灌溉水,以获取农业生产的最大经济效益、社会效益和生态环境效益。因地制宜地选择科学的灌溉方法,平均年用水量每公顷可减少1/3左右,并且为植物生长提供良好的生态环境,所以节约用水很重要。

思考题

1. 植物体内水分存在的形式与植物的代谢、抗逆性有什么关系?
2. 植物根系吸水的部位、途径及吸水的机理是什么?
3. 植物细胞和土壤水势的组成有何异同点?
4. 一个细胞放在纯水中,其水势及体积如何变化?
5. 质壁分离及复原在植物生理学上有何意义?
6. 蒸腾作用有何生理意义?
7. 气孔运动的机制及其影响因素有哪些?
8. 哪些因素影响植物吸水和蒸腾作用?
9. 如何区别主动吸水与被动吸水、永久萎蔫与暂时萎蔫?
10. 如何理解"有收无收在于水"这句话?
11. 合理灌溉在节水农业中的意义如何?如何才能做到合理灌溉?
12. 哪些土壤条件影响根系吸水?
13. 蒸腾作用有哪些利和弊?
14. 水分对植物生命活动有哪些作用?
15. 哪些指标常被用作评价蒸腾作用?

第2章 植物的矿质营养和氮同化

除水分外，植物还需要从土壤中吸收、利用各种矿质元素(mineral elements)，以维持正常的生命活动。矿质元素被植物吸收后，被运输到植物的各个部位，表现出各种生理功能，为植物生长发育所利用。植物吸收、转运及同化利用矿质元素的过程即植物的矿质营养(mineral nutrition)生理。

人类对植物矿质营养的研究和应用具有悠久的历史。我国古代农学名著《齐民要术》就有"美田之法"的记载。几千年来，施用有机肥料一直是改善植物营养状况的主要措施之一。16—17世纪，荷兰人van Helmont(1577—1644)通过柳枝插条试验，成为科学探究植物营养来源的先驱。19世纪中期以前，人们认为植物是以有机形态(土壤腐殖质)从土壤中获得养分。1840年，德国的J. von Liebig(1803—1873)提出植物可以从土壤中获得无机态的营养物质，并确立了土壤供给植物无机营养的观点，从而建立了矿质营养学说。1860年，德国的J. Sachs和W. Knop用定量的已知成分的无机盐溶液成功培养植物、完成植物生活史，自此探明了植物营养的本质，即自养型(无机营养型)。

自养型植物生长发育所需营养主要来自根系从土壤溶液吸取矿质元素和地上部的光合作用(见第3章)。自植物矿质营养学说创立后，无机肥料便逐步被大量施用，导致农业高产。在一定范围内，作物产量与无机肥施用量呈正相关。超出正常范围、过量施用无机肥不仅降低肥料利用效率、增加农业生产成本，还对环境造成负面影响。因此，高效、精准施用无机肥以及提高植物养分吸收利用效率成为目前现代农业和环境保护研究领域的重要课题。

2.1 植物体内的必需元素

2.1.1 植物体内的元素

植物材料烘干后，干物质经过充分燃烧，植物体内碳、氢、氧、氮等元素以二氧化碳、水、分子态氮、NH_3和氮的氧化物等形式挥发掉，小部分硫元素以H_2S和SO_2的形式散失，余下的一些不能挥发的灰白色残渣称为灰分(ash)。灰分中的物质为各种矿质的氧化物、硫酸盐、磷酸盐、氯化物、硅酸盐等，构成灰分的元素称为灰分元素(ash element)。灰分元素直接或间接来自土壤矿质，故又称之为矿质元素。由于氮在燃烧过程中散失，不存在于灰分中，从这个角度看，氮不是矿质元素。但是，除了能利用共生固氮菌从大气中直接获取氮素营养的豆科植物，其他绝大部分植物体内的氮素与灰分元素一样，是从土壤中吸收获得的。因此，广义上通常将氮素归为矿质元素。

植物体内的矿质元素可以通过物理或化学方法检测。植物干物质直接经过高温燃烧(干灰化)或通过硝酸、高氯酸等溶液消煮(湿灰化)后，不能挥发的矿质元素经过盐酸或硝酸溶解，可用原子吸收分光光度计(atomic absorption spectrometry，AAS)或电感耦合等离子体质谱仪(inductively-coupled plasma mass spectrometer，ICP-MS)等仪器分析测定。除上述常用的检测方法外，也可以通过组织切片、能谱仪扫描等方法测定。

自然界有100多种元素，目前可以检测到70余种元素存在于不同的植物体内。不同植物体内矿质元素的种类和含量存在差异。一般水生植物矿质元素含量只有干重的1%左右；中生植物占干重的5%～15%；盐生植物最高，有的可达45%以上。同一土壤条件生长的不同植物，所含矿质元素也不同，如禾本科植物硅含量较高，十字花科植物富含硫元素，而豆科钙元素含量较高。同一植物生活在不同环境中，其体内矿质元素的含量也有差异。同一植物不同器官的矿质含量差异也很大，一般木质部约为1%，种子约为3%，草本植物茎和根为4%～5%，叶则为10%～15%。此外，植株年龄越大，矿质元素含量越高。

2.1.2 植物体内的必需元素及其研究方法

必需元素(essential elements)是指植物生长发育必不可少的元素。植物在其生命活动过程中,不断与外界环境进行物质交换,从外界环境进入植物体内的元素可能是植物进行生命活动所必需的,也可能并不具备任何生理功能。国际植物营养学会采纳 Arnon 和 Stout(1939)提出的认定植物必需元素的 3 条标准是:①缺乏该元素,植物生长发育受阻,不能完成其生活史;②除去该元素,植物会表现出专一的缺素症,这种缺素症可用加入该元素的方法预防或恢复正常;③该元素的生理作用是直接的,而不是由于培养介质的物理、化学或微生物条件改变而引起的间接效果。

因此,判定某元素是否为植物所必需,关键的技术问题是如何精确控制植物生长环境中的元素组成。由于天然土壤成分复杂,其中的元素含量、成分无法控制,因此,运用土培法(soil pot experiment)无法判定哪些元素是植物所必需的。自从 Sachs 和 Knop 运用无机盐溶液成功培养植物以后,溶液培养法(solution culture method)即被广泛运用于植物必需元素的界定。

溶液培养法亦称水培法(water culture method 或 hydroponics),是在含有全部或部分营养元素的溶液中培养植物的方法。由于可以在培养液中增加或减少某种元素或浓度,因此,可以分析培养液中某元素的存在与否或含量高低对植物生长发育的影响。

溶液培养法可以分为纯溶液培养法、砂基培养法、营养膜法和气雾法。纯溶液培养法是将根系直接浸没于溶液中培养[图 2-1(A)]。该法需要通过充气装置补充根系对氧气的需求。砂基培养法是利用石英砂、玻璃球、珍珠岩、蛭石或沙子等介质作为根系生长的支持物,并在介质中加入营养液来培养植物的方法。该方法解决了纯溶液培养法的通气问题,但需要注意生长介质的洁净性,以去除其他元素或微生物的影响。如果进行一般的植物培养,对介质的洁净程度要求可以降低。营养膜法是将植物根系培养在浅槽容器中,容器中的培养液通过回流装置循环使用[图 2-1(B)]。该方法可以通过智能自动化方式控制培养液中的营养成分、pH,根系也能够得到充分的氧气供应。气雾法是将根系置于营养液气雾中培养植物的方法[图 2-1(C)]。

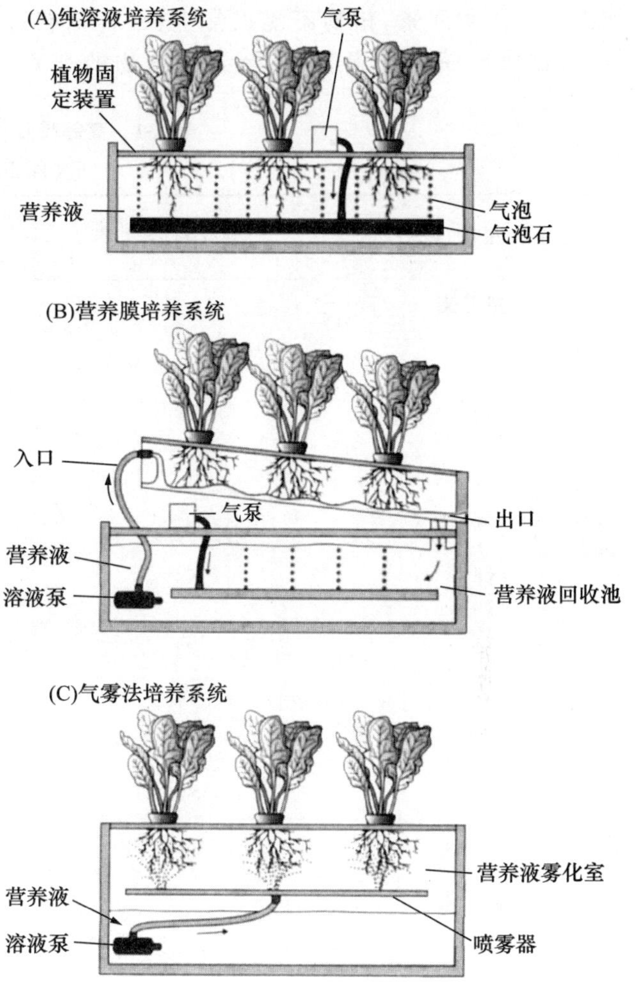

图 2-1 溶液培养方法

(引自 Epstein 和 Bloom,2005)

借助溶液培养法,根据认定植物必需元素的三条标准,目前已经确定 17 种元素为植物的必需元素。根据植物对元素需求量的差异,把这 17 种元素分为大量元素和微量元素两大类。

大量元素(major elements)又称大量营养元素(macronutrients),包括碳(C)、氢(H)、氧(O)、氮(N)、磷(P)、钾(K)、钙(Ca)、镁(Mg)和硫(S)共 9 种。植物对此类元素需求量较多,它们各自约占植物干物重的 0.1%以上(表 2-1)。

微量元素(minor elements or trace elements)又称微量营养元素(micronutrients),包括铁(Fe)、锰(Mn)、硼(B)、锌(Zn)、铜(Cu)、钼(Mo)、氯(Cl)、镍(Ni)8 种,它们分别于 1860 年、1922 年、1923 年、1926 年、1931 年、1938 年、1954 年、1987 年被确认为植物必需元素。植物对这类元素的需要量很少,其含量占植物体干重的 0.01%以下(表 2-1)。

如果缺乏该类元素，植物不能正常生长；若稍有过量，对植物反而造成毒害，甚至导致植物的死亡。表 2-1 中的硅和钠为部分植物的有益元素（详见 2.1.4.1）。

表 2-1　高等植物体内的营养元素及含量

（改自 Taiz 等，2015）

元素	化学符号	占干重比例/%（或 $mg \cdot kg^{-1}$）*	在植物中的浓度（DW）/（$mmol \cdot kg^{-1}$）
大量元素			
氢	H	6	60 000
碳	C	45	40 000
氧	O	45	30 000
氮	N	1.5	1 000
钾	K	1.0	250
钙	Ca	0.5	125
镁	Mg	0.2	80
磷	P	0.2	60
硫	S	0.1	30
硅	Si	0.1	30
微量元素			
氯	Cl	100	3.0
铁	Fe	100	2.0
硼	B	20	2.0
锰	Mn	50	1.0
钠	Na	10	0.4
锌	Zn	20	0.3
铜	Cu	6	0.1
镍	Ni	0.1	0.002
钼	Mo	0.1	0.001

* 大量元素以百分率表示，微量元素以 $mg \cdot kg^{-1}$ 表示。除对硅和钠有争议外，其余皆为公认的植物必需元素。

需要指出的是，国际植物生理学界对必需元素种类的界定存在一定的分歧。钠（Na）、硅（Si）等元素也被认为是植物的必需元素。由于技术因素，如溶液培养时可能存在极微量的某种元素等，因此，对必需元素的界定存在一定的困难。随着研究手段和技术的更新，一些新的必需元素有可能被逐步证明。

如果将这些元素按照一定的比例配制成植物生长的营养液，可以满足植物正常生长发育的需求，这种溶液也被称为平衡溶液。针对不同植物生长发育的需要，营养液的配方也较多，如用于水稻培养的木村培养液等。表 2-2 是经修改的 Hoagland 营养液配方，该营养液可以满足植物快速生长的需求。

表 2-2 经改良的 Hoagland 营养液配方

(引自 Taiz 等,2010)

化合物	相对分子质量	贮备液的浓度/($mmol \cdot L^{-1}$)	贮备液的质量浓度/($g \cdot L^{-1}$)	每升溶液中贮备液的体积/mL	元素	元素的最终浓度/($\mu mol \cdot L^{-1}$)	元素的最终质量浓度/($mg \cdot L^{-1}$)
大量元素							
KNO_3	101.10	1 000	101.10	6.0	N	16 000	224
					K	6 000	235
$Ca(NO_3)_2 \cdot 4H_2O$	236.16	1 000	236.16	4.0	Ca	4 000	160
$NH_4H_2PO_4$	115.08	1 000	115.08	2.0	P	2 000	62
$MgSO_4 \cdot 7H_2O$	246.48	1 000	246.49	1.0	S	1 000	32
					Mg	1 000	24
微量元素							
KCl	74.55	25	1.864	2.0	Cl	50	1.77
H_3BO_3	61.83	12.5	0.773		B	25	0.27
$MnSO_4 \cdot H_2O$	169.01	1.0	0.169		Mn	2.0	0.11
$ZnSO_4 \cdot 7H_2O$	287.54	1.0	0.288		Zn	2.0	0.13
$CuSO_4 \cdot 5H_2O$	249.68	0.25	0.062		Cu	0.5	0.03
H_2MoO_4 (85% MoO_3)	161.97	0.25	0.040		Mo	0.5	0.05
NaFeDTPA (10% Fe)	468.20	64	30.0	0.3～1.0	Fe	16.1～53.7	1.00～3.00
选择性的							
$NiSO_4 \cdot 6H_2O$	262.86	0.25	0.066	2.0	Ni	0.5	0.03
$Na_2SiO_3 \cdot 9H_2O$	284.20	1 000	284.20	1.0	Si	1 000	28

注:大量元素分别从母液中加入,以免出现沉淀;除 Fe 元素外,其他微量元素可以复配成一个贮备液;Fe 以 NaFeDTPA(二乙烯三胺五乙酸钠铁盐,商品名 Ciba-Geigy Sequestrene 330 Fe)螯合态 Fe 的形式加入,也可以用 $FeSO_4$ 与 Na_2EDTA(乙二胺四乙酸钠)复配成 Fe-EDTA 形式;由于其他化学试剂中含有微量的 Ni,可以不用单独添加;如果需要 Si,则应首先加入,并用 HCl 调节 pH,以免其他元素形成沉淀。

如果将植物培养在只含有一种盐分(或一种金属离子)的盐溶液(即单盐溶液)中,植物将不能正常生长甚至死亡,这种现象称为单盐毒害(toxicity of single salt)。单盐毒害的特点是:单盐毒害以阳离子的毒害明显,阴离子的毒害不明显;单盐毒害与单盐溶液中盐分是否为植物所必需无关。

如果在单盐溶液中加入少量含其他金属离子的盐类,单盐毒害现象会减弱或消除。离子间的这种作用称为离子对抗或离子拮抗(ion antagonism)。离子对抗的特点是:元素周期表中不同族的金属元素的离子之间一般有对抗作用;同价的离子之间一般不对抗。例如,Na^+ 或 K^+ 可以对抗 Ba^{2+} 和 Ca^{2+}。单盐毒害和离子对抗的实质可能与不同金属离子对细胞质和质膜亲水胶体性质(或状态)的影响有关。

土壤溶液对陆生植物、海水对海藻等均为天然的平衡溶液。与植物根际区土壤溶液中的营养元素水平相比,人工复配营养液中的营养元素浓度常常高出几个数量级,但这种浓度并不对植物产生毒害或离子胁迫。

2.1.3 植物必需元素的生理功能和缺素症

必需元素在植物体内的生理功能主要有 3 方面:①是细胞结构物质的组成成分,如 C、H、O、N、S 等;②作为酶、辅酶的成分或活化剂,参与酶活性的调节,如 K^+、Mg^{2+} 等;③起电化学作用,参与渗透调节、胶体稳定和电荷中和,如 K^+、Cl^- 等。如果植物缺乏某种必需元素,植物正常的代谢活动就会受到影响,进而在植株外观出现一些颜色或形态上的变化,这些症状称为元素的缺素症(nutrient deficiency symptoms)。

2.1.3.1 氮

植物根系吸收的氮素主要是无机态氮，即铵态氮（ammonium，NH_4^+）和硝态氮（nitrate，NO_3^-）。一些小分子有机含氮化合物（如尿素、氨基酸等）也可被植物直接吸收利用。

氮不仅是构成蛋白质的主要成分（占蛋白质的16%～18%），也是核酸的组成元素，又参与叶绿素、植物激素（如吲哚乙酸、细胞分裂素）和维生素等重要物质的组成，因此，氮素在植物生命活动中占有重要地位，又被称为生命元素。

植物必需元素中，除碳、氢、氧外，氮的需要量最大。土壤中氮素常呈亏缺状态，因此，在农业生产中应特别注意氮肥的供应。氮肥供应充足，植株枝叶繁茂，营养体健壮，籽粒中蛋白质含量高。但氮素供应过多，容易造成植株徒长，植株体内含糖量相对不足，茎秆中的机械组织不发达，易造成植株倒伏，易感染病虫害。

植物在缺氮时，蛋白质、核酸等物质合成受阻，植物生长矮小、分枝少、叶片小而薄。缺氮影响叶绿素的生物合成，导致叶片黄化和早衰，造成产量降低。

2.1.3.2 磷

磷通常以 $H_2PO_4^-$ 或 HPO_4^{2-} 的形式被植物吸收。磷进入植物体后，少部分仍以无机磷形式存在，大部分转变为有机物形式。磷存在于核酸和磷脂之中，直接关系到细胞分裂与原生质膜的透性；磷又是磷酸腺苷（ADP 与 AMP）和烟酰胺腺嘌呤核苷酸（NAD、NADP）的组成元素，与光合作用、呼吸作用关系密切；磷还在糖代谢、脂肪代谢与蛋白质合成中起着重要的作用；此外，磷也是肌醇磷脂信号系统中的重要组分，参与细胞的信息传递和转换。

由于磷对植物的代谢具有多方面的效应，施磷对分蘖、分枝以及根系生长都有良好作用。磷能够促进碳水化合物的合成、转化和运输，对种子、块根、块茎的生长有利。由于磷与氮关系密切，所以缺氮时，磷肥的效果不能充分发挥。

缺磷影响细胞分裂，使蛋白质合成受阻，分枝（分蘖）减少，幼芽、幼叶生长停滞，植株矮小，茎、根纤细，抗性减弱。缺磷阻碍糖分运输，叶片中糖含量相对提高，这有利于花色苷的形成，叶片会呈现紫红色，这是缺磷的典型病症。缺磷会延迟植物的生殖生长，造成产量降低。

2.1.3.3 钾

钾素以 K^+ 形式被根系吸收，在植物体内以离子形式存在，迄今未在植物体内发现含钾的有机化合物。

在细胞内，以钾作为活化剂的酶约有 60 种，如果糖激酶、丙酮酸激酶、苹果酸脱氢酶、淀粉合成酶、ATPase 等，因此，钾对呼吸作用及糖代谢具有重要作用。当钾肥充足时，蔗糖、淀粉、纤维素和木质素含量较高，葡萄糖积累则较少。施钾可以促进光合产物的转化和运输。钾能促进蛋白质的合成，钾充足，形成的蛋白质较多，从而使可溶性氮减少。K^+ 是构成细胞渗透势的重要成分，对气孔的开闭有直接作用。

植物在缺钾时，体内蛋白质合成受阻，非蛋白氮与总氮比值上升。细胞中的非蛋白氮通常包含氨基酸、酰胺与氨，有时甚至包括腐胺。腐胺与游离的氨具有生物毒性，积累较多时，叶片等器官出现赤褐色的坏死斑点。缺钾的植株茎秆柔弱，易倒伏，抗性下降。

由于植物对 N、P、K 的需求量大，故称它们为“肥料三要素”。

2.1.3.4 硫

硫主要以 SO_4^{2-} 的形式被植物吸收。硫进入植物体后，大部分被还原，进而同化为含硫氨基酸，如胱氨酸、半胱氨酸和蛋氨酸等。这些氨基酸是构成蛋白质的必要组分。蛋氨酸与 S-腺苷蛋氨酸是合成植物激素乙烯的前体。硫参与辅酶 A、谷胱甘肽、硫胺素、铁氧还蛋白、维生素等的组成。辅酶 A 的巯基（—SH）可形成高能硫键，参与丙酮酸的氧化，并与糖、蛋白质以及脂肪的转化有密切关系。含硫氨基酸中的巯基可转变成硫桥（—S—S—），对稳定蛋白质的空间构型关系重大。此外，一些小分子质量的蛋白质如金属硫蛋白（metallothioneins，MTs）或多肽如植物螯合肽（phytochelatins，PCs）富含半胱氨酸，其巯基可以结合重金属离子，从而缓解重金属离子对植物的伤害。

与氮素不同，土壤中一般不易缺硫。植物在缺硫时，一般幼叶表现缺绿症状，且新叶均衡失绿，呈黄白色并易脱落。

2.1.3.5 钙

植物根系从土壤中吸收 Ca^{2+}。钙离子进入植物体后，一部分仍以离子状态存在，一部分形成难溶的盐（如草酸钙），还有一部分与有机物（如植酸、果胶酸、蛋白质）相结合。

钙是植物细胞壁胞间层中果胶酸钙的成分，因此，植物在缺钙时，细胞分裂不能进行或不能完成，出现多核细胞。钙在生物膜中可作为磷脂磷酸根与蛋白质羧基间联结的桥梁，具有稳定膜结构的作用。因此，钙具有提高植物对逆境胁迫适应性的作用。Ca^{2+}是细胞内一种重要的第二信使，参与植物的信号转导。植物细胞质中存在多种与Ca^{2+}有特殊结合能力的钙结合蛋白（calcium binding proteins, CBP），如钙调素（即钙调蛋白，calmodulin，CaM）。Ca^{2+}与CaM结合形成具有活性的Ca^{2+}-CaM复合体，可以调控细胞内的生理生化过程。在液泡内，钙与草酸可形成草酸钙结晶，起到中和酸性物质的作用。钙也是一些酶的活化剂，如ATP水解酶、磷脂水解酶等。

土壤与灌溉水中的钙盐较多，一般不会缺钙。植物在缺钙时，由于新细胞壁形成受阻，幼芽与根尖的生长均显著受抑，严重时幼嫩器官溃烂坏死。如大白菜干心病、莴苣顶枯病、番茄蒂腐病等都是缺钙所致。南方酸性土壤（如红壤）施用石灰的主要作用是提高土壤pH，缓解Al中毒。

2.1.3.6 镁

镁以离子状态进入植物体。镁是叶绿素分子中唯一的金属元素。在许多转移磷酸基的酶促反应中，镁能与ATP形成复合物，蛋白酶再与该复合物结合。在光合电子传递过程中，Mg^{2+}与K^+都是H^+的对应离子，当H^+从叶绿体间质转移到类囊体空间时，Mg^{2+}与K^+反方向地转移到叶绿体间质。这样，既能维持跨膜质子浓度梯度，保证光合磷酸化的过程，又可以活化RuBP羧化酶和5-磷酸核酮糖激酶，促进光合糖循环的运转。镁在核酸和蛋白质代谢中也起着重要作用。镁是核糖核酸聚合酶的活化剂，DNA和RNA的合成以及蛋白质合成中氨基酸的活化过程都需镁的参与。具有合成蛋白质能力的核糖体是由许多亚单位组成的，而镁能使这些亚单位结合形成稳定的结构。

植物在缺镁时，老叶的叶肉组织最先出现淡黄色和黑色，而叶脉仍保持明显的绿色，这是与缺氮病症的主要区别。

2.1.3.7 铁

铁主要以Fe^{2+}或Fe^{3+}-高铁载体（phytosiderophore, PS）复合物形式被植物根系吸收。铁是许多酶的辅基，如细胞色素、细胞色素氧化酶、过氧化物酶和过氧化氢酶等。在这些酶中铁可以通过Fe^{3+}和Fe^{2+}之间的价态变化，在呼吸作用电子传递中起重要作用。光合链中的铁硫蛋白和铁氧还蛋白都是含铁蛋白，它们都参与了光合作用中的电子传递。

铁是合成叶绿素所必需的，催化叶绿素合成的酶中有两三个酶的活性表达需要Fe^{2+}。铁影响叶绿体构造的形成。豆科植物根瘤菌中的血红蛋白也含铁，因而铁与固氮有关。

铁是不易重复利用的元素，因而植物缺铁最明显的症状是幼芽、幼叶失绿发黄，严重时变为黄白色。华北果树的黄叶病与植株缺铁有关。土壤中铁含量较多，但在碱性或石灰质土壤中，铁易形成不溶性的化合物而使植物缺铁。

2.1.3.8 锰

锰主要以Mn^{2+}形式被植物吸收。锰参与光合作用，是光合放氧复合体的主要成员，水的光解放氧需要Mn^{2+}的参与。锰是形成叶绿素和维持叶绿素正常结构的必需元素。锰也是许多酶的活化剂，如RNA聚合酶、柠檬酸脱氢酶、苹果酸脱氢酶、脂肪酸合酶、硝酸还原酶等。

植物在缺锰时体内不能形成叶绿素，叶片失绿，并伴有小坏死斑点。

2.1.3.9 硼

硼是高等植物特有的必需元素，而动物、真菌与细菌均不需要硼。硼能与游离状态的糖结合，使糖带有极性，从而使糖容易跨越质膜，促进糖的运输。植株各器官中硼的含量以花最高，花中又以柱头和子房为高。硼对植物的生殖过程有重要影响，与花粉形成、花粉管萌发和受精有密切关系。植物在缺硼时，花药和花丝萎缩，花粉发育不良。油菜和小麦出现的“花而不实”现象与植株硼素缺乏有关。缺硼时根尖、茎尖的生长点停止生长，侧根、侧芽大量发生，其后，侧根、侧芽的生长点死亡，而形成簇生状。甜菜的干腐病、花椰菜的褐腐病、马铃薯的卷叶病和苹果的缩果病等都是缺硼所致。

2.1.3.10 锌

锌以Zn^{2+}形式被植物吸收。锌是叶绿素生物合成的必需元素。锌也是碳酸酐酶（carbonic anhydrase, CA）的成分，此酶催化水和二氧化碳形成碳酸。由于植物吸收和释放 CO_2 通常都先溶于水，因此缺锌时呼吸和光合作用均会受到影响。锌是色氨酸合成酶的必要成分，后者催化生长素前体——色氨酸的合成。植物在缺锌时，吲哚乙酸合成受阻，导致植物生长缓慢，植株节间短，叶片簇生，叶小且变形，叶上还出现黄色斑点。华北地区果树的小叶病，吉林、云南等地的花白叶病与植株缺锌有关。

2.1.3.11 铜

铜以 Cu^{2+} 或 Cu^{+} 的形式被植物吸收。铜为一些氧化还原酶的辅基，如多酚氧化酶、抗坏血酸氧化酶、细胞色素氧化酶、超氧化物歧化酶(SOD)。铜也是质体蓝素的成分，参与光合电子传递。铜还可提高马铃薯抗晚疫病的能力。植物在缺铜时，叶片生长缓慢，呈现蓝绿色，并有坏死斑点，叶片卷缩或畸形。缺铜也会导致叶片栅栏组织退化，气孔下面形成空腔，使植株即使在水分供应充足时也会因蒸腾过度而发生萎蔫。

2.1.3.12 钼

钼是硝酸还原酶(NR)的组分，起着传递电子的作用。钼也是固氮酶中钼铁蛋白的组分，对豆科植物根瘤菌的固氮起到重要作用。植物在缺钼时，硝酸盐不能还原，植株呈现出缺氮病症；叶较小，叶脉间失绿，有坏死斑点，叶边缘焦枯，向内卷曲。十字花科植物缺钼叶片卷曲畸形，老叶变厚且枯焦；禾谷类作物缺钼则籽粒皱缩或不能形成籽粒。

2.1.3.13 氯

氯在 1954 年才被确定为植物的必需元素。氯以 Cl^- 的形式被植物吸收。氯在光合作用中参与水的光解，根和叶的细胞分裂需要氯的参与，Cl^- 还与 K^+ 等一起参与细胞渗透势的调节，如与 K^+ 和苹果酸一起调节气孔开闭。缺氯时，植株叶小、叶尖失绿、干枯，同时根系生长受阻、根尖变粗。

2.1.3.14 镍

镍元素直到 1987 年才被确定为植物所必需的微量元素。镍是脲酶的组分，后者可以催化尿素水解为 CO_2 和氨。植物在缺镍时，叶尖积累较多的脲，导致叶尖坏死。镍也是固氮菌脱氢酶的组分。

总之，植物在缺乏上述任何一种必需元素时，其正常的生长发育就会受到影响，外观就会出现一些缺素症状。N、P、Mg、K、Zn、Cl、Mo 等元素由于在体内的移动性好，缺素症首先会在较老的器官或部位出现。Ca、B、Cu、Mn、Fe、S 等元素由于在体内的移动性差，因此，缺素症首先会在植株新生的器官或部位出现。Fe、Mg、Mn、S、N、Zn 等元素的缺乏均会导致缺绿病(chlorosis)。

植物缺素症状因植物种类、发育阶段、生长环境及缺素程度的不同而有不同的表现。其他一些生物或非生物逆境也会引起植株外观上出现一些毒害症状，增加了诊断的复杂性。因此，首先需要区分生理病害、病虫危害或其他因环境条件不适而引起的病症；其次也要结合土壤及施肥情况综合考虑。如在强酸性土中，由于存在着大量水溶性的 Fe^{3+} 和 Al^{3+}，施用的磷可能形成不溶性磷酸铁和磷酸铝，在土壤磷水平较高时，植物仍然出现缺磷症状。因此，为明确植物缺素症状的原因，需要进行植物、土壤成分的分析测定和元素加入诊断试验等。

2.1.4 植物的有益元素、有害元素

2.1.4.1 植物的有益元素

除了目前普遍公认的 17 种必需元素之外，有些元素对某些植物的生长发育能产生有利的影响，这些元素被称为有益元素(beneficial elements)，如钠(Na)、硅(Si)、铝(Al)、钴(Co)、硒(Se)等。

钠元素是大多数 C_4 或 CAM 植物(参见第 3 章)所必需的。Na^+ 对这类植物光合作用过程中磷酸烯醇式丙酮酸(PEP)的再生至关重要，当钠元素缺乏时，植物出现失绿或坏死，甚至不能开花。Na^+ 能够提高细胞的渗透势，有利于细胞的扩大。低水平钠对于 C_3 植物的生长也是有利的。在渗透调节方面，Na^+ 有部分代替 K^+ 的功能。

硅在土壤中含量最多，通常以二氧化硅(SiO_2)形式存在，植物吸收利用的硅主要是单硅酸[$Si(OH)_4$]。莎草科(Cyperaceae)和禾本科(Graminaceous)植物中硅含量较高。硅多集中在表皮细胞内，使细胞壁硅质化，提高植物的抗倒伏能力。此外，硅具有提高植物的抗病性，缓解 Na、Mn 等金属离子胁迫的作用。铝对茶树、甜菜、玉米以及一些热带豆科植物的生长是有利的。钴在豆科植物的固氮中起着重要作用。硒对于重金属胁迫具有拮抗作用，黄芪属(*Astragal*)植物能富集硒，植物主要以硒酸盐(SeO_4^{2-})和亚硒酸盐(SeO_3^{2-})形式吸收硒。微

量的碘(I)、钒(Va)、钛(Ti)等元素也能促进一些植物的生长。

此外,土壤和植物体内普遍含有稀土元素[rare earth element,是元素周期表中原子序数 57～71 的镧系元素及化学性质与镧系相近的钪(Sc)和钇(Y)共 17 种元素的统称]。稀土元素可以提高磷元素的转运效率,提高一些植物的固氮能力。低浓度的稀土元素可以促进种子萌发、扦插生根,提高叶绿素含量和光合速率,促进幼苗的生长。我国是世界上稀土元素矿藏最丰富的国家,稀土元素的农业应用在我国最为广泛。

2.1.4.2 植物的有害元素

除植物必需元素和有益元素外,有些元素少量或过量时植物会表现出明显的毒害症状,这些元素被称为有害元素,如重金属元素镉、铅、铬、钨,类金属元素砷、汞等。镉会引起植株矮小,根系伸长受助,叶片褪绿,分蘖减少以及产量下降等;影响植物对铁的吸收,引起植物体内缺铁。铅和汞对植物有剧毒。铬抑制水仙花的光合作用,使其植株矮小、叶片卷曲、根系呈褐色且发育不良。钨对固氮生物有毒,因其能竞争性地抑制对钼的吸收。砷毒害会引起小麦水分运输能力下降;因其与磷共用吸收转运体,故砷毒害能抑制磷的吸收,导致植物缺磷,幼叶及茎呈紫红色;砷还影响植物体内磷的代谢,从而影响磷酸化反应及 ATP 的合成。

2.2 植物对矿质元素的吸收与运输

2.2.1 植物细胞吸收溶质的方式

细胞是植物体的结构单元,植物细胞吸收溶质的方式有被动转运(passive transport)、主动转运(active transport)(图 2-2)和胞饮作用。

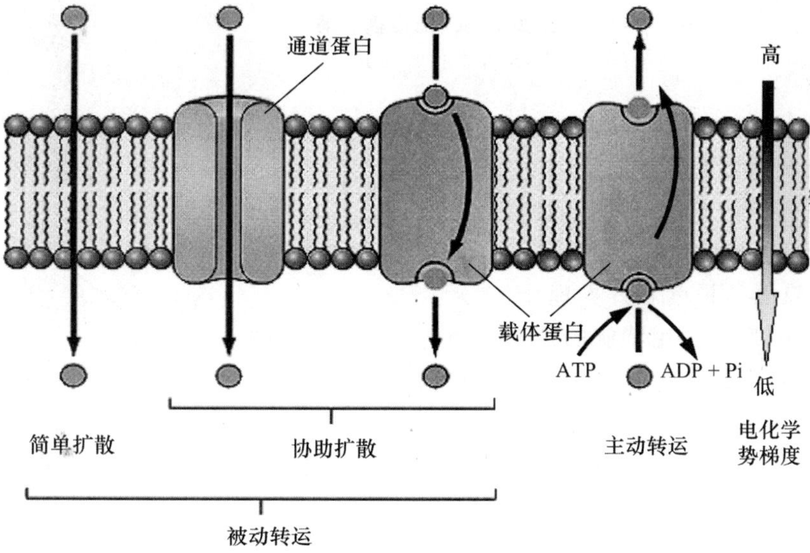

图 2-2 彩图

图 2-2 植物细胞吸收溶质的方式

(引自 Hopkins 和 Hüner,2008)

2.2.1.1 被动转运

某溶质从其电化学势较高的区域向其电化学势较低的区域发生净转移,即溶质顺其电化学势梯度移动的现象称为扩散作用(diffusion)。扩散作用可简称为扩散。扩散不会导致物质逆其电化学势的积累。细胞与环境之间的物质转移可以通过扩散作用进行。植物细胞经扩散作用吸收物质不需要消耗细胞代谢能量,即属于被动转运,也可称为非代谢性吸收。

溶质被动跨越细胞膜的扩散作用可分为简单扩散(simple diffusion)与协助扩散(facilitated diffusion)。简单扩散指某溶质不需要其他物质辅助,而顺其电化学势梯度进行的跨膜转移。脂溶性的非极性溶质分子(如 O_2、CO_2、NH_3 等)均可以以简单扩散方式较快地通过脂质双分子层。某物质(溶质)通过扩散作用跨膜转运时,需要借助于膜上某些特殊蛋白质(膜转运蛋白,transport protein)的帮助,以此种方式进行的溶质扩散称为协助扩散。极性溶质以扩散方式跨膜转移时往往需要通过协助扩散进行，这将比其以简单扩散转移快得多。如极性较强的水分子通过膜上的水通道蛋白——水孔蛋白(aquaporin，见第1章)，可轻松地以扩散方式进行跨膜运送。非极性物质也可通过协助扩散来进行跨膜转运。

上述提及的膜转运蛋白是指细胞膜上具有物质转运功能的蛋白质，主要包括通道蛋白(channel protein)和载体蛋白(carrier protein)2类(图2-2)。它们均为膜束缚蛋白(bond protein)。

通道蛋白简称通道(channel)或离子通道(ion channel)。通道蛋白是一类内在蛋白，其构象可随环境变化而发生变化。在某种构象时，通道蛋白中间会形成允许离子通过的孔道。图2-3为钾离子通道的模式图。

图2-3 彩图

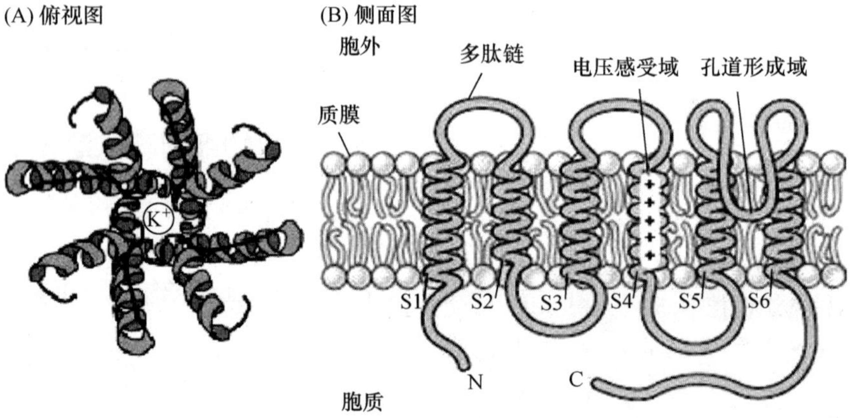

图2-3 K^+通道模式图

(引自Taiz等，2015)

通道运输具有选择性(专一性)，取决于通道孔的大小及孔内表面电荷的密度和性质。通道主要运输离子和水。离子经过通道的运输是被动的协助扩散，离子顺细胞膜电化学势作跨膜运输。离子通道具有"门控"特性，受跨膜电势梯度和外界理化信号的刺激做出"开"或"关"的反应。用特制的仪器，如膜片钳(patch-clamp，PC)可以检测离子经离子通道跨膜转移产生的电流强度，并确定通道特性及所通过的离子属性。应用膜片钳技术，已在植物质膜和液泡膜上发现了一系列离子通道，如质膜上存在K^+、Cl^-、Ca^{2+}通道蛋白。

载体蛋白也属于内在蛋白，与离子通道不同，由载体转运的物质首先与载体蛋白的活性部位结合，结合后载体蛋白发生构象变化，将被转运物质暴露于膜的另一侧，并释放出去。经载体蛋白的转运依赖于溶质与载体特殊位点的结合，因结合位点的数量有限，载体运输表现出饱和动力学曲线特征(图2-4)，其中，K_m反映特定结合位点的特性，表明载体蛋白具有酶的属性。离子通过载体蛋白的最大转运速率为$10^4 \sim 10^5$个·s^{-1}。而离子通过简单扩散和助扩散的转运速率则与胞外溶质的浓度成正比。

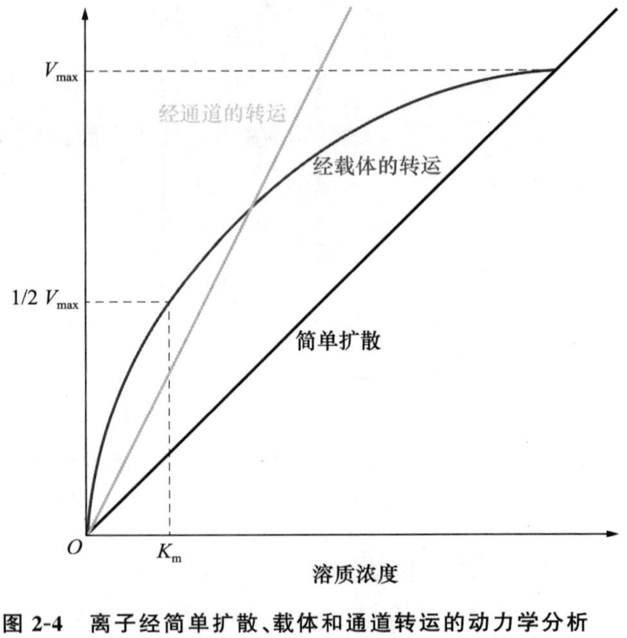

图2-4 离子经简单扩散、载体和通道转运的动力学分析

(参考王忠，2009；Taiz等，2015)

V_{max}：最大运输速率；K_m：酶促反应常数

溶质(离子)经载体蛋白进行的转运可以是被动的，即协助扩散方式，不需要消耗代谢能量；也可以逆电化学势梯度进行主动跨膜转运，即细胞对溶质的主动吸收。

2.2.1.2 主动转运

细胞通过消耗代谢能量，主动将溶质从低浓度一侧跨膜转运到高浓度一侧，该方式称为细胞对溶质的主动转运。

通过载体进行的主动转运需要由ATP提供能量。ATPase即ATP磷酸水解酶（ATP phosphohydrolase），该酶为跨膜的多聚蛋白体复合物，是特殊的载体。ATPase既可催化ATP水解为ADP和Pi，也可催化ADP与Pi合成为ATP：

$$ATP + H_2O \xrightleftharpoons{ATPase} ADP + Pi + 32\ kJ$$

ATPase所催化的ATP水解为放能反应，其释放的能量可将离子从低浓度一侧转移到高浓度一侧，进行离子的主动跨膜转运，因此ATPase具有“泵”的性质。由于依赖ATPase的转运会导致膜两侧电势差的形成，因此ATPase也被称为致电泵（electrogenic pump）。质子（H^+）是通过ATPase进行主动转运最主要的离子。溶质中的K^+、Na^+、Ca^{2+}等阳离子及Cl^-等阴离子也可利用ATPase水解ATP时释放的能量直接进行主动转运。转运这些离子的ATPase相应地被称为质子（H^+）泵、钾泵、钠泵、钙泵等，其中以质子泵最为重要（图2-5）。

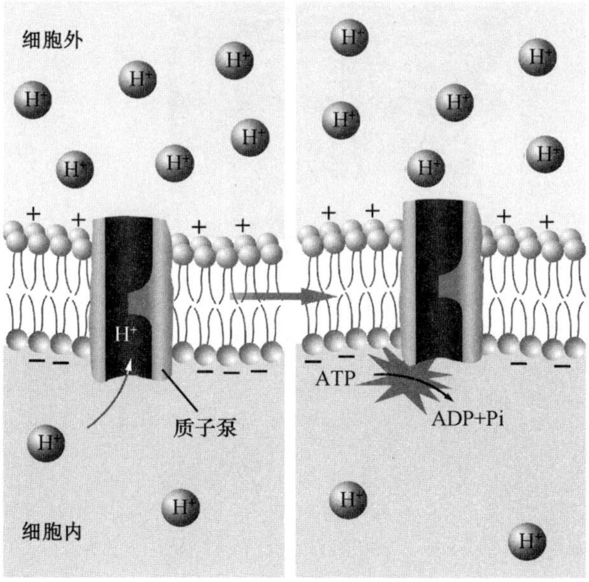

图2-5 质子泵示意图

（引自吴庆余，2005）

细胞内不同部位的质子泵具有不同的特点：

（1）质膜质子泵 即质膜H^+-ATPase，相对分子质量约为200 000，水解ATP的活性位点在质膜细胞质一侧。最适pH为6.5，底物为Mg^{2+}-ATP。K^+可刺激其活性。该酶以H_3O^+形式泵出H^+，H^+/ATP计量近似1。正钒酸盐（ortho-vanadate）为质膜质子泵的专一抑制剂。己烯雌酚（DES）对该酶也有一定抑制效果。过量的Mg^{2+}或ATP也会对该酶产生抑制效应。质膜质子泵与物质的跨质膜转运关系密切。此外，质膜质子泵与许多生理过程有关，如调控细胞的伸长生长、参与打破种子休眠、调节土壤酸度、参与控制因膨压变化引起的气孔和叶柄的运动、参与植物的极性生长过程（如根、根毛、花粉管的极性生长）等，因此质膜H^+-ATPase又称为主宰酶（master enzyme）。

（2）液泡膜质子泵 液泡膜质子泵由液泡膜H^+-ATPase及液泡膜焦磷酸酶组成。其中液泡膜H^+-ATPase有以下特点：相对分子质量400 000，水解ATP的活性位点在液泡膜的细胞质一侧。H^+/ATP计量为2～3。Cl^-、Br^-、I^-等对该酶有激活作用。该酶可被硝酸盐抑制，但不被钒酸盐抑制。液泡膜H^+-ATPase与跨液泡膜的物质转运有密切关系。液泡膜上的焦磷酸酶能够利用焦磷酸的水解而参与跨液泡膜ΔH^+的建立。

（3）线粒体膜与叶绿体膜上的质子泵 相对分子质量约为450 000，H^+/ATP计量约为3。该酶活性受叠氮钠（NaN_3）的抑制。此类酶的生理作用将在呼吸作用、光合作用等章节论述。

质子泵（H^+-ATPase）与钾泵、钙泵等其他离子泵的最大区别是，质子泵除完成主动转运质子（H^+）的功能外，还伴随着对其他溶质（离子）的主动转运。质子泵主动转运质子属于初级主动转运（primary active transport）。通过初级转运的质子在返回膜的一侧时，必须通过膜上的载体才能被动地扩散回去。这种质子伴随其他溶质通过同一载体进行的转运即为质子泵的次级共转运（secondary cotransport）。这样，在初级主动转运中形成的质子动力即被用来进行其他溶质（离子）的主动转运，因此又称为次级主动转运（secondary active transport）。

根据质子与次级共转运离子方向性的异同，次级共转运可分为同向转运（symport）和逆向转运（antiport）（图2-6）。同向转运是指被转运物质与H^+同向越过膜的转运。阴离子与中性物质通常以此种方式进行跨膜转运。参与同向转运的载体被称为同向传递体(symporter)。逆向转运是指被转运物质与 H^+ 反方向越过膜的转运。一些阳离子可以此种方式转运。参与逆向转运的载体被称为逆向传递体(antiporter)。

2.2.1.3 胞饮作用

由于细胞质膜的内向凹陷、折叠而将物质转移到胞内的过程称为胞饮作用(简称为胞饮,图 2-7)。胞饮作用属于非选择性吸收方式,因此,包括各种盐类、大分子物质甚至病毒在内的多种物质都可能通过胞饮作用而被植物吸收;这就为细胞吸收大分子物质提供了可能。但是胞饮作用并不是植物吸收矿质元素的主要方式。

图 2-6 彩图

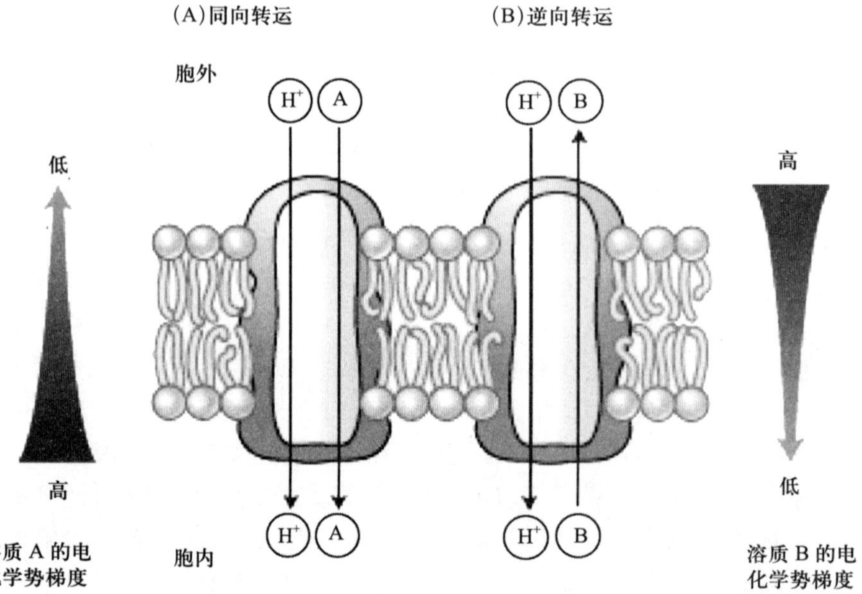

图 2-6 次级主动转运的两种方式

(引自 Taiz 等,2015)

图 2-7 彩图

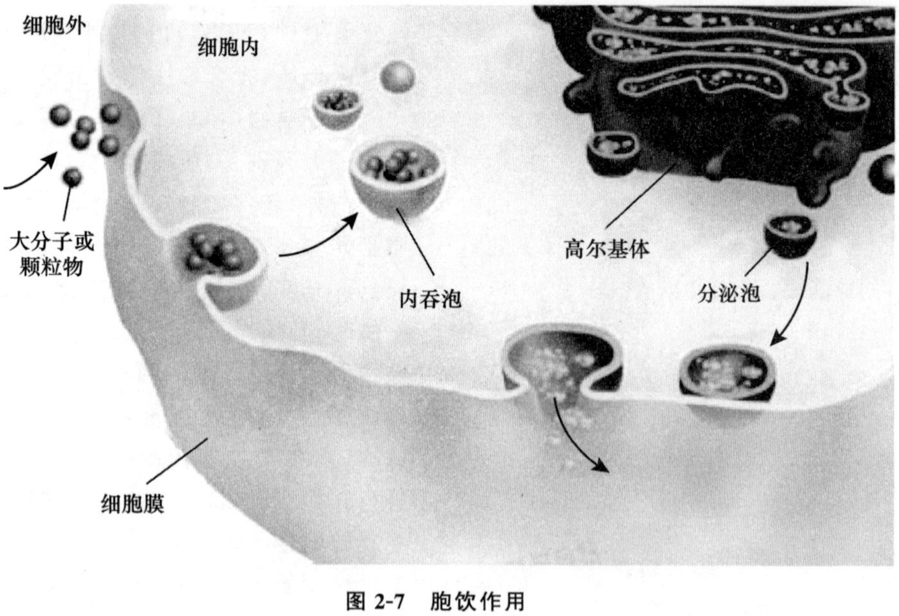

图 2-7 胞饮作用

(引自吴庆余,2005)

2.2.2 植物根系对矿质元素的吸收

植物细胞对矿质元素的吸收、转运是整个植物体吸收和利用矿质元素的基础，而植物体吸收矿质元素的主要器官是植物根系，根系对矿质元素的吸收、利用情况影响着整个植物体的生长和发育。

2.2.2.1 根系吸收矿质元素的区域

矿质元素可以通过植物根尖的根毛区和顶端区域进入根细胞。如研究发现，大麦对钙、铁的吸收主要是通过根尖顶端区域；玉米对铁的吸收主要通过根尖，但是对钾、氮的吸收速率在伸长区最大；玉米和水稻在根尖分生区吸收氨要比在伸长区快；许多植物根毛区是磷吸收的主要部位。

2.2.2.2 根系吸收矿质元素的特点

1. 对矿质元素和水分的相对吸收

矿质元素必须先溶解于水中才能被植物吸收。过去人们认为矿质元素是被动地随水一起被吸收进入植物体内的，是一种简单的物理过程，是由于叶片的不断蒸腾，将溶解在水中的矿质元素从土壤中带到根中，然后再由根带到地上部。这样水和矿质元素的吸收应该是一致的。但是，研究发现，植物对矿质元素的吸收和对水分的吸收并不成正比，二者之间既相关联，又各自独立，根本的原因在于根系对水分和矿质元素的吸收机制不同。

2. 对离子的选择性吸收

植物根系吸收离子的数量与溶液中离子的数量并不成比例。该现象的基础在于植物细胞吸收离子具有选择性。植物根系吸收离子的选择性主要表现在以下两方面：植物对同一溶液中的不同离子的吸收不同；植物对同一种盐的正负离子的吸收不同。由于植物对同一种盐的正负离子的吸收不同，派生出 3 种类型的“生理盐”——生理酸性盐(physiologically acid salt)、生理碱性盐(physiologically alkaline salt)和生理中性盐(physiologically neutral salt)。生理酸性盐如$(NH_4)_2SO_4$，植物根系对 NH_4^+ 的吸收量大于对 SO_4^{2-} 的吸收量，根系释放的 H^+ 残留于土壤，长期使用会导致土壤的酸化。生理碱性盐如 $NaNO_3$、$Ca(NO_3)_2$，根系对阴离子的吸收量大于对阳离子的吸收量，根系活动形成的 HCO_3^- 残留于土壤，长期使用可导致土壤 pH 的升高。植物根系对于生理中性盐如 NH_4NO_3 两种离子的吸收量相当。

2.2.2.3 植物根系吸收矿质元素的过程

1. 将离子吸附在根部细胞表面

植物根系主要通过交换吸附将离子吸附在根部细胞表面。所谓交换吸附是指根部细胞表面的正负离子(主要是细胞呼吸形成的 CO_2 和 H_2O 生成 H_2CO_3 再解离出的 H^+ 和 HCO_3^-)与土壤中的正负离子进行交换，从而将土壤中的离子吸附到根部细胞表面的过程。在根部细胞表面，这种吸附与解吸附的交换吸附过程在不断进行，具体又分成 3 种情形。

• 土壤中的离子少部分存在于土壤溶液中，可迅速通过交换吸附被植物根部细胞表面吸附，该过程速度很快且与温度无关。根部细胞表面吸附层形成单分子层吸附即达极限。

• 土壤中的大部分离子被土壤颗粒所吸附。根部细胞对这部分离子的交换吸附通过 2 种方式进行：一是通过土壤溶液间接进行，土壤溶液在此充当“媒介”作用。二是通过直接交换或接触交换(contact exchange)进行。这种方式要求根部与土壤颗粒的距离小于根部及土壤颗粒各自所吸附离子振动空间的直径总和。在这种情况下，植物根部所吸附的正负离子即可与土壤颗粒所吸附的正负离子进行直接交换。

• 有些矿物质为难溶性盐类，植物主要通过根系分泌的有机酸或碳酸对其逐步溶解而达到吸附和吸收。

2. 离子进入根系内部

植物体内由细胞壁、细胞间隙、导管等所构成的允许矿物质、水分和气体自由扩散的非细胞质开放性连续体系，称为质外体(非质体，apoplast)。植物体内细胞原生质体通过胞间连丝和内质网等膜系统相连而成的连续体系，称为共质体(symplast)。矿质元素从根系表面进入根细胞内部也和水分进入根系一样，既可以通过质外体途径，也可通过共质体途径。

植物根系内自由空间占组织总体积的百分比称为根系表观自由空间(apparent free space，AFS)。AFS 一般为 5%～20%。由于真正的自由空间很难测定，通常以 AFS 来代替衡量。AFS 也可称为相对自由空间(relative free space，RFS)。根表观自由空间越大，溶质的转移越通畅。

离子经质外体或共质体途径进入根部内部，被向内运送至内皮层。由于有内皮层凯氏带的存在，离子（和水分）最终必须经共质体途径才能到达根系内部或导管。这使得根系能够通过共质体的主动转运及对离子的选择性吸收控制离子的吸收和运转。离子进入导管后，靠水的集流而运到地上部，其动力是蒸腾拉力和根压。

2.2.3 影响根系吸收矿质元素的环境因素

根系吸收矿质元素的程度除与根的形态结构（如根系表观自由空间的大小）、根系生理活动等内部因素有关以外，还受一些外界环境因素的影响，其中以土壤温度、土壤通气状况、土壤溶液浓度和土壤酸碱度（pH）的影响最为显著。

（1）土壤温度　土壤温度过高或过低，都会使根系吸收矿物质的速率下降。高温（如超过 40 ℃）使酶钝化，影响根部代谢，也使细胞透性加大而引起矿物质被动外流。温度过低，代谢减弱，主动吸收慢，细胞质黏性也增大，离子进入困难，同时，土壤中离子扩散速率降低。

（2）土壤通气状况　土壤通气状况一方面影响根系呼吸，土壤通气好，增强呼吸作用和 ATP 的供应，促进根系对矿物质的吸收；另一方面，影响土壤微生物的活动，从而影响土壤氮素营养的有效含量。

（3）土壤溶液浓度　土壤溶液的浓度在一定范围内增大时，根部吸收离子的量也随之增加。但当土壤浓度高出此范围时，根部吸收离子的速率就不再与土壤溶液浓度有密切关系。而是受到根细胞膜上运输蛋白数量的限制。而且，土壤溶液浓度过高，土壤水势降低，还可能造成根系吸水困难。因此，农业生产上不宜一次施用化肥过多，否则，不仅造成浪费，还会导致“烧苗”发生。

（4）土壤酸碱度（pH）　土壤 pH 可以从以下几方面影响植物对矿质元素的吸收：

• 直接影响根系的生长。大多数植物的根系在微酸性（pH 5.5～6.5）的环境中生长良好，也有些植物（如甘蔗、甜菜等）的根系适于在较为碱性的环境中生长。

• 影响土壤微生物的活动而间接影响根系对矿质的吸收。当土壤偏酸（pH 较低）时，根瘤菌会死亡，固氮菌失去固氮能力。当土壤偏碱（pH 较高）时，反硝化细菌等对农业有害的细菌发育良好。这些都会对植物的氮素营养产生不利影响。

• 影响土壤中矿质的生物有效性。土壤溶液 pH 较低时有利于岩石的风化和 K^+、Mg^{2+}、Ca^{2+}、Mn^{2+} 等的释放，也有利于碳酸盐、磷酸盐、硫酸盐等的溶解，从而有利于根系对这些矿物质的吸收。但 pH 较低时，易引起磷、钾、钙、镁等的淋失；同时引起铝、铁、锰等的溶解度增大，而造成毒害。相反，当土壤溶液 pH 较高时，铁、磷、镁、铜、锌等会形成不溶物，有效性降低。土壤 pH 对矿质元素生物有效性（根系可吸收性）的影响如图 2-8 所示。

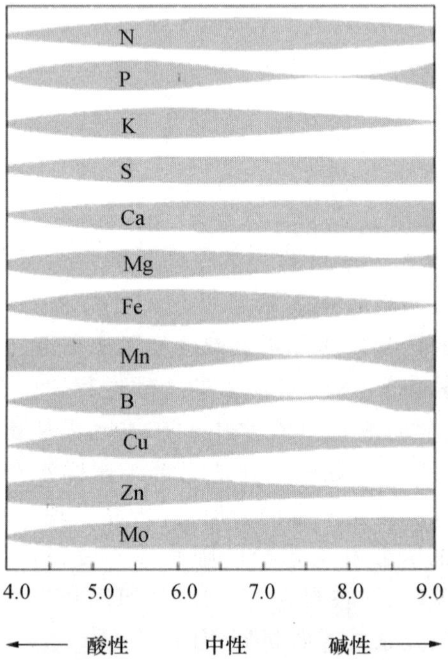

图 2-8　土壤 pH 对矿质元素生物有效性的影响

（引自 Taiz 等，2015）

阴影部分越宽，可利用性越高

2.2.4 植物地上部对矿质元素的吸收

根系是矿质元素进入植物体的主要途径。除根系外，植物地上部幼嫩部位（如叶片、幼嫩茎等）也能够吸收矿质元素，称之为根外营养。由于在植物地上部分中叶片是吸收矿质元素的主要器官，因此又称为叶面营养。

叶片接触到营养液后，营养液首先通过叶面角质层（cuticle）裂缝到达叶片表皮细胞外侧，再经叶片表皮细胞外侧细胞壁上的通道——外连丝（ectodesmata）到达表皮细胞质膜。营养物通过跨质膜转运进入叶片内部的共质体，之后通过共质体或非质体等途径到达叶脉韧皮部并向上或向下运输。与根系吸收矿质元素相比，通过叶面营养可以克服某些矿质元素易于被土壤固定而植物难以利用的弊病，故叶面喷施矿质元素铁、锰和铜比土壤施肥更有效。在作物生育后期，根系生理活动衰退，根系吸收矿质元素功能下降的情况下，可以通过叶片进行营养补充，如在小麦生长后期，通过叶面喷施氮肥能增加种子中蛋白质的含量。叶面营养具有肥料用量省、肥效快等优点，但对一些角质层较厚的叶片效果较差。影响叶片营养吸收的因素有叶龄、叶片生理状况等内部因素以及大气温度、大气湿度、气流（风）等外部因素。

2.2.5 矿质元素在植物体内的运输和再利用

2.2.5.1 矿质元素在植物体内的运输

矿质元素被根系吸收后，部分留在根系，其余的随蒸腾流沿导管运往地上部分。如根部吸收的氮素，大部分在根部转化为有机氮化合物（如天冬氨酸、丙氨酸、蛋氨酸、天冬酰胺、谷氨酰胺等）后向上运输，少部分以硝酸根形式向上运输。根系吸收的磷素大多以正磷酸盐形式运输，少部分在根部转化为有机磷化合物（如甘油磷酸胆碱、己糖磷酸酯等）后向上运输。绝大部分根系吸收的硫素以硫酸根形式向上运输，少部分在根部形成蛋氨酸及谷胱甘肽等形式向上运输。植物根系所吸收的金属元素一般以离子形式向上运输，也有部分会和小分子质量有机酸（如柠檬酸、组氨酸）结合，以结合态形式向上运送。

利用木质部-韧皮部隔离法结合放射性同位素示踪法研究发现，根部吸收的矿物质通过木质部向上运输，其运输速度为 30～100 $cm \cdot h^{-1}$。木质部运送的矿物质也可横向运至韧皮部，进入韧皮部的矿物质还可再向下运输，从而参与植物体内的矿质离子循环。叶片吸收的矿物质通过韧皮部向上或向下运输，也可从韧皮部横向运至木质部并参与植物体内的矿质离子循环。

2.2.5.2 矿质元素在植物体内的再利用

能够参与矿质离子循环的可再利用元素主要有 2 类：一类通常是以不稳定化合物形式被运输或被利用的元素（如氮、磷、镁等）；另一类是在植物体内始终呈离子状态的元素（如钾）。可再利用元素可以优先分配至代谢旺盛的部位。当植物缺乏这些元素时，缺素症首先表现在较老的组织或器官中。

不可再利用的元素通常是一些不能参与矿质离子循环的元素（如钙、铁、锰、硼等），其中以钙最为典型。不可再利用元素被分配至植物所需部位后即被固定。当植物缺乏这些元素时，缺素症首先表现在较幼嫩的组织或器官中。

2.3 植物氮、磷、硫素的同化

2.3.1 植物氮素同化

氮是植物重要的营养元素，植物从外界环境获得氮主要是通过 3 条途径：①通过 NO_3^- 还原把无机氮转化为生命体可用的有机氮；②通过固氮菌对 N_2 的固定；③直接吸收土壤中的铵或有机氮（尿素、氨基酸及酰胺）。

2.3.1.1 硝酸盐的代谢还原

一般旱田作物以吸收 NO_3^- 为主，即使施用的是铵态氮肥，由于 NH_4^+ 在土壤中易被微生物硝化，作物吸收的往往是 NO_3^-。所以，NO_3^- 是植物吸收氮素的主要形式。植物根系从土壤中吸收的 NO_3^- 可以贮存在液泡中，也可以在细胞质中被还原和同化成有机氮化合物后被植物进一步利用。植物将 NO_3^- 还原为 NH_4^+ 的过程称为硝酸盐的代谢还原，该过程需要 2 种酶，即硝酸还原酶（nitrate reductase，NR）和亚硝酸还原酶（nitrite reductase，NiR）的催化才能完成。

NR 是氮代谢过程中的第一个酶，是硝酸盐同化过程中的限速酶，也是一种底物诱导酶。它存在于高等植物根的表皮细胞、叶肉细胞的细胞质中，后又在藻类及高等植物中发现了与质膜外层膜结合的 NR。NR 催化硝酸盐产生亚硝酸盐，并需要 NADH/NADPH 作为电子供体。高等植物和藻类的 NR 都是二聚体，而绿藻门小球藻（*Chorella*）的 NR 是三聚体。每个亚基含 3 个结构域，从氨基端到羧基端依次为钼复合体（molybdenum cofactor，Mo-Co）（是硝酸盐的结合与还原位点）、亚铁血红素（Heme，以 cyt b_{557} 形式存在）、黄素腺嘌呤二核苷酸（FAD）。真核生物 NR 所催化的硝酸盐还原过程如图 2-9 所示。

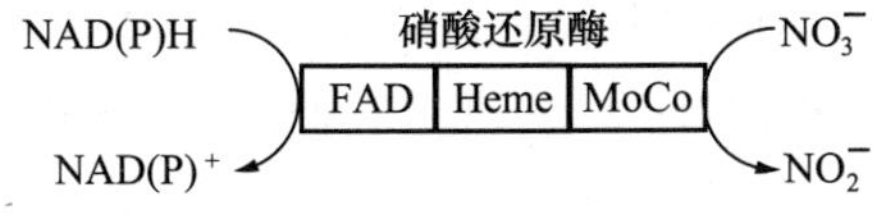

图 2-9 硝酸还原酶催化的还原过程

（引自 Kaiser 和 Huber，2001）

硝酸还原酶由核 DNA 编码，其 mRNA 的表达受硝酸盐、光照条件、还原糖、叶绿体功能等多方面的影响。

NO_3^- 还原为 NO_2^- 后，NO_2^- 被迅速运送到质体(plastid)，即根中的前质体(proplastid)或叶片中的叶绿体，并在亚硝酸还原酶(NiR)的催化下还原为 NH_3 或 NH_4^+。亚硝酸还原酶相对分子质量为 60 000～70 000，具有两个氧化-还原中心，即：Fe-S 原子簇和西罗血红素中心。NiR 催化 NO_2^- 还原反应的过程需要以还原态铁氧还蛋白(Fd_{red})为电子供体，经过 Fe-S 原子簇和西罗血红素中心的电子传递，最终将电子传递给 NO_2^-，将其还原为 NH_4^+。

硝酸盐的还原在根和叶片中均可以进行，通常绿色组织中硝酸盐的还原比其他组织中更活跃；在 NO_3^- 供应较少时，硝酸盐的还原主要在根部进行。但根部和绿色组织中硝酸还原酶的代谢平衡存在物种差异，例如，苍耳属(*Xanthium strumarium*)植物的硝酸盐代谢只发生在茎叶等的绿色组织中，而白羽扇豆多数硝酸盐代谢发生在根部。

2.3.1.2 氨(铵)的同化

植物根部直接吸收的 NH_4^+，或由硝酸盐还原和分子氮固定产生的氨，均可与呼吸作用所产生的各种酮酸(α-酮戊二酸、草酰乙酸、反丁烯二酸等)形成氨基酸，即氨的同化。氨或铵态氮的同化可在根、根瘤和叶部进行。谷氨酰胺合成酶(glutamine synthetase，GS)和谷氨酸合酶(glutamate synthase)是参与氨同化过程中的 2 种关键酶，后者又称为谷氨酰胺-α-酮戊二酸转氨酶(glutamine：2-oxoglutarate aminotransferase，GOGAT)。高等植物体内 95%以上 NH_4^+ 主要是通过谷氨酰胺合成酶/谷氨酸合酶(GS/GOGAT)循环同化。其中，GS 对氨有高的亲和力(K_m＝0.001～0.01 mmol)，能迅速将体内的氨同化，Mg^{2+} 和 Mn^{2+} 可作为 GS 的辅基参与 GS 催化下列反应：

$$L\text{-谷氨酸}+ATP+NH_4^+ \xrightarrow[Mg^{2+}]{GS} L\text{-谷氨酰胺}+ADP+P_i$$

谷氨酸合酶有 2 种类型：一种以 NADH 或 NADPH 为还原剂[NAD(P)H-GOGAT]，另一种以 Fd 为还原剂(Fd-GOGAT)，它们催化下列反应：

$$\alpha\text{-酮戊二酸}+L\text{-谷氨酰胺}+Fd_{red}(\text{或 }NADH+H^+) \xrightarrow{GOGAT} 2L\text{-谷氨酸}+Fd_{ox}(\text{或 }NAD^+)$$

NAD(P)H -GOGAT 在植物和微生物中广泛存在，Fd-GOGAT 存在于所有光合作用的生物体中。被子植物组织中的 GOGAT 活力都较高，叶片中的活力比根系中的更高，其中 Fd-GOGAT 活力又比 NAD(P)H -GOGAT 活力高(种子中除外)。

此外，谷氨酸脱氢酶(glutamate dehydrogenase，GDH)也参与氨的同化，催化下列反应：

$$\alpha\text{-酮戊二酸}+NH_4^++NAD(P)H \xrightleftharpoons{GDH} L\text{-谷氨酸}+NAD(P)^++H_2O$$

GDH 对 NH_3 的亲和力低(K_m＝5～70 mmol)，只有当体内 NH_3 浓度较高，如 C_3 植物在强光下进行光呼吸时线粒体产生大量 NH_3，或植物在环境胁迫(包括 NH_4^+ 胁迫)以及防御反应中产生较多 NH_3 时，该酶才起作用。通常情况下细胞中 NH_3 浓度较低，因此，该酶对植物体内 NH_3 同化的作用受到怀疑，目前一般认为 GDH 主要起解除氨毒的作用。GDH 对 GS/GOGAT 循环可起到辅助作用。当植物发芽、衰老及种子形成时，GDH 可催化谷氨酸脱氨，使 NH_3 进入 GS/GOGAT 循环而得以再利用。

2.3.1.3 生物固氮

尽管大气中约含 78%的氮气(N_2)，但是植物不能直接利用。大气中的 N_2 须被转化为结合态氮才能被利用，这种转化主要靠生物固氮来进行。生物固氮是指由固氮微生物体内的固氮酶在常温常压下将空气中的 N_2 还原成 NH_3 的过程。生物固氮作用是地球氮素循环的重要部分。各种固氮生物无论是共生的根瘤菌、弗兰克氏菌(放线菌)与满江红鱼腥藻，还是自生、联合固氮细菌、蓝藻和光合固氮细菌，它们之所以能将 N_2 转化成可供有机体利用的化合态氮，都是通过其体内具有催化功能的蛋白质——固氮酶复合体来完成的。

固氮酶是由钼铁蛋白(MoFe 蛋白)和铁蛋白(Fe 蛋白)组成的复合体，这 2 种蛋白单独存在时都不呈现固氮酶活性，只有两者形成复合体才具有还原氮的能力。钼铁蛋白被认为是固氮酶的活性中心。铁蛋白是由两个相同亚基组成的二聚体，相对分子质量约为 60 000，含有一个 4Fe-4S 簇。钼铁蛋白相对分子质量约 220 000，是由 2 种特殊的金属原子簇 P2 簇和 FeMo2Co(M2 簇)组成的四聚体。

Hagerman、Burris、Thorneley 和 Lowe 等于 20 世纪 70 年代末到 80 年代中期，总结了固氮酶催化

N_2 的还原过程：2MgATP 与铁蛋白结合，铁蛋白-2MgATP 与钼铁蛋白结合成复合物，ATP 水解，复合物内发生电子转移，底物结合与还原，铁蛋白-2MgADP 复合物与钼铁蛋白分离，2MgATP 替换出 2MgADP 又形成铁蛋白-2MgATP 复合物，如此完成一次循环。每循环一次传递 1 个电子，并消耗 1 个 ATP。每还原 1 分子 N_2 生成 2 分子 NH_3 需要循环 8 次。一般公认的固氮反应化学计量式为：

$$N_2 + 8H^+ + 16MgATP + 8e^- \longrightarrow 2NH_3 + H_2 + 16MgADP + 16Pi$$

固氮菌在固氮过程中，有 25%以上电子用于将 H^+ 还原成 H_2 排出，从而损失了大量的能量，这是当前阻碍固氮微生物应用的一个重要环节。如何减少这一能耗，提高固氮效率，也是目前研究的一个重点。

2.3.2 植物硫素同化

硫是生物体生命活动必不可少的重要元素。植株主要以硫酸根（SO_4^{2-}）的形式从土壤中主动吸收硫素。硫的吸收和运转受一个或多个硫运输蛋白控制，这些蛋白的合成受遗传因素和环境条件共同影响。植株还可以从大气中吸收硫化氢、二氧化硫等供植物生长发育的需要，通过这种方式吸收的硫素约占植株总硫量 10%～20%。

硫酸盐合成含硫有机物的过程包括活化阶段、还原阶段和半胱氨酸合成阶段。

(1)活化阶段　SO_4^{2-} 的活化有两步：存在于质体中的 ATP-硫酰化酶（ATP-sulfurylase，ATPS）催化 SO_4^{2-} 与 ATP 反应生成腺苷磷酰硫酸（adenosine-5′-phosphosulfate，APS）。APS 在 APS 激酶（APS-kinase）催化下与 ATP 反应生成 3′-磷酸腺苷-5′-磷酰硫酸（3′-phosphoadenosine-5′-phosphosulfate，PAPS）。APS 和 PAPS 都是活化的硫酸盐，可以相互转化。

(2)还原阶段　植物体中的 APS 或 PAPS 先被转化为与酶结合的硫代磺酸（$R\text{-}SO_3$），再被还原为硫代硫化物（$R\text{-}S^-$）。

(3)半胱氨酸合成阶段　硫代硫化物或硫化物与 O-乙酰丝氨酸作用，在 O-乙酰丝氨酸硫解酶催化下合成半胱氨酸。该酶广泛分布于细胞基质、质体和线粒体中。半胱氨酸可进一步合成胱氨酸或甲硫氨酸，最后被用于合成蛋白质。

2.3.3 植物磷素同化

植物根系吸收的磷酸盐（HPO_4^{2-}）少数以离子状态存在于植物体内，多数磷酸盐则存在于根部或被运送到地上部同化成有机物，如磷酸化的糖类、磷脂和核苷酸等。磷酸盐最主要的同化过程是通过光合磷酸化、氧化磷酸化以及底物水平磷酸化的作用，与 ADP 形成 ATP（$ADP + Pi \rightarrow ATP + H_2O$）。

2.4 合理施肥的生理基础

由于土壤中养分的流失或被植物吸收，因此，施肥就成为改善植物生长发育、提高生物量或经济产量与品质的一个重要手段。由于土壤基本理化性质以及不同植物需肥特点有所差异，因此，需要根据不同土壤、不同植物的生长状况合理施用肥料，在保证植物营养供应的前提下，控制肥料施用量，以降低成本、减少环境污染。

2.4.1 植物需肥特点

不同植物对必需元素的需求量和比例不同。如以果实籽粒为主要收获对象的禾谷类作物（如水稻、小麦、玉米等），N 肥需求量较多，同时又需要足够的 P 肥和 K 肥，以使植物生长后期籽粒饱满；根茎类作物（如甘薯、马铃薯），需要多施 K 肥，以促进地下部分糖分的积累；栽培叶菜类作物时，可偏施 N 肥，使叶片肥大；豆科植物（如大豆、花生等）能固定空气中的 N 素，可多施 P、K 肥。即使是同一植物，体内必需元素含量也因品种、土壤和生长条件等而有差异。

同一植物在不同生育时期中，对矿质元素的需求量也存在差异。种子在萌发期间，由于本身贮藏养分，对外界矿质元素的依赖性很小；随着幼苗的长大，矿质元素的需求量逐渐增加；植物接近开花、结实时，矿质养料需求量最多；以后则随着生长的减弱，矿质元素的需求量下降；至成熟时期则基本停止吸收外界的矿质营养；衰老时植物体内甚至有部分矿质元素排出体外。在植物生长过程中，苗期对缺乏矿质元素最敏感，故该时期称为需肥临界期（或植物营养临界期）。虽然在营养总量上需求不大，但要求肥料提供的营养必须均衡、速效，并且在数量上能够保证，特别是磷肥尤为突出。在前期植物吸收磷和钾较氮素多，所以磷肥和钾肥一般作为基肥投入。而在植物生长旺盛时期，施用肥料的营养效果最好，这个时期被称为最高生产效率期(或植物营养最大效率期)。一般以种子和果实为收获对象的作物,其营养最大效率期是生殖生长时期,此时正处于生殖器官分化和退化的关键时刻,加强营养既可促进颖花的分化形成,又可防止颖花和枝梗的退化。如水稻、小麦的营养最大效率期是在幼穗形成时,油菜和大豆都在开花期,此时增施肥料可以发挥出最大的肥料效益以取得最佳的经济收益。农业生产中的"菜浇花"依据的就是这个道理。

肥料的形态也影响肥效的发挥。如较硝态氮(NO_3^--N)而言,水稻更偏好铵态氮(NH_4^+-N)。当用水培法培养水稻时,需要注意铵态氮和硝态氮之间的比例。烟草栽培中也要关注铵态氮和硝态氮的比例,因为NH_4^+-N有利于芳香油的形成,而NO_3^--N有利于有机酸的合成,有机酸可加强烟叶的燃烧性以及香味。

2.4.2 合理施肥的指标

由于植物的生长发育受环境(如土壤条件、气候因素)影响较大,植物对矿质元素的吸收量也随自身遗传因素的差异、生育时期的早晚而有所不同,因此,具体施肥种类、数量和时期,需要根据植株生长情况而定。

2.4.2.1 追肥的形态学指标

根据植株的外部形态(如长相、叶色等)判断植物的营养状况,作为追肥的形态学指标。

作物的长相是一个很好的追肥形态指标。氮肥多,植株生长快,叶片大,叶色深,株型松散;氮肥不足,生长慢,叶短而直,株型紧凑。叶色是反映植物体内营养状况(尤其是氮素水平)最灵敏的指标。功能叶叶绿素含量高低,与其含氮量多少基本一致,所以生产上常以叶色作为氮肥施用指标。叶色也是反映植株体内代谢类型的良好指标。叶色深的植株代谢以氮代谢为主,植株生长快,光合产物大多数运到新生器官,同时消耗大量糖类以形成新的蛋白质。叶色浅的植株代谢以碳代谢占优势,其体内含氮量低,生长慢,光合产物大多数以糖类形式分配到贮藏器官(茎、穗等)中。所以,叶色深浅也是调控生长发育的信号。如在水稻生育后期,要及时将植株的氮代谢转换为碳代谢,以防止水稻的贪青迟熟。

2.4.2.2 追肥的生理指标

植物的营养状况可以从植株的生理生化指标直接反映出来。一般可以由植株功能叶的生理指标(如营养元素、酰胺、酶活性等)的变化来体现。

叶片营养元素诊断是最直接的一种手段。植物叶片不同营养浓度水平与产量之间存在一定的相关性。养分严重缺乏时,产量低;养分适当时,产量高;如养分浓度继续升高,反而会产生毒害,导致产量下降(图 2-10)。可以先通过化学分析,得出植物在不同生育期的营养元素含量范围(表 2-3),以此作为施肥的指标之一。

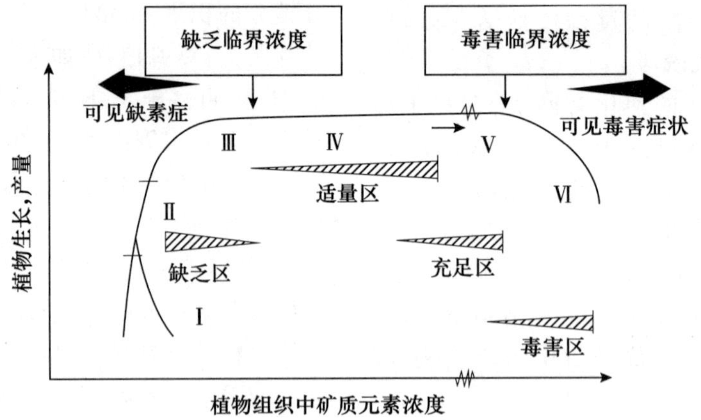

矿质元素	Ⅰ　Ⅱ	Ⅱ　Ⅲ	Ⅳ	Ⅴ	Ⅵ
	缺乏	低	适量	高	毒害
P/(g·kg^{-1})	<1.6	1.6~2.5	2.6~5.0	5.1~8.0	>8.0
N/(g·kg^{-1})	<12.6	12.6~17.0	17.1~25.0	25.1~27.5	>27.5
Mn/(mg·kg^{-1})	<15	15~20	21~100	101~250	>250

图 2-10 植物组织中营养元素含量与作物产量的关系(以大豆为例)

(引自 Marschner,2012)

表 2-3　营养充足时作物组织营养元素浓度

（引自 Marschner，2012）

作物种类	组织中大量元素浓度/($g \cdot kg^{-1}$ DW)					组织中微量元素浓度/($mg \cdot kg^{-1}$ DW)				
	N	P	K	Ca	Mg	B	Mo	Mn	Zn	Cu
春小麦（孕穗期的地上部）	30～45	3.0～5	29～38	4～10	1.5～3	5～10	0.1～0.3	30～100	20～70	5～10
黑麦草（地上部）	30～42	3.5～5	25～35	6～12	2～5	6～12	0.15～0.5	40～100	20～50	6～12
甜菜（成熟叶）	40～60	3.5～6	35～60	7～20	3～7	40～100	0.25～1.0	35～100	20～80	7～15
棉花（成熟叶）	36～47	3～5	17～35	6～15	3.5～8	20～80	0.6～2.0	35～100	25～80	8～20
番茄（成熟叶）	40～55	4～6.5	30～60	3～4	3.5～8	40～80	0.3～1.0	40～100	30～80	6～12
苜蓿（上部叶）	35～50	3～6	25～38	1～2.5	3～8	35～80	0.5～2	30～100	25～70	6～15
苹果（成熟叶）	22～28	1.8～3	11～15	13～22	2～3.5	30～50	0.1～0.3	35～100	20～50	5～12
橙（成熟叶）	24～35	1.5～3	12～20	30～70	2.5～7	30～70	0.2～0.5	25～125	25～60	6～15
挪威云杉（1～2 年龄针叶）	14～17	1.3～2.5	5～12	3.5～8	1～2.5	15～50	0.04～0.2	50～500	15～60	4～10
栎树、山毛榉（成熟叶）	19～30	1.5～3	10～15	3～5	1.5～3	15～40	0.05～0.2	35～100	15～50	6～12

酰胺是反映作物体内氮素状态的良好指标之一。植物吸收氮素过多时，就会以酰胺状态贮存，以免过多的游离氨对植物产生毒害。研究证实，水稻植株中的天冬酰胺与氮的增加是平行的，因而天冬酰胺含量可作为水稻植株氮素状态的指标。

植物体内某些酶的活性与体内某些营养元素的丰缺有密切关系。硝态氮的转变先后由硝酸还原酶和亚硝酸还原酶催化。但当底物不足时，酶的活性也相应较低；随着氮化物浓度的增加，相应酶活性也随之增强。因此，可根据体内硝酸还原酶和亚硝酸还原酶活性的变化，来确定氮肥的合理用量。除了以上述植物的形态学指标和生理指标作为施肥的参考依据外，土壤中营养元素的含量（尤其是生物有效性含量）（表 2-4），也可作为施肥的重要参考指标。“测土施肥”就是依据土壤中营养元素的丰缺，来合理确定肥料的种类和施用量。

表 2-4　耕层土壤（0～20 cm）溶液中营养元素的年平均含量

（修改自 Marschner，2012）　　　　$\mu mol \cdot L^{-1}$

K	Ca	Mg	NH_4^+-N	NO_3^--N	SO_4^{2-}-S	PO_4^{3-}-P	Zn	Mn
510	1 650	490	48	3 100	590	1.5	0.48	0.002

需要指出的是，现在国内外同一作物的栽培品种很多，不同品种的外观形态、生理指标也存在很大的差异。此外，由于各地的土壤质地、气候条件、耕作管理水平的不同，植物生长对土壤的营养要求也各异。因此，只有充分熟悉某植物（或品种）的生长、生理特性，全面考虑环境等外界因素，才能依据某些指标做到合理施肥。

2.4.2.3　施肥不当与环境问题

氮、磷、钾元素是影响作物产量的三要素。然而，我国大部分耕地氮、磷营养缺乏，在 20 世纪 80 年代之前，土壤氮、磷养分不足是限制我国耕地土壤生产能力的主要因素。过去几十年来，化肥尤其是氮、磷肥的不断投入解决了不断增长的人口对粮食的需求问题。但是，肥料的过量投入导致生态环境的不断恶化，近年来，农业生产中施肥不当所引起的问题主要表现在以下几个方面。

• 肥料利用率低，资源浪费严重。肥料利用率是指当季作物从所施肥料中吸收的养分占施入养分的比例。我国氮肥当季利用率仅为 30%～35%，磷肥利用率仅为 10%～25%。肥料中的氮主要通过挥发、反硝化、淋失等途径损失，而磷则易被土壤吸附，导致其生物有效性降低。另外，肥料利用率还受施肥种类、土壤特性、作物品种等许多因素的影响。

• 耕地质量下降。一方面，化肥的大量投入导致土壤板结，土壤生物性状退化、有机质含量低，土壤酸化、盐渍化，防旱排涝能力差；另一方面，大量元素肥料的长期使用，还造成土壤中微量元素的缺乏和养分失衡。

•造成环境污染。肥料中的氮被还原为亚硝酸盐、肥料(特别是磷肥)中的重金属在土壤中长期积累导致土壤的亚硝酸盐和重金属污染;另一方面,土壤中过量的氮和磷被淋洗进入地下水或通过地表径流流入河流、湖泊,引起水体的富营养化(eutrophication)。

水体富营养化是指由于自然和人类的活动,使水体中的营养物质(如 N 和 P)增加,引起水生植物过量生长和水体生态平衡改变,因而对水体及周围环境造成危害的一种污染现象。它是水体营养盐富集后发生的一类现象,多见于静水体或流速缓慢的水体。20 世纪 80 年代以来,我国的太湖、滇池、巢湖等淡水湖及近海岸水域富营养化现象日益严重。农业面源污染是引起水体富营养化的重要原因,研究表明,太湖流域农业向水体中排放磷的量已占总磷排放量的 70%左右(表 2-5)。因此,高效利用氮、磷,减少农田氮、磷流失,控制农田地表径流污染对改善水体水质至关重要。土壤和水体污染最终导致农作物减产、农产品品质降低。

表 2-5　太湖流域农业面源污染占总量比例的调查统计

(修改自金苗等,2010)

年份	分类	占总量的比例/%	年份	分类	占总量的比例/%
2000	NH_4^+-N	57	2005	NH_4^+-N	43
	TP	38		TP	68
	COD	16		COD	45
				TN	51

富营养化是目前我国淡水水域面临的主要环境问题。富营养化会导致水体中蓝藻水华频发、沉水植物消亡、生物多样性下降等。富营养化水体的治理以去除水中的氮、磷为主,目前水体净化方法有 3 种:一是物理修复,即利用工程技术措施,清除底泥污染;二是化学修复,如向富营养化水体中加入石灰或硅酸钙以去除水中的氮;三是生物修复,即利用水生植物或微生物的吸收或代谢去除水中的氮、磷,是一种较为理想的水体富营养化修复方法。植物可以吸收水中的氮、磷并将其贮存在组织和器官中,通过收割植物即可去除水中的氮、磷。常用于水体修复的植物包括沉水植物(如马来眼子菜、荇菜、金鱼藻)、挺水植物(如芦苇、菖蒲等)和漂浮植物(如水葫芦)。微生物修复主要是利用微生物的硝化和反硝化作用将水体中的氮转化为气体挥发出去。但是单纯的植物或微生物修复通常很难达到修复效果,将植物和微生物修复相结合,利用植物的吸收、吸附和微生物吸附、转化去除水体中的营养元素将成为水体富营养化防治的发展趋势。

思考题

1. 植物正常生长需要哪些营养元素?这些元素有哪些生理功能?如何判断某种元素是植物的必需元素?

2. 营养元素是如何进入植物体、如何跨膜转运的?植物细胞吸收矿质元素的方式有哪些?

3. 无机营养元素进入植物体后是如何被同化利用的?

4. 溶液培养法有哪几种类型?用溶液培养法培养植物有哪些注意事项?

5. H^+-ATPase 如何参与矿质元素的主动吸收?

7. 影响植物根系吸收矿质元素的外界因素有哪些?

8. 生产上过量施肥有哪些弊端?如何做到合理施肥?

9. 试列举 10 种元素在光合作用中的作用。

第3章 光合作用

地球上的一切生命都离不开来自阳光的能量。植物每一天都在进行着把太阳能变成化学能，把无机物变成有机物的生命活动，它就是光合作用。光合作用(photosynthesis)是指绿色植物吸收光能，同化二氧化碳和水，制造有机物质并释放氧气的过程。光合作用是植物特有的生命现象。全球植物每年吸收约 7 000 亿 t 二氧化碳，合成约 5 000 亿 t 有机物，为人类、动植物和无数微生物的生命活动提供食物、能量和氧气，同时具有抵消二氧化碳排放的作用。光合作用是地球上规模最大的将太阳能转变为可贮存的化学能的过程，也是规模最大的将无机物合成为有机物和释放氧气的过程，并且在实现“碳达峰”和“碳中和”目标中发挥正向作用。光合作用被认为是地球上最重要的化学反应。

3.1 光合作用的研究历史

1648 年，荷兰人 Helmont 进行了著名的柳树盆栽试验，他认为植物是从水中取得生长所需的物质的。1771 年，英国牧师 Priestley 进行了另一项著名的试验：他发现将薄荷枝条和燃烧着的蜡烛放在一个密封的钟罩内，蜡烛不易熄灭；将小鼠与绿色植物放在同一钟罩内，小鼠也不易窒息死亡。因此，他在 1776 年提出植物可以“净化”由于燃烧蜡烛和小鼠呼吸弄“坏”的空气。随后，1779 年荷兰医生 Ingenhousz 证实，植物只有在光下才能“净化”空气。于是，人们将 1771 年定为发现光合作用的年代。1782 年，瑞士牧师 Senebier 用化学分析的方法证明，植物在照光时吸收 CO_2，并释放氧气。1804 年，Saussure 进行了光合作用的第一次定量测定，发现植物光合作用后增加的重量大于 CO_2 吸收和 O_2 释放所引起的重量变化，认为水参与了光合作用。1864 年，Sachs 观测到照光的叶绿体中有淀粉的积累，从而证明光合作用形成有机物。至此，人们对光合作用的认识可归纳为以下反应式：

$$6CO_2+6H_2O \xrightarrow[\text{绿色植物}]{\text{光}} C_6H_{12}O_6+6O_2$$

由上式可以看出，光合作用本质上是一个氧化还原反应，H_2O 是电子供体(还原剂)，CO_2 是电子受体(氧化剂)。

20 世纪 30 年代，美国斯坦福大学研究生 Niel 比较了不同生物(绿色植物、紫硫细菌、氢细菌)的光合作用过程，发现了共同之处并提出了光合作用的通式：

$$CO_2+2H_2A \longrightarrow CH_2O+2A+H_2O$$

因此，Niel 推测光合作用产生的 O_2 不是来自 CO_2，而是来自 H_2O。1941 年，美国科学家 Ruben 和 Kamen 通过 ^{18}O 和 $C^{18}O_2$ 同位素标记试验，证明光合作用中释放的 O_2 确实来自 H_2O。为了把 CO_2 中的氧和 H_2O 中的氧在形式上加以区别，用下式作为光合作用的总反应式：

$$CO_2+2H_2O^* \xrightarrow[\text{叶绿体}]{\text{光}} CH_2O+O_2^*+H_2O$$

目前人类面临着人口急增、食物不足、资源匮乏、环境恶化和能源紧缺等五大问题，而这些问题的解决都和光合作用有着密切的关系。因此，深入探讨光合作用的规律，揭示光合作用的机理，使之更好地为人与自然服务，越来越显得重要和迫切，具有重大的理论和实际意义。

3.2 叶绿体与光合色素

植物细胞与动物细胞的一个重要差别是，它具有独特的能量转换细胞器——叶绿体(chloroplast)。17 世纪 Leeuwenhoek 就对叶绿体做过描述，是最早发现的细胞器。叶绿体的主要功能是进行光合作用，存在于所有活植物细胞中，而且都由双层膜构成的被膜包被。叶绿体含有自身的 DNA 和 RNA，是细胞内的一种半自主性的细胞器。

3.2.1 叶绿体

3.2.1.1 叶绿体的形态结构

植物叶片的结构十分精妙。最外层是表皮。在表皮上分布着许多小孔，称为气孔。气孔可以开关，控制着叶片内、外的气体交换。在叶片内部是叶肉组织，由许多叶肉细胞组成。在叶肉细胞中含有许多绿色的小颗粒，它们就是叶绿体(图 3-1)。

在高等植物中，叶绿体在显微镜下为椭圆形或梭形的绿色颗粒，由外膜和内膜双层膜围成的椭圆形细胞器，由叶绿体被膜(chloroplast membrane)、类囊体(thylakoid)和基质(stroma)3 部分构成。但一些低等植物，特别是藻类的叶绿体形状差别很大，如水绵的叶绿体为螺旋带状，衣藻的叶绿体为杯状，双星藻的叶绿体则为星形，丝藻的叶绿体为带孔的板状。

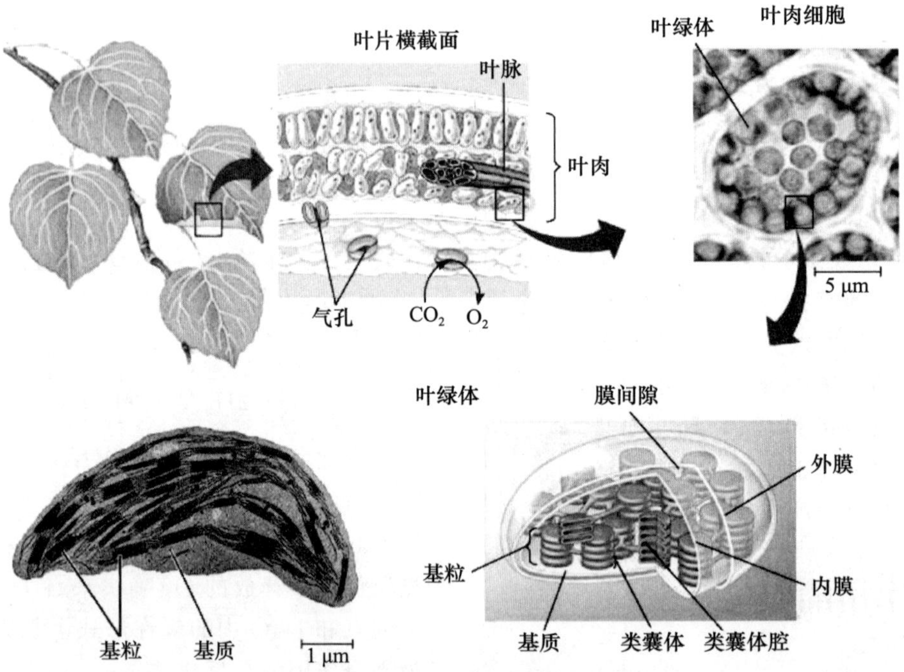

图 3-1 植物叶片和叶绿体的结构

(参照 Taiz 和 Zeiger，2010)

叶绿体的内外膜之间为膜间隙(10～20 nm)。叶绿体的内部悬浮着许多封闭的囊袋状的生物膜，它们被形象地称为类囊体(thylakoid)。类囊体在许多地方会像囊一样垛叠在一起，称为基粒(grana)。一个叶绿体通常含有 40～80 个基粒，组成基粒的类囊体称为基粒类囊体(granum thylakoid)。一个基粒由 5～30 个基粒类囊体组成，最多的可达上百个。组成基粒的类囊体数目依不同植物或同一植物不同部位的细胞而有很大变化。例如，烟草叶绿体的基粒有 10～15 个类囊体，玉米则有 15～50 个。连接在以上基粒之间没有发生垛叠的类囊体，称为基质类囊体(stroma thylakoid)。围在类囊体外的为叶绿体基质，主要包括一些酶类，如催化光合暗反应的各种酶，还有核糖体、DNA、RNA 和淀粉粒等。

3.2.1.2 叶绿体的数目、大小和分布

叶绿体的数目因植物的种类、细胞种类和生理状态不同而差异很大。一般来说，高等植物的叶肉细胞通常含有几十个甚至几百个叶绿体，可占细胞质体积的 40%～90%。陆生植物一般含有多个叶绿体，如菠菜的栅栏薄壁细胞含有 20～40 个叶绿体，1 g 菠菜叶片中大约含有 4 亿个叶绿体。叶肉中含有如此之多的叶绿体，叶片便可以进行旺盛的光合作用；而藻类通常只有一个巨大叶绿体。叶绿体的总表面积比叶面积大得多，这有利于植物对太阳光和空气中 CO_2 的吸收和利用。叶绿体的大小也有很大的差别，高等植物叶绿体的直径一般为 3～6 μm，厚 2～3 μm。同一植物生存的环境不同，其叶绿体的大小和数目均不相同。与生长在向阳处的相

比，生长在背阴处的植物的叶绿体要大些，数目也多一些。叶绿体通常分布在细胞核的周围，或靠近细胞壁处，但有时也在细胞内呈均匀分布。

3.2.1.3 叶绿体的功能

叶绿体的主要功能是进行光合碳代谢。但叶绿体的功能绝非仅限于光合作用方面，还包括与光合作用密切相关的硝酸盐还原作用和硫酸盐还原作用等多种生理生化反应（见 2.3）。植物从土壤中吸收氮素的主要形式是硝态氮（NO_3^-）。进入植物体内的硝态氮只有还原成氨后，才能用以合成氨基酸和其他含氮有机物。而叶绿体不仅为硝酸根还原提供场所，而且光反应还为硝酸根还原提供还原剂和能量。硫既是部分氨基酸的组成部分，也是生物素、硫胺素与辅酶 A 等生物活性化合物的组分，还以二硫键的形式参与酶蛋白三级结构的形成与稳定。植物主要以硫酸根（SO_4^{2-}）的形式从土壤中吸收硫元素。与硝酸根还原不同，硫酸根在还原前必须先经过活化。在 ATP-硫酸化酶的作用下，硫酸根与 ATP 反应形成活化的腺苷酰硫酸（APS）。这个过程所用能量（ATP）是由光反应提供的。同时，硫酸根还原成硫化物需要的电子也是由光反应提供的。此外，植物体内还有很多酶促反应与叶绿体内的光反应相偶联，如苹果酸脱氢、谷胱甘肽还原等。类黄酮与脱落酸的生物合成也是在叶绿体中进行的。这些酶促反应都是需要光反应提供能量或还原剂，或以叶绿体为反应场所的代谢过程，均属于叶绿体的功能范畴。研究这些反应间的相互关系及调控作用，是光合作用研究中一项重要的内容。

3.2.2 光合色素

3.2.2.1 光合色素的分类

光合色素即叶绿体色素，主要有 3 类：叶绿素、类胡萝卜素和藻胆素。高等植物叶绿体中含有前两类，藻胆素仅存在于藻类。

1. 叶绿素

高等植物叶绿素主要有叶绿素 a 和叶绿素 b 两种。它们不溶于水，而溶于有机溶剂，如乙醇、丙酮等。叶绿素分子含有一个金属卟啉环的“头部”和一个叶绿醇的“尾巴”。镁原子居于卟啉环的中央，卟啉环呈极性，是亲水的，可以与蛋白质结合。叶绿醇是一个亲脂的脂肪链，它决定了叶绿素的脂溶性。按化学性质来说，叶绿素是叶绿酸的酯，能发生皂化反应。叶绿酸是双羧酸，其中一个羧基被甲醇所酯化，另一个被叶绿醇所酯化。卟啉环上的共轭双键和中央镁原子易被光激发而引起电子得失，从而使叶绿素具有特殊的光化学性质。

叶绿素 a 与叶绿素 b 很相似，不同之处仅在于叶绿素 a 第二个吡咯环上的一个甲基（—CH_3）被醛基（—CHO）所取代，即为叶绿素 b[图 3-2(A)]。

卟啉环中的镁原子可被 H^+、Cu^{2+}、Zn^{2+} 置换。用酸处理叶片，H^+ 易进入叶绿体，置换镁原子形成去镁叶绿素，使叶片呈褐色。去镁叶绿素易与铜离子结合，形成铜代叶绿素，颜色比原来更稳定。人们常根据这一原理用醋酸铜来保存绿色植物标本。

2. 类胡萝卜素

类胡萝卜素（carotenoid）是一类由 8 个异戊二烯单位组成的、含有 40 个碳原子的化合物，不溶于水而溶于有机溶剂。叶绿体中的类胡萝卜素包括两种色素，即胡萝卜素（carotene）[图 3-2(B)]和叶黄素（xanthophyll），前者呈橙黄色，后者呈黄色；一般情况下，叶片中叶绿素与类胡萝卜素的比值约为 3∶1，所以正常的叶子呈现绿色；而在叶片衰老过程中，叶绿素较易降解，而类胡萝卜素比较稳定，所以叶片呈现黄色。

全部的叶绿素和类胡萝卜素都包埋在类囊体膜中，并以非共价键与蛋白质结合在一起，组成色素蛋白复合体，各色素分子在蛋白质中按一定的规律排列和取向，以便于吸收和传递光能。

3. 藻胆素

藻胆素（phycobilin）是藻类主要的光合色素，仅存在于红藻和蓝藻中，常与蛋白质结合为藻胆蛋白。藻胆素的 4 个吡咯环形成直链共轭体系，不含镁和叶绿醇链，具有收集和传递光能的作用[图 3-2(C)]。

从功能来区分，光合色素又可为 2 类：①捕光色素，又称天线色素，它没有光化学活性，但能吸收光能并把光能传递到反应中心色素，绝大多数色素，包括绝大部分叶绿素 a 和全部的叶绿素 b、胡萝卜素、叶黄素等都属于此类；②反应中心色素，只有少数特殊状态的叶绿素 a 分子属于此类，它具有光化学活性，既能捕获光能，又能将光能转换为电能。

3.2.2.2 光的性质与叶绿素的吸收光谱

太阳辐射到地面的光，波长为 300～2 600 nm，对光合作用有效的可见光的波长为 400～700 nm（图 3-3）。当光束通过三棱镜后，白光被分成红、橙、黄、绿、青、蓝、紫七色连续光谱。

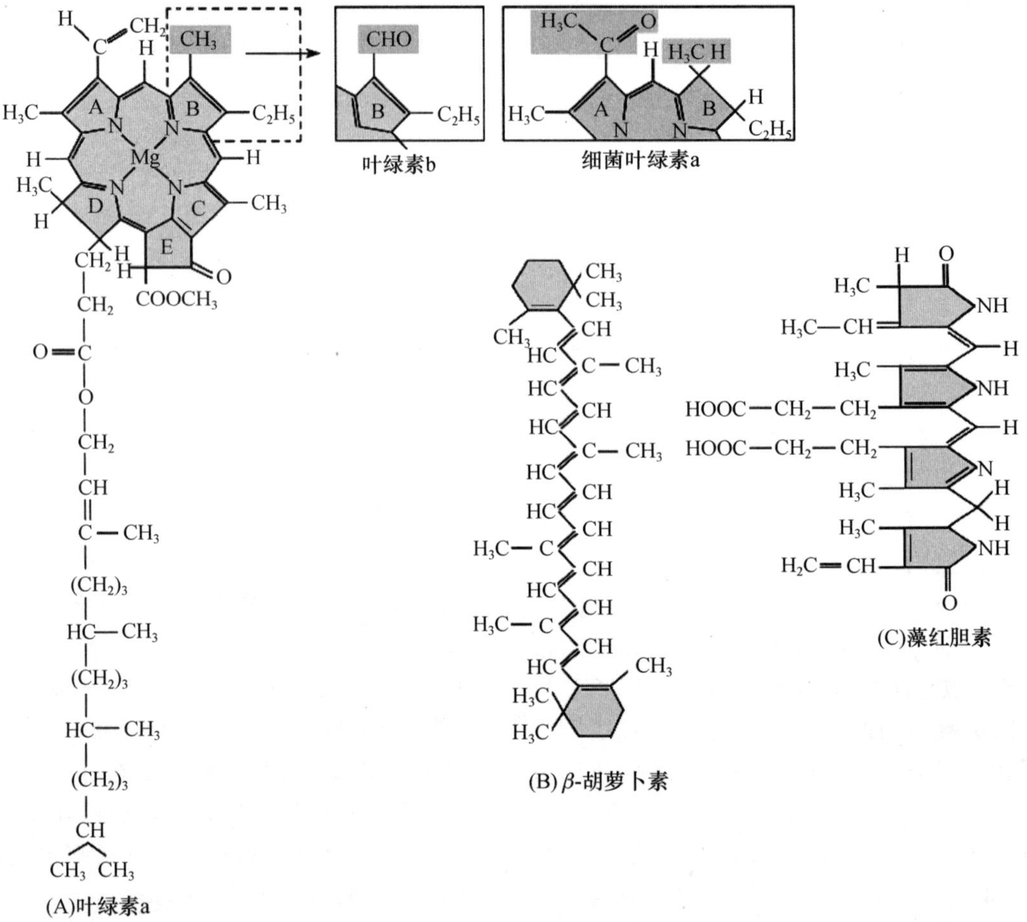

图 3-2　一些光合色素的分子结构

(参照 Taiz 和 Zeiger,2010)

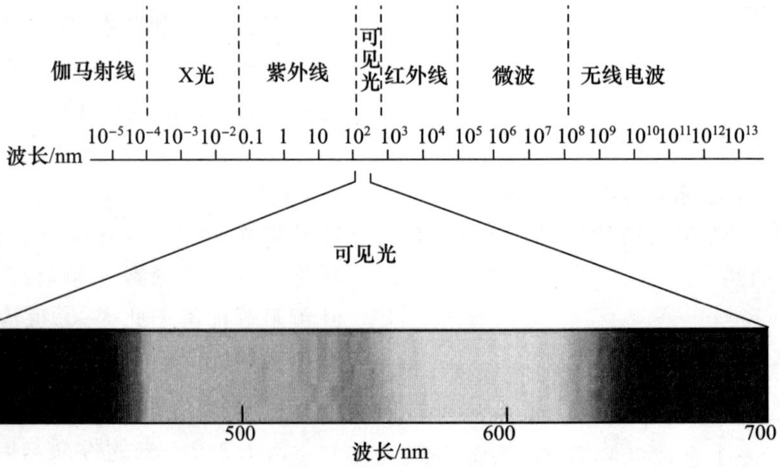

图 3-3　太阳光谱

(参照 Taiz 和 Zeiger,2010)

如果把叶绿体色素溶液放在光源和分光镜之间，就可以看到光谱中有些波长的光线被吸收了，光谱上出现了暗带，这就是叶绿素的吸收光谱。用分光光度计能精确测定光合色素的吸收光谱。叶绿素对光波最强的吸收区有2个：波长为640～660 nm的红光部分和波长为430～450 nm的蓝紫光部分。此外，叶绿素对橙光、黄光吸收较少，对绿光的吸收最少，所以叶绿素的溶液呈绿色。叶绿素a和叶绿素b的吸收光谱很相似，但叶绿素a在红光区的吸收峰比叶绿素b的高，而在蓝光区的吸收峰则比叶绿素b的低，说明叶绿素b吸收短波长蓝紫光的能力比叶绿素a强(图3-4)。一般阳生植物叶片的叶绿素a与叶绿素b的比值约为3∶1，而阴生植物的叶绿素a与叶绿素b的比值约为2.3∶1。叶绿素b含量的相对提高使阴生植物能更有效地利用漫射光中较多的蓝紫光。

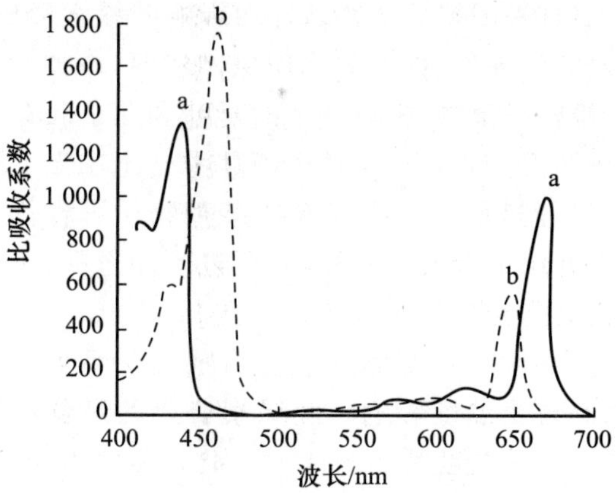

图3-4　叶绿素的吸收光谱

胡萝卜素和叶黄素的最大吸收带在400～500 nm的蓝紫光区，它们基本不吸收红、橙、黄光，从而呈现橙黄色或黄色。藻蓝蛋白的吸收光谱最大值在橙红光部分，藻红蛋白在绿光、黄光部分(图3-5)。它们均具有吸收和传递光能的作用，使植物可利用各种不同波长的光进行光合作用。

3.2.2.3　叶绿素的荧光现象和磷光现象

通常叶绿素分子处于最稳定的、能量最低的状态——基态。当它吸收光子后，会引起原子结构内电子的重新排列，从而上升到不稳定的高能状态——激发态(图3-6)。

$$\underset{\text{基态}}{\mathrm{Chl}} + \underset{\text{光子能量}}{h\upsilon} \rightarrow \underset{\text{激发态}}{\mathrm{Chl}^*}$$

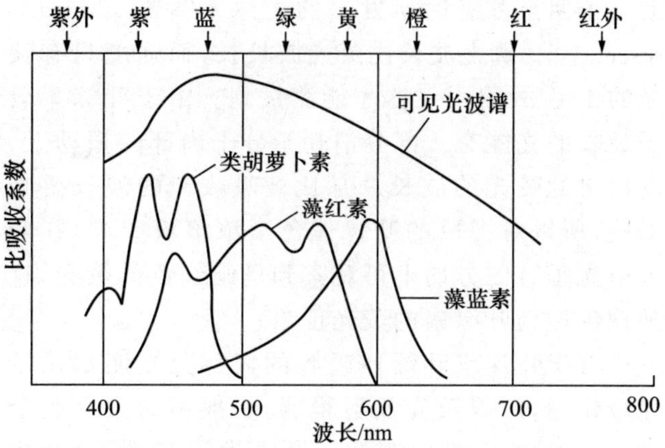

图3-5　叶绿素以外光合色素的吸收光谱

(参照Taiz和Zeiger，2010)

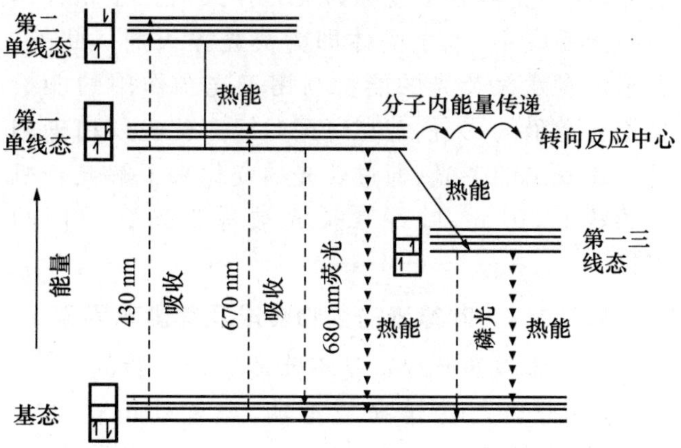

图3-6　叶绿素分子受光激发后的能级变化

(引自潘瑞炽，2012)

叶绿素在可见光部分有2个吸收区：红光区与蓝紫光区。如果叶绿素分子被蓝紫光激发，电子就跃迁到能量较高的第二单线态；如果叶绿素分子被红光激发，电子则跃迁到能量较低的第一单线态。处于单线态的电子，其自旋方向保持原有状态，即配对电子的自旋方向相反。如果电子在激发或退激过程中，其自旋方向发生了变化，使原配对的电子自旋方向相同，那么该电子就进入了能级较单线态低的三线态。由于叶绿素是以第一单线态参加光合作用的，一个蓝光光子所引起的光合作用与一个红光光子所引起的光合作用是相同的，所以在能量利用上蓝光没有红光高。激发态是不稳定的状态，它迅速向较低能级状态转变，能量有的通过分子内转换以热的形式释放；有的以光的形式消耗，处在第一单线态的叶绿素分子回至基态时所发出的光称为荧光(fluorescence)，而处在三线态的叶绿素分子回至基态时所发出的光称为磷光(phosphorescence)。磷光波长比荧光波长长,而强度只有荧光的1%,故需用仪器才能测量到。由于叶绿素分子吸收的光能有一部分消耗于分子内部的振动上,发射出的荧光的波长总是比被吸收光的波长要长一些,所以对提取的叶绿体色素浓溶液照光,在与入射光垂直的方向上可观察到呈暗红色的荧光,这种现象称为叶绿素的荧光现象。

由于叶片或叶绿体吸收的大部分光能都用于光合作用,所以荧光发射很弱,一般不超过吸收能量的5%,肉眼难以观测。叶绿素溶液则不同,由于溶液中缺少能量受体或电子受体,在照光时色素会发射很强的荧光。如加入某种受体分子,使荧光消失,这种受体分子就称为荧光猝灭剂。在光合作用的光反应中,电子受体即为荧光猝灭剂。此外,由于色素发射荧光的能量与用于光合作用的能量是相互竞争的,人们现在可用叶绿素荧光仪精确测量叶片发出的荧光,通过荧光的变化来了解光合机构的状况,因此,叶绿素荧光被称为光合作用的探针。

3.2.2.4 叶绿素的生物合成及其影响因素

植物体内的叶绿素是不断地进行代谢的,有合成,也有分解,用^{15}N研究证明,燕麦幼苗在72 h后,叶绿素几乎全部被更新,而且受环境条件影响很大。

1. 叶绿素的生物合成

叶绿素是在前质体或叶绿体中经一系列酶的作用后形成的(图3-7)。叶绿素合成的起始物质是δ-氨基酮戊酸(δ-aminolevulinic acid,ALA),在高等植物中ALA由谷氨酸或α-酮戊二酸转化而来。2分子ALA脱水缩合形成1分子具有吡咯环的胆色素原(porphobilinogen,PBG);4分子胆色素原脱氨基缩合形成1分子尿卟啉原Ⅲ,合成过程按A→B→C→D环的顺序进行,尿卟啉原Ⅲ的4个乙酸侧链脱羧形成具有4个甲基的粪卟啉原Ⅲ,以上反应是在厌氧条件下进行的。

在有氧条件下,粪卟啉原Ⅲ再脱羧、脱氢、氧化形成原卟啉Ⅸ。原卟啉Ⅸ是形成叶绿素和亚铁血红素的分水岭。如果与铁结合,就生成亚铁血红素;若与镁结合,则形成Mg-原卟啉Ⅸ。由此可见,动植物的两大色素最初是同出一源的,以后在进化的过程中分道扬镳,结构和功能各异。Mg-原卟啉Ⅸ的一个羧基被甲基酯化,在原卟啉Ⅸ上形成第五个环,接着B环上的—CH—CH_2侧链还原为—CH_2—CH_3,即形成原叶绿素酸酯a。再经光还原,D环上接受NADPH提供的H,形成叶绿素酸酯a,这一过程是在色素蛋白复合体上进行的;然后与叶绿醇结合形成叶绿素a,叶绿素b则是由叶绿素a氧化形成的。

2. 影响叶绿素形成的因素

叶绿素的形成受遗传因素的控制,如水稻、小麦以及花卉的一些白化突变体,在适宜的条件下也不能合成叶绿素。此外,一些环境因素也会影响叶绿素的正常合成,引起永久或暂时的叶片变色反应。

(1)光照　光照是影响叶绿体发育和叶绿素合成的主要条件。从原叶绿素酸酯转变为叶绿素酸酯是需光的还原过程,如果没有光照,植物叶片就会呈黄白色,这种因缺乏某些条件而影响叶绿素形成,使叶片发黄的现象,称为黄化现象。然而,藻类、苔藓、蕨类、松柏科植物、柑橘种子的子叶和莲子胚芽等在黑暗中可合成叶绿素,但其数量明显比在光下形成的少,可能这些植物中存在的某种物质可替代可见光促进叶绿素合成。另外,光照也不能过强,否则叶绿素又会受光氧化而破坏。

(2)温度　叶绿素的生物合成是一系列酶促反应,因此易受温度影响。叶绿素合成的最低温度约为2 ℃,最适温度为20～30 ℃,最高温度为40 ℃左右。秋天叶片变黄和早春寒潮过后秧苗变白等现象,与低温抑制叶绿素的合成有关;而高温下叶绿素分解大于合成,因而小麦在灌浆过程中叶片随着气温的升高而逐渐变黄。

(3)矿质元素　叶绿素的形成需要有一定的矿质元素,其中氮和镁是叶绿素的组成成分,而铁、铜、锰、锌则是叶绿素合成过程中酶促反应的辅因子。因此,缺少这些元素时植物就会出现缺绿症(chlorosis)。其中以氮素的影响最大,因此叶色的深浅常作为衡量植株体内氮素水平高低的标志。

(4)氧气　在强光下,植物吸收的光能过剩时,氧参与叶绿素的光氧化;缺氧会引起Mg-原卟啉Ⅸ及Mg-原卟啉甲酯积累,影响叶绿素的合成。

(5)水分　植物缺水不但使蛋白质合成受阻,影响叶绿素的生物合成,而且还加速原有叶绿素的分解,所以干旱时叶片呈黄褐色。

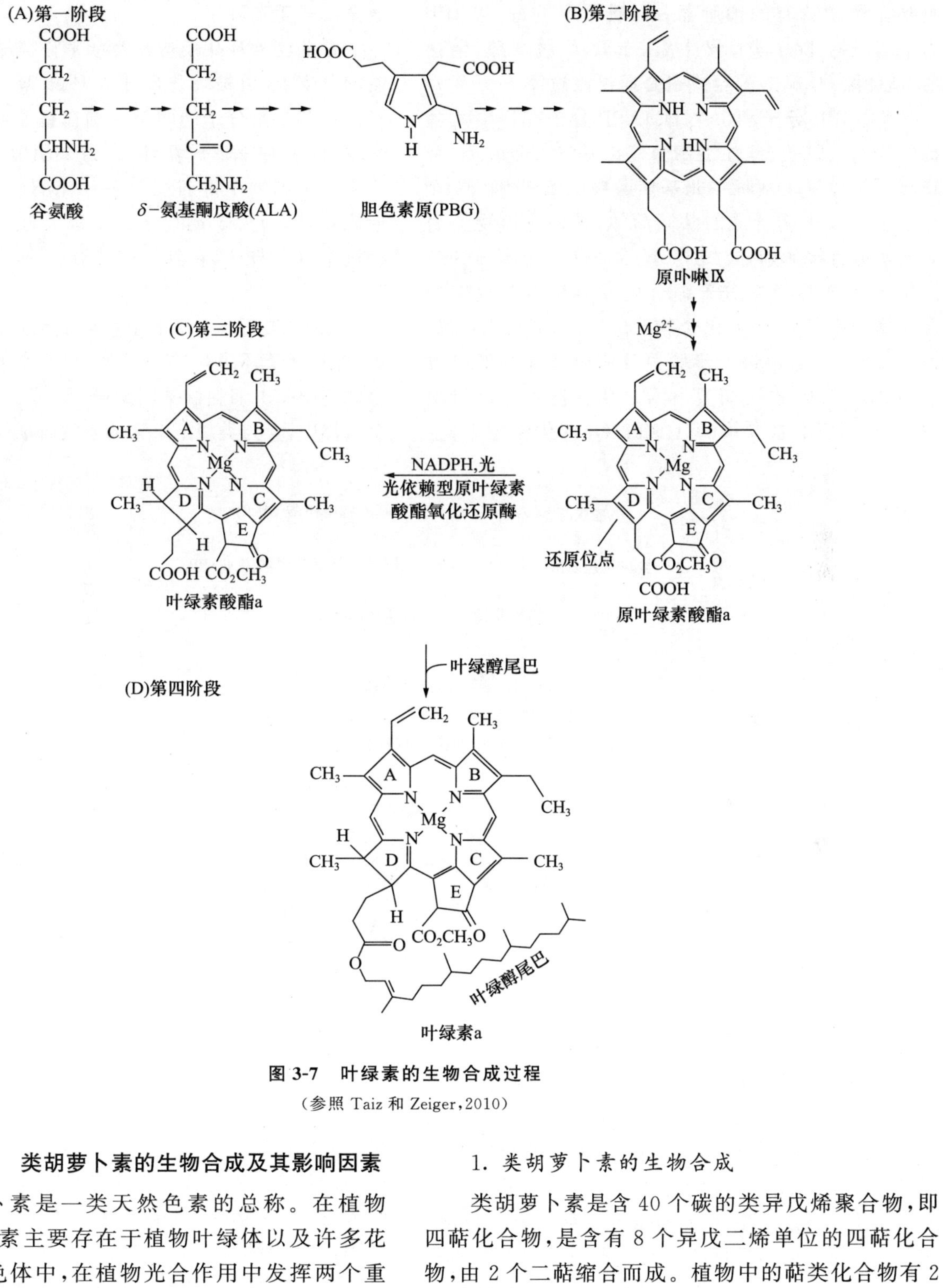

图 3-7 叶绿素的生物合成过程

(参照 Taiz 和 Zeiger,2010)

3.2.2.5 类胡萝卜素的生物合成及其影响因素

类胡萝卜素是一类天然色素的总称。在植物中,类胡萝卜素主要存在于植物叶绿体以及许多花和果实的有色体中,在植物光合作用中发挥两个重要功能,即参与光吸收和防止发生光氧化。同时,类胡萝卜素也是植物对外界刺激响应的信号分子前体物质,如类胡萝卜素可以参与传统植物激素(如脱落酸)和新型植物激素(如独角金内酯)的生物合成。

1. 类胡萝卜素的生物合成

类胡萝卜素是含 40 个碳的类异戊烯聚合物,即四萜化合物,是含有 8 个异戊二烯单位的四萜化合物,由 2 个二萜缩合而成。植物中的萜类化合物有 2 条合成途径:甲羟戊酸(MVA,又称甲瓦龙酸)途径和甲基赤藓醇磷酸(MEP)途径。

类胡萝卜素生物合成的前体物质异戊烯焦磷酸(IPP)主要来自 MEP 途径,IPP 在 IPP 异构酶作用下生成二甲基丙烯基焦磷酸(DMAPP)。MEP 途径主要在植物特有的细胞器——质体中进行，以 IPP 为中间产物，除了类胡萝卜素，赤霉素、脱落酸、生育酚、质体醌、单萜等的合成也是通过该途径。

3 个 IPP 分子和 1 个 DMAPP 分子在牻牛儿基牻牛儿基二磷酸合酶（GGPS）催化下缩合形成 20 个碳原子的牻牛儿基牻牛儿基焦磷酸（GGPP），GGPP 是多种物质生物合成的共同前体，是形成植物类胡萝卜素最直接的前体。在八氢番茄红素合酶（PSY）催化下，2 个 GGPP 分子缩合生成类胡萝卜素生物合成途径中的第一个化合物：无色的 15-顺式-八氢番茄红素，然后通过 4 步脱氢反应以及异构形成黄色的 9，9′-二顺式-ξ-胡萝卜素。在植物非绿色组织中，由类胡萝卜素异构酶（CRTISO）催化作用下，生成全反式番茄红素。

番茄红素环化反应是类胡萝卜素进一步合成代谢的分支点，可被环化形成 β-环、ε-环两大类胡萝卜素。番茄红素分子的两个末端在番茄红素 β-环化酶（LYCB）作用下形成β-环，即为β-胡萝卜素。若只有其中一个末端在番茄红素 ε-环化酶（LYCE）作用下形成 ε-环，即为 δ-胡萝卜素。以 δ-胡萝卜素为底物经过 LYCB 催化，在其另一端形成β-环，即生成 α-胡萝卜素。

综上，类胡萝卜素的生物合成经过缩合、脱氢、环化、羟基化及环氧化等一系列反应，催化类胡萝卜素合成的酶类由细胞核基因编码，翻译成蛋白质后转运至质体中，参与类胡萝卜素的生物合成(图 3-8)。

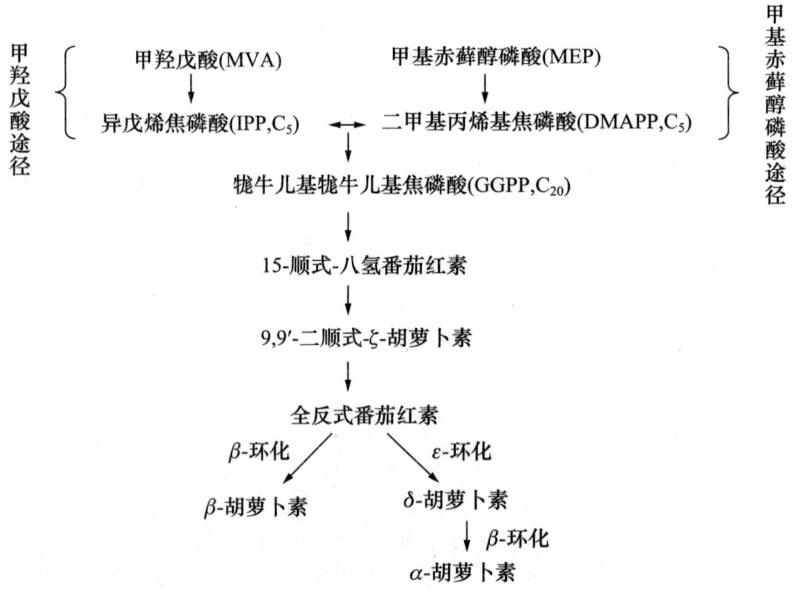

图 3-8　植物类胡萝卜素的生物合成过程

2. 影响类胡萝卜素形成的因素

类胡萝卜素合成酶类由细胞核基因编码，翻译成蛋白质后转运至质体中，参与类胡萝卜素的生物合成，且都是膜结合或整合入膜中的。理论上讲，抑制参与催化类胡萝卜素生物合成的任何一种酶都能阻断类胡萝卜素的生成，最终导致植物死亡。目前，作用位点研究最为透彻的是八氢番茄红素去饱和酶（phytoene desaturase，PDS）和 ζ-胡萝卜素去饱和酶（ζ-carotene desaturase，ZDS），它们参与线状类胡萝卜素的生物合成，是去饱和非常重要的一类酶，尤其是位于叶绿体类囊体中的 PDS，是类胡萝卜素合成途径中的又一限速酶，也是哒草伏、氟定酮、吡氟草胺等许多除草剂的抑制剂。当其催化活性受抑制时，胡萝卜素合成遭到破坏，会积累大量的八氢番茄红素和一定量的六氢番茄红素。

类胡萝卜素生物合成途径中的相关酶还受化学物质和光的调控。Mn^{2+} 影响类胡萝卜素合成的关键性调控因子 GGPP 的活性；乙烯可促进 *psy* 基因的表达，影响果实积累类胡萝卜素的种类，但对 *pds* 基因的表达没有作用；光对类胡萝卜素生物合成也具有不同的调节作用。适度的光照能提高 IPP 异构酶的活性；在白色体到叶绿体的转变过程中，光促进了类胡萝卜素与叶绿素的合成，白色体中类胡萝卜素量比发育叶绿体中的低。

高等植物类胡萝卜素的生物合成还受生长和个体发育的调控，处于不同发育阶段的花和果实所含类胡萝卜素的量及种类不同。果实成熟时类胡萝卜素含量明显上升。西瓜品种的不同瓤色就是由所含类胡萝卜素的种类和含量不同引起的。

3.3 光反应

光合作用的机制非常复杂，它包括一系列复杂的光化学反应和酶促反应过程。为方便理解，通常将光合作用能量转变过程划分为 3 个步骤：①原初反应；②电子传递和光合磷酸化；③碳同化过程。其中①和②是由光驱动的光化学反应，属于光反应(light reaction)，在叶绿体的类囊体膜上进行；而③是不直接需要光能的暗反应(dark reaction)，在叶绿体基质中进行。但近年来的研究表明，光反应的过程并不都需要光，而暗反应过程中的一些关键酶活性也受光的调节。

3.3.1 光能吸收、传递和转换的基本概念

光合作用的第一步是原初反应，是指光合色素分子吸收、传递和转换光能的过程。色素分子捕获光能后呈激发态，能量在色素分子间传递，传递至反应中心(reaction center)后引发电子传递，推动氧化还原的光化学反应。该过程反应速度极快，可在皮秒(ps，10^{-12} s)与纳秒(ns，10^{-9} s)内完成，且与温度无关，可在－196 ℃(77 K，液氮温度)下进行。由于速度快，散失的能量少，所以其量子效率接近 1。

光化学反应的实质是由光引起的反应中心色素分子与电子受体和电子供体之间的氧化还原反应。经过由若干色素组成的天线色素复合体吸收和传递光能直至反应中心，使反应中心色素分子(P)激发而成为激发态(P^*)，释放电子给电子受体，同时留下“空穴”，成为获取电子的“陷阱”。反应中心色素分子被氧化而带正电荷(P^+)，原初电子受体被还原而带负电荷。由此，反应中心发生了电荷分离，反应中心色素分子失去电子后又可从电子供体获取电子，反应中心色素恢复原来状态(P)，而电子供体则被氧化。由此发生了氧化还原反应，完成了光能转变为电能的过程(图 3-9)。这一由光驱动的氧化还原反应在光合作用中不断地反复进行，原初电子受体要将电子传给次级电子受体，经过一系列的电子传递体，直到最终传递至电子受体 $NADP^+$。同样，原初电子供体也要向它前面的电子供体获取电子，最初的电子供体实质是水(图 3-10)。

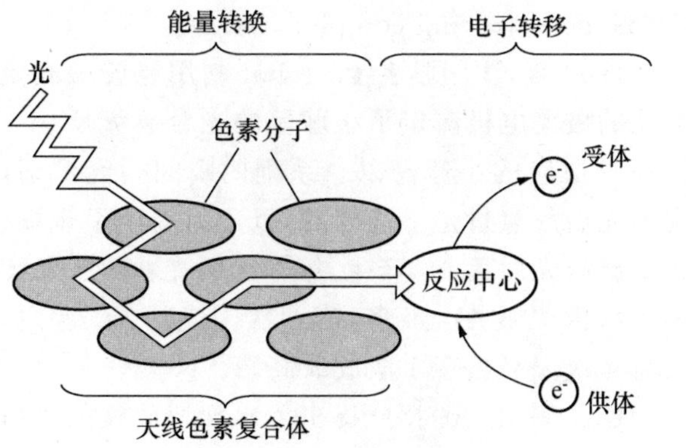

图 3-9 光合作用中能量转换的基本模式

(参照 Taiz 和 Zeiger，2010)

天线色素复合体中的色素分子包括大部分叶绿素 a 和全部的叶绿素 b、类胡萝卜素，天线色素没有光化学活性，主要是吸收和传递光能。反应中心至少由一个反应中心叶绿素 a 分子(即原初电子供体)、一个原初电子受体以及维持微环境所必需的蛋白质等组成，具有光化学活性。在反应中心发生的能量转换、氧化还原的化学反应，即光化学反应(photochemical reaction)。

3.3.2 光合电子传递和质子跨膜转运

由光激发的原初反应使光系统的反应中心发生电荷分离，产生的高能电子推动光合膜(类囊体膜)上的电子传递。通过类囊体膜上的电子传递，一方面经水的裂解、放氧至 $NADP^+$ 的还原；另一方面建立了跨膜的质子动力势，推动光合磷酸化、合成 ATP，从而将电能转化为活跃的化学能。

3.3.2.1 水的光解和放氧

水的氧化反应是生物界中植物光合作用特有的反应，也是光合作用中最重要的反应之一。1937 年，希尔(R. Hill)发现将离体的叶绿体加到具有氧化剂(如 Fe^{3+})的水溶液中，照光后即发生水的分解而放出氧气，因而称为希尔反应(Hill reaction)。反应式如下：

$$4Fe^{3+} + 2H_2O \longrightarrow 4Fe^{2+} + O_2 + 4H^+$$

许多物质如 2,6-二氯酚、靛酚、苯醌、$NADP^+$、NAD^+ 等都能作为希尔反应的电子受体，它们被称为希尔氧化剂。目前已知在类囊体腔一侧有 3 条外周多肽，其中一条 33 000 的多肽为锰稳定蛋白(manganese stabilizing protein，MSP)，它们与 Mn^{2+}、Ca^{2+}、Cl^- 一起参与氧的释放，称为放氧复合

体(oxygen-evolving complex,OEC)。

1969 年,法国学者 P. Joliot 利用能灵敏测定氧变化的极谱电极测定了小球藻的光合放氧反应。给已经暗适应的小球藻以一系列的瞬间闪光照射,发现闪光后放氧量是不均等的,以 4 为周期呈现振荡:第一次闪光后无 O_2 产生,第二次闪光释放少量 O_2,第三次闪光放 O_2 最多,第四次闪光放 O_2 次之,然后每 4 次闪光出现 1 次放氧高峰。

Kok 等(1970)据此提出了水裂解放氧的水氧化钟(water oxidizing clock)或 Kok 钟模型:放氧复合体在每次闪光后可以积累 1 个正电荷,直至积累 4 个正电荷,才一次用于 2 个水的氧化(图 3-10)。图 3-10 中不同状态的 S 代表了 OEC 中不同氧化状态的含锰蛋白。按照氧化程度从低到高的顺序,将不同状态的含锰蛋白分别称为 S_0、S_1、S_2、S_3 和 S_4,即 S_0 不带电荷,S_1 带有 1 个正电荷,依次到 S_4 带有 4 个正电荷。每一次闪光将 S 状态向前推进一步,直至 S_4。然后,S_4 从 2 个 H_2O 中获取 4 个 e^-,并回到 S_0。其中,S_0 和 S_1 是稳定状态,S_2 和 S_3 可在暗中退回到 S_1,S_4 不稳定。由于在叶绿体暗适应后,有 3/4 的含锰蛋白处于 S_1,1/4 处于 S_0,因此最大的放 O_2 量在第三次闪光时出现。后人的试验进一步证明,2 个 H_2O 中的 $4H^+$ 分别在 $S_0 \rightarrow S_1$,$S_2 \rightarrow S_3$,$S_3 \rightarrow S_4$ 转变时释放。水中的 O_2 被释放,而 H^+ 进入类囊体腔中,提高了类囊体腔中的 H^+ 浓度。

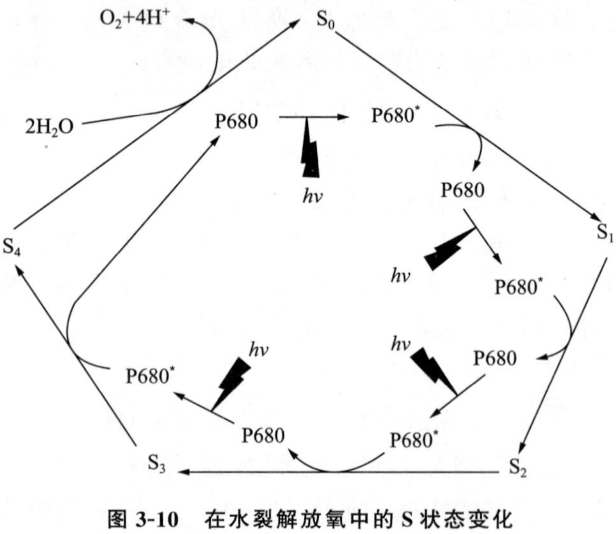

图 3-10　在水裂解放氧中的 S 状态变化

(引自李合生,2012)

3.3.2.2　光系统

20 世纪 40 年代,爱默生(R. Emerson)及其同事在研究不同藻类光合作用的作用光谱时发现,小球藻光合作用最有效的光是红光(波长 650～680 nm)和蓝光(400～460 nm),当作用光的波长超过 680 nm 时,虽然叶绿素也吸收了这些波长的光,但光合作用的量子产额(是指吸收一个光量子后放出的氧分子数目)会显著下降,这种现象称为红降(red drop)。

1957 年,爱默生观察到在远红光(波长大于 685 nm)条件下,如补充红光(波长 650 nm),则量子产额大增,并且比这 2 种波长的光单独照射时的总和还要大(图 3-11)。2 种波长的光促进光合效率的现象称为双光增益效应或爱默生效应(Emerson effect)。

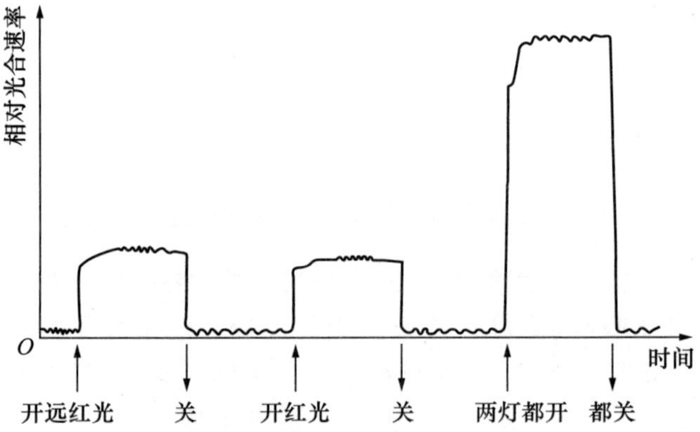

图 3-11　爱默生效应

(参照 Taiz 和 Zeiger,2010)

爱默生效应表明光合作用可能有两个光化学反应接力进行。20 世纪 60 年代初期,研究证实光合作用确实存在两个光系统:一个是吸收短波红光(680 nm)的光系统Ⅱ(photosystem Ⅱ,PSⅡ),另一个是吸收长波红光(700 nm)的光系统Ⅰ(photosystem Ⅰ,PSⅠ)。这两个光系统具有各自的反应中心,都是由两个叶绿素 a 分子组成的二聚体,分别用 P680、P700 来表示,分别代表色素氧化时其吸收光谱中变化最大的波长位置是近 680 nm 或 700 nm 处。两个光系统以串联的方式协同作用。PSⅠ的原初电子受体是叶绿素分子(A_0),PSⅡ的原初电子受体是去镁叶绿素分子(Pheo)(图 3-12)。

3.3.2.3　光合链

光合链是指定位在光合膜上的,由多个电子传递体组成的电子传递的总轨道。现在被广泛接受的是由希尔(R. Hill)等在 1960 年提出并经后人修正与补充的“Z”方案(“Z”scheme),即电子传递是在两个光系统串联配合下完成的,电子传递体按氧化还原电位高低排列，使电子传递链呈侧写的“Z”形（图3-12）。PSⅠ和PSⅡ以串联方式协同完成电子从H_2O向$NADP^+$的传递。由氧化还原电位的高低可以看出，这一途径是不能自发进行的，电子传递有两处是逆电势梯度，即P680至P680*，P700至P700*，这种逆电势梯度的“上坡”电子传递均由捕光色素复合体吸收光能后推动，而其余电子传递都是顺电势梯度进行的自发“下坡”运动。

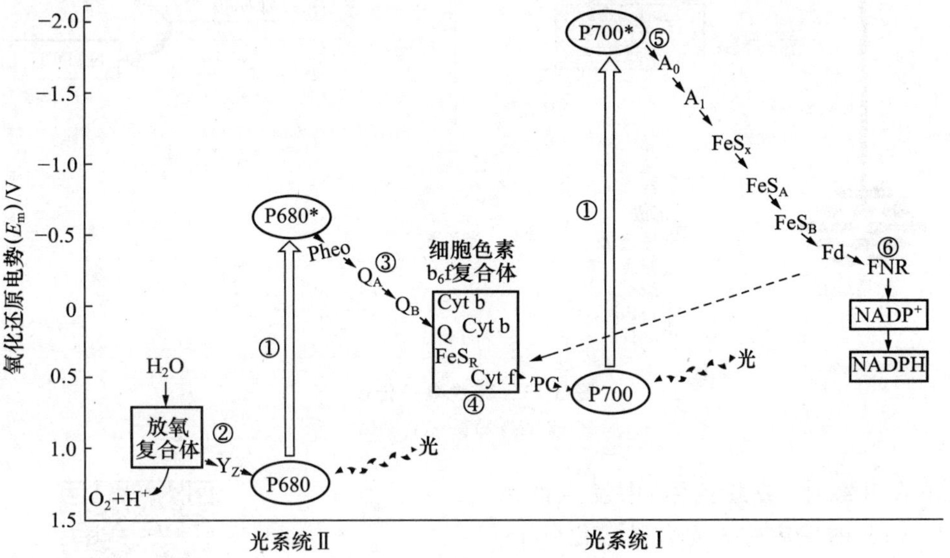

图3-12 电子传递的“Z”方案

（参照 Taiz 和 Zeiger，2010）

①逆电势梯度的“上坡”电子传递；②水的光解放氧和电子传递；③光系统Ⅱ向质体醌PQ（Q_A和Q_B）的电子传递；④细胞色素b_6f复合体向质体蓝素PC的电子传递；⑤光系统Ⅰ向铁氧还蛋白Fd的电子传递；⑥Fd-NADP还原酶（FNR）将$NADP^+$还原为NADPH

根据电子传递到铁氧还蛋白（Fd）后去向，光合电子传递可以分为3种类型。

（1）非环式电子传递（noncyclic electron transport） 是指水光解放出的电子经PSⅡ和PSⅠ两个光系统，最终传给$NADP^+$的电子传递。按非环式电子传递，每传递4个电子，分解2分子H_2O，释放1个O_2，还原2个$NADP^+$，需要吸收8个光子，量子产额为1/8，同时转运8个H^+进类囊体腔。

H_2O→PSⅡ→PQ→Cyt b_6f→PC→PSⅠ→Fd→FNR→$NADP^+$

（2）环式电子传递（cyclic electron transport） 通常是指PSⅠ产生的电子传给Fd、Cytb_6f和PC等传递体返回到PSⅠ而构成的循环电子传递途径（图3-13）。环式电子传递不发生H_2O的氧化，也不形成NADPH，但有H^+的跨膜运输，每传递一个电子需要吸收一个光量子。研究表明，环式电子传递途径可能不止一条，如PSⅡ中也存在着循环电子传递途径，其电子是从PQ经Cyt b_{559}，然后再回到P680。

（3）假环式电子传递（pseudocyclic electron transport） 指水光解放出的电子经PSⅡ和PSⅠ两个光系统，最终传给O_2的电子传递途径。它是梅勒（Mehler）提出的，故也称为梅勒反应。

H_2O→PSⅡ→PQ→Cyt b_6f→PC→PSⅠ→Fd→O_2

假环式电子传递实际上也是非环式电子传递，也有H^+的跨膜运输，但电子受体不是$NADP^+$而是O_2。这一过程往往发生在强光、CO_2不足、$NADP^+$供应不足或NADPH过剩的情况下，造成O_2的消耗与H_2O_2的生成。O_2得到一个电子生成超氧阴离子自由基（O_2^-·），它是一种活性氧，可对光合机构造成伤害，是光合细胞产生O_2^-的主要途径。但叶绿体中的超氧化物歧化酶（SOD）可清除O_2^-·：

$$O_2^- \cdot + O_2^- \cdot + 2H^+ \rightarrow H_2O_2 + O_2$$

3.3.3 光合磷酸化

1954年，Arnon等用菠菜叶绿体、Frenkel用紫色细菌的载色体相继观察到，在有光的条件下，叶绿体或载色体体系中加入ADP与Pi则有ATP产生。

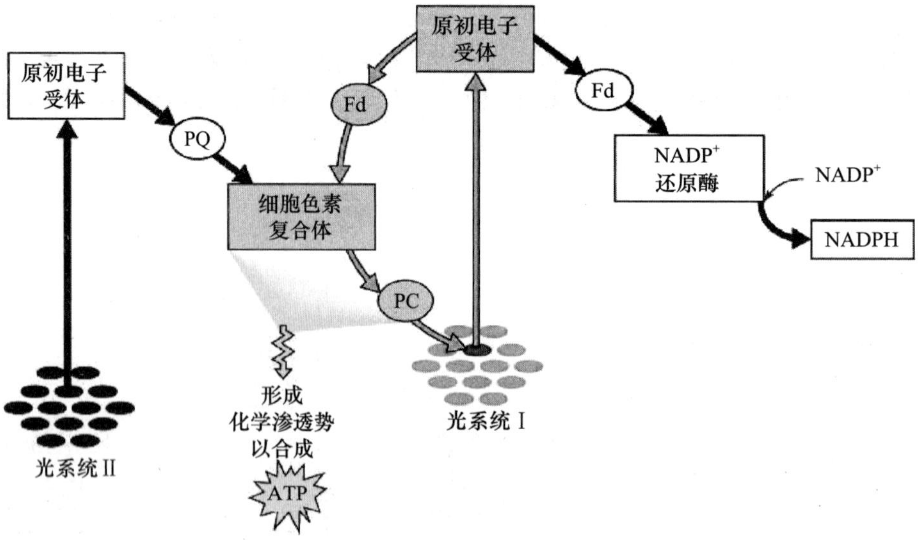

图 3-13　环式电子传递

（参照 Taiz 和 Zeiger，2010）

从此人们把光下在叶绿体（或载色体）中发生的由 ADP 与 Pi 合成 ATP 的反应称为光合磷酸化（photophosphorylation）。

3.3.3.1　ATP 酶

叶绿体类囊体膜上的 ATP 酶（ATPase）也称 ATP 合酶（ATP synthase）或 CF_1-CF_0 复合体。它与线粒体、细菌膜上的 ATPase 结构十分相似，都由两个蛋白复合体组成：一个是突出于膜表面的亲水性的"CF_1"，另一个是埋置于膜内的疏水性的"CF_0"（图 3-14）。ATPase 由 9 种亚基组成，相对分子质量 550 000 左右，催化 ADP 和 Pi 合成 ATP。此外，它还可以催化逆反应，即水解 ATP，并偶联 H^+ 向类囊体膜内运输。CF_1 的相对分子质量约 400 000，它含有 α(60 000)、β(56 000)、γ(39 000)、δ(19 000)和 ε(14 000)5 种亚基。其中 α 亚基有结合核苷酸的部位，在进行催化时可能发生构象变化；β 亚基是合成和水解 ATP 分子的催化位置；γ 亚基控制质子的穿流；δ 亚基可能与 CF_0 的结合有关；ε 亚基能抑制复合体在暗中的活性，防止 ATP 的水解；δ 和 ε 亚基还有阻塞经 CF_0 的质子泄漏的作用。CF_0 总相对分子质量为 100 000，含有 4 个亚基：Ⅰ、Ⅱ、Ⅲ和Ⅳ。其中Ⅲ可能是 CF_0 中质子转移的主要通道，而Ⅰ、Ⅱ、Ⅳ亚基可能与建立质子转移通道或与结合 CF_1 有关。

图 3-14 彩图

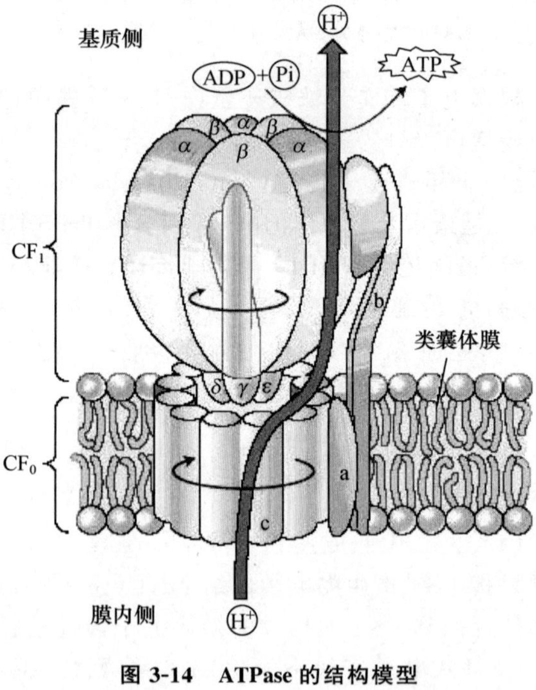

图 3-14　ATPase 的结构模型

（参照 Taiz 和 Zeiger，2010）

3.3.3.2　光合磷酸化的发生机理

不同类型的光合磷酸化虽然它们的反应底物和产物有一些差异，但其反应机理是完全相同的。在整个光合磷酸化机理研究的过程中，共出现了 4 种观点，包括化学学说、化学渗透学说、质子区域化学说、蛋白质构型变化学说（结合改变机理）。目前获得广泛支持的学说主要是化学渗透学说和蛋白质构型变化学说。

(1)化学渗透学说 1961 年，英国科学家 Mitchell 提出化学渗透学说。该学说认为，在类囊体膜上的电子传递体中，PQ 具有亲脂性，含量多，被称为 PQ 库，它可传递电子和质子，而其他传递体只能传递电子。在光下，PQ 在将电子向下传递的同时，又把膜外基质中的质子转运至类囊体膜内，PQ 在类囊体膜上的这种氧化还原往复变化称为 PQ 穿梭。此外，水在膜内侧分解也释放出 H^+，膜内 H^+ 浓度增高，则膜内电位较“正”，膜外 H^+ 浓度降低，则膜外电位较“负”，于是膜内外产生电势差(ΔE)和质子浓度差(ΔpH)，二者合称质子动力势，是光合磷酸化的动力。H^+ 沿着浓度梯度返回膜外时，推动 ATP 合酶合成 ATP(图 3-15)。

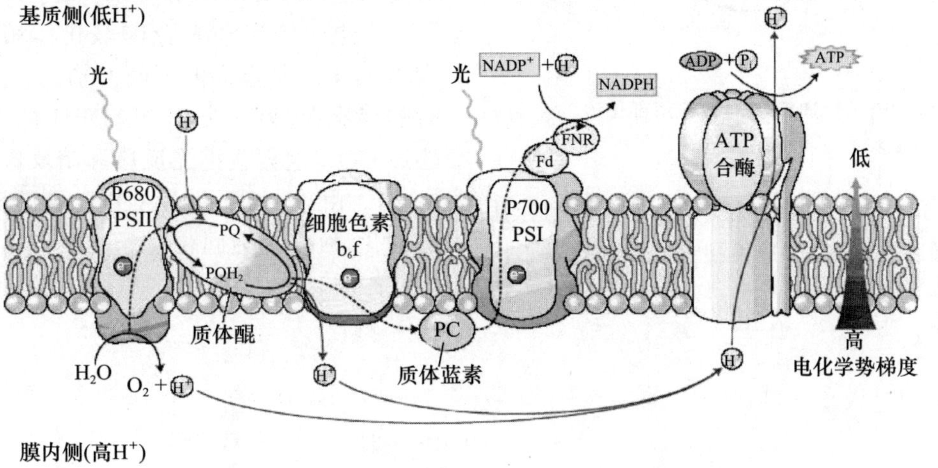

图 3-15 彩图

图 3-15 类囊体膜上电子与质子的传递及 ATP 的生成

(参照 Taiz 和 Zeiger，2010)

(2)蛋白质构型变化学说 美国学者 Boyer (1993)提出，是 H^+ 浓度梯度引起 CF_1 上亚基的转动、变构而催化 ATP 合成的。当 H^+ 穿过 CF_0 通道时，可以推动 CF_1 上的 3 个 α/β 亚基与 γ 亚基轴心的相对旋转变构，同时生成磷酸酐键，即将 ADP 和 Pi 合成 ATP(图 3-16)。

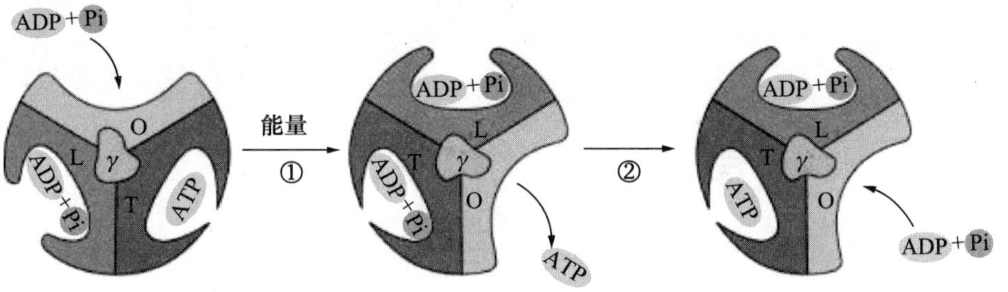

图 3-16 ATP 合成过程

(引自 Taiz 和 Zeiger，2010)

①、②表示质子驱动力

3.3.3.3 电子传递与磷酸化抑制剂

能中止植物叶绿体进行光合磷酸化的试剂被称为光合磷酸化的抑制剂。它们主要包括 3 类。

(1)电子传递抑制剂 指抑制光合电子传递的试剂，如羟胺能切断水到 PSⅡ的电子流，KCN 和 Hg 等能抑制 PC 的氧化。一些除草剂，如敌草隆(DCMU)、百草枯(Paraquat)、阿特拉津(Atrazine)、西玛津(Simazine)等也都是通过阻断电子传递抑制光合作用来杀死植物(图 3-17)。

(2)解偶联剂 是指能解除磷酸化反应与电子传递之间偶联的试剂。常见的解偶联剂(uncoupler)有 NH_4^+、呈弱酸性和脂溶性的 2,4-二硝基苯酚(2,4-dinitrophenol,DNP)、CCCP(羰基氰-3-氯苯腙)、尼日利亚菌素等。它们的作用机理是增强类囊体膜对质子的透性或增强偶联因子渗漏质子的能力，从

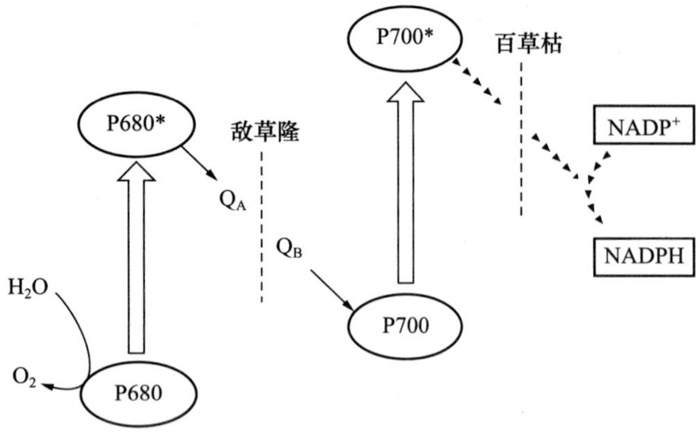

图 3-17　电子传递抑制剂的作用部位

（参照 Taiz 和 Zeiger，2010）

而消除跨膜的 H^+ 电化学势梯度。当解偶联剂作用时，电子传递仍可进行，甚至速度更快(因为消除了内部高 H^+ 浓度对电子传递的抑制)，但阻碍了磷酸化作用，限制了 ATP 的合成。解偶联剂既可导致光合过程与磷酸化作用的不偶联，又可导致氧化过程与磷酸化作用的不偶联(见第 4 章)。利用解偶联剂试验，可以说明跨膜质子梯度是 ATP 合成的驱动力。

(3)能量传递抑制剂　是指直接抑制 ATPase 的磷酸化作用的试剂。如二环己基碳二亚胺(DCCD)、对氯汞基苯(PCMB)、寡霉素。

在电子传递和光合磷酸化作用中形成的 ATP 和 NADPH 是重要的中间产物。一方面二者都能暂时贮存能量；另一方面 NADPH 的 H^+ 又能进一步还原 CO_2，这样就把光反应和暗反应联系起来了(图 3-18)。由于 ATP 和 NADPH 在暗反应中用于 CO_2 的同化，故合称为同化力。

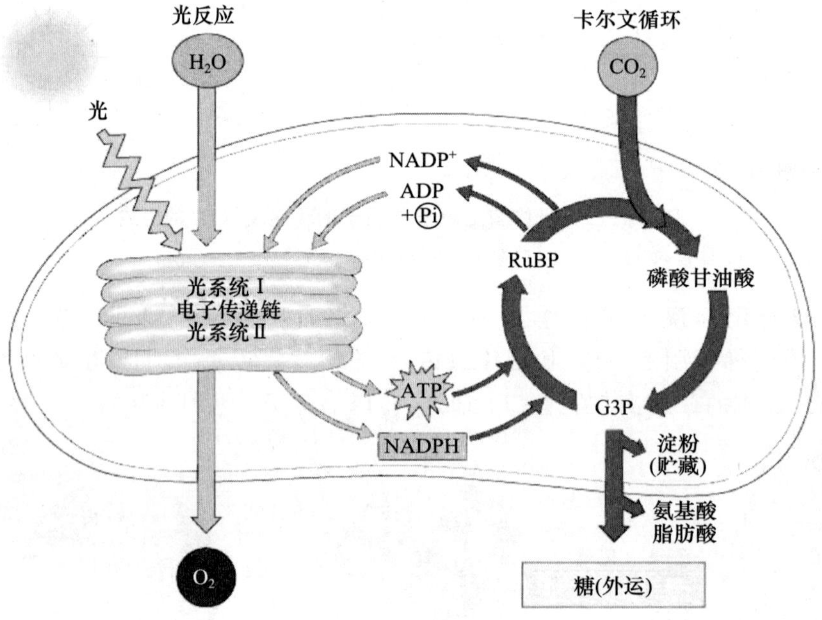

图 3-18　光合作用全过程

（参照 Taiz 和 Zeiger，2010）

RuBP：核酮糖-1，5-二磷酸；G3P：3-磷酸-甘油醛

3.3.4　光能的分配调节与光保护

3.3.4.1　光能的分配调节

在自然环境中，植物是利用日光来进行光合作用的。照到植物体上的光照强度和光谱组成是在不断变化着的，阴天蓝光较多，晴天的早晨和傍晚红光较多，中午时光照很强且为白色。忽晴忽阴的日子更是变化多端。光合作用的能量转换是由 PSⅠ和 PSⅡ两个光系统协同完成的，可是由于两者结合的色素组成不同，光合机构中 PSⅠ和 PSⅡ所接受到的光能也常常不均衡。植物在进化过程中形成了许多调节机制，从而使得光合机构能够相应地协调各个部分反应间的关系来适应环境的变化。其中植物光合机构的状态转换便是植物适应外界环境中光质等短期变化的重要调节机制之一。

Bonaventura 等(1969)观察到当用 PSⅡ优先吸收的光照射暗适应的小球藻时，一部分 PSⅡ的激发能分配到 PSⅠ，PSⅡ的叶绿素荧光降低，并称这个过程为向状态Ⅱ转换。当开启 PSⅠ优先吸收的光后，PSⅡ的叶绿素荧光迅速下降后又逐渐上升，光合机构向状态Ⅰ转换。1977年，Bennett等提出状态转换可能与LHCⅡ的可逆磷酸化有关。当PSⅡ被过度激发时，从PSⅡ传来的电子量超过从PSⅠ传出的电子量，从而导致中间电子传递体PQ与细胞色素b_6f复合体处于还原状态，LHCⅡ被磷酸化，光合机构向状态Ⅱ转换。磷酸化的LHCⅡ从PSⅡ脱离并转移到PSⅠ上，成为PSⅠ的捕光天线，经过这样的变动，PSⅡ的光吸收截面降低，PSⅠ的光吸收截面增加，结果本来分配给PSⅡ的一部分光能被传递给PSⅠ，从而相对增加了PSⅠ的光吸收。与上述过程相反，当PSⅠ被过度激发时，光合机构向状态Ⅰ转换，电子传递体PQ及细胞色素b_6f复合体被氧化，LHCⅡ激酶没有活性，磷酸化的LHCⅡ在磷酸酯酶的作用下去磷酸化，并重新与PSⅡ结合，从而相对增加PSⅡ的光吸收截面及光吸收。

光合作用是PSⅡ和PSⅠ通过电子传递体PQ与细胞色素b_6f复合体及质体蓝素连接起来而协同作用的，因此，两者的光化学反应需要相互配合。植物光合机构的状态转换作为一种反馈调节机制不仅包括线性电子传递过程中两个光系统间的协调，还可能包括线性电子传递与循环电子传递间的协调，即调节NADPH和ATP的产生比例。在光质不断发生变化的环境中，植物用这种方式可以调节激发能在两个光系统间的分配，从而较好地利用光能。

3.3.4.2 光合作用的光抑制与光保护机制

光能不足会限制植物的光合作用，但光能过剩也会对光合作用产生不利的影响。当光合机构接受的光能超过它所能利用的量时，光会引起光合速率的降低，这种现象被称为光合作用的光抑制（photoinhibition）。光抑制分为2种类型：动态光抑制和慢光抑制。动态光抑制是由于适度过量的光照引起的碳同化量子效率下降，但最大光合速率保持不变。它的发生是由于吸收光的能量以热能的形式散失，导致量子效率的下降。慢光抑制是由过度过量的光照引起的，过度光照破坏了PSⅡ反应中心，降低了量子效率和最大光合速率。

光抑制现象在自然条件下是经常发生的，晴天中午的光强常超过植物的光饱和点，很多C_3植物，如水稻、小麦、大豆、棉花、毛竹等在中午前后经常会出现光抑制。轻者光合速率暂时降低，过后尚能恢复；重者则形成光破坏，叶片发黄，光合速率不能有效恢复。如果强光与其他环境胁迫（如高温、低温、干旱等）同时存在，则光抑制现象更为严重。通常光饱和点低的阴生植物更易受到光抑制危害，把人参苗移到露地栽培，在直射光下，叶片很快失绿，并出现红褐色灼伤斑，使参苗不能正常生长；据统计，大田作物由光抑制而降低的产量可达15%以上，因此光抑制产生的原因及其防御机制引起了人们的重视。

一般认为光抑制主要发生在PSⅡ，但在某些情况下，如低温弱光也会导致PSⅠ发生光抑制。按其发生的原初部位，光抑制可分为受体侧光抑制、供体侧光抑制和反应中心光抑制。通常光反应与暗反应协调进行，光反应中形成的同化力在暗反应中被及时用掉。但叶绿体基质中的CO_2浓度往往很低，接近CO_2补偿点，当光照过强时，一方面，光能过剩，常常出现暗反应能力不足，引起$NADP^+$不足，此时电子传递给O_2，形成超氧阴离子自由基（$O_2^-\cdot$）；另一方面，强光还会导致还原型Q_A的积累，形成三线态P680（$P680^T$），而$P680^T$可以与分子氧反应生成单线态氧（$^1O_2$）。$O_2^-\cdot$和$^1O_2$都是化学性质非常活泼的活性氧，如不及时清除，它们会攻击附近的叶绿素和PSⅡ反应中心的D1蛋白，从而损伤光合机构。

植物在长期的进化过程中形成了多种防御机制，以避免其被过剩光能伤害，如：①通过叶片运动、叶绿体运动或叶表面覆盖蜡质层、积累盐或着生毛等来减少对光的吸收；②通过增加光合电子传递和光合关键酶的含量及活化程度，提高光合能力等来增加对光能的利用；③加强非光合的耗能代谢过程，如增强光呼吸和Mehler反应等；④通过叶黄素循环提高热耗散能力——叶黄素的3个组分紫黄质、环氧玉米黄质、玉米黄质可以在照光的条件下快速互相转化，耗散多余的能量；⑤LHCⅡ的磷酸化和脱磷酸化引起激发能在两个光系统之间的再分配；⑥Cyt b_{559}介导的环式磷酸化；⑦增强活性氧的清除系统，如超氧化物歧化酶（SOD）、过氧化氢酶（CAT）、过氧化物酶（POD）、谷胱甘肽、抗坏血酸及类胡萝卜素等的含量和活性，减轻活性氧对细胞的伤害；⑧加强PSⅡ的修复循环，修复需要弱光和合适的温度，涉及一些物质如D1等蛋白的合成。植物有多种保护机制，但不同的植物可能采用不同的防御机制，从而导致植物对强光的适应能力不同。

光抑制现象早在19世纪中期就已经被发现，近几年来光抑制的分子机理及其在提高农作物的光合效率等方面都取得了重大进展，并成为光合作用研究的一个热点。2020 年，中国科学院分子植物科学卓越创新中心、植物分子遗传国家重点实验室郭房庆研究组通过遗传工程手段在拟南芥、烟草和水稻中创建了一条全新的、且由高温响应启动子驱动的细胞核融合基因表达的 D1 蛋白合成途径，该成果在线发表在 *Nature Plants* 杂志上。研究组发现植物在正常生长和高温胁迫下对于 D1 的需求是高水平的，天然的叶绿体 D1 合成途径满足不了植物快速生长和抵抗高温胁迫对于新合成 D1 蛋白的需求。他们建立了植物细胞 D1 蛋白合成的“双途径”机制（天然的叶绿体途径和创建的核途径）。增加细胞核源 D1 合成途径显著增强了植物的高温抗性、光合作用效率、二氧化碳同化速率、生物量和产量。从为植物细胞增加一条全新的 D1 合成途径并显著提高光能利用效率而言，这一原始创新性的发现具有重要的理论意义和应用价值。该发现颠覆了这个领域科学家对于 D1 蛋白在光合作用中限制性功能的认知，为提高植物光能利用效率方面的一个重要突破性进展，为应对温室效应导致全球气候变暖条件下的粮食安全生产挑战提供了解决方案。应用该理论的水稻转基因改良株系大田条件下的产量测产分别在上海和海南三亚育种基地进行，经过多年的验证，增产幅度为 8.1%～21.0%。

3.4 光合碳同化和光呼吸

地球生物都是碳基生命，碳循环在生物圈中的意义不言而喻。CO_2 是地球大气中的重要组分，碳循环的第一步是植物光合细胞利用太阳光能把大气 CO_2 还原成可利用的 CHOH 基团，这是维持整个生物圈的物质和能量的基础。科学家估计地球上每年光合作用同化的 CO_2 达到 7 000 亿 t，是自然界中最大规模的化学反应。

自然界存在多条生物固定 CO_2 途径。在绿色植物中有 1,5-二磷酸核酮糖羧化酶/加氧酶（ribulose-1,5-bisphosphate carboxylase/oxygenase，Rubisco）催化羧化反应的卡尔文循环（Calvin-Benson Cycle，或 C_3 途径）、C_4 途径和景天酸代谢途径（CAM）。原核细菌则更为多样，既有 Rubisco 催化的固碳途径，存在于蓝细菌、绝大多数光合细菌和全部好氧化能自养菌中。也有非 Rubisco 催化的固碳途径，包括：①还原三羧酸循环（rTCA），存在于少数厌氧光合紫色细菌和绿硫细菌中；②厌氧乙酰辅酶 A 途径，又称 Wood-Ljungdahl 途径，主要存在于产甲烷菌、硫酸盐还原菌和产乙酸菌等化能自养菌中；③3-羟基丙酸双循环途径，存在于光合绿色非硫细菌中；④二羧酸/4-羟基丁酸循环，存在于一些厌氧古核细菌；⑤3-羟基丙酸/4-羟基丁酸循环；⑥反向甘氨酸裂解系统，这条途径是根据基因组研究推断出来的。所有生物固碳代谢途径中，卡尔文循环是最普遍的 CO_2 固定途径，广泛存在于植物、藻类和蓝细菌中。

卡尔文循环中 Rubisco 是核心酶，该酶决定了光合碳同化和光呼吸（photorespiration）这两个竞争性途径的相对比例，从而影响光合作用效率和同化产物的积累。Rubisco 是一个著名的低效羧化酶，不仅对底物 CO_2 的亲和力非常低，催化反应速率极慢，而且对 CO_2 和 O_2 两种竞争性底物识别特异性差，O_2 与 CO_2 竞争 Rubisco 的结合位点。因此为克服 Rubisco 的局限性，很多植物进化出了无机碳浓缩机制（inorganic carbon concentrating mechanisms，CCMs），如高等植物中的 C_4 途径和景天酸代谢途径；低等光能自养生物（如微藻和蓝细菌）进化的 CCMs，包括蓝细菌中的羧化体和某些藻类中的淀粉核，都是 Rubisco 与相关蛋白形成聚合体，成为细胞中的亚细胞器。同时在 CO_2 的转运和 CO_2/HCO_3^- 的分子形态转化方面，不同的生物也进化了相应的 HCO_3^- 转运体和碳酸酐酶（carbonic anhydrase，CA），以保障 CO_2 能够在 Rubisco 附近增加浓度，提高固定效率。

光合碳同化利用光反应中产生的同化力（NADPH 和 ATP）通过一系列酶促反应使 CO_2 还原，合成碳水化合物。过去这些反应被认为不需要光照，故称为“暗反应”（dark reaction）。实际这些酶促反应需要光反应的产物（同化力），而且有的酶活性更是直接受到光照调控，故“暗反应”的名称就不准确了，直接称为光合碳同化反应则更为准确。光合碳同化发生在可溶态的叶绿体基质中。

3.4.1 光合碳同化

从能量转换角度讲，碳同化是将光反应所生成的 ATP 和 NADPH 中的活跃的化学能，将 CO_2 中“低能”的氧化态碳转换为糖中“高能”的还原态碳的过程。目前发现，高等植物的碳同化有 3 条循环途径（表 3-1）。其中卡尔文循环是所有植物进行光合碳固定共有的基本途径，只有这条途径才具有合成蔗糖等光合产物的能力，其他两条途径只能起临时固定和转运浓缩 CO_2 的作用，不能单独发挥作用。

表 3-1 高等植物的碳同化途径

CO_2 同化途径	以第一个较稳定的中间产物命名	英文全称，缩写	以 CO_2 的受体命名	以发现者命名
C_3 途径	C_3 cycle	C_3 photosynthetic carbon reduction，PCR	还原戊糖磷酸循环（reductive pentose phosphate cycle，RPPC）	卡尔文循环（Calvin-Benson cycle）
C_4 途径	C_4 cycle（C_4 dicarboxylic acid pathway）	C_4 photosynthetic carbon assimilation cycle，PCA		Hatch-Slack 循环（Hatch-Slack cycle）
CAM 途径		crassulacean acid metabolism，CAM		

3.4.1.1 C_3 途径（卡尔文循环）

不管是低等藻类还是高等植物，所有真核光合细胞都采用相同的 CO_2 还原机制合成碳水化合物，但其具体反应过程直至 20 世纪 50 年代中后期，经过 10 年的系统研究植物还原 CO_2 的详细循环步骤才被阐明，即 C_3 途径。卡尔文（M. Calvin）及其同事用同位素标记的 $^{14}CO_2$ 喂饲照光中的绿藻，在不同的光照时间后用沸乙醇杀死，然后用纸层析、放射自显影方法鉴定含 ^{14}C 各种化合物出现的顺序及种类，以推断 CO_2 转变的途径。从纸层析、放射自显影的图谱中发现，栅藻（Scenedesmus）同化 $^{14}CO_2$ 照光 5 s 后标记产物中 3-磷酸甘油酸（PGA）占 87%，磷酸烯醇式丙酮酸占 10%，余下 3%为苹果酸。若将照光时间延长到 15～60 s，标记产物除了以上几种物质，还包含天冬氨酸、丙氨酸、丝氨酸、甘氨酸、乙醇酸、磷酸三糖、二磷酸己糖和蔗糖等化合物。所以 3-磷酸甘油酸是 CO_2 最初固定后形成的有机产物。由于 3-磷酸甘油酸是三碳化合物，这条途径就称为 C_3 途径，也称为卡尔文循环、还原戊糖磷酸循环（RPP）或者 Calvin-Benson 循环。只通过 C_3 途径进行光合碳同化的植物称为 C_3 植物，如水稻、小麦、大豆、棉花和烟草等。

1. 卡尔文循环的反应过程

卡尔文循环包括一系列精炼的反应过程，大致分为羧化、还原和 RuBP 再生 3 个阶段（图 3-19）。

（1）羧化阶段（carboxylation） 固定 CO_2 为羧酸的过程。环境中的 CO_2 与 H_2O 在 RuBP 羧化酶/加氧酶（Rubisco）催化下，和五碳受体分子核酮糖-1，5-二磷酸（ribulose-1，5-bisphosphate，RuBP）结合形成不稳定的六碳过渡态化合物，水解形成 2 分子稳定的三碳化合物 3-磷酸甘油酸（3-phosphoglycerate，PGA）。此步反应具有较大的负自由能变化，故羧化反应方向非常有利，而且 Rubisco 对底物 CO_2 有较高的亲和力，能在光合细胞内部较低的 CO_2 浓度下完成羧化反应。Rubisco 是地球上含量最丰富的天然蛋白，占植物叶片可溶性蛋白的 40%以上。Rubisco 催化 C_3 途径的第一步反应，反应式如下：

$$CO_2 + H_2O + RuBP \xrightarrow{\text{Rubisco}} \text{六碳过渡态化合物} \longrightarrow 2PGA$$

（2）还原阶段（reduction） PGA 在 3-磷酸甘油酸激酶（3-phosphoglycerate kinase，PGA 激酶）催化下被 ATP 磷酸化，形成 1，3-二磷酸甘油酸（1，3-bisphosphoglycerate，BPGA），然后在磷酸甘油醛脱氢酶（glyceraldehyde-3-phosphate dehydrogenase）催化下被 NADPH 还原，形成 3-磷酸甘油醛（glyceraldehyde 3-phosphate，GAP），这是 CO_2 还原产生的第一个糖。这一阶段是耗能过程，光反应中形成的 ATP 和 NADPH 主要在这一阶段被利用，所以还原阶段是光合电子传递与光合碳同化的连接点。CO_2 一旦被还原成 3-磷酸甘油醛，光合作用的贮能过程便完成。3-磷酸甘油醛可以通过叶绿体内膜上的磷酸转运器，运到细胞质中去合成蔗糖，也可以在叶绿体间质中转变为淀粉暂时储存，反应式如下：

$$\underset{\text{(3-PGA)}}{\text{3-磷酸甘油酸}} \xrightarrow[\text{PGA激酶}]{\text{ATP} \to \text{ADP}} \underset{\text{(BPGA)}}{\text{1,3-二磷酸甘油酸}} \xrightarrow[\text{磷酸甘油醛脱氢酶}]{\text{NADPH} \to \text{NADP}^+} \underset{\text{(GAP)}}{\text{3-磷酸甘油醛}} + \text{Pi}$$

（3）RuBP 再生阶段（regeneration） 利用已形成的 3-磷酸甘油醛经一系列的相互转变，最终再生核酮糖-1，5-二磷酸（RuBP）。在光合作用刚开始时，叶绿体中 RuBP 浓度较低，无法维持 CO_2 持续固定过程进行。因此，CO_2 的受体——RuBP 的再生便成为 C_3 途径能否持续运转的关键所在。再生阶段的主要反应是 GAP 经过 C_4 糖、C_5 糖、C_6 糖和 C_7 糖等多种糖的转化，形成 5-磷酸核酮糖，再消耗 1 mol ATP，在磷酸核酮糖激酶(Ribulose-5-phosphate kinase)的催化下发生磷酸化作用形成 RuBP,建立 RuBP 库。

综上所述,C_3 途径是靠光反应合成的 ATP 及 NADPH 作能源,推动 CO_2 的固定和还原。每循环一次只能固定一个 CO_2 分子,消耗 3 分子 ATP 和 2 分子 NADPH。3 分子 RuBP 能够循环 3 次才能把 3 个 CO_2 分子同化成 1 个磷酸三碳糖分子(3-PGA),同时再生 3 分子 RuBP。该循环以 RuBP 开始,以 RuBP 结束。

卡尔文循环总反应式如下:

$$6CO_2 + 11H_2O + 12NADPH + 18ATP \rightarrow 6\text{-磷酸果糖} + 12NADP^+ + 6H^+ + 18ADP + 17Pi$$

每合成 1 分子磷酸果糖需要转化 12 分子 NADPH 和 18 分子 ATP,即每固定 1 分子 CO_2 消耗 2 个 NADPH 和 3 个 ATP。卡尔文循环总共需要 11 种酶(图 3-19)。

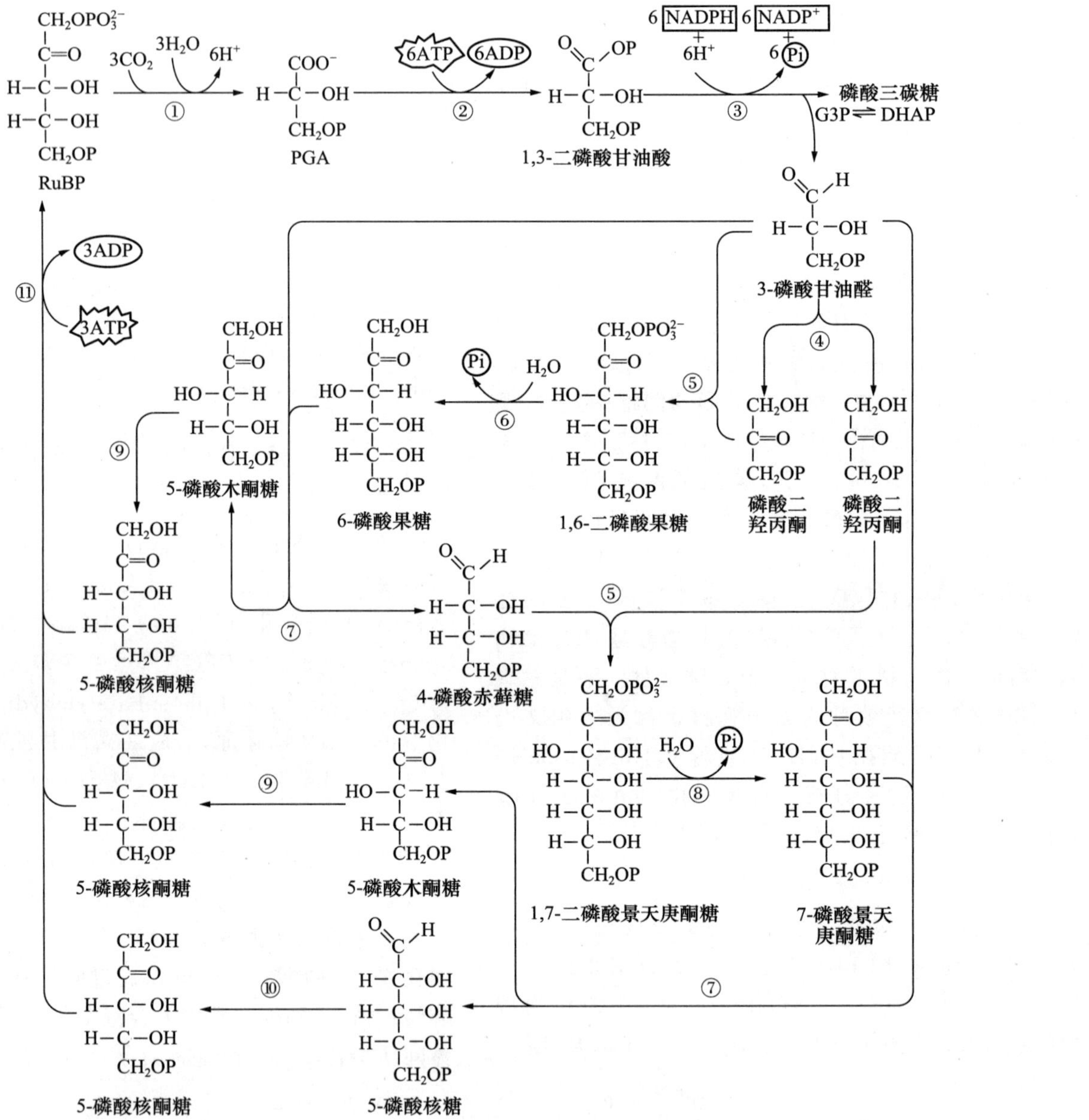

图 3-19　卡尔文循环示意图

(改编自 Taiz 和 Zeiger,2010)

①1,5-二磷酸核酮糖羧化酶/加氧酶,ribulose-1,5-bisphosphate carboxylase/oxygenase;②3-磷酸甘油酸激酶,3-phosphoglycerate kinase;③NADP 3-磷酸甘油醛脱氢酶,NADP:glyceraldehyde-3-phosphate dehydrogenase;④磷酸丙糖异构酶,triose phosphate isomerase;⑤醛缩酶,aldolase;⑥1,6-二磷酸果糖酯酶,fructose-1,6-bisphosphatase;⑦转酮酶,transketolase;⑧1,7-二磷酸景天庚酮糖酯酶,sedoheptulose-1,7,bisphosphatase;⑨5-磷酸核酮糖表异构酶,ribulose-5-phosphate epimerase;⑩5-磷酸核糖异构酶,ribose-5-phosphate isomerase;⑪5-磷酸核酮糖激酶,ribulose-5-phosphate kinase

2. 卡尔文循环的调控

在20世纪60年代以后，人们对于C_3途径的调节已经有较深入的了解。C_3途径的调控可以在以下几个方面进行：

(1)光调节作用　参与或者调节C_3途径的酶种类很多，其中Rubisco、3-磷酸甘油醛脱氢酶、1，6-二磷酸果糖酯酶、1，7-二磷酸景天庚酮糖酯酶、5-磷酸核酮糖激酶和Rubisco活化酶等6种酶都是光调节酶，这些酶需要光照才能活化。

在植物体内Rubisco需要Rubisco活化酶(Rubisco activase,RCA)将其活化才能发挥催化作用。Rubisco活化酶的活性需要ATP的参与，具有解除磷酸糖对Rubisco活性抑制作用的功能。Rubisco的转换数在高等植物低到3～10次反应/秒，而一般的酶促反应(碳酸酐酶)的转换数(反应)为500 000次/s，所以Rubisco的效率非常低，被认为是自然界中最低效的酶。在高等植物中Rubisco由8个大亚基和8个小亚基组成，分别由叶绿体和核基因组编码，其催化中心位于大亚基上(图3-20)。Rubisco是在叶绿体内部进行组装的，核基因组编码的小亚基以前体形式运入叶绿体，再在分子伴侣的帮助下与大亚基组装成全酶。

Rubisco具有活化态和失活态两种状态，只有活化态才能催化羧化或者加氧反应。失活态激活成活化态需要Rubisco特定氨基酸残基的去质子化和氨基甲酰化，对于菠菜Rubisco而言就是201位的赖氨酸(Lys-201)。氨基甲酰化就是1个CO_2分子结合到Lys-201上。接着2个阴离子残基(Asp-203和Glu-204)与Mg^{2+}离子结合，形成ECM复合体，这是活化态的Rubisco。这样底物RuBP可以结合到ECM复合体上，导致蛋白构象变化隔绝环境中的溶剂，催化中心结合CO_2或者O_2分子从而启动羧化或加氧反应。没有完成氨基甲酰化的Rubisco(失活态)也能结合RuBP，但是该复合物不能启动反应，但可在Rubisco活化酶的帮助下释放RuBP，解除抑制，再进行去质子化和氨基甲酰化转变成ECM复合体。活化态的ECM复合体在黑暗中可以和一些磷酸糖结构的天然抑制剂(I)结合，例如CA1p(1-磷酸-2-羧基阿拉伯糖醇)，形成ECMI复合物失去活性，但同样可以在照光下通过Rubisco活化酶的作用释放磷酸糖抑制剂。从而恢复成有活性的ECM复合物参与碳同化(图3-21)。释放出来的CA1p被1-磷酸-2-羧基阿拉伯糖醇酯酶(CA1Pase)水解，生成没有抑制作用的2-羧基阿拉伯糖醇。

Rubisco的活性与叶绿体中的pH和Mg^{2+}含量有密切关系。在光照条件下，光合电子传递将H^+运入类囊体腔，使得类囊体腔中pH下降，而基质中的pH由7.0上升到8.0，促进了Rubisco去质子化，同时Mg^{2+}从类囊体腔运入基质空间。在黑暗条件下，发生相反的过程，H^+从类囊体腔运入间质，Mg^{2+}从间质进入类囊体腔，导致Rubisco钝化。

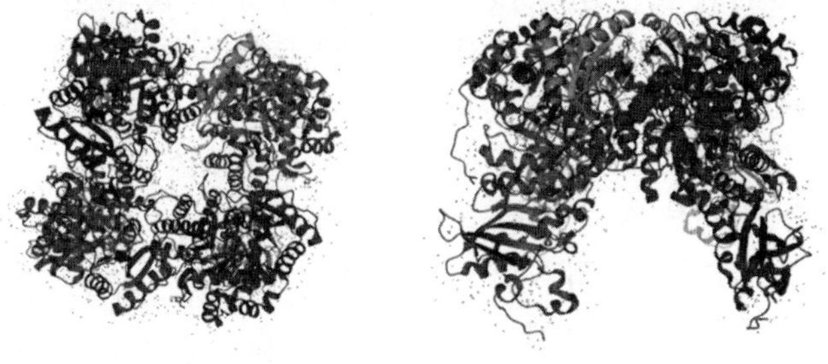

图3-20 彩图

图3-20　菠菜Rubisco酶分子的四级结构

(1IR1，引自PDB数据库)

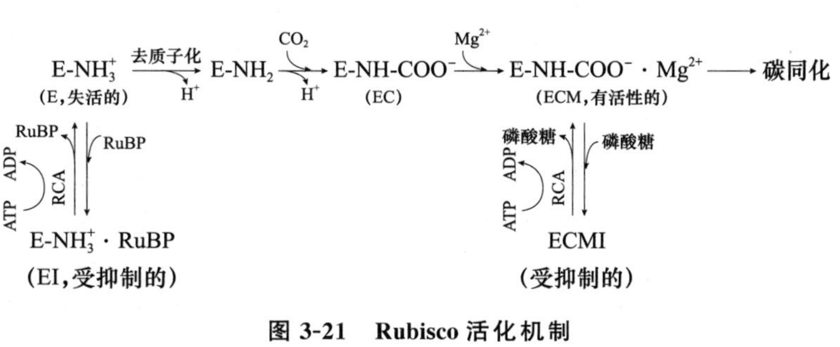

图3-21　Rubisco活化机制

E：Rubisco；I：磷酸糖抑制剂

以上是 Rubisco 在植物中的活化机制，也可以提取出粗酶液后与高浓度的 Mg^{2+}（20 mmol/L）和 CO_2 保温进行体外活化。CO_2 可以用 $NaHCO_3$ 在溶液里提供，这个 CO_2 是参与氨基甲酰化过程，负责活化 Rubisco，不参与羧化反应，所以标注为 $^{A}CO_2$，具体反应式如下：

$$\text{E(失活的)} + {}^{A}CO_2 \xrightarrow{\text{pH 8.0，慢速}} \text{E} \cdot CO_2$$

$$\text{E} \cdot CO_2 + Mg^{2+} \xrightarrow{\text{快速}} \text{ECM(有活性的)}$$

除了 Rubisco 这个限速酶，通过使用分子生物学技术发现，卡尔文循环中的醛缩酶、转酮酶和 1，7-二磷酸景天庚酮糖酯酶也是重要的限速酶。提高这些酶在叶绿体中的含量都可以增加同化物积累，进而增加生物量，可以作为重要的作物增产途径。

除了 Rubisco 外，3-磷酸甘油醛脱氢酶、1，6-二磷酸果糖酯酶、1，7-二磷酸景天庚酮糖酯酶、5-磷酸核酮糖激酶和 Rubisco 活化酶等 5 种酶都含有二硫键（—S—S—），光照通过叶绿体中的硫氧化还原蛋白还原系统（thioredoxin reducing system，TRX）控制以上酶的活性。在黑暗中，这些酶的残基为氧化态的二硫键，酶处于钝化状态；在光下，二硫键被硫氧化还原蛋白还原成巯基（—SH），酶处于活化状态。光照激活光系统Ⅰ（PSⅠ）还原铁氧化还原蛋白（ferredoxin，Fd），接着有 2 条途径可以还原硫氧化还原蛋白：①通过 Fd 依赖的硫氧化还原蛋白还原酶（FTR），利用还原态 Fd（Fd_{red}）还原硫氧化还原蛋白 f（TRXf）；②通过 NADPH 依赖的硫氧化还原蛋白还原酶 C（NTRC），使用 NADPH 还原 TRXf，NADPH 可以通过光合电子传递链的铁氧化还原蛋白-NADPH 还原酶（FNR）产生（图 3-22）。C_3 途径的光调节酶都具有在光下活化、暗中钝化的特点，使得该途径成为一个受光照自动调节的循环系统。

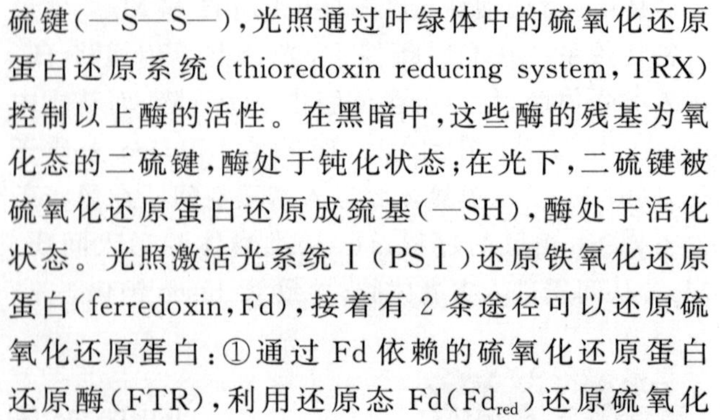

图 3-22　叶绿体中的硫氧化还原蛋白在光下活化卡尔文循环酶

（2）代谢物水平调节　CO_2 同化速率在很大程度上取决于 C_3 途径的运转状况和中间产物的数量水平。将暗适应的叶片移至光下，最初净光合速率很低，需要经过一段时间的滞后期才能达到最大稳态净光合速率。这是因为光合作用刚开始时，叶绿体基质中 CO_2 受体 RuBP 的浓度较低，不能支撑光合机构持续高速运转。这时卡尔文循环产生的磷酸三糖要用于增加 RuBP 浓度建立"库"，不会输出到细胞质或在叶绿体内积累淀粉，反应式如下：

$$5\text{RuBP} + 5CO_2 + 9H_2O + 16\text{ATP} + 10\text{NADPH} = 6\text{RuBP} + 14\text{Pi} + 6H^+ + 16\text{ADP} + 10\text{NADP}^+$$

光合作用达到稳态后，只有 1/6 的磷酸三糖输出到细胞质合成蔗糖或者留在叶绿体里合成淀粉，剩下的磷酸三糖都用来再生 RuBP 等中间代谢物。

（3）光合产物输出速率的调节　光合产物从叶绿体输出到细胞质有利于卡尔文循环进行。光合作用最初产物磷酸三糖从叶绿体运出到细胞质的速率，受细胞质中无机磷酸根（Pi）水平的调节。磷酸三糖通过叶绿体内膜上的反向共转运磷酸转运器（phosphate translocator，PT）运出叶绿体，同时细胞质里等量的 Pi 运入叶绿体。具体是 TPT 负责白天将光合产物运出叶绿体并运入 Pi，防止磷酸三糖在叶绿体中积累，保障 C_3 植物光合碳同化的高速运转（表 3-2）。PPT 在 C_3 植物中负责将 PEP 运入叶绿体，参与莽草酸途径合成木质素、黄酮和生物碱；或在 C_4 植物叶肉细胞中负责将 PEP 运出叶绿体，在细胞质中参与 C_4 途径。GPT 负责将 6-磷酸葡萄糖运入质体用于合成淀粉。XPT 负责将 5-磷酸木酮糖运入叶绿体，参与 C_3 途径。

3.4.1.2　C_4 途径（Hatch-Slack 循环）

20 世纪 50 年代和 60 年代初期 Kortschack 及其同事在做甘蔗的以及 Karpilov 及其同事做玉米的同位素示踪实验时，都发现光合碳同化最初产物主要是 C_4 酸，即苹果酸和天冬氨酸，这明显和 Calvin 的结果不同。但是直到 1966 年才由 Hatch 和 Slack 提出存在着另一个独特的固定 CO_2 的途径，它固定 CO_2 的最初产物是含有 4 个碳的二羧酸化合物——草酰乙酸（OAA），随着时间的延长，该 C_4 酸的含量减少，出现带有 ^{14}C 标记的 PGA 等。由于这条途径 CO_2 固定的最初产物是 C_4 化合物，所以该循环途径被命名为 C_4 二羧酸途径，简称为 C_4 途径，亦称为 Hatch-Slack 循环。具有这种碳同化途径的植物称为 C_4 植物。

表 3-2 拟南芥叶绿体(质体)内膜的 4 类磷酸转运器

转运器	MAtDB 登录号	主要功能
1. 磷酸三糖转运器 (triose phosphate/phosphate translocator,TPT)	At5g46110	Pi 运入叶绿体 磷酸三糖和 3-磷酸甘油酸运出叶绿体
2. 磷酸烯醇式丙酮酸转运器 [phosphoenolpyruvate (PEP)/phosphate translocator,PPT]	At3g01550	C_3 植物:磷酸烯醇式丙酮酸运入叶绿体;Pi 运出叶绿体 C_4 植物:Pi 运入叶绿体;磷酸烯醇式丙酮酸运出叶绿体
3. 磷酸葡萄糖转运器 (glcose 6-phosphate/phosphate translocator,GPT)	At5g54800 At1g61800	6-磷酸葡萄糖运入质体 磷酸三糖运出质体
4. 磷酸木酮糖转运器 (xylulose 5-phosphate/phosphate translocator,XPT)	At5g17630	5-磷酸木酮糖运入叶绿体 磷酸三糖运出叶绿体

C_4 植物有 8 100 多种,占陆生植物的 3%,皆为被子植物。其中在单子叶植物中较为常见,占其 40%;而在双子叶植物中较为少见,只有 4.5%。禾本科中 C_4 植物最多,如玉米、甘蔗、高粱等粮食作物,还有黍与粟等。双子叶植物中石竹目具有最多的 C_4 植物,树木中 C_4 途径的种类极少,如泡桐树等。本质上讲 C_4 植物光合作用是在 C_3 植物卡尔文循环的基础上进化了一种无机碳浓缩机制,进化了 60 多次才形成了现在的 C_4 植物,具有更高的光能利用率、水分和氮素利用率,多数发生在高温干旱地区。

大多数 C_4 植物具有"花环"解剖结构(Kranz 结构)——在叶脉周围有一圈含叶绿体的维管束鞘细胞(bundle sheath cell,BSC),一般比 C_3 植物的维管束鞘细胞要更大,其外面环列着叶肉细胞(mesophyll cell,MC)。C_4 植物具有两种不同的光合细胞;而 C_3 植物的 BSC 内不含叶绿体,没有光合能力,只有外围的叶肉细胞具有光合能力(图 3-23)。

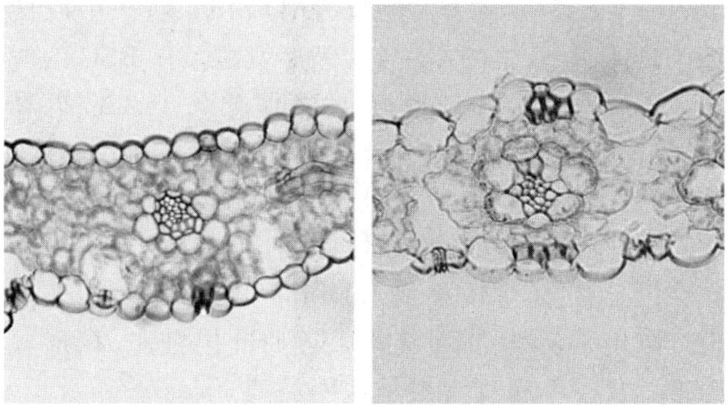

图 3-23 C_3(左)和 C_4(右)植物叶片结构的比较

C_4 光合碳同化先后在叶肉细胞和维管束鞘细胞中进行,其过程大致可分为 4 个阶段(图 3-24):

1. Hatch-Slack 循环的反应过程

(1)CO_2 的固定 叶肉细胞质中,CO_2 在碳酸酐酶的作用下转变成 HCO_3^-,碳酸氢根在磷酸烯醇式丙酮酸羧化酶(PEPCase)的催化下,以磷酸烯醇式丙酮酸(phosphoenolpyruvate,PEP)为受体,在叶肉细胞中形成草酰乙酸(OAA)。OAA 在 NADP-苹果酸脱氢酶的催化下,还原为苹果酸(malate acid),或者由天冬氨酸转氨酶化转变为天冬氨酸(Asp)。苹果酸和天冬氨酸都是 C_4 酸。

(2)C_4 酸的转移 苹果酸或者天冬氨酸从叶肉细胞通过胞间连丝运到维管束鞘细胞(BSC)中。

(3)C_4 酸在维管束鞘细胞中脱羧,释放出 CO_2 苹果酸在 NAD(P)苹果酸酶作用下氧化脱羧;或者天冬氨酸在天冬氨酸转氨酶作用下生成 OAA,OAA 接着在 PEP 羧激酶(phosphoenolpyruvate carboxykinase)作用下脱羧。这些 CO_2 进入卡尔文循环被还原为碳水化合物。

(4)PEP 的再生 C_4 途径同 C_3 途径一样,也需要再生 CO_2 的受体,以保证 C_4 途径不断循环运转。第三步中脱羧后形成的含有 3 个碳原子的 C_3 酸(丙酮酸或丙氨酸)转运回叶肉细胞,在叶绿体中再生 PEP。

在 BSC 中进行的卡尔文循环产生的 3-磷酸甘油酸都要运到叶肉细胞的叶绿体中还原,产生的磷酸三糖还要运回 BSC 的叶绿体中,继续进行卡尔文循环。代谢物在两类光合细胞间的运输伴随着质子和其他离子的运输,以保证 pH 和离子平衡。

叶肉细胞中为了再生 CO_2 受体 PEP,需要额外消耗 2 分子 ATP 用于 2 步耗能反应:①丙酮酸在丙酮酸磷酸双激酶催化下再生 PEP,消耗 1 分子 ATP;

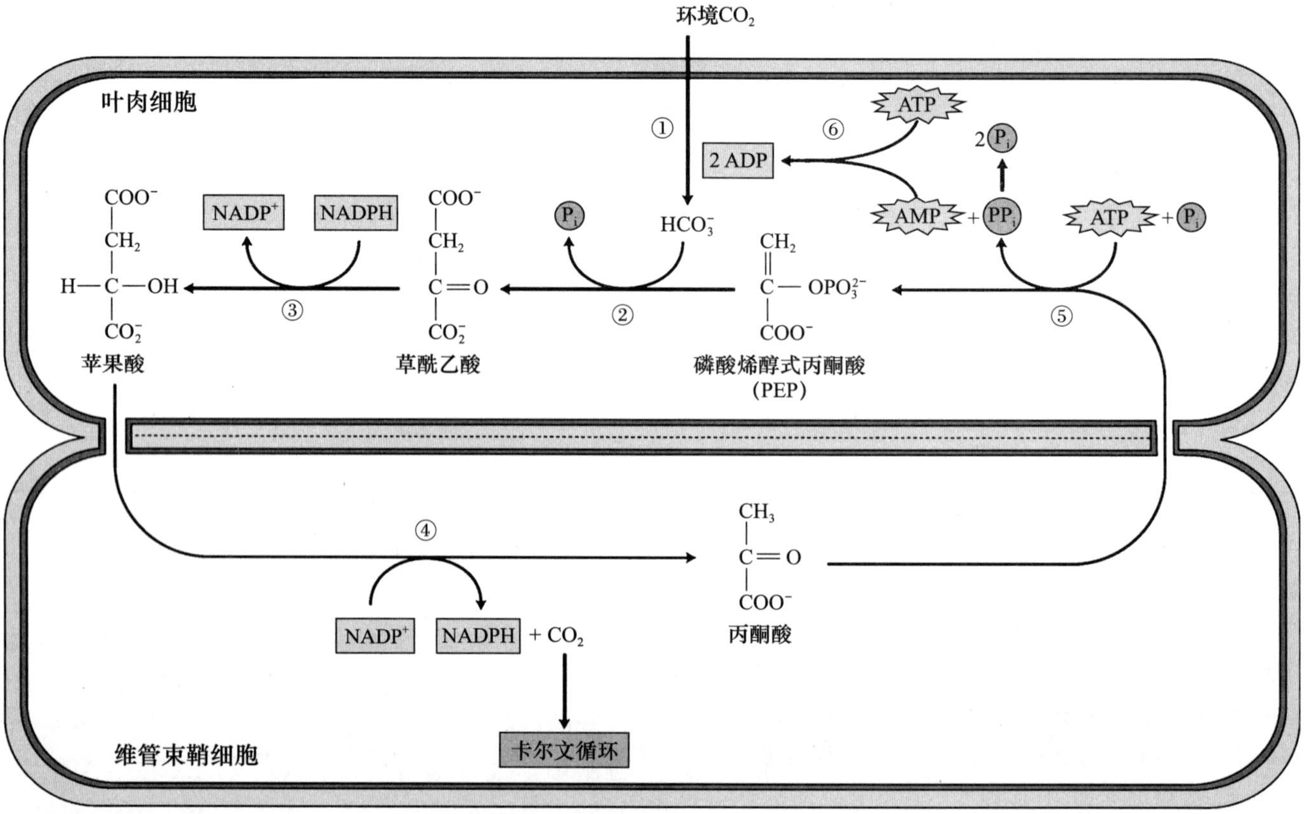

图 3-24 C_4 植物光合碳同化途径示意图

（改自 Taiz 和 Zeiger，2010）

①碳酸酐酶，carbonic anhydrase；②PEP 羧化酶，phosphoenolpyruvate carboxylase；③NADP 苹果酸脱氢酶，NADP：malate dehydrogenase；④NAD(P)苹果酸酶，NAD(P) malic enzyme；⑤丙酮酸磷酸双激酶，pyruvate，phosphate dikinase；⑥腺苷酸激酶，adenylate kinase

②AMP 在腺苷酸激酶催化下合成 ATP，消耗 1 分子 ATP。而 NADPH 的消耗和产生正好达到平衡，BSC 中 NADP 苹果酸酶催化产生的 NADPH 正好给叶肉细胞中的苹果酸脱氢酶使用。综上所述，C_4 途径每固定 1 分子 CO_2 消耗 2 个 NADPH 和 5 个 ATP，所以 C_4 途径的运转比 C_3 途径的需要更多的能量。

2. C_4 植物光合碳同化途径的 3 种亚类型

根据转运到 BSC 中的 C_4 酸种类和脱羧反应的差异，C_4 途径分为 3 种亚类型（图 3-25）：①叶绿体中脱羧的 NADP 依赖的苹果酸酶型（NADP-ME 型）；②线粒体中脱羧的 NAD 依赖的苹果酸酶型（NAD-ME 型）；③细胞质中脱羧的 PEP 羧激酶型（PEP-CK 型）。类型一的 C_4 酸是苹果酸，类型二和三的 C_4 酸是天冬氨酸。实际上不同类型可以在同一种植物中共存，比如玉米光合碳同化产物既有苹果酸也有天冬氨酸，暗示类型二和三同时存在于玉米叶片。

（1）NADP 苹果酸酶型（NADP-ME 型） 由叶肉细胞进入 BSC 中的 C_4 酸为苹果酸。在 BSC 的叶绿体中，由 NADP 苹果酸酶催化苹果酸氧化脱羧形成丙酮酸并释放 CO_2。丙酮酸运回叶肉细胞，由丙酮酸磷酸双激酶催化再生 PEP。玉米、高粱和狗尾草是这一类型。

（2）NAD 苹果酸酶型（NAD-ME 型） 由叶肉细胞进入 BSC 中的 C_4 酸为天冬氨酸。在 BSC 的线粒体中，天冬氨酸先由转氨酶催化为 OAA，再在 NAD-苹果酸脱氢酶作用下还原成苹果酸。由 NAD 苹果酸酶催化苹果酸氧化脱羧形成丙酮酸并释放 CO_2，CO_2 接着进入叶绿体参与卡尔文循环。丙酮酸在丙氨酸氨基转移酶（alanine aminotransferase，EC）作用下转化为丙氨酸后运回叶肉细胞，再形成 PEP。双稃草和光头黍是这一类型。

（3）PEP 羧激酶型（PEP-CK 型） 由叶肉细胞进入 BSC 中的 C_4 酸为天冬氨酸，在 BSC 的细胞质中，天冬氨酸先由转氨酶转变为 OAA，多数 OAA 经 PEP 羧激酶催化脱羧生成 PEP 并释放 CO_2，CO_2 接

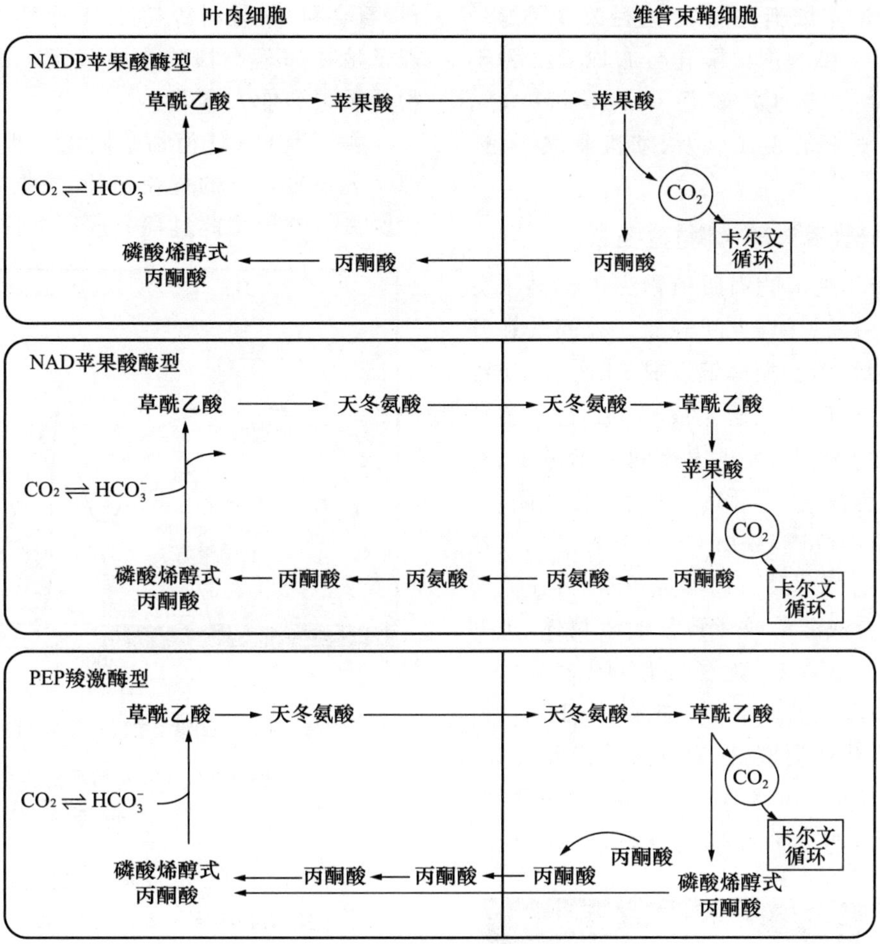

图 3-25 C_4 途径的 3 种亚类型

（改自 Taiz 和 Zeiger，2010）

着进入叶绿体参与卡尔文循环。PEP 直接运回叶肉细胞，或者是转化成丙酮酸，再经过转氨作用形成丙氨酸后再运回叶肉细胞，进一步转变为丙酮酸，最后再生 PEP。这条途径可能并不单独存在于 C_4 植物，而是作为类型一或者二的补充。大黍和非洲虎尾草是这一类型。

C_4 途径实际上是将 CO_2 以 C_4 酸形式转移到高“气密性”的 BSC 中，以形成一个高于大气中 CO_2 浓度的微环境，提高了 Rubisco 羧化位点附近的 CO_2 分压和[CO_2]/[O_2]值，抑制了光呼吸、促进了卡尔文循环。所以 C_4 途径为 C_3 途径额外起到了 CO_2 浓缩泵的作用，提高了 C_4 植物利用低浓度 CO_2 的能力。PEPCase 对底物碳酸氢根的 K_m 值为 7 μmol·L^{-1}，而 Rubisco 对 CO_2 的 K_m 值为 450 μmol·L^{-1} 左右，故 PEPCase 对 HCO_3^- 的亲和力比 Rubisco 高，这也是 C_4 途径 CO_2 同化速率高于 C_3 途径的一个重要原因。

3. C_4 途径的调节

参与 C_4 途径的酶活性也受光、代谢物水平的调节。光照可以活化 PEPCase、NADP-苹果酸脱氢酶和丙酮酸磷酸双激酶（PPDK），在黑暗中这些酶则被钝化。PEPCase 是光依赖的磷酸化与去磷酸化调节，当 PEPCase 的丝氨酸残基被磷酸化时，酶被活化而对底物 PEP 的亲和力高；而其去磷酸化时酶被钝化。NADP-苹果酸脱氢酶通过叶绿体中的铁氧还蛋白-硫氧还蛋白系统调节巯基氧化还原，光下被还原而活化，暗中氧化而失活。苹果酸和天冬氨酸抑制 PEPCase 活性，而 PEP、6-磷酸葡萄糖则增强其活性。在 C_4 植物器官发育过程中，幼嫩的比年老的玉米叶在 BSC 中进行更多的 C_3 途径。C_4 特性的表达受叶的位置、叶龄和营养状况调控。

多年以来叶片 Kranz 结构一直是 C_4 途径的代名词，但 2002 年以来在藜科植物异子蓬（*Borszczowia aralocaspica*）和另一种藜科植物 *Bienertia cycloptera* 等发现的单细胞进行 C_4 途径改变了这一观点。它们通过叶肉细胞内区隔化分布以及 2 种不同叶绿体实现单细胞 C_4 途径（single-cell C_4，SCC_4），这表明 C_4 途径作为 CO_2 浓缩机制之一，还在不停地进化中。

3.4.1.3 CAM(景天酸代谢)途径

生长在热带干旱地区的肉质植物为了提高水分利用率，叶片气孔白天关闭，夜间开放。夜间气孔开放，CO_2 进入，同时淀粉经糖酵解形成 PEP，在 PEPCase 催化下，CO_2 与 PEP 结合生成 OAA，进一步还原为苹果酸储存在液泡中，表现出夜间淀粉减少、有机酸大量增加，细胞液 pH 下降。白天气孔关闭，苹果酸转移到细胞质中脱羧，放出 CO_2，进入卡尔文途径合成淀粉；形成的丙酮酸可以形成 PEP 再还原成磷酸三碳糖，最后合成淀粉或者转移到线粒体，进一步氧化释放出 CO_2 进入 C_3 途径同化（图 3-26），表现出白天淀粉增加，有机酸减少，细胞液 pH 上升。这种有机酸日夜变化的类型，称为景天酸代谢（crassulacean acid metabolism，CAM），这些植物称为 CAM 植物。继景天科之后在仙人掌科、兰科、凤梨科、百合科、大戟科等超过 18 个科的被子植物、一些裸子植物和蕨类植物中也发现 CAM 途径，代表植物是凤梨和仙人掌等。

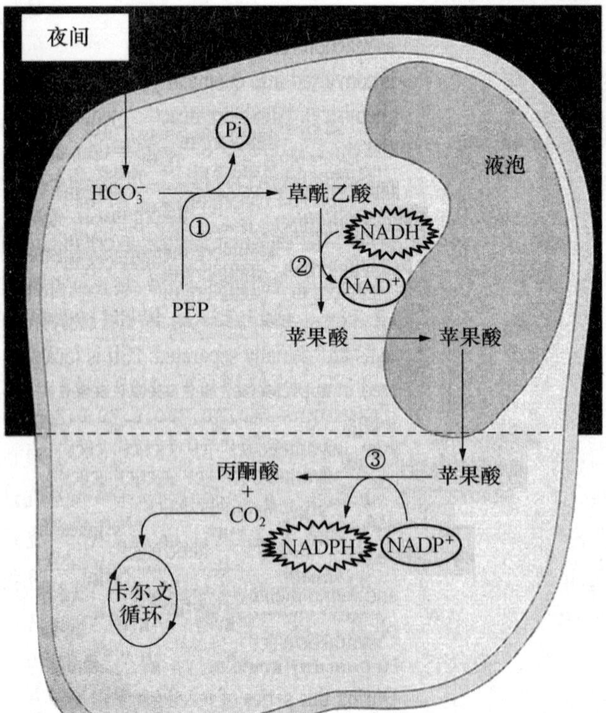

图 3-26 景天酸代谢途径

（改自 Buchanan 等，2000）

①PEP 羧化酶；②NAD 苹果酸脱氢酶；③NADP 苹果酸酶

实际上 CAM 植物碳同化过程类似于 C_4 植物，但又表现出复杂的昼夜节律，根据 CO_2 固定昼夜变化的具体差异将此过程分成 4 个阶段（图 3-27）。

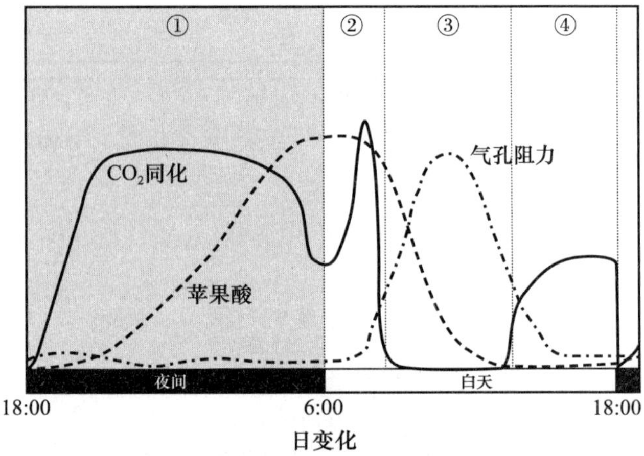

①第一阶段；②第二阶段；③第三阶段；④第四阶段

图 3-27 CAM 循环的 4 个阶段

（改自 Osmond，1978）

第一阶段：气孔夜晚开放，大气 CO_2 进入，在 PEP 羧化酶的催化下与 PEP 反应生成 OAA，CO_2 固定速率逐步提高达到稳态。OAA 经过苹果酸脱氢酶的催化作用被还原为苹果酸，后者转移到液泡中积累到最大量。此外白天生成的碳水化合物转变为 PEP。

第二阶段：夜晚转为白天，开始出现光照。气孔逐渐关闭但是大气 CO_2 还在进入，加上苹果酸脱羧释放的 CO_2，CO_2 同化上升至高峰。苹果酸既通过脱羧放出 CO_2 被 Rubisco 重固定而减少；又通过 PEP 羧化酶等酶作用利用环境 CO_2 增加，其含量保持最高。不过此阶段 PEP 羧化酶活性逐渐降低而 Rubisco 活性逐渐增强。

第三阶段：白天气孔逐渐关闭，气孔阻力到达最高峰。无大气 CO_2 进入，PEP 羧化酶失活。越来越多的苹果酸运到细胞质中脱羧，释放的 CO_2 进入叶绿体进行卡尔文循环，生成碳水化合物。随着苹果酸耗尽，CO_2 同化也降到最低点。

第四阶段：下午到黄昏，气孔阻力变小。大气 CO_2 再次进入，PEP 羧化酶活性增强，产生的 OAA，转为苹果酸脱羧后进入卡尔文循环，促进 CO_2 同化；而白天到黑夜的转折点 Rubisco 骤然失活，CO_2

同化降到最低。然后气孔重新开放,重复下一个周期。

在干旱、高温和强光环境中植物进化出了 CAM 途径,目的是保住体内水分,代价是损失蒸腾作用和光合作用。在 C_3 植物、C_4 植物和 CAM 植物中(表 3-3),C_3 途径是光合碳同化最普遍、最基本的途径,C_4 植物和 CAM 植物形成碳水化合物除了分别需要 C_4 途径和 CAM 途径外,最终还需要 C_3 途径。在碳同化特性上,CAM 植物与 C_4 植物相似,都有 PEP 羧化酶,需要两次羧化反应固定 CO_2;只是固定 CO_2 与生成光合作用产物的时间及空间存在差异,C_4 植物在叶肉细胞内固定 CO_2,在维管束鞘细胞中同化 CO_2;CAM 植物则在晚上固定 CO_2,在白天同化 CO_2。

CAM 植物有 2 种类型:专一 CAM 和兼性 CAM。专一 CAM 植物是植物一生中保持 CAM 途径,不因为环境改变而发生变化,比如落地生根。兼性 CAM 植物是植物生长的某一阶段或在某种逆境下出现 CAM 途径,如铁皮石斛在阴雨天气进行 C_3 途径,在晴天夜晚进行 CAM 途径。

表 3-3 C_3、C_4 和 CAM 途径的比较

特征	C_3	C_4	CAM
叶片结构	BSC 无光合能力	BSC 有光合能力	通常无栅栏组织,叶肉细胞液泡大
最初羧化酶	Rubisco	PEP 羧化酶	PEP 羧化酶
CO_2 固定产物	PGA	OAA	OAA
叶绿体	1 种	2 种	1 种
固定 1 分子 CO_2 理论能量需要(ATP∶NADPH)	3∶2	5∶2	6.5∶2
蒸腾速率(g $H_2O \cdot g^{-1}$ DW)	450~950	250~350	18~125
净光合速率/(mg $CO_2 \cdot dm^{-2} \cdot h^{-1}$)	15~30	40~80	低
chl *a*/*b* 值	2.8	3.9	2.5~3.0
CO_2 补偿点/($\mu L \cdot L^{-1}$)	50~150	0~10	0~5(夜晚)
光饱和点	低,易饱和	高,达不到	/
光呼吸	较高	低,只在 BSC 中	下午黄昏时有
光合作用最适温度/℃	15~25	30~40	35
干物质积累	低(大豆 200 kg/亩;小麦 250 kg/亩)	高(玉米 400 kg/亩;高粱 350 kg/亩)	低,变动大

3.4.2 光呼吸

1920 年,德国生物化学家 Warburg 发现,藻类光合速率会随着氧气分压的升高而降低。后来发现 O_2 同样会抑制 C_3 植物的光合作用,该现象被定义为 Warburg 效应。这种光照刺激绿色植物吸收 O_2、释放 CO_2 的现象称为光呼吸(photorespiration)。它比一般的呼吸作用(暗呼吸,dark respiration)效率高 3~5 倍。

3.4.2.1 光呼吸的反应过程

1971 年,Ogren 等发现 Rubisco 是个双功能酶,具有双重催化活性,除了催化 RuBP 的羧化反应,还可以催化 RuBP 加氧反应,这两个反应是竞争性关系。在光下,Rubisco 催化 RuBP 的加氧反应,生成磷酸乙醇酸(2-phosphoglycolate),进入乙醇酸途径(glycolate pathway)。该循环的起点磷酸乙醇酸是二碳化合物,故又称 C_2 途径(C_2 cycle)或者光合碳氧化(photosynthetic carbon oxidation,PCO)。光呼吸需要在叶绿体、过氧化物体、线粒体 3 种细胞器中协同进行(图 3-28)。

磷酸乙醇酸在酯酶(phosphoglycolate phosphatase)作用下水解,生成乙醇酸。乙醇酸从叶绿体运到过氧化物体,在乙醇酸氧化酶(glycolate oxidase)催化下消耗 O_2,生成乙醛酸(glyoxylate)和 H_2O_2,H_2O_2 接着由过氧化氢酶分解成 H_2O 和 O_2。乙醛

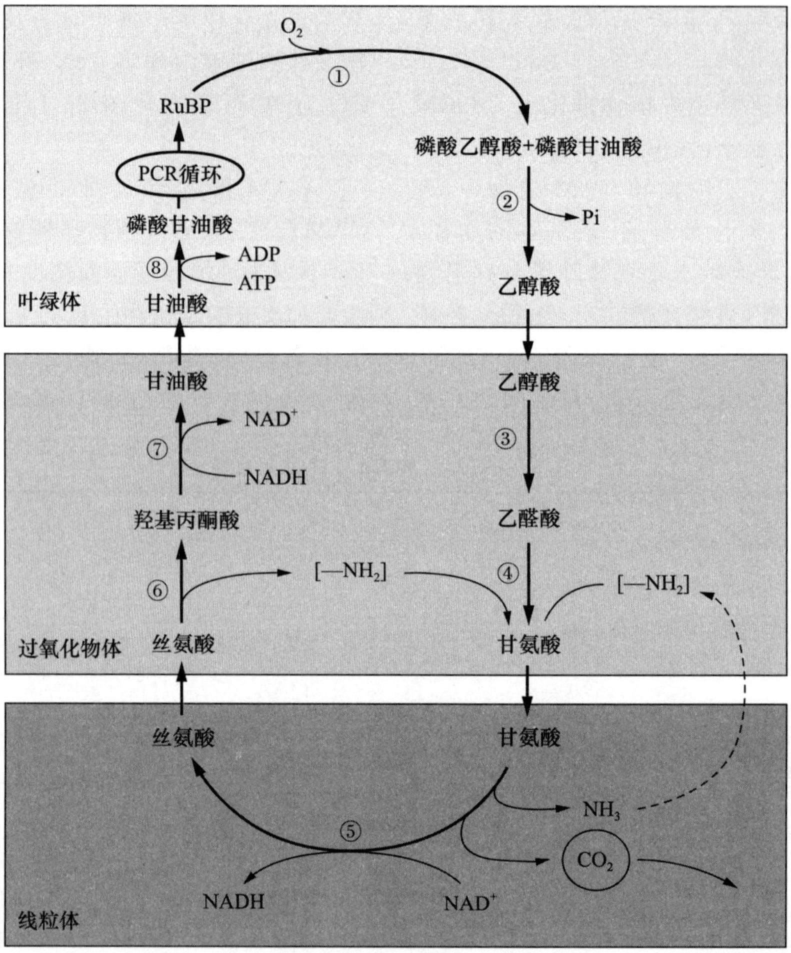

图 3-28 C_2 途径示意图

①1,5-二磷酸核酮糖羧化酶/加氧酶,Ribulose-1,5-bisphosphate carboxylase/oxygenase;②磷酸乙醇酸磷酯酶,phosphoglycolate phosphatase;③乙醇酸氧化酶,glycolate oxidase;④谷氨酸-乙醛酸氨基转移酶,glutamate-glyoxylate aminotransferase;⑤甘氨酸脱羧酶,glycine decarboxylase complex;⑥丝氨酸转氨酶,Serine aminotransferase;⑦羟基丙酮酸还原酶,hydroxypyruvate reductase;⑧甘油酸激酶,glycerate kinase

酸通过转氨酶(glutamate-glyoxylate aminotransferase,GGAT)作用形成甘氨酸(glycine),并从过氧化物体运到线粒体。在线粒体里2分子甘氨酸缩合成丝氨酸(serine)并放出 CO_2,这是光呼吸 CO_2 的来源。丝氨酸又从线粒体运回过氧化物体,依次转变为羟基丙酮酸和甘油酸,同时消耗NADH。甘油酸再运回叶绿体,经过甘油酸激酶消耗ATP催化形成PGA,参与 C_3 途径。在每一次 C_2 循环中,2分子乙醇酸放出1分子 CO_2,碳素损失1/4。C_3 植物在高温、高光、高 O_2、低 CO_2 条件下,易发生光呼吸。

综合 C_2 途径中各种转化过程,得到反应式:

$$RuBP+15O_2+11H_2O+34ATP+15NAD(P)H+10Fd_{red}\rightarrow 5CO_2+34ADP+36Pi+15NAD(P)^++10Fd_{red}+9H^+$$

因此,光呼吸过程中,每释放1分子 CO_2,需要消耗6.8分子ATP和3分子NAD(P)H。

3.4.2.2 光呼吸的意义

光呼吸的生物学意义目前还不清楚,存在褒贬不一的观点。

可以确定的是植物经过长期的进化,仍然保持光呼吸特性。这与Rubisco的双功能酶特性有关。CO_2 和 O_2 竞争Rubisco的同一个活性部位,Rubisco既可以催化羧化进行光合作用,也可以催化加氧作用进行光呼吸(图3-29)。光呼吸对 C_3 植物的同化物积累影响较大,对于 C_4 植物影响很小。

目前地球大气中 CO_2 浓度为350~370 $\mu mol\cdot mol^{-1}$,O_2 的浓度约为21%,CO_2/O_2 值较低,C_3 植物的Rubisco加氧酶的活性会表现出来,光呼吸对

植物的生长和物质积累就会有较大的影响。从碳素同化角度和能量角度看，光呼吸是一种浪费，引起了碳和能量的损失，大量刚刚被固定的 CO_2 再次被释放。通过增加空气中 CO_2 或减少 O_2，可以减弱 C_3 植物的光呼吸；或者利用转基因技术在叶绿体中引入微生物的乙醇酸代谢酶，直接把乙醇酸转变成甘油酸，旁路了原来的过氧化物体和线粒体种的反应过程。两种方法都可提高植物生物量。尽管光呼吸存在这些负面影响，光呼吸仍有正面意义，可能涉及以下几个方面。

图 3-29 彩图

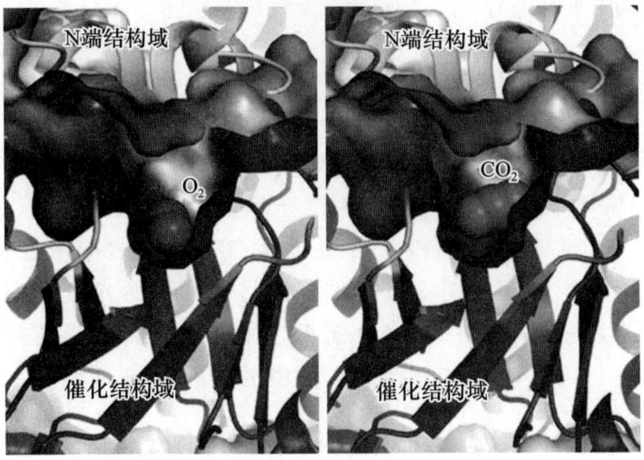

图 3-29　Rubisco 的双功能

（引自 Stec，2012）

①耗散过剩激发能，保护光合机构。光呼吸成为光保护机制之一，防止强光对植物光合机构的损害。在干旱和高光强下，气孔关闭，CO_2 不能进入，光抑制产生。此时光呼吸释放的 CO_2 再被固定，消耗了同化力也就耗散过剩激发能，避免氧化胁迫破坏植物光合机构，平衡同化力与碳同化之间的需求关系。

②回收 Rubisco 加氧反应的产物磷酸乙醇酸，并解除其毒害。

③促进绿色细胞氮代谢。乙醇酸代谢中产生甘氨酸、丝氨酸等，是氨基酸合成的补充途径，为蛋白质合成提供原料。

3.4.3　无机碳浓缩机制

因为大气 CO_2 浓度不能使 Rubisco 羧化活性饱和，以及大气中 O_2 的竞争性反应，都限制了 Rubisco 的羧化能力，所以为了促进 Rubisco 催化效率，很多光合生物进化出无机碳浓缩机制（CCMs），来提高 Rubisco 羧化位点附近 CO_2 的浓度。CCMs 具有 2 种类型：一种是主动运输无机碳的生物物理方式 CCMs，另一种是通过 C_4 酸来补充 CO_2 的生物化学方式 CCMs。前者包括光合细菌和藻类，后者包括 C_4 植物和 CAM 植物。

蓝细菌（*Synechocystis*）是光合细菌中的模式生物。它可以通过羧酶体（carboxysomes）来浓缩 CO_2，羧酶体里 CO_2 是环境浓度的 1 000 倍。羧酶体是二十面体，它的蛋白质外壳能限制 CO_2 流出，起到 CCM 的作用，内部包含丰富的 Rubisco 和碳酸酐酶（CA）。胞外 HCO_3^- 通过外膜上的载体，或者胞外 CO_2 通过类囊体膜上载体进入胞内，都转成 HCO_3^-，起到 CO_2 泵的作用。HCO_3^- 进入羧酶体，在 CA 作用下生成 CO_2，被 Rubisco 固定产生 PGA（图 3-30）。PGA 离开羧酶体继续代谢。

CA 是无机碳浓缩机制的关键酶之一，催化 CO_2 和 HCO_3^- 之间的可逆反应。

$$CO_2 + H_2O \leftrightarrow HCO_3^- + H^+$$

莱茵衣藻（*Chlamydomonas*）是研究藻类光合作用的模式生物。它可以通过蛋白核（pyrenoids）浓缩和同化 CO_2。蛋白核位于叶绿体中，是由淀粉层包围的蛋白结构，内部是 Rubisco。外面的淀粉层有缝隙，类囊体可以伸入其中。HCO_3^- 通过质膜、叶绿体膜和类囊体膜上的载体依次分别进入细胞质、叶绿体和类囊体，类囊体中 HCO_3^- 在 CA 的催化下变成 CO_2。由于类囊体伸入蛋白核中，CO_2 可以直接进入蛋白核被 Rubisco 固定（图 3-30）。淀粉层限制了 CO_2 离开，起到了 CCM 的作用。

狗尾草和菠萝分别是研究 C_4 和 CAM 植物光合作用的模式生物。它们都是先通过 PEPCase 固定 CO_2 合成 C_4 酸，C_4 酸脱羧放出 CO_2 的生物化学方式来浓缩和同化 CO_2 的，详细作用机制在前面已经阐述。

放氧光合作用起源于 24 亿年前，当时地球大气中 CO_2 浓度据认为很高，超过 1 000 $\mu mol \cdot mol^{-1}$，那时的光合细胞不用担心 Rubisco 加氧反应的竞争。但随着大气 CO_2 浓度的下降和 O_2 浓度的上升，加氧反应对于光合碳同化的影响越来越大。6.5 亿年前一些植物可能在大气 CO_2 高于当前水平的时候就已经进化出 CCMs 抑制加氧反应，从而在当前地球的初级生产力中发挥关键作用。

图 3-30 彩图

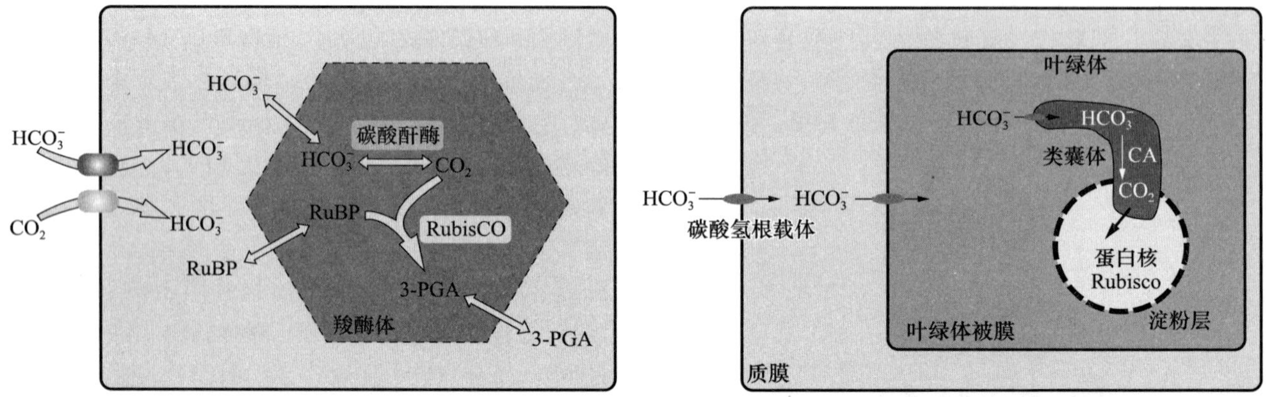

图 3-30 蓝细菌和莱茵藻 CCM 的示意图(改自 Price 等,2011)

工业化以来,人类活动造成了大气 CO_2 浓度明显而急剧的增加。从工业化之前的 280 上升到目前的 370 μmol·mol^{-1},预测 2100 年会达到 550,到时几乎增加了 1 倍。C_3 植物没有 CCMs,与具有 CCM 的 C_4 植物相比,从 CO_2 的上升中应该会受益更多。有研究表明,水稻(C_3)在 800 μmol·mol^{-1} 的环境 CO_2 下生长 21d 比同样条件下的狗尾草(C_4)具有更高的生物量增长。除了环境 CO_2 的影响之外,科学家也试图把 C_3 植物改造成 C_4 植物,采用基因工程技术赋予 C_3 植物 CCMs,比如水稻。设计中的 C_4 水稻具有更高的净光合速率、产量和水分利用率,科学家正在努力实现这一目标,从而为解决人口增长带来的粮食危机提供遗传资源。

3.5 影响光合作用的因素

通常用光合速率(photosynthetic rate)作为衡量光合作用强弱的生理指标。光合速率是指单位时间、单位叶面积吸收 CO_2 的量或放出 O_2 的量,也可用单位时间、单位叶面积上的干物质积累量来表示,常用单位有 μmol·m^{-2}·s^{-1}、μmol O_2·dm^{-2}·h^{-1} 和 mg·dm^{-2}·h^{-1}。

一般可用红外线 CO_2 气体分析仪测定光合过程中的 CO_2 吸收量,用氧电极装置测定 O_2 释放量。由于通常测定光合速率的方法都没有把叶片的呼吸作用考虑在内,因而所测结果被称为表观光合速率(apparent photosynthetic rate)或净光合速率(net photosynthetic rate,P_n),表观光合速率加上呼吸速率(R_d),就得到总(真正)光合速率(gross photosynthetic rate,P_g),即 $P_g = P_n + R_d$。

通常用在饱和光强、正常大气 CO_2 和 O_2 浓度、最适温度和相对湿度条件下测得的叶片净光合速率来反映植物叶片的光合能力。光合能力高低受植物本身内部因素和外在生长环境因素的影响。

3.5.1 影响光合作用的内部因素

1. 叶片结构

叶片结构如叶片厚度、栅栏组织与海绵组织的比例、叶绿体和类囊体的数目等都对光合速率有影响。它们受遗传因素和环境因素的共同作用。植物叶片栅栏组织细胞细长,排列紧密,叶绿体密度大,叶绿素含量高,光合活性也高,而海绵组织中情况则相反。生长在光照条件下的阳生植物叶栅栏组织要比阴生植物叶发达,叶绿体的光合特性好,因而阳生叶有较高的光合速率。此外,C_4 植物叶片光合速率通常大于 C_3 植物,这与 C_4 植物叶片具有"花环"结构等特性有关。

2. 叶龄

叶片的光合速率与叶龄密切相关。随叶龄增长出现"低—高—低"的规律。新长出的嫩叶由于叶组织发育不健全,叶绿体小,片层结构不发达,光合色素含量低，捕光能力弱，光合酶尤其是 Rubisco 的含量与活性低，气孔尚未完全形成或开度小，细胞间隙小，呼吸作用旺盛等原因，因而使表观光合速率较低。随着幼叶的成长，光合速率不断提高。当叶片伸展至叶面积最大和叶厚度最大时，光合速率达到最大值。以后，随着叶片衰老，叶绿素含量与 Rubisco 酶活性下降，加之叶绿体内部结构的解体，光合速率下降。

3. 光合产物的输出与积累

光合产物从叶片中输出的速率会影响叶片的光合速率。例如，摘去花或果实都会暂时阻碍光合产物输出，叶片的光合速率就随之降低。反之，摘除其他叶片，只留一个叶片和所有花果，留下叶片的光合速率就会增加。如对苹果枝条进行环割，由于光合产物不能外运，会使环割上方枝条上的叶片光合速率明显下降。光合产物积累到一定水平后会影响光合速率的原因有：①反馈抑制。例如，蔗糖的积累会反馈抑制合成蔗糖的磷酸蔗糖合成酶（sucrose phosphate synthetase，SPS）活性，使 6-磷酸果糖（F_6P）增加，而 F_6P 的积累又反馈抑制果糖-1，6-二磷酸酯酶活性，使细胞质以及叶绿体中磷酸丙糖含量增加，从而影响 CO_2 固定。②淀粉粒的影响。叶肉细胞中蔗糖的积累会促进叶绿体基质中的淀粉合成和淀粉粒形成，过多的淀粉粒一方面会压迫和损伤叶绿体，另一方面由于淀粉粒对光有遮挡，从而阻碍光合膜对光的吸收。

3.5.2 影响光合作用的外部因素

3.5.2.1 光照

光是光合作用的能量来源，也是形成叶绿素、叶绿体以及叶片正常发育的必要条件。此外，光还调节着光合酶的活性和气孔开度，因此光直接制约着光合速率的高低。光照因素主要包括光强、光质与光照时间这 3 方面。

1. 光强

光强-光合曲线也称光响应曲线，如图 3-31 所示，在暗环境中叶片无光合作用，只有呼吸作用释放 CO_2（图中的 *OA* 段为呼吸速率）。随着光强的增加，光合速率相应提高，当达到某一光强时，叶片的光合速率等于呼吸速率，表观光合速率为零，这时的光强称为光补偿点（light compensation point，图 3-31 中的 *B* 点）。在低光范围内，光合速率随着光强的增加而呈直线增加；但超过一定光强后，光合速率增加转慢；当达到某一光强时，光合速率就不再随光强增加而增加，这种现象称为光饱和现象（light saturation）。开始达到光合速率最大值时的光强称为光饱和点（light saturation point，图 3-31 中的 *F* 点）。达到光饱和点前，光合速率主要受光强制约；而光饱和点后 CO_2 扩散和固定速率则是主要限制因素。弱光阶段的光响应曲线（*BC*）的斜率即为表观量子效率。曲线的斜率大，表明植物吸收与转换光能的色素蛋白复合体可能较多，利用弱光的能力强。实测的表观量子效率一般为 0.03～0.05。

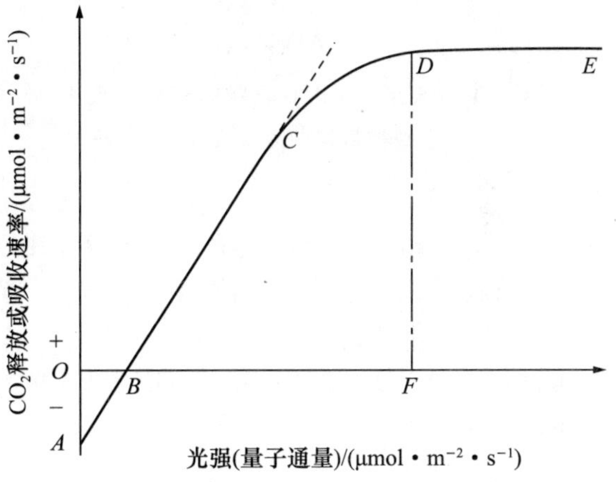

图 3-31 光强-光合曲线

（引自王忠，2009）

A：黑暗下的呼吸速率；*B*：光补偿点；*C*：由弱光阶段转变为强光阶段，光合速率开始转慢；*DE*：达到光饱和点后的最大光合速率；*F*：光饱和点

不同植物的光强-光合曲线不同，光补偿点和光饱和点也有很大的差异。光补偿点高的植物一般光饱和点也高，草本植物的光补偿点与光饱和点通常要高于木本植物；阳生植物的光补偿点与光饱和点要高于阴生植物（图 3-32）。

光补偿点和光饱和点是植物需光特性的 2 个主要指标。光补偿点低的植物较耐阴，如大豆的光补偿点低于玉米，适于和玉米间作。植物出现光饱和点的实质是强光下暗反应跟不上光反应从而限制了光合速率随着光强的增加而提高。因此，限制饱和阶段光合作用的主要因素有 CO_2 扩散速率（受 CO_2 浓度影响）和 CO_2 固定速率（受羧化酶活性和 RuBP 再生速率影响）等。此外，植物的光补偿点和光饱和点不是固定数值，它们会随外界条件的变化而变动，例如，当 CO_2 浓度上升或温度降低时，光补偿点降低；而当 CO_2 浓度上升时，光饱和点则会升高。在

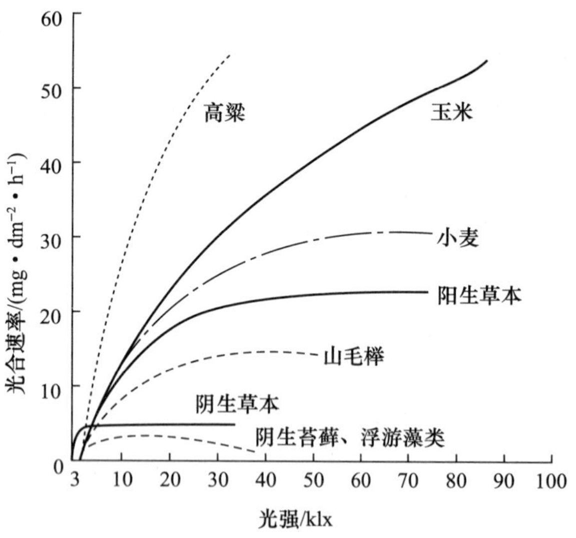

图 3-32　在适宜温度和正常的 CO_2 供应下各种植物的光合速率

（引自李合生，2012）

一般光强下，C_4 植物不会出现光饱和现象，其原因是：①C_4 植物同化 CO_2 消耗的同化力要比 C_3 植物高；②PEPCase 对 CO_2 的亲和力高，以及具有"CO_2 泵"，所以空气中 CO_2 浓度通常不会成为 C_4 植物光合作用的限制因素。

2. 光质

在太阳辐射中，只有可见光部分才能被光合作用利用。在可见光区域，不同波长的光对光合速率的影响不同。光合作用的作用光谱与叶绿体色素的吸收光谱是大致吻合的。在自然条件下，植物或多或少受到不同波长的光线照射。例如，阴天不仅光强减弱，而且蓝光和绿光所占的比例增加，树木冠层的叶片吸收红光和蓝光较多，故透过树冠的光线中绿光较多，由于绿光是光合作用的低效光，因而使本来就光照不足的树冠下生长的植物利用光能的效率更低。"大树底下无丰草"就是这个道理。

水层同样改变光强和光质。水层越深，光照越弱，例如，20 m 深处的光强是水面光强的 1/20，如水质不好，深处的光强会更弱。水层对红光和橙光的吸收显著多于蓝光和绿光，深水层的光线中短波光相对增多，所以含有叶绿素、吸收红光较多的绿藻分布于海水的表层，而含有藻红蛋白、吸收蓝绿光较多的红藻则分布在海水的深层，这是海藻对光适应的一种表现。

3. 光照时间

通常，对长时间处于黑暗条件下的植物叶片照光，光合速率起初会很低或为负值，照光一段时间后，光合速率逐渐上升并最终稳定。从照光开始至光合速率达到稳定水平的这段时间，称为光合诱导期，又称光合滞后期。一般植物叶片的光合滞后期 30～60 min。产生光合滞后期的原因主要是由于光合碳同化酶的活化、光合碳同化中间产物的积累和叶片气孔的开放都需要一定的时间。许多参与催化光合碳同化的酶例如 RuBP 羧化酶/加氧酶（Rubisco）和二磷酸果糖磷酯酶（FBPase）等，在黑暗中活性很低，它们的活化都需要光。尽管它们的活化很快，但也不是可以立即完成的。此外，在黑暗中气孔基本上是关闭的（景天酸代谢的肉质植物例外），只有当叶片被照光后，气孔才逐渐开放。这是一些叶片的光合诱导期往往长达数十分钟甚至数小时的一个重要原因。由于照光时间的长短对植物叶片的光合速率影响很大，因此在测定光合速率时要让叶片充分预照光。

3.5.2.2　二氧化碳

1. CO_2-光合曲线

CO_2-光合曲线（图 3-33）与光强-光合曲线相似，有直线上升阶段与饱和阶段。在光下 CO_2 浓度为零时，叶片只有呼吸释放出 CO_2。

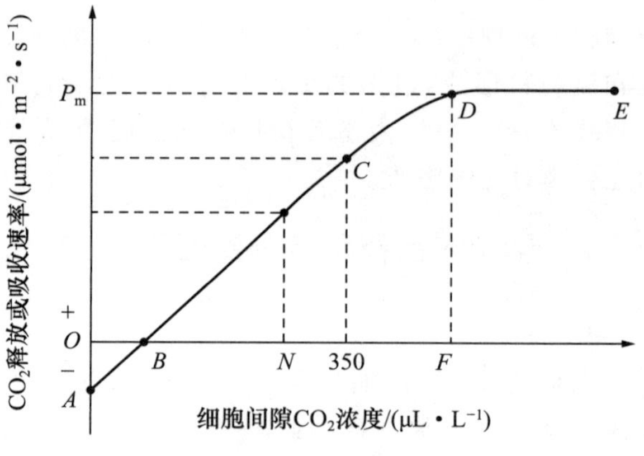

图 3-33　CO_2-光合曲线

（引自王忠，2009）

A：细胞间隙 CO_2 浓度为 0 时的光呼吸速率；*B*：CO_2 补偿点；*N*：低于大气 CO_2 浓度的细胞间隙 CO_2 浓度；*C*：与大气 CO_2 浓度相同时的细胞间隙 CO_2 浓度；*F*：CO_2 饱和点；P_m，*D* 和 *E*：达到 CO_2 饱和点后的最大光合速率

随着 CO_2 浓度增高，光合速率增加，当光合速率与呼吸速率相等时，外界环境中的 CO_2 浓度即为 CO_2 补偿点（CO_2 compensation point，图 3-33 中 *B* 点）。当 CO_2 浓度继续提高，光合速率随 CO_2 浓度的增加变慢，当 CO_2 浓度达到某一范围时，光合速

率达到最大值(P_m),光合速率开始达到最大值时的 CO_2 浓度称为 CO_2 饱和点(CO_2 saturation point,图 3-33 中 F 点)。在低 CO_2 浓度条件下,CO_2 浓度是光合作用的限制因子,直线的斜率受羧化酶活性和量的限制,因而被称为羧化效率(carboxylation efficiency,CE)。CE 值大,则表示在较低的 CO_2 浓度下有较高的光合速率,亦即 Rubisco 的羧化效率较高。在饱和阶段,CO_2 已不是光合作用的限制因素,而 CO_2 受体的量,即 RuBP 的再生速率则成为影响光合作用的主要因素,它受同化力供应的影响。因此,光饱和速率反映了光反应活性,即光合电子传递和光合磷酸化活性。

C_4 植物的 CO_2 补偿点和 CO_2 饱和点均低于 C_3 植物(图 3-34)。因为 C_4 植物 PEPCase 的 K_m 低,对 CO_2 亲和力高,并具有浓缩 CO_2 及抑制光呼吸的机制,所以 CO_2 补偿点低,即 C_4 植物可利用较低浓度的 CO_2;C_4 植物 CO_2 饱和点低的原因,可能与 C_4 植物的气孔对 CO_2 浓度敏感有关,即 CO_2 浓度超过空气水平后,C_4 植物气孔开度就变小。另外,C_4 植物每固定 1 分子 CO_2 要比 C_3 植物多消耗 2 分子 ATP。而在高 CO_2 浓度下,光反应能力成为限制因素。尽管 C_4 植物 CO_2 饱和点比 C_3 植物的低,但其饱和光合速率却往往比 C_3 植物的高。在正常生理情况下,植物 CO_2 补偿点相对稳定,如小麦的 CO_2 补偿点约为 (52 ± 2) $\mu L \cdot L^{-1}$,玉米约为 (1.3 ± 1.2) $\mu L \cdot L^{-1}$,一些 CAM 植物不超过 10 $\mu L \cdot L^{-1}$。

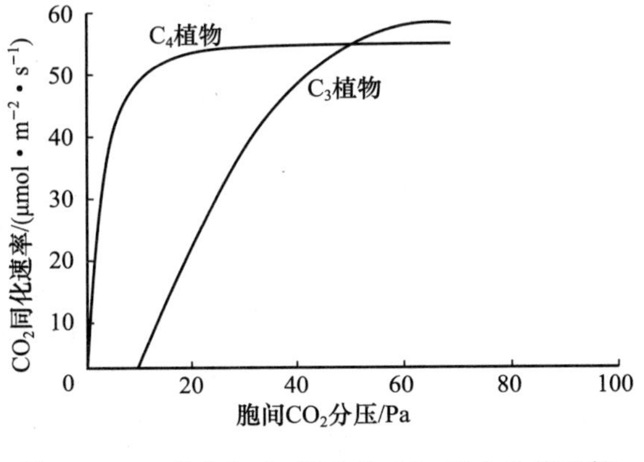

图 3-34　C_3 植物和 C_4 植物的 CO_2-光合曲线比较

(引自王忠,2009)

2. CO_2 供应

CO_2 是光合作用的碳源,陆生植物所需的 CO_2 主要从大气中获得。CO_2 主要通过扩散的方式从大气到达叶绿体羧化部位,其中 CO_2 从大气至叶肉细胞间隙为气相扩散;而从叶肉细胞间隙到叶绿体基质为液相扩散。扩散的动力为 CO_2 浓度差。光合速率与大气至叶绿体间的 CO_2 浓度差成正比,而与大气至叶绿体间的总阻力成反比。凡是能提高 CO_2 浓度差和减少阻力的因素都可促进 CO_2 流通,从而提高光合速率。空气中的 CO_2 浓度较低,约为 350 $\mu L \cdot L^{-1}$,而在不通风的温室、大棚和光合作用旺盛的作物冠层内 CO_2 浓度可降至 200 $\mu L \cdot L^{-1}$ 左右。因而叶绿体基质中的 CO_2 浓度很低,接近 CO_2 补偿点。因此,加强通风或设法增施 CO_2 能显著提高作物的光合速率。这对 C_3 植物尤为明显,因为 C_3 植物的 CO_2 补偿点和饱和点较高。

3.5.2.3　温度

光合过程中的暗反应是由酶所催化的化学反应,因而受温度影响。在强光、高 CO_2 浓度下,温度对光合速率的影响比在低 CO_2 浓度下的影响更大,因为高 CO_2 浓度有利于暗反应的进行。

光合作用有一定的温度范围和三基点,即光合作用的最低(冷限)、最适和最高温度(热限)。能使光合速率达到最高的温度被称为光合最适温度。光合作用的温度三基点因植物种类不同而有很大差异。如耐低温的莴苣在 5 ℃就能明显地测出光合速率,而喜温的黄瓜则要到 20 ℃时才能测到。起源于温带的耐寒植物的光合作用冷限与细胞结冰温度相近;而起源于热带的喜温植物,如玉米、高粱、番茄等在温度降至 10 ℃时,光合作用便明显受到抑制。

低温抑制光合的原因:主要是低温导致膜脂相变,叶绿体超微结构破坏,气孔开闭失调,以及酶的钝化等。高温抑制光合的原因:一是由于膜脂与酶蛋白的热变性,使光合器官损伤,叶绿体中的酶钝化;二是高温下光呼吸和暗呼吸加强,使表观光合速率迅速下降。C_4 植物的光合最适温度一般在 40 ℃左右,高于 C_3 植物的最适温度(25 ℃左右),这与 PEPCase 的最适温度高于 Rubisco 的最适温度有关。温度对光合机构的影响涉及叶绿体膜的稳定性,而膜的稳定性与膜脂脂肪酸组成有关,膜脂不饱和脂肪酸的比例随生长温度的提高而降低。

昼夜温差对光合速率也有很大影响。白天温度高,日光充足,有利于光合作用的进行;夜间温度较低,降低了呼吸消耗。因此,在一定温度范围内,昼夜温差大有利于光合积累。

3.5.2.4 水分

水分对光合作用的影响有直接的也有间接的。直接的原因是水为光合作用的原料之一，没有水不能进行光合作用。但是用于光合作用的水不到蒸腾失水的1%，因此缺水影响光合作用主要是间接的原因。在水分轻度亏缺时，供水后尚能使光合能力恢复，倘若水分亏缺严重，供水后叶片水势虽可恢复至原来水平，但光合速率却难以恢复至原有程度。水分亏缺降低光合作用速率的主要原因有以下几点。

(1)气孔关闭　气孔运动对叶片缺水非常敏感，轻度水分亏缺就会引起气孔关闭，气孔导度下降，进入叶片的 CO_2 减少。

(2)光合面积减少　水分亏缺使叶片生长受阻，叶面积扩展受到限制，使得光合速率降低。

(3)光合机构受损　中度的水分亏缺会影响 PSⅡ、PSⅠ的天线色素蛋白复合体和反应中心，电子传递速率降低，光合磷酸化解偶联，影响同化力的形成。严重缺水还会使叶绿体变形，叶绿体类囊体片层结构破坏，这些不仅使光合速率下降，而且供水后光合能力难以恢复。

(4)光合产物输出减慢　水分亏缺使光合产物输出变慢，叶片中淀粉水解加强，糖类积累，对光合作用产生反馈抑制作用。

水分过多也会影响光合作用。当土壤水分过多时，通气状况不良，根系活力下降，从而间接影响光合作用；雨水淋在叶片上，一方面遮挡气孔，影响气体交换；另一方面使叶肉细胞处于低渗状态，这些都会使光合速率降低。

3.5.2.5 矿质营养

矿质营养直接或间接影响光合作用。N、P、S、Mg 是叶绿体中构成叶绿素、蛋白质、核酸以及片层膜不可缺少的成分；Cu、Fe 是电子传递体的重要成分；Mn 和 Cl 是光合放氧的必需因子；磷酸基团在光、暗反应中均具有重要作用，它是构成同化力 ATP 和 NADPH 以及光合碳还原循环中所有的中间产物，合成淀粉的前体 ADPG，以及合成蔗糖的前体 UDPG 的重要成分；Rubisco、FBPase 等酶的活化需要 Mg^{2+}；K 和 Ca 对气孔开闭和同化物运输具有调节作用；K 和 P 促进光合产物的转化与运输等。因此，农业生产中合理施肥的增产作用，是靠调节植物的光合作用而间接实现的。

重金属铊、镉、镍和铅等都对光合作用有害，它们大都影响气孔功能。另外，镉对 PSⅡ活性有抑制作用。

3.5.2.6 光合作用的日变化

一天中，外界的光强、温度、土壤和大气的水分状况、CO_2 浓度以及植物体的水分与光合中间产物含量、气孔开度等都在不断地变化，因此，光合作用也呈现明显的日变化。其中光强日变化对光合速率日变化的影响最大。在温暖、晴朗、水分供应充足的条件下，光合速率变化随光强日变化呈单峰曲线，即日出后光合速率逐渐升高，中午前达到高峰，以后逐渐降低，日落后光合速率趋于负值。如果白天云量变化不定，则光合速率会随光强的变化而变化。在相同光强下，通常上午的光合速率要大于下午的光合速率，这是由于经上午光合后，叶片中的光合产物有所积累，发生反馈抑制的缘故。当光照强烈、气温过高时，光合速率日变化呈双峰曲线，大峰在上午，小峰在下午或中午前后，光合速率下降，呈现“午睡”现象。引起光合“午睡”的原因主要有：①水分在中午供应不足，气孔关闭；②CO_2 供应不足；③光呼吸增强。中午，叶片蒸腾失水加剧，植物的失水大于吸水，引起气孔导度降低甚至叶片萎蔫，使叶片对 CO_2 的吸收减少。午间高温、强光、CO_2 浓度降低也会产生光抑制，光呼吸增强，这些都会导致光合速率下降。此外，光合“午睡”现象还与气孔运动的内生节奏有关。

光合“午睡”是植物遇干旱时普遍发生的现象，也是植物对环境缺水的一种适应方式。“午睡”造成的损失可达光合生产的30%，是作物产量形成的一大漏洞。因此，在生产上可适时进行喷灌，以提高空气湿度，降低蒸气压亏缺和叶温，增加气孔导度，减少气孔因素对光合作用的限制，或选用抗旱品种，增强光合能力，以缓和“午睡”程度。据报道，雾灌 40 d 不仅可增加木薯叶片的光合速率，而且可增加生物产量(27%)和干根的产量(91%)。在小麦籽粒灌浆期间进行雾灌可增加叶的气孔导度和光合速率，结果增加谷粒质量约18%。另外，在大豆鼓粒期进行喷灌可提高大豆种子产量约19%。

3.6 提高植物光能利用率的途径

3.6.1 光能利用率

植物干物质有90%～95%来自光合作用，植物产量的形成主要靠叶片的光合作用，但植物的光能利用率很低。光能利用率(efficiency for solar energy utilization，Eu)是指单位地面上植物光合作用积累的有机物所含的能量占同一时间入射的日光能量的百分率。如果把到达地面的全部日光辐射能作为100%，以同化 1 mol CO_2 需要 10 mol 光量子计算，光量子的能量为 2 170 kJ，贮藏于糖类中的化学能量是 478 kJ，这样其光能利用率约为 22%。但照射到地面上的太阳光能中，只有可见光部分被植物吸收用于光合作用，这部分能量称为光合有效辐射。光合有效辐射约占全日光的 45%，因此最大光能利用率约为 10%。如果再把呼吸作用消耗的同化产物除去，那么光量子需要量还将增大，光能利用率更低，一般最高为 5%。

实际上，作物光能利用率很低，即便高产田也只有 1%～2%。光能利用率＝单位面积上年生物产量所含能量/土地所接受的太阳能。以年产粮食为 15 $t \cdot hm^{-2}$(年亩产为吨粮)计算光能利用率。已知年太阳辐射能为 5.0×10^{10} $kJ \cdot hm^{-2}$(按长江中下游地区年总辐射能为 5.0×10^{6} $kJ \cdot m^{-2}$ 计算)，单位干物质燃烧产生的热量为 17.2 $kJ \cdot g^{-1}$。假定经济系数为 0.5，那么年生物产量为 30 $t \cdot hm^{-2}$(3×10^{7} $g \cdot hm^{-2}$，忽略含水率)，则光能利用率为：

$$Eu=3\times10^{7}\ g\cdot hm^{-2}\times17.2\ kJ\cdot g^{-1}/(5.0\times10^{10}\ kJ\cdot hm^{-2})\times100\%\approx1.03\%$$

而一般低产田的年光能利用率只有 0.5%左右。目前生产上作物光能利用率不高的主要原因有以下几点。

(1)漏光损失　在作物生长初期，植株小，叶面积系数小，日光大部分直射地面而损失掉。据估计，水稻、小麦等作物漏光损失的光能可达 50%以上，如果前茬作物收割后不能马上播种，漏光损失将更大。

(2)光饱和浪费　夏季太阳有效辐射可达 2 000 $\mu mol \cdot m^{-2} \cdot s^{-1}$ 以上，而大多数植物的光饱和点为 600～900 $\mu mol \cdot m^{-2} \cdot s^{-1}$，因而有 55%～70%的太阳辐射能被浪费掉。

(3)环境条件不适　在作物生长期间，经常会遇到不适于生长发育和光合作用进行的环境条件，如干旱、水涝、低温、高温、阴雨、强光、盐渍、缺肥、病虫及草害等，这些都会使植物的光能利用率大为降低。

3.6.2 提高植物光能利用率的途径

光能利用率受植物本身光合特性和外界光、温、水、肥、气等环境因素的影响，选育叶片挺厚、株型紧凑、光合效率高的作物品种，在此基础上创造合理的群体结构，改善作物冠层的光、温、水、气条件才能提高光能利用率。按照光合作用原理，要提高光能利用率，就应采取适当措施，最大限度地提高光合作用效率，适当增加光合作用面积，延长光合作用时间，提高经济系数，并减少干物质消耗。

3.6.2.1 提高光合作用效率

光合作用效率是指作物通过光合作用制造的有机物中所含有的能量与光合作用中吸收的光能的比值。水稻、小麦、大豆等 C_3 植物的光呼吸很显著，消耗光合作用刚刚合成的有机物总量的 20%～27%；而甘蔗等 C_4 植物的光呼吸消耗很小，只有 2%～5%，甚至更少。为了提高水稻等 C_3 植物的光合作用效率，要设法降低它们的光呼吸。目前降低光呼吸主要从两方面入手：一是利用光呼吸抑制剂抑制光呼吸。例如，乙醇酸氧化酶的抑制剂 *α*-羟基磺酸盐类化合物，可抑制乙醇酸氧化为乙醛酸。用 100 $mg \cdot L^{-1}$ $NaHSO_3$ 喷洒大豆，可抑制光呼吸 32.2%，平均提高光合速率 15.6%，2,3-环氧丙酸也有类似效果。二是增加 CO_2 浓度，提高 CO_2/O_2 比值，使 Rubisco 的羧化反应占优势，光呼吸得到抑制，光能利用率就能大大提高。通过 CO_2 施肥，可显著提高光合速率，抑制光呼吸。在生产上保证田间通气良好，则可更好地为作物供应 CO_2，有利于光合速率的提高。

3.6.2.2 增加光合作用面积

光合作用面积即植物的绿色面积，主要是指以叶片为主的植物绿色面积。它是对产量影响最大，同时又最容易控制的一个方面。通过合理密植，可增大光合面积。

合理密植就是通过调节种植密度，使作物群体得到合理发展，达到最适的光合面积，最高的光能利用率，是提高光能利用率的主要措施之一。密植，不可太稀，也不可太密。种得过稀，个体发育良好，但群体得不到充分发展，光能利用率低。种得过密，一方面下层叶受到光照少，光合减弱；另一方面通风不良，造成冠层内 CO_2 浓度过低而影响光合。此外，密度过大还易造成倒伏，加重病虫危害而减产。表示密植程度的指标较为科学的是叶面积指数(leaf area index,LAI),即作物叶面积与土地面积的比值。在一定范围内,作物 LAI 越大,光合产物积累越多,产量越高。但 LAI 也不是越大越好,在目前的生产水平下,水稻较适宜的 LAI 为 7 左右,小麦为 6 左右,玉米为 6～7。

此外,还可通过改善株型,增大光合面积,增强耐肥性和抗倒伏能力,提高光能利用率。近年来,国内外培育的小麦、水稻、玉米等高产新品种多为矮秆或半矮秆,叶直而小、厚,分蘖密集,株型紧凑及耐肥抗倒的类型。经株型改善的品种,适合高密度种植,叶面积指数得到提高,因而能提高光能利用率。

3.6.2.3 延长光合作用时间

延长光合时间可通过提高复种指数、延长生育期及补充人工光照等措施来实现。复种指数(multiple crop index)就是全年内农作物的收获面积对耕地面积之比。提高复种指数可增加收获面积,延长单位土地面积上作物的光合时间,如将一年一熟制改为一年两熟制,两熟制改为三熟制,不断提高复种指数。也可以通过轮、间、套种,在一年内巧妙地搭配各种作物,从时间上和空间上更好地利用光能,缩短田地空闲时间,减少漏光率。

在不影响耕作制度的前提下,适当延长作物的生育期也能提高产量。如育苗移栽、覆膜栽培等,可做到作物生长前期早生快发,较早就有较大的光合作用面积;后期要防止叶片早衰,尤其是要防止作物功能叶的早衰。这样,就能延长叶片光合时间,提高作物产量。当然,延长叶片寿命不能造成贪青,因为贪青徒长,光合作用产物用于形成营养器官,反而减产。

在小面积的栽培试验和设施栽培中,或在加速繁殖重要植物材料时,当阳光不足或日照时间过短时,还可采用生物效应灯或日光灯作为人工光源,以延长光照时间。

3.6.2.4 减少有机物质消耗

正常的呼吸消耗是植物生命活动所必需的,但生产上应注意提高呼吸效率,尽量减少浪费型呼吸。此外,及时防除病虫草害,也是减少有机物消耗的重要方面。

以上阐述的是提高植物光能利用率的途径。由于作物生产是以获取经济产量为目标的,要提高经济产量,还要使光合产物尽可能多的向经济器官中运转,并转化为人类需要的经济价值较高的收获物质,即提高经济系数(又称为收获指数)。这涉及光合产物的转化、运输与分配,详细内容见第 5 章。

3.7 光合生理在相关学科研究中的应用

3.7.1 光合生理在植物育种中的应用

从常规育种到生理育种,再到生物技术育种是植物育种的发展趋势,其中高光效生理育种是当代植物生理和育种工作者共同关注的问题。目前人类重要的粮食作物如水稻和小麦等均为 C_3 植物,较低的光合作用效率成为限制其单株生物学产量进一步提高的主要内在因素。C_4 植物具有光合效率高、CO_2 补偿点低、几乎没有光呼吸等优点,特别在强光、高温、干旱等条件下,C_4 植物具有明显的生长优势及水分和营养利用率,生物学产量也较高,因此,从 1966 年澳大利亚学者 Hatch-Slack 发现 C_4 光合途径开始,作物生理和育种学家就试图用 C_4 光合途径改造 C_3 作物,以提高主要农作物如稻、麦和大豆等的光合生产力。

随着分子生物学的快速发展,许多与 C_4 光合作用途径相关的关键酶基因已从玉米、高粱和苋菜等 C_4 植物中被克隆,采用的 C_4 基因有苹果酸脱氢酶基因、苹果酸酶基因和天冬氨酸转氨酶基因等,受体植物主要有烟草、马铃薯、拟南芥和水稻等。这些 C_4 光合基因成功导入 C_3 植物的研究,使通过分子育种途径改善 C_3 作物光合作用以提高其光合效率成为可能。尤其美国华盛顿州立大学的华裔科学家古森本(S. Ku)教授已成功将玉米的高光合效率 PEPC 基因注入水稻并提高了水稻的光合作用效率,转玉米基因水稻的 PEPCase 活性高达原种的 44～81 倍,是 C_4 植物玉米 PEPCase 活性的 2～3 倍,转玉米 C_4 型基因水稻改善了叶片的气孔导度,提高了 CO_2 的利用率,光合效率提高 50%,产量增加 35%。转 C_4 光合基因水稻在育种上的应用,展示了通过增强 C_4 光合特性改良 C_3 作物光合作用以提高产量的远大前景,为超高产水稻育种开辟了一条新途径。

光呼吸会导致光合速率下降,从而导致农作物减产。近年来围绕提高植物光能利用效率方面的尝试也取得了一系列重要突破性进展。2019 年,*Sci-*

ence 报道了来自美国伊利诺伊大学的 Donald R. Ort 课题组的研究。他们使用合成生物学的方法，重新设计光呼吸过程，实现了转基因烟草植物的生长量比野生型烟草植物提高了 40%。同年，华南农业大学彭新湘课题组在 *Molecular Plant* 上也发表了他们的研究成果，课题组利用多基因组装和转化系统在水稻叶绿体中成功建立了新的光呼吸旁路。这一研究改造的水稻植株的光合作用效率、生物量产量和氮含量等显著增加，为水稻的增产提供了另外一种途径。

3.7.2 光合生理在设施栽培中的应用

在自然环境中，照到植物上的光谱组成是在不断变化的，阴天蓝光多，晴天的早晨和傍晚红光较多，忽晴忽阴的天气光谱组分更是变化多端。另外，随着大气臭氧浓度的不断减少，地表接受的紫外辐射量也不断增加，光质已成为影响植物光合作用的一个重要因素。在生产中，有色塑料薄膜以及 LED 光源已开始应用于作物的设施栽培，不同光质的塑料薄膜或 LED 光源被作为非化学手段来调节植物生长，提高作物的光合作用。光质对植物光合作用的调控主要包括可见光对植物气孔运动、叶片生长、叶绿体结构、光合色素、D1 蛋白及其编码基因和光合碳同化等的调节，以及紫外光对植物光系统的影响。蓝光和红光能促进气孔的开张，而绿光能够逆转这种作用。蓝光有利于叶绿体的发育，红、蓝、绿复合光有利于叶面积的扩展，而红光更有利于光合产物的积累。大多数高等植物和绿藻在橙、红光下光合速率最高，蓝、紫光其次，绿光最低。紫外光可以导致光系统的电子传递活性下降。

在温室的基本环境因素中，光环境是核心条件，对温室气候环境起主导作用。温室内光照不足，往往不能满足蔬菜生长的需求，成为限制蔬菜产量的重要因素；而温室生产常常要求能够周年生产或出于商业目的考虑，要求在室外光照条件不利于作物生长的季节生产一些光敏性的作物，因此调节好温室内的光环境是实现温室作物高产优质的首要条件。温室光环境的调节主要包括光强、光质和光照时长的调节，利用光质调控植株形态建成和生长发育是温室栽培领域的一项重要技术。近年来，生产上多采用人工光源补光来调控光质，改善温室内光照条件，提高作物的光合速率，增加叶面积，促进作物生长，达到增产、高效、优质、抗病的目的。如在红光基础上补充蓝光可提高叶用莴苣的叶面积、干物质产量，也能促进菠菜、萝卜的生长。此外，光质也能对温室蔬菜的品质产生影响。如红光能显著降低菠菜的硝酸盐和草酸含量，提高叶用莴苣及菠菜等的可溶性糖尤其是蔗糖的含量。蓝光占 60%的红蓝组合光源能够促进樱桃、番茄等果实的品质。

3.7.3 光合生理在农业生态中的应用

大气 CO_2 浓度已从工业革命前的 280 μmol·mol^{-1} 上升至目前的 370 μmol·mol^{-1} 并将继续以每年 1～2 μmol·mol^{-1} 的速度上升，预计在 21 世纪中叶大气 CO_2 浓度将增加到工业革命初期的 2 倍。大气 CO_2 浓度的快速上升引起生态学界对陆地生态系统变化的广泛关注。大气 CO_2 浓度升高将对植物的光合作用、水分代谢、养分代谢、生物量积累、形态结构和发育速度等诸多方面产生重要影响。在资源条件有限的情况下，植物为其自身的生长和生存，会对光、水、营养等需要而发生植物间的竞争。这一过程一直被看作塑造植物形态、生理、生活史特征和植物群落及其动态的动力之一。

目前通过开放式空气 CO_2 浓度升高(free air CO_2 enrichment，FACE)试验系统可以研究大气 CO_2 浓度升高对植物生长以及相互间竞争关系的影响。植物的地上竞争其实就是地上的空间竞争，为夺取光照和 CO_2 的竞争。光照是植物进行光合作用且赖以生长的前提条件。在大气 CO_2 浓度升高的情况下，植物对光这一生态因子的竞争显得尤为重要。快速生长的植物，光合速率较高的以及光合叶面积较大的植物将占优势。CO_2 浓度升高条件下，C_3 和 C_4 植物的生物量和叶面积大多相应增加，C_3 植物的叶面积对 CO_2 增加的响应程度低于生物量，而 C_4 植物的叶面积对 CO_2 增加的响应程度与生物量相同。Kimball 等(2002)估计在 CO_2 浓度倍增条件下，C_3 植物的生物量将增加 40%，而 C_4 植物增加 11%，C_3 植物比 C_4 植物更受益。但 Ward 等(1999)也指出在未来大气 CO_2 浓度上升时，在频繁的干旱逆境的条件下，水分利用率高的 C_4 植物可能取得相对于 C_3 植物的竞争优势，也说明 C_4 植物比 C_3 植物更适应逆境，从而在竞争中取得优势。

3.7.4 光合生理在人工能源和生物能源中的应用

随着人类社会生产发展以及能源消耗需求的增加，能源危机与环境污染已成为当今社会面临的重大问题。世界各国在解决能源危机问题上不断地探索，寻找各种新能源，如水能、太阳能、氢能、核能、生物能源等。其中人工光合作用以其高效转换太阳能、清洁无污染、产生稳定的生物能源等诸多优势引起世界各国的高度重视。目前人工光合作用的发展方向主要有3个：水光解制氢、人工模拟光合作用生成碳水化合物、光合作用的基因改造。

2020年，德国马克斯-普朗克陆地微生物研究所的 Tobias J. Erb 和法国波尔多大学的 Jean-Christophe Bare 在 *Science* 杂志上报道了他们的最新研究成果。该研究利用微流体体系模拟植物的叶绿体，即利用菠菜的类囊体薄膜实现光反应，并驱动合成酶循环过程，在细胞尺寸的油包水液滴中实现了 CO_2 固定和光合成反应。这些与叶绿体相仿的液滴在较小的空间内将天然组分和合成组分结合起来，通过进一步功能化，能够为复杂的生物合成反应提供场所。该研究被誉为人工光合作用领域的里程碑的进展。

马克斯·普朗克的研究人员利用了2项最新技术发展：①用于设计和构建新型生物系统的合成生物学，例如用于捕获和转化二氧化碳的反应网络。从菠菜植物中分离出来的光合作用设备被证明足够坚固，可以用来驱动单个反应和更复杂的光反应网络。对于暗反应，研究人员使用了自己的人工代谢模块 CETCH 循环。它由18种生物催化剂组成，它们比植物中自然发生的碳代谢更有效地转化 CO_2。经过几轮优化后，研究小组成功地完成了光控固定温室气体二氧化碳的体外研究。②微流体用于组装软材料，例如细胞大小的液滴。研究人员考虑到将来的应用，以及以后易于实现自动化生产，开发了将半合成膜包裹在细胞样液滴中的平台。该平台能够实现自然界在进化过程中未曾探索过的新颖解决方案。

他们的研究证明人造叶绿体配备新型酶和反应所导致的二氧化碳结合速率比以前的合成生物学方法快100倍。而从长远来看，类似生活的系统可以应用于几乎所有技术领域，包括材料科学。

此外，能源植物是生物能源的一个重要组成部分。广义上讲，所有能通过光合作用把二氧化碳和水转化成碳水化合物的植物都是能源植物，但从实际生产效益考虑，能源植物必须具备生长速度快、能源转化效率高的特点，这些特点与高光合效率密切相关。

思考题

1. 光合作用的 O_2 是怎样产生的？

2. 光合作用的碳同化途径有哪些？水稻、玉米和菠萝的光合碳同化途径有何不同？

3. 如何提高水稻等农作物的光能利用率、挖掘光合潜力进而提高产量？

4. 植物光合作用的光反应和碳同化是在细胞的哪些部位进行的？

5. 如何证明光合电子传递有两个光系统参与？

6. Rubisco 的结构有何特点？它在光合碳同化过程中作用如何？

7. C_3 途径可分为哪3个阶段？各阶段的作用是什么？

8. C_4 植物与 CAM 植物在碳代谢途径上有何异同点？

9. 为什么说光呼吸与光合作用是伴随发生的？光呼吸有何生理意义？

10. 影响光能利用率的因素有哪些？如何提高光能利用率？

11. 试从光合生理的角度分析未来大气 CO_2 浓度升高的情况下，C_3 植物和 C_4 植物的响应差异。

第4章 呼吸作用

生物的新陈代谢可以概括为同化作用(assimilation)和异化作用(disassimilation)两类反应。同化作用是把非生活物质转化为生活物质,异化作用则是把生活物质分解成非生活物质。植物通过光合作用将二氧化碳和水转变成为有机物,将光能转化为化学能贮存在体内,属于同化作用;植物的呼吸作用则是一系列的酶促反应,氧化降解有机物质,是新陈代谢的异化作用。呼吸作用为植物体的生命活动提供所需的能量,其中间产物在植物体各主要物质(蛋白质、核酸、脂肪等)之间的代谢转变中起着枢纽作用。

4.1 呼吸作用的概念及生理意义

4.1.1 呼吸作用的概念

呼吸作用(respiration)是指生物体内的有机物在一系列酶的作用下,逐步氧化分解,并释放能量的过程。根据呼吸过程中是否有氧气参与,可将植物呼吸作用分为有氧呼吸(aerobic respiration)和无氧呼吸(anaerobic respiration)两类。通常情况下,有氧呼吸是植物呼吸作用的主要形式。

有氧呼吸是指生活细胞在氧气的参与下,有序地将有机物质彻底氧化分解,释放 CO_2 和 H_2O,同时释放能量的过程。在呼吸过程中被氧化的物质称为呼吸底物,碳水化合物、蛋白质及脂类在植物体内含量最丰富,是主要的呼吸底物,其中葡萄糖是最基本的呼吸底物。对植物而言,呼吸作用的本质是蔗糖分子的氧化和氧分子的还原。1 分子蔗糖完全氧化时的呼吸作用:

$$C_{12}H_{22}O_{11}+13H_2O+12O_2 \rightarrow 12CO_2+24H_2O$$
$$\Delta G=-5\ 760\ \text{kJ}\cdot\text{mol}^{-1}$$

式中:ΔG 表示标准自由能在 pH=7 时的变化。

该反应过程是光合作用的逆过程。

无氧呼吸是指生活细胞在无氧条件下,部分地氧化分解有机物,形成不彻底的氧化产物,释放少量能量的过程。高等植物在短时间缺氧条件下(如淹水)可进行无氧呼吸,进行无氧呼吸时产生酒精或乳酸。

4.1.2 呼吸作用的生理意义

呼吸作用对植物生命活动具有十分重要的意义,主要表现在以下两方面。

(1)提供植物生命活动所需能量　呼吸作用将有机物质生物氧化,使其中的化学能以 ATP 形式贮存起来,当 ATP 在 ATPase 作用下分解时,再把贮存的能量释放出来,以不断满足植物体内各种生理过程对能量的需要。呼吸底物降解过程中伴随着底物的脱氢反应,形成的 $FADH_2$、$NADH+H^+$、$NADPH+H^+$ 等,可为脂肪、蛋白质合成,硝酸盐还原等过程提供还原力。

(2)为有机物合成提供原料　呼吸作用在植物体内有机物转变方面起着枢纽作用。在呼吸代谢过程中,有机物质的分解过程会产生许多中间产物,如 α-酮戊二酸、苹果酸、磷酸甘油醛戊糖等,这些中间产物也可作为合成其他有机物质的原料。

4.2 线粒体的结构与功能

细胞生命活动所需的能量大部分是靠线粒体合成的 ATP 提供的,线粒体是细胞内氧化磷酸化的主要场所,有细胞"动力工厂"(power plant)之称。一个典型的植物细胞有 500～2 000 个线粒体,代谢微弱的衰老细胞或休眠细胞的线粒体较少。

线粒体(mitochondrion)发现于 1850 年,主要由水、蛋白质和脂质组成,还含有少量的辅酶等小分子和核酸(DNA 和 RNA),在光学显微镜下为直径 0.5～1.0 μm、长 1～2 μm 的短棒状、卵状或圆球状结构。在电子显微镜下，线粒体由 2 层膜包被，可分为 4 个部分：外膜平滑，内膜向内折叠形成嵴，两层膜之间有膜间隙，线粒体中央是基质（图 4-1）。

线粒体外膜是位于线粒体最外围的一层单位膜，厚度为 6～7 nm，其中磷脂与蛋白质的质量比为 0.9∶1，外膜中酶的含量相对较少，其标志酶为单胺氧化酶。分子量小于 10 ku 的分子可以通过外膜上的孔蛋白进入线粒体外膜，线粒体外膜主要参与诸如脂肪酸链延伸、色氨酸生物降解等生化反应，也能对那些将在线粒体基质中进行彻底氧化的物质先行初步分解。细胞凋亡过程中，线粒体外膜对多种存在于线粒体膜间隙中的蛋白的通透性增加，使致死性蛋白进入细胞质基质，促进了细胞凋亡。线粒体内膜高度内褶，含有呼吸链酶系（电子传递链）和 ATPase 复合体，是线粒体的初级渗透屏障。线粒体基质内含有三羧酸循环所需的全部酶类及线粒体基因组。

图 4-1 彩图

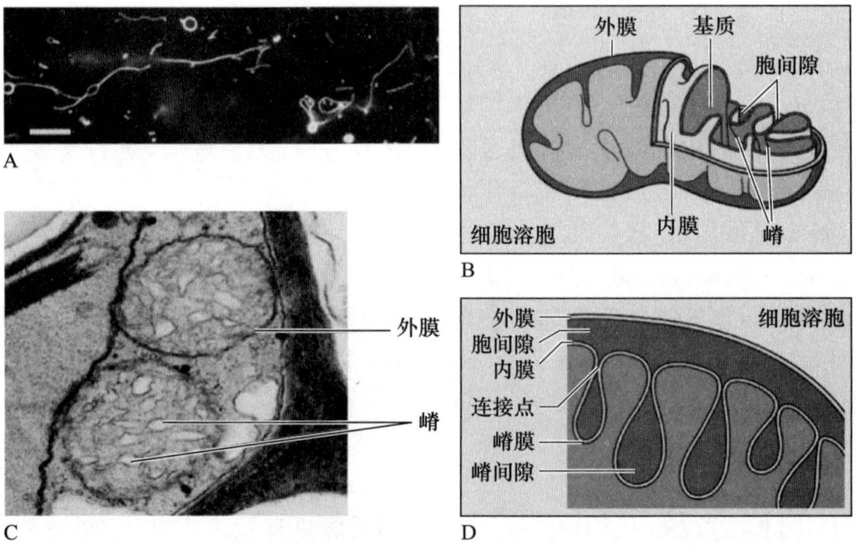

图 4-1　线粒体结构示意图

（引自 Buchanan，2015）

A. 拟南芥叶表皮中 GFP 荧光标记的线粒体结构图；B. 植物线粒体膜结构示意图；
C. 电子显微镜下植物线粒体内膜（嵴）和外膜结构；D. 线粒体内外膜详细结构

4.3　植物呼吸代谢途径

植物呼吸代谢底物氧化的途径主要包括糖酵解途径（又称为 EMP 途径）、三羧酸循环（TCA 循环，又称为 Krebs 循环、柠檬酸循环）、戊糖磷酸途径等；代谢底物氧化过程中生成的能量以 NADH 和 $FADH_2$ 形式储存，氢经过一系列电子传递体的传递，传递给氧生成水并释放能量，即电子传递与氧化磷酸。氧化释放能量并生成水的过程见图 4-2。蔗糖、磷酸丙糖、果聚糖及其他糖类、脂类（主要是三酰甘油）、有机酸、蛋白质等呼吸底物在不同位置进入不同的途径进行呼吸代谢。部分植物具有特殊的呼吸代谢途径，例如：淹水条件下的水稻根系为乙醇酸氧化途径；富含脂肪的油料种子在萌发时进行乙醛酸循环式呼吸代谢。

4.3.1　植物呼吸代谢类型

植物呼吸作用可根据呼吸过程中是否有氧气参与，分为有氧呼吸和无氧呼吸，通常情况下，有氧呼吸是植物呼吸作用的主要形式。有氧呼吸在细胞质基质和线粒体中进行，且线粒体是细胞进行有氧呼吸的主要场所。

在植物细胞中，有氧呼吸包括 3 个阶段。第一阶段主要在细胞质的基质中进行（糖酵解途径），1 分子的葡萄糖分解成 2 分子的丙酮酸，同时脱下 4 个[H]（活化氢）；在葡萄糖分解的过程中释放出少量的能量，其中一部分能量用于合成 ATP，产生少量的 ATP。这一阶段不需要氧的参与。

反应式：$C_6H_{12}O_6 \xrightarrow{酶} 2C_3H_4O_3$（丙酮酸）+4[H]+2ATP

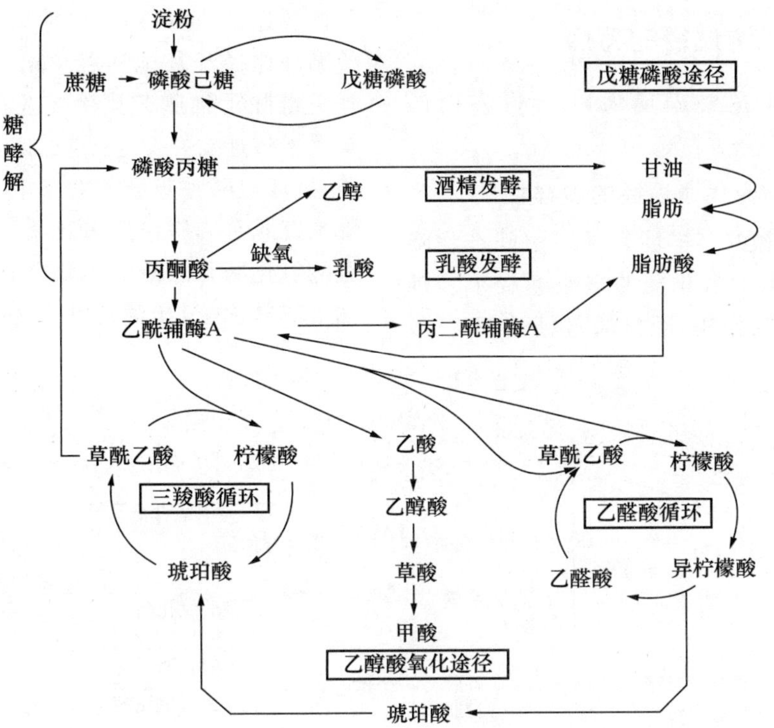

图 4-2 植物体内主要呼吸代谢途径相互关系示意图

(引自李合生,2012)

第二阶段始于丙酮酸进入线粒体的基质中,2分子丙酮酸和6个水分子中的氢全部脱下,共脱下20个 H^+,丙酮酸被氧化分解成二氧化碳;在此过程释放少量的能量,其中一部分用于合成ATP(丙酮酸生成乙酰CoA及三羧酸循环)。这一阶段也不需要氧的参与。

反应式:$2C_3H_4O_3$(丙酮酸)$+6H_2O \xrightarrow{酶} 20H^+ + 6CO_2 + 2ATP$

有氧呼吸的第三阶段在线粒体的内膜上进行,前两阶段脱下的共24个 H^+ 与从外界吸收或叶绿体光合作用产生的6个 O_2 结合成水并在此过程中释放大量的能量,其中一部分能量用于合成ATP(电子传递及氧化磷酸化)。这一阶段需要氧的参与。

反应式:$24H^+ + 6O_2 \xrightarrow{酶} 12H_2O + 30ATP$

植物体内的无氧呼吸广泛存在,如种子萌发初期,块根、块茎、果实内部及根部水淹等情况下。高等植物在短时间缺氧条件下进行无氧呼吸,这个过程没有氧分子参与,其氧化后的不完全氧化产物主要是酒精。在高等植物中常将无氧呼吸称为发酵。当其不完全氧化产物为酒精时,称为酒精发酵;当其不完全氧化产物为乳酸时,则称为乳酸发酵。植物除甜菜块根、马铃薯块茎、玉米胚乳无氧呼吸产物是乳酸外,无氧呼吸产物一般为酒精。由于发酵过程中消耗利用糖酵解中生成的 $NADH+H^+$,在葡萄糖发酵时,只净生成2分子ATP,使植物无氧呼吸生成的能量更少。无氧呼吸最终会使植物受到危害,其原因主要包括两方面:一方面,可能是因为有机物进行不完全氧化,产生的能量较少,所以导致糖酵解加速,以补偿低的ATP产额,同时也加速了对糖的消耗,有耗尽可供呼吸物质的危险。另一方面,会造成不完全氧化产物的积累(酒精或乳酸),对细胞产生毒性。但一般认为乙醇是较低毒性的发酵产物,它能够从细胞中扩散出去;而酸性发酵产物则积累在细胞中,引起细胞酸中毒。

无氧呼吸的过程分为两个阶段:第一阶段在细胞质的基质中进行,与有氧呼吸的第一阶段完全相同。即一分子的葡萄糖在酶的作用下分解成两分子的丙酮酸,此过程中释放少量的[H]和少量能量。第二阶段也在细胞质的基质中进行,丙酮酸在不同酶的催化下,分解为酒精和二氧化碳,或者转化为乳酸,同时产生微量能量,并以热量的形式被散发掉。

4.3.2 植物呼吸代谢途径的特点

植物的呼吸代谢主要表现为以下 3 方面的特点。

4.3.2.1 植物呼吸代谢途径的多样性

植物呼吸代谢途径的多样性表现在中间产物降解、电子传递系统与末端氧化酶的多条途径上。现在已经知道水稻的呼吸作用，既可通过糖酵解-三羧酸循环途径，也可通过戊糖磷酸途径，还可通过乙醛酸循环途径及其他途径（如二羧酸及乙醇酸途径）；呼吸链除了细胞色素系统主路这个标准模式外，还有电子传递支路一、二、三、四，抗氰呼吸电子传递支路，抗坏血酸呼吸链等 7 条电子传递途径；末端氧化酶系统既有细胞色素氧化酶，也有多酚氧化酶、抗坏血酸氧化酶和乙醇酸氧化酶，还包括交替氧化酶（也称第二氧化酶）和黄素氧化酶（图 4-3）。

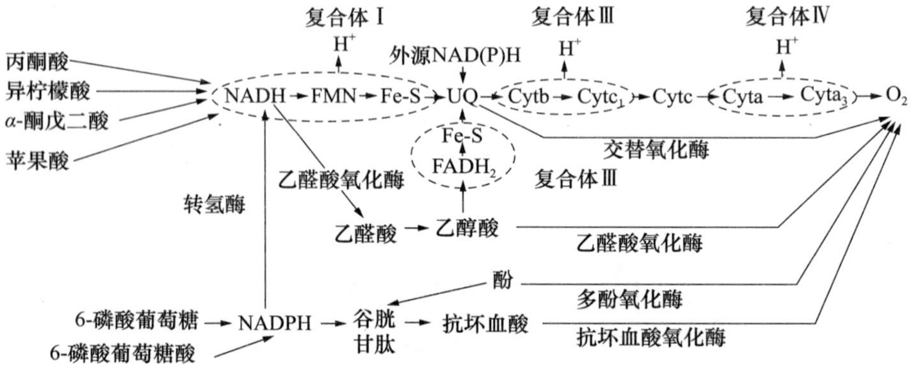

图 4-3 呼吸电子传递链过程图解

（引自薛应龙，1987）

在植物体内虽然存在着多种呼吸途径，但究竟按哪几条主要途径进行则随着植物种类、组织的类型、植物的生理年龄、环境变化、生长发育进程、病菌侵染、人工处理等因素的不同或改变而改变。

4.3.2.2 植物呼吸代谢途径的多变性

植物呼吸代谢途径的呼吸速率随不同植物、不同组织、不同发育时期与外界因素（如大气中 O_2 和 CO_2 含量、温度、机械损伤情况、水分与光照条件等）而变化。一般而言，生长快的植物呼吸速率也快，生长慢的植物呼吸速率也慢。例如，高等植物中，小麦的呼吸速率比仙人掌快得多。

同一植物的不同器官，由于代谢和结构组成的不同以及与氧气接触程度的不同，其呼吸速率也会有很大的差异。一般来说，生长旺盛的、幼嫩的器官（根尖、茎尖、嫩根、嫩叶）的呼吸速率较生长缓慢的老龄器官（老根、老茎、老叶）快。死细胞少的器官（草本茎）较死细胞多的器官（木本茎）的呼吸强度大。生殖器官的呼吸比营养器官强，花的呼吸速率比叶片要快 3～4 倍。而在花中，雌、雄蕊的呼吸则比花瓣及萼片强得多，雌蕊比雄蕊强，雄蕊中又以花粉的呼吸最为强烈。

同一器官的不同组织，在呼吸速率上彼此也不相同。若按组织的单位鲜重计算，形成层的呼吸速率最快，韧皮部次之，木质部则较低。同一器官在不同的生长过程中，呼吸速率亦有较大的变化。以叶片来说，幼嫩时呼吸较快，成长后就下降；到衰老时，呼吸又上升，因为成熟叶片进入衰老时期，氧化磷酸化开始解偶联，能量传递体系破坏，磷氧比（P/O）明显下降，呼吸则上升，呈现跃变期；到衰老后期，蛋白质分解，呼吸则极其微弱。果实（如苹果、香蕉、杧果）的呼吸速率在不同年龄中，也有同样的变化，嫩果呼吸最强，以后则随年龄而降低，但在后期又会突然增高，呈现"呼吸高峰"（即跃变期），这是因为果实此时产生了乙烯，所以促使呼吸加强。

温度主要影响呼吸酶的活性。在最低点与最适点之间，呼吸速率总是随着温度的增高而加快。但当超过最适点时，呼吸速率则又会随着温度的增高而下降。

氧气不足会直接影响呼吸速率和呼吸性质。在氧浓度下降时，水稻和小麦幼苗的有氧呼吸降低，而无氧呼吸则增高。无氧呼吸时间一久，植物就会受伤死亡，其原因主要是：①无氧呼吸产生酒精，使细胞质的蛋白质变性，使组织中毒；②无氧呼吸产生的能量太少，相当于有氧呼吸的 1/19，植物要维持正常的生理需要就要消耗更多的有机物，造成体内养料耗损过多；③由于不能进入有氧阶段，没有丙酮酸的氧化过程，许多经此过程的中间产物形成的物质就无法继续合成，植物失去了物质基础。

二氧化碳是呼吸作用的最终产物，当外界环境中的二氧化碳浓度增加时，呼吸速率便会减慢。

此外，机械损伤会显著加快组织的呼吸速率，其原因则是：①氧化酶与其底物在结构上本是隔开的，而机械损伤后就会使原来的间隔被破坏，酚类化合物就会迅速地被氧化；②细胞破坏后底物与呼吸酶接近，于是正常的糖酵解和氧化分解代谢加强；③机械损伤使某些细胞变为分生组织状态，以形成愈伤组织去修补伤处。

4.3.2.3 功能上的多面性

呼吸代谢过程中产生的能量以及中间产物，可以应用于各种生理过程、形态建成以及生长发育。

由植物呼吸作用提供的可利用的能量，带动了植物体内各种生理过程的正常进行。糖酵解、磷酸戊糖途径如三羧酸循环通过一些中间产物与其他代谢重要的代谢途径相联系。如三羧酸循环中形成的乙酰 CoA，可以合成脂肪酸，进而合成脂肪；α-酮戊二酸、延胡索酸与草酰乙酸，都可以与 NH_3 结合，生成相应的氨基酸，进而合成蛋白质。在戊糖磷酸途径中形成的核酮糖-5-磷酸和核糖-5-磷酸，则是组成核酸的原料；丙糖、丁糖、戊糖、己糖和庚糖的磷酸酯（如甘油醛磷酸、赤藓糖磷酸、核酮糖磷酸、果糖磷酸、景天庚酮糖磷酸）也是卡尔文循环的中间产物，它们可以将光合作用与呼吸作用联系起来。乙醇酸氧化途径中产生的 H_2O_2 能释放出 O_2，可直接供根系呼吸作用使用，同时也有一部分氧可自根部排入根际土壤，氧化土壤中的还原物质，使水稻在一定限度内免受还原物质的毒害，从而适应于在还原条件的水中生长。植物在进行呼吸作用的过程中，可以形成某些植物抗毒素性质的物质，如酚类、莽草酸、类固醇、紫檀素等有助于杀菌作用；强烈的呼吸作用，可以将侵入植物体内的病原菌分泌的毒素氧化掉，解除毒素的危害；植物的呼吸作用还可以加速伤口木质化和栓质化，使伤口愈合，减少病菌的侵染；在呼吸过程中形成的还原型辅酶Ⅰ（NADH）和还原型辅酶Ⅱ（NADPH）可以作为某些过程的还原剂，如植物从外界吸收的 NO_3^-，在细胞质中被还原成 NO_2^- 时，所需的还原剂是 NADH，脂肪酸合成过程中的还原步骤是以 NADPH 作为还原剂的；植物呼吸作用释放的 CO_2，可以参与平衡自然界中的碳素循环等。

目前，已经明确呼吸途径中的戊糖磷酸途径和乙醛酸途径，主要表现在与促进生长发育，提高生理机能以抵抗病害，促进物质合成转化、积累相关；而糖酵解和三羧酸循环等则主要与物质分解，加速成熟、衰老，为植物代谢提供能量及物质等生理功能有关，当然也与适应环境相关，如：糖酵解、乙醇酸途径中形成的甘氨酸和丝氨酸可看作是合成蛋白质所必需的各种氨基酸的起点，同时，在生成糖和卟啉化合物的代谢中可能也是一种有用的材料；光呼吸产生的 CO_2，还可能防止叶绿体内 CO_2 的亏缺；光呼吸消耗大量的能量，可能有助于调节光合作用中同化力形成和 CO_2 同化速度之间的不协调关系，以排除过剩的同化力，使得叶绿体在强光和 CO_2 不足时，免受损坏；同时，近年来还发现光呼吸过程中，在线粒体中，当 2 mol 甘氨酸转变为 2 mol 丝氨酸时，也能形成 ATP；光合作用中的 RuBP 羧化酶在空气中有 O_2 存在时，不可避免地要产生乙醇酸，光呼吸可以把乙醇酸处理掉，把乙醇酸的大部分碳素收回，以减少损失，起到了一个代谢的“抢救”作用等。

总之，正是由于植物呼吸代谢具有上述多样性、多变性与多面性的复杂变化特性，才使得植物能在多变的内在条件与外界环境下，顺利地满足多种生理功能的需要，适应环境条件的不断变化，也正是由于呼吸代谢的这些特点，才使它在植物整个生命活动中占有关键性地位，成为植物代谢活动的中心。

4.3.3 植物呼吸链电子传递与氧化磷酸化

糖酵解和三羧酸循环过程中脱下的氢被 NAD^+ 或 FAD 所接受，形成 $NADH+H^+$ 和 $FADH_2$，它们通过一系列电子传递链转化为 ATP，为细胞生理过程提供能量。

4.3.3.1 呼吸链电子传递

呼吸链（respiratory chain）又称为电子传递链（electron transport chain），是指在线粒体内膜上按一定氧化还原电位顺序排列、传递电子和质子的呼吸传递体。呼吸链将 $NADH+H^+$ 和 $FADH_2$ 的电子和质子传递给分子氧。电子传递链由 4 种蛋白复合体（protein complex）组成，分别为复合体Ⅰ、Ⅱ、Ⅲ、Ⅳ（图 4-4）。

图 4-4 彩图

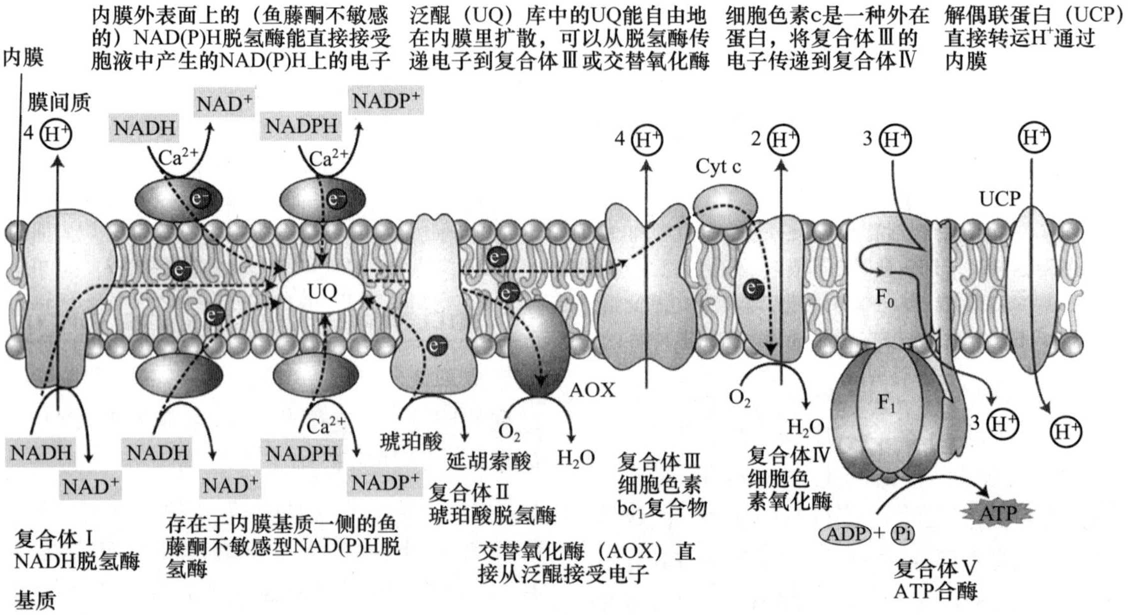

图 4-4　线粒体内膜上的电子传递链的组成

（引自 Taiz 等，2015）

（1）复合体Ⅰ　又称 NADH-泛醌氧化还原酶（NADH-ubiquinone oxidoreductase），包括 NADH 脱氢酶[NADH dehydrogenase，由以黄素单核苷酸（FMN）为辅基的黄素蛋白和多种 Fe-S 蛋白组成]、泛醌（UQ；又称辅酶 Q，CoQ）、磷脂（phosphatide）。

（2）复合体Ⅱ　又称琥珀酸-泛醌氧化还原酶（succinate-ubiquinone oxidoreductase），主要成分是琥珀酸脱氢酶（succinate dehydrogenase，SDH）、FAD、Cyt b 和 3 个 Fe-S 蛋白，其功能是催化琥珀酸氧化为延胡索酸，并把氢经 FAD 传递给泛醌。电子流过复合体Ⅱ时，无质子泵出。

（3）复合体Ⅲ　又称细胞色素 bc_1 复合体（cytochrome bc_1 complex），一般含有 2 个 Cyt b（Cyt b_{565} 和 Cyt b_{560}）、1 个 Fe-S 蛋白和 1 个 Cyt c_1，其功能是将泛醌的电子传递到 Cyt c。当 1 对电子流过复合体Ⅲ时，有 4 个质子泵出线粒体基质进入膜间隙。抗霉素 A 抑制电子从 Cyt b 到 Cyt c_1 的传递。

（4）复合体Ⅳ　又称细胞色素氧化酶（cytochrome oxidase），主要有 2 个铜中心（CuA、CuB）及 Cyt a 和 Cyt a_3。复合体Ⅳ是末端氧化酶（terminal oxidase），将 Cyt aa_3 中的电子传递给分子氧，激发 O_2 与基质中的 H^+ 结合形成 H_2O，每传递 1 对电子，有 2 个 H^+ 泵出。CO、氰化物（CN^-）、叠氮化物（N_3^-）同 O_2 竞争与 Cyt aa_3 中 Fe 的结合，可抑制从 Cyt aa_3 到 O_2 的电子传递。

4.3.3.2　氧化磷酸化

生物氧化的过程中，电子经电子传递链传递到分子氧，伴随着 H^+ 的跨膜转运和自由能的释放，并用于 ADP 和 Pi 合成 ATP，这种与电子传递偶联在一起的合成 ATP 的方式称为氧化磷酸化（oxidative phosphorylation）。它是需氧生物生命活动的主要能量来源，是生物产生 ATP 的主要途径。在正常的情况下，线粒体内膜上的呼吸链与氧化磷酸化总是紧密偶联的。关于氧化磷酸化的机理有多种假说，如化学偶联学说、化学渗透学说和构象学说。目前为大家所公认的是英国生物化学家 Peter Mitchell（1961）提出的化学渗透学说。

根据 Mitchell 的化学渗透学说，呼吸链上的氢传递体与电子传递体在线粒体内膜上特定的不对称几何分布使得传递电子的同时，H^+从线粒体内膜的内侧移至外侧（膜间隙），形成跨线粒体内膜的H^+浓度差。线粒体内膜对质子是不透性的，泵到内膜外侧的H^+不能自由返回，所建立起的跨膜质子浓度梯度，即化学势梯度（ΔpH）和膜电势差（ΔE），又称H^+电化学势梯度（proton electrochemical gradient，$\Delta\mu H^+$）或电势梯度$\Delta\Psi$。由ΔpH和$\Delta\Psi$形成跨膜质子动力势，膜外的质子在质子动力势的驱动下，通过镶嵌在线粒体内膜上的ATP合酶，推动ADP和Pi合成ATP。

质子的电化学势梯度除了用于ATP的合成，也在三羧酸循环和氧化磷酸化的底物和产物的跨膜运输方面起重要作用（图4-5）。丙酮酸进入线粒体，需要跨膜的ΔpH。另外，线粒体基质中合成的ATP，需要运输出线粒体外以供植物细胞利用，这个过程通过ATP/ADP转运器完成。当呼吸链电子传递的跨膜梯度形成时，可以有更多的ATP^{4+}通过与ADP^{3+}交换运出线粒体。而ATP合成所需要的Pi则通过磷酸转运器利用跨膜的ΔpH促进Pi^{2-}和OH^-的交换，使Pi^{2-}运入线粒体，OH^-运出线粒体。

图 4-5 彩图

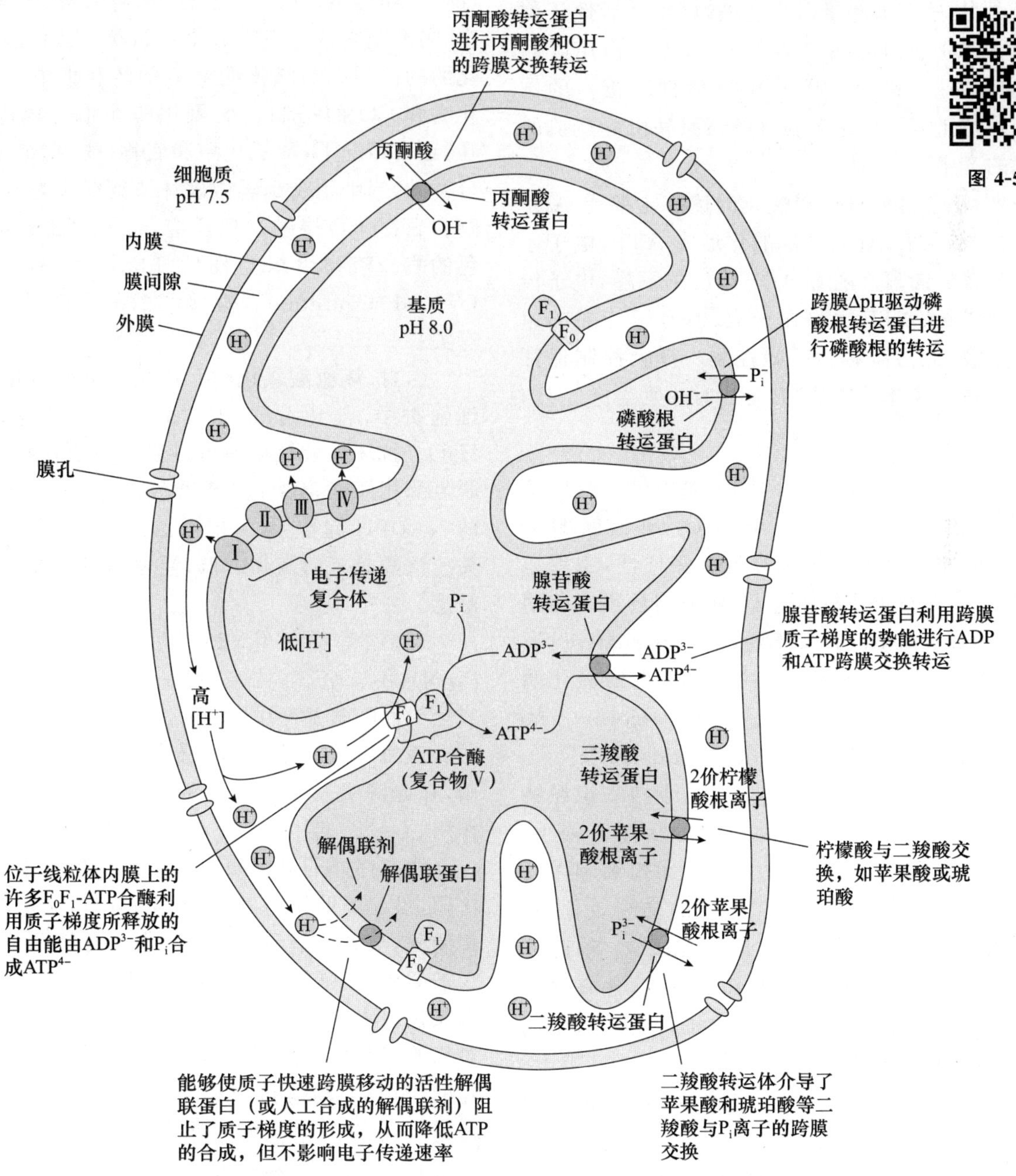

图 4-5　质子跨膜电化学势梯度与ATP合成、氧化磷酸化底物和产物的运输关系

（引自 Taiz 等，2015）

影响电子传递链及电子传递与 ATP 合成的偶联过程均会影响氧化磷酸化的进行。例如，鱼藤酮、安密妥在 NADH 脱氢酶处抑制电子传递，阻断 NADH 的氧化；抗霉素 A 抑制电子在细胞色素 bc_1 复合体处的传递；氰化物、CO、叠氮化物（N_3^-）抑制细胞色素氧化酶。这些物质被称为氧化磷酸化抑制剂。2,4-二硝基苯酚（DNP）和缬氨霉素可解除电子传递和 ATP 合成的偶联过程，使电子传递照常进行而不生成 ATP，这些物质被称为解偶联剂。近年来的研究发现，在植物线粒体内膜上也存在着内源解偶联蛋白，这些解偶联蛋白受逆境诱导，受活性氧刺激。在解偶联蛋白敲除的突变体中，光合作用碳同化和生长的速率都会下降。因此，解偶联蛋白的作用可能是防止电子传递链的过度还原和由此造成的活性氧的产生。

另外，正常机体氧化磷酸化的速率主要受 ADP 水平的调节，只有 ADP 被磷酸化形成 ATP，电子才通过呼吸链流向氧。随着 ADP 浓度的下降，电子传递虽仍然进行，ATP 也仍在合成，但电子传递的速度逐渐减缓，此过程称为呼吸控制。呼吸控制保证电子流只在生物体需要 ATP 合成时才发生。

4.3.3.3 末端氧化酶系统

末端氧化酶（terminal oxidase）是指处于呼吸链末端，能将底物上脱下的电子传给 O_2，并形成 H_2O 或 H_2O_2 的酶类。末端氧化酶具有多样性，主要包括两类：一类存在于线粒体膜上，如细胞色素氧化酶（cytochrome oxidase）和交替氧化酶（alternative oxidase，AOX）；另一类存在于细胞质中，如酚氧化酶（phenol oxidase）、抗坏血酸氧化酶（ascorbic acid oxidase）和乙醇酸氧化酶（glycolate oxidase）等。

（1）细胞色素氧化酶　普遍存在于植物组织特别是幼嫩组织中，在某些成熟组织中活性比较小。细胞色素氧化酶与氧的亲和力最高，承担细胞内约 80%的耗 O_2 量，是植物体内最主要的末端氧化酶，且氧化磷酸化效率最高，P/O 比为 2 或 3。细胞色素氧化酶由 Cyt a 和 Cyt a_3 两部分组成，含有两个铁卟啉和两个铜原子，将 Cyt a_3 电子传给 O_2，生成 H_2O，易受氰化物、CO 的抑制。

（2）交替氧化酶　交替氧化酶（AOX）又称抗氰氧化酶（cyanide resistant oxidase）。AOX 定位于线粒体内膜上，是抗氰呼吸链末端的氧化酶，相对分子质量为（2.7～3.7）×10^4。Fe^{2+} 是 AOX 活性中心的金属。AOX 在植物和微生物中以氧化型二聚体和还原型二聚体的形式存在。AOX 将 UQH_2 的电子经黄素蛋白传给 O_2 产生 H_2O_2，H_2O_2 被线粒体内的过氧化氢酶转变为 H_2O 和 O_2。该酶对氧的亲和力比细胞色素氧化酶低，但比非线粒体末端氧化酶要高，易被水杨基氧肟酸（salicyl hydroxamic acid，SHAM）所抑制，对氰化物不敏感。

（3）酚氧化酶　包括单元酚氧化酶（monophenol oxidase）和多元酚氧化酶（polyphenol oxidase）。前者如酪氨酸酶（tyrosinase），后者如儿茶酚氧化酶（catechol oxidase），均含有铜，存在于质体和微体中，与细胞内其他底物氧化相偶联，从而起到末端氧化酶的作用。酚氧化酶对氧的亲和力中等，易受氰化物和 CO 的抑制。酚氧化酶在植物体内普遍存在，正常情况下，酚氧化酶和底物（酚）在细胞质中是分开的，当细胞受到轻微破坏或组织衰老时，酚氧化酶和底物（酚）接触发生反应，将各种酚氧化成棕褐色的醌。植物组织受伤后呼吸增强，称为伤呼吸（wound respiration），直接与酚氧化酶的活性增强有关。

（4）抗坏血酸氧化酶　也是含铜的氧化酶，位于细胞质中，催化分子氧将抗坏血酸氧化，并生成 H_2O。抗坏血酸氧化酶可以通过谷胱甘肽而与某些脱氢酶相偶联，还与戊糖磷酸途径（PPP）中所产生的 NADPH 起作用，可能与细胞内某些合成反应有关。该酶对氧的亲和力低，受氰化物抑制，对 CO 不敏感。

（5）乙醇酸氧化酶　是一种黄素蛋白酶（含 FMN），不含金属，位于过氧化物体中，催化乙醇酸氧化为乙醛酸并产生 H_2O_2，与甘氨酸和草酸生成有关。该酶与氧的亲和力极低，不受氰化物和 CO 抑制，在光呼吸及水稻根部的氧化还原反应中起重要作用。

线粒体外的氧化酶在呼吸作用中不是主要的氧化酶，仅起辅助作用，这是因为它们与氧化磷酸化不相偶联，与氧的亲和力较低。在正常情况下，植物呼吸被 CN^-、CO 等抑制，表明呼吸作用电子传递的末端氧化酶主要是细胞色素氧化酶。细胞色素氧化酶对氧的亲和力极高，低氧浓度的情况下，仍能发挥良好的作用；而酚氧化酶和乙醇酸氧化酶对氧的亲和力弱，只能在较高氧浓度下才能顺利发挥作用。

4.3.3.4 抗氰呼吸

当呼吸末端氧化酶为交替氧化酶时，植物在氰化物存在条件下呼吸不受抑制，该呼吸作用称为抗氰呼吸（cyanide resistant respiration），因该途径是存在于细胞色素电子传递以外的呼吸途径，又称为交替呼吸途径，简称交替途径（alternative pathway，AP）。交替途径可以有效地减小胁迫对呼吸代谢的毒害作用，这种细胞器的生理生化状态对核基因表达的影响，称为逆行管制（图 4-6）。线粒体代谢的活跃程度可以影响氧化还原分子和能量分子的水平。这些分子参与细胞的胁迫防御和碳代谢的核心途径（如生长过程和光合作用）。

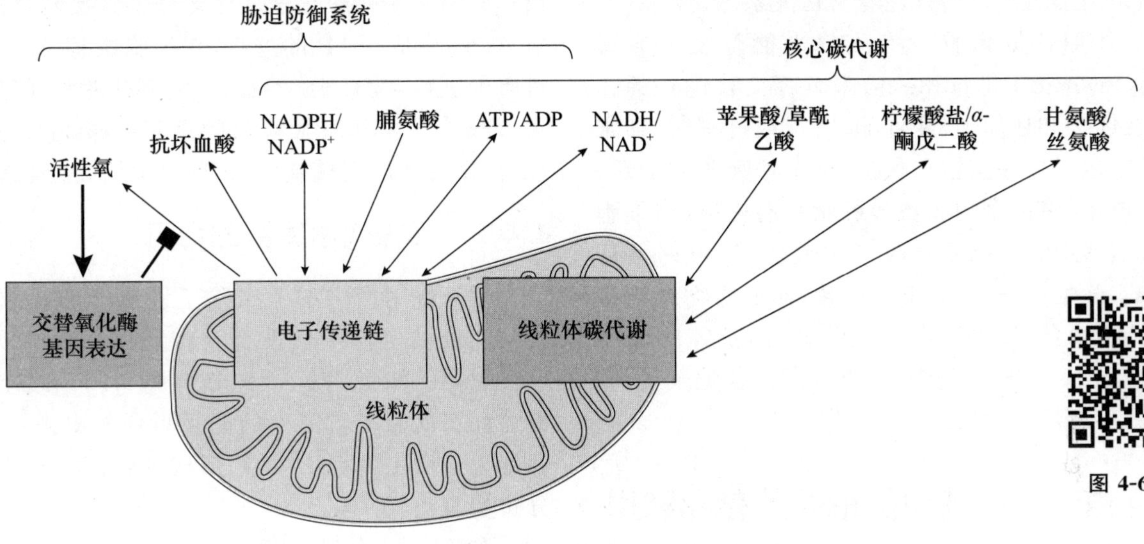

图 4-6 彩图

图 4-6　线粒体和细胞物质代谢的相互交流

（引自 Taiz 等，2015）

抗氰途径电子的传递从 NADH 经 FMN、Fe-S 蛋白、UQ、黄素蛋白（FP），由交替氧化酶传至氧，电子传递不与磷酸化偶联，不产生 ATP 或只产生 1 个 ATP，其余能量以热释放，因此，抗氰呼吸又称为放热呼吸（thermogenic respiration）。

在高等植物中抗氰呼吸是广泛存在的，例如天南星科、睡莲科和白星海芋科的花器官与花粉，玉米、水稻、豌豆、绿豆和棉花的种子，马铃薯的块茎，甘薯的块根，胡萝卜的根等。此外，在黑粉菌、酵母菌等多种微生物中也发现有抗氰呼吸的存在。抗氰呼吸虽然普遍，但并非存在于所有植物中，而且抗氰的程度也有很大差别。最著名的抗氰呼吸的例子是天南星科植物的佛焰花序，它的呼吸速率很高，可达 15 000～20 000 $\mu L \cdot g^{-1} FW \cdot h^{-1}$（FW 表示鲜重），比一般植物呼吸速率快 100 倍以上，同时由于呼吸放热，可使组织温度比环境温度高出 15～35 ℃。

抗氰呼吸的特点之一是底物消耗较快而 ATP 产生较少，必然的后果是产生较多的热能。抗氰呼吸途径的一个消极的效应是产生大量自由基和活性氧，从而加速细胞的衰老和死亡。已经证明一些果实如鳄梨和苹果等完熟期间，抗氰呼吸有逐渐增加的趋势，高峰期后又逐步降低。Solomos（1974）报告用 HCN 处理完整的鳄梨果实，能使呼吸速率迅速升高，乙烯生成增加，从而导致果实成熟。用苹果、鳄梨、南美番荔枝、柠檬、葡萄柚进行试验，发现乙烯和氰化物均能诱导呼吸上升，而乙烯对能被氰化物强烈抑制呼吸的组织则无促进效应。因此推断抗氰途径的存在是乙烯促进呼吸的先决条件。抗氰或交替途径对果实跃变和成熟产生重要作用；氰化物和乙烯均对交替途径起调节作用，促进交替途径的运行。其生理意义主要有以下几个方面：

（1）有利于授粉和种子萌发　抗氰呼吸产生的大量热能，使产热植物早春花器官的温度与环境的温度相差达 22～25 ℃，有助于花粉的成熟；当产热爆发时，会增加胺类、吲哚和萜类等物质挥发，引诱昆虫传粉。如水杨酸是海芋起始放热的化学信号。放热效应也有利于种子萌发，种子在萌发早期或吸胀过程中抗氰呼吸活跃。例如，棉花种子开始吸胀时，抗氰呼吸只占 35%，6 h 后达 70%。这可能是棉花播种时对低温的一种适应性。

（2）促进果实成熟　果实成熟过程中出现的呼吸跃变现象，主要表现为抗氰呼吸速率增强。抗氰呼吸电子传递系统是乙烯诱发呼吸的前提条件。

（3）增强抗逆性　在各种逆境下（冷害、旱害、缺磷、渗透调节等），植物会抑制线粒体电子传递，加强抗氰呼吸，减少活性氧，减少胁迫对植物的不利影响。如甘薯块根组织受到黑斑病菌侵染后，抗氰呼吸成倍增长，而且抗病品种块根组织的抗氰呼吸速率明显高于感病品种，说明抗氰呼吸的强弱与甘薯块根组织对黑斑病菌的抗性有密切关系。

（4）代谢协同调控　有人提出能量溢流假说（energy overflow hypothesis）来解释交替途径的作用，即在底物和还原力（NADH）丰富或过剩时，细胞色素途径电子传递呈饱和状态，抗氰呼吸非常活跃，可分流电子，将多余的底物和还原力消耗掉；当细胞色素途径受阻时，抗氰呼吸产生或加强，可以保证EMP-TCA循环、PPP能正常运转，保证底物继续氧化，维持生命活动各方面的需要；此外，抗氰呼吸产热，耗去过多光合作用产物碳的累积，以免干扰源-库关系，反馈抑制物质的运输。

4.4　植物呼吸代谢能量的贮存和利用

4.4.1　呼吸代谢能量的贮存

呼吸作用通过一系列的酶促反应把贮存在有机物中的化学能释放出来，一部分以热能的形式散失，其余部分则以高能键的形式贮存起来，以供植物代谢所利用。植物体内的高能键以高能磷酸键为主，其次是硫酯键。其中以腺苷三磷酸（adenosine triphosphate，ATP）中的高能磷酸键最重要。生成ATP的方式有2种：一是氧化磷酸化，是植物磷酸化的主要形式；二是底物水平磷酸化（substrate-level phosphorylation）。氧化磷酸化在线粒体内膜上的呼吸链和ATP合酶复合体中完成，需要O_2参加。底物水平磷酸化是从底物分子直接转移磷酸基给ADP，生成ATP的过程，在细胞质基质和线粒体衬质中进行，没有O_2参加，只需要代谢物脱氢（或脱水），其分子内部所含能量的重新分布，生成高能磷酸键，接着高能磷酸基转移到ADP上，生成ATP。

4.4.2　呼吸代谢能量的利用

呼吸作用产生的能量除了以热能形式散失外，其余能量被植物生长发育直接利用。其中以ATP形式贮存的能量，当ATP分解成ADP和Pi时，就把贮存在高能磷酸键中的能量再释放出来。1分子蔗糖完全氧化为CO_2时约形成60分子ATP，具体分布如表4-1所示。

在活体内，合成ATP所需自由能大约是50 kJ·mol^{-1}，每摩尔蔗糖有氧呼吸氧化生成的ATP贮存约3 010 kJ·mol^{-1}自由能。按每摩尔蔗糖有氧氧化释放出自由能5 760 kJ·mol^{-1}计算，则绿色植物有氧呼吸过程蔗糖分解时，能量利用率约为52%，其余能量以热的形式散失了。原核生物的能量利用率比真核细胞要高一些。

表4-1　蔗糖经过糖酵解和三羧酸循环完全氧化时生成ATP的最高量

（引自Buchanan，2000）

代谢途径	底物	产物	ATP产生量
糖酵解	1蔗糖	4丙酮酸	
	4 ADP+Pi	4 ATP	4
	4 NAD^+（细胞质）	4 NADH	
三羧酸循环	4丙酮酸	12 CO_2	
	4 ADP+Pi	4 ATP	4
	16 NAD^+（线粒体）	16 NADH	
	4 FAD	4 $FADH_2$	
氧化磷酸化	12 O_2	24 H_2O	
	4 NADH	4 NAD^+	6
	16 NADH	16 NAD^+	40
	4 $FADH_2$	4 FAD	6
总计			60

注：按照1个线粒体NADH氧化产生2.5个ATP，一个细胞质NADH氧化产生1.5个ATP，1个$FADH_2$产生1.5个ATP计算。

4.5 植物呼吸作用的调节

细胞内的任何代谢途径都受到严格控制，植物呼吸作用多条途径也都具有自动调节和控制能力。细胞内呼吸代谢的调节主要是对呼吸作用的各个代谢途径中少数关键酶的调控，包括酶的形成（基因的表达）和酶活性的调控。

4.5.1 糖酵解的调节

葡萄糖激酶、磷酸果糖激酶、丙酮酸激酶是糖酵解的限速酶，其中磷酸果糖激酶和丙酮酸激酶是主要的调节酶。ADP、Pi、果糖-1，6-二磷酸（FBP）、Mg^{2+}和K^{+}是这两个关键酶的正效应剂，Ca^{2+}、甘油酸-3-磷酸、甘油酸-2-磷酸、磷酸烯醇式丙酮酸等是负效应剂。在无氧条件下，丙酮酸的有氧降解受到抑制，柠檬酸和ATP合成减少，ADP和Pi积累较多，促进了两个关键酶的活性，使糖酵解速度加快。在有氧条件下，丙酮酸通过丙酮酸脱氢酶形成乙酰CoA，进入TCA循环，会产生较多的ATP和柠檬酸，它们作为负效应物对磷酸果糖激酶和丙酮酸激酶起反馈抑制作用，糖酵解速度减慢。此外，己糖激酶也参与调节糖酵解速度，属于变构调节酶，其变构抑制剂为其产物葡萄糖-6-磷酸。$NAD^{+}/NADH+H^{+}$对糖酵解有调节作用。在无氧条件下，当甘油醛-3-磷酸氧化为甘油酸-1，3-二磷酸时，NAD^{+}被还原成$NADH+H^{+}$；当丙酮酸被还原为乳酸，乙醛被还原为乙醇时，NADH又被氧化成NAD^{+}。在有氧条件下，NADH能够通过GP-DHAP（甘油-3-磷酸-磷酸二羟丙酮）穿梭透入线粒体，用于呼吸链电子传递，NADH不能用于丙酮酸的还原，发酵作用就会停止。

4.5.2 三羧酸循环的调节

对三羧酸循环本身的调控关键是3个酶，即柠檬酸合酶、异柠檬酸脱氢酶和α-酮戊二酸脱氢酶。由于乙酰CoA是TCA循环第一步反应的底物，因此丙酮酸脱氢酶也与三羧酸循环调控有关。

丙酮酸脱氢酶复合体可通过变构效应和共价修饰2种方式进行快速调节。反应产物NADH、乙酰CoA对丙酮酸脱氢酶复合体有反馈抑制作用，使有氧氧化减弱；ATP对其有抑制作用，而AMP则有激活作用。此外，丙酮酸脱氢酶复合体还可以被丙酮酸脱氢酶激酶磷酸化，引起酶蛋白变构而失去活性；丙酮酸脱氢酶磷酸酶则使其脱磷酸而恢复活性。当$NADH/NAD^{+}$和ATP/ADP浓度比值升高时，异柠檬酸脱氢酶、α-酮戊二酸脱氢酶复合体被反馈抑制，三羧酸循环速率减慢；ADP是异柠檬酸脱氢酶的变构激活剂。线粒体中Ca^{2+}浓度增高，可激活异柠檬酸脱氢酶、α-酮戊二酸脱氢酶复合体及丙酮酸脱氢酶复合体活性，糖的有氧氧化增强。

4.5.3 戊糖磷酸途径的调节

戊糖磷酸途径（PPP）主要受$NADPH/NADP^{+}$比值的调节。葡萄糖-6-磷酸脱氢酶是PPP的关键酶，NADPH竞争性地抑制葡萄糖-6-磷酸脱氢酶的活性，使葡萄糖-6-磷酸转化为葡萄糖酸-6-磷酸的速率降低。NADPH也抑制葡萄糖酸-6-磷酸脱氢酶活性。植物的呼吸作用酶也被氧化的谷胱甘肽所抑制。当NADPH被氧化利用生成较多的$NADP^{+}$时，会促进PPP进行。光照和供氧都可提高$NADP^{+}$生成，促进PPP进行。植物受旱、受伤、衰老、种子成熟过程中，PPP都明显加强，在总呼吸中所占比例加大。

4.5.4 腺苷酸能荷的调节

细胞中存在3种腺苷酸，即AMP、ADP、ATP，称为腺苷酸库。在细胞中ATP、ADP和AMP在某一时间的相对数量控制着细胞活动。1968年，D. E. Atkinson提出了能荷的概念，认为能荷（EC）是细胞中高能磷酸状态的一种数量上的衡量，能荷大小可以说明生物体中ATP-ADP-AMP系统的能量状态，可用下式表示：

$$EC=\frac{[ATP]+1/2[ADP]}{[ATP]+[ADP]+[AMP]}$$

从上式可看出，能荷的大小决定于ATP和ADP的多少。能荷的值从0到1.0，当细胞中都是ATP时，能荷为1.0，此时，可利用的高能磷酸键数量最大；当细胞中都是ADP时，能荷为0.5，系统中有一半的高能磷酸键；当细胞中都是AMP时，能荷为0，此时无高能磷酸化合物存在。生活细胞中，能荷一般稳定在0.75～0.95。试验证明，能荷高时可抑制ATP的生成，却促进ATP的利用。也就是说，能荷高可促进合成代谢而抑制分解代谢，呼吸代谢会相应受到抑制；相反，能荷低则促进分解代谢而抑制合成代谢，呼吸代谢受到促进。

4.5.5 植物呼吸代谢与光合作用的关系

在植物代谢生理中，绿色植物通过光合作用把无机物转变成富含能量的有机物并释放氧气；也通过呼吸作用把积累的有机物氧化分解，同时释放生命活动所需的能量。光合作用和呼吸作用既相互联系，又相互对立。

从物质方面来看，两大基本代谢过程互为原料与产物，光合作用释放的 O_2 可供呼吸作用利用，而呼吸作用释放的 CO_2 也可被光合作用所同化；光合作用的碳循环与呼吸作用的戊糖磷酸途径基本上是正反反应关系，它们的许多中间产物和催化相关反应的酶是相同的。在能量代谢方面，光合作用中供光合磷酸化产生 ATP 所需的 ADP 和供产生 NADPH$^+$ + H$^+$ 所需的 NADP$^+$，与呼吸作用所需的 ADP 和 NADP$^+$ 是相同的，它们可以通用。但光合作用与呼吸作用也有明显的区别，见表 4-2。

表 4-2 光合作用和呼吸作用的区别

（引自潘瑞炽，2012）

光合作用	呼吸作用
以 CO_2 和 H_2O 为原料	以 O_2 和有机物为原料
产生有机物（糖类）和 O_2	产生 CO_2 和 H_2O
叶绿素等捕获光能	有机物的化学能暂时贮存于 ATP 中或以热能消失
通过光合磷酸化把光能转变为化学能	通过氧化磷酸化、底物水平磷酸化把有机物的化学能转化成 ATP
H_2O 的氢主要转移至 NADP$^+$，形成 NADPH + H$^+$	有机物的氢主要转移至 NAD$^+$，形成 NADH + H$^+$
糖合成过程主要利用 ATP 和 NADPH + H$^+$	细胞活动利用 ATP 和 NADH + H$^+$（或 NADPH + H$^+$）做功
仅有含叶绿体的细胞才能进行	活的细胞都能进行
只有光照下发生	在光照下或黑暗里都发生
发生于真核植物细胞的叶绿体中	糖酵解和戊糖磷酸途径发生于细胞质基质中，三羧酸循环和氧化磷酸化发生于线粒体中

4.6 植物呼吸作用的指标、影响因素及应用

4.6.1 呼吸速率的指标

通常衡量呼吸作用强度和性质的指标主要有呼吸速率和呼吸商。

呼吸速率（respiratory rate）又称呼吸强度（respiratory intensity），指单位时间单位重量[干重（DW）或鲜重（FW）]的植物组织（或单位细胞、单位毫克蛋白）所放出的 CO_2 的量或吸收的 O_2 的量，常用单位有：$\mu mol\ CO_2 \cdot g^{-1} FW \cdot h^{-1}$、$\mu mol\ O_2 \cdot g^{-1} FW \cdot h^{-1}$、$\mu mol\ O_2 \cdot mg^{-1}\ Pr \cdot h^{-1}$、$\mu L\ O_2 \cdot g^{-1} DW \cdot h^{-1}$ 等。呼吸速率是用来代表呼吸强弱的最常用的生理指标。

呼吸商（respiratory quotient，RQ）又称呼吸系数（respiratory coefficient），指植物组织在一定时间内放出二氧化碳的量与吸收氧气的量的比值。

$$\text{呼吸商} = \frac{\text{释放 } CO_2 \text{ 的量}}{\text{吸收 } O_2 \text{ 的量}}$$

由于呼吸商与呼吸底物性质以及代谢类型有关，因此常根据呼吸商的大小来推测呼吸所用的底物及呼吸类型。

通常，碳水化合物是主要的呼吸底物，脂肪、蛋白质以及有机酸等也可作为呼吸底物，底物种类不同，呼吸商也不同。

若以葡萄糖作为呼吸底物完全氧化时，呼吸商为 1。如禾谷类种子萌发时，RQ 接近 1。

$$C_6H_{12}O_6 + 6O_2 \rightarrow 6CO_2 + 6H_2O$$
$$RQ = 6/6 = 1.0$$

若以富含氢的物质如脂肪、蛋白质或其他高度还原（H/O 比大）的化合物为呼吸底物，则在氧化过程中脱下的氢相对较多，形成 H_2O 时消耗的 O_2 多，呼吸商就小。如以棕榈酸作为呼吸底物，并彻底氧化时，其呼吸商小于 1。油料种子萌发初期，棕榈酸先氧化转变为蔗糖，其 RQ 约为 0.36。

$$C_{16}H_{32}O_2+11O_2 \rightarrow C_{12}H_{22}O_{11}+4CO_2+5H_2O$$
$$RQ=4/11=0.36$$

若以含氧比碳水化合物多的有机酸作为呼吸底物时，呼吸商则大于1，如苹果酸的呼吸商为1.33。

$$C_4H_6O_5+3O_2 \rightarrow 4CO_2+3H_2O$$
$$RQ=4/3=1.33$$

RQ大小与呼吸底物的性质密切相关，然而，植物呼吸底物多种多样，如糖类、蛋白质、脂类或有机酸等，因此，RQ往往来自多种呼吸底物的平均值。

环境的氧气供应状况对RQ影响很大，在无氧条件下发生酒精发酵，只有CO_2释放，无O_2的吸收，则RQ>1。如果在呼吸进程中形成不完全氧化的中间产物（如有机酸），吸收的氧较多地保留在中间产物里，放出CO_2就相对减少，RQ<1。

4.6.2 影响呼吸作用的因素

4.6.2.1 内部因素

（1）不同植物呼吸速率不同　一般情况下，生长较快的植物呼吸速率较高，生长较慢的植物呼吸速率较低。在高等植物中，通常喜温植物（玉米、柑橘等）的呼吸速率高于耐寒植物（小麦、苹果等），小麦、蚕豆又比仙人掌高得多，草本植物高于木本植物（表4-3）。

表4-3　不同植物（组织）的呼吸速率比较

（引自蒋德安，2011）

$\mu mol\ O_2 \cdot g^{-1}FW \cdot h^{-1}$

植物（组织）	呼吸速率	植物（组织）	呼吸速率
仙人掌	0.30	蚕豆植株	4.31
景天	0.74	小麦植株	11.2
云杉	1.97	细菌	10 000

（2）同一植物的不同器官或组织呼吸速率有明显的差异　生殖器官的呼吸速率高于营养器官；同一花内又以雌蕊最高，雄蕊次之，花萼最低；生长旺盛的、幼嫩的器官的呼吸速率高于生长缓慢的、年老的器官；茎顶端的呼吸比基部强；种子内胚的呼吸速率高于胚乳（表4-4）。

（3）同一植物的同一器官或组织在不同生育期呼吸速率不同　如叶片，幼嫩时呼吸速率较快，成熟叶片的呼吸略有下降，到衰老的时候，呼吸速率又突然增高，以后又下降。果实（如苹果、香蕉、杧果等）的呼吸速率在不同的年龄也有同样的变化。幼果呼吸最强，呼吸速率随着果龄的增加而降低，但在后期会突然增高而后下降。

（4）多年生植物的呼吸速率表现出季节周期性变化　温带植物的呼吸速率以春季发芽和开花时最高，冬天降到最低点。这种周期性变化除了受外界环境的影响外，还与植物体内的代谢强度、酶的活性及呼吸底物的多少有密切关系。

表4-4　不同植物不同器官的呼吸速率

（引自李合生，2012）

$\mu L\ O_2 \cdot g^{-1}FW \cdot h^{-1}$

植物	器官	呼吸速率
胡萝卜	根	25
	叶	440
苹果	果肉	30
	果皮	95
大麦	种子（浸泡15 h）	
	胚	715
	胚乳	76

4.6.2.2 外部因素

（1）温度　对呼吸作用的影响主要表现为对呼吸酶活性的影响。呼吸作用有温度三基点，即最低、最适和最高温度。所谓最适温度是指能较长时间维持稳定的、较高呼吸速率的温度，一般温带植物呼吸速率的最适温度为25～30 ℃。而呼吸作用的最适温度总是比光合作用的最适温度高。在最低温度和最适温度之间，呼吸速率随温度的增高而加快；达到最适温度后，呼吸速率会随温度的增高而下降。呼吸作用最低温度则因植物种类不同而有很大差异，一般在接近0 ℃时，植物呼吸作用进行得很慢，而冬小麦在−7～0 ℃时仍可进行呼吸作用；耐寒的松树针叶在−25 ℃下仍未停止呼吸。呼吸作用的最高温度一般为35～45 ℃，在最高温度时，呼吸速率在短时间内升高，但时间较长后，呼吸速率就会急剧下降，这是因为高温加速了酶的钝化或失活。温度的另一间接效应则是影响O_2在水介质中的溶解度，从而影响呼吸速率的变化。

通常用温度系数（temperature coefficient，Q_{10}）表示生物体内生化反应与温度的关系，温度系数是指由于温度升高10 ℃而引起的反应速率的增加倍数。

$$Q_{10}=\frac{(t+10)\ ℃时反应速率}{t\ ℃时反应速率}$$

在 0～35 ℃生理温度范围内，呼吸作用的温度系数为 2.0～2.5，即当温度升高 10 ℃时，呼吸速率增加到 2.0～2.5 倍。

(2)氧气　是有氧呼吸途径运转的必要因素，也是呼吸电子传递系统中的最终电子受体，氧浓度的变化对呼吸速率、呼吸代谢途径都有影响。当氧浓度下降时，植物呼吸速率便开始下降；氧浓度低于 10%时，无氧呼吸出现并逐步增强，有氧呼吸迅速下降。一般把无氧呼吸停止进行的最低氧含量(10%左右)称为无氧呼吸的消失点(anaerobic respiration extinction point)(图 4-7)。人们正是利用这个现象，在贮藏苹果时，调节外界氧浓度到无氧呼吸的消失点附近，使有氧呼吸减至最低限度，但不刺激糖酵解，果实中的糖类分解得最慢，有利于贮藏。

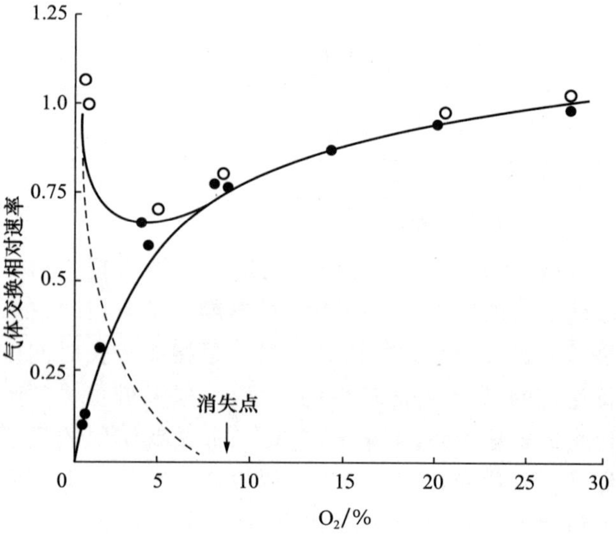

图 4-7　苹果在不同氧浓度下的气体交换

(引自王忠，2009)

实点为耗氧量，空心点为 CO_2 释放量，虚线为无氧条件下 CO_2 的释放，消失点表示无氧呼吸停止

长时间的无氧呼吸可对植物生长发育造成严重危害。主要原因有：①无氧呼吸产生酒精，酒精使细胞质的蛋白质变性。②无氧呼吸利用葡萄糖产生的能量很少，植物要维持正常的生理需要就要消耗更多的有机物。③没有丙酮酸氧化过程，缺乏有氧呼吸产生的中间产物合成的原料。④缺氧时，会抑制根尖细胞分裂，影响根系内物质的运输；土壤中厌氧细菌活跃，造成肥料损失。

当氧浓度为 10%～20%时，无氧呼吸不进行，全部是有氧呼吸。在氧浓度较低的情况下，呼吸速率与氧浓度成正比，呼吸作用随氧浓度的增大而增强，但氧浓度增至一定程度，对呼吸作用就没有促进作用了，这一氧浓度称为氧饱和点(oxygen saturation point)。氧饱和点与温度密切相关，一般是温度升高，氧饱和点也提高。氧浓度过高，对植物有毒害，这可能与活性氧代谢形成自由基有关。

(3)二氧化碳　是呼吸作用的最终产物，当外界环境中二氧化碳浓度增高时，呼吸作用受到抑制。试验证明，二氧化碳浓度高于 5%时，有明显抑制呼吸作用的效应。这可在果蔬、种子贮藏中加以利用。土壤中由于植物根系的呼吸作用特别是土壤微生物的呼吸作用会产生大量的二氧化碳，如土壤板结、深层通气不良，积累的二氧化碳可达 4%～10%，甚至更高，如不及时进行中耕松土，就会使植物根系呼吸作用受阻。一些植物(如豆科)的种子由于种皮限制，使呼吸作用释放的二氧化碳难以释出，种皮内积聚起高浓度的二氧化碳抑制了呼吸作用，从而导致种子休眠。

(4)水分　植物组织的含水量与呼吸作用有密切的关系。在一定范围内，呼吸速率随组织含水量的增加而升高。干燥种子呼吸作用很微弱，当干燥种子吸水后，呼吸速率则迅速增加，因此，种子含水量是制约种子呼吸速率强弱的重要因素。一般随着植物组织含水量的增加，植株呼吸速率升高；当植物受旱接近萎蔫时，呼吸速率会有所增加，而在萎蔫时间较长时，呼吸速率则会下降。

影响呼吸作用的外界因素除了温度、氧气、二氧化碳、水分之外，呼吸底物(如可溶性糖)的含量、机械损伤、一些矿质元素(如磷、铁、铜等)对呼吸也有显著影响。此外，病原菌感染可使寄主的线粒体增多、多酚氧化酶活性提高、抗氰呼吸和 PPP 增强。

4.6.3　呼吸作用的实践应用

呼吸作用是物质和能量代谢的中心，农业生产中一方面要促进呼吸以增加作物的生长发育，提高产量；另一方面由于呼吸消耗有机物，在贮藏植物产品时又要适当抑制呼吸，以减少损耗。在 C_3 植物体中，光呼吸过程同时还可以提高植物对干旱、盐和低温的耐受能力。

4.6.3.1　呼吸作用与安全贮藏

(1)呼吸作用与种子的安全贮藏　种子的呼吸

作用与粮食贮藏有密切关系，种子在保证其活力的基础上含水量越低越易贮藏。一般油料种子含水量在8%～9%，淀粉种子含水量在12%～14%时，种子中原生质处于凝胶状态，呼吸酶活性低，呼吸极微弱，可以安全贮藏，此时的含水量称之为安全含水量。当油料种子含水量达10%～11%，淀粉种子含水量达15%～16%时，呼吸作用显著增强。如果含水量继续增加，自由水含量升高，呼吸酶活性继续增强，则呼吸速率增加；呼吸放出的水分和热量会使种子的环境湿度和温度增高，促进呼吸增强（图4-8）。湿度和温度的增加有利于微生物繁殖，加速种子变质。因此，种子安全贮藏可通过控制水分、降低温度、适当增高 CO_2 含量和降低 O_2 含量等措施抑制呼吸。

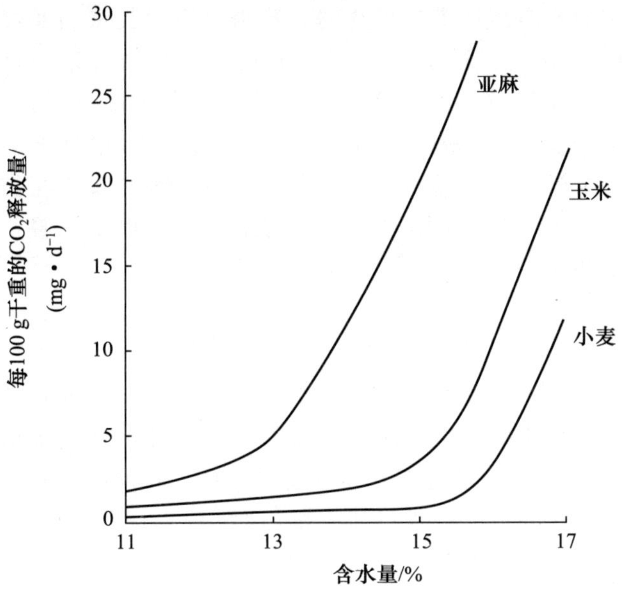

图4-8　作物种子含水量与呼吸强度的关系

（引自王忠，2009）

（2）呼吸作用与果蔬的安全贮藏　果蔬贮藏时不能干燥和冷冻，因为这类措施使其失去新鲜状态，降低商品价值。但柑橘、白菜、菠菜等贮藏前可轻度干燥，以减少呼吸。

果蔬贮藏主要通过控制温度和气体成分来解决。适当的低温，可以减慢呼吸速率；增加环境中 CO_2 和 N_2 浓度，降低 O_2 浓度，也可以适度抑制呼吸作用。在安全贮藏温度范围内，适当提高贮藏环境湿度，有利于果蔬保鲜。"自体保藏法"是一种简便的果蔬贮藏法。由于果实、蔬菜在贮藏过程中不断呼吸，放出 CO_2，在密闭环境里，CO_2 浓度逐渐增高，抑制呼吸作用（但密闭环境中 CO_2 的体积分数不能超过10%，否则果实中毒变坏），可以延长贮藏时间。

4.6.3.2　呼吸作用与作物栽培

呼吸作用在作物的生长发育和物质吸收、运输和转变方面起着十分重要的作用，因此许多栽培措施是为了直接或间接地保证作物呼吸作用的正常进行。例如早稻浸种催芽时，用温水淋种，利用种子的呼吸热来提高温度，加快萌发，露白以后，种子进行有氧呼吸，要及时翻堆降温，防止烧苗；在秧苗期湿润管理，寒潮来临时灌水护秧，寒潮过后，适时排水，以达到培育壮秧、防止烂秧的目的。

在大田栽培中，适时中耕松土，防止土壤板结，有助于改善根际周围的氧气供应，保证根系的正常呼吸。在中国南方小麦灌浆期，雨水较多，容易造成高温高湿逼熟，植株提早死亡，籽粒不饱满，此时要特别注意开沟排渍，降低地下水位，增加土壤含氧量，以维持根系的正常呼吸和吸收活动。在水稻栽培管理中，注意勤灌浅灌、适时烤田等措施，使稻根有氧呼吸旺盛，促进营养和水分的吸收，促进新根的发生。水稻灌浆成熟期正处在高温季节，可以灌"跑马水"降温。温室和塑料大棚应及时揭膜，通风透光，促进呼吸作用。

由于光合作用的最适温度比呼吸的最适温度低，因此种植不能过密，封行不能过早，在高温和光线不足情况下，呼吸消耗过大，净同化率降低，影响产量的提高。因此，植物栽培的主要目标之一就是通过农业措施来保证植物正常的呼吸作用，提高产量。

思考题

1. 植物呼吸代谢的多样性表现在哪些方面？其生物学意义如何？
2. 影响植物呼吸作用的因素有哪些？
3. 有氧呼吸和无氧呼吸有何异同点？
4. 长时间的无氧呼吸会使陆生植物受伤的原因是什么？
5. 植物的抗氰呼吸具有哪些生理意义？
6. 呼吸作用与光合作用有何区别与联系？
7. 呼吸作用在农业生产中的应用有哪些？
8. 如何利用呼吸作用的知识解决农业生产中的问题？

第5章 同化物运输

同化物是指植物通过自身代谢活动而产生的物质。植物体内同化物运输是植物维持正常生理过程的基本活动之一。植物作为一个整体是自养性的，具体到各个器官有明确的分工，其中叶片是进行光合作用合成同化物质的主要场所，合成的光合产物除了少部分满足自身的生长和代谢需要外，大部分会向根、茎、芽、果实和种子等其他组织和器官中运输，为器官的生长发育和呼吸消耗提供能量或作为贮藏物质加以积累。贮藏器官中的同化物也会在某一时期被调运到其他器官，供生长需要。一个器官不能自给自足，必须依赖其他器官的产物才能维持生命活动，故同化物在器官间运输和分配是必然的过程。在植物体内，物质不能通过扩散方式进行长距离运输，而疏导组织可作为长距离运输的通道。如果某一作物的叶片光合能力很强，能形成大量的同化物质，即生物学产量很高，但由于运输不畅或分配不合理，很少将同化物质运输或转移到种子内部，形成人类所要的经济产量，就不可能达到高产，实现人们的预期目的。因此，同化物质的运输与分配，无论对植物的生长发育，还是对农作物的产量、品质都具有重要的理论和实践意义。

在同化物的运输、分配和贮存的关系中，代谢源(source)、代谢库(sink)和代谢流(flow)的概念得到广泛接受。代谢源是合成输出同化物的器官，代谢库是消耗或贮存同化物的器官。同化物运输方向是从代谢源运输到代谢库，“源”和“库”之间通过“流”联系起来。前面已经介绍了水分和矿质元素的运输，在这一章我们将主要讨论光合产物的运输、分配及其分子机制。

5.1 植物体内同化物的运输

高等植物中的物质运输主要在维管束中进行。包括同化物在内的有机溶质的运输主要发生在韧皮部(phloem)，有时也可以发生在木质部(xylem)。水分和溶解的矿质离子形成蒸腾流，在木质部导管中运输。木质部有时也可以运输相对低浓度的有机物，但最著名的例子是春天枫树的木质部汁液中含有高达2%的蔗糖。韧皮部负责将光合产物从叶片向根及植物其他部分运输，是向上向下运输同时存在的长距离通道。植物的非蒸腾组织尤其依赖通过韧皮部来运输物质，满足生长需要。故维管束一旦发生阻断或者断裂后无法修复，植物体就会死亡。生产实践中，嫁接是否成功也在于砧木和接穗之间的维管束能否重新连接。除此以外，韧皮部还在信息传递、机械支持以及病虫害防御等过程中起着重要的作用。

5.1.1 同化物运输的研究方法

植物体内承担物质长距离运输的系统是分布植物全身的维管束系统。维管束由木质部和韧皮部组成，韧皮部一般分布在木质部的外侧。长期以来植物的韧皮部是比较难以研究的，这主要是因为：①韧皮部细胞相对较小，需要在显微镜下才能直接观察；②由于压力的存在，韧皮部对于受伤的响应非常快，所以在活体状态下筛板和筛孔极难观察；③同化物运输发生在活细胞内部而不是死细胞或者胞外；④韧皮部细胞都是生活的细胞，研究中易产生人工假象，误导结论；⑤筛管汁液难以收集。如果切断韧皮部收集筛管汁液，会由于伤口处破坏的薄壁细胞造成污染；其次筛管堵漏机制会马上启动，导致运输停止，无法收集到足够的汁液。尽管如此，我们还是可以用以下试验方法研究韧皮部的同化物运输，尤其是一些新方法的使用能够克服以上困难，减少假象。

5.1.1.1 环割试验

环割(girdling)是将树干上的一圈树皮(韧皮部)剥去而保留树干(木质部)的一种处理方法。1686年，意大利解剖学家 Marcello Malpighi 剥去树干上一圈树皮，并将其称为环割(图 5-1)。1928 年，Mason 等注意到环割不会立即影响水分蒸腾，但是树干的同化物运输在环割带处被阻碍了。因为根系吸收的水分和矿物质可以沿导管正常上运，所以经过一段时间，环割上部枝条正常生长。但由于同化物质向下运输受阻，在环割切口上端出现同化物质积累，以致形成膨大的愈伤组织或瘤状物。环割试验表明同化物质通过韧皮部运输。

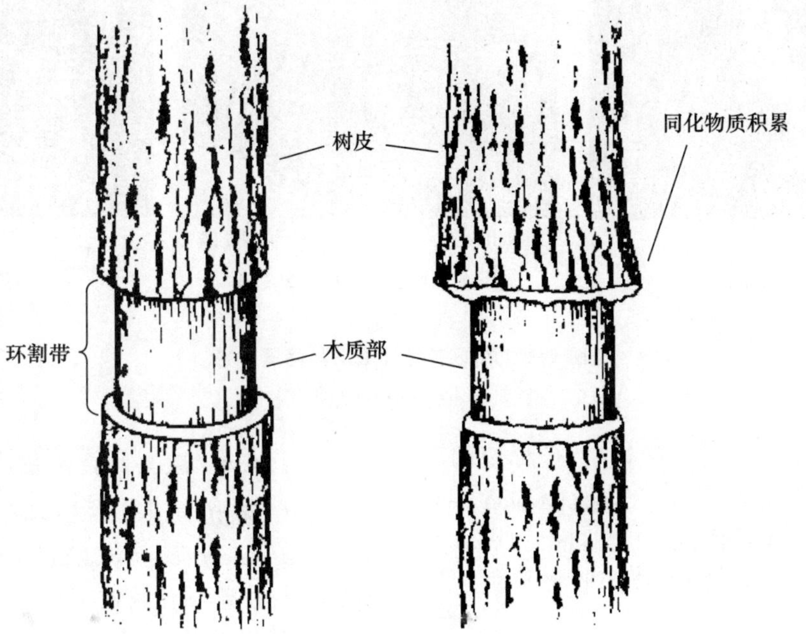

图 5-1 树木的环割试验

(引自 Taiz 和 Zeiger，2010)

左图为开始环割时的树干；右图为经过一段时间后的树干，注意上部树皮的膨胀隆起

如果环割较宽，切口不能重新愈合，则根系长期得不到有机营养，就会饿死。“树怕剥皮”就是这个道理。如果环割不宽(不超过 0.5 cm)，过一段时间，愈伤组织可以使上下树皮连接起来，恢复物质运输能力。在果树生殖生长期适当进行环割，截留上部同化物，有利于增加花芽分化和坐果率。高空压条进行环割可以使养分集中在切口处，有利于发根。对那些木质部和韧皮部难以分离的植物，如草本植物，可以用热处理(水蒸气或热蜡)等方法来杀死韧皮部细胞，中止其运输。

5.1.1.2 收集韧皮部汁液

由于同化物在韧皮部中运输，收集韧皮部中的汁液用于研究韧皮部同化物运输。少数植物，比如南瓜、黄瓜等葫芦科植物具有发达的韧皮部，可以直接从韧皮部人为收集汁液。但是，大多植物的韧皮部汁液难以直接收集得到，切断韧皮部收集汁液时，切口处混有其他破损细胞的胞液，以致所取汁液受到污染。Kennedy 和 Mittler 在 1953 年首次利用蚜虫吻针直接刺入植物韧皮部获得汁液(图 5-2)。被蚜虫吻针刺入后，汁液会自动从蚜虫吻针流进其体内，过多的汁液会从蚜虫的肛门渗出，成为“蜜露”。该现象证明韧皮部内存在压力。用 CO_2 将蚜虫麻醉，再用激光切割使其身体与吻针分离，依旧插在韧皮部中的吻针犹如一个小吸管，韧皮部汁液则持续从吻针切口处流出，因此，在吻针切口处可以收集韧皮部汁液。蚜虫吻针技术不会造成筛管的封闭、堵塞和汁液的污染，因此在韧皮部运输的研究中有重要意义。

5.1.1.3 用示踪物研究同化物运输速率

用示踪物研究同化物运输的方法有两种：一是用染料分子作为示踪物，用显微注射技术将染料分子直接注入筛管分子内，追踪染料分子在筛管中的运输状况，根据单位时间内染料分子的移动距离计算运输速率。例如，某些荧光染料可以在韧皮部细胞中方便地移动。二是利用放射性同位素示踪，常用的包括碳(^{14}C)、磷(^{32}P)、硫(^{35}S)、钾(^{42}K)等，有时也可以使用稳定性同位素(^{15}N 和^{13}C)。给成熟植物叶片饲喂含有^{14}C 标记的 CO_2，经过光合作用转换后，在叶柄和茎的韧皮部检测到具有放射性标记的光合产物，采用放射自显影追踪^{14}C 标记物在筛管中

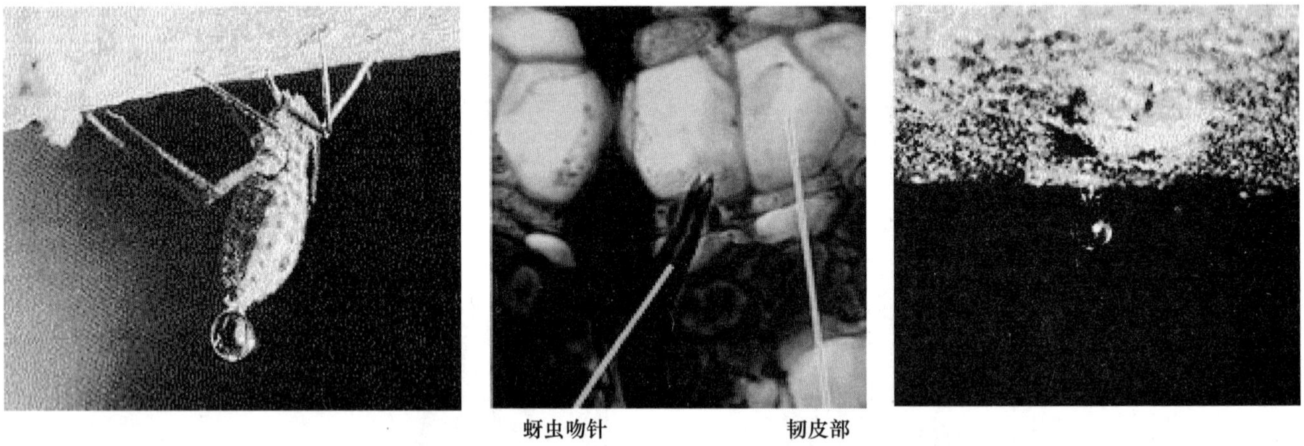

(A)蚜虫利用吻针吸取汁液　(B)蚜虫吻针准确插至韧皮部　(C)切断吻针，韧皮部汁液自吻针切口处溢出

图 5-2　用蚜虫吻针法采集筛管汁液

（引自 Taiz 和 Zeiger，2010）

的运输情况（图 5-3）。也可以直接饲喂^{14}C标记的蔗糖或者水苏糖，绕过光合作用，研究同化物的运输分配情况。利用放射性同位素示踪检测同化物运输速率，比利用染料分子作为示踪物或用收集蚜虫吻针汁液的方法更准确。

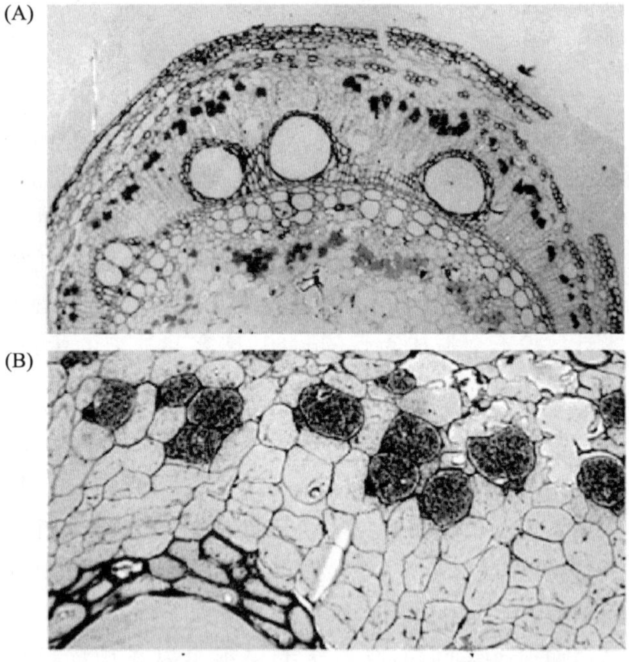

图 5-3　叶片光合产物在主茎韧皮部筛管分子中出现

（改自 Taiz 和 Zeiger，2010）

用$^{14}CO_2$喂饲牵牛花的“源”叶片，通过光合过程合成为蔗糖，然后运输到植物其他部位。组织切片中深色部分为胶片中放射自显影银染颗粒。（A）主茎低倍放大图，50×；（B）主茎高倍放大图，325×。可以看出放射标记几乎集中在筛管分子里

5.1.1.4　激光共聚焦扫描显微镜

利用激光共聚焦扫描显微镜（confocal laser scanning microscope，CLSM）可以直接观察完整植株体内韧皮部同化物的运输（包括韧皮部装载）的影像。羧基荧光素（carboxy fluorescein，CF）作为能够在韧皮部移动的荧光染料常用于在激光共聚焦扫描显微镜下观察（图 5-4）。此外在豆科植物上，可利用空胚珠技术（empty-ovule technique）研究同化物的卸出机制及其调节。

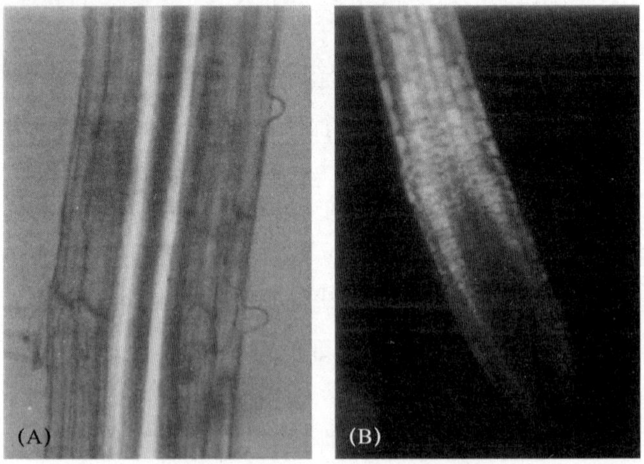

图 5-4　激光共聚焦扫描显微镜显示拟南芥根中荧光染料分子的转运

（引自 Wright 和 Oparka，1997）

（A）CF 染料在韧皮部细胞中上下连成 2 条运输管道；（B）CF 染料从韧皮部卸载，侧向运输直到表皮

5.1.1.5 空胚珠技术

利用空胚珠技术研究豆科植物同化物的运输。在处于结实期的豆荚壳中间位置切小口，切除正在生长发育中的远种脐一侧的1/2种子，并去除另一半种子内的胚，仅留下与豆荚壳相连的种皮（呈半圆形杯状），来自植株母体的同化物将会运输进杯状种皮中，从而可以从中收集得到韧皮部汁液，进一步分析同化物运输速度、运输物质的成分及其运输机制。

5.1.1.6 样品超快冷冻固定技术

整株植物样品超快冷冻固定技术（plunge freezing）用于电子显微镜观察筛管分子，避免普通的化学固定方法造成的电镜下观察到的胼胝质堵塞筛孔假象[图5-5(A)]，可以真实反映植物体内韧皮部运输组织——筛管的状态[图5-5(B)]。

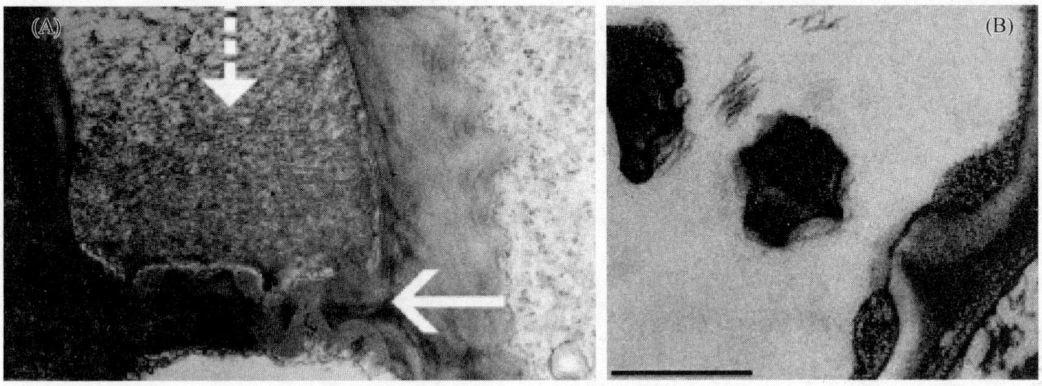

图5-5 普通化学固定和超快冷冻固定方法观察到的筛板和筛孔

（改自 Froelich 等，2011）

(A)普通化学固定，可见胼胝质堵塞筛孔和P蛋白聚集在筛板边；(B)超快冷冻固定，可见筛孔没有堵塞。Bar＝1 μm

5.1.2 同化物运输的途径

高等植物体内的同化物运输十分复杂，运输的形式和机理存在差异。就同化物运输而言，主要有短距离运输和长距离运输两种。短距离运输主要是指细胞内以及相邻细胞间的运输，距离在微米或毫米之间；长距离运输指器官之间的运输，需要特化的输导组织，主要是韧皮部，距离从几厘米到上百米。短距离和长距离的运输系统彼此紧密联系，构成了有机体在分子水平、细胞水平、器官水平和整体水平上运输的连续过程。虽然短距离和长距离运输都是物质在空间上的移动，但在运输的形式和机理上却有所不同。

5.1.2.1 同化物短距离运输

短距离运输主要靠扩散和原生质的吸收和分泌完成。

1. 胞内运输

胞内运输（intracellular transport）是指细胞内、细胞器间的物质交换。主要运输方式有分子扩散、微丝推动原生质的环流、细胞器膜内外的物质交换，以及膜泡（vesicle）的形成与膜泡内含物的释放等。如以下过程均属胞内运输：光呼吸途径中，磷酸乙醇酸、甘氨酸、丝氨酸、甘油酸分别进出叶绿体、过氧化物体、线粒体；叶绿体中的磷酸丙糖经叶绿体被膜上的磷酸丙糖转运器从叶绿体转移至细胞质，并在细胞质中合成蔗糖进入液泡贮藏；在内质网和高尔基体内合成的成壁物质由高尔基体分泌小泡运输至质膜，然后小泡内含物释放到胞外合成细胞壁。

2. 胞间运输

胞间运输（intercellular transport）是指细胞之间通过质外体、共质体以及质外体与共质体间短距离的运输。

(1)质外体运输 物质在质外体中的运输称为质外体运输（apoplastic transport）。质外体是一个连续的自由空间，是一个包括细胞间隙、细胞壁和导管等无生命结构的开放系统。有机物在质外体的运输完全靠自由扩散的物理过程，液流的阻力小，运输快。由于质外体没有外围的保护，所以其中的物质容易流失到体外。

(2)共质体运输 物质在共质体中的运输称为共质体运输（symplastic transport）。在这个运输途径中胞间连丝起着关键作用，物质通过胞间连丝在细胞原生质间运输。胞间连丝是相邻细胞间物质、能量与信息交流的重要通道。由于共质体中原生质的黏度大，故运输阻力大。优点是在共质体中的物质有质膜的保护，不易流失到体外。共质体运输受胞间连丝状态控制，典型胞间连丝结构如图 5-6 所示。一般认为，胞间连丝有 3 种状态。①正常态：胞间连丝中有内质网，孔径大小受调控，能容许相对分子质量小于 1 000 的小分子物质通过。②开放态：胞间连丝内部结构解体，扩大为开放的通道，足以让生物大分子如核酸等通过。有一些病毒侵入细胞后，可诱发胞间连丝进入开放态，以利于其自身在细胞间转移，从而使感染扩散。③封闭态：胞间连丝通道被黏液体等临时封闭，或永久堵塞，控制细胞内物质外运，并造成细胞间的生理隔离。胞间连丝的 3 种状态随细胞发育时期而变化，如衰老的薄壁细胞主要是开放态。一般地说，细胞间的胞间连丝多、孔径大，存在的浓度梯度大，有利于共质体的运输。

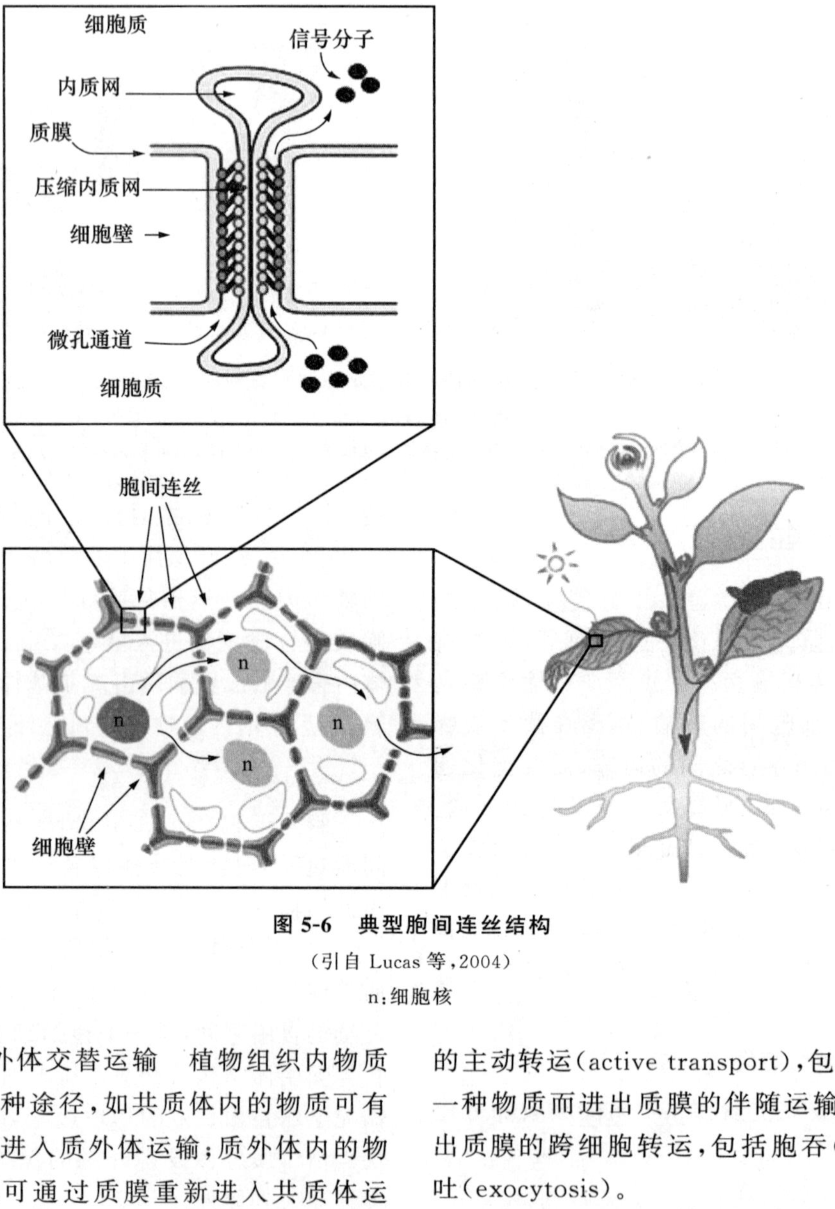

图 5-6　典型胞间连丝结构

(引自 Lucas 等，2004)

n：细胞核

(3)共质体-质外体交替运输　植物组织内物质的运输常不限于一种途径，如共质体内的物质可有选择地穿过质膜而进入质外体运输；质外体内的物质在适当的场所也可通过质膜重新进入共质体运输。这种物质在共质体与质外体之间交替进行的运输称共质体-质外体交替运输。交替运输过程中，物质要进出质膜。物质进出质膜的方式有 3 种：①顺浓度梯度的被动转运(passive transport)，包括自由扩散和通过通道或载体的协助扩散；②逆浓度梯度的主动转运(active transport)，包括一种物质伴随另一种物质而进出质膜的伴随运输；③以膜泡方式进出质膜的跨细胞转运，包括胞吞(endocytosis)和胞吐(exocytosis)。

5.1.2.2　同化物长距离运输

同化物通过韧皮部进行长距离运输。韧皮部主要是上下相互连通的特化活细胞形成的物质运输通道。

韧皮部是由筛管分子(sieve element，SE)、伴胞

(companion cell, CC)和韧皮部薄壁细胞(phloem parenchyma cell)等组成的复合组织(图 5-7)。有些植物中,还有韧皮纤维(phloem fiber)、乳汁管和石细胞等。其中主要承担同化物运输的细胞是筛管分子。

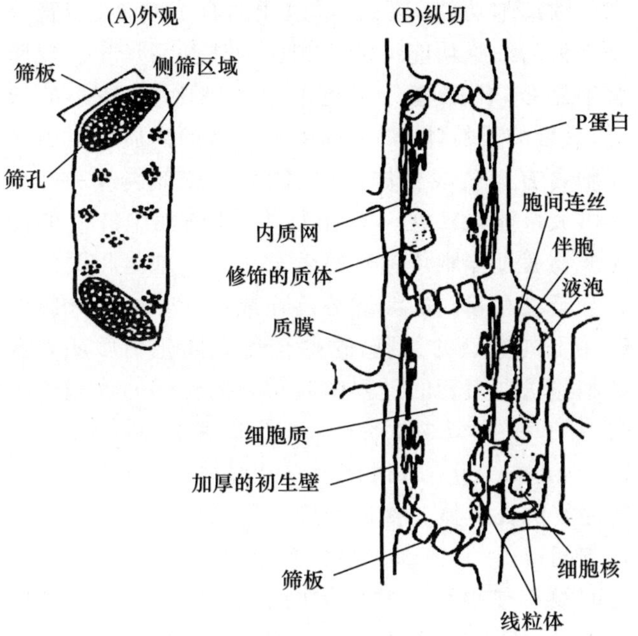

图 5-7 成熟筛管分子和伴胞的结构

(改自 Cronshaw,1981)

(1)筛管分子　被子植物中,筛管是由筛管分子(SE)首尾串联相接在一起形成的"管道"。成熟筛管分子是长形的筒状生活细胞,筛管分子侧壁上有侧筛区域。在发育过程中,细胞核、液泡、核糖体和高尔基体丧失,失去蛋白质合成能力;缺乏微丝、微管,但质膜完整、具有选择透性,在质膜上有许多载体进行着活跃的物质运输;线粒体、质体和光滑内质网仍然存在。筛管分子两端有筛板(sieve plate),筛板上有筛孔,筛孔孔径可达 0.5 μm 或更宽,实际就是特化的胞间连丝,其面积约占筛板总面积的 50%。裸子植物和低等植物的维管组织中的筛管分子称为筛胞,也为细长的筒形细胞,但是特化程度不如被子植物的筛管分子,筛胞的两端呈斜面,不具备筛板。由于筛胞间没有直接的通道连接,因此同化物在裸子植物筛胞内的运输机制可能会与被子植物筛管内的不同。

筛管分子的细胞质中含有多种酶,如与糖酵解有关的酶和胼胝质合成酶等。筛管分子的生活力很大程度上依赖与它相邻的伴胞,筛管分子相对"中空"的结构非常适合汁液的集流,对于其运输功能至关重要。这种运输功能可以维持数年之久,据报道某些棕榈树的筛管保留运输功能可达到百年。

双子叶植物中广泛存在一类韧皮部特有的蛋白质,称作韧皮部蛋白或者 P 蛋白(phloem protein),相对分子质量为 14 000～15 800。在单子叶植物中很少发现 P 蛋白,在裸子植物中未发现。P 蛋白曾被认为是一种糖分子,因为暴露在空气中时形成凝胶故被称为黏液。以管状、丝状、颗粒状、结晶状等多种形态存在,属于马达蛋白的一类。P 蛋白在伴胞中合成,在筛管分子发育的早期通过胞间连丝运送到筛管分子,在其细胞质中形成扭曲盘绕的球形或纺锤形蛋白结构,称为 P 蛋白体(P protein body),一旦筛孔形成,P 蛋白体就会通过筛孔分散开。P 蛋白体分成两大类:①非分散性 P 蛋白体。非分散性 P 蛋白体在发育的前期即年轻的筛管分子中形成。一旦筛管分子成熟,所有的筛孔开放并具备运输功能,非分散性 P 蛋白体仍然保留在筛管分子中。大约 10% 的被子植物具有非分散性 P 蛋白体。②分散性 P 蛋白体。大约 90% 的被子植物具有分散性 P 蛋白体。分散性 P 蛋白体起初的产生过程与非分散性 P 蛋白体是一样的,但在筛管分子成熟后,P 蛋白体不再留在筛管腔中而是分散成很多细长的纤维(图 5-8)。目前,对于 P 蛋白的功能还不明确,可能具有通过堵塞筛孔封闭受伤的筛管分子

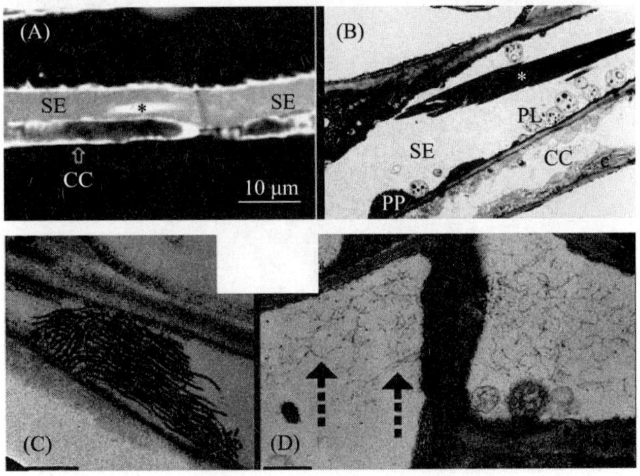

图 5-8 两大类 P 蛋白体

(引自 Knoblauch 等,2001)

(A)非分散性 P 蛋白体(*)的共聚焦显微图;(B)非分散性 P 蛋白体(*)的透射电镜图;(C)分散性 P 蛋白体在筛管成熟前形成一束纤维;(D)分散性 P 蛋白体在筛管成熟后分散形成单根纤维。SE:筛管;CC:伴胞;PP:腔壁蛋白;c:叶绿体;PL:筛管中的质粒体

的作用。筛管具有较高的内部膨压，筛管分子通过开放的筛孔相互连接，当筛管被切断或者被刺穿时，压力的释放引起筛管分子的内含物向切口端移动，如果不存在一些封闭机制，植物就可能丧失大量的韧皮部汁液，就会像动物一样“流血而死”。所以，当液流向切断处移动时，P 蛋白和其他细胞内含物就会被诱捕到筛孔上，有助于封闭筛管分子和阻止进一步的汁液丧失。P 蛋白的发现以及早期电子显微镜的研究结果表明，筛孔被 P 蛋白所充满，P 蛋白在推动溶质通过筛孔中起某种主动作用。过去在透射电镜下观察到被堵住的筛孔，但随着样品固定技术的进步，已经观察到筛孔是开放的[图 5-5(B)]。

筛管的质膜和细胞壁之间有胼胝质，是一种 β-1,3-葡聚糖，与纤维素很相似，也参与筛管的补漏。正常情况下，只有很少的胼胝质沉积在筛孔周围。但当韧皮部受伤，植物休眠或遭遇胁迫，如机械刺激和高温等，胼胝质则堵住筛孔，控制通过韧皮部的长距离运输(图 5-9)。一旦外界胁迫解除，筛孔的胼胝质会消失，筛管恢复运输功能。胼胝质也可沉积到胞间连丝中，控制相邻细胞间的短距离运输。在伤口附近收集筛管汁液时，为了防止筛孔封闭机制启动后堵塞筛孔，可以加入螯合剂如 EDTA 螯合 Ca^{2+}，抑制胼胝质合成酶的活性，以确保收集得到足够的筛管汁液。

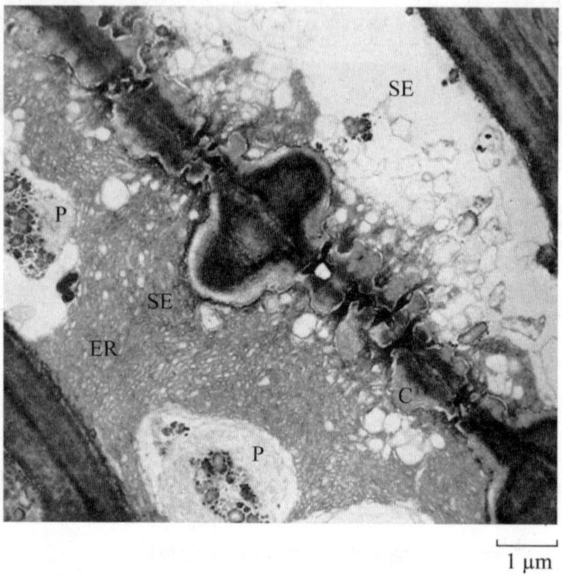

图 5-9　筛板和筛孔

(改自 Schulz, 1990)

SE：筛管；ER：内质网；C：胼胝质；P：P 蛋白

(2)伴胞　在筛管分子的一侧有一个或数个细胞伴生在一起，称作伴胞。伴胞与筛管分子关系密切，产生于同一形成层细胞的分裂，伴胞与筛管分子间有许多分支的胞间连丝相连，同化物可以相互间转运。由于在细胞分化过程中筛管分子丧失了许多重要的细胞功能，比如，蛋白质的合成功能，筛管分子丧失的细胞功能可能由相连的伴胞来承担。伴胞有细胞核，比筛管分子更浓厚的细胞质，较小的液泡，大量的线粒体、高尔基体和丰富的内质网。由于伴胞含有大量线粒体，所以能为韧皮部装载和卸出提供大量能量。在一些植物中，叶肉细胞产生的同化产物通过伴胞传递到筛管分子。伴胞与相关的筛管分子具有相同的渗透势。在成熟叶片的小叶脉中存在不同类型的伴胞，这些伴胞在同化物质从光合细胞输送到筛管的过程中起重要的作用。伴胞至少具有 3 种类型(图 5-10)。①普通伴胞(ordinary companion cell)：普通伴胞有叶绿体，叶绿体中有发育完好的类囊体。普通伴胞仅与筛管分子之间有大量胞间连丝，其他部位很少有胞间连丝，与周围细胞之间没有或很少有共质体的通道，所以是从质外体或细胞间隙吸收溶质的特化细胞。同化物必须通过质外体途径进入伴胞，再进一步进入筛管。②传递细胞(transfer cell)：也称转移细胞，仅与筛管分子之间有大量胞间连丝，关键是这类伴胞的细胞壁向内生长(突出)，特别是在不与筛管分子相邻的壁，这种内突大大增加了质膜与质外体的接触面积。胞间连丝长且分支，有效促进同化物从叶肉细胞转移到筛管分子，分布于中脉周围，是从质外体或细胞间隙吸收溶质的特化细胞。传递细胞还存在于木质部，叶节(leaf node)的韧皮部薄壁细胞和植物的生殖结构(如配子体和孢子体之间)中。③中间细胞(intermediary cell)：中间细胞的叶绿体不含淀粉，类囊体常发育不完整，细胞中有大量的小液泡。这类伴胞与周围细胞之间，特别是维管束鞘细胞有大量胞间连丝，能合成棉子糖和水苏糖等。因此中间细胞与前面两种伴胞不同的是通过共质体途径吸收溶质。由于筛管分子和伴胞在起源、结构和功能上的紧密联系，通常把两者作为一个功能单位，称为筛管分子-伴胞(sieve element-companion cell, SE-CC)复合体。SE-CC 复合体是韧皮部运输的关键部位，其与周围细胞间胞间连丝的密度决定了同化物装载的能力。

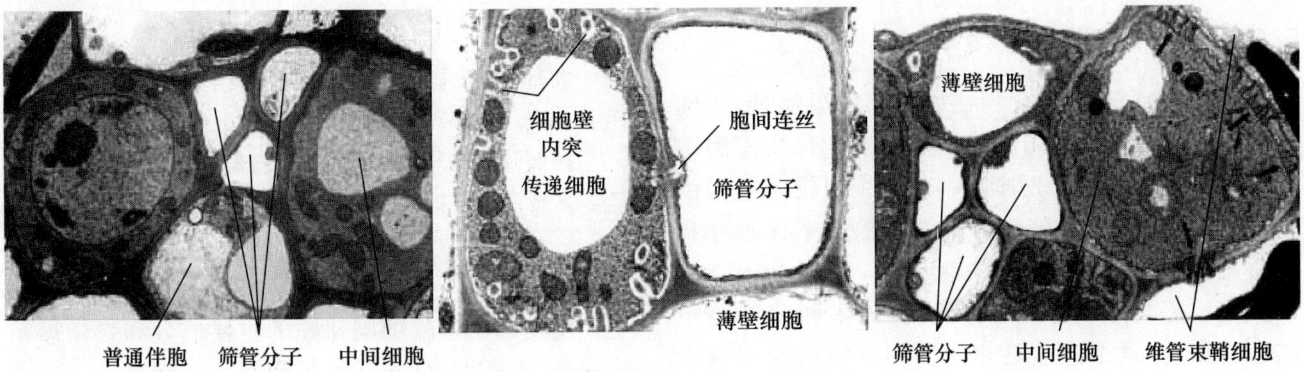

图 5-10 3 种伴胞的电子显微镜照片

(改自 Taiz 和 Zeiger,2010)

(3)韧皮部薄壁细胞　韧皮部薄壁细胞类似植物中的其他薄壁细胞,细胞壁较薄,具有大的液泡,通常比普通薄壁细胞长一些。它们可能在贮藏溶液以及溶质与水分的侧向运输中起作用。这些细胞可贮存或释放溶质以维持筛管两端的浓度差。

(4)韧皮纤维　某些维管植物韧皮部有一种狭长的厚壁细胞,有时它们聚集成束,起机械支持作用。比如亚麻的韧皮纤维有很好的抗张力,有较高的商业价值。

5.1.3 同化物的运输方向

植物体内同化物的运输没有极性,表现为双向运输。叶片制造的光合产物在茎内韧皮部既可向上运输到幼嫩部位,如幼茎顶端、幼叶或果实;也可向下运输到根部和地下贮存器官。总的方向是由制造营养物质的器官向需求营养物质的器官运输。

Malphigi 和 Hales 分别在 1675 年和 1725 年进行的早期环割试验为同化物运输方向提供了最早的证据。这些试验表明同化物在环割带上方积累,糖类没有运输到环割带下方。依此得出结论:韧皮部物质向下朝着根系方向运输。

更为复杂的环割试验结合了 ^{14}C 和 ^{32}P 同位素示踪技术。将 $^{14}CO_2$ 及 $KH_2^{32}PO_4$ 分别施于天竺葵(*Pelargonium hortorum*)茎两端不同的叶片上,并将中间茎部的一段树皮与木质部用蜡纸隔开(图 5-11)。经过 12～19 h 光合作用后,测定各段的 ^{14}C 和 ^{32}P 的放射性,结果发现韧皮部中皆含有相当数量的 ^{14}C 和 ^{32}P(表 5-1)。由此可见,韧皮部中同化物可同时双向运输。韧皮部存在多个平行筛管,对单个筛管而言,通常认为同化物在其中为单向运输。有的筛管承担向下运输,有的筛管承担向上运输,从而同时实现双向运输。除了上面的纵向运输外,还可以进行横向运输。横向运输其量甚微,在纵向运输受阻时,横向运输会加强。

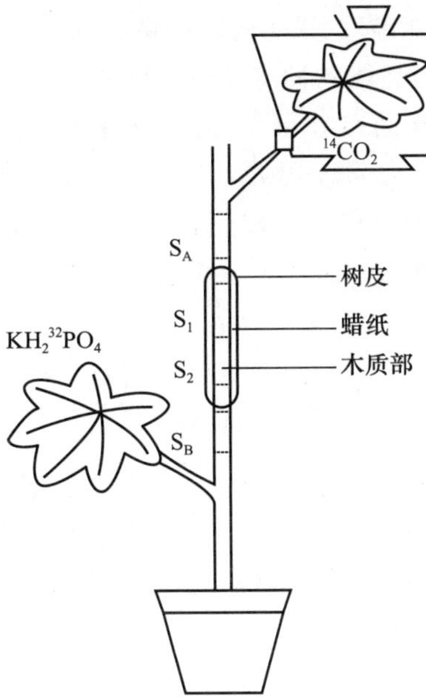

图 5-11 分别施用 ^{14}C 及 ^{32}P,观察同化物双向运输的经典装置

(引自潘瑞炽等,2004)

表 5-1 天竺葵茎中含 ^{14}C 的糖和 ^{32}P 的双向运输

(引自潘瑞炽等,2004)

韧皮部切段	放射性	
	每 100 mg 树皮每分钟 ^{14}C 计数	每 100 mg 树皮每分钟 ^{32}P 计数
SA	44 800	186
S_1	3 480	103
S_2	3 030	116
SB	2 380	105

5.1.4 同化物的运输速率

在单位时间内，同化物在韧皮部的运输量，即同化物运输速率。常使用放射性同位素示踪技术测定同化物运输速率。优先选用一些半衰期较短的同位素，如^{14}C。同化物在韧皮部中的运输速率比水分和矿质元素在木质部的运输速率慢，一般为 0.3～1.5 m/h，平均 1 m/h，与同化物在胞内和胞外短距离运输相比，这个速度是相当快的。同化物运输速率因植物种类、生育期、环境条件和同化物质成分不同而存在差异。例如，大豆 84～100 cm/h，南瓜40～60 cm/h。南瓜幼苗体内同化物运输速率 72 cm/h，成株衰老时 30～50 cm/h。同一种植物，白天温度高时的体内同化物运输速率比夜间温度低得要快。丙氨酸、丝氨酸、天冬氨酸等成分在韧皮部中的运输速率比甘氨酸、谷氨酰胺、天冬酰胺等要快。

由于参与运输的韧皮部或者筛管的截面积在不同物种和植株间差异很大，运输速率不能完全反映同化物运输的总量。因此，常用单位时间内通过单位韧皮部横截面积运输的同化物质的量，即比集转运速率(specific mass transfer rate，SMTR)来表示，单位：$g \cdot cm^{-2} \cdot s^{-1}$。

$$比集转运速率=\frac{转移的物质量}{韧皮部的横截面积\times时间}$$

以马铃薯为例：块茎在 100 d 内通过地下蔓的韧皮部(横截面积为 0.004 2 cm^2)输送同化物，增重 210 g，其中 24%是有机物，即积累了 50 g 干物质，其比集转运速率为：

$$50/(0.0042\times24\times100)=4.96(g \cdot cm^{-2} \cdot h^{-1})$$

大部分植物韧皮部的比集转运速率为 1～15 $g \cdot cm^{-2} \cdot h^{-1}$，最高可达 200 $g \cdot cm^{-2} \cdot h^{-1}$。

按照筛管分子横截面占韧皮部横截面的 20%估算，马铃薯筛管的比集转运速率大约为 24.8 $g \cdot cm^{-2} \cdot h^{-1}$。

5.1.5 同化物运输的物质形式

韧皮部中运输的同化物的主要成分和含量因植物种类、生育期、生长环境等因素而存在差异。韧皮部汁液中，水分占 75%～90%。除去水分后，韧皮部中运输的同化物质以糖分为主，其次有氨基酸、有机酸、无机离子、ATP 和植物激素等。

(1)糖类　糖类约占干物质的 90%(表 5-2)，主要是以蔗糖(sucrose)为主的非还原性糖类，筛管中蔗糖浓度可高达 0.3～0.9 $mol \cdot L^{-1}$。以蔗糖作为主要运输形式有以下优点：①蔗糖是非还原性糖，具有很高的稳定性，防止在运输过程中被代谢。代谢这些糖需要把它们转变成酮或醛，而筛管汁液中没有相关的转化酶。②蔗糖的溶解度很高，在 0 ℃时，100 mL 水中可溶解蔗糖 179 g，100 ℃时可溶解 487 g。③蔗糖的运输速率很高。以上几点决定了蔗糖适于长距离运输。除蔗糖以外，蔗糖还可以与半乳糖(galactose)分子结合形成其他非还原糖进行运输，如棉子糖(raffinose)、水苏糖(stachyose)、毛蕊花糖(verbascose)等(图 5-12)。其中，水苏糖是葫芦科植物(如南瓜)中同化物运输的主要形式；糖醇，如山梨醇是蔷薇科植物(如苹果)中同化物运输的形式。

表 5-2　蓖麻幼苗和成年株韧皮部汁液主要成分和含量

(引自王忠，2009)

$mmol \cdot L^{-1}$

化合物	浓度		化合物	浓度	
	幼苗	成年株		幼苗	成年株
蔗糖	270	259	Ca^{2+}	0.1	3.5
葡萄糖	1.8	痕量	Cl^-	6	6.4
果糖	0.6	痕量	BO_4^{3-}	5	17.8
氨基酸	158	113	K^+	25	68.1
中性	119	86.5	SO_4^{2-}	2.5	25.8
碱性	32.4	2.7	NO_3^-	0.1	3.6
酸性	5.9	23.8	苹果酸	0.5	7
Na^+	3	3.9	其他有机阴离子	痕量	13.2
Mg^{2+}	4	4	磷酸糖	3	痕量

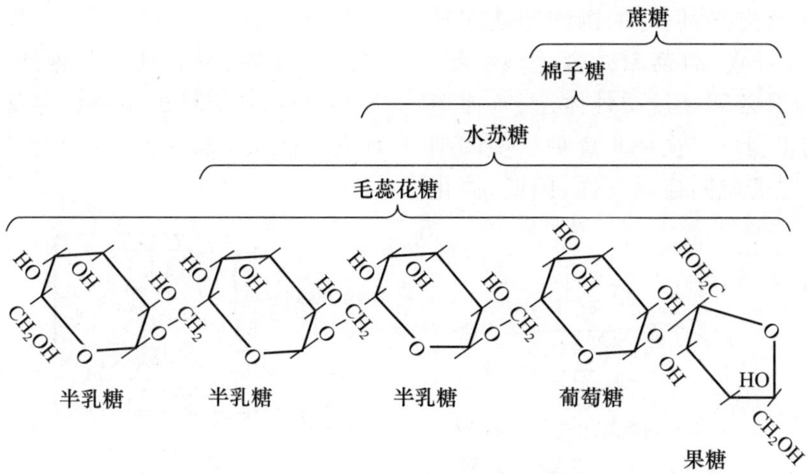

图 5-12 韧皮部运输的各种非还原糖的结构

(引自 Taiz 和 Zeiger,2002)

(2)氨基酸和酰胺　作为氮运输的主要形式,氨基酸和酰胺占 0.04%~4%,包括天冬酰胺、谷氨酰胺、天冬氨酸和一些酰脲类物质(如尿素、瓜氨酸、尿囊素和尿囊酸)。

(3)其他　韧皮部汁液中还含有微量的 ATP、生理浓度的植物激素、有机酸和无机离子等。植物激素包括生长素、细胞分裂素、赤霉素和 ABA。有机酸包括苹果酸、柠檬酸和酒石酸等。无机离子包括 K^+、Mg^{2+}、Na^+ 和 Cl^- 等,而筛管中几乎不含有 NO_3^-、Ca^{2+} 和 Fe^{2+}。筛管内的质子浓度很低(pH 8~8.5),胞外空间质子浓度很高(pH 5~6),这种质子浓度梯度在同化物转载中起着重要作用。

5.1.6 韧皮蛋白

韧皮部中存在的一种蛋白被称为韧皮蛋白(phloem protein),简称 P 蛋白。韧皮蛋白可能参与筛管中物质的主动运输。由于韧皮蛋白能通过收缩,推动筛管中同化物运输,又称收缩蛋白(详见 5.3)。

5.2 植物体内同化物的装载和卸出

同化物能否顺利地转运到库细胞中,不仅涉及同化物在韧皮部中的长距离运输,还涉及同化物在源端的装载和在库端的卸出两个关键过程。源端的装载和库端的卸出是源库两端渗透势差的主要成因,直接关系到同化物运输的方向和动力问题。源端装载对叶片光合作用和库端卸出对果实和籽粒的产量等都有极为重要的影响,因此研究同化物的装载和卸出的机理在指导农业生产上也具有重要意义。

5.2.1 韧皮部装载

韧皮部装载(phloem loading)是指光合同化产物从叶肉细胞转运到筛管分子-伴胞(SE-CC)复合体的过程。其中主要包括 3 个步骤:第一步,白天,叶肉细胞光合作用形成的磷酸三碳糖首先从叶绿体运到细胞质;晚上,则可能以葡萄糖状态离开叶绿体,在细胞质中转变为蔗糖或其他可转运的糖形式。第二步,叶肉细胞的糖分运到小叶脉的筛管分子附近。第三步,糖分运入 SE-CC 复合体,这一步又称为筛管分子装载(sieve element loading)。

5.2.1.1 韧皮部装载的途径

一般认为,同化物从叶肉细胞到达 SE-CC 复合体附近的过程是一个短距离运输的过程,可通过共质体运输、质外体运输或共质体-质外体交替运输三种途径完成。筛管分子装载过程中同化物只能通过共质体和质外体转运两个途径进入伴胞,最后进入筛管分子(图 5-13)。质外体装载是指糖从叶肉细胞运出后,进入质外体空间,最后跨越质膜进入 SE-CC 复合体的过程。共质体装载是指光合细胞输出的蔗糖通过胞间连丝顺蔗糖浓度梯度进入伴胞或中间细胞,最后进入筛管的过程。植物以哪种途径将同化物装载进入筛管分子与小叶脉伴胞类型、SE-CC 复合体与周围细胞胞间连丝的密度以及糖的运输形式等因素相关(表 5-3)。普通伴胞和转移细胞与筛管分子间有大量胞间连丝连接，但与周围细胞之间缺乏胞间连丝的连接，如蚕豆、甜菜和许多豆科植物，因此同化产物进入筛管必须经过质外体途径，而通过这个途径运输的同化物形式往往是蔗糖。中间细胞与周围细胞间有大量的胞间连丝存在，因此，同化产物可以经过共质体的途径进入筛管，通过这个途径运输的同化物形式除蔗糖外，还有棉子糖、水苏糖等寡聚糖，代表性的植物如锦紫苏(*Coleus blumei*)、西葫芦(*Cucurbita pepo*)和甜瓜 (*Cucurnis melo*)。

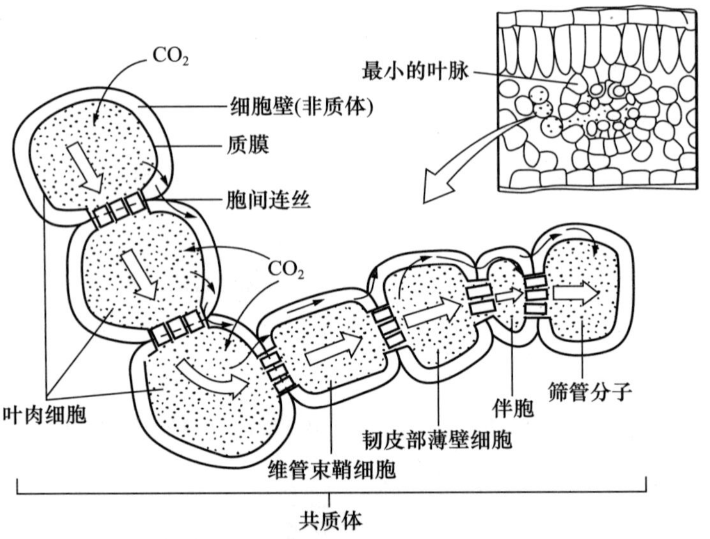

图 5-13　源叶片中韧皮部装载途径

(引自 Taiz 和 Zeiger，2010)

表 5-3　质外体装载和共质体装载的比较

(引自 Turgeon 和 Medville，2004)

项目	质外体装载	共质体装载
糖的运输形式	蔗糖	蔗糖、棉子糖和水苏糖
小叶脉伴胞类型	通常是普通伴胞和转移细胞	中间细胞
胞间连丝数目	少	多

5.2.1.2　装载机理

1. 质外体装载的机制

大部分植物中同化物转运的物质形式是蔗糖，因而多以质外体途径进行韧皮部装载。下面简要介绍一下质外体装载的机制(图 5-14)。在质外体装载过程中，蔗糖转运蛋白(sucrose transporter，SUT)或蔗糖-质子共向转运器(sucrose-proton symporter)是一个关键的调控因子。蔗糖-质子共运输学说的内容是：在筛管分子或伴胞的质膜中，H^+-ATPase(质子泵)不断将 H^+ 泵到细胞壁空间(质外体)，质外体中 H^+ 浓度较共质体高，于是形成了跨膜的电化学势差。当 H^+ 顺浓度梯度回到共质体时，通过质膜上的蔗糖/质子共向转运器，H^+ 和蔗糖一同进入筛管分子。免疫技术证明，通常伴胞和传递细胞的质膜上有质子泵，大多数集中于面向维管束鞘和韧皮部薄壁细胞的质膜中，有利于质外体的同化产物输送。这些部位正是蔗糖从质外体向筛管分子-伴胞(SE-CC)复合体运输的界面。目前发现 H^+-ATPase 和蔗糖转运蛋白有时在筛管分子的质膜上共定位而不是在伴胞的质膜上。在拟南芥中蔗糖转运蛋白 SUC2 已经被克隆并被定位到韧皮部伴胞，SUT1、SUT2 和 SUT4 则存在于筛管分子的质膜上(表 5-4)。

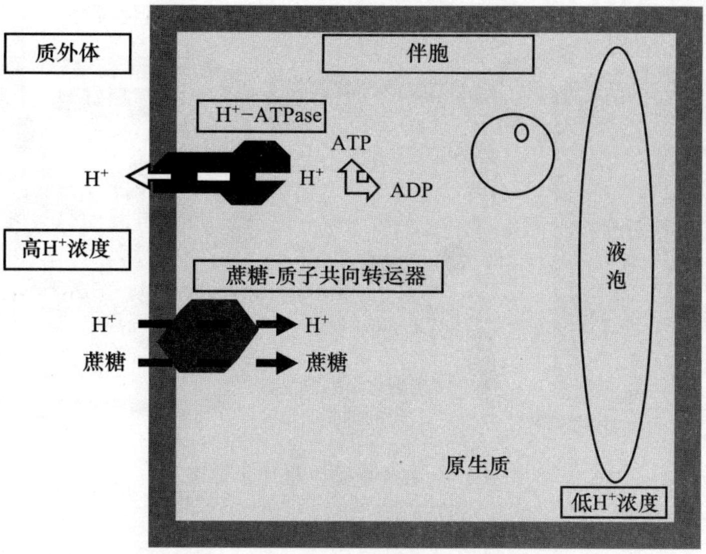

图 5-14　蔗糖韧皮部质外体装载示意图

（引自 Taiz 和 Zeiger，2010）

表 5-4　韧皮部中的蔗糖转运蛋白

（引自 Taiz 和 Zeiger，2010）

转运蛋白	定位	存在物种	亲和力
SUT1	筛管分子	烟草、番茄和马铃薯	高
SUT2	筛管分子	番茄	蔗糖感受器
SUT4	筛管分子	拟南芥、番茄和马铃薯	低
SUC2	伴胞	拟南芥和车前草	—

支持质外体途径的试验证据有：①许多植物（如大豆、小麦）小叶脉 SE-CC 复合体与周围薄壁细胞间无胞间连丝连接。②在 SE-CC 复合体界面上存在大的渗透梯度。③用对氯高汞苯磺酸（parachloro-mercuribenzene sulfonate，PCMBS）处理$^{14}CO_2$标记的叶片，然后进行放射性自显影，发现 SE-CC 复合体中几乎无^{14}C-蔗糖存在。④用^{14}C标记的大豆叶片质外体中存在高浓度的^{14}C-蔗糖。⑤用^{14}C-蔗糖和^{14}C-葡萄糖进行的放射性自显影研究表明，SE-CC 复合体可直接吸收蔗糖，但不吸收葡萄糖等非运输形式的糖分子。⑥代谢抑制剂如 DNP 及厌氧处理会抑制 SE-CC 复合体对蔗糖的吸收，表明质外体装载是一个主动过程。另外，一些植物同化物装载的途径既可以通过韧皮部，又可以通过木质部。不同植物，同一植物的不同发育阶段，昼夜和季节的变化以及生态条件变化等，都会影响同化物装载途径。这些变化可能与 SE-CC 复合体的发育状况有关。

2. 共质体装载的机制

对于伴胞类型为中间细胞的植物，同化物的运输常以共质体途径进行，运输的糖分形式主要是寡聚糖（棉子糖、水苏糖和毛蕊花糖等）和蔗糖。研究证明，不同位置的筛管分子汁液的成分不同，这说明不同糖分的运输是有选择性的。此外，SE-CC 复合体的渗透势大于叶肉细胞。对糖分运输有选择性和顺浓度梯度积累的现象很好的解释是 Turgeon 的“聚合物陷阱机理”（polymerization trap mechanism）。由叶肉细胞合成的蔗糖和半乳糖沿着浓度梯度通过胞间连丝扩散到中间细胞。在那里，它们合成棉子糖，最终转变为水苏糖或毛蕊花糖。棉子糖的分子直径超过了叶肉细胞与中间细胞之间的胞间连丝可通过物质大小的极限，阻止了其向叶肉细胞质的倒流，而中间细胞和筛管分子之间的胞间连丝直径却大得允许棉子糖进入筛管分子（图 5-15）。

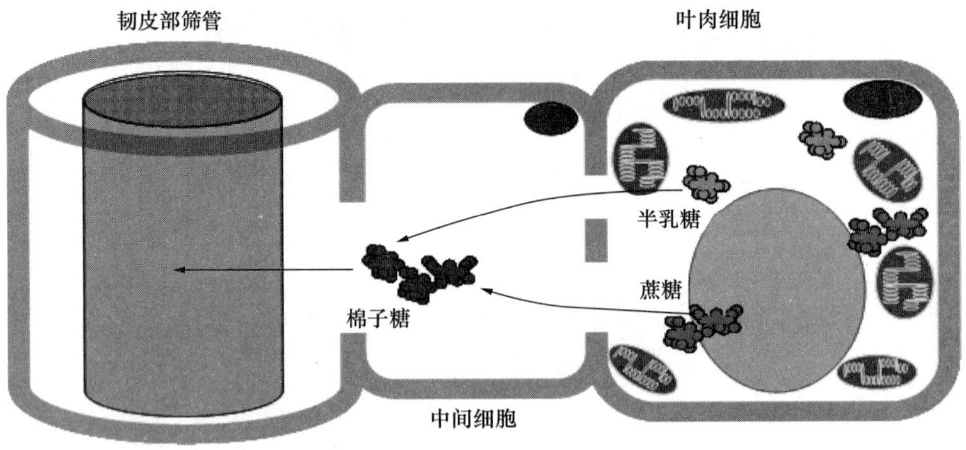

图 5-15　聚合物陷阱机理示意图

(引自 Taiz 和 Zeiger,2010)

支持共质体装载途径的试验证据有:①许多植物叶片 SE-CC 复合体和周围薄壁细胞间有紧密的胞间连丝连接。②一些植物同化物韧皮部运输对质外体运输抑制剂 PCMBS 不敏感。③将不能透过膜的染料如荧光黄(lucifer yellow)注入叶肉细胞,一段时间后可检测到筛管分子中存在这些染料。

韧皮部装载的形式与植物类型、地理分布、进化状态有关(表 5-5)。乔木、灌木和攀缘植物可以进行共质体装载,很多草本植物可以进行质外体装载。一般而言,韧皮部和周围叶肉细胞有丰富胞间连丝的植物大多分布在热带和亚热带地区,而胞间连丝少的植物大多分布在温带和气候干燥的地区。

表 5-5　质外体途径装载和共质体途径装载的区别

(引自潘瑞炽,2012)

特性	质外体途径装载	共质体途径装载
运输糖	蔗糖	蔗糖、棉子糖和水苏糖
伴胞种类	通常为伴胞和传递细胞	居间细胞
联系筛分子-伴胞复合体与周围细胞间的胞间连丝的数目和传导性	少	多
产生长距离运输驱动力的细胞类型	筛分子-伴胞复合体	居间细胞
植物生长习性	较快	较慢
装载对低温的敏感性	中等	显著
植物地理分布	温带为主	多为热带、亚热带
植物类型	草本植物为主	大多数为木本植物
分类分布	多为较进化的科	多为较原始的科

5.2.2　韧皮部卸出

韧皮部卸出(phloem unloading)是指装载在韧皮部的同化产物从 SE-CC 复合体输出到库组织细胞中的过程。经历以下步骤:①蔗糖等运输形式的糖被输送出筛管分子,称为筛管分子卸出(sieve element unloading);②经过一个短距离运输被运到库细胞,这一过程称为筛管分子后运输(post sieve element transport);③糖被库细胞存储或代谢。韧皮部卸出可发生在韧皮部的任何部位。例如,根尖、幼叶等正在生长的营养器官;根和茎等贮藏与输导组织;果实和种子等繁殖器官。韧皮部卸出的原则是阻止卸出的蔗糖被重新装载。这样,卸出的蔗糖就不断地被库端利用,促进韧皮部同化物的运输。

从源端经筛管转运的同化物在库端卸出时,可以经过质外体途径或共质体途径(图 5-16)。

1. 质外体卸出途径

在一些 SE-CC 复合体与库细胞间不存在胞间连丝的植物组织中,如一些积累高浓度糖的贮藏库

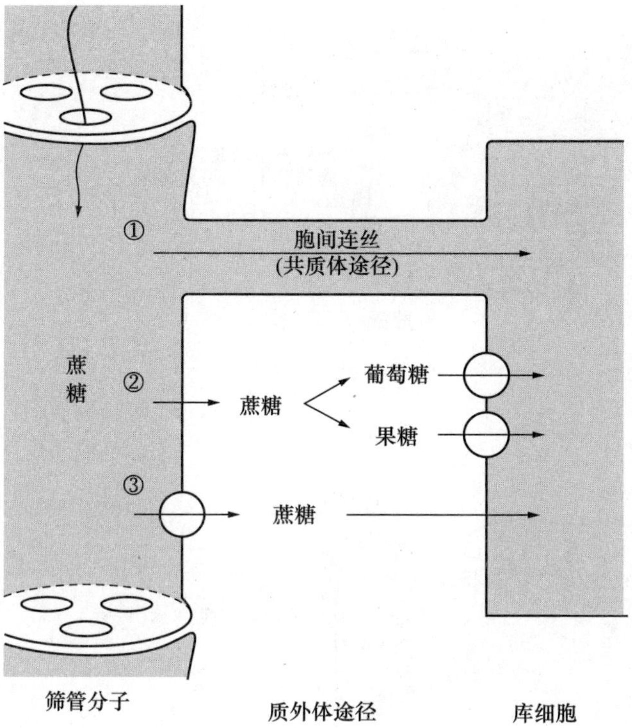

图 5-16 韧皮部卸出的可能途径

(引自 Hopkins,2008)

①共质体途径;②蔗糖经质外体水解为葡萄糖和果糖后,经转运蛋白进入库细胞;③蔗糖经质外体直接进入库细胞

或生殖器官,包括甜菜贮藏根,发育中的番茄、草莓、苹果果实,水稻籽粒、豌豆种子等,同化物从 SE-CC 复合体经质外体进入库细胞。根据蔗糖进入质外体后转运进库细胞的方式,又可将质外体卸出分为两种类型:①蔗糖在质外体被细胞壁转化酶(cell wall invertase,CWI)分解为葡萄糖和果糖,由己糖或单糖转运蛋白转运入库细胞。如甘蔗茎和玉米、高粱籽粒中蔗糖的卸出。在缺乏细胞壁转化酶的玉米突变体种子中,质外体蔗糖不能被水解,导致蔗糖在 SE-CC 复合体累积,而不能卸出到库细胞,致使种子淀粉含量下降。②蔗糖从质外体由蔗糖转运蛋白直接跨膜转运入库细胞。小麦籽粒、甜菜块根和豆科种子中同化物以这种形式卸出。质外体运输是一个需要载体和能量的主动运输过程。

2. 共质体卸出途径

在共质体卸出过程中,同化物通过胞间连丝顺浓度梯度从 SE-CC 复合体释放到库细胞。通常正在生长发育的幼嫩叶片和幼根中,存在大量胞间连丝,同化物质卸出以共质体途径占优势。

同化物通过共质体途径卸出依赖于穿越胞间连丝的溶液集流(bulk flow)和溶质扩散(diffusion)。同化物从 SE-CC 复合体经共质体方式卸出是阻力最小的途径。已在玉米根尖检测到筛管与库细胞间存在较大的己糖浓度梯度,将库细胞放在稀糖溶液中以降低此浓度梯度,则卸出的速率下降,说明此组织的卸出是以顺浓度梯度的扩散作用来完成的。通过扩散作用卸出的速率既取决于胞间连丝两侧被运输同化物的浓度梯度,还取决于胞间连丝的传导力。外施跨膜抑制剂(PCMBS,对氯高汞苯磺酸)不会阻止甜菜和烟草幼叶的蔗糖卸出,证明植物幼叶的同化物卸出是经共质体途径。

5.3 植物体内同化物运输的机制

筛管中同化物运输的平均速率可达 $1\ m \cdot h^{-1}$,而同样 1 m 距离若采用扩散的方式需要 32 年,因此,扩散不是韧皮部运输的主要方式。有机物质在筛管中进行长距离运输的机制有 2 种:一种是主动运输机制,即在源端的装载和库端的卸出以及中间在筛管的运输都需要能量;另一种是被动运输机制,即虽然认为源端的装载和库端的卸出需要能量,但是中间在筛管的运输过程不需要能量,比如压力流动学说。关于有机物运输机理的假说也很多,现仅介绍较受重视的 3 种。

5.3.1 压力流动学说

压力流动学说(pressure flow theory)是德国植物生理学家明希(Ernst Münch)于 1930 年提出的,也称为集流假说(mass flow hypothesis)。该学说认为,韧皮部运输是依靠源端和库端渗透作用所建立的压力势梯度推动的溶液集体流动,水及溶解其中的溶质同时运输,具体内容是:在输导系统两端 SE-CC 复合体存在着由同化物的浓度差异而产生的压力势差,这种压力势差推动筛管中的液流流动。在源端(叶片),光合产物不断地装载到 SE-CC 复合体中,浓度增加,渗透势下降,水势也降低,吸水膨胀,压力势升高,推动物质向库端流动;在库端,同化物不断地从 SE-CC 复合体卸出到库中去,浓度降低,失水,压力势下降。这样,在源库两端便产生了压力势差,这种压力势差推动物质由源到库源源不断地流动。筛管中汁液的运动本身不需要能量,但是分别在源库端进行的装载和卸出消耗能量,能量主要用于建立和维持源库两端的压力势差。这一学说可用图 5-17 所示的压力流动模型来解释。

图 5-17 彩图

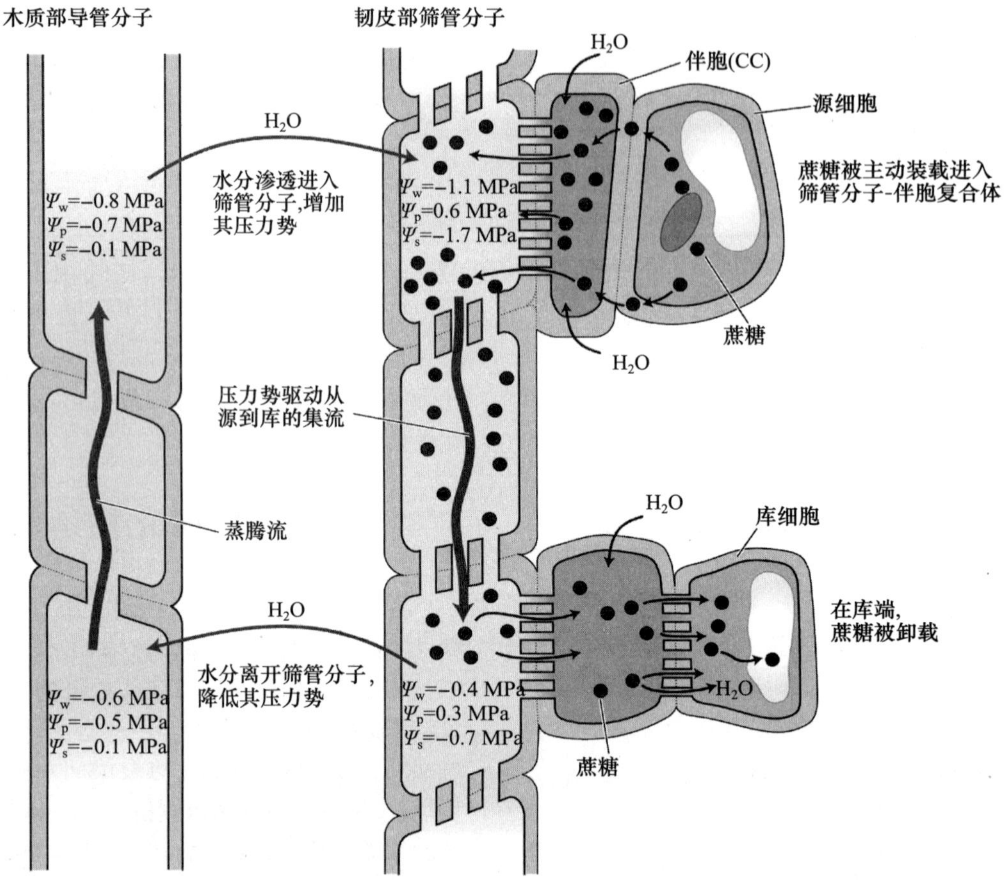

图 5-17　压力流动学说图解

(改自 Taiz 和 Zeiger,2010)

韧皮部运输中筛板的存在极大地增加了筛管对水的阻力,但是这种阻力对于建立和维持源库两端的压力势差是十分必要的。如果没有筛板的阻力,源库两端的压力势很快就会达到平衡,无法建立起两端稳定的压力势差,源库两端的集流也就不能形成。

根据压力流动学说能够预测同化物运输具有以下特征:①筛管分子间的筛孔不能堵塞。如果筛孔被 P 蛋白或者其他物质堵塞,筛管汁液流动的阻力就会太大以致难以集流。②在同一筛管中不能同时发生双向运输。根据集流假说,在筛管中同一时间溶液只能朝一个方向流动,排除了在同一个筛管中进行双向运输。同化物在韧皮部能够双向运输,只能在不同的维管束或者筛管中发生。③驱动同化物在筛管中运输不需要消耗很多能量,但在维持筛管分子的结构以及将泄漏到质外体的糖重新装载回到筛管需要消耗一些能量。因此低温、低氧和代谢抑制剂这些限制 ATP 供给的处理应该不会终止韧皮部运输。④压力流动学说提出了在源库两端间存在正压梯度。源端筛管的膨压必须比库端筛管的膨压高,两者之间的压力势差必须大到能够克服运输途径中存在的阻力,并能保持源库之间达到一定的运输速率。目前通过验证这些预测的试验证据都能很好地支持压力流动学说。

关于筛管分子间的筛孔是开放的还是堵塞的曾经有过长期的争议。由于筛管存在较大的内压,过去对于筛管超微结构的研究非常困难。主要是无法在筛管分子的保护机制发生之前将细胞的结构快速固定下来,导致早期的电镜观察结果常常发现筛孔是堵塞的。因为筛管分子具有堵漏机制,当受到机械伤害发生断裂或者渗漏时,筛孔会迅速被 P 蛋白和胼胝质堵塞。近年建立的样品超快冷冻固定方法提供了更为真实和可靠的观察结果,在葫芦科等很多植物中都观察到筛孔是处于开放状态的。利用共聚焦激光技术观察蚕豆中筛管在活体状态下运输荧光分子,证明筛孔是开放的。这些观察结果都符合压力流动学说的前提条件。

对于筛管分子中运输方向的观察过去采用在两

个源端分别引入不同的放射性示踪物质，然后对于两个源端之间的两种示踪物质进行追踪。现在一般通过在筛管中引入荧光分子作为示踪物，根据示踪物的运动方向来确定筛管集流的方向。常常可以观察到示踪物在茎的不同维管束沿着不同方向运动，在叶柄的同一维管束可以观察到邻近的不同筛管分子中示踪物沿着不同方向进行运动。目前还没有观察到同一个筛管中示踪物存在双向的运动。所以对筛管分子中物质运输方向的观察结果是符合压力流动学说的。

运输过程对于能量供给典型的表现是不敏感的。将一些能忍受短期低温的植物如甜菜的叶柄的一段置于接近 1 ℃的低温，呼吸和 ATP 的合成都被降低了 90%，但并不会导致叶片中集流的持续抑制。观察到韧皮部运输受到短暂的抑制，但很快就恢复到正常水平（图 5-18）。因此，韧皮部运输本身不是一个耗能的过程。对于一些非耐寒的植物如豆类，低温处理叶柄或呼吸抑制剂处理会抑制韧皮部的运输，但同时电镜观察到筛孔的堵塞，造成运输抑制的原因可能是筛孔的堵塞而不是能量合成受到抑制。

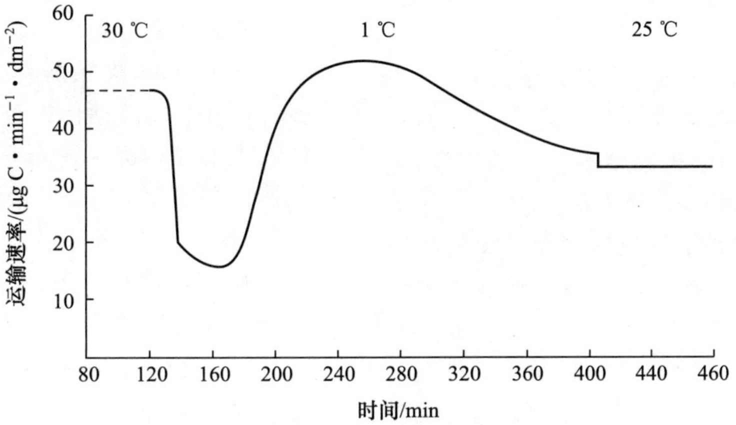

图 5-18 低温对甜菜叶柄韧皮部运输的影响

（改自 Taiz 和 Zeiger，2010）

源叶喂饲$^{14}CO_2$，2 cm 长的叶柄用 1 ℃处理，运输速率通过库叶^{14}C的量计算

源库两端的压力势差可以通过两种方式获得：要么通过水势公式计算（$\Psi_p = \Psi_w - \Psi_s$），要么直接测量。最有效的方法是采用蚜虫吻针法进行测定：让蚜虫将吻针刺入筛管分子，然后将吻针与虫体分开，再与微型压力计或者压力传感器相连，测定筛管分子的膨压。这一方法可以得到准确可靠的数据，但是技术难度较大，且在木本植物难以应用。根据目前所得到的源库端膨压的测定值，可以发现源端总是比库端具有更高的膨压值。在大豆中，根据筛管集流的速率、筛管的阻力和长度等计算认为，维持其集流所需的压力势差是 0.12～0.46 MPa，而实际观测到源库之间的压力势差为 0.41 MPa，因此源库间的压力势差足以推动筛管集流的运输。目前，对筛管中是否存在推动集流的大压力梯度还存在争议。

在被子植物中，压力流动学说为许多试验结果所支持。用白蜡树干所做的试验结果表明，在正常状态下，随着树干距地面高度的增加，韧皮部汁液中各种糖的浓度也在增加，浓度差与有机物运输相一致；但秋天落叶后，浓度差消失，有机物运输停止；新梢发出后，浓度差恢复的同时，运输也随之恢复。此外在单个筛管中没有发现双向运输以及支持源库端压力势差的数据都与压力流动学说相一致。尽管该学说能很好地解释被子植物中同化物运输，但是用来解释裸子植物还有不足。目前对于裸子植物韧皮部几乎一无所知，只能根据电子显微镜照片推测其运输机制。裸子植物的筛胞与被子植物的筛管分子结构类似，但是筛胞中筛域的结构不甚清楚，似乎不具有开放的筛孔，而是被相邻筛胞的内质网膜所填充，这明显不能满足压力流动学说的要求。

5.3.2 细胞质泵动学说

早在 1885 年，德威利斯（H. Devries）就提出原生质环流可能是有机物质运输的动力，并可解释双向运输。20 世纪 60 年代，英国塞恩（R. Thaine）等的试验也支持这一观点，并提出了细胞质泵动学说（cytoplasmic pumping theory）。

该学说的基本要点是：筛管分子内腔的细胞质呈几条长丝，形成直径为数微米的胞纵连束，纵跨筛管分子，束内呈环状的蛋白质丝反复地、有规律地收缩和松弛，产生一种蠕动，促使细胞质长距离泵动，糖分随之流动。这一学说可以解释同化物的双向运输问题。因为同一筛管中不同的胞纵连束可以同时进行相反方向的运动，使糖分向相反方向运输。塞恩等在电镜下发现南瓜筛孔中存在胞纵连束。但也有人反对这一学说，认为塞恩等看到的是假象，胞纵连束在筛管中并不存在。

5.3.3 收缩蛋白学说

本章第一节提及的韧皮蛋白(即 P 蛋白)又称作收缩蛋白，是因为 P 蛋白具有管状收缩作用。遍布于筛管中的 P 蛋白组成微纤丝，微纤丝一端固定，另一端游离于筛管细胞质内。微纤丝似鞭毛一样颤动，引起 2 种运动：一种是微纤丝摆动而引起的快速脉冲状流动，另一种是微纤丝浸没在筛管液流中缓慢的集体流动，形成集流。收缩蛋白学说(contractile protein theory)的核心在于这两种运动都是基于微纤丝运动，而微纤丝则是由 P 蛋白所组成，P 蛋白的收缩导致微纤丝运动，从而推动筛管中液流的长距离运输。该学说认为，P 蛋白的收缩需要消耗能量，P 蛋白将化学能转变为机械能，在此基础上，参与筛管中同化物的主动运输。

细胞质泵动学说和收缩蛋白学说主要解决了两个问题：一是解释了双向运输；二是解释了运输过程的能量供应。围绕同化物运输的学说尚待进一步充实和完善。

5.4 植物体内同化物的配置和分配

植物源叶片将空气中的 CO_2 转化为植物可以利用的同化物，同化物除用于自身的代谢需要外，还可以被输送到不同的库器官用于库器官的生长发育或被贮藏。同化物在植物体内分布有两个水平，即配置和分配。配置(allocation)是指源叶片新形成同化产物的代谢转化。分配(partitioning)是新形成同化物有规律地在各种库之间的分布。同化物的配置和分配共同影响植物生长发育的正常与否和经济产量的高低。

5.4.1 同化物的配置

源叶片新形成的同化物有以下 3 个配置方向。

1. 代谢利用

一部分新合成的同化物并不转移出源叶片的光合细胞，通过呼吸作用，用于光合细胞自身活动所需的能量或者为结构性物质合成提供碳架。

2. 合成暂时贮藏物质

光合同化物可以转化为贮藏用的化合物。对于大多数植物来说，白天光合作用产生的同化物质一部分运出叶绿体，在细胞质中合成蔗糖用于运输或贮藏于液泡中，一部分则在叶绿体中合成淀粉，暂时贮藏于叶绿体中，夜间淀粉被分解运出叶绿体，重新合成蔗糖被转运出去。大多数植物通常以淀粉作为暂时贮藏物质，这类植物称为淀粉贮藏植物(starch storer)；同理，以蔗糖作为暂时贮藏物质的植物称为蔗糖贮藏植物(sucrose storer)，如水稻等。而在某些草本植物的器官中，果聚糖是主要的暂时贮藏形式，如小麦，在其营养生长阶段将同化物以果聚糖的形式贮存于叶片和茎中，开花后果聚糖则分解并合成蔗糖，转运到穗部用于籽粒的灌浆。

3. 合成被运输的化合物

光合同化物可以合成被运输的糖分如蔗糖、棉子糖、水苏糖等，然后输出到各库组织中。幼嫩叶片自身光合合成能力很弱，所合成的同化物仅用于自身代谢，随着叶片的逐渐成熟，其光合同化能力也逐渐增强，同时蔗糖的合成能力也随之增强。

5.4.2 同化物的分配

成熟叶形成的同化物一般会输送出去，但不是平均分配到各个器官，而是有所侧重。因此，研究同化产物的分配可应用于栽培，以协调作物生长和提高经济产量。

5.4.2.1 同化物分配特点

1. 优先分配给生长中心

植物生长中心是指生长旺盛、代谢强的部位或器官。这些生长中心既是矿质营养输入的中心，也是光合同化物的分配中心。作物的不同生育期各有明显的生长中心，例如，稻、麦分蘖期同化物分配到生长中叶片、根及分蘖；孕穗期至抽穗期，分配转向穗及茎；而在乳熟期，穗部几乎是同化物的唯一去向。不同器官对同化产物的吸收能力有较大的差异。在根、茎、叶等营养器官中，茎、叶吸收能力大于根，因此当光照不足、同化产物较少时，优先供应地上部分器官，往往影响根系生长；在生殖器官中，果实吸收养料能力大于花，所以在养分不足，同化产物分配矛盾的情况下，花蕾脱落增多，果树、棉花、豆科植物表现特别明显，在农业生产中，对该类植物采取摘心、整枝、修剪等技术，可调节有机养分的分配，提高坐果率和果实产量。

2. 就近供应

根据源库单位理论，一个库的同化产物来源主要依靠附近源的供应，随着库源间距离的加大，源对库的供应能力明显减弱。一般来说，植物上部叶片的同化产物主要供应茎顶端嫩叶的生长，而下部叶的同化产物主要供应根和分蘖的生长，中间叶片的同化产物则向上下部配送。例如，大豆、蚕豆在开花结荚时，本节位叶片的同化产物供给本节的花荚，棉花也同样如此，因此，保护果枝上叶片的正常光合作用，是防止花荚、蕾铃脱落的方法之一。

3. 纵向同侧供应

纵向同侧供应是指同一方位的叶制造的同化产物主要供应相同方位的幼叶、花序和根。用放射性同位素^{14}C喂饲向日葵的功能叶，结果发现与该叶片同一方向的叶片和果实内有^{14}C(图 5-19)，分析其原因主要和同侧叶的输送组织有密切的关系。如叶序为 1/2 的稻、麦等禾本科植物，奇数叶在一侧，偶数叶在另一侧，由于同侧叶间的维管束相通，对侧叶间维管束联系较少，因此幼嫩叶，包括其他的库所需的同化产物

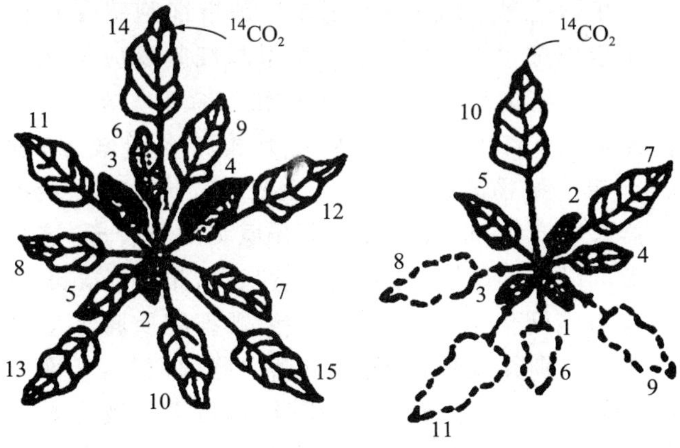

图 5-19　同化物质的运输

(引自 Taiz 和 Zeiger，2010)

(A)向甜菜植株的一张成熟叶片供给$^{14}CO_2$ 4 h之后，^{14}C在各叶中的分布。明暗度表示放射性强度。^{14}C仅运输给植株一侧的叶片。(B)除去植株一侧的成熟叶片，仅保留未成熟的幼叶。然后，将$^{14}CO_2$供给未去叶一侧的成熟叶片。结果在植株两侧幼叶与第七叶都有放射性。叶片旁附注的数字越大，表示叶龄越大

主要来源于同侧功能叶的提供。换句话说，第三叶和第一、五叶联系密切，第四叶和第二、六叶联系密切。

5.4.2.2　同化物的再分配与再利用

植物的同化产物，除了构成细胞壁的骨架物质外，其他成分无论是有机物还是无机物都可以再分配再利用。当叶片衰老时，大部分的糖和 N、P、K 等都会重新分配到就近的新生器官，营养器官的内含物向生殖器官转移。如小麦叶片衰老时，叶内 85% 的 N、90% 的 P 都转移到穗部。作物成熟期间同化物的再分配对提高后代的整体适应力、繁殖力以及增产都有一定意义。北方农民为了避免秋季早霜危害或提前倒茬，将玉米连根带穗提前收获，竖立成垛，茎叶中的有机物继续向籽粒中转移，这称为“三蹲棵”，可以提高产量 5%～10%。

5.4.3　源库关系及其对同化物分配的影响

5.4.3.1　源与库的概念

1928 年，Maskell 首先提出了作物源库学说。后来源库概念被 Evans 等用于作物产量形成分析。代谢源(source)是指能够制造或输出有机物质的组织、器官或部位，绿色植物主要指叶片，种子萌发期间，主要是胚乳或子叶。代谢库(sink)是指接纳、消耗或贮藏有机物质的组织、器官或部位。根据同化物在库中代谢方式的不同，库又分为使用库和贮藏库，前者如幼叶、花，后者如果实、种子等。源和库的定义是相对的。在某一生育期，某些器官以制造输出有机物为主，另一些则以接纳为主，前者为代谢源，后者为代谢库。随着生育期的改变，源库的地位往往会发生变化。如同一张叶片，幼嫩阶段以接纳营养物质为主，为代谢库，展开后则成为输出养分的代谢源。对大豆的测定表明，幼叶面积不到全叶 30%时，只有同化物的输入；长到 30%～50%时，同化物既有输出又有输入；随着叶片继续长大，输入停止而只有输出。可见，叶片从开始生长发育到完全展开，经历了库、库向源过渡和源三个阶段。已成为“源”的叶片之间没有有机物的分配关系，直到最后衰老死亡。

虽然同化物运输的基本方向是由源到库，但是毕竟植物体同时存在多个源器官和库器官，同化物在源库器官间的运输存在时间和空间上的调节和分工。源和库之间常构成所谓的源库单位(source-sink unit)。源库单位是指某个源器官和直接接受其输出产物的库器官所形成的供求单位。比如水稻或者小

麦灌浆时期的基部叶片主要为根部供给同化物，剑叶主要为穗子提供同化物。剑叶一生中光合 CO_2 的同化量定义为叶源量，光合功能期越长，叶源量越大。所以在育种理论中剑叶的光合功能期长度决定了产量潜力，而基部叶片又名“养根叶”决定了后期根系活力，防止地上部光合功能早衰，超高产品种不仅剑叶光合能力强，基部叶片还有较长的光合功能期。

5.4.3.2 源库关系

同化物分配到哪里，分配多少，受源的供应能力、库的竞争能力和输导系统的运输能力三个因素的影响。源器官同化物形成和输出的能力称源强（source strength）。它与光合速率、磷酸丙糖从叶绿体向细胞质的输出速率以及叶肉细胞蔗糖合成速率有关。当源器官同化物生产较少，本身又需要时，基本不输出；同化物合成超过自身需要时，才具有供应能力。竞争能力是指库对同化物的吸引、接纳和“争调”能力，即库强（sink strength）。生长旺盛、代谢强的部位，对养分的竞争能力强，得到的同化物则多。旺盛生长的器官或组织，如生殖器官通常比生长中的幼叶和根对同化物有更强的竞争力。运输能力与源和库之间的输导系统的联系、畅通程度和距离远近有关。源、库之间联系直接、畅通，且距离又近，则库得到的同化物就多。

产量育种中常使用源库增量比（ratio of source to sink in increment，RSS）来衡量稻麦生育后期叶片光合作用提供的同化物是否能同步满足籽粒灌浆需求，即在产量形成的关键时期源库是否协调。

$$\mathrm{RSS}=\frac{W_2-W_1}{G_2-G_1}$$

式中：W_1 为抽穗后 30 d 的平均单茎干重；W_2 为抽穗后 35 d 的平均单茎干重；G_1 为抽穗后 30 d 的平均穗重；G_2 为抽穗后 35 d 的平均穗重。

若源库增量比大于 1，则说明叶片光合能满足籽粒灌浆的需要；若源库增量比小于 1，则说明叶片光合不能满足籽粒灌浆需要。

实践证明，源是库的供应者，而库对源具有一定的调节作用，源库两者相互依赖，相互制约。同时认为源强有利于库强潜势的发挥，而库强则有利于源强的维持，在实际生产中，必须根据植物生长的特点，以及植物种植与收获的目的，规划适宜的源、库量。在栽培技术上，采用去叶、增加二氧化碳浓度、调节光强等处理，改变源强；而采用去花、疏果、变温、外施呼吸控制剂等处理，改变库强。

5.5 韧皮部运输中的信号转导

5.5.1 韧皮部运输中的信号

韧皮部除了在光合作用长距离运输中起主要作用外，同时它还是信号分子从机体某一个部分运输到另一个部分的通道。这种长距离信号调整了源和库的活性，并调节植物的生长发育和逆境响应。源和库之间的信号可能是物理的也可能是化学的。

物理信号（physical signal）是指细胞感受到刺激后产生的能够起传递信息作用的电信号和水信号。电信号（electrical signal）指的是植物体内能够传递信息的电位波动。电信号的短距离传递需要通过共质体和质外体途径，而长距离传递则是通过维管束。动作电波（action potential，AP，也称动作电位）是植物电信号的一种。例如，仅用短暂的冲击（机械震击、电脉冲或局部温度的升降）就可以激发动作电波的传递，而且受刺激的植物没有被伤害，不久便能恢复原来的状态。水信号（hydraulic signal）是指能够传递逆境信息，进而使植物做出适应性反应的植物体内水流或水压的变化。水信号是通过植物体内水连续体系中的压力变化传递的。植物体通过水连续体系可有效地将水分运往植株的大部分组织，同时也将水信号长距离传递到水连续体系中的各部分。

化学信号（chemical signal）是指细胞感受环境刺激后形成的，并能传递信息引起细胞反应的化学物质。如植物激素（ABA、生长和乙烯等）、植物生长活性物质（多胺类化合物、茉莉酸和水杨酸等）和 Ca^{2+} 等。植物激素在植物一定的发育阶段和一定组织器官中产生，也可以在一定环境刺激下合成，这些激素可以直接调控基因的表达。当然植物激素也可以作为胞间信号在胞间传递，由靶细胞质膜上专一性受体识别并接受，通过转导产生胞内信号，从而影响代谢活动，产生相应的细胞反应，调节植物生长发育过程。ABA 作为逆境信号了解得比较清楚。这方面英国科学家 Davies 和我国科学家张建华教授均做了大量工作。大量实验表明，植物根尖在干旱等逆境胁迫下合成 ABA，然后通过木质部导管向地上部分运输。因此，干旱植物木质部中 ABA 浓度比对照高 25～30 倍，最后到达叶片保卫细胞，通过其质膜上的信号转导，引起保卫细胞质中 Ca^{2+} 增加，使质膜去极化，激活 K^+ 外流通道引起 K^+ 外流，同时苹果酸含量也下降，保卫细胞失水，气孔关闭。

5.5.2 膨压、化学信号调节源和库的活性

膨压可能在调节源和库活性中起作用。例如，在库组织中糖利用较快的情况下，若韧皮部卸载加快，库中筛分子的膨压将减小，而这种减小会被传递给源。如果源中筛分子的膨压部分控制装载，那么相应于库的这个信号装载将会提高。同样，当库中的卸载变慢时则会出现相反的反应。有数据表明，细胞的膨压还可以修饰质膜上 H^+-ATPase 的活性，从而改变转运速率。

茎产生的生长调节物质(如生长素)可通过韧皮部被快速转运到根部，根部产生细胞分裂素(CK)通过木质部运输到幼芽。GA 和 ABA 也是通过维管系统在植物中运输的。植物激素在调节源和库间的关系中起作用，它们通过控制库生长、叶子衰老和其他发育过程部分地影响光合产物的分割。

在一些源组织中，蔗糖的装载被外源生长素刺激而被 ABA 抑制，而在某些库组织中则相反，即外源 ABA 增强而生长素却抑制蔗糖的吸收。质膜上活性运输体是激素调节质外体装卸中明显的对象，如对转运体蛋白水平的影响。激素调节卸载的其他潜在位点包括液泡膜转运体、蔗糖代谢酶、壁伸展性以及共质体卸载中胞间连丝的通透性。

碳水化合物的量会影响编码光合基因和参与蔗糖水解基因的表达，许多基因都会对糖的匮乏和过量做出反应。因此，不仅是韧皮部中被转运的蔗糖，而且蔗糖及其代谢产物也可作为信号分子修饰源和库的活性。例如，通过木质部给甜菜源叶施加外源蔗糖，蔗糖-H^+同向转运体的 mRNA 会减少，这种降低伴随着从叶中分离的质膜小泡中的同向转运体失活。该工作模式步骤包括：①库需求降低导致维管组织中蔗糖水平很高；②高的蔗糖含量导致源中同向转运体的下调；③装载水平的降低导致了源中蔗糖浓度升高。

另外，糖和其他代谢产物与激素信号互作，控制和整合植物许多过程，源库系统中的一些基因对糖和激素信号都可做出应答反应。

5.5.3 韧皮部中的信号分子调节生长和发育

人们很久以前就知道：病毒能以蛋白质核酸复合体或者以完整的病毒颗粒形式在韧皮部移动。最近，在韧皮部汁液中发现了内源 RNA 分子和蛋白质，这其中至少有一部分可以作为信号分子或者能产生韧皮部可移动的信号。

一个大分子要想被认为在植物中具有信号转导作用，必须满足以下几个重要的标准：①在韧皮部中，大分子必须能从源移动到库；②在库组织中，大分子必须能离开筛分子-伴胞复合体，或能触发第二信使的形成，进而把信息传递给韧皮部周围的库组织，也就是说，它能起始一个信号级联途径；③大分子能够修饰库中特定细胞的功能。

5.5.3.1 蛋白质可能作为信号分子

韧皮部集流中蛋白质作为信号分子最好的例子是成花刺激物信号。早在 20 世纪 30 年代，就有人提出光周期诱导叶片产生可移动的成花信号通过韧皮部移动到顶端促进开花，然而一直不知道成花刺激物的性质，最近几个研究小组同时证实 *FT* (*FLOWERING LOUS T*)基因的产物 FT 蛋白具有可移动成花刺激物的性质，植物叶片感受光周期诱导 FT 蛋白在叶脉韧皮部合成后，通过茎韧皮部运输到植物顶端，促进顶端花分生组织的产生。

将水母绿色荧光蛋白(GFP)基因在拟南芥 SUC2 启动子控制下转化拟南芥，由于 SUC2 蔗糖-H^+同向转运体在伴胞内合成，所以在其启动子控制下表达的 GFP 蛋白也在伴胞中合成，GFP 在受到蓝光激发后会发出荧光而被定位，在源叶的伴胞中穿过胞间连丝进入筛分子(图 5-20A)，并在韧皮部迁移进入库组织。最终，GFP 通过胞间连丝共质性地卸载到库组织，如种皮、花粉囊、根和输入叶片的叶肉细胞(图 5-20B)。因为 GFP 不可能有与胞间连丝结构相互作用的特异性序列，所以它可能是以被动扩散的方式出入筛分子的 GFP 和其他蛋白质(如泛素)的可溶性融合蛋白在拟南芥伴胞中表达，也显示出相似的转运模式。然而，只有自由的 GFP 能通过共质途径进入根的库组织(Stadler 等，2005)。

毫无疑问，蛋白质可以从源中的伴胞穿过介于中间的筛分子被运输到库中的伴胞。然而，关于伴胞外合成的蛋白质的类似运输还没有证据。来自筛分子伴胞复合体以外的其他信号可能会引起伴胞中可移动蛋白质的产生。

5.5.3.2 RNA 可能作为信号分子

韧皮部运输的 RNA 由内源 mRNA、病原体 RNA 及基因沉默相关的小 RNA 组成。其中一些 RNA 是以 RNA 和蛋白质复合体(RNP)的形式在韧皮部运输的(Gomez 等，2005)。正如韧皮部蛋白

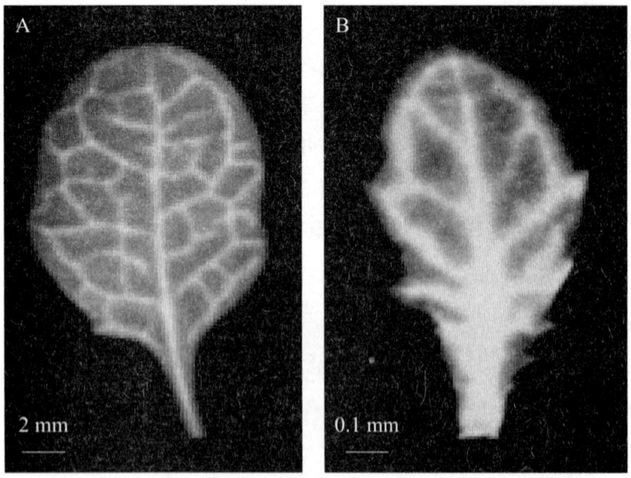

图 5-20 SUC2 启动子控制 GFP 表达的转基因拟南芥植株中源叶和库叶中的 GFP 荧光

（引自 Stadler 等，2005）

A. 如叶脉中明亮的荧光所显示，GFP 蛋白在伴胞中合成并移动到源的筛分子中。B. 自由 GFP 蛋白被运输到库叶并移动到周围的叶肉中。因为 GFP 进入周围组织，叶脉不再清晰，GFP 荧光更加弥散。尽管 A 图源叶和 B 图的库叶看上去一样大，但实际上源叶要大得多，如图中标尺所示，A 图和 B 图的比例是不一样的

一样，也没有直接证据表明韧皮部中 RNA 能够在筛分子-伴胞复合体和周围组织间移动，然而运输到韧皮部的 RNA 分子能够引起库的改变。例如：在黄瓜韧皮部分泌物中发现的能与 PP2 蛋白形成复合体的类病毒，PP2 蛋白是一个已知的韧皮部结构蛋白，它主要用来封堵受损筛分子。PP2 蛋白和类病毒被同时从黄瓜嫁接部位转运到南瓜接穗，随后类病毒在南瓜接穗部位能引起病害症状。

一个赤霉素反应调节子（GAI）mRNA 被定位在南瓜筛分子和伴胞中，并且存在于韧皮部汁液中。若将该调节子基因突变后转化番茄，发现转基因植株矮小且呈暗绿色。突变的调节子 mRNA 在转基因植株中定位于筛分子，而且这些 mRNA 可以通过嫁接部位进入野生型番茄的接穗，并在顶端组织被卸载。这样在野生型新生长的接穗中产生出突变体表型。

5.5.3.3 胞间连丝在信号转导中的作用

韧皮部转运的各个方面几乎都涉及胞间连丝，从装载到长距离运输（筛域和筛板中的孔是修饰过的胞间连丝）再到分配和分割。

大量实验表明，病毒运动蛋白利用细胞内源蛋白来定位胞间连丝作为它们的目的地。一旦到达胞间连丝，运动蛋白和（或）细胞蛋白就会使胞间连丝的分子排出限（SEL）增大，从而使病毒基因组在细胞间运输。

人们认为，病毒募集的内源蛋白不仅促使病毒特异地向着并通过胞间连丝移动，而且同样内源蛋白对其他内源的大分子也可以执行相似的功能。从韧皮部分泌物中已经鉴定到能结合 RNA 并能增加叶肉细胞胞间连丝 SEL 的蛋白质（如 PP2 和 CmPP16）。此外，在胞间连丝中也鉴定到能与分泌蛋白相互作用的蛋白质（如 NtNCAP1），NtCAP1 控制的胞间连丝运输表现出特异性和选择性。

5.5.3.4 多肽分子在信号转导中的作用

植物细胞能分泌一段很短的多肽蛋白，结合到其他细胞表面上的受体，从而调节植物的发育，故小多肽也称为多肽激素。在拟南芥中鉴定到了一个 CLE25 多肽，它能够将水分缺失的信号通过维管组织转移到地上部分，并影响叶片中脱落酸的生物合成以及与 BAM 受体相关的植物蒸腾作用的气孔运动。*CLE25* 基因在维管组织中表达，并且在根中的表达会响应于脱水胁迫而增强。源自根中的 CLE25 多肽会从根中转移到叶片中，进而通过调节脱落酸的积累诱导气孔的关闭，从而增强植株对脱水胁迫的抗性。BAM 受体对于由 CLE25 多肽在叶片中诱导的脱水胁迫抗性是必要的，因此 CLE25-BAM 模块作为长距离信号转导的信号分子在植物应对脱水胁迫中发挥作用（Takahashi 等，2018）。

思考题

1. 研究植物体内同化物运输有哪些方法？
2. 同化物运输的细胞学基础是什么？
3. 哪些试验可以用来研究有机物运输的途径、方向和主要形式？
4. 筛管和伴胞分别具有哪些结构特征和功能？
5. 有机物运输压力流动学说的核心内容是什么？有哪些试验依据证实该学说？
6. 有机物韧皮部装载和卸载有哪些途径？各有何特点？
7. 有机物分配的基本规律是什么？同化物的分配主要受哪些因素的影响？
8. 源和库之间有什么关系？了解这种关系对指导农业生产有什么意义？

第6章

植物次生代谢

6.1 植物初生代谢与次生代谢

植物初生代谢(primary metabolism),也称为基础代谢,与植物生长发育直接相关,是维持植物细胞生命所必需的代谢过程,如糖类、脂类、核酸、蛋白质和光合色素的合成与分解过程,这些过程对维持植物细胞的生存是必不可少的。卡尔文循环、糖酵解、三羧酸循环和戊糖磷酸途径是各种有机物代谢的基础,在此基础上,进一步合成脂类、核酸、蛋白质。糖类、脂肪、核酸和蛋白质等是初生代谢产物(primary metabolites),初生代谢产物遍布于整个植物界。

由初生代谢衍生出的次生代谢(secondary metabolism),合成一些具有种属特异性的、非生长发育所必需的小分子有机化合物。次生代谢过程中形成的代谢产物称为次生代谢产物(secondary metabolites),又称为天然物质(natural products),如萜类、酚类、生物碱等。这些物质在植物体内的含量不等、并且有自己独特的代谢途径,某些特殊的次生代谢物往往只存在于一种或一些相关的物种中。

植物次生代谢产物种类繁多,结构迥异,包括酚类、黄酮类、香豆素、木质素、生物碱、糖苷、萜类、甾类、皂苷、多炔类和有机酸等。根据其化学结构和性质,一般将其分为三大类:萜类(terpene)、酚类(phenolic)和含氮化合物(nitrogen-containing compound)。这三大类次生代谢产物的生物合成途径及其与初生代谢产物的关系如图6-1所示。

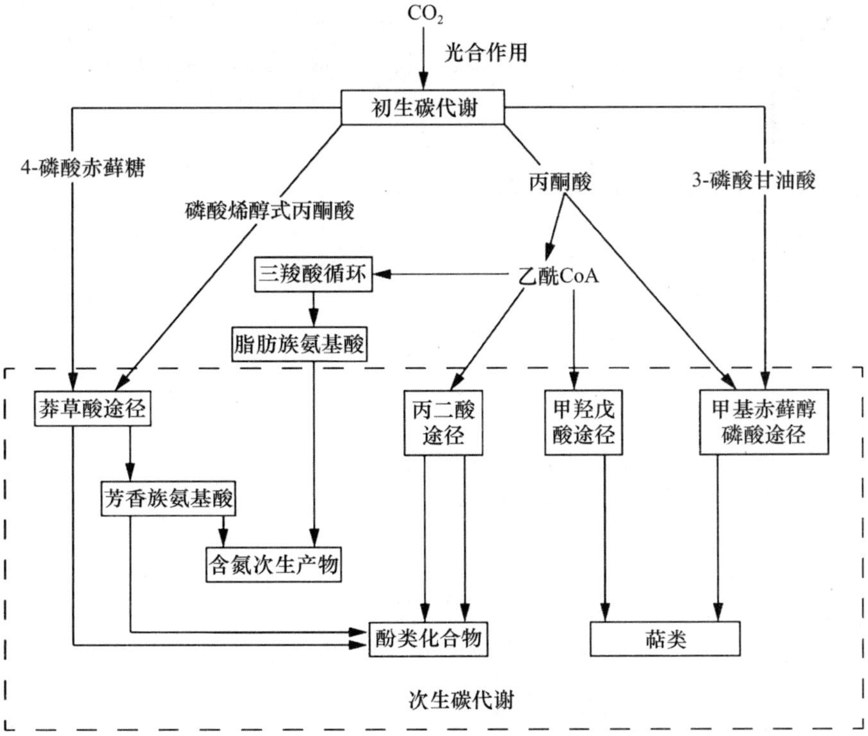

图6-1 植物次生代谢产物生物合成的主要途径及与初生代谢产物的关系简图

(引自 Taiz 和 Zeiger,2006)

6.2 萜类化合物

在植物次生代谢产物中，萜类(terpene)化合物是种类最多的一类次生代谢产物。萜类化合物一般不溶于水，是由五碳的异戊二烯(isoprene)基本单元构成的化合物及其衍生物的统称，也称为萜类或类萜化合物(terpenoid)，或者异戊二烯化合物(isoprenoid)。

6.2.1 萜类的生物合成

异戊二烯是萜类化合物生物合成的基本单元。其主要的生物合成途径有 2 种：甲羟戊酸途径(mevalonic acid pathway，MAP)和甲基赤藓糖醇磷酸途径(methylerythritol phosphate pathway，MEP)(图 6-2)。

MAP 途径在细胞质中进行，以 3 个乙酰 CoA 分子为原料，形成甲羟戊酸，再经过焦磷酸化、脱羧化和脱水等过程，形成异戊二烯焦磷酸(isopentenyl disphosphate，IPP)。

MEP 途径主要是在植物特有的细胞器质体中进行，以糖酵解等代谢途径的中间产物丙酮酸和3-磷酸甘油醛为原料，经过一系列反应，合成甲基赤藓糖醇磷酸(methylerythritol phosphate，MEP)，继而

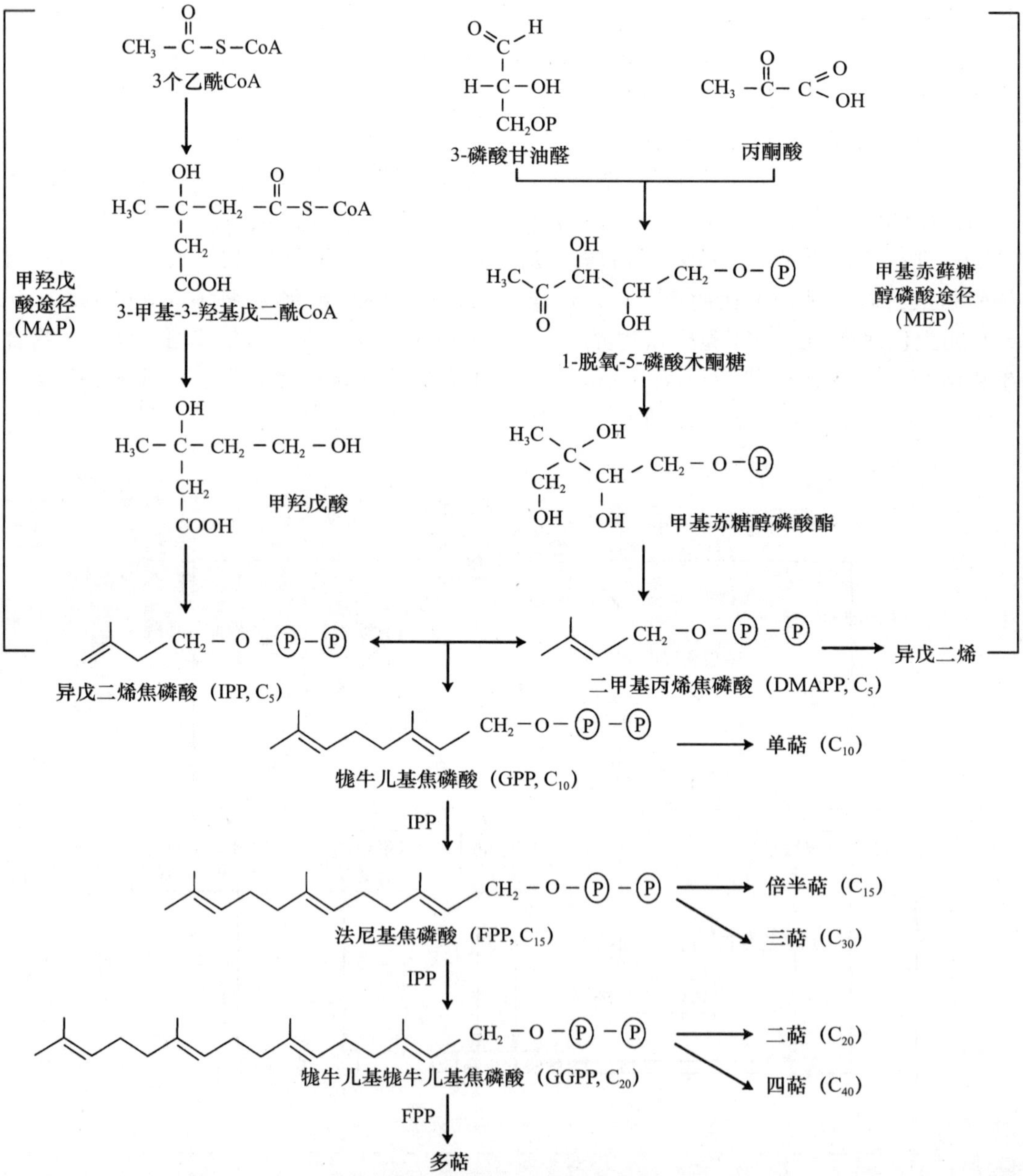

图 6-2　植物萜类的生物合成途径

(引自 Bentley，1999)

形成二甲基丙烯焦磷酸（dimethylallyl diphosphate，DMAPP）。IPP 和 DMAPP 是同分异构体，两者互相转化，并通过缩合反应合成牻牛儿基焦磷酸（geranyl diphosphate，GPP）。GPP 既可以直接形成单萜，也可以与 IPP 结合形成法尼基焦磷酸（farnesyl pyrophosphate，FPP）。FPP 既可直接形成倍半萜或三萜，也可进一步与 IPP 结合形成牻牛儿基牻牛儿基焦磷酸（geranylgeranyl pyrosphate，GGPP）。GGPP 既可以直接形成二萜（双萜）或四萜，也可以与 FPP 结合形成多萜。

6.2.2 萜类的种类

萜类化合物是所有异戊二烯（C_5H_8）的聚合物及其衍生物的总称，其通式为$(C_5H_8)_n$，其中 n 是异戊二烯单元的数目。根据分子中包括异戊二烯单位单元的数目可将萜类化合物分为：半萜（hemiterpene）、单萜（monoterpene，$n=2$）、倍半萜（sesquiterpene，$n=3$）、二萜（diterpene，$n=4$）、三萜（triterpene，$n=6$）、四萜（tetraterpene，$n=8$）和多萜（polyterpenoid，$n>8$）（表 6-1）。其结构既有链状的，也有环状的（图 6-3）。另外，一些由异戊二烯合成而来，但分子中碳原子数不是 5 的倍数的化合物，称为类萜。

表 6-1 萜类的种类

异戊二烯单元数目	碳原子数	种类	举例
2	10	单萜	牻牛儿醇、百里酚、樟脑、除虫菊酯、沉香醇等
3	15	倍半萜	法尼醇、β-丁香烯、桉叶醇、α-檀香烯等
4	20	二萜	植醇、树脂酸、赤霉素、冷杉酸
6	30	三萜	角鲨烯、固醇、三萜酸、三萜醇
8	40	四萜	类胡萝卜素、叶黄素
>8	>40	多萜	橡胶、杜仲胶

目前，植物中已经发现了数千种萜类化合物，而其中大部分在植物体内的功能尚不清楚。萜类化合物中的许多种都具有商业应用价值，并且有些复杂的化合物不能被动物生产或人工合成，因此，研究萜类化合物具有很大的意义。

6.2.3 萜类的生理学功能

6.2.3.1 参与植物正常的生长发育和重要生理过程

萜类化合物在植物的正常生长发育和生理代谢过程中起着重要作用，例如三萜类的甾醇是细胞膜中

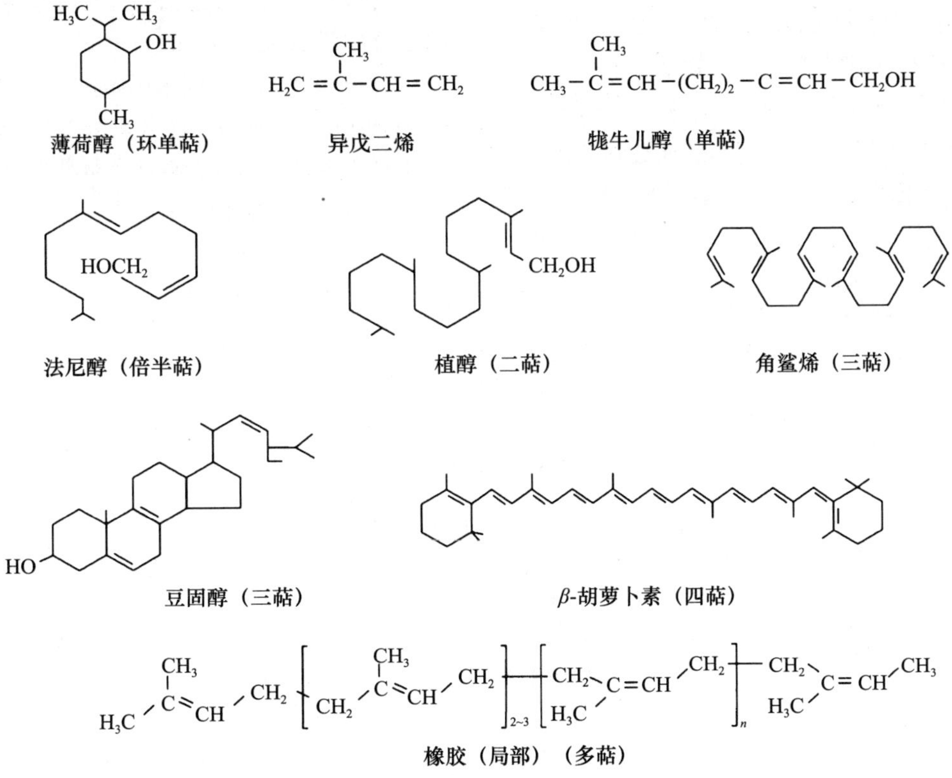

图 6-3 常见萜类化合物的结构式

的重要组成成分，参与生物膜的构建。赤霉素（二萜）、脱落酸（倍半萜）、油菜素内酯（三萜的衍生物）等是重要的植物激素，不仅调节植物正常的生长发育，而且能有效提高植物的抗逆性。四萜的衍生物类胡萝卜素（包括胡萝卜素、叶黄素、番茄红素等）决定了花、叶和果实的颜色。另外，胡萝卜素和叶黄素是叶绿体类囊体膜上重要的天然色素，起着吸收与传递光能以及抗氧化的作用。质体醌（类萜）和泛醌（类萜）为植物光合链和呼吸链中重要的电子递体。

6.2.3.2 吸引昆虫传粉

单萜和芳樟醇、倍半萜成分橙花叔醇等是植物叶片、花和果实挥发油和香味的重要成分，对于吸引昆虫传粉具有重要意义。

6.2.3.3 参与植物的防御反应

许多萜类是许多食草性昆虫和食草哺乳动物的毒素或拒食剂，在植物界起到重要的防御作用。例如，单萜酯的拟除虫菊酯，存在于菊的叶和花中，具有极强的杀虫活性；松柏类植物通过产生单萜（如苎烯、桂叶烯等）抵御小蠹虫；许多植物表皮凸起的腺毛中产生香精油（不稳定的单萜和倍半萜混合物），并以此抵御植食性昆虫的侵袭；植物蜕皮激素是一种和昆虫蜕皮激素结构基本相同的植物类固醇，昆虫摄入后可以阻断其蜕皮和其他生长发育过程，造成死亡；强心内酯和皂苷是具有抵御草食脊椎动物活性的三萜。

当受到植食性昆虫侵害时，在植物体内诱导产生挥发性萜类吸引植食性昆虫的天敌，从而达到防御害虫的目的。例如，当玉米植株受到玉米螟等昆虫取食时，就会诱导合成并释放 *E*-α-香柑油烯（*E*-α-bergamotene）和 *E*-β-法尼烯（*E*-β-farnesene）等萜类化合物吸引寄生蜂。

6.3 酚类化合物

酚类（phenol）是芳烃的含羟基衍生物的总称，植物合成近万种酚类化合物，其中一些只能溶于有机溶剂，另一些是水溶性的羧酸和糖苷，还有一些是不溶性的大分子多聚体。

6.3.1 酚类的生物合成

植物的酚类化合物是经过多条途径合成的，目前认为莽草酸途径（shikimic acid pathway）和丙二酸途径（malonic acid pathway）是酚类生物合成的关键途径。莽草酸途径在植物、真菌、细菌中都很常见，但在动物中不存在；丙二酸途径则为真菌和细菌中酚类化合物合成的主要途径，在高等植物中意义不大。

莽草酸途径因其中间产物莽草酸而得名，是以糖酵解途径中产生的磷酸烯醇式丙酮酸（phosphoenolpyruvic acid，PEP）和磷酸戊糖途径产生的 4-磷酸赤藓糖（erythrose 4-phosphate，E4P）为底物，经一系列酶促反应形成重要的中间产物莽草酸（shikimic acid），莽草酸再与 PEP 作用，形成分支酸（chorismic acid）。分支酸是莽草酸途径的重要枢纽化合物，有 2 个去向：一个去向是合成色氨酸（tryptophan），另一个去向是通过预苯酸、经转氨基作用，生成苯丙氨酸（phenylalanine）和酪氨酸（tyrosine）（图 6-4）。由分支酸产生的色氨酸、苯丙氨酸和酪氨酸是生物碱合成的前体物质，这 3 种氨基酸恰恰是动物自身不能合成的必需氨基酸。

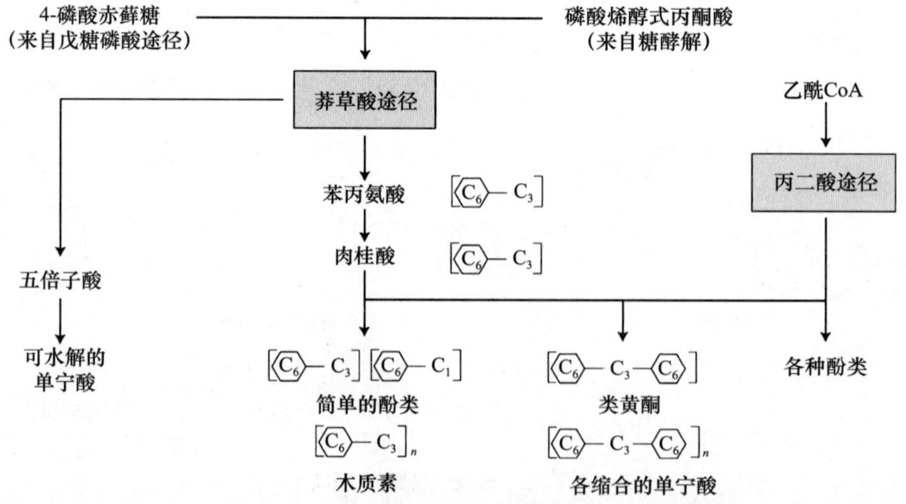

图 6-4 植物酚类合成途径

（引自 Pott 等，2019）

在高等植物中，大多数酚类化合物由苯丙氨酸经苯丙氨酸解氨酶(phenylalanine ammonia-lyase，PAL)作用下脱去氨基形成反式肉桂酸，再由反式肉桂酸衍生而来(图 6-5)。反式肉桂酸经由苯丙烷途径合成酚类化合物中具有 $C_6—C_3$ 骨架的苯丙素类、香豆素类、木质素类化合物。反式肉桂酸也可以经羟基化作用，合成对-香豆酸，对-香豆酸合成对-香豆酰 CoA，对-香豆酰 CoA 再经一系列酶促反应，逐步生成黄烷酮类化合物，该化合物作为黄酮类的前体物质。黄烷酮逐步生成黄酮、异黄酮、黄酮醇、花青素等酚类化合物。

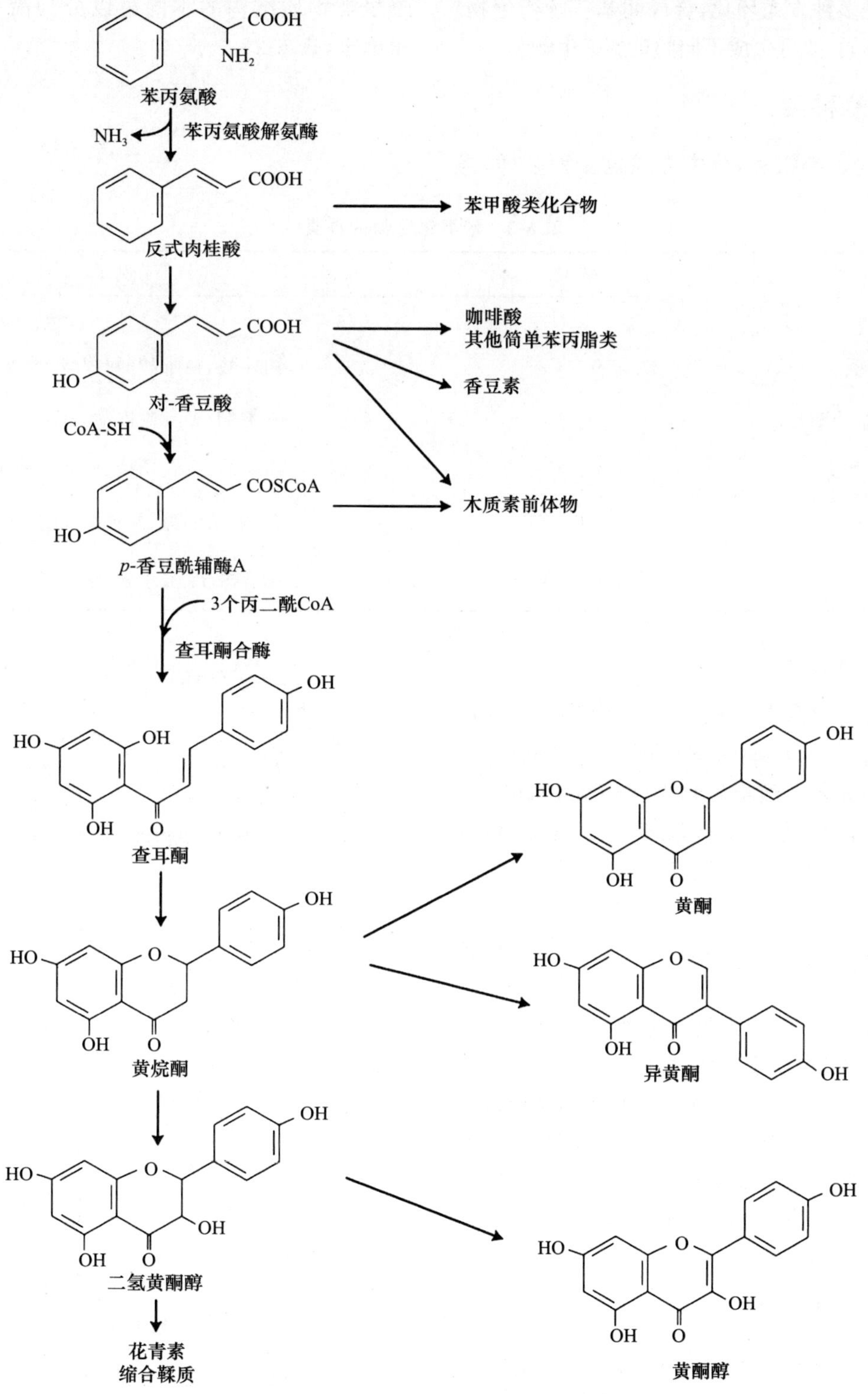

图 6-5　苯丙氨酸合成酚类化合物示意图

(引自 Taiz 和 Zeiger，2006)

PAL处于初生代谢和次生代谢的交叉点上，故其催化的反应对许多酚类物质的合成都具有重要的调节作用。

丙二酸途径中，首先1分子酰基CoA和3分子丙二酰CoA结合，脱羧，生成1分子多酮酸（polyketo acid）。多酮酸经多种方式环化，合成间苯三酚衍生物。因酰基的性质不同，故可生成不同的黄酮衍生物。

6.3.2 酚类的种类

酚类化合物种类很多，分类方式也多种多样，酚类化合物的特征是拥有共同的芳香烃环、含1个及以上羟基的芳香烃衍生物；根据酚类化合物中所含有的羟基数量的不同，可分为一元酚、二元酚和多元酚。酚类化合物的基本结构类型主要有2种：一种是环状结构 $C_6—C_3—C_6$，另一种结构是 $C_6—C_1$，按照酚类物质结构的不同可以分为简单酚类、黄酮类和单宁（表6-2）。

表6-2 酚类化合物的种类

种类	碳架	例子
简单酚类		
简单苯丙酸类	$\langle C_6\rangle—C_3$	肉桂酸、咖啡酸、阿魏酸、香豆酸等
苯丙酸内酯（环酯）类	$\langle C_6\rangle—C_3$	伞形酮、补骨脂内酯、香豆素等
苯甲酸衍生物类	$\langle C_6\rangle—C_1$	水杨酸、没食子酸、原儿茶酸等
类黄酮类	$[\langle C_6\rangle—C_3—\langle C_6\rangle]$	黄酮、黄酮醇、异黄酮、花色素苷
单宁	$[\langle C_6\rangle—C_3—\langle C_6\rangle]_n$	缩合单宁、可水解单宁

6.3.2.1 简单酚类

简单酚类化合物（图6-6）主要分为简单苯丙酸类（phenol propanoid）、苯丙酸内酯类（phenol propanoic lactone）和苯甲酸衍生物类（benzoid acid）。

（1）简单苯丙酸类　具有苯环—C_3 结构，包括肉桂酸、咖啡酸、阿魏酸、香豆酸和芥子酸等。

（2）苯丙酸内酯（环酯）类　具有苯环—C_3 结构，但 C_3 与苯环通过氧环化，包括伞形酮、补骨脂内酯、香豆素等。

（3）苯甲酸衍生物类　具有苯环—C_1 结构，包括水杨酸、没食子酸、原儿茶酸、香草酸和丁香酸等。

此外还有不属于以上3种类型的简单酚类，如绿原酸等。这些酚类物质存在形式复杂，多以酯键、糖苷键、醚键等形式与其他物质（包括蛋白质、单糖、有机酸等）相结合，其衍生物如植保素、香豆素、木质素都是重要的次生代谢产物。

6.3.2.2 类黄酮类

以 $\langle C_6\rangle—C_3—\langle C_6\rangle$（$C_6—C_3—C_6$）为基本骨架（图6-7），由2个具有酚羟基的苯环（A环和B环）

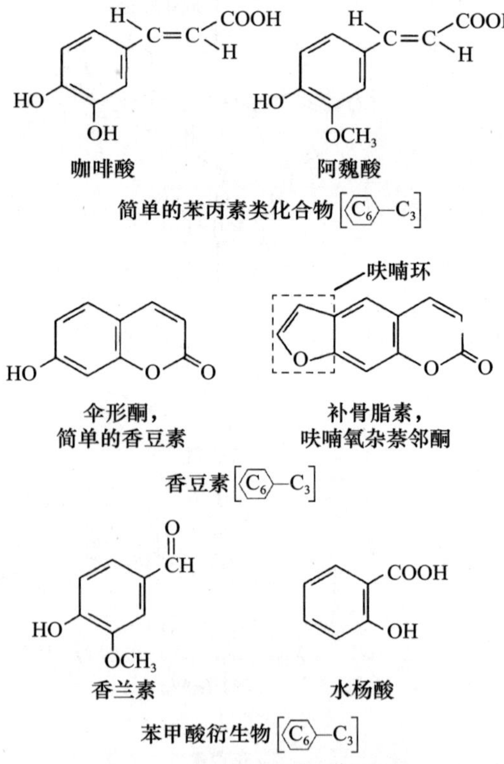

图6-6 简单酚类化合物的结构式

（引自Taiz和Zeiger，2006）

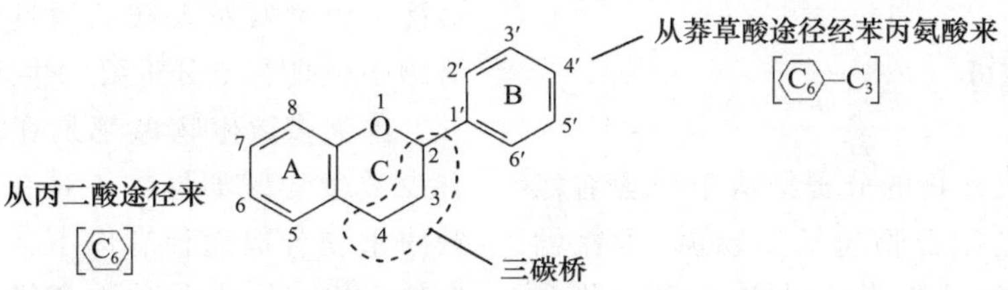

图 6-7　类黄酮的基本骨架

通过中央一个三碳桥相连形成的一系列化合物，其结构中常连接酚羟基、甲氧基、甲基、异戊烯基等基团，还能与糖结合成苷；其中酚类基本结构中的A环来自丙二酸途径，B环和三碳桥来自莽草酸途径。根据其羟基的数目和排列的变化及烷基化或者糖基化的程度，类黄酮类物质又可分为黄酮类(flavone)、黄酮醇类(flavonol)、异黄酮类(isoflavone)和花色素苷(anthocyanin)。黄酮类的基本骨架中具有多个不饱和键，可吸收可见光，所以会呈现各种颜色。

6.3.2.3　单宁

单宁(tannin)是一类结构较为复杂的大分子酚类化合物，相对分子质量大多数为600～3 000，能与蛋白质形成不溶于水的沉淀，根据其化学结构的不同可分为缩合单宁(condensed tannin)和可水解单宁(hydrolyzable tannin)，缩合单宁是由类黄酮单位缩合而成的，是木本植物的组成成分，可被强酸水解，可水解单宁是不均匀的多聚体，由单糖与酚酸(主要是没食子酸及其衍生物)形成，易被稀酸水解。

6.3.3　植物酚类的生理作用

植物中的酚类化合物作为次生代谢产物在自然界普遍存在，并且具有广泛的生物学功能。酚类化合物不仅能够作为植物器官的天然色素，还对植物的生长发育、逆境防御、信号转导等方面有着重要的作用，这些生理功能对植物适应环境起着重要调节作用。

6.3.3.1　植物器官中的天然色素

酚类植物色素主要有3类：类胡萝卜素、类黄酮和甜菜素。类胡萝卜素四萜化合物，参与光合作用，呈黄色、橙色和红色。类黄酮包含各种有色物质，其中最普遍的有色类黄酮是花色素苷。花、果大部分呈红色、淡红色、紫色和蓝色等，都与花色素苷有关。鲜艳的花色和果实能够吸引昆虫和鸟类，有助于传粉和种子的传播。花色素苷的颜色受细胞质pH的影响，偏酸性时呈现红色，偏碱性时呈现蓝色，而且低温、缺氮和缺磷等不良环境也会促使花色素的形成和积累。

6.3.3.2　参与植物抵御逆境胁迫

植物中的一些酚类化合物可对一些诸如辐射、病虫害等逆境胁迫起到防御作用。花青素能够有效地消除光合电子传递产生的活性氧自由基来减缓紫外光引起的损害，达到保护植物的作用。将生长在高纬度地区的植物移植到低纬度地区，或者利用人工模拟的紫外辐射环境培养，发现植物叶片中类黄酮化合物的含量成倍增加，黄酮类和黄酮醇类物质积累在叶和茎的表皮层，吸收紫外线B，使细胞免受UV-B的伤害。此外，许多酚类化合物在植物防御食草昆虫和病原菌侵袭时大量积累，对昆虫或病原菌起到抑制作用，从而达到抗病目的。酚类物质直接作用于微生物，与细胞膜蛋白相互作用，改变膜结构和通透性，抑制微生物的生长，其抑菌作用的强弱与酚类物质的含量和种类有关。缩合单宁作为一种慢性毒剂，抑制了棉铃虫幼虫的生长，起到抗虫的作用。

6.3.3.3　作为生长发育的信号分子

酚类化合物同时还能够充当信号分子，近年来的大量研究证实，水杨酸作为信号分子能够诱导植物抗旱、抗盐碱、耐低温等抗逆反应，同时也对植物的生长发育、成熟以及衰老等生理过程有显著的调控作用。当烟草受到病毒侵染后，体内的水杨酸合成急剧增加，激活产生抗性反应的细胞信号响应，从而提高烟草的抗性。茉莉酸甲酯能够诱导鲨烯环氧酶和香树素合成酶的大量表达，进一步提高人参皂苷的含量。类黄酮可以作为根瘤菌结瘤基因的诱导物质，根瘤菌在类黄酮的作用下产生结瘤因子，通过Ca^{2+}介导或磷酸类脂信号转导途径，诱导宿主植物的一系列反应。

6.4 含氮化合物

植物的许多次生代谢物的分子结构中都含有氮原子，主要的次生含氮化合物包括生物碱、含氰糖苷、芥子油苷和非蛋白氨基酸等，这些次生含氮化合物是参与植物防御反应的重要物质。

6.4.1 生物碱

生物碱（alkaloid）是植物中广泛存在的一类含氮次级代谢物，分子结构中具有多种含氮杂环（图6-8），且含氮杂环中的氮原子能够结合质子，因此生物碱往往呈碱性。少数含氮杂环的生物碱几乎不显碱性如喜树碱，或氮原子不在环内，也不呈碱性，如紫杉醇和秋水仙碱。生物碱多为白色晶体，具有水溶性。生物碱对人和动物具有特殊的生理作用，在植物中也具有十分重要的生理功能。

绝大多数生物碱都是在植物茎中合成的，但也有少数生物碱如尼古丁是在根中合成的，植物生物碱的生物合成途径有以下 3 种：①大多数生物碱的生物合成前体物质是天冬氨酸、酪氨酸、色氨酸、赖氨酸等一些常见的氨基酸。②尼古丁及其类似物是以鸟氨酸作为合成前体物质的，且这条生物合成途径也是目前研究的最清楚的。尼古丁由 1 个五元吡咯环和 1 个六元嘧啶环的 2 个环状结构所组成，其中的五元吡咯环来自鸟氨酸衍生，六元嘧啶环来自烟酸衍生。而烟酸的生物合成是以甘油和天冬氨酸为前体物质，二者形成吡啶-2,3-二羧酸（喹啉酸），通过吡啶核苷酸循环，产生烟酸。③一部分生物碱分子是通过萜烯的合成途径合成的。

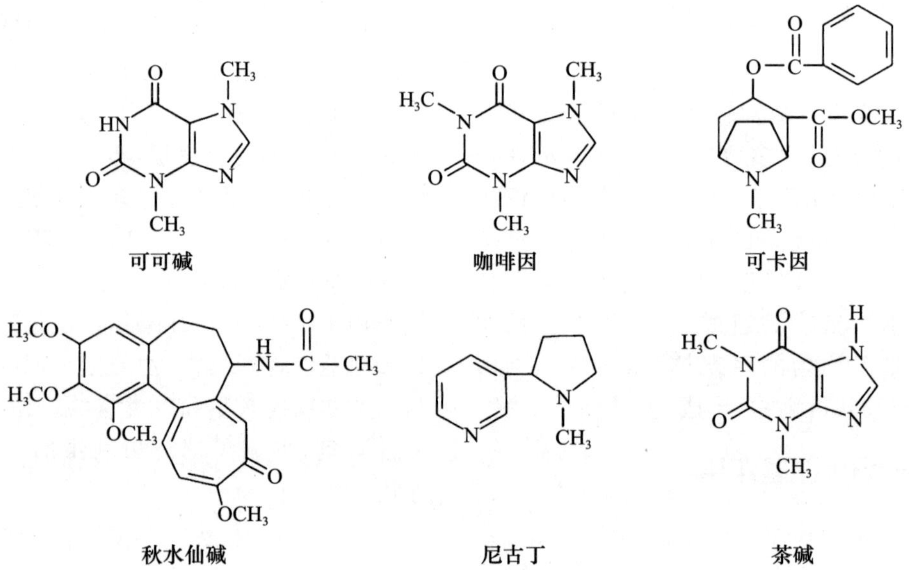

图 6-8　常见生物碱的结构式

（引自王三根等，2020）

植物器官中的生物碱含量较低，除了极个别外，最高不超过 2%。而植物在不同的生长时期所含的生物碱也有所不同。生物碱为核酸的组成成分，同样也是维生素 B_1、叶酸和生物素的组成成分，具有重要的生理意义。但是生物碱对动物是有毒的，可以干扰神经信号传递，影响膜的运输、蛋白质的合成及酶活性等，如士的宁（strychnine）、阿托品（atropine）等为传统的毒药。但是生物碱在较低剂量下又具有药用价值，如吗啡、可卡因、麻黄素，低剂量的时候可以达到刺激或者镇定的作用（表 6-3）。

6.4.2 含氰糖苷

含氰糖苷（cyanogenic glycoside）类化合物又称生氰苷或氰苷，在植物界中广泛存在，尤以豆类、禾谷类和玫瑰一些种类中含量较高，含氰糖苷自身并不具有毒性，存在于叶表皮的液泡中，而其分解酶——*β*-葡萄糖苷酶（*β*-Glu-cosidase）则存在叶肉中，互不接触。当叶片被咬食即植物细胞区室化结构被破坏后，含氰糖苷就与 *β*-葡萄糖苷酶混合，含氰糖苷中的 *α*-羟基腈和糖分开，前者再在 *α*-羟腈酶（*α*-hydroxynitrile lyase）作用下或自发分解为酮和氰化氢(HCN)(图 6-9),即产生化学防御反应。

昆虫和其他草食动物取食植物后产生 HCN,呼吸就被抑制,人畜误食后就会因 HCN 的产生而中毒死亡。例如,苦杏仁苷存在杏、桃、梅和苹果种子中,经苦杏仁酶水解后生成葡萄糖、苯甲醛和氢氰酸。木薯块茎含较多含氰糖苷,一定要经过磨碎、浸泡、干燥等过程,除去或分解大部分含氰糖苷后,才能食用。

表 6-3 主要的几类生物碱、合成前体及其用途

(引自王小菁等,2019)

生物碱级别	结构	生物合成前身	例子	医用
吡咯烷 (pyrrolidine)		鸟氨酸	烟碱	兴奋剂、镇静剂
托品烷 (tephenropane)		鸟氨酸	阿托品、可卡因	阻止肠痉挛,其他毒物解毒剂 中枢神经系统兴奋剂,局部麻醉剂
哌啶 (piperidine)	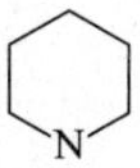	赖氨酸 (或乙酸)	毒芹碱	毒物(麻痹运动神经)
双吡咯烷 (pyrrolizidine)	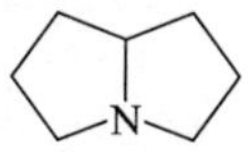	鸟氨酸	倒千里光碱	无
喹嗪 (quinolizidine)	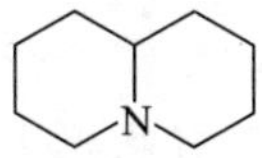	赖氨酸	羽扇豆碱	恢复心律
异喹啉 (isoquinoline)	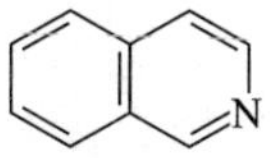	酪氨酸	可卡因 吗啡	止咳止痛药 止痛药
吲哚 (indole)	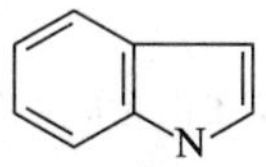	色氨酸	利血平 马钱子碱	治疗高血压、精神病 毒鼠药、治疗眼疾

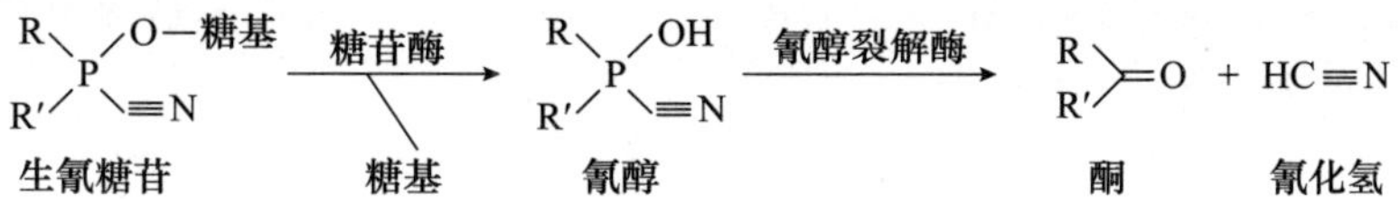

图 6-9 生氰糖苷的水解过程

(引自贝丽霞等,2018)

6.4.3 芥子油苷

芥子油苷(glucosinolate)在十字花科植物中广泛存在(例如甘蓝、花椰菜、萝卜等植物),为具有芥子味的挥发性气体。与含氰糖苷类似,芥子油苷本身并不具有毒性,但当植物细胞破碎后,芥子油苷在硫葡糖苷酶(thioglucosidase)的催化下水解,生成糖苷配基(aglycone),糖苷配基可以自发分解为异硫氰酸盐和腈(图 6-10)。而糖苷配基、异硫氰酸和腈都是对草食动物具有毒性的物质,导致动物拒食。目前,我国育种家培育出了种子含油量高、芥子油苷含量低的油菜品种。

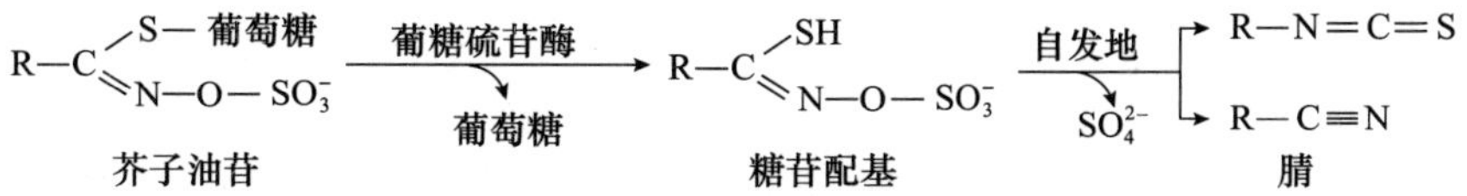

图 6-10 芥子油苷的水解过程

(引自王小菁等,2019)

6.4.4 非蛋白质氨基酸

植物与动物一样，体内同样由 20 种氨基酸组成蛋白质，但是在植物体中还有一些氨基酸，它们不是蛋白质的组成成分，而以游离的形式存在，发挥防御作用，即非蛋白质氨基酸（nonprotein amino acid）。在结构上，非蛋白质氨基酸与蛋白质氨基酸非常相似，例如刀豆氨酸（canavanine）的结构类似于精氨酸，铃兰氨酸（azetidine-2-carboxylic acid）的结构类似于脯氨酸（图 6-11）。

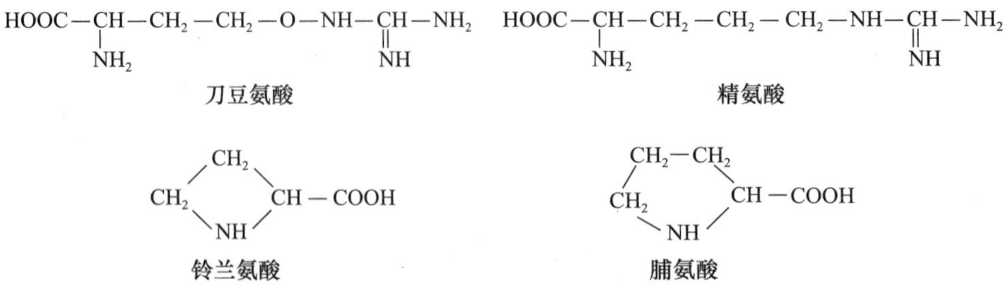

图 6-11 非蛋白质氨基酸及其蛋白质氨基酸类似物

（引自 Taiz 和 Zeiger，2006）

对动物而言，非蛋白质氨基酸具有极大的毒性，具体体现在以下几方面：第一，某些非蛋白质氨基酸能够抑制蛋白质氨基酸的合成与吸收。第二，某些非蛋白质氨基酸能够被错误地结合进正常蛋白质，使得蛋白质丧失功能。研究表明，当刀豆氨酸被动物摄食后，被动物的酶误认为精氨酸，在蛋白质合成过程中结合进蛋白质的肽链内，从而导致由酶所催化部位的主体构造紊乱，成为无功能蛋白质。

但是合成刀豆氨酸的植物体内有完善的辨别机制，可以区别刀豆氨酸与精氨酸，从而避免刀豆氨酸被错误地结合成正常蛋白质；那些以刀豆为食的昆虫体内也进化出类似的辨别机制。

思考题

1. 何谓次生代谢？

2. 植物酚类物质有哪些？它们的生理作用分别有哪些？

3. 植物萜类化合物有哪些？它们的生理作用分别有哪些？

4. 根据化学结构，植物的次生代谢物主要有哪几类？

5. 植物次生代谢物与植物抗逆性有什么关系？

第7章 植物激素生理与信号转导

植物激素(plant hormone 或 phytohormone)是植物体内合成的、通常从合成部位运往作用部位、对植物的生长发育具有显著调节作用的微量小分子有机化合物。植物激素中的激素一词是从动物激素中借用而来,植物激素与动物激素虽然都是生物体内源合成的微量生长发育调节物质,但它们的作用方式和生理效应却存在显著的差异。动物激素的生理作用专一性很强,并有特定的合成腺体和确定的靶器官;而植物没有产生激素的特殊腺体,通常也没有明显的靶细胞,每种植物激素往往具有多种不同的生理效应。

植物激素虽可显著地调节植物的生长发育,但由于其在植物体内含量很少,难以提取,且施用于植物体后易被代谢等原因而无法大规模在农业生产上应用。随着研究的深入,人们通过化学合成或从微生物中提取了多种具有类似于植物激素生理作用的物质,这些物质称为植物生长调节剂(plant growth regulators)。植物生长调节剂在农业生产上有着广泛的应用,其研制与应用已逐步形成了作物化学调控这一新的学科分支。

通常把植物激素和植物生长调节剂这两类调节植物生长发育的微量物质统称为植物生长物质(plant growth substance)。

已发现的植物激素有生长素类(auxins,AUXs)、赤霉素类(gibberellins,GAs)、细胞分裂素类(cytokinins,CTKs)、脱落酸(abscisic acid,ABA)和乙烯(ethylene,ETH),通常将其称为经典的五大类植物激素。近年来,发现油菜素甾体类(brassinosteroids,BRs)、独脚金内酯(strigolactones,SLs)、茉莉酸类(jasmonates,JAs)、水杨酸(salicylic acid,SA)和多胺类(polyamines,PAs)等植物天然物质对植物的生长发育发挥着多方面的调节作用,这些天然物质也逐渐被认为是植物激素。

7.1 生长素类

7.1.1 生长素的发现和化学结构

7.1.1.1 生长素的发现

生长素是最早被发现的植物激素,它的发现史可追溯到 1872 年波兰园艺学家西斯勒克(Ciesielski)对根尖的伸长与向地弯曲的研究。他发现,置于水平方向的根因重力影响而弯曲生长,根对重力的感应部分在根尖,而弯曲主要发生在伸长区。他认为可能有一种从根尖向根基部传导的刺激性物质使根的伸长区在上下两侧发生不均匀的生长。达尔文(Darwin,1880)父子进行了胚芽鞘的向光性试验,发现单侧光照射下,胚芽鞘向光弯曲;切去胚芽鞘的顶端或在顶端套以锡箔小帽,则单侧光不会使胚芽鞘向光弯曲。由此得出结论:生长刺激物质在胚芽鞘顶端产生,并运输到生长区域[图 7-1(A)]。

博伊森-詹森(Boyse-Jensen,1913)发现,当在背光的胚芽鞘一面插入不透光物质的云母片时,向光性受到阻碍;如在切下的胚芽鞘顶端和胚芽鞘切口间放上一明胶块,其向光性仍能发生。由此认为,生长刺激物质可以通过明胶,但不能通过云母[图 7-1(B)]。

帕尔(Paál,1919)的试验表明,顶端产生的生长刺激是化学的属性。他发现,将燕麦胚芽鞘顶端切下,把它放在切口的一侧,即使不照光,胚芽鞘也会向另一侧弯曲[图 7-1(C)]。

荷兰的温特(Went,1926)把燕麦胚芽鞘顶端切下,放在明胶块上,约 1 h 后,移去胚芽鞘顶端,将明胶切成小块,然后把这些明胶小块放在去顶胚芽鞘一侧,置于暗中,胚芽鞘就会向放明胶的对侧弯曲[图 7-1(D)]。试验证明生长刺激物可从胚芽鞘顶端传到明胶,温特将这种物质称为生长素。

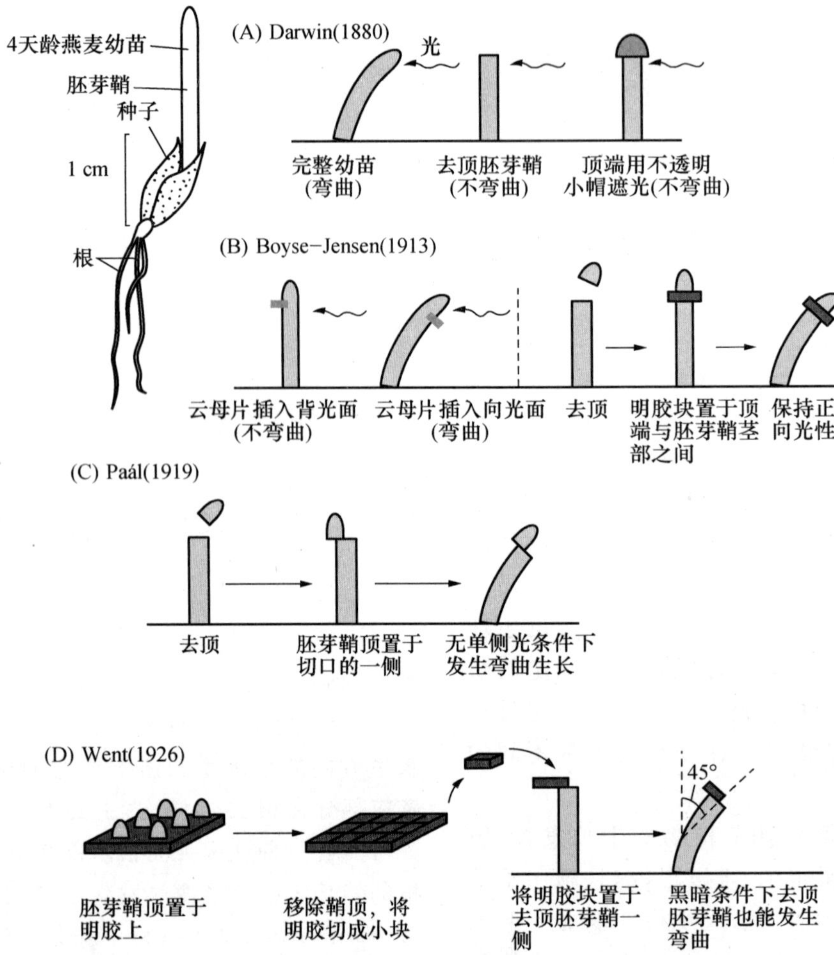

图 7-1　有关生长素研究的几个早期试验

(引自 Taiz 和 Zeiger，2010)

7.1.1.2　生长素的化学结构

1934 年，荷兰的科戈(F. Kogl)等从人尿、根霉(*Rhizopus suinus*)、麦芽中分离和纯化了一种刺激生长的物质，经鉴定为吲哚乙酸(indole-3-acetic acid，IAA)，$C_{10}H_9O_2N$，相对分子质量为 175.19(图 7-2)。此后发现，IAA 普遍存在于高等植物界。IAA 是被发现的第一种生长素，也是被发现的第一种植物激素。从此，IAA 就成了生长素的代号。

除 IAA 外，4-氯吲哚乙酸(4-chloroindole-3-acetic acid，4-Cl-IAA)、吲哚丁酸(indole-3-butyric acid，IBA)和苯乙酸(phenylacetic acid，PAA)(图 7-2)等天然生长素类植物激素相继被发现。

IAA 的发现推动了生长素类植物生长调节剂的化学合成，萘乙酸(naphthalene acetic acid，NAA)、2，4-二氯苯氧乙酸(2，4-dichlorophenoxy acetic acid，2，4-D)(图 7-2)和吲哚丁酸(IBA)等一系列具有 IAA 效应的物质得以合成，并在农业生产上得到广泛应用。

7.1.2　生长素的代谢和运输

7.1.2.1　生长素的生物合成

尽管所有植物组织都似乎具备产生低水平 IAA 的能力，但 IAA 在植物体中的合成部位主要是茎尖分生组织、幼叶和发育中的果实和种子。

IAA 的合成有 2 条途径：一条途径以色氨酸(tryptophan，Trp)为合成前体物，称为依赖色氨酸的 IAA 生物合成途径(tryptophan-dependent pathway)；另一条途径为不依赖色氨酸的 IAA 生物合成途径(tryptophan-independent pathway)。

依赖色氨酸的 IAA 生物合成途径又可分为 4 条(图 7-3)。

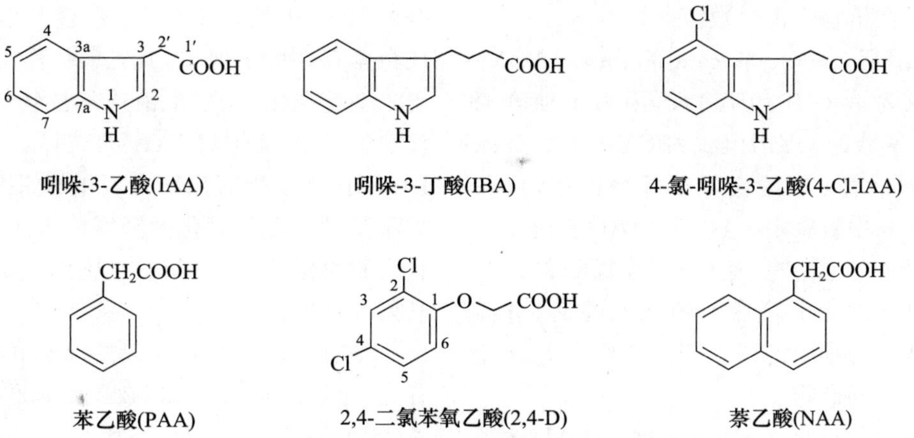

图 7-2 植物内源生长素和人工合成生长素类物质

（引自 Buchanan 等，2015）

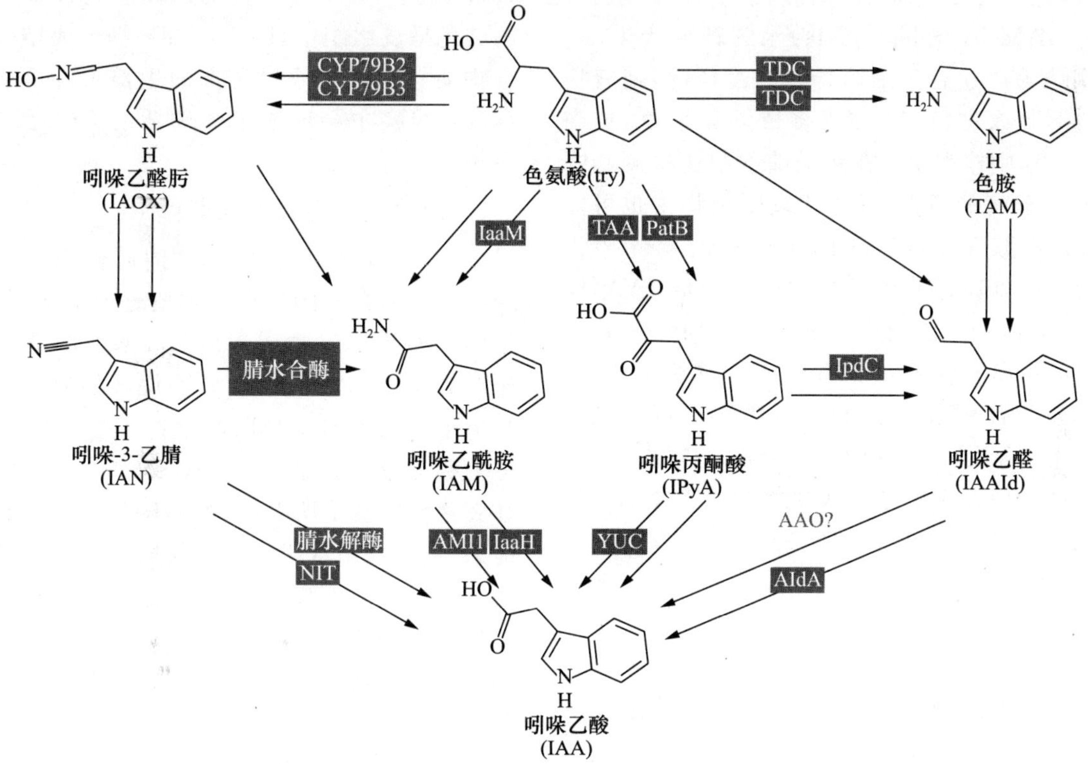

图 7-3 植物和细菌中依赖色氨酸的 IAA 生物合成途径

（引自 Morffy 和 Strader，2020；Buchanan 等，2015）

(1)吲哚丙酮酸(indole-3-pyruvic acid，IPA)途径　在植物中，*TAA*(tryptophan aminotransferase of arabidopsis)基因编码的氨基转移酶催化色氨酸转氨形成吲哚丙酮酸。再由 *YUCCA*(简称 *YUC*)家族表达的类黄素单加氧酶(flavin monooxygenase-like enzyme，FMO)催化吲哚丙酮酸发生氧化脱羧反应生成 IAA、CO_2 和水。在拟南芥中，*YUC* 基因家族已发现了 11 个成员。目前，在矮牵牛、番茄和水稻等植物中均克隆到 *YUC* 同源基因。*TAA*1 基因发生突变的突变体内游离态 IAA 的水平急剧下降，表明 IPA 介导的 IAA 的生物合成是植物体内非常重要的一个途径，该途径对一些植物来说是唯一的生长素合成途径。

(2)色胺(tryptamine，TAM)途径　色氨酸在色氨酸脱羧酶(Trp decarboxylase，TDC)的催化下脱羧形成色胺，再氧化转氨形成吲哚乙醛，最后形成吲哚乙酸。该途径在植物中占少数。

(3)吲哚乙醛肟(indole-3-acetaldoxime,IAOX)途径　该途径又称为 CYP79B 途径,因为单加氧酶细胞色素 P450 家族的 CYP79B2 和 CYP79B3 是该途径中重要的催化酶。该酶定位于叶绿体中,仅在一些十字花科植物中被鉴定。这表明 IAOX 途径在植物中并不广泛存在。在拟南芥中,色氨酸首先在 CYP79B 家族酶的催化下转变为吲哚乙醛肟,进而经过吲哚乙腈转变为吲哚乙酸。吲哚乙醛肟是该途径中非常重要的中间产物。

(4)吲哚乙酰胺(indole-3-acetamide,IAM)途径　在一些病原菌如假单胞杆菌和农杆菌中,色氨酸先在色氨酸单加氧酶(tryptophan monooxygenase,iaaM)的催化下转变为吲哚乙酰胺,然后经吲哚乙酰胺水解酶(IAM hydrolase,iaaH)水解转变为 IAA。以前一直认为该途径是细菌特有的途径,但随着检测技术的不断改进,IAM 在很多植物如烟草、拟南芥、玉米、水稻中检测到。在水稻细胞中还检测到吲哚乙酰胺水解酶的活性,这些均表明植物中也可能存在吲哚乙酰胺介导的 IAA 的合成途径。

植物也可以通过非色氨酸的途径合成 IAA,底物是吲哚(indole)或者是吲哚的前体物吲哚-3-甘油磷酸酯(indole-3-glycerol phosphate)。研究证明,吲哚-3-乙腈(IAN)和吲哚-3-丙酮酸(IPA)可以不经过色氨酸而独立合成,并且这两种化合物是以吲哚或吲哚-3-甘油磷酸酯为前体的 IAA 生物合成途径的中间产物。IAA 合成的非色氨酸途径的发现,丰富了人们对 IAA 生物合成的认识。但是目前还不清楚这两条 IAA 生物合成途径的相互关系和相对重要性。在几种植物中,人们发现不同 IAA 生物合成途径在不同组织以及发育的不同阶段发挥作用。IAA 合成途径的多样化可以保证植物体内 IAA 的稳定供应。

7.1.2.2　生长素的降解与结合态生长素的形成

吲哚乙酸的降解有两条途径,即酶氧化降解和光氧化降解。酶氧化降解是 IAA 的主要降解途径,催化降解的酶是吲哚乙酸氧化酶(IAA oxidase),它是一种含 Fe 的血红蛋白,以 Mn^{2+} 和一元酚为辅因子。过氧化物酶(peroxidase,POD)与一种黄素蛋白共同作用能催化 IAA 的氧化脱羧反应。通常情况下,生长旺盛的部位 IAA 氧化酶的含量比老组织中少,而茎中又常比根中少。IAA 在见光条件下氧化分解,在有天然色素(可能是核黄素或紫黄质)或合成色素存在的情况下,其光氧化作用将大大加速。

在配制 IAA 水溶液或从植物体提取 IAA 时要注意防止光氧化对 IAA 的破坏。对田间作物施用 IAA 时,由于酶氧化和光氧化的原因,其效果往往不如不受吲哚乙酸氧化酶降解的人工合成的生长素类化合物稳定,所以田间通常施用 2,4-D 和 NAA 等生长素类调节剂。

植物体内的生长素以游离态和结合态 2 种形态存在。例如,IAA 可以与糖、氨基酸等结合形成结合态 IAA(图 7-4)。游离态生长素(free auxin)是生长素的活性形态,而结合态生长素(bound auxin)没有活性,是生长素的贮藏或钝化形态,通常结合态生长素可水解释放出有活性的游离态生长素,如在番茄的红色果皮组织中,IAA 与葡萄糖形成结合态,该复合物能够水解释放出游离的生长素,而在番茄绿色和红色果实中会形成永久失活的 IAA-天冬氨酸结合物。

7.1.2.3　生长素的运输

生长素可以从合成部位向起作用的部位运输,茎尖组织中合成的生长素主要是向下运输。枝干和根的主轴及其分枝具有顶部—基部的结构极性,不论茎和根组织相对于地面的位置如何,生长素主要从形态学顶部向基部(向基性)运输,这种单方向的运输称为极性运输(polar transport)(图 7-5)。虽然在胚芽鞘中几乎所有细胞都具有生长素的极性运输能力,但在大多数组织中,极性运输只限于某些特定的细胞。在中央维管组织中存在着一股从茎端到根的生长素极性运输的主流,在双子叶植物的茎中极性运输主要是通过围绕维管束的已经延伸的薄壁细胞进行的。在根部则存在两种不同的极性运输方式:①在中柱细胞中由根基向根尖的向顶式运输;②在表皮细胞中由根尖向根基的向基式运输。生长素是唯一具有极性运输特点的植物激素。

生长素的极性运输与植物的生长发育有着密切的关系。人工合成的生长素(如 NAA)也表现极性运输,且活性越强,极性运输也越强;而抗生长素类化合物 2,3,5-三碘苯甲酸(2,3,5-triiodobenzoic acid,TIBA)等能抑制生长素的极性运输。极性运输产生了 IAA 的梯度分布,这种 IAA 梯度与向性、顶端优势和不定根的形成等有密切关系。

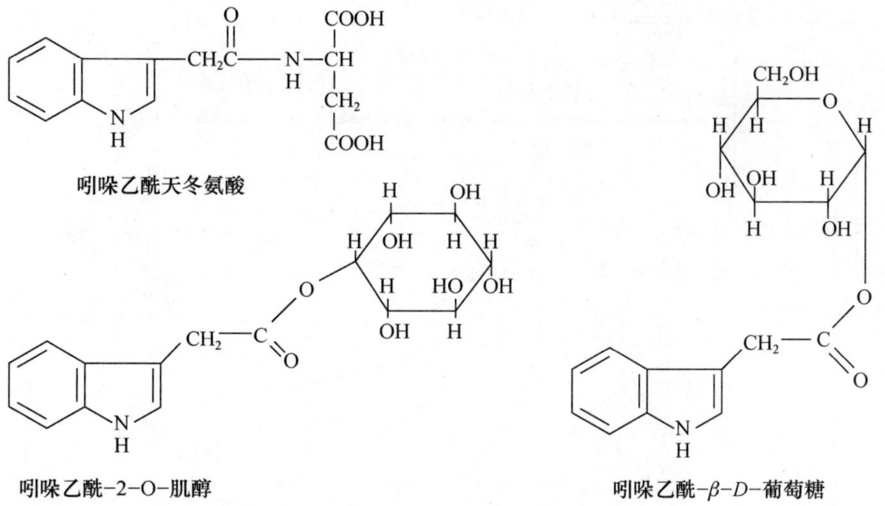

图 7-4　结合态生长素

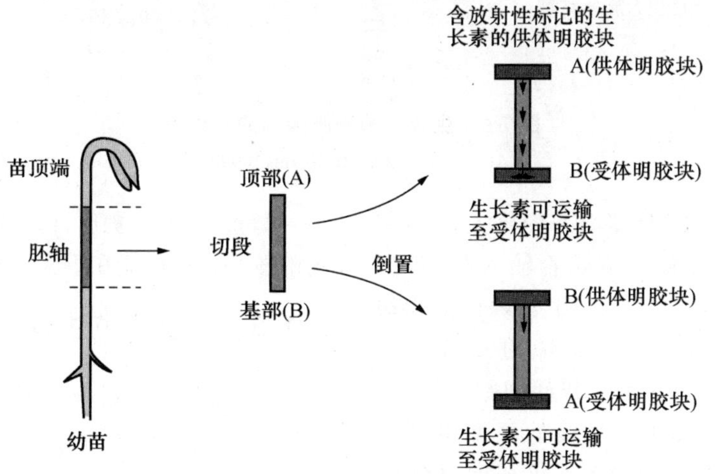

图 7-5　生长素极性运输的标准测定方法

(引自 Taiz 和 Zeiger,2010)

生长素的极性运输是一种需能的、可以逆浓度梯度进行的主动运输过程,运输速度依赖于温度,缺氧时受到阻碍。IAA 通过质膜的运输既有被动扩散,也有依赖极性分子分布于特定细胞质膜上的生长素输入载体 AUX1/LAX(auxin-binding protein1/LIKE-AUX1)和输出载体[ABCB1(ATP-binding cassette subfamily B1),4,19;PIN(pin-formed protein)1,2,3,4,7](图 7-6)。在质外体,质子化的 IAA 分子通过被动扩散进入细胞[图 7-6(A)],在细胞质中性环境下生长素迅速去质子化(IAA^-)。而亲脂性较差的去质子化形式(IAA^-)通过 AUX1/LAX 家族的生长素-H^+ 共转运体转运到细胞内[图 7-6(B)]。在细胞质中 IAA 几乎都是以 IAA^- 的形式存在[图 7-6(C)],需要通过 PIN 或 ABCB 外排转运蛋白主动转运到胞外。H^+-ATPase 将细胞质中的 H^+ 运往细胞壁空间[图 7-6(D)],在中性的细胞质和酸性的质外体之间产生跨细胞膜的 H^+ 梯度(质子势),并由此驱动生长素的极性运输。亲脂性 IAAH 可不经生长素转运蛋白(或输入载体)而扩散进入细胞,但 IAA^- 的流出则不能绕过输出载体,所以生长素输出载体的调控对生长素极性运输的影响很大。总之,生长素极性运输的方向是由运输蛋白尤其是输出载体的分布所决定的。

AUX1/LAX 输入载体将生长素转运至细胞质,PIN-FORMED(PIN)家族蛋白是生长素发挥作用的关键因素,PIN 将生长素定向输出到胞外,ABCB 转运蛋白即耐多药蛋白(multidrug resistance,MDR)和磷酸化糖蛋白(P-glycoprotein,PGP)等以多种方

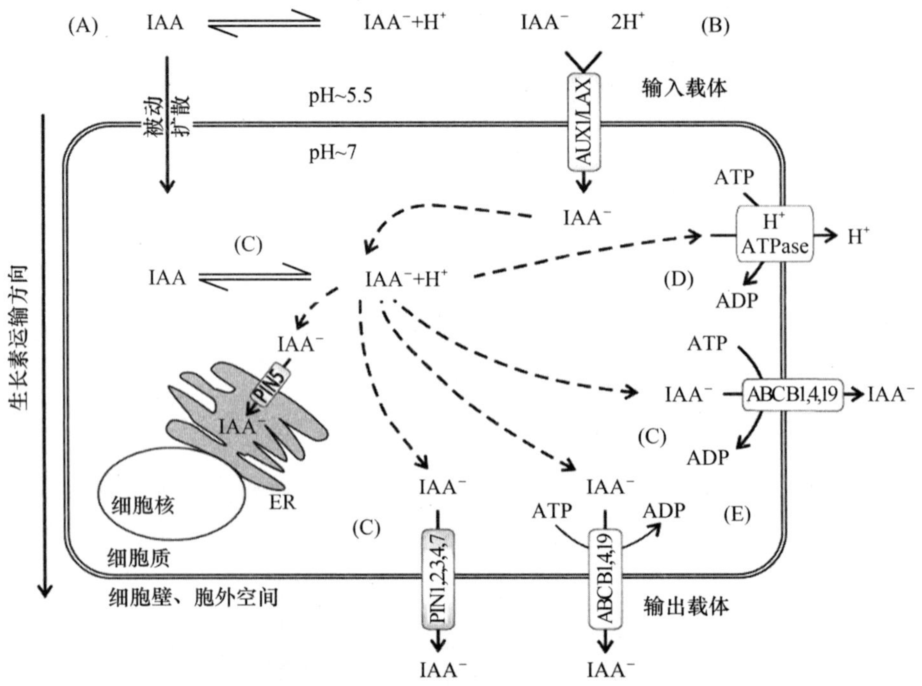

图 7-6 生长素跨质膜运输的示意图

(引自 Petrášek 和 Friml,2009)

式参与生长素转运。AUX1 是拟南芥中推定的第一个 H^+-生长素的同向运输体或生长素输入载体,拟南芥 *aux*1 突变体无向重力性生长,生长素在根和幼叶原基中的运输降低,由于对亲脂性的 *α*-萘乙酸(NAA)无抗性,NAA 比 IAA 能更快向细胞内扩散,所以用 NAA 处理可使 *aux*1 突变体的表型得到恢复。在根的生长素运输中,AUX1 不仅在向基性运输中起作用,也在向顶性运输中起作用。

在拟南芥中,输出载体 PIN 家族的每一成员都表现独特的组织特异性表达模式。在拟南芥根中的 PIN 功能分析表明,多种 PIN 蛋白在调控生长素运输、向性生长及根端分生组织的维持中协同发挥功能。在子叶和叶原基等地上组织中,器官的形成似乎取决于通过器官外层细胞的“反向喷泉”式的 PIN1 依赖性生长素流动。积累在叶原基尖部的 IAA 会通过新分化成的器官维管组织,以一种定向的 PIN1 依赖性运输流,重新取向或“排出”。在侧根的形成和保持中则以一种相似但方向相反的机制作用,IAA 通过中央维管组织,以一种 PIN1 依赖性运输方式,在侧根分生组织中累积[图 7-7(A)]。

PGP 作为生长素输出载体复合体的组分,起到在质膜上稳定生长素运出载体复合体的作用。有可能 PGP 通过与 PIN 蛋白结合,介导 IAA 的 ATP 依赖性运输,如图 7-7(B)所示。

Ung 等 2022 提出,PIN 家族蛋白介导的生长素运输的核心机制可能在于生长素负电荷驱动的转运机制。

7.1.3 生长素的生理作用

1. 生长素对植物细胞和组织生长的促进作用

生长素对器官的生长具有双重作用。在较低浓度下可促进生长,而高浓度时则抑制生长(图 7-8)。不同器官对生长素的敏感性不同。根对生长素最敏感,其次是芽,茎的敏感性最低。

生长素可以作为形态发生和发育的触发因素。在拟南芥胚胎发生过程中,生长素梯度是生长发育所必需的。生长素梯度也是木材形成过程中细胞分化的基础,生长素形成一个梯度,从形成层向内引导韧皮部的发育,向外引导木质部的发育。生长素对离体器官伸长生长的促进作用明显,但对整株植物的伸长生长往往没有明显的促进效应。

2. 生长素对侧根和不定根形成的促进作用

生长素可促进侧根和不定根的形成。生长素类植物生长调节剂促进植物插枝生根已在苗木的无性繁殖上广泛应用,其中 IBA 作用最强烈。

3. 生长素对养分调运的促进作用

生长素能促进蔗糖向韧皮部的装载,还能显著影响 K^+ 的跨膜运输,使光合产物向施用生长素的部位分配。

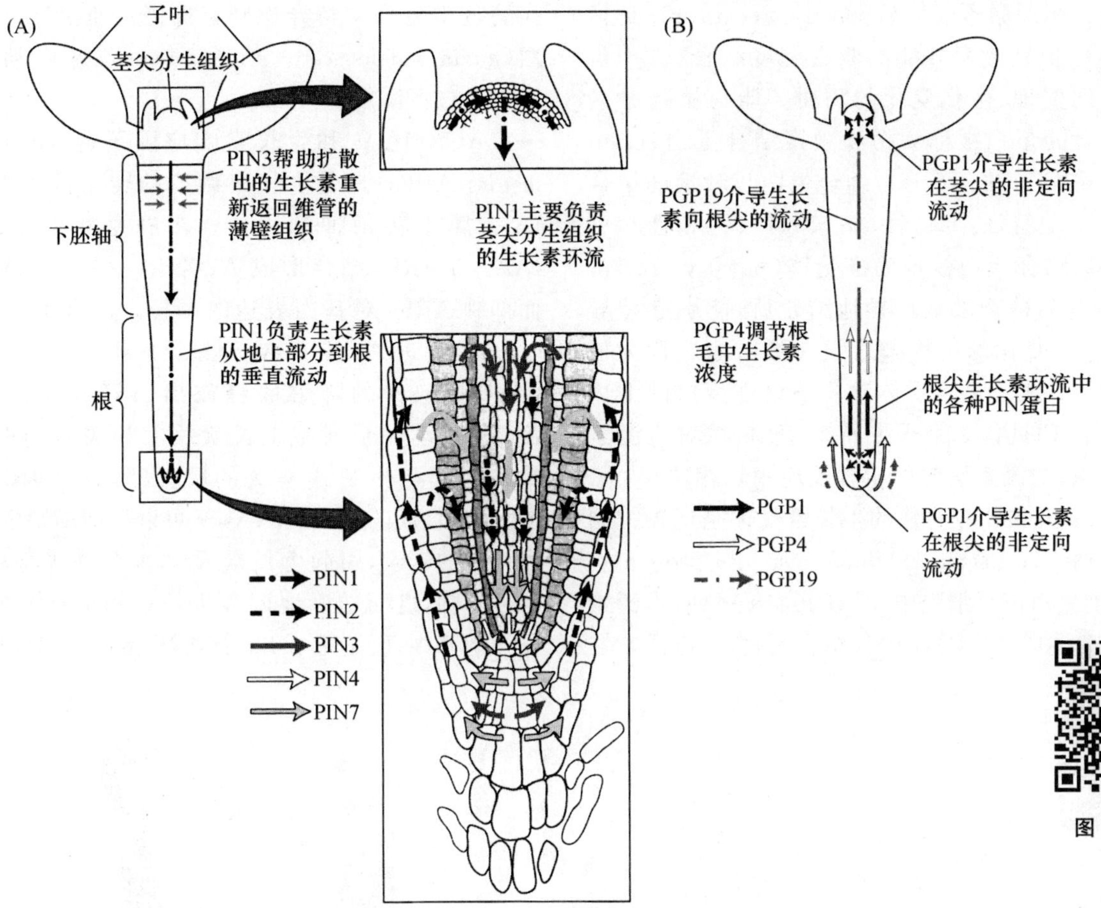

图 7-7 彩图

图 7-7　拟南芥中两种类型的转运蛋白(PIN 和 PGP)介导生长素在植物中的流动

(引自 Taiz 和 Zeiger,2010)

(A)生长素的定向运输与 PIN 输出蛋白的组织特异性分布有关;(B)生长素流动与依赖 ATP 的 PGP 蛋白有关

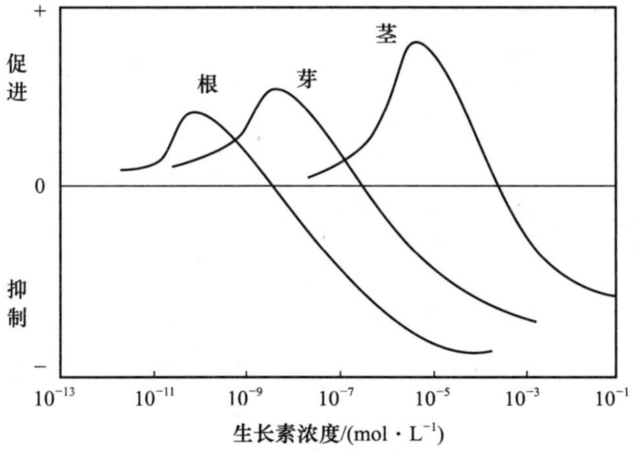

图 7-8　生长素对器官伸长的"浓度-效应"曲线

(引自王忠,2000)

4. 生长素对维管系统分化的促进作用

低浓度的生长素促进韧皮部的分化,但木质部的分化需要高浓度的 IAA。生长素促进形成层细胞向木质部细胞分化。

5. 生长素对花和果实发育的促进作用

在多数情况下 IAA 抑制花的形成,但凤梨科植物例外,生长素可促进菠萝开花。生长素可诱导黄瓜等瓜类作物的雌花分化。生长素是果实发育所必需的,施用生长素对番茄和辣椒等作物可起到保花保果作用。生长素还能诱导番茄、辣椒、黄瓜、南瓜及柑橘等植物的单性结实。

6. 生长素在顶端优势和向性运动中的作用

生长素在植物顶端优势的形成与维持、植物向光性和向地性反应中都起着重要作用。

7.1.4　生长素的信号转导途径及促进伸长生长的作用机理

7.1.4.1　生长素的信号转导

1. 生长素受体

植物激素信号转导的第一步就是植物激素与其

受体结合。所谓激素受体(hormone receptor),是指那些特异地识别激素并能与激素高度结合,进一步引起一系列生理、生化变化的物质。能与植物激素分子相结合的蛋白被称为植物激素结合蛋白(plant hormone-binding protein)。结合蛋白与激素的结合通常具有 4 个特征:专一性、高亲和性、饱和性和可逆性。虽然结合蛋白被视为准受体(putative receptor),但只有与植物激素特异地结合后,能引起特异的生理、生化变化的植物激素结合蛋白才能称为植物激素受体。植物激素受体除具备结合蛋白的上述 4 个特征外,还具备 2 个重要特征:分布在对应激素的特殊组织,与激素引起的生理反应密切相关。

目前,研究得比较清楚的生长素受体是运输抑制剂响应蛋白 1(transport inhibitor response protein 1, TIR1)这类蛋白位于细胞中,具有 F-box 序列,是泛素连接酶复合体成员。当与 IAA 结合后,会促进泛素连接酶 SCF 复合体特异识别目标蛋白质 AUX/IAA 蛋白(auxin/indole acetic acid proteins),并启动 AUX/IAA 蛋白的降解。

AUX/IAAs 和生长素响应因子(auxin response factors, ARFs)是受生长素调控的转录因子。AUX/IAAs 属于转录抑制因子。在静息状态下,AUX/IAAs 与 ARFs 结合形成 AUX/IAA-ARF 二聚体,从而抑制 ARFs 对基因表达的调控。当有生长素存在时,它会促进 AUX/IAAs 通过泛素化途径(ubiquitination pathway)的降解而释放出 ARFs,从而激活了 ARFs,启动一系列与生长素反应相关基因的表达,最终引起与生长素有关的反应(图 7-9 和图 7-10)。同时,新合成的 AUX/IAAs 又可以反馈抑制生长素相关基因的转录,引起生长素-受体复合物解离,生长素信号解除,进而精确地调节生长素的信号转导过程。在拟南芥中,已鉴定了 23 个 ARF 蛋白家族成员。

图 7-9 彩图

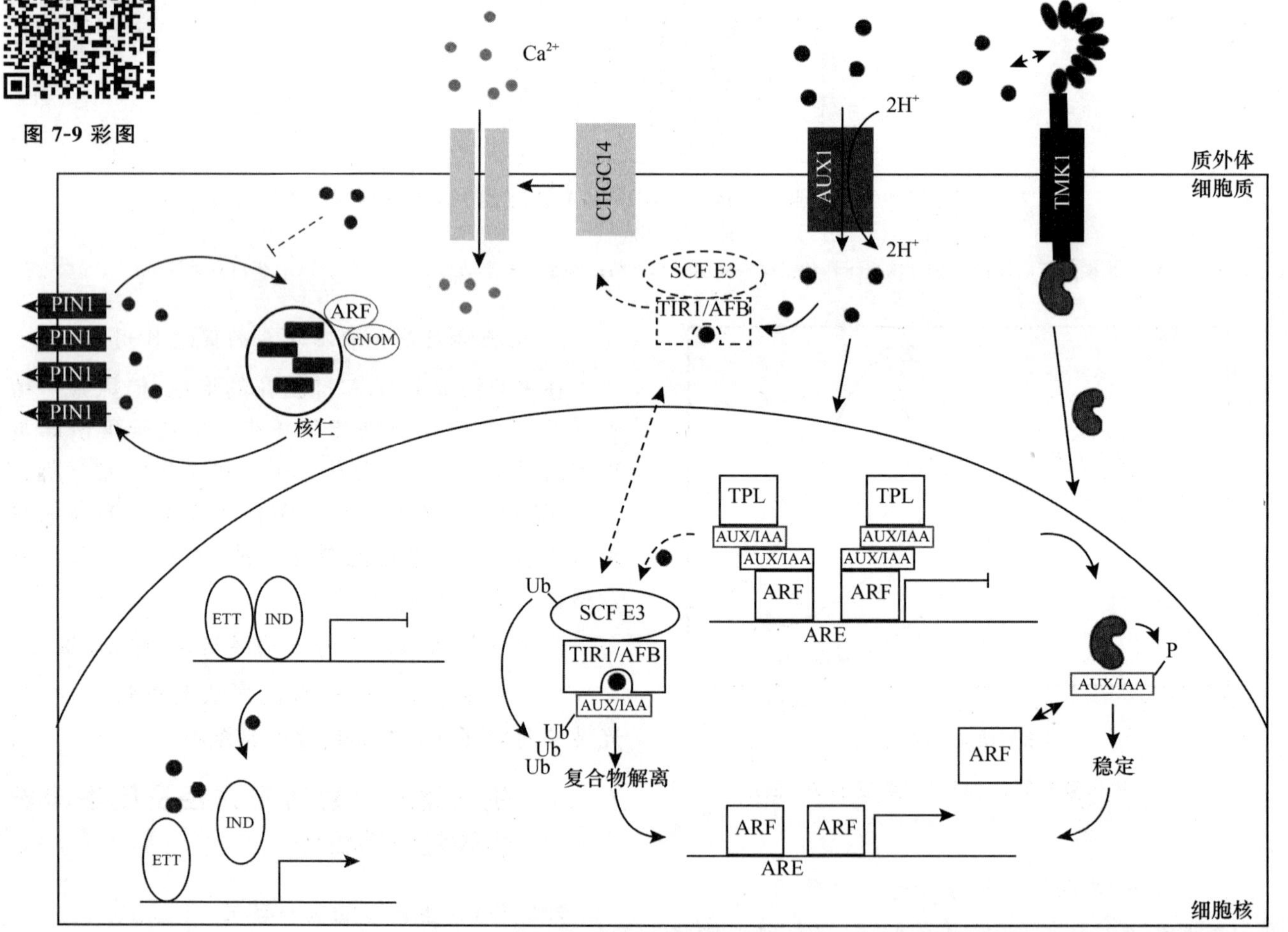

图 7-9　生长素信号转导简图

(引自 Gallei 等,2020)

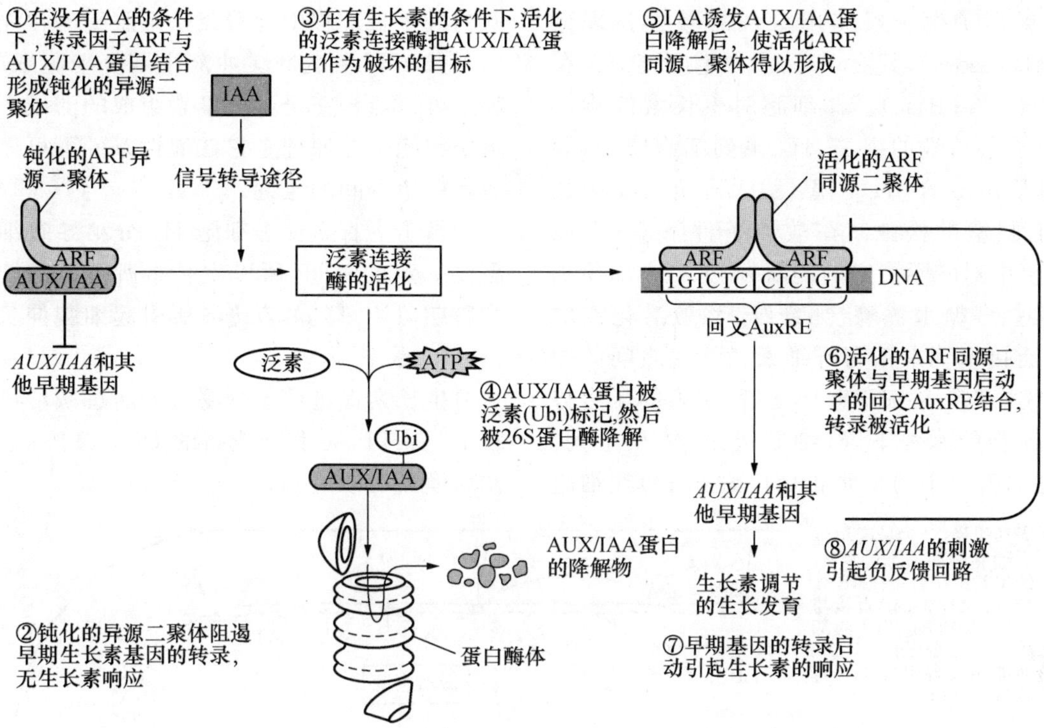

图 7-10　生长素早期基因转录活化的生长素调节模式图

（引自 Gray 等，2001）

2. 生长素信号转导的第二信使

通常将胞间信号称为第一信使，胞内信号称为第二信使。生长素会通过改变植物细胞内 pH，而在细胞内传递信号。胞内 pH 的变化可作为细胞信号转导的第二信使。虽然钙在生长素作用中所扮演的角色还不能确定，但有试验证据表明生长素可诱发形成肌醇三磷酸（IP_3），并进一步提高植物细胞内游离钙的水平。植物细胞内的 pH 通常为 7.4，质膜 H^+-ATPase 的最适 pH 为 6.5，外施生长素后 4 min 内可导致胞内 pH 下降 0.2，胞内 pH 的下降可显著提高质膜 H^+-ATPase 的活性。

3. 生长素诱导的两类基因

当生长素与其受体结合后，引起的信号转导途径的重要功能之一是活化一些转录因子，这些转录因子进入细胞核，促进专一基因的表达。根据转录因子的不同，生长素诱导基因分为 2 类。

（1）早期基因（early gene）或初级反应基因（primary response gene）　早期基因的表达是由已存在的转录因子的活化所刺激的，所以外施蛋白质合成抑制剂如环己酰亚胺（cycloheximide）不能阻止早期基因的表达。早期基因表达所需时间很短，从几分钟到几小时，例如，*AUX/IAA* 基因家族编码短命转录因子，加入生长素 5～60 min 后，大部分 *AUX/IAA* 基因家族就表达。

（2）晚期基因（late gene）或次级反应基因（secondary response gene）　晚期基因的表达需要有蛋白质的从头合成，所以其表达可被蛋白质合成抑制剂阻止。晚期基因是激素长期反应所需的。某些早期基因编码的蛋白能够调节晚期基因的转录。

7.1.4.2　生长素促进伸长生长的作用机理

促进细胞的伸长生长是生长素的典型生理效应。雷（P. M. Ray）将燕麦胚芽鞘切段放入一定浓度的生长素溶液中，发现 10～15 min 后切段开始迅速伸长，同时介质的 pH 下降，细胞壁的可塑性增加。将切段放入含 IAA 的 pH 4 的缓冲溶液中，切段也表现出伸长；如将切段转入含 IAA 的 pH 7 的缓冲溶液中，则切段的伸长停止；若再转入含 IAA 的 pH 4 的缓冲溶液中，则切段重新伸长。将胚芽鞘切段放入不含 IAA 的 pH 3.2～3.5 的缓冲溶液中，则 1 min 后可检测出切段的伸长，且细胞壁的可塑性也增加；如将切段转入 pH 7 的缓冲溶液中，则切段的伸长停止；若再转入 pH 3.2～3.5 的缓冲溶液中，则切段重新表现出伸长。

基于上述结果，雷利（Rayle）和克莱兰（Cleland）

于 1970 年提出了生长素作用机理的酸生长理论(acid growth theory)，其要点有：①原生质膜上存在着质子泵（H^+-ATPase）。②细胞对生长素的响应导致质膜质子泵活性的提高，H^+ 泵到细胞壁中，导致细胞壁基质溶液的 pH 下降。③质子介导了生长素引起的细胞壁的松弛。在酸性条件下，一方面 H^+ 使细胞壁中对酸不稳定的键断裂，另一方面使细胞壁中的某些多糖水解酶（如纤维素酶）活化或增加，从而使连接木葡聚糖与纤维素微纤丝之间的键断裂，细胞壁松弛。④细胞壁松弛后，细胞的压力势下降，导致细胞的水势下降，细胞吸水，体积增大。现在认为是细胞壁中的扩张蛋白（expansin）在细胞壁的酸生长过程中起着疏松细胞壁的作用。扩张蛋白不仅可以在酸性缓冲液中恢复细胞壁的伸展性，甚至可以疏松完全由纤维素组成的滤纸。扩张蛋白疏松细胞壁的原理是它在酸性条件下可以弱化细胞壁多糖组分间的氢键。

由于生长素促进细胞 H^+ 分泌导致细胞壁酸化需要一定的时间，所以生长素所引起的细胞伸长的滞后期（10～15 min）比酸所引起细胞伸长的滞后期（1 min）长。

生长素促进质子分泌可能通过激活已存在的质膜 H^+-ATPase 和合成新的 H^+-ATPase 来实现，其作用模式见图 7-11。

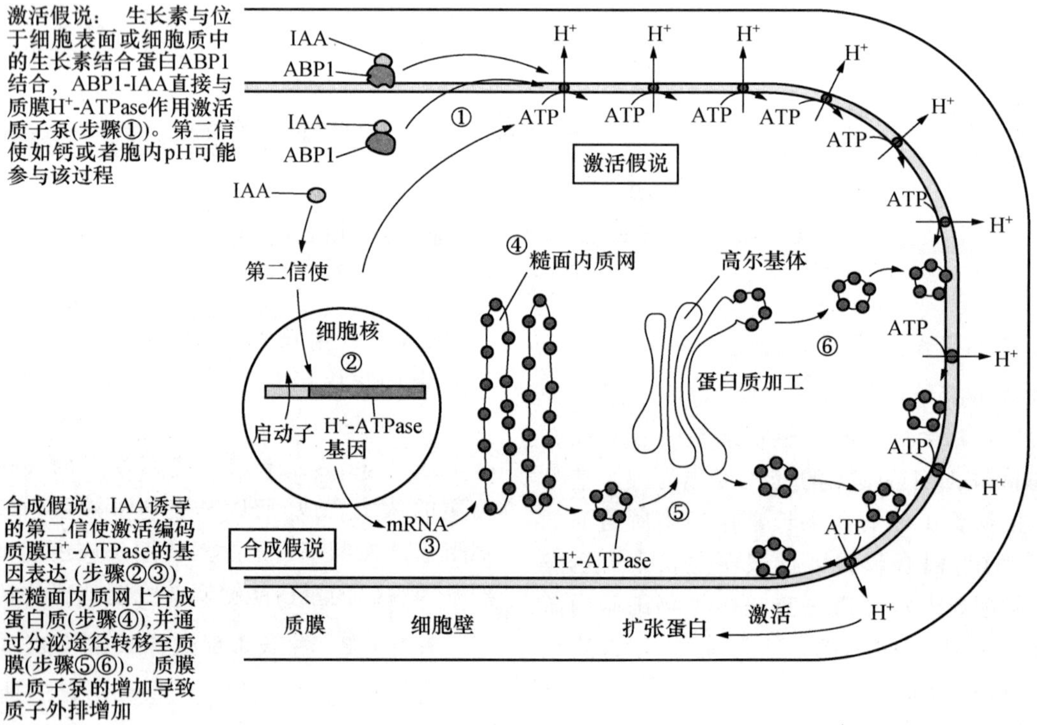

图 7-11　IAA 诱导的质子外排的模型

（引自 Taiz 和 Zeiger，2010）

酸生长理论虽然可以很好地解释生长素引起的细胞伸长的快速反应，但它还不足以对生长素促进细胞伸长作出完满的解释。例如，绿色的茎切段虽然能够响应生长素，但对酸的响应则很弱。另外，酸刺激胚芽鞘产生短暂的生长反应，而生长素所诱导的细胞生长过程中不断有新的原生质和细胞壁物质的合成，且这种过程能持续几个小时。用核酸合成抑制剂放线菌素 D(actinomycin D)和蛋白质合成抑制剂环己酰亚胺进行的试验证实，生长素所诱导的生长是由于它促进了新的核酸和蛋白质的合成。

依据上述事实，提出了生长素作用机理的基因活化学说。该学说对生长素所诱导生长的长期效应的解释是：当 IAA 与其受体蛋白结合后，激活细胞内的第二信使，并将信息转导至细胞核内，使处于抑制状态的基因解阻遏，基因开始转录和翻译，合成新的 mRNA 和蛋白质，为细胞质和细胞壁的合成提供原料，从而促进细胞的生长。

7.2 赤霉素类

7.2.1 赤霉素的发现和化学结构

7.2.1.1 赤霉素的发现

日本人黑泽英一(E. Kurosawa)1926 年发现患恶苗病的水稻植株之所以发生徒长,是由其病菌赤霉菌(*Gibberella fujikuroi*)分泌出来的物质引起的。1938 年,日本科学家薮田和住木从赤霉菌培养基的过滤液中分离获得了 2 种具有生长促进活性的真菌化合物的非纯结晶,并称之为赤霉素 A 和 B(gibberellin A and B)。由于通信障碍和第二次世界大战,日本科学家的发现没能及时传到西方。直到 20 世纪 50 年代中期,英、美科学家才从真菌培养液中首次获得了这种物质的化学纯产品,并阐明了其结构为赤霉酸(gibberellic acid)。1955 年,日本东京大学的科学家对他们的赤霉素 A 进行了进一步的纯化,从中分离出了 3 种赤霉素,即赤霉素 A_1、赤霉素 A_2 和赤霉素 A_3。通过比较发现赤霉素 A_3 与赤霉酸是同一物质。

获得了赤霉酸(GA_3)后,植物生理学家们开始在多种植物上测试其活性,发现其对矮生和莲座状植物的伸长生长具有显著的活性。在赤霉酸促进生长的效应发现后不久,从几种植物中也分离到了具有类似赤霉酸活性的物质。1958 年,从高等植物红花菜豆(*Phaseolus coccineus*)未熟的种子中鉴定到了一种赤霉素——GA_1 (gibberellin A_1)。1959 年,克罗斯(B. E. Cross)等测出了 GA_3、GA_1 和 GA_5 的化学结构。现已知道,赤霉素广泛分布于植物界,被子植物、裸子植物、蕨类植物、褐藻、绿藻、真菌和细菌中都发现有赤霉素的存在。

7.2.1.2 赤霉素的化学结构

赤霉素是植物激素中种类最多的一种。迄今,在植物和微生物中分离出的 GAs 达 136 种。根据其发现的先后顺序,赤霉素被分别命名为 GA_1、GA_2、GA_3……。

赤霉素的种类虽然很多,但都是以赤霉烷(gibberellane)为基本骨架的衍生物。赤霉烷是一种由 4 个异戊二烯单位组成的双萜,有 4 个环,其碳原子的编号如图 7-12 所示。环上各基团(羟基、羧基)的种种变化就形成了多种多样的赤霉素,但所有有活性的赤霉素的第 7 位碳均为羧基,所以赤霉素呈酸性。

根据赤霉素分子中碳原子的不同,可分为 C_{20} 和 C_{19} 两类赤霉素。前者含有赤霉烷中所有的 20 个碳原子(如 GA_{15}、GA_{24}、GA_{19}、GA_{25}、GA_{17} 等),而后者失去了第 20 位的碳原子,只含有 19 个碳原子(如 GA_1、GA_3、GA_4、GA_9、GA_{20} 等)。C_{19} 类型的赤霉素在数量上多于 C_{20} 赤霉素,且活性也高。几种常用的有活性的赤霉素结构如图 7-13 所示。

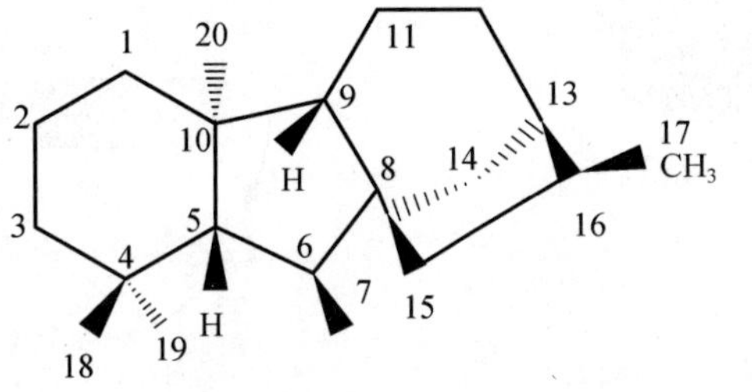

图 7-12 赤霉烷的结构与碳原子编号

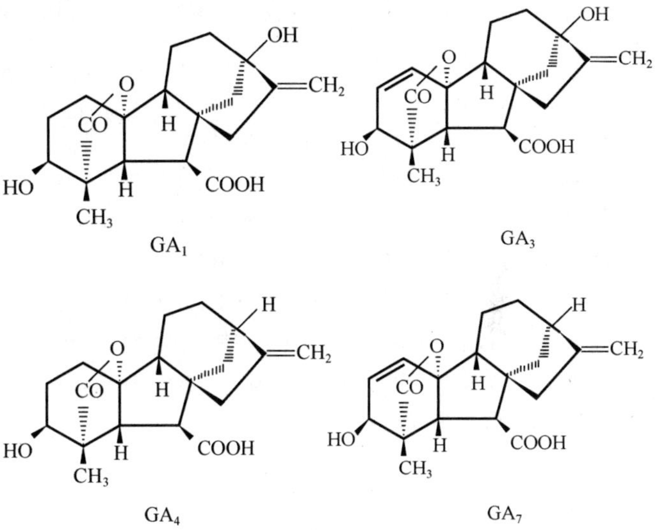

图 7-13 4 种常见的有活性的赤霉素

商品赤霉素主要是通过大规模培养遗传上不同的赤霉菌的无性世代而获得的,其产品有赤霉酸(GA_3)及 GA_4 和 GA_7 的混合物 $GA_{(4+7)}$。GA_3 的分子式是 $C_{19}H_{22}O_6$,相对分子质量为 346。

7.2.2 赤霉素的代谢和运输

7.2.2.1 赤霉素的生物合成

赤霉素的生物合成可在高等植物的顶端组织、幼叶、发育中的果实或种子进行,其在细胞中的合成要经过质体、内质网和细胞质等。赤霉素的生物合成可分为 3 个阶段(图 7-14)。

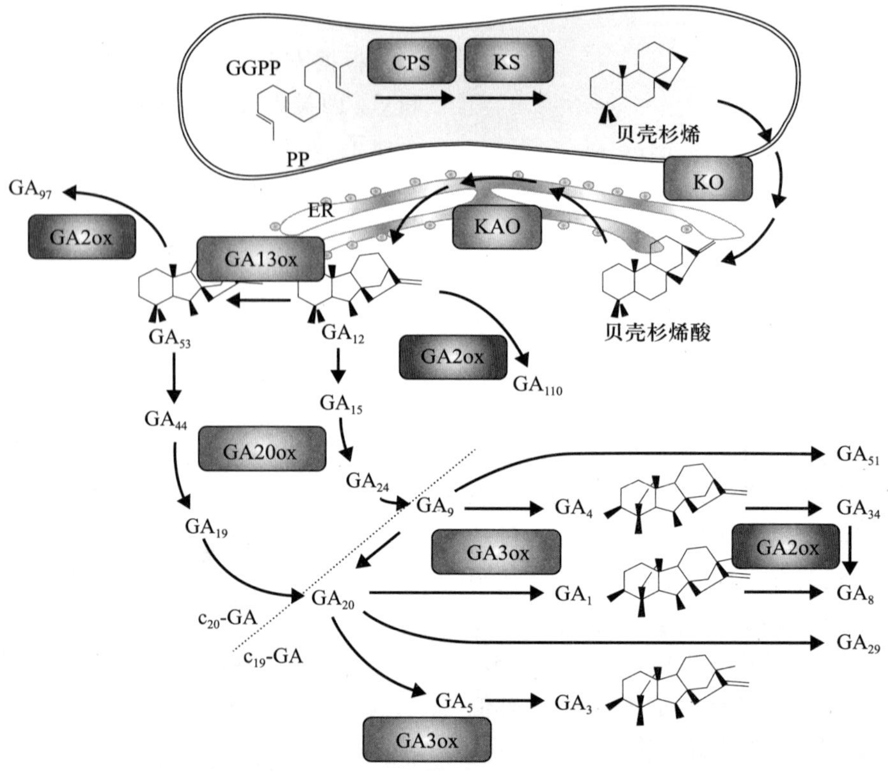

图 7-14 彩图

图 7-14　赤霉素的生物合成

（引自 Hernández-García 等，2020）

阶段 1：质体中内根-贝壳杉烯的生物合成。牻牛儿基牻牛儿基焦磷酸（geranylgeranyl pyrosphate，GGPP）作为二萜类（例如赤霉素和叶绿素的植醇链）和四萜类（类胡萝卜素）的共同前体，经甲羟戊酸途径或非甲羟戊酸途径合成。GGPP 在内根-古巴焦磷酸合酶（CPS）和内根-贝壳杉烯合酶（KS）的催化下，以内根-古巴焦磷酸为中间体，通过两步环化反应转化为内根-贝壳杉烯。AMO-1618、矮壮素（chormequat chloride，CCC）、Phosphon-D 和缩节胺（mepiquat chloride，Pix）等化合物是该阶段赤霉素生物合成的专一抑制剂。

阶段 2：在质膜和内质网中通过细胞色素 P450 单加氧酶将内根-贝壳杉烯转化为 GA_{12}。经过质膜贝壳杉烯氧化酶（KO）和内质网贝壳杉烯酸氧化酶（KAO）依次氧化，再环缩生成 GA_{12}，GA_{12} 是植物 GA 生物合成途径中形成的第一个赤霉素，其 C-13 的羟化反应（GA13ox）导致 GA_{53} 的形成。多效唑（paclobutrazol PP_{333}）等生长延缓剂通过抑制内根-贝壳杉烯到 GA_{12}-醛的氧化反应而抑制 GA 的生物合成。

阶段 3：细胞质中形成 C_{20}-和 C_{19}-赤霉素。由 GA_{12} 和 GA_{53} 通过 2 条平行途径转变为其他各种赤霉素。首先，在 GA20 氧化酶（GA20ox）的催化下，不断氧化 GA_{53} 和 GA_{12} 的 C-20，把 C-20 以 COO—形式除去，分别转化为 C19 形式的 GA_{20} 和 GA_9；接下来 GA_{20} 在 GA3 氧化酶（GA3ox）催化下进行 3β-羟化反应而氧化为具生物活性的 GA_1 和 GA_3，GA_9 也由 3β-羟化反应而氧化为具生物活性的 GA_4。最后，GA_4 和 GA_1 在 GA2 氧化酶（GA2ox）催化下，通过 C-2 羟化反应，分别形成不具生物活性的 GA_{34} 和 GA_8。

调节赤霉素生物合成的酶主要有 3 种：一是 GA20 氧化酶；二是 GA3 氧化酶，具有 3β-羟化酶的作用，将羟基加到 C-3，形成活化的 GA_1 和 GA_4；三是 GA2 氧化酶，把羟基加到 C-2，可使 GA_1 和 GA_4 失活。

7.2.2.2　结合态赤霉素

赤霉素合成以后在体内的降解很慢，然而却很容易转变成无生物活性的结合态赤霉素。植物体内的结合态赤霉素主要有赤霉素-葡萄糖酯和赤霉素-葡萄糖苷等。结合态赤霉素无生理活性，是赤霉素的贮藏和运输形式。在植物的不同发育时期，游离态和结合态赤霉素可相互转化。如在种子成熟时，游离态赤霉素不断转变成结合态赤霉素而贮藏起来；而在种子萌发时，结合态赤霉素又通过酶促水解转变成游离态赤霉素而发挥其生理调节作用。

7.2.2.3 赤霉素失活

尽管在高等植物、真菌和细菌中已至少鉴定出136种赤霉素，但只有少数具有生物活性(例如GA_1、GA_3、GA_4和GA_7)。有些并不具有生物活性，大多是生物合成中间体或生物活性赤霉素的分解代谢物。此类赤霉素具有明显的结构特征——在2号C位上连接有羟基。

赤霉素失活途径有GA2-氧化酶催化的2β-羟化，还有GAMT催化的C-6羧基甲基化(图7-15)。

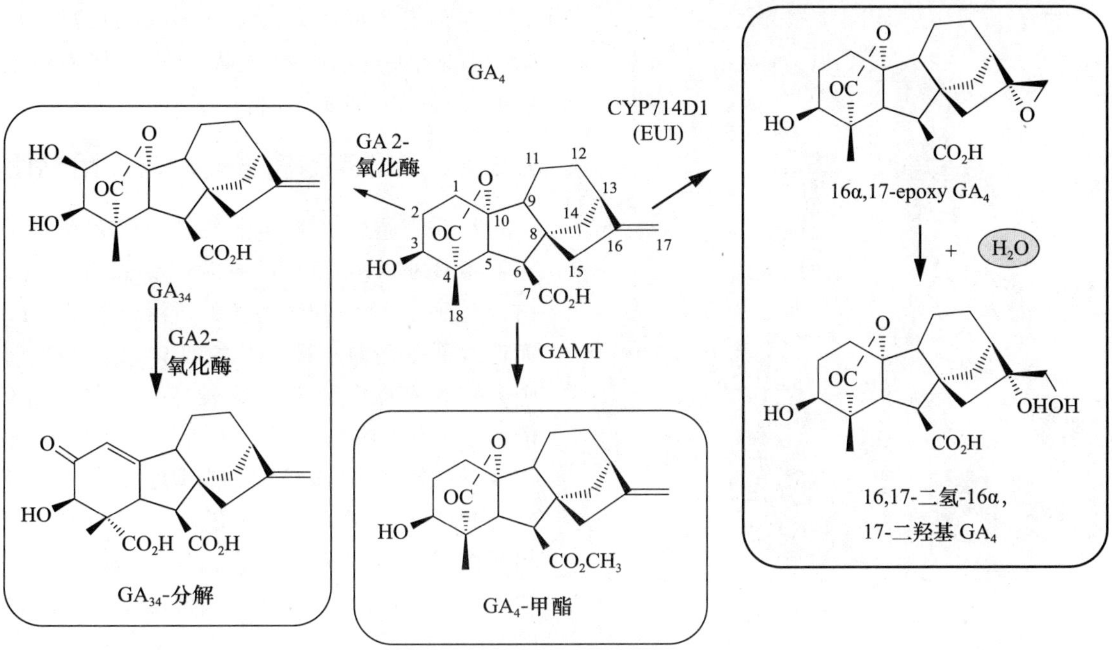

图 7-15 赤霉素失活途径

(修改自 Buchanan 等，2015)

7.2.3 赤霉素的生理作用

1. 赤霉素促进茎的伸长生长

赤霉素促进植物下胚轴、禾本科植物节间的伸长生长，对矮生植物和莲座状植物茎伸长的效应尤其明显。外源GA_3能使玉米、豌豆、水稻、大豆和拟南芥等植物的矮生突变体恢复正常的野生性状。

已知玉米的30余种矮生突变体均表现为节间缩短，其内源GA_1的水平显著下降，这类突变体称为赤霉素缺失型突变体。另有一类称为赤霉素不敏感型突变体的矮生型突变体，施用外源赤霉素并不能使其节间伸长，可能是其赤霉素信号转导途径发生了某种障碍。菠菜和甘蓝等莲座型植物代表了另一类典型的生理矮化类型，它们在开花前受低温和长日照等环境因子诱发后，节间迅速伸长，俗称抽薹。对于多数莲座型植物，外源GA_3能代替环境因子的诱导而导致抽薹，并能诱导产生超长茎(图7-16)。

赤霉素促进生长具有以下特点：①促进整株植物生长。与IAA明显促进离体茎切段的伸长不同，赤霉素显著促进整株植物茎的生长，但对离体茎切段的伸长没有明显的促进作用。②促进节间的伸长。赤霉素主要作用于已有的节间伸长，而不是促进节数的增加。③不存在超最适浓度的抑制作用。即使赤霉素浓度很高，仍可表现出最大的促进效应，这与生长素促进植物生长具有最适浓度的情况显著不同。

2. 赤霉素促进种子萌发

赤霉素缺乏型拟南芥突变体的种子不能萌发，但外源赤霉素可促进其萌发，当GA_4及GA_7的处理浓度达10 $\mu mol \cdot L^{-1}$以上时，萌发率可达100%。对于需光和需低温才能萌发的种子，如莴苣、烟草、紫苏、李和苹果等的种子，GA可代替光照和低温打破休眠。在啤酒制造业中，用赤霉素处理萌动而未发芽的大麦种子，可诱导α-淀粉酶的产生，加速酿造时的糖化过程，并降低萌芽的呼吸消耗，从而降低成本。

图 7-16　赤霉素诱导甘蓝茎的伸长

（引自 Taiz 和 Zeiger，2010）

3. 赤霉素诱导开花

赤霉素对植物开花的诱导效应视不同植物反应型而异。施用 GA 能促进多种需长日或低温诱导开花的植物在非诱导条件下开花，但对短日植物的花芽分化一般无促进作用。不同种类的赤霉素对开花的影响有差别，不同植物类型的成花诱导也需要不同种类的赤霉素。GA_1 能有效地促进茎的伸长生长，但不能促进开花。$GA_{4/7}$ 促进松柏科植物花芽分化，GA_5 促进十字花科油菜的花芽分化。对于花芽已经分化的一些植物，赤霉素对其花的开放具有显著的促进效应，如赤霉素能促进甜叶菊、铁树及柏科、杉科植物的开花。

4. 赤霉素促进雄花的分化

对于雌雄异花同株的植物，用赤霉素处理可增加雄花的比例。例如，在黄瓜等葫芦科植物花芽分化初期施用赤霉素能促进雄花发育，施用赤霉素生物合成抑制剂有促进雌花发育的趋向。对于雌雄异株植物的雌株，赤霉素促进雄花发育，赤霉素生物合成抑制剂促进雌花发育，而且，雄株的内源赤霉素含量较雌株的高。赤霉素在植物性别分化方面的效应与生长素和乙烯相反。

5. 赤霉素促进某些植物坐果和单性结实

赤霉素可促进某些果实的坐果和果实的生长，如促进苹果（*Malus sylvestris*）坐果。GA_3 用于形成无籽果实及促进果实肥大，在葡萄生产上已广泛应用。

6. 赤霉素的其他生理效应

赤霉素还可加强 IAA 对养分的动员效应、延缓叶片衰老、促进细胞的分裂和分化，但赤霉素对不定根的形成却起抑制作用。

7.2.4　赤霉素的信号转导与作用机理

目前已通过水稻矮化突变体研究获得了第一个赤霉素受体 GID1（gibberellin insensitive dwarf 1）蛋白，定位于细胞质和细胞核的可溶性部分。*gid*1 是对赤霉素不敏感的水稻矮化突变体，而 GID1 过量表达则会导致赤霉素超敏感的表型。植物感知 GA 信号依赖于 GID1 蛋白。活性 GA 与 GID1 结合后，促进 GID1 与 GA 信号途径中的负调控因子 DELLA 蛋白 N 端的结合，促进 DELLA 蛋白 C 端与 $SCF^{SLY1/GID2/SNE}$ 相互作用，导致 DELLA 蛋白构象改变，DELLA 蛋白被泛素化，并由 26S 蛋白酶复合体降解，进而解除 DELLA 蛋白的阻遏作用，赤霉素响应基因得以解除阻遏而表达，发挥其生理功能（图 7-17）。

7.2.4.1　赤霉素促进茎生长的机理

赤霉素对生长的促进包括对细胞伸长和细胞分裂（如居间分生组织细胞分裂）的促进，在对深水稻茎的生长促进中对细胞伸长的促进占 90%。

赤霉素通过提高细胞壁的延展性而促进细胞伸长。其促进生长的滞后期比生长素的长，以豌豆为例，赤霉素为 2～3 h，而生长素只需 10～15 min，说明赤霉素和生长素刺激细胞生长的机制不同。赤霉素本身并不促进细胞质子外排，不引起细胞壁酸化，但它可能通过生长素引起的细胞壁酸化而起作用。赤霉素对细胞壁延展性的促进作用可能涉及木葡聚糖转葡糖苷酶（xyloglucan endotransglycosylase，XET）。木葡聚糖是初生壁的主要成分，XET 能够内切木葡聚糖聚合体，将产生的还原性末端连接到另外一个木葡聚糖链，再排列为木葡聚糖-纤维素网。XET 的作用还可能是促进扩张蛋白（expansin）进入细胞壁，扩张蛋白是细胞壁蛋白，能在酸性条件下减弱细胞壁的多糖氢键使细胞壁松弛。研究表明，GA 诱导的细胞延伸至少部分是受扩张蛋白调控的。

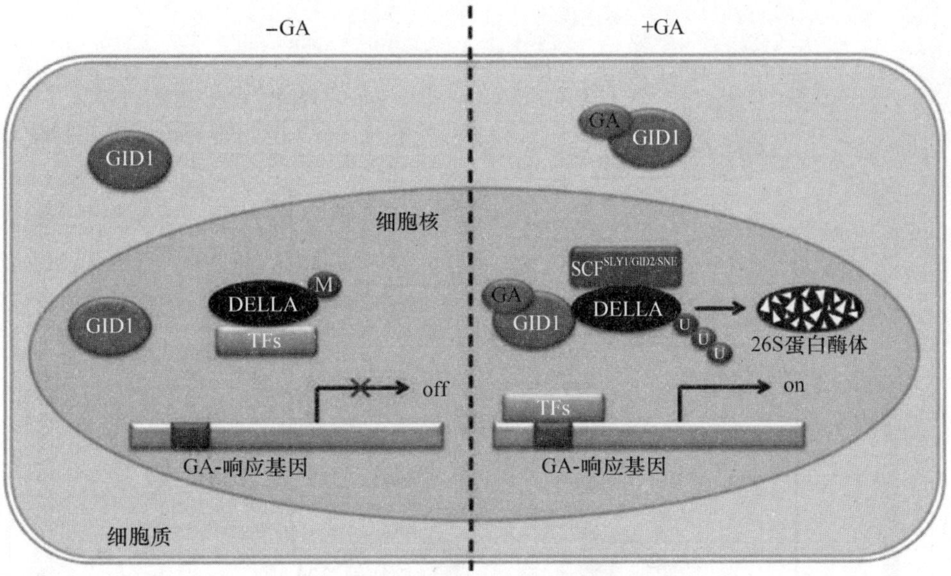

图 7-17　DELLA 蛋白介导的 GA 信号转导模型

（引自高秀华和傅向东，2018）

赤霉素对细胞分裂的促进是通过诱导几个依赖细胞周期蛋白的蛋白激酶(cyclin-dependent protein kinases,CDKs)的基因的表达,从而促进细胞周期从 G_1 期向 S 期的转变。

7.2.4.2　赤霉素促进种子萌发的机理

赤霉素促进种子萌发的作用和机理如图 7-18 和图 7-19 所示。

赤霉素在种子萌发中的作用如图 7-18 所示。来自胚的 GA 在糊粉层中促进以 α-淀粉酶为主的多种水解酶的产生和分泌,从而促进种子萌发过程中胚乳贮藏物的分解。

大麦种子内的贮藏物质主要是淀粉,发芽时淀粉在 α-淀粉酶的作用下水解为糖以供胚生长的需要。如种子无胚,则不能产生 α-淀粉酶,但外加赤霉素可代替胚的作用,诱导无胚种子产生 α-淀粉酶。如既去胚又去糊粉层,即使用赤霉素处理,淀粉仍不能水解,这证明胚中产生赤霉素,糊粉层细胞是赤霉素作用的靶细胞。

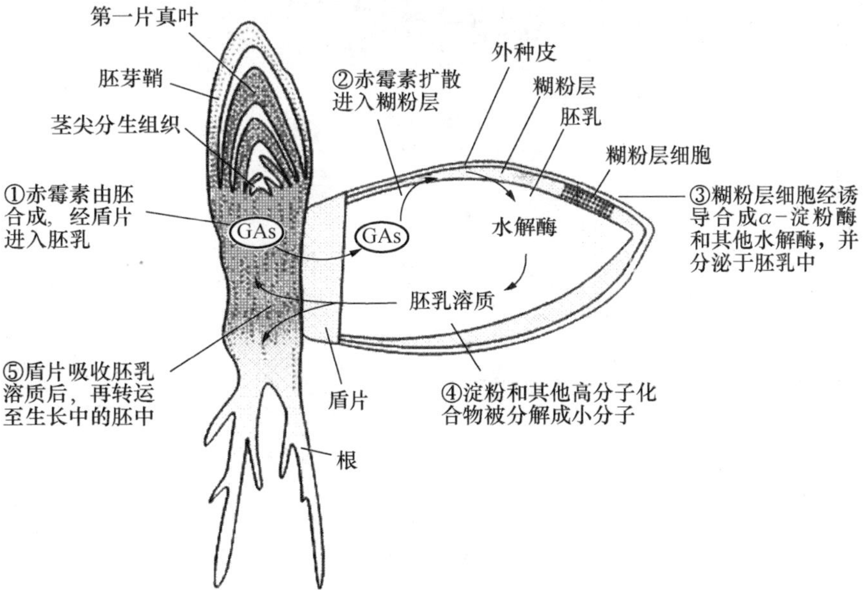

图 7-18　赤霉素在种子萌发中的作用

（引自 Taiz 和 Zeiger，2010）

图 7-18 彩图

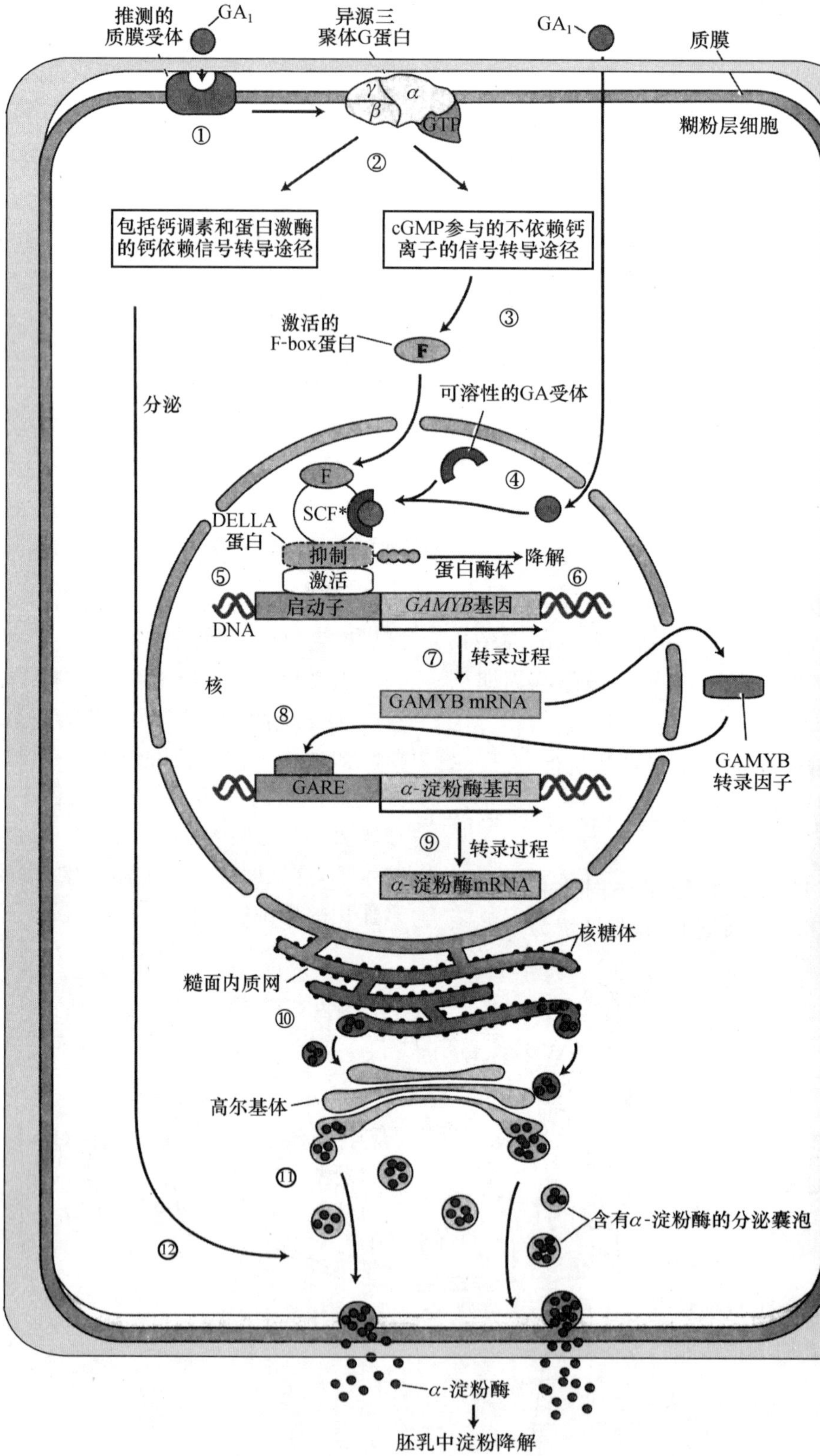

图 7-19 大麦糊粉层中赤霉素诱导 α-淀粉酶合成的信号转导途径模式

(引自 Taiz 和 Zeiger,2006)

赤霉素对 α-淀粉酶的产生的促进作用受转录和翻译抑制剂的抑制。同位素标记研究显示，赤霉素对 α-淀粉酶活性的促进涉及酶的从头合成，而非已存在的酶的活化。这些生理生化研究的证据表明，赤霉素促进 α-淀粉酶 mRNA 的形成。分子生物学的证据表明，GA 促进糊粉层中 α-淀粉酶 mRNA 水平的提高，而且 α-淀粉酶 mRNA 水平的提高是由于 α-淀粉酶基因转录的增强，而非 mRNA 降解速度的减小。

大麦糊粉层中赤霉素诱导 α-淀粉酶合成的信号转导途径（图 7-19）首先从①GA_1 与糊粉层细胞表面受体结合开始，接下来②GA 受体复合物与异源三聚体 G 蛋白发生作用，激发两条信号转导途径。其中③为不依赖钙离子的信号转导途径，由 cGMP 和一些其他元件组成，它们与泛素连接酶 SCF 复合物的 F-box 蛋白相互作用。而④GA_1 直接进入细胞并与主要定位在核上的受体蛋白结合，有活性的 F-box 蛋白与一个 DELLA 蛋白抑制因子蛋白结合，阻断了 *GAMYB* 基因的转录。⑤DELLA 域蛋白抑制子可能阻断一个转录催化剂的活性。⑥抑制因子通过泛素连接酶 SCF 复合物降解。⑦抑制子的降解使 *GAMYB* 和其他一些应答基因能够表达。⑧新合成的 GAMYB 蛋白进入核中并与 α-淀粉酶的启动子及其他一些脱氢酶结合。⑨基因的转录被激活。⑩α-淀粉酶和其他一些脱氢酶在糙面内质网中合成。⑪高尔基体分泌蛋白质。从②到⑫分泌 α-淀粉酶的过程需要 GA 激活的依赖钙调素和蛋白激酶的途径参与。

糊粉层细胞中 GAMYB（与赤霉素对 α-淀粉酶基因转录的诱导作用相关的转录因子）mRNA 的合成在应用 GA 后的 3 h 内提高，比 α-淀粉酶 mRNA 的提高早几个小时。蛋白质合成抑制剂环己酰亚胺对 *GAMYB* mRNA 的合成无作用，表明 *GAMYB* 是早期基因。

7.3 细胞分裂素类

7.3.1 细胞分裂素的发现和化学结构

7.3.1.1 细胞分裂素的发现

生长素和赤霉素是促进细胞伸长生长的物质，植物体内是否存在促进细胞分裂的物质？早在 1948 年，美国威斯康星大学的斯库格（F. Skoog）和崔澂等在烟草茎切段组织培养中发现，当生长素存在时，短时间内茎切段能同时进行细胞扩大和细胞分裂。在生长素培养基中加入酵母，烟草髓组织的细胞扩大和细胞分裂会得到促进，分裂过程的持续时间也被延长。分析酵母中促进细胞分裂的有效成分是嘌呤类化合物。1954 年，雅布隆斯基（J. R. Jablonski）和斯库格发现烟草髓组织在只含有生长素的培养基中细胞不分裂而只长大，如将髓组织与维管束接触，则细胞分裂。后来他们发现维管组织、椰子乳汁或麦芽提取液中都含有诱导细胞分裂的物质——嘌呤类化合物。1955 年，米勒（C. O. Miller）和斯库格等发现经高压灭菌处理的鲱鱼精细胞 DNA 能诱导烟草髓组织的细胞分裂。他们分离出了这种活性物质，并命名为激动素（kinetin，KT）（图 7-20）。1956 年，米勒等鉴定出其化学结构为 N^6-呋喃甲基腺嘌呤（N^6-furfuryl adenine），分子式为 $C_{10}H_9N_5O$，相对分子质量为 215.2。然而，迄今为止在植物体内还未发现天然存在的激动素。

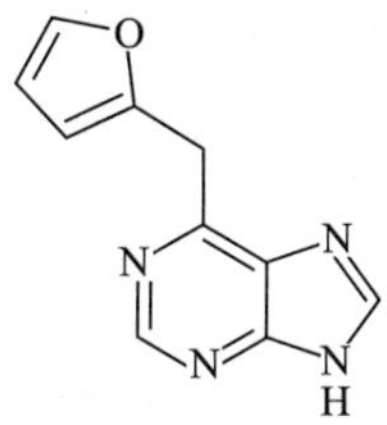

激动素（KT）

图 7-20 激动素的结构

尽管植物体内不存在激动素，但实验发现植物体内广泛分布着能促进细胞分裂的物质。1973 年，莱撒姆（Letham）从未成熟的玉米籽粒中分离出了一种类似于激动素的细胞分裂促进物质，命名为玉米素（zeatin，Z）（图 7-21），其分子式为 $C_{10}H_{13}N_5O$，化学结构为 6-(4-羟基-3-甲基-反式-2-丁烯基氨基)嘌呤［6-(4-hydroxyl-3-methyl-trans-2-butenylamino)purine］，相对分子质量为 129.7。玉米素是最早发现的植物天然细胞分裂素，其生理活性远强于激动素。因为玉米素侧链有一个双键，所以玉米素存在顺式（*cis*）和反式（*trans*）2 种构型，而且两者之间可以相互转换。尽管反式玉米素活性比较强，顺式玉米素在一些植物中也发挥着重要的作用。如在拟南芥中主要存在反式玉米素，而在玉米和水稻中顺式玉米素则占主要地位。1965 年，斯库格等提议将来源于植物的、其生理活性类似于激动素的化合物统称为细胞分裂素（cytokinins，CTKs），目前在高等植物中已至少鉴定出了 30 多种细胞分裂素。

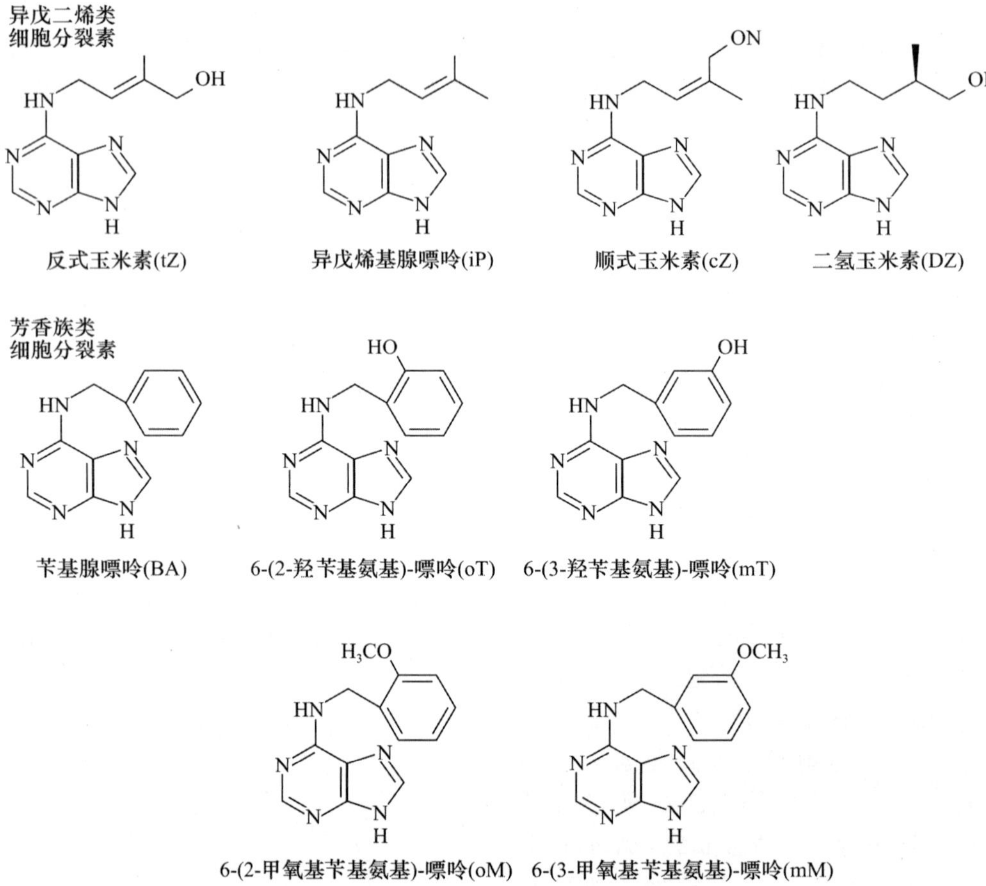

图 7-21 植物体内天然存在的 CTKs 的结构

（引自 Buchanan 等，2015）

7.3.1.2 细胞分裂素的种类和结构特点

天然存在的细胞分裂素类化合物是腺嘌呤第 6 位氮原子上被取代的衍生物，主要分为两类：N^6 位携带异戊二烯侧链的异戊二烯类细胞分裂素以及 N^6 位被芳香族化合物取代的芳香族类细胞分裂素。前者在植物体内广泛存在，包括反式玉米素（*trans*-zeatin，tZ）、异戊烯基腺嘌呤（isopentenyl adenine，iP）、顺式玉米素（*cis*-zeatin，cZ）、二氢玉米素（dihydrozeatin，DZ）等；后者只存在于一些植物体内，如杨树，拟南芥，小立碗藓等。常见的植物体内天然存在的芳香族类细胞分裂素为苄基腺嘌呤（benzyladenine，BA）、6-(2-羟苄基氨基)-嘌呤（*ortho*-topolin，oT）、6-(3-羟苄基氨基)-嘌呤（*meta*-topolin，mT）、6-(2-甲氧基苄基氨基)-嘌呤（*ortho*-methoxytopolin，oM）和 6-(3-甲氧基苄基氨基)-嘌呤（*meta*-methoxytopolin，mM）（图 7-21）。

在农业和园艺上应用得较广泛的细胞分裂素是激动素和 BA。有的化学物质虽然不具腺嘌呤结构，但仍然具有细胞分裂素的生理活性，如噻苯隆（Thidiazuron，TDZ）（图 7-22）已在农业生产上广泛应用。

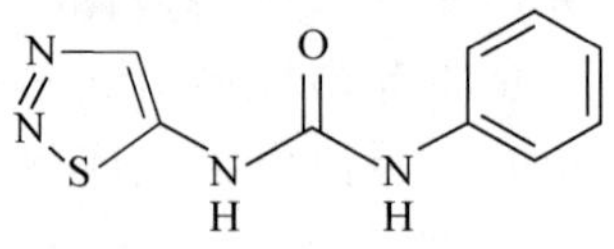

噻苯隆(TDZ)

图 7-22 噻苯隆的结构

7.3.2 细胞分裂素的代谢和运输

7.3.2.1 细胞分裂素的生物合成

在高等植物中，细胞分裂素主要存在于细胞分裂旺盛的部位，如茎尖、根尖、未成熟的种子、萌发的种子和发育中的果实等。一般而言，细胞分裂素的含量为 1～1 000 ng·g^{-1}DW。

一般认为，细胞分裂素的合成部位是根尖。但根尖可能并不是细胞分裂素合成的唯一部位。CTKs 可在植物体的很多部位合成，并且在合成部位发挥作用。已有报道在拟南芥和水稻中，CTKs 合成的关键酶基因可在很多器官中表达，包括根、茎、叶、花、果实。

催化异戊二烯类合成的第一个关键酶为腺嘌呤核苷酸异戊烯基转移酶（adenosine phosphate-isopentenyl transferase，IPT），IPT 催化二甲基丙烯基焦磷酸（dimethylallyl diphosphate，DMAPP）上的异戊二烯基团转移到腺嘌呤核苷酸的 N^6 位上。IPT 已从许多植物中分离鉴定，拟南芥中存在 9 个基因编码 IPT。高等植物中的 IPTs 优先利用腺苷三磷酸（ATP）和腺苷二磷酸（ADP）作为异戊烯基受体，分别生成 iP-核苷三磷酸（iPRTP）和 iP-核苷二磷酸（iPRDP）。拟南芥中 iP-核糖酸（iPRTP 和 iPRDP）在 CYP735A 的作用下羟化生成对应的 tZ-核糖酸。生成的 iP-、tZ-核糖酸可通过去磷酸化和去核糖基化两步作用转变为游离基形式，但迄今还没有克隆到编码这两步酶的基因。近来研究发现细胞分裂素核苷 5′-单磷酸核糖水解酶（cytokinin nucleoside 5′-monophosphate phosphoribohydrolase，也称为 LONLY GUY，LOG）可直接催化上述过程的发生（图 7-23）。

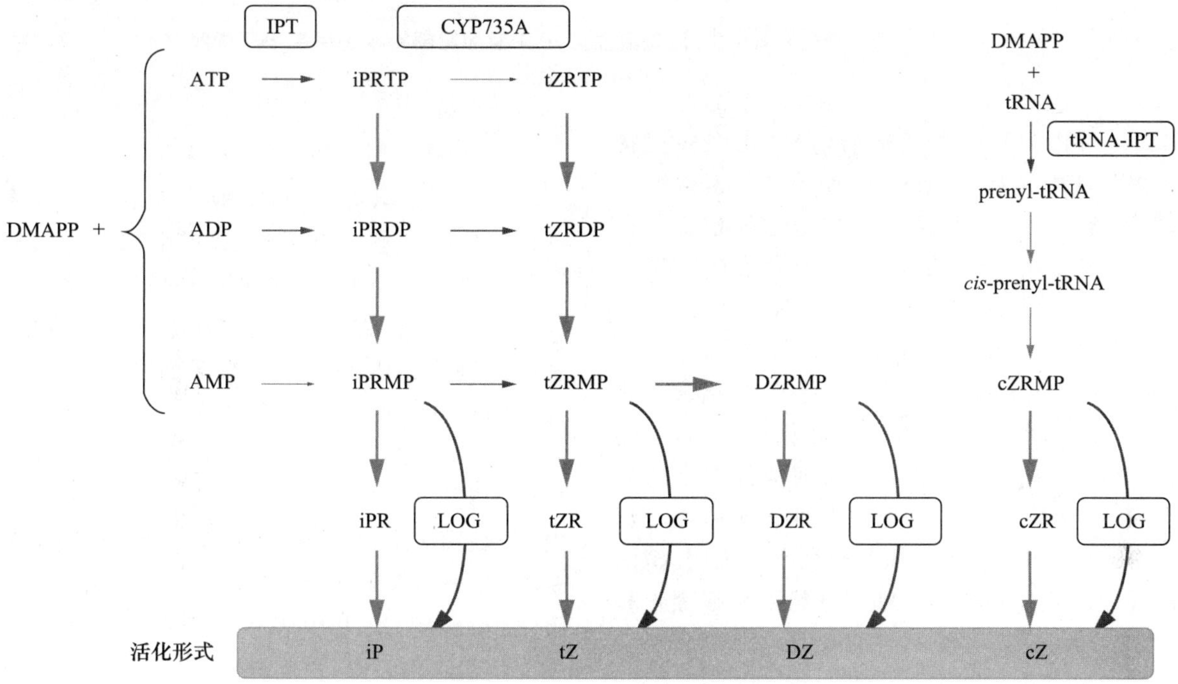

图 7-23　细胞分裂素的合成途径

（Hirose 等，2008）

另外，植物还可通过 tRNA 的降解来合成 CTKs，现已报道一些 CTKs 如异戊烯基腺嘌呤核苷（iP riboside，iPR），顺式-玉米素核苷（*cis*-zeatin riboside，cZR），tZR 以及它们的 2-甲硫基衍生物可来自 tRNA 的降解。该途径的第一步是由 tRNA-异戊烯基转移酶（tRNA-IPT）催化 tRNA 异戊烯化，异戊烯基同样由 DMAPP 供应（图 7-23）。拟南芥中，tRNA-IPT 缺失的突变体不含有 cZ 类 CTKs，表明拟南芥体内的 cZ 类 CTKs 来自 tRNA 的降解。水稻中富含 cZ 类 CKs，但还不清楚是否所有的 cZ 类 CTKs 都来自 tRNA 的降解。芳香族类细胞分裂素的合成途径迄今还不清楚。

植物中最具有活性的 CTKs 为 iP 和 tZ，在植物中分布比较广泛，而 cZ 的活性较低，主要存在于单子叶植物中，在玉米和水稻中，cZ 类 CTKs 的含量高于 tZ 和 iP 类 CTKs。

7.3.2.2　细胞分裂素的结合物、氧化和运输

细胞分裂素常常与葡萄糖、氨基酸和核苷结合形成结合态细胞分裂素。葡萄糖与细胞分裂素结合可形成细胞分裂素的 N-葡萄糖苷和 O-葡萄糖苷。N-葡萄糖苷没有生物活性，是一种失活形式，而 O-葡萄糖苷不受细胞分裂素氧化酶的破坏，在适当条件下可水解为游离态细胞分裂素，它可能属于一种贮藏形式。

CTKs的不可逆降解是由细胞分裂素CTK氧化酶/脱氢酶(cytokinin oxidase/dehydrogenase,CKX)催化的(图7-24)。CKX催化iP、cZ、tZ的侧链以及它们核苷的侧链氧化裂解,形成腺嘌呤或腺苷以及相应的支链醛。不同的CTKs对CKX的亲和力不同,tZ和iP很容易被CKX降解,而cZ的亲和力较弱,DZ和芳香族CKs则不易被CKX降解。已在多种植物中发现了细胞分裂素氧化酶的存在,在拟南芥中有7个*CKX*基因(*CKX1*～*CKX7*),它们编码的酶定位于液泡、细胞质或细胞壁空间,具有不同的表达模式和不同的生化特性。

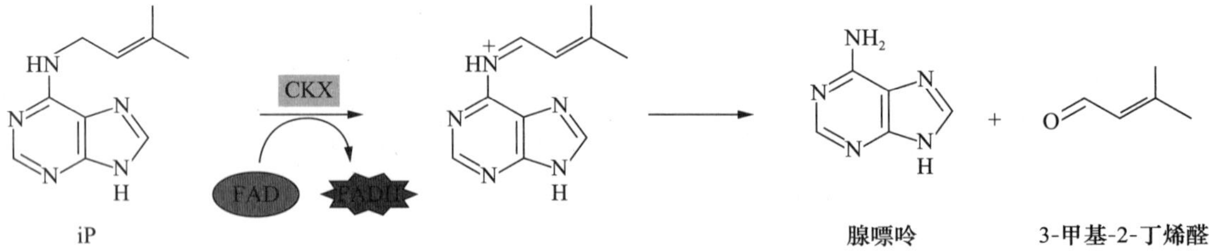

图7-24　细胞分裂素氧化酶/脱氢酶催化iP降解为腺嘌呤和3-甲基-2-丁烯醛

(引自Buchanan等,2015)

CTKs可作为长距离运输的信号,在许多植物的木质部汁液中含有CTKs。早期的同位素研究也表明,地上部的CTKs可通过韧皮部运往根部。在木质部汁液中,主要的CTKs为玉米素核苷(tZR),而在韧皮部汁液中,主要为iP类CTKs。所以现在普遍认为tZR是向顶运输的主要信号,而iP类CTKs则是向基运输的信号。负责将iP-核糖酸转化为tZ-核糖酸的酶CYP735A主要在根中表达,也提示tZ主要在根中合成。细胞之间细胞分裂素的运输主要通过载体。细胞分裂素碱基的运输由嘌呤转运载体PUP(purine permease)介导,研究表明,拟南芥利用同样的载体系统转运细胞分裂素与腺嘌呤和咖啡因,tZ可完全抑制腺嘌呤的吸收。细胞分裂素核苷酸的运输则由核苷酸转运蛋白ENT(equilibrative nucleoside transporter)介导。另外,在拟南芥中,ABC(ATP-binding cassette)转运蛋白ABCG14主要负责根部合成的tZ类CTKs运输到木质部。

7.3.3　细胞分裂素的生理作用

1. 促进细胞分裂

细胞分裂素的主要生理功能是促进细胞的分裂。生长素、赤霉素和细胞分裂素都有促进细胞分裂的效应,但它们各自所起的作用不同。细胞分裂素主要是对细胞质的分裂起作用,生长素只促进核的分裂,而赤霉素促进细胞分裂主要是缩短了细胞周期中的G_1期(DNA合成准备期)和S期(DNA合成期)的时间。细胞分裂素主要在G_1/S和G_2/M两个转换点调控细胞周期的进程。

2. 促进芽的分化

在植物组织培养中,细胞分裂素和生长素的相互作用控制着愈伤组织根、芽的形成。当培养基中[CTK]/[IAA]的比值高时,愈伤组织形成芽;当[CTK]/[IAA]的比值低时,愈伤组织形成根;如二者的比值适中时,则愈伤组织保持生长而不分化。

细胞分裂素信号在茎尖分生组织(shoot apical meristem,SAM)发育过程中起重要作用,外源细胞分裂素甚至可以诱导侧根原基变成SAM。植物体内细胞分裂素水平降低或信号转导缺陷可导致SAM变小。水稻天然变种*Habataki*中,花序分生组织中*OsCKX2*基因表达量降低导致CTKs在花序分生组织中积累,提高分生组织活性,增加每穗粒数,并增加产量(图7-25)。在SAM中,*WUSCHEL*(*WUS*)基因在SAM的组织中心表达,*WUS*位于CTKs信号的下游,直接介导CTKs诱导的芽的发育。

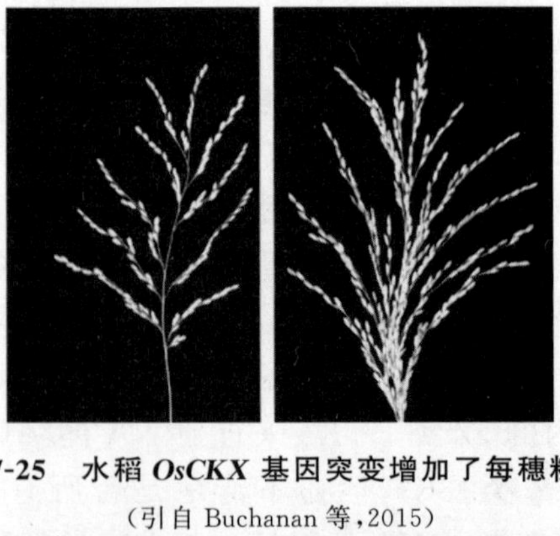

图7-25　水稻*OsCKX*基因突变增加了每穗粒数

(引自Buchanan等,2015)

Koshihikari(左边)和*Habataki*(右边)的穗子,水稻天然变种*Habataki*中*OsCKX2*基因表达量降低导致每穗粒数增加

3. 调控花的发育

CTKs 在花发育的几个阶段也起关键作用，例如 CTKs 信号缺陷的突变体，从愈伤组织再生心皮受损。在花发育后期，CTKs 调控雌蕊的发育。拟南芥 CTKs 信号缺陷的突变体胚珠数目变少，隔膜融合存在缺陷，输导组织变少。相反，体内 CTKs 含量升高导致中间组织过度增殖。细胞分裂素在雌蕊发育中的作用也在其他物种中得到了证明，例如在雌雄异株植物猕猴桃中，*SHY GIRL* 基因编码 C 型 RR，是 CTKs 信号的负调节因子。*SHY GIRL* 基因的表达在不影响花粉和花药发育的情况下导致雌性死亡，从而产生雌雄异株花。

4. 调控根的发育

细胞分裂素和生长素相互作用调控根分生组织的大小。CTKs 通过抑制过渡区（transition zone，TZ）生长素的活性来调控分生区的大小，CTKs 可诱导 *SHY2*（short hypocotyl 2）基因的表达，而 SHY2 可抑制 *PIN* 基因的表达，干扰生长素的运输和分布，使分生区减小，促进细胞分化。相反，生长素可诱导 SHY2 的降解，维持生长素的信号转导，抑制 *IPT5* 基因的表达，抑制 CTKs 的合成，诱导细胞分裂，正调控分生区的大小（图 7-26）。

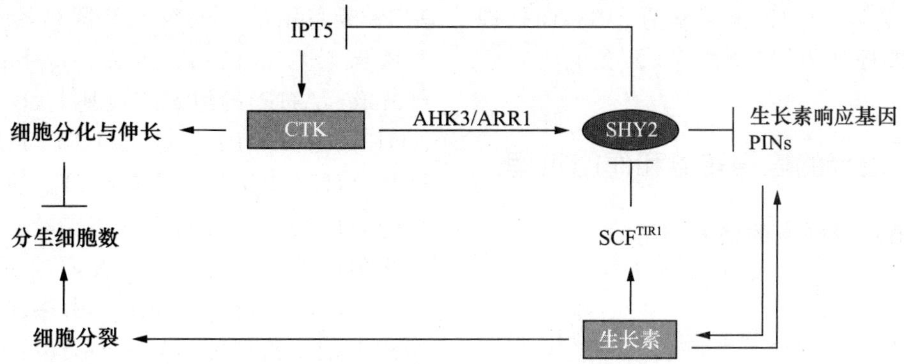

图 7-26 细胞分裂素和生长素相互作用调控根分生组织的大小

（引自 Chapman 等，2009）

细胞分裂素可调控根的构型，抑制侧根的起始和初生根的伸长生长。另外，还可通过调控营养元素的吸收和转运相关基因的表达来影响根的功能。

5. 促进细胞扩大

细胞分裂素可促进一些双子叶植物如菜豆、萝卜的子叶或叶片扩大，这种扩大主要是因为促进了细胞的横向增粗。由于生长素只促进细胞的纵向伸长，而赤霉素对子叶的扩大没有显著效应，所以 CKs 对子叶扩大的效应可作为 CTKs 的一种生物测定方法。

6. 促进侧芽发育

CTKs 与 Auxin 相互作用调控植物的顶端优势。顶芽产生的 Auxin，促进生长素输出载体 *PIN1* 基因和 CTKs 的降解基因 *CKX* 的表达，抑制 CTKs 合成基因 *IPT* 的表达，抑制 CTKs 的合成，促进 CTKs 的氧化降解。去掉顶芽后，茎中的 Auxin 含量降低，解除对 *IPT* 基因表达的抑制，下调 *PIN1* 和 *CKX* 基因的表达，促进 CTKs 的合成，茎中合成的 CTKs 运输到休眠的侧芽中，促进侧芽的生长。当侧芽长出后，侧芽合成 Auxin，抑制 *IPT* 的表达，促进 *PIN1* 和 *CKX* 基因的表达（图 7-27）。

7. 延缓叶片衰老

如在离体叶片上局部涂以激动素，则在叶片其余部位变黄衰老时，涂抹激动素的部位仍保持鲜绿。这不仅说明了激动素有延缓叶片衰老的作用，而且说明了激动素在一般组织中是不易移动的。

细胞分裂素延缓衰老是由于细胞分裂素能够延缓叶绿素和蛋白质的降解速度，稳定多聚核糖体，抑制 DNA 酶、RNA 酶及蛋白酶的活性，保持膜的完整性等。细胞分裂素可抑制与衰老有关的一些水解酶（如纤维素酶、果胶酶、核糖核酸酶等）的 mRNA 的合成，所以，CTKs 可能在转录水平上起防止衰老的作用。

此外，CTKs 还可调动多种养分向处理部位移动，因此有人认为 CTKs 延缓衰老的另一原因是促进了物质的积累。

由于 CTKs 有保绿及延缓衰老等作用，故可用来处理水果和鲜花等以保鲜、保绿，防止落果。如用

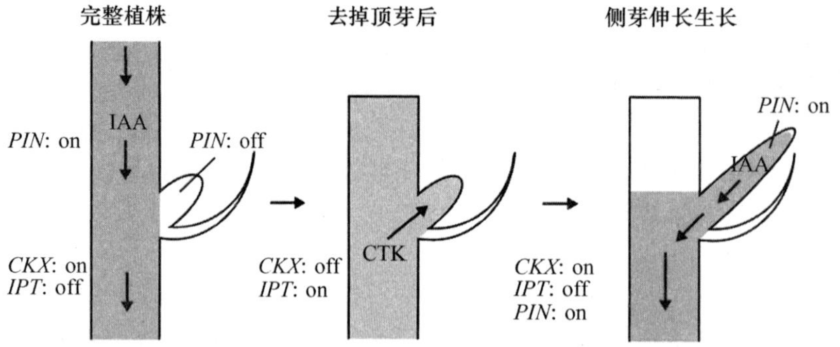

图 7-27　细胞分裂素与生长素相互作用调控植物的顶端优势

（引自 Buchanan 等，2015）

400 mg·L^{-1} 的 6-BA 水溶液处理柑橘幼果，可显著防止第一次生理脱落，对照的坐果率为 21%，而处理的可达 91%，且果梗加粗，果实浓绿，果实也比对照显著增大。

7.3.4　细胞分裂素的信号转导和作用机理

7.3.4.1　细胞分类素的信号转导

1. 细胞分裂素受体

尽管 60 多年前 CTKs 已被鉴定，但拟南芥中 CTKs 的受体（CRE1/AHK4）是近 20 多年来发现的。现已从拟南芥中鉴定出 3 个 CTKs 受体：CRE1（cytokinin receptor 1，CRE1/WOL/AHK4）、AHK2（*Arabidopsis* histidine kinase 2）和 AHK3（*Arabidopsis* histidine kinase 3），这几个受体在功能上既存在冗余又具有特异性。

2. 细胞分裂素信号转导模式

植物细胞感受 CTKs 的信号系统与细菌双元组分调节系统（two-component regulatory systems）相似。细菌双元组分调节系统包括一个受体蛋白和一个应答调控蛋白（response regulator protein）两个元件，当受体由于结合配体而激活后，受体的激酶活性使受体自主磷酸化，当受体激酶将磷酸由其组氨酸残基转移到应答调控蛋白的天冬氨酸残基时，应答调控蛋白得到激活。

CTKs 的受体是一种类似细菌组氨酸激酶的蛋白。在质膜和内质网膜上都存在 CTKs 的受体。在拟南芥中，大部分 CTKs 的受体位于内质网膜上。CTKs 通过转运蛋白 PUP 或 ENT 进入到细胞质，与位于内质网膜的 CTKs 受体结合。位于质膜的受体则直接和 CTKs 结合。CTKs 和受体结合后激活受体的激酶活性，受体自磷酸化，并将磷酸基团由激酶区的组氨酸残基转移至信号接收区的天冬氨酸残基上，天冬氨酸上的磷酸基团被转移到拟南芥组氨酸磷酸转移蛋白（*Arabidopsis* histidine phosphotransfer，AHP）的组氨酸残基上，在拟南芥中有 5 个 AHP 蛋白（AHP1～AHP5）。假 HP 蛋白 AHP6 通过与 AHP1-5 竞争来抑制 CTKs 的信号转导。磷酸化的 AHP 进入细胞核，并将磷酸基团转移给一系列应答调控蛋白。拟南芥应答调控蛋白（*Arabidopsis* response regulators，ARRs）由多基因家族编码，根据其 C 端结构域可分为 3 种类型：A 型、B 型和 C 型 ARRs。A 型和 C 型 ARRs 的 C 端较短，B 型 ARR 多一个输出域，可以结合 DNA，并激活 CTKs 诱导的一些基因表达，是 CTKs 信号转导的正调控因子。A 型 ARR 受 CTKs 的诱导，是 B 型 ARRs 的目标基因，并且负反馈调控 CTKs 的信号转导。虽然 A 型 ARR 是 CTKs 的信号转导的负调控因子，但有研究表明 ARR4 可上调光敏色素 B 的表达。C 型 ARR 可能也负调控 CTKs 的信号转导。同时，AHP 蛋白也介导细胞核内细胞分裂素响应因子（cytokinin response factors，CRFs）的表达。激活的 B 型 ARRs 也可诱导 CRFs 的表达（图 7-28）。

7.3.4.2　细胞分裂素的作用机理

细胞分裂素通过促进转录（如 A-ARRs）或稳定 mRNA（如扩张蛋白基因）而促进编码 ARRs、硝酸还原酶、病程相关蛋白 PR1、扩张蛋白、rRNAs、细胞色素 P450s、过氧化物酶等多种基因的表达。

CKs 通过控制依赖细胞周期蛋白的蛋白激酶（CDKs）的活性而促进细胞分裂。生长素虽可促进 CDKs，如 CDC2（cell division cycle 2）的表达，但其诱导的 CDK 没有酶活性，高水平的 CDK 本身并不足以引起细胞的分裂。而细胞分裂素与一种类 CDC25 磷酸酯酶（CDC25-like phosphatase）的激活

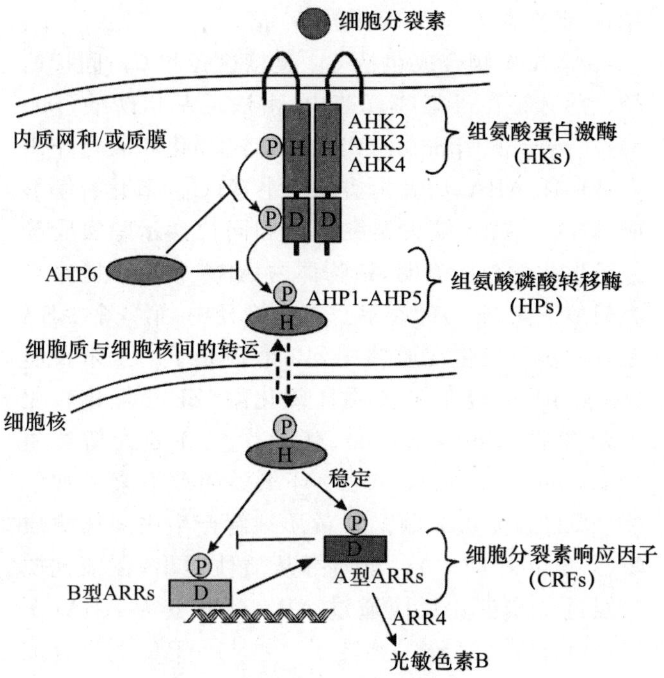

图 7-28　拟南芥中 CTKs 的信号转导

(引自 El-Showk 等,2013)

有关,该酶的作用是除去 CDC2 激酶上的一个抑制磷酸基团。细胞分裂素促进细胞分裂的更主要的机制可能是其对 *CYCD3*[编码一种 D 型细胞周期蛋白(D-type cyclin)的基因]表达的促进。*CYCD3* 可控制细胞有丝分裂时期的长短以及进入核内周期的时间。CTKs 通过诱导 *CYCD3* 的表达调控细胞分裂。在拟南芥中,*CYCD3* 的过量表达可使愈伤组织细胞在含有生长素但缺乏细胞分裂素的条件下进行细胞分裂,而野生型的叶片外植体只能在含有两种激素的培养基上产生愈伤组织(图 7-29)。而 *CYCD3* 缺失的突变体内,CTKs 的水平没有受到影响,但愈伤组织却不能发育出芽。

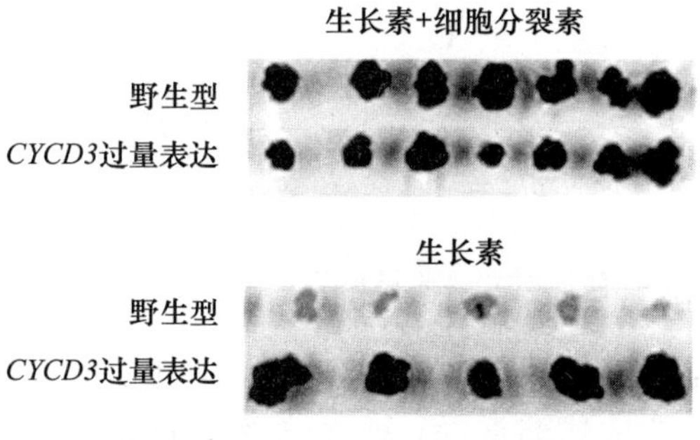

图 7-29　过表达 *CYCD3* 的转基因拟南芥愈伤组织能在缺乏 CTKs 时进行细胞分裂

(引自 Riou-Khamlichi 等,1999)

7.4　脱落酸

7.4.1　脱落酸的发现和化学结构

7.4.1.1　脱落酸的发现

1953 年,Bennet-Clark 和 Kefford 在利用燕麦胚芽鞘弯曲试验研究植物提取物中的生长素时,分离到了一种抑制胚芽鞘切段生长的化合物,称之为“抑制剂-β”(inhibitor-β)。1963 年,Ohkuma 和 Addicott 等从棉花幼铃中分离出促进脱落的化合物,命名为脱落素Ⅱ(abscisin Ⅱ)。同时,Wareing 等研究引起桦树、槭树休眠的化合物,从这些树的叶子中分离出一种能抑制生长并诱导休眠的活性物质,命名为休眠素(dormin)。化学结构鉴定表明,上述几种物质实际上具有相同的化学结构。1967 年,在渥太华召开的第六届国际植物生长物质会议上将其命名为脱落酸(abscisic acid,ABA)。之所以称为脱落酸,是因为当时人们认为它主要参与调控脱落过程。后来的研究表明,ABA 不是脱落的主要控制因子,乙烯才是主要的诱导物质,而 ABA 主要参与种子发育、休眠及植物对各种胁迫的适应等过程。现在看来,脱落酸的命名是不妥的。

7.4.1.2　脱落酸的化学结构

ABA 是以异戊二烯为基本单位含 15 个碳原子的倍半萜(图 7-30),分子式为 $C_{15}H_{20}O_4$,相对分子质量为 264.3。ABA 侧链 2 位上羧基的取向不同决定 ABA 具有顺式(*cis*)和反式(*trans*)两种几何异构体。

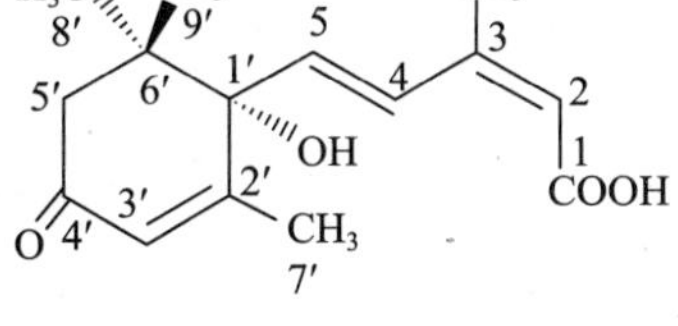

图 7-30　(+)-*cis*-ABA 的化学结构

ABA 环 1′位上为不对称的手性碳原子,故 ABA 有左旋(以-或 *R* 表示)与右旋(以+或 *S* 表示)两种旋光异构体。植物体内的天然形式是(+)-*cis*-ABA,有时也存在痕量的(+)-*trans*-ABA。化学合成的 ABA 是一种外消旋混合物。只有(+)-ABA 才能发挥 ABA 的快速生理效应,如促进气孔关闭。

在调控种子成熟等一些长期效应中，ABA两种旋光异构体都具有活性。ABA因其化学合成品价格昂贵，限制了其在农业生产上的应用。目前，中国科学院成都生物研究所已能规模化发酵生产*cis*-ABA，并开发了相应的植物生长调节剂产品。

7.4.2 脱落酸的代谢和运输

7.4.2.1 脱落酸的生物合成

ABA广泛存在于维管植物中，在一些苔藓、藻类和真菌中也存在。已经确定根冠和叶片是合成ABA的主要部位。高等植物的叶、芽、果实、种子和块茎等都含有ABA，在成熟的组织及将要进入休眠的器官中含量较多。ABA的生物合成主要发生在叶绿体和其他质体内。在植物发育的特定时期或者植物响应环境变化时，ABA含量可发生急剧变化。例如，在发育的种子中，ABA含量在几天内可升高100倍，达到微摩尔水平。在植物遭受水分胁迫时，ABA水平在4～8 h可上升50倍。

ABA生物合成包括C_{15}直接途径和C_{40}间接途径。前者存在于某些真菌中，由法尼基焦磷酸（farnesyl pyrophosphate，FPP）（C_{15}）经环化和氧化作用直接形成ABA；后者由类胡萝卜素（C_{40}）氧化裂解形成ABA。ABA缺失型突变体和同位素示踪实验等分子生物学分析表明，植物体内ABA很有可能来自类胡萝卜素（C_{40}）的裂解。在该途径中，第一个ABA专有的步骤发生在质体中，40个碳原子的玉米黄质（zeaxanthin）经玉米黄质环氧化酶（ZEP）催化转化为紫黄质（violaxanthin），然后生成9-顺式新黄质（9-*cis*-neoxanthin），9-顺式-环氧类胡萝卜素二加氧酶（NCED）催化9-顺式新黄质裂解产生中间体黄质醛（xanthoxin，C_{15}）。黄质醛从质体运出，在细胞质内经过2步催化反应通过ABA醛转变为ABA（图7-31）。目前已分离、鉴定了一些与ABA生物合成有关的酶及其基因。

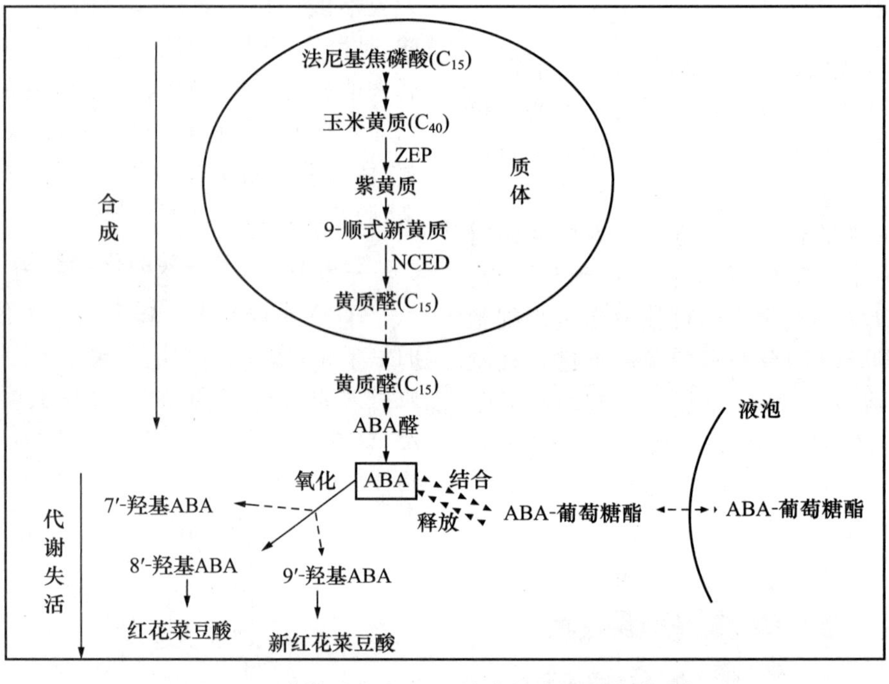

图7-31 高等植物中ABA的生物合成和代谢途径

（参照Seki等，2007）

ABA代谢途径中，C-8′甲基羟基化是主要的代谢途径。ABA-葡萄糖酯主要贮藏在液泡中

ABA代谢途径中，C-8′甲基羟基化是主要的代谢途径。ABA-葡萄糖酯主要贮藏在液泡中。

7.4.2.2 脱落酸的降解与结合态脱落酸的形成

ABA的失活代谢包括氧化降解和形成结合物两个途径。ABA环上3个位置（C-7′、C-8′和C-9′）的甲基可进行羟基化（图7-32）。其中C-8′甲基羟基化是主要的代谢途径，ABA在细胞色素P450单加氧酶催化下生成8′-羟基ABA，该物质不稳定，自动异构化为红花菜豆酸（phaseic acid，PA），PA又被还原成二氢红花菜豆酸（dihydrophaseic acid，DPA）。

PA 的活性极低，而 DPA 无生理活性。C-9′甲基羟基化代谢途径发现较晚，中间产物是 9′-羟基 ABA，最后生成新红花菜豆酸（neophaseic acid，neoPA）。

ABA 及其氧化代谢物的羧基及羟基都可以共价结合一些单糖分子而发生钝化。最常见的结合物是 ABA-葡萄糖酯（ABA glucosylester，ABA-GE）。ABA 结合物无活性，主要贮藏在液泡中，在一些情况下又可释放出游离态 ABA。最近研究表明，ABA-GE 也可能参与 ABA 的长距离运输。

7.4.2.3 脱落酸的运输

ABA 既可以在木质部运输，也可以在韧皮部运输，但主要是韧皮部运输。根部合成的 ABA 则主要依赖木质部运输到地上部。脱落酸运输不具有极性，主要以游离型的形式运输，也有部分以脱落酸糖苷的形式运输。脱落酸在植物体的运输速度很快，在茎或叶柄中的运输速率大约为 20 mm • h^{-1}。

7.4.3 脱落酸的生理作用

1. 脱落酸与种子成熟

ABA 在种子的发育和成熟过程中起着重要的作用。胚发生早期，种子内的 ABA 含量非常低，中期时 ABA 含量达到最高，在种子成熟时逐渐降至低水平。

种子在未脱离母体植株前就开始萌发，这种现象称为早萌（precocious germination），也称为胎萌（vivipary）、穗发芽（pre-harvest sprouting）。ABA 能抑制早萌的发生。已从玉米中筛选到一些胎萌突变体，种子在穗上时就开始发芽。其中一些是 ABA 缺失型突变体（*vp2*、*vp5*、*vp7*、*vp9* 和 *vp14*），其中 VP14 蛋白催化 ABA 合成过程中的关键步骤 9-顺式新黄质裂解产生黄质醛。还有的是 ABA 不敏感的突变体（*vp1*），*vp1* 因为对 ABA 不敏感，导致玉米粒糊粉层缺少花青素，颜色浅，成熟前就发芽（图 7-32）。外源 ABA 可以抑制 ABA 缺失型突变体的胎萌现象。

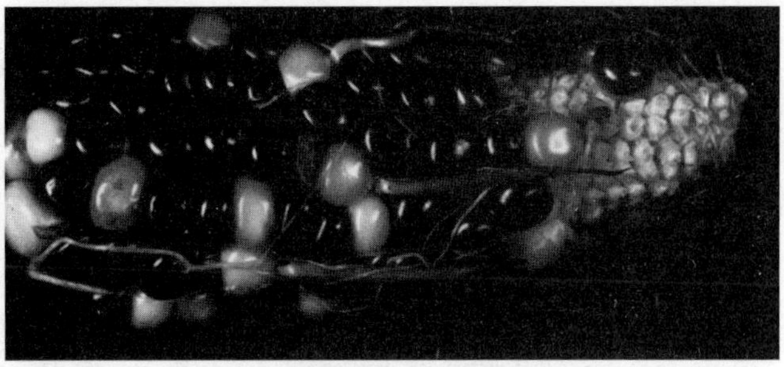

图 7-32 玉米 ABA 不敏感突变体 *vp1* 未成熟种子的胎萌现象

（引自 Buchanan 等，2015）

ABA 可诱导成熟期种子的程序化脱水与营养物质的积累。生理和遗传研究表明，ABA 影响贮藏蛋白、脂类和胚发生晚期丰富蛋白（late embryogenesis abundant proteins，LEA）的合成。例如，外源 ABA 可促进许多种类的离体培养胚积累贮藏蛋白和 LEA 蛋白，一些 ABA 缺失或不敏感的突变体这些蛋白的水平较低。LEA 蛋白与种子发育晚期的脱水有关，可保护细胞膜不受脱水的伤害。

ABA 对于维持种子的休眠也具有重要的作用。许多种子难以萌发就是因为种皮中含有 ABA。后熟和冷处理可以使 ABA 降解为 PA 和 DPA，打破拟南芥种子的休眠。拟南芥 ABA 缺失型突变体（*aba*）种子没有休眠性，*aba* 和野生型之间互交及嫁接实验表明，种子的休眠依赖于胚本身合成的 ABA，而不是来自母体的 ABA。

2. 脱落酸与气孔运动

ABA 对气孔运动的调节已成为研究信号转导的重要模式系统。当植物受到干旱胁迫时，ABA 水平上升，诱导气孔关闭（图 7-33）。ABA 通过不同的信号途径表现出促进气孔关闭和抑制气孔开放的效应。ABA 缺失型突变体表现为持续萎蔫，这是因为突变体丧失了关闭气孔的功能。外源 ABA 可以使这些突变体的气孔关闭，但不能使 ABA 信号转导发生突变的萎蔫突变体的气孔关闭。

3. 脱落酸与植物抗逆性

ABA 常被称为胁迫应激激素，在各种逆境胁迫下，植物内源 ABA 水平都会急剧上升。最典型的例子是叶片中的 ABA 浓度在水分胁迫条件下短时间内可以急剧上升，ABA 促进开放的气孔关闭和抑制关闭的气孔开放，最终结果是关闭气孔，从而降低了植物水分的蒸发，增强抗旱能力。

ABA 缺失突变体，如拟南芥突变体 *aba1*、*aba2*、*aba3* 和烟草、番茄及玉米等的 ABA 缺失型突变体，生长几乎是正常的，但植株普遍矮小。然而，在干旱和高盐等处理条件下，这些 ABA 缺失型突变体比野生型植物更容易枯萎和死亡，而拟南芥 ABA 超敏感突变体 *era1* 对干旱胁迫的抗性增强，这说明 ABA 在植物胁迫耐受过程中具有重要作用。

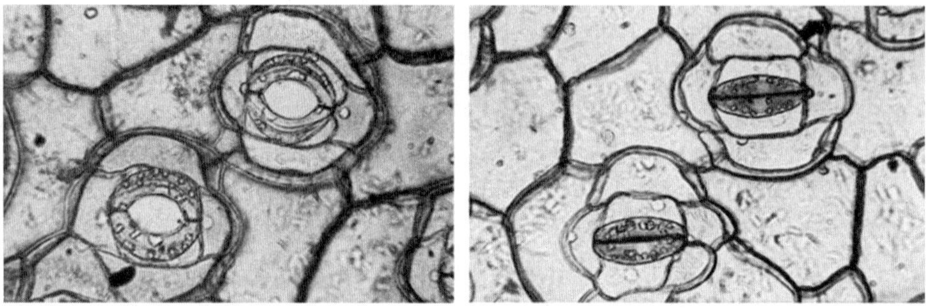

图 7-33　ABA 诱导的鸭跖草表皮条的气孔关闭

（引自 Buchanan 等，2015）

左图：表皮条放在含有 50 mmol/L KCl 的 Pipes 缓冲液（10 mmol/L，pH 6.8）中，2～3 h 后气孔开放；

右图：当转移到含有 ABA（10 μmol/L）的相同溶液中时，气孔在 10～30 min 关闭

逆境胁迫下，ABA 能诱导一些胁迫响应基因的表达，这些基因包括编码渗透调节物质和 LEA 蛋白等合成的基因，这些基因的表达可提高植物抵抗逆境的能力。水分胁迫时，高浓度的 ABA 通过抑制乙烯的产生来促进根的生长，提高根冠比，进而提高植物的抗逆性。外源 ABA 处理也能增强植物对多种逆境的抗性。

通过基因工程手段调控 ABA 合成关键酶基因的表达是提高植物抗逆性的有效手段。在拟南芥中，*AtNCED3* 是受脱水强烈诱导的，拟南芥超表达 *AtNCED3* 植株表现为叶片蒸腾速率下降和 ABA 含量增加，并提高了抗旱性，而转反义的植株和 T-DNA 插入突变体植株则相反。

4. 脱落酸与开花

外源 ABA 喷施于短日植物黑醋栗、牵牛、草莓等的叶片时，可诱导植物在长日照条件下开花。用 ABA 处理拟南芥、菠菜等长日植物，则明显抑制开花。

7.4.4　脱落酸的作用机理

和其他植物激素一样，ABA 作为一种信号首先在细胞的某个位点被感知，和受体特异结合后启动后续的生理生化反应，包括短期的生理效应（气孔关闭）和长期的生理效应（种子成熟）。ABA 参与的生理过程错综复杂，在各种实验系统中，ABA 最适浓度差异很大，对于不同组织其产生的效应甚至相反。对 ABA 结构类似物的研究表明，在 ABA 不同的反应中对 ABA 立体化学结构的要求有所不同，表明高等植物体内存在着多种类型的 ABA 受体，ABA 在细胞质膜外和细胞质内均可被感受。

1. ABA 受体

近年来，有关 ABA 信号转导分子机制的研究越来越多，其中，最为突出的进展则是 ABA 受体 PYR/PYL/RCAR 蛋白和其下游蛋白质磷酸化系统的发现。随后，根据上述蛋白质元件结构和功能的研究结果，提出了 ABA 信号转导的双重负调控系统，将 PYR/PYL/RCAR 蛋白与之前鉴定的其他调节因子如 PP2C、SnRK2 及其下游元件相互联系起来，形成了一条完整的 ABA 信号通路，加深了人们对 ABA 信号通路的理解。

2009 年 4 月，*Science* 杂志同期发表了美国和德国的两个研究组的独立成果，他们发现了同一家族蛋白 PYR/PYL/RCAR（PYLs）是 ABA 的细胞质受体。当植物体内 ABA 含量很低时，受体没有活性，蛋白磷酸酶 2C（Protein Phosphatase 2C，PP2C）抑制下游蛋白激酶 SnRK2（SNF1-related protein kinases type 2）的活性。当 ABA 与受体 PYR/PYL/RCAR 结合后，通过直接与 PP2C 相互作用，抑制 PP2C 的活性，解除 PP2C 对其下游信号调节子 SnRK2 的抑制，从而使 SnRK2 蛋白激酶能够通过磷酸化而激活下游转录因子，如 AREB/ABF，调控下游基因的表达。SnRK2 蛋白激酶也能使其他蛋白磷酸化，如离子通道蛋白和 NADPH 氧化酶。这些蛋白一起实现 ABA 的生理效应（图 7-34）。

2. ABA 调控气孔运动的信号转导

ABA 调控的气孔运动是研究 ABA 快速反应的理想模式系统。当土壤干旱时，根部合成 ABA，可能会运至地上部。但利用野生型和 ABA 缺失突变体的嫁接实验表明，干旱诱导的气孔关闭，需要叶片能合成 ABA。在根部受到干旱胁迫后，有可能诱导

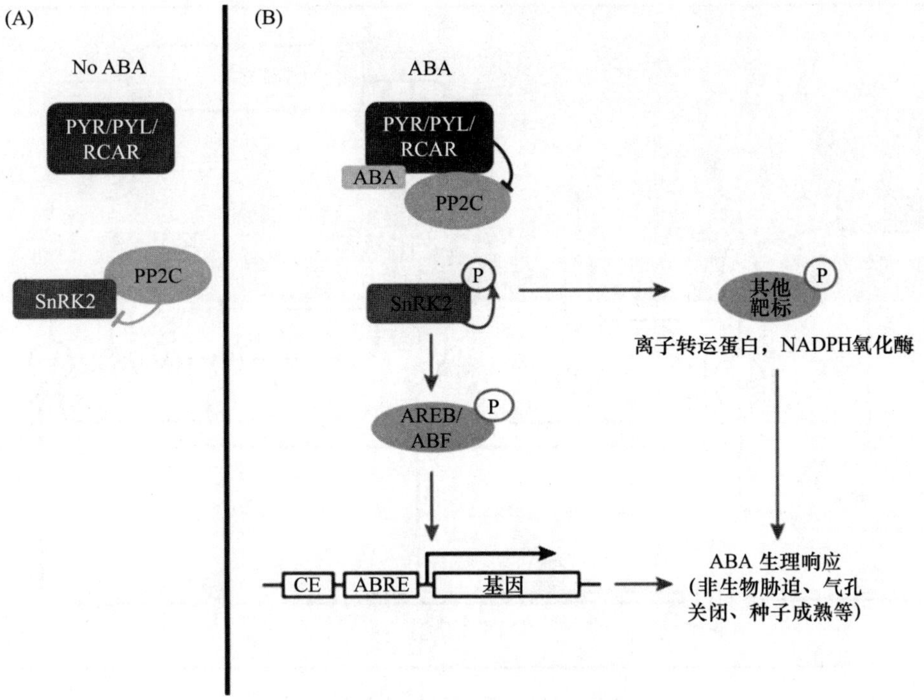

图 7-34　ABA 的信号转导途径

(参照 Umezawa 等,2010)

一个不依赖于 ABA 的信号,传递至叶片,诱导叶片合成 ABA,使气孔关闭。这个信号有可能是干旱诱导的木质部液压力的变化。ABA 诱导的气孔关闭主要是由 Ca^{2+} 介导。ABA 诱导细胞内如内质网的 Ca^{2+} 库释放 Ca^{2+},同时激活质膜上的内向型 Ca^{2+} 通道,使保卫细胞内的 Ca^{2+} 浓度升高,诱导质膜上的 H^+-ATPase 失活,抑制质子泵出细胞,细胞内 Ca^{2+} 浓度增加也可激活阴离子外向型通道打开。这些效应导致膜质的去极性化。膜质的去极性化关闭内向型 K^+ 通道,打开外向型 K^+ 通道。另外,细胞内 Ca^{2+} 浓度升高可直接抑制内向型 K^+ 通道。总之,细胞内 Ca^{2+} 浓度升高使阴离子和 K^+ 流出细胞,降低保卫细胞的膨压,气孔关闭(图 7-35)。

另外,ABA 诱导气孔关闭也可不依赖于 Ca^{2+} 浓度的变化。ABA 可诱导细胞质 pH 上升 0.1～0.3 个单位,使细胞质碱化,激活质膜阴离子外向型通道和外向型 K^+ 通道的打开,导致保卫细胞膨压下降(图 7-35)。

保卫细胞中 ABA 含量变化的昼夜节律性决定了气孔运动的昼夜节律性。夜晚,ABA 合成增加而代谢减弱,从而使 ABA 含量增加,最终导致气孔关闭;白天,光照促使 ABA 代谢,并且 ABA 合成减弱,从而使有活性的 ABA 浓度降低,最终表现为气孔开放。

3. ABA 诱导的基因表达

目前,已知 150 余种植物基因可受外源 ABA 的诱导,其中大部分在种子发育晚期或受环境胁迫的营养组织中表达。蛋白酶、LEA 蛋白、水通道蛋白、分子伴侣和一些与糖代谢有关的酶等都可由 ABA 诱导。ABA 本身也可以诱导表达 ABA 合成途径中的酶,从而促进 ABA 的进一步合成。除 *NCED* 的表达对 ABA 不敏感外,*ZEP*、脱落酸醛氧化酶基因(*AAO3*)都受 ABA 的诱导表达。

在 ABA 诱导表达基因的启动子上存在着许多 ABA 应答元件(ABA response element,ABRE),ABRE 是依赖于 ABA 表达基因的一种主要的顺式作用元件,但还存在很多其他的顺式作用元件。通过酵母单杂交方法分离了 ABRE 结合蛋白——bZIP (basic leucine zipper)类转录因子,又称为 ABRE 结合蛋白(AREB)或 ABRE 结合因子(ABFs)。AREB/ABFs 结合 ABRE 后激活 ABA 响应基因的表达。其中 *AREB1*/*ABF2*、*AREB2*/*ABF4* 和 *ABF3* 基因的表达受到 ABA、干旱和高盐胁迫的诱导。

另外还存在一些 ABA 抑制基因转录活性的响应元件,例如 GA 响应元件(GARE)是 GA 诱导大麦 α-淀粉酶基因所必需的,但同时 GARE 也是 ABA 阻抑 α-淀粉酶基因表达的响应元件。

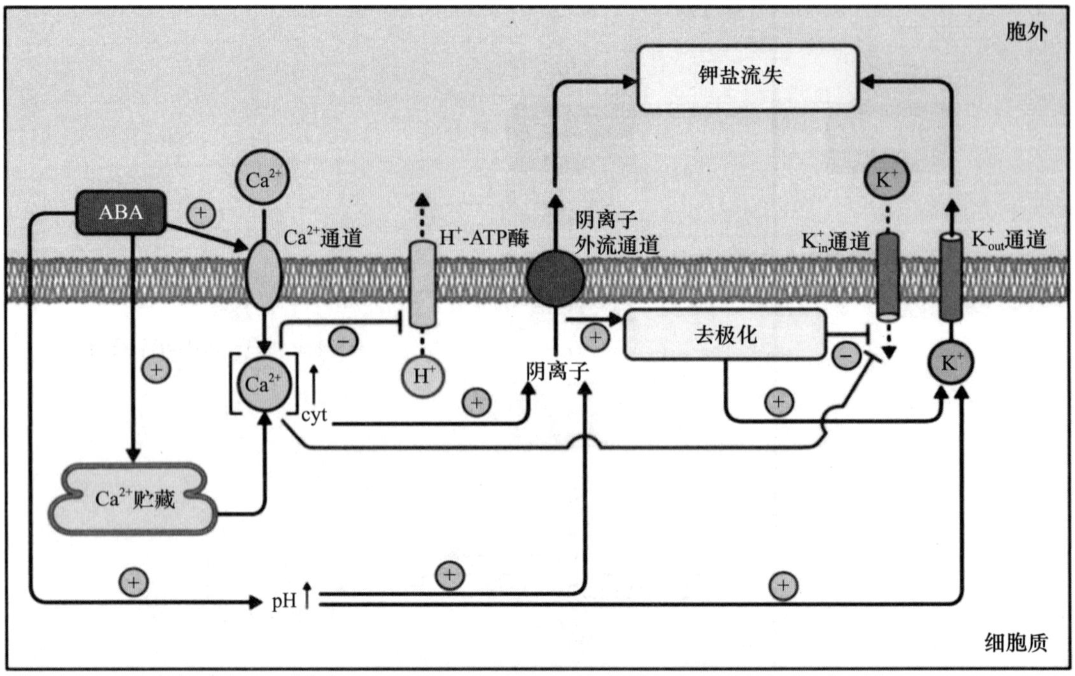

图 7-35 ABA 诱导的气孔关闭机制

(引自 Buchanan 等,2015)

7.5 乙烯

7.5.1 乙烯的发现

乙烯是唯一被发现的气体激素。早在 19 世纪中叶就有关于照明煤气灯漏出的气体会促进附近的树落叶的报道。1901 年,Neljubov 研究发现是煤气中的乙烯在起作用,他还观察到乙烯能引起黄化豌豆幼苗产生"三重反应"。1934 年,Gane 等证实乙烯是植物的正常代谢产物。1959 年,气相色谱的引入推进了乙烯生物合成及其生理作用的研究。1965 年,Burg 提出乙烯是一种植物激素,此后这个观点便得到了公认。

7.5.2 乙烯的代谢和运输

7.5.2.1 乙烯的生物合成

乙烯(ethylene,ETH)是最简单的烯烃,结构简式为 $CH_2=CH_2$,相对分子质量只有 28,是一种轻于空气的气体。几乎所有的植物组织都能产生 ETH,它的生成量与植株、器官与组织的发育阶段密切相关。衰老组织和成熟果实中释放乙烯的速率最高(>1.0 $nL \cdot g^{-1} \cdot h^{-1}$),幼嫩叶片产生乙烯的速率高于完全展开的叶片。莱豆幼叶的乙烯产生速率为 0.4 $nL \cdot g^{-1} \cdot h^{-1}$,而成熟叶片仅为 0.04 $nL \cdot g^{-1} \cdot h^{-1}$。成熟苹果中的乙烯浓度可高达 2 500 $\mu L \cdot L^{-1}$。种子植物、蕨类、苔藓、真菌和细菌都可产生乙烯。

乙烯的生物合成前体为甲硫氨酸(methionine)。苹果果实等植物组织能将[^{14}C]-甲硫氨酸转化为[^{14}C]-ETH,且 ETH 来自甲硫氨酸的第 3 与第 4 位碳原子。后来证实了 S-腺苷甲硫氨酸(S-adenosylmethionine,SAM)和 1-氨基环丙烷-1-羧酸(1-aminocyclopropane-1-carboxylic acid,ACC)都是此过程的中间产物,ACC 是一种非蛋白氨基酸,是乙烯合成的直接前体。

甲硫氨酸首先在 S-腺苷甲硫氨酸合成酶(S-adenosylmethionine synthetase)催化下生成 SAM(图 7-36),该反应需要 ATP 参与。SAM 在 ACC 合酶(ACC synthase,ACS)的催化下产生 ACC 和 5′-甲硫基腺苷(5′-methylthioadenosine,MTA)。ACC 合酶是整个乙烯合成途径中的限速酶,存在于细胞质中,半衰期短,含量低,提纯困难。分子生物学研究表明,ACC 合酶是一个由多基因家族编码的酶,拟南芥有 5 个基因,番茄有 9 个基因。在有 O_2 条件下,ACC 再在 ACC 氧化酶(ACC oxidase,ACO)催化下产生乙烯。ACC 氧化酶存在于液泡膜内表面,活性极不稳定,依赖于膜的完整性。

植物体内可利用的游离甲硫氨酸是有限的，为了维持 ETH 生成的正常速度，CH_3S 基团由 MTA 通过杨氏循环重新合成甲硫氨酸(图 7-36)。

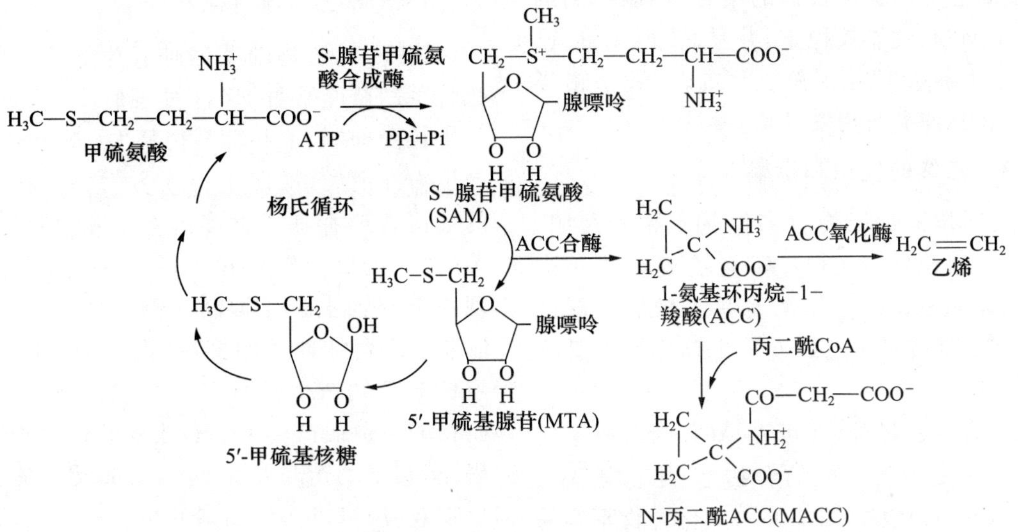

图 7-36　乙烯的生物合成途径

(引自 Taiz 和 Zeiger，2010)

7.5.2.2　乙烯的生物合成的调控

催化 ACC 转变为乙烯的 ACO 在植物营养组织中的活性稳定而持续，因此 ACS 催化 ACC 的合成是决定植物合成乙烯的一个重要限速步骤。植物体内的 ACS 的基本活性非常低，不足以产生大量的乙烯，外源环境刺激能促进 ACS 活性的迅速提高。许多因素对乙烯生物合成的调节是通过调控 ACC 合酶来实现的。果实成熟时 ACC 和乙烯的合成速率迅速增加。乙烯生物合成的增加伴随着 ACC 合酶活性的增加。许多逆境因素如淹水、干旱、冷害、臭氧照射、机械伤害等，都会促进乙烯的生物合成，主要原因是它们提高了 ACC 合酶 mRNA 水平。植物激素中生长素也可以诱导乙烯的合成。在许多情况下，乙烯和较高剂量生长素具有相同的生理效应，如诱导菠萝的开花和黄瓜雌花的分化等。这些效应是因为生长素也能提高 ACC 合酶 mRNA 水平进而促进乙烯的生成。另外，病原菌侵染、细胞分裂素也能促进乙烯的生物合成，部分原因在于它们能提高 ACC 合酶蛋白的稳定性。

乙烯合成也在转录后水平调控。拟南芥突变体 *eto1*、*eto2*、*eto3* (ethylene overproduction 1/2/3) 表现为乙烯合成量增加，进一步的研究表明 ETO 蛋白调控 ACS 蛋白的稳定性。

外源乙烯能促进或抑制内源乙烯合成，这与植物组织及生理状况有关。外源乙烯处理呼吸跃变型果实可以导致果实自身乙烯的大量合成，即所谓乙烯发生的“自催化”。而有时乙烯会抑制 ACC 合酶，如柚子皮切块经乙烯处理后，ACC 合酶活性受到严重抑制，ETH 产量比对照减少 94%。

同样，许多因素可以抑制乙烯的生物合成。ACC 合酶以磷酸吡哆醛为辅基，磷酸吡哆醛的抑制剂氨基乙氧基乙烯甘氨酸(aminoethoxyvinyl glycine，AVG)和氨基氧乙酸(aminooxyacetic acid，AOA)对 ACC 合酶有显著的抑制作用，它们专一抑制由 SAM 合成 ACC 的步骤。钴离子(Co^{2+})、氧化磷酸化解偶联剂(如 DNP)、自由基清除剂(没食子酸丙酯)等以及能够改变膜性质的理化处理(如去垢剂)都能抑制 ACC 氧化酶(催化 ACC 氧化生成乙烯)的活性，从而抑制乙烯的生物合成。

另外，一些物质也可以抑制乙烯发挥作用。银离子(Ag^+)是乙烯生理作用的拮抗剂，常用的有硝酸银($AgNO_3$)或硫代硫酸银[$Ag(S_2O_3)_2^{3-}$]。研究已明确银离子的作用机制：乙烯受体可与亚铜离子结合，亚铜离子可以与乙烯结合，从而启动乙烯的信号转导，而银离子能够取代亚铜离子。乙烯受体负调控乙烯信号，通过银离子结合乙烯的乙烯受体仍然具有活性，因此银离子能通过受体拮抗乙烯的作用。高浓度的 CO_2(5%～10%)可抑制乙烯的许多生理作用，果蔬贮藏中通过“气调”增加 CO_2 的浓度来达到保鲜的效果。1-甲基环丙烯(1-methylcyclopropene,1-MCP)是一种气体,能与乙烯竞争性结合受体,从而阻断乙烯与受体蛋白的结合,抑制乙烯的作用。由于1-MCP性能较稳定,并且高效、无毒,已广泛用于果蔬贮藏及切花保鲜。目前,在我国市场上销售的1-MCP商品名为安喜培。

7.5.2.3 乙烯的代谢和运输

研究者用同位素标记物$^{14}C_2H_4$饲喂植物组织,追踪其代谢产物。发现CO_2、环氧乙烷(ethylene oxide)、乙二醇(ethylene glycol)都是乙烯的降解产物。乙烯的氧化降解对于乙烯发挥生理作用不具有重要的调控作用。

ACC除了合成乙烯外,还可在ACC丙二酰基转移酶的催化下转变为稳定的结合物N-丙二酰ACC(N-malonyl ACC,MACC)(图7-36),该化合物不容易被降解,可在植物组织内积累。当ACC转化为N-丙二酰ACC时,乙烯的生成量减少,但MACC并不能转化为有效的ACC,用于乙烯合成,因此MACC的主要作用在于消耗过多的ACC,避免乙烯过量合成。MACC在调控乙烯的生物合成中发挥重要作用。

ETH可从合成部位通过扩散作用运向其他部位。此外,乙烯的前体ACC可溶于水溶液,可能是植物体内ETH的一种远距离运输形式。

7.5.3 乙烯的生理作用

1. 乙烯与营养生长

ETH对植物幼茎的伸长生长有抑制作用。黄化豌豆幼苗经微量ETH处理后发生3种反应:茎伸长生长受抑制、下胚轴直径膨大(侧向生长)、茎的负向重力性消失(横向生长)[图7-37(A)]。这些乙烯的效应普遍存在于大多数双子叶植物中,这就是所谓的"三重反应"(triple response)。在拟南芥中表现为下胚轴生长受抑制和侧向生长、根系生长受抑制及顶端弯钩伸展的抑制[图7-37(B)]。这种生长习性对于幼苗生长具有重要意义,幼苗生长时因障碍物的胁迫而产生ETH,改变幼苗生长方向绕过障碍,有利于幼苗长出地面。三重反应是乙烯的典型生物效应,可以作为乙烯的生物测定方法,也可用于筛选乙烯的突变体。

虽然乙烯通常抑制茎的伸长,但在淹水情况下,乙烯却能诱导一些水生植物茎的伸长,使上部的叶片露出水面,最典型的植物是深水稻。乙烯还能引起叶片的偏上生长(epinasty),是由叶柄的上部(近轴端)生长快于下部(远轴端)引起的。许多逆境胁迫也可诱导乙烯产生,使叶片发生偏上生长。此外,乙烯可诱导茎、叶片等产生不定根,也可诱导根毛的产生。

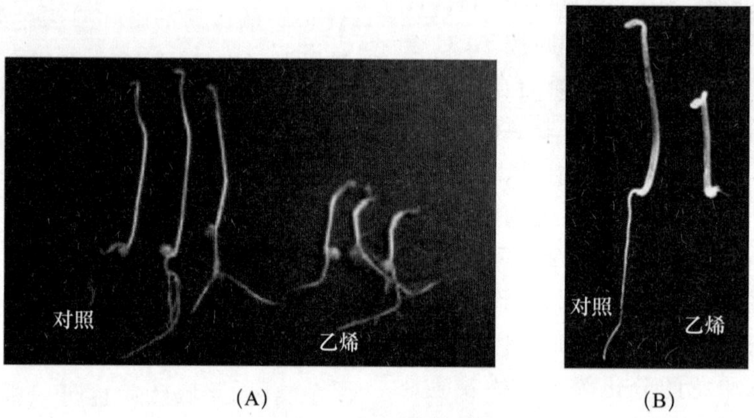

图7-37 乙烯的三重反应

(引自Taiz和Zeiger,2010)

(A)生长6 d的豌豆黄化苗;(B)生长3 d的拟南芥黄化苗乙烯浓度为10 $\mu L \cdot L^{-1}$

2. 乙烯与生殖生长

乙烯能诱导菠萝、杧果等植物开花,在生产上已广泛用于调控花期,但ETH对大多数植物的成花诱导没有作用。乙烯还能调控单性花植物花的性别转变,乙烯的释放剂乙烯利(图7-38)处理能促进黄瓜等瓜类植物雌花发育,增加雌花比率。此外,乙烯利能诱导小麦和水稻的雄性不育。

乙烯能促进一些植物如牵牛花和康乃馨花的衰老。花老化时产生大量ETH,施用乙烯利或ACC可促进凋谢,但施用乙烯合成抑制剂(如AVG或

AOA)或作用抑制剂(如 Ag^+ 或 1-MCP)可明显延缓老化。但很多种植物的花如菊花的凋谢不受 ETH 的影响,通常被称为 ETH 不敏感花卉,这类花卉老化的控制因素尚待研究。此外,乙烯在叶片衰老过程中也具有重要的调控作用。

其实,最早发现的乙烯生理功能是促进一些果实成熟。乙烯是触发呼吸跃变型果实成熟过程的主要因子,不仅外源乙烯可以加速果实的成熟,而且在果实成熟过程中也伴随着乙烯高峰的出现。乙烯合成抑制剂(如 AVG 或 AOA)或作用抑制剂(如 Ag^+ 或 1-MCP)可延迟或完全抑制果实成熟。近年来利用分子生物学技术将 ACS 基因或 ACO 基因的反义基因导入番茄,获得成熟受阻的转基因植株,现已投入商业生产,这类果实只有利用外源乙烯处理才能成熟。现在乙烯释放剂(乙烯利、乙烯硅等)、吸收剂($KMnO_4$ 等)和作用拮抗剂($AgNO_3$、硫代硫酸银、1-MCP 等)已广泛用于香蕉等水果在贮运期间的成熟调节。

3. 乙烯与叶片脱落

叶片脱落由叶柄离层组织所控制,叶片衰老时,离层细胞的细胞壁在纤维素酶和果胶酶的作用下开始降解。乙烯对植物器官的脱落有极显著的促进作用,而生长素可以抑制脱落的发生。但高浓度的生长素可通过诱导乙烯的产生来促进脱落,一些生长素的类似物被用作脱叶剂。乙烯对花和果实的脱落具有与叶片相似的调节作用。

7.5.4 乙烯的作用机理

1. 乙烯受体

乙烯受体是乙烯信号转导途径中的上游元件,由多基因家族编码,各基因编码的受体蛋白在结构上和基因表达水平上各有特点。在拟南芥中,共有 5 个乙烯受体定位于内质网膜上,分别为 ETR1、ETR2、ERS1(ethylene-response sensor 1)、ERS2 和 EIN4,它们在结构上与细菌和真菌中存在的双元组分系统类似。ETR1 是真核生物中第一例被鉴定的组氨酸激酶。这 5 个受体氨基端同源性最高,这与它们具有相似的乙烯结合能力相一致。番茄中已发现 6 个乙烯受体,水稻中也已经分离出 5 个乙烯受体基因。根据其结构特征,拟南芥中的乙烯受体可分为两个亚族(图 7-38)。亚族Ⅰ包括 ETR1 和 ERS1,具有氨基端乙烯结合结构域和非常保守的羧基端组氨酸激酶结构域,当乙烯与 ETR1 结合后,组氨酸激酶被激活并进行自我磷酸化;亚族Ⅱ包括 ETR2、ERS2 和 EIN4,具有氨基端乙烯结合结构域,但组氨酸激酶结构域不完整,缺少催化活性所必需的一个或多个元件。ETR1、ETR2 和 EIN4 还多一个接收器结构域,但其功能尚不清楚。

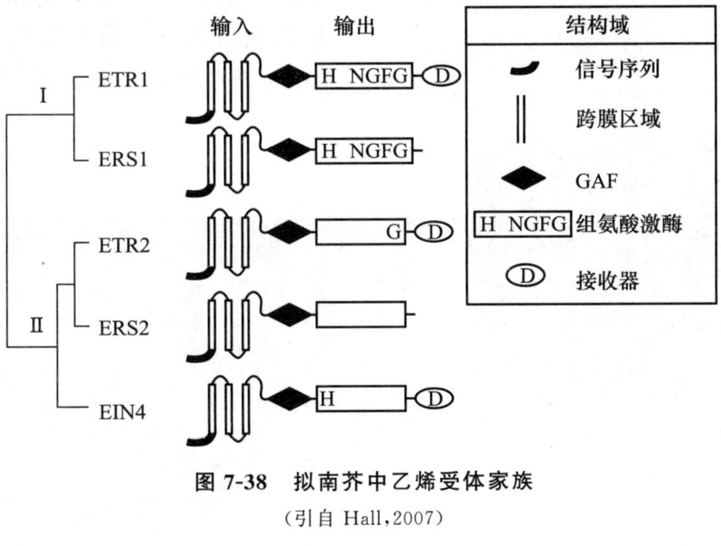

图 7-38 拟南芥中乙烯受体家族

(引自 Hall,2007)

最早鉴定的乙烯受体突变体都是获得功能(gain of function)的突变体,表现为显性突变,对乙烯不敏感。后来获得了 *ETR1*、*ETR2*、*EIN4* 和 *ERS2* 的功能缺失(loss of function)突变体,缺失多个受体后,突变体表现为组成型乙烯反应,即突变体在没有乙烯存在的情况下,也表现出乙烯效应,这表明乙烯受体基因负调控乙烯反应。在没有乙烯存在时,乙烯受体具有活性,乙烯与受体结合,使受体失去活性。显性突变阻止乙烯和受体的结合，使受体处于活性状态，没有乙烯反应；相反，受体失去功能的突变体，甚至在乙烯不存在时，受体活性下降，导致发生组成型乙烯反应(图 7-39)。

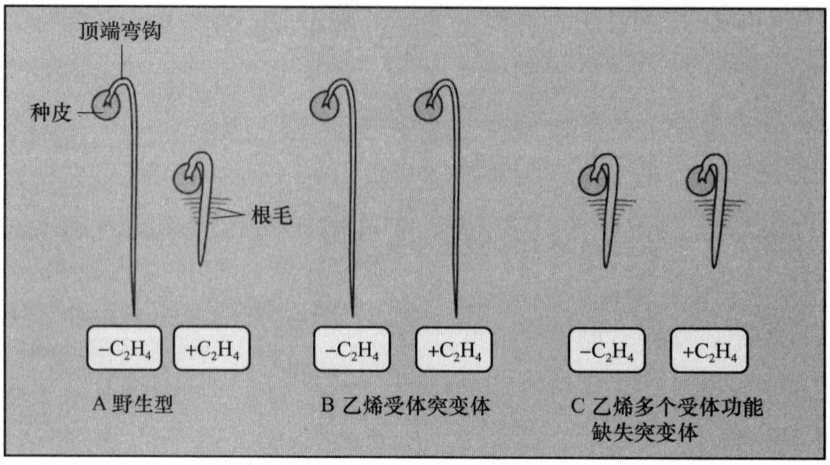

图 7-39　乙烯受体相关突变体的表型

(引自 Buchanan 等，2015)

2. 乙烯信号转导

激素突变体的筛选和鉴定推进了激素信号转导的相关研究。以乙烯处理拟南芥黄化苗诱导的三重反应为模式系统筛选了一系列的乙烯相关突变体，可分为两类：一类突变体对外源乙烯及其合成前体 ACC 表现为部分或完全不敏感，这类突变体包括 *etr1*(*ethylene resistant 1*)[图 7-40(A)]、*etr2*、*ein2*(*ethylene insensitive 2*)等，乙烯处理野生型黄化苗可诱导三重反应，而乙烯不敏感突变体则表现出“鹤立鸡群”；另一类突变体为组成型三重反应突变体，包括过量产生乙烯突变体，如 *eto1*(*ethylene overexproduction 1*)和组成型活化乙烯信号突变体，如 *ctr1*(*constitutive triple response 1*)，在无乙烯存在时，这些突变体幼苗持续表现出三重反应[图 7-40(B)]。

现已初步明确了拟南芥中从乙烯信号感知到转录调控的信号转导途径(图 7-41)。乙烯受体定位于内质网，是乙烯反应的负调控因子。当乙烯不存在时，乙烯受体没有与乙烯结合，乙烯受体处于活性状态，能活化 CTR1 蛋白。CTR1 蛋白也是乙烯反应的负调控因子，由氨基端和类似于哺乳动物 Raf 的丝/苏蛋白激酶的羧基端组成。氨基端可与内质网上的乙烯受体(ETR1)羧基端相互作用，从而间接结

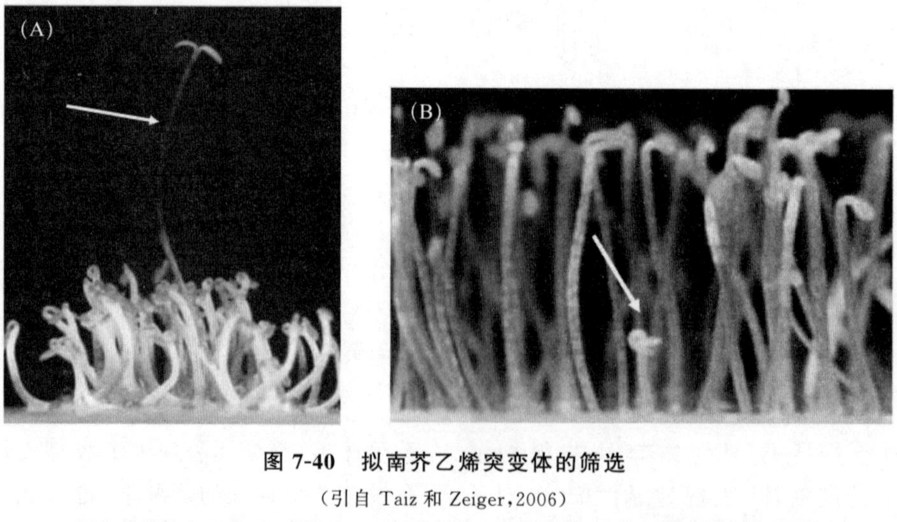

图 7-40　拟南芥乙烯突变体的筛选

(引自 Taiz 和 Zeiger，2006)

(A)拟南芥幼苗在黑暗和乙烯存在的情况下生长 3 d，箭头所指为乙烯不敏感突变体 *etr1*；

(B)拟南芥幼苗在黑暗和空气中生长 3 d，箭头所指为乙烯组成型三重反应突变体 *ctr1*

图 7-41 彩图

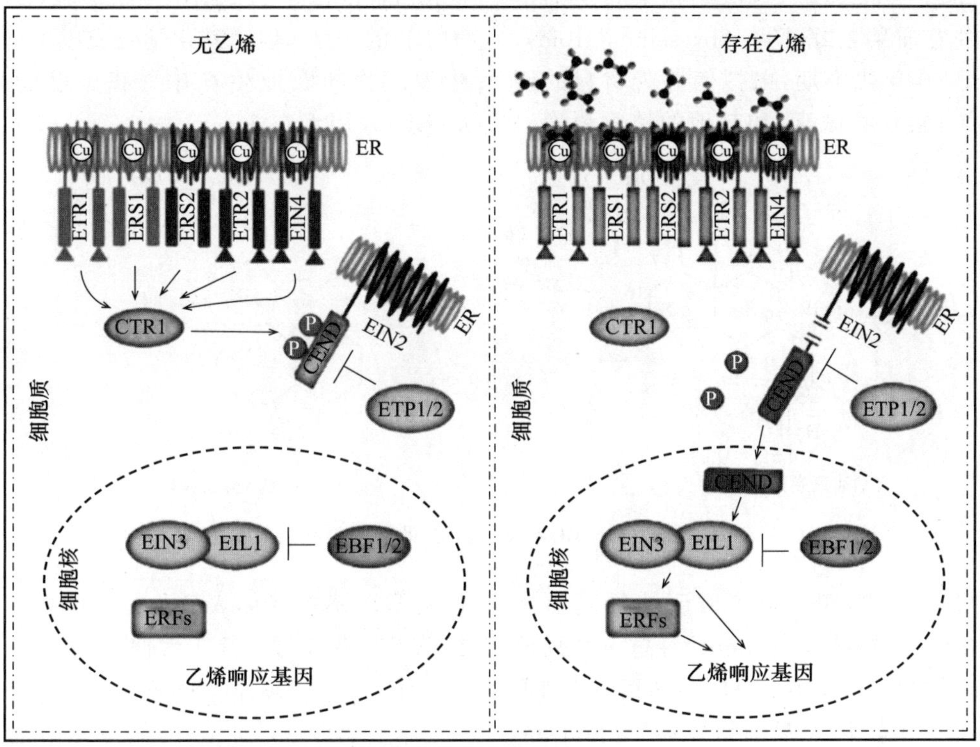

图 7-41 拟南芥中乙烯信号转导模式

（引自 Yang 等，2015）

合到内质网上形成 ETR1/CTR1 复合体。CTR1 直接磷酸化 EIN2 的羧基端，使 EIN2 被 F-box 蛋白 ETP1/2（EIN2 targeting protein 1 and 2）降解。从而使细胞核内的 EIN3/EIL1 被 F-box 蛋白 EBF1/2（EIN3 binding F-box protein 1 and 2）介导的泛素-蛋白酶体所降解，乙烯诱导的基因无法表达。当乙烯在亚铜离子的作用下与受体结合后，受体信号无法输出，处于关闭状态，因此解除了 CTR1 对下游信号分子的抑制，使 EIN2 去磷酸化及解离。解离的 EIN2 羧基末端片段（CEND）进入核，并参与调控 EIN3/EIL1 蛋白的稳定和积累，从而诱导 ERF1（ethylene response factor 1）和其他乙烯响应基因的转录。

3. 乙烯诱导的基因表达

乙烯能影响参与从代谢到信号转导等许多生理过程的基因表达，包括泛素蛋白酶系统、水及离子的运输、细胞壁代谢及脂类代谢等。纤维素酶、几丁质酶、过氧化物酶、查尔酮合成酶、许多病程相关蛋白以及成熟相关蛋白等的基因表达都受乙烯调控。另外，乙烯还能促进与自身生物合成有关的许多酶的基因表达，如 ACC 合酶、ACC 氧化酶，这与果实成熟过程中乙烯的自催化有关。

7.6 其他生长调节物质

除了上述 5 类经典的植物激素外，植物体内尚含有多种近年来才确认的微量有机化合物，以极低的浓度调控植物的生长发育，包括油菜素甾醇类、茉莉酸类、水杨酸类、多胺类、独脚金内酯类等。

7.6.1 油菜素甾醇类

早已知道动物中存在多羟基化的甾醇类激素（steroid hormones），如雌激素（estrogens）等，在植物中近年来才发现甾醇类激素。

1979 年，Grove 从 227 kg 油菜花粉中提纯出 4 mg 促生长活性物质，命名为油菜素内酯（brassinolide，BL）。研究表明它是一种多羟基化的甾醇类物质。以后陆续从许多不同植物中分离得到 BL 或其类似物，迄今已有 60 多种，这些结构上相似的甾醇类物质统称为油菜素甾醇类（brassinosteroids，BRs）。20 世纪 90 年代中期，以拟南芥为材料的研究确认 BRs 是一类植物激素，和其他的植物激素一起调控植物的生长和发育。

BRs 在结构上具有很大的相似性，可分为 C_{27}-甾醇、C_{28}-甾醇、C_{29}-甾醇，只是 A 环和 B 环以及侧链上取代基不同。BL 是一个 C_{28}-甾醇，它在 BRs 中的生物活性最高[图 7-42（A）]。24-表油菜素内酯（24-epibrassinolide，24-epiBL）[图 7-42（B）]虽然活性仅为 BL 的 10%，但因其化学合成成本低，被广泛用于生理试验和农业生产中。我国已能化学合成 24-epiBL，并用于农业生产。

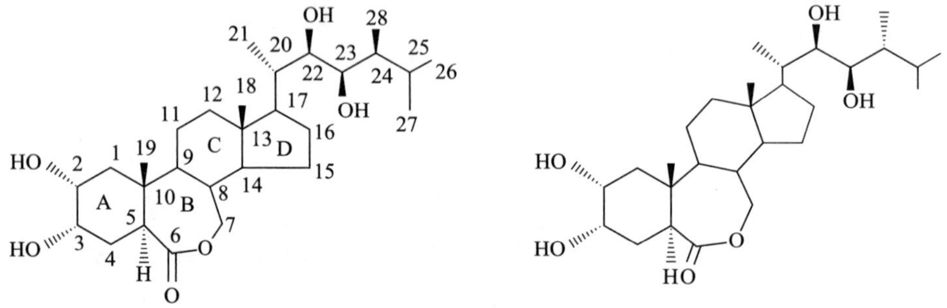

(A)油菜素内酯(BL)　　(B)24-epiBL

图 7-42　BL 和 24-epiBL 的化学结构

和 GA、ABA 一样，BRs 也来源于法尼基焦磷酸，形成的三萜化合物鲨烯（squalene）经过一系列反应转变为菜油甾醇（campesterol）。菜油甾醇是 BR 的主要前体，进一步转化为菜油甾烷醇（campestanol），菜油甾烷醇可经过两种平行途径（早期 C_6-氧化途径和后期 C_6-氧化途径）转化为 BL 的直接前体油菜素甾酮（castasterone，CS），CS 具有微弱的 BR 活性，也是 BRs 中的一种。

BRs 的生理活性主要表现在以下几方面：

1. 促进细胞伸长和分裂

低浓度 BRs 处理菜豆幼苗第 2 节间，便可以引起该节间伸长弯曲，节间膨大，甚至开裂，这一综合生长反应被用作 BRs 的生物测定。BRs 可使 DNA、RNA 聚合酶活性增加，促进 DNA、RNA 和蛋白质的合成。BRs 还可活化 H^+-ATPase，使细胞壁酸化，促使细胞伸长。BRs 可引起双子叶植物的下胚轴、上胚轴、花梗显著伸长，单子叶植物的胚芽鞘、中胚轴等的伸长，幼嫩的营养器官对 BR 的反应尤为明显。另外，低浓度 BRs 促进根的伸长，而高浓度则抑制。

2. 促进花粉管的伸长

植物花粉中含有较高的内源 BRs，BR 合成突变体与不敏感突变体表现为育性降低，主要原因是花粉萌发后花粉管不能正常伸长。

3. 促进木质部分化并抑制韧皮部分化

BRs 在维管发育中具有重要作用，既能促进木质部分化，又能抑制韧皮部的分化。BR 合成突变体 *det2* 同野生型相比，具有高的韧皮部和木质部比例，而过量表达 BR 受体蛋白的植株则分化出较多的木质部。

4. 提高产量

许多试验证明，外源施用 BRs 能提高水稻、大麦、小麦、菜豆等作物的产量。BRs 一方面能维持较高的叶绿素含量，提高叶片的净光合速率；另一方面还可促进光合产物的运输，从而提高产量。

5. 提高抗逆性

BRs 能提高植物对干旱、盐害、病害等多种逆境的抵抗力，因此又被称为“逆境缓和激素”。

BR 的信号转导途径

在没有 BR 的情况下，激酶蛋白 BIN2（brassinosteroid-insensitive 2）磷酸化转录因子 BZR1（brassinozole resistant 1）和 BES1（BRI1-EMS-suooressor 1）蛋白，促进它们与 14-3-3 蛋白的结合，导致它们留在细胞质中，并失活降解。当 BRI1（brassinosteroid insensitive 1）的胞外结构域与 BR

结合后，与 BAK1(BRI1-associated receptor kinase 1)形成异源二聚体，引发细胞内一系列磷酸化，最终导致 BZR1 和 BES1 的去磷酸化和活化，诱导一系列 BR 响应基因的表达(图 7-43)。

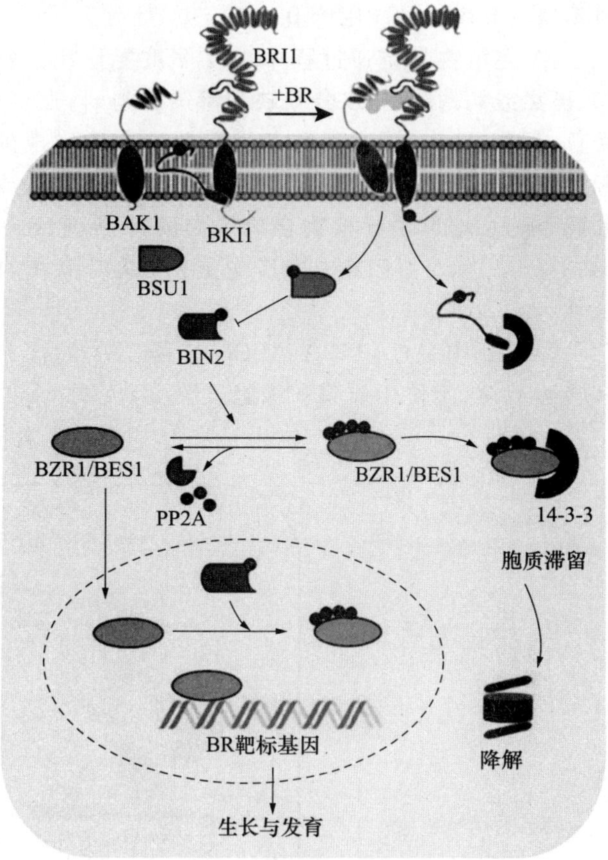

图 7-43　BR 的信号转导途径

(引自 Planas-Riverola 等，2019)

7.6.2　茉莉酸类

1962 年，茉莉酸甲酯(methyl jasmonate，MeJA)从素馨花(*Jasminum grandiflorum*)香精油中被分离。1971 年，游离态茉莉酸(jasmonic acid，JA)从真菌的培养物滤液中首次被分离鉴定。直到 20 世纪 80 年代，才发现 MeJA 及 JA 能促进衰老，并认为这类化合物是一种生长抑制剂。其后在许多植物、藻类、苔藓及真菌中发现与 JA 结构类似的化合物，这些化合物统称为茉莉酸类(jasmonates，JAs)，包括 JA 的合成前体、某些氨基酸结合物、葡萄糖苷和其羟化衍生物等。MeJA、JA 和茉莉酸异亮氨酸(jasmonoyl-isoleucine，JA-Ile)是最主要的茉莉酸类化合物(jasmonates，JAs)(图 7-44)。冠菌素(coronatine，CO)则是一些植物病原细菌产生的植物毒素，具有与 JAs 类似的生理效应，也属于 JAs 类化合物(图 7-44)。

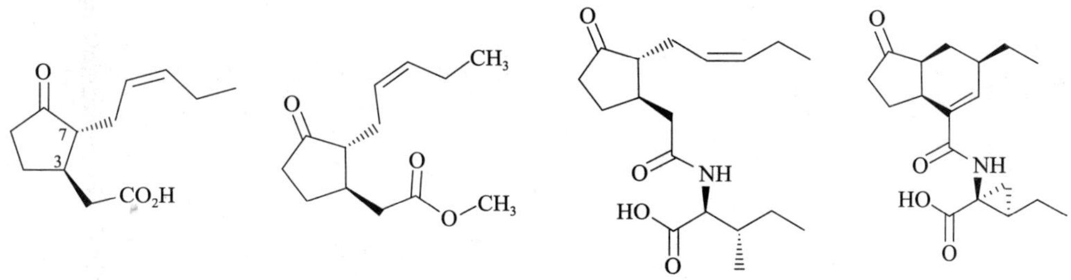

茉莉酸 (JA)　　茉莉酸甲酯 (MeJA)　　茉莉酸异亮氨酸 (JA-Ile)　　冠菌素

图 7-44　JAs 的化学结构

JAs 的生物合成主要在叶绿体、过氧化物体和细胞质中完成。JAs 以叶绿体膜释放的 α-亚麻酸[α-linolenic acid(18∶3)，α-LeA]为前体，在叶绿体中一系列酶催化下合成 12-氧-植物二烯酸(12-oxo-phytodienoic acid，OPDA)，OPDA 从叶绿体中转运到过氧化物体中，经 OPDA 还原酶催化和 3 轮 β-氧化合成(+)-7-*iso*-JA。JA 在 JAR1(jasmonate resistant 1)的催化下，可与异亮氨酸(Ile)或其他的氨基酸反应生成 JA-Ile 或 JA 与其他氨基酸的结合态衍生物。体外试验表明，(+)-7-*iso*-JA 不稳定，易转化为(-)-JA，商品化的 JA 是两者的混合物。

JAs 能抑制根的生长，常被用来作为筛选 JAs 相关突变体的一种重要模式系统。JAs 可诱导卷须和块茎的形成，促进叶片的衰老。JAs 可调控拟南芥花粉的发育，JA 合成型突变体和不敏感突变体均表现为雄性不育。近年来发现，JA 可诱导水稻、小麦等禾本科植物的颖花开放，该效应对不育系更敏感。因此，JAs 对于调控水稻制种过程中父、母本花时不遇具有潜在的应用价值。

JA在植物的抗逆过程中也发挥重要作用。创伤、昆虫或病菌攻击、水分亏缺和渗透胁迫时，燕麦、大豆、烟草、拟南芥、大麦和玉米等植物中均发现内源茉莉酸类物质含量急剧上升。伤害、昆虫攻击或外源MeJA均可诱导植物合成蛋白酶抑制剂(proteinase inhibitors，PINs)及其他蛋白，以提高植物抗性。

拟南芥中AtJAT1/AtABCG16是JAs的高亲和转运载体，定位于质膜和细胞核膜上，负责JA的跨质膜运输，JA在细胞质内转化为JA-Ile，JA-Ile再通过载体进入细胞核内，激活JAs的信号途径。COI1(coronatine insensitive1)和JAZ(jasmonate zinc finger inflorescence meristem(ZIM)-domain)蛋白共同作为JAs的受体。实验表明只有JA-Ile具有活性，能够与受体结合，而JA和MeJA不能与受体结合，必须转化为JA-Ile之后，才能诱导相关基因表达。JA-Ile促进COI1与JAZ蛋白的互作，诱导JAZ蛋白被26S蛋白酶体降解，释放转录因子，调控下游基因表达(图7-45)。

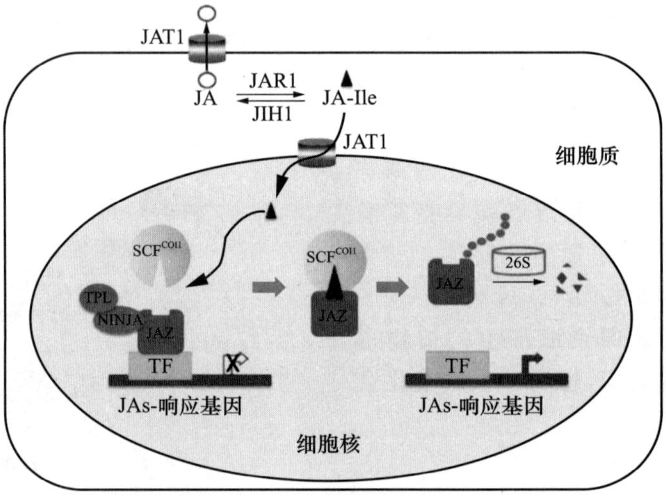

图7-45 JAs的信号转导途径

(引自Ruan等，2019)

7.6.3 水杨酸类

水杨酸(salicylic acid，SA)，即邻羟基苯甲酸。1758年，英国的Edward Stone教士发现柳树皮有很强的收敛作用，可以治疗疟疾和发烧。1828年，法国药学家Henri Leroux和意大利化学家Raffaele Piria从柳树皮中分离纯化出了活性成分水杨苷(salicin)(图7-46)。1852年，蒙彼利埃大学化学教授Charles Gerhart发现了水杨酸分子结构并首次用化学方法合成了SA。1899年，德国Bayer公司推出了刺激性小的SA类似物阿司匹林(aspirin，即乙酰水杨酸)(图7-46)，迄今在医药上广泛应用。

在高等植物中，SA可以通过异分支酸合酶(isochorismate synthase，ICS)途径与苯丙氨酸解氨酶(phenylalanine ammonia-lyase，PAL)途径进行生物合成(图7-47)。在模式植物拟南芥中，病原菌诱导的SA生物合成约90%通过ICS途径进行。目前ICS途径已经基本阐述清楚，共有三个关键蛋白参与该途径，分别是定位于叶绿体的异分支酸合酶ICS1、叶绿体膜上的转运蛋白EDS5，以及氨基转移酶PBS3。植物体内的SA除了游离态外，还可以以葡萄糖苷的形式存在。另外，植物遭到病原菌侵染后能合成水杨酸甲酯(methyl salicylate，MeSA)。

水杨酸类具有多种生理作用，如诱导马铃薯块茎的形成，延缓植物衰老，诱导天南星科植物的佛焰花序产热，提高植物抵抗盐害、干旱、冷害的能力。研究最为深入的是SA在植物抗病过程中的作用。植物受到病原菌侵染后，会在远离侵染部位的器官或组织内产生病程相关蛋白(pathogenesis-related proteins，PRs)及其他防御蛋白，以抵御病原菌的进一步侵染，这就是系统获得性抗性(systemic acquired resistance，SAR)。SA是一种有效的SAR诱导剂，外源SA能诱导PR蛋白的合成，并提高植物的抗病性。而SA合成或信号缺失的突变体对病原菌的敏感性增强。现已筛选到2种人工合成的SA类似物——

2，6-二氯异烟酸（2，6-dichloroisonicotinic acid，INA）和S-甲基苯并(1,2,3)噻二唑-7-硫代羧酸酯[benzo-(1，2，3)-thiadiazole-7-carbothioic acid S-methyl ester，BTH]（图7-46），广泛用于农业生产中，以提高植物的抗病性。

从拟南芥中，已鉴定到3个NPR(nonexpressor of pathogenesis-related genes）家族蛋白NPR1，NPR3和NPR4作为SA的受体。值得注意的是，NPR1与NPR3/4通过相反的功能调控SA下游免疫反应。NPR1是SA介导免疫反应的正调控因子，而NPR3与NPR4作为SA受体负调控了植物免疫反应。

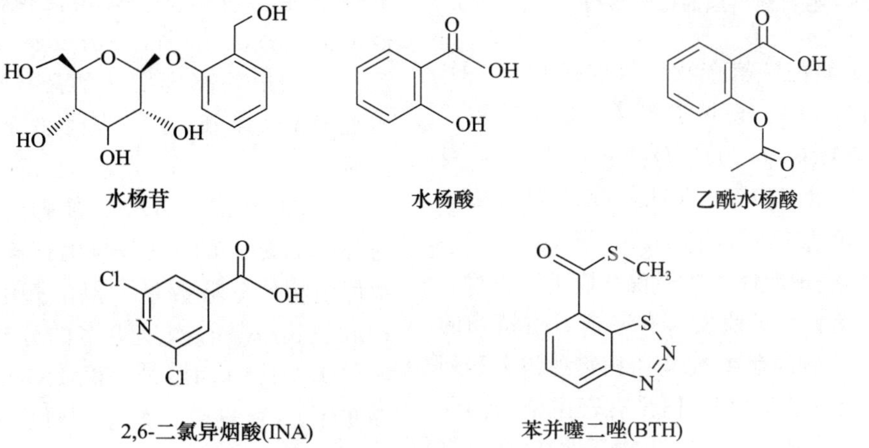

图7-46　水杨酸及其类似物的化学结构

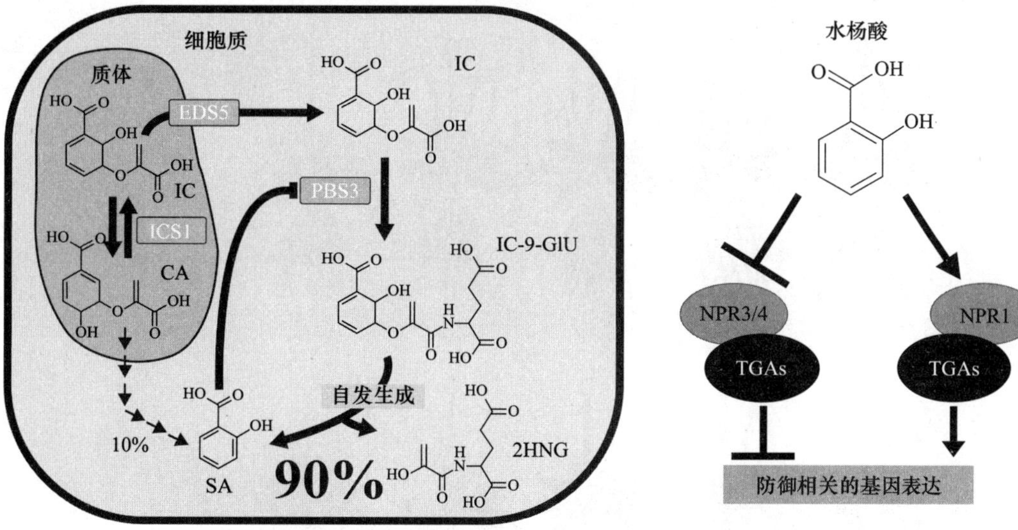

图7-47　SA生物合成与信号转导途径

（引自Rekhter等，2019与Ding等，2018）

7.6.4　独脚金内酯类

独脚金内酯(strigolactones，SLs)最初是在分析玉米根系中植物分泌的一种刺激恶性寄生杂草独脚金(*Striga*)种子萌发的信号物质时发现的，因此被称为独脚金内酯。独脚金内酯是一类倍半萜烯化合物，其骨架结构由4个环组成(图7-48)，由类胡萝卜素代谢产生，主要在植物的根中合成。目前已经从很多植物的根中分离出独脚金内酯，与之合成相关的基因存在于所有的高等植物中。在天然产物中主要有5种独脚金内酯，即5-脱氧独脚金醇(5-deoxystrigol)、独脚金醇（strigol)、高粱内酯（sorgolactone)、alectrol和列当醇(orobanchol)；人工合成的类似物有GR24、GR6和GR7等。

虽然在植物中独脚金内酯合成的具体途径还不很清楚，但对几种植物的遗传分析表明，独脚金内酯

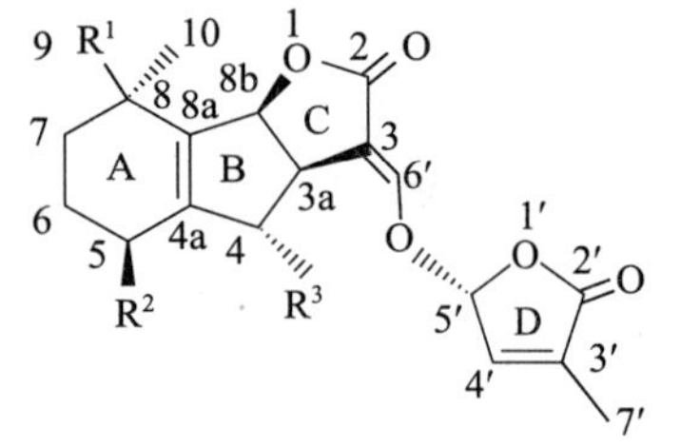

图 7-48　独脚金内酯的化学结构

的产生源于胡萝卜素的裂解产物。目前已知有 3 个酶参与这一过程，即胡萝卜素裂解双加氧酶 7（CCD7，*MAX3/RMS5/HTD1/D17*）、胡萝卜素裂解双加氧酶 8（CCD8，*MAX4/RMS1/DAD1/D10*）和细胞色素 P450 单加氧酶（Cyt P450，*MAX1*）。

独脚金内酯的生理活性主要表现在以下三方面：

（1）诱导寄生植物种子萌发　有些根寄生植物的种子萌发依赖寄主植物的存在，如寄生植物独脚金和列当的种子，即使有适宜的外部条件，没有寄主植物的存在，它们将长期保持休眠状态。SL 生物活性高，在皮克水平上就能促进种子萌发，且寄生植物种子可以通过 SL 感知寄主的位置并促使其根系朝寄主生长。

（2）促进丛枝菌根真菌菌丝的分支　2005 年，Akiyama 等从百脉根的根分泌物中分离到独脚金内酯类化合物 5-脱氧独脚金醇，并发现其在极低的浓度下诱导丛枝菌根的菌丝分支，同时也发现其他天然来源的独脚金内酯类化合物独脚金醇和高粱内酯以及化学合成的 GR24 也表现出相似的生物活性。如此，SL 类化合物促进植物与丛枝菌根真菌（arbuscularmycorr-hizal fungi）建立共生关系。植物根外高度发达的菌丝可以帮助植物吸收如无机磷、无机氮及其他微量元素等各种营养物质。

（3）抑制植物分枝　独脚金内酯能够抑制植物的分枝和侧芽的生长，与生长素和细胞分裂素一起调控植物的分枝数量。拟南芥中突变体 max（more axillary growth）产生更多的分枝。嫁接实验表明，突变体 MAX1，MAX3 和 MAX4 是 SLs 合成相关的突变体，这些突变体嫁接到野生型的砧木上，野生型根部合成的 SLs 可以恢复突变体的表型，而 MAX2 参与 SLs 的信号转导（图 7-49）。

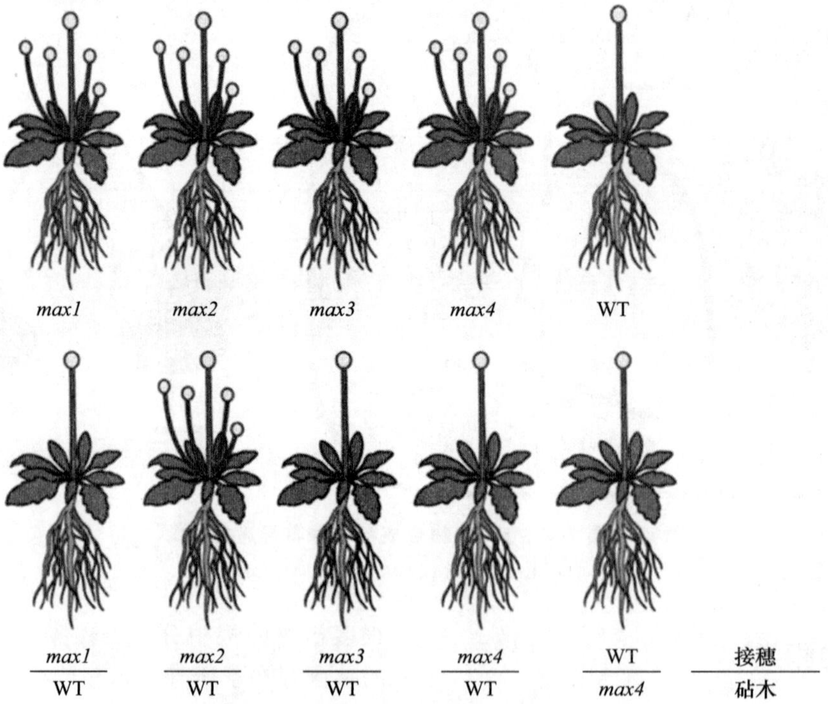

图 7-49　拟南芥 *max* 突变体产生更多的分枝

（引自 Buchanan 等，2015）

SLs 的信号转导途径已基本清楚，拟南芥和水稻中 D14（DWARF14）蛋白可作为 SL 的受体。在没有 SLs 的情况下，D14 停留处于打开状态，D53/D53-Like SMXLs 与 TOPLESS/TPL 相关蛋白（TPL/TPR）相互作用，抑制 SL 响应基因的表达。在具有生物活性的 SLs 存在下，与受体 D14 蛋白结合，引发 D14 构象变化，形成 D14-SCF$^{D3/MAX2}$ 复合物。同时，D53/D53-like SMXLs 与 D14 和 D3/MAX2 形成复合物，随后 D53 发生泛素化和降解，启动 SLs 诱导基因的表达(图 7-50)。

万建民研究团队克隆了水稻株型调控新基因 DHT1，发现通过调控 SLs 受体基因 D14 的转录和剪接调控水稻分蘖的新通路(Liu 等，2022)。

7.6.5 多胺类

多胺类(polyamines，PAs)是一类生物体代谢过程中产生的具有生物活性的低分子质量脂肪族含氮碱，在高等植物中，按照其氨基数目来分，有二胺、三胺、四胺以及其他胺类(表 7-1)。腐胺、亚精胺和精胺是植物体内较常见的 3 种多胺。

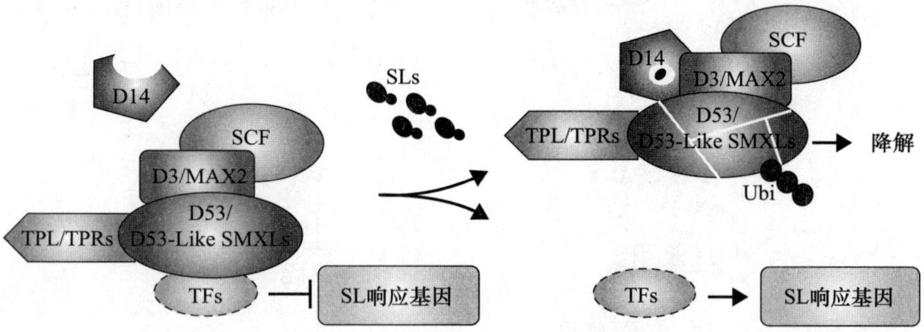

图 7-50 SLs 的信号转导途径

(引自 Wang 等，2017)

表 7-1 高等植物中常见的几种多胺

项目	胺类名称	化学结构
二胺	腐胺(putrescine，Put)	$NH_2(CH_2)_4NH_2$
	尸胺(cadaverine)	$NH_2(CH_2)_5NH_2$
三胺	亚精胺(spermidine，Spd)	$NH_2(CH_2)_3NH(CH_2)_4NH_2$
四胺	精胺(spermine，Spm)	$NH_2(CH_2)_3NH(CH_2)_4NH(CH_2)_3NH_2$

高等植物中多胺分布相当广泛，但不同组织和器官以及不同生育期多胺的含量差异很大。一般来说，多胺氨基数目越多，生理活性越大，细胞分裂最旺盛的地方，多胺生物合成最活跃，而衰老和生长相对缓慢的部位多胺合成强度低。

多胺生物合成途径的中心产物是 Put，Put 的合成主要来自精氨酸(Arg)。而 Put 再加入氨丙基残基，生成 Spd 和 Spm。氨丙基是由 S-腺苷甲硫氨酸脱羧酶(SAMDC)催化 S-腺苷甲硫氨酸(SAM)而来。SAM 也是乙烯合成的中间物质。

在植物体内多胺除以游离态存在外，还以结合态形式存在。结合态多胺又分为高氯酸可溶性结合态多胺和高氯酸不溶性结合态多胺两种。高氯酸可溶性结合态多胺是游离多胺以酰胺键与羟基肉桂酸及其衍生物等小分子物质共价结合而成。高氯酸不溶性结合态多胺是游离多胺与生物大分子如蛋白质、糖醛酸或木质素等共价结合而成。

多胺在生理 pH 条件下，以带正电荷多聚阳离子状态存在，可与核酸、蛋白质及磷脂相结合，调节蛋白质及磷脂的生理活性和功能。Spd 和 Spm 通过亚氨基和氨基与 DNA 双螺旋结构上的磷酸基结合，稳定 DNA 的二级结构。

多胺可以抑制自由基的产生，作为质子来源，可直接有效地清除自由基，尤其是细胞内的超氧阴离子自由基 $O^{-2}\cdot$，从而阻止膜脂的过氧化，减轻膜的损伤。PAs 在植物的抗低温、抗盐害过程中发挥重要的作用。

7.7 植物激素的相互关系

在植物生长过程中，任何一种生理活动都不是受单一激素控制的，而是多种激素相互作用的结果。不同激素可以在合成、代谢、信号转导直至发挥效应的多个步骤或环节发生相互作用，共同调控植物的生长和发育(图 7-51)。

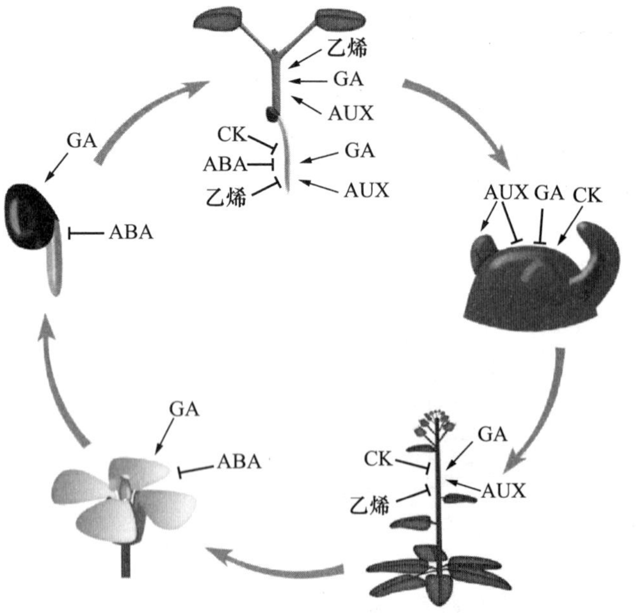

图 7-51　植物生长发育过程中激素的相互作用

（引自 Weiss 和 Ori，2007）

7.7.1　植物激素合成代谢的相互关系

各种植物激素之间可以通过合成前体物质、合成或代谢的关键酶等多项因素相互作用。GAs、CTKs、ABA 和 BRs 均来源于异戊烯基焦磷酸(iPP)，iPP 在不同的条件下会分别合成上述的某种植物激素。一般情况是，在长日条件下形成 GAs，在短日下形成 ABA。GAs 合成过程中，在 GA_{12}-7-醛合成之前，催化贝壳杉烯转化为贝壳杉烯酸的连续三步氧化反应，均由依赖于细胞色素 P450 的单加氧酶催化，而 ABA 可在该酶催化下生成 8′-羟基 ABA，进入失活途径。细胞色素 P450 单加氧酶的抑制剂嘧啶醇或多效唑(PP_{333})不仅能够阻止 GAs 合成，使异戊二烯原料更多地用于 ABA 的合成，而且还能抑制 ABA 的失活。

较高浓度的生长素可诱导乙烯的合成。在许多情况下，高浓度生长素和乙烯具有相同的生理效应，因为生长素能提高 ACC 合酶 mRNA 的转录水平进而促进乙烯的生成。细胞分裂素也能促进乙烯的生物合成，部分原因在于它能提高 ACC 合酶蛋白的稳定性。

活性 GA 可提高内源 IAA 的水平，一方面 GA 促进蛋白质水解，使 IAA 的合成前体色氨酸增加；另一方面 GA 还促进结合态 IAA 释放出游离态 IAA。此外，GA 还可降低 IAA 氧化酶的活性。近年来的研究表明，IAA 也能调控活性 GA 的水平。切去烟草、豌豆、拟南芥或水稻的顶端分生组织，能够降低茎中的活性 GA 水平，此效应能被外源 IAA 所逆转。前人研究表明：IAA 能诱导拟南芥和烟草中的 GA_1 合成基因 *GA20ox* 的表达。在豌豆和水稻中，IAA 能诱导 *GA3ox* 的表达，而抑制 *GA2ox* 的表达，从而促进活性 GA 的合成并抑制其降解(图 7-52)。

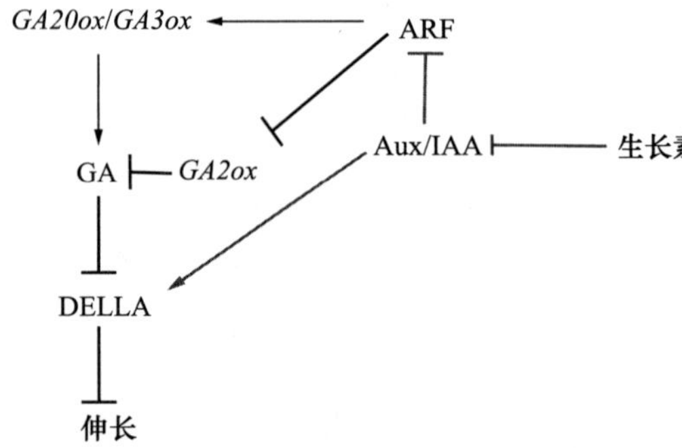

图 7-52　生长素和 GA 在控制植物伸长中的相互作用

黑色表示在基因水平上相互作用；灰色表示在蛋白质水平上相互作用

IAA 从茎顶端向下运输抑制腋芽的生长，形成顶端优势，而细胞分裂素 CTK 从根系向上运输促进腋芽的生长，影响植物分枝发育。独脚金内酯 SL 作为一类新型植物激素也参与植物分枝发育的调控，维持顶端优势。生长素下调细胞分裂素合成，而上调独脚金内酯合成。细胞分裂素也抑制生长素的极性运输。

7.7.2　植物激素信号转导的相互作用

20 世纪五六十年代的研究提出，GA 可提高植株对生长素的敏感性。近年来的研究表明，生长素也能影响 GA 的信号转导。GA 能促进拟南芥根的伸长，去顶可抑制此效应，而去顶后施用 IAA 则可逆转，顶端的 IAA 对于 GA 诱导的根的伸长是必需的。IAA 能促进根细胞中 GA 诱导的 DELLA 蛋白的降解。

GA 和 ABA 在很多生理过程中都表现出拮抗效应，最典型的例子是种子萌发。GA 诱导种子萌发，ABA 则抑制种子萌发。两者在植物体内的比例控制着从胚胎发生到种子萌发过程的转变。在谷类种子萌发的过程中，GA 诱导糊粉层细胞 α-淀粉酶的合成，而 ABA 抑制其合成。GA 诱导和 ABA 抑制的 α-淀粉酶的表达均需要位于启动子区的 GA 响应元件。在拟南芥根的伸长过程中，ABA 和 GA 也是相互拮抗的。ABA 能提高 DELLA 蛋白 RGA 的稳定性，并阻止 GA 诱导的 RGA 的降解。

在叶片的脱落过程中，离层细胞对乙烯的敏感性受位于离层的远轴端与近轴端所含有的生长素相对浓度的影响(详见 10.4.1 节)。

此外，植物激素的相互作用还表现在以下方面：CTK/IAA 比值控制组织培养中愈伤组织的分化；CTK 和 IAA 及 SL 相互拮抗调控顶端优势；ABA 及 BR 和 CTK 相互拮抗调控气孔的运动等。

7.8 植物生长调节剂

植物激素在植物体内的含量很低，难以提取，无法大规模在农业生产上应用，因此人们利用化学方法合成了许多结构类似于激素且有激素生理活性的有机化合物，即植物生长调节剂。此外，生产上使用的 GA_3 等少数是由微生物发酵而来，也将其列入植物生长调节剂范畴。

7.8.1 植物生长调节剂的类型

植物生长调节剂种类繁多，一般根据来源不同，分为天然的和人工合成的；根据生理功能不同，又可分为植物生长促进剂、植物生长抑制剂和植物生长延缓剂 3 类。

7.8.1.1 植物生长促进剂

凡是可以促进细胞分裂、分化和伸长，也可促进植物营养器官生长和生殖器官发育的化合物均称为植物生长促进剂，包括生长素类的调节剂如吲哚乙酸、吲哚丁酸、萘乙酸等，细胞分裂素类的激动素和 6-苄基腺嘌呤等，赤霉素类的如 GA_3、GA_4 与 GA_7 的混合物($GA_{(4+7)}$)等，还包括油菜素内酯、三十烷醇(triacontanol，TRIA)等。

(1)生长素类　此类植物生长调节剂包括植物体内天然存在的 IAA 和吲哚丁酸(IBA)，人工合成的具有萘环的化合物如萘乙酸(NAA)，以及具有苯环的化合物如 2,4-二氯苯氧乙酸(2,4-D)、对氯苯氧乙酸(P-chlorophenoxy acetic acid，PCPA，商品名防落素)等。另外还有一些化合物如萘氧乙酸(naphthoxy acetic acid，2,4,5-T)、4-碘苯氧乙酸(4-iodophenoxy acetic acid，商品名增产灵)等都有生理效应。IAA 在体内会受吲哚乙酸氧化酶的破坏，在光下易被分解，限制了其在农业生产上的应用，而 NAA、2,4-D 等，由于原料丰富，生产过程简单，在农业上得到了广泛的应用。2,4-D 用途随浓度而异，低浓度时促进植物生长，而高浓度则会抑制生长，甚至杀死植物成为除草剂。生长素类植物生长调节剂主要用于促进插枝生根、疏花疏果、防止器官脱落、促进结实、诱导菠萝开花等。

(2)细胞分裂素类　此类植物生长调节剂应用最广的是 6-苄基腺嘌呤(6-BA)，其次是激动素(KT)、CPPU(4PU-30)。这类调节剂主要用于组织培养中诱导细胞分化，促进结实，诱导果实膨大及切花保鲜等。

(3)赤霉素类　赤霉酸(GA_3)是目前应用最广的赤霉素类植物生长调节剂，从赤霉菌发酵液中提取而来。在 pH 3～4 时，其水溶液最稳定；在中性或微碱性条件下，稳定性明显下降；在碱性溶液中被中和失效，应用时不能与碱性农药混用。此外，市售产品还有 GA_4 与 GA_7 的混合物($GA_{(4+7)}$)，也是从赤霉菌发酵液中提取而来的。GA_3 主要用于解除水稻三系制种中不育系的包穗、诱导无籽果实及打破芽和种子的休眠等，$GA_{(4+7)}$ 则主要用于调控苹果的果型。

7.8.1.2 植物生长抑制剂

植物生长抑制剂(plant growth inhibitor)能使茎顶端分生组织细胞的核酸和蛋白合成受阻，抑制顶端分生组织细胞的伸长和分化，促进侧枝的生长，从而破坏顶端优势，增加侧枝数目。有些生长抑制剂还能使叶片变小，生殖器官发育受到影响。外施生长素等可以逆转这种抑制效应，而外施 GAs 则无效。常见的生长抑制剂有 ABA、三碘苯甲酸、青鲜素、整形素、增甘膦等。

(1)脱落酸(ABA)　ABA 能诱导种子和芽的休眠，并能提高植物的抗逆性。以前因其价格昂贵，限制了其在农业生产上的应用。国内四川龙莽集团福生科技有限公司已能大规模发酵生产，其商品名为诱抗素。

(2)三碘苯甲酸(2,3,5-triiodobenzoic acid，TIBA)　是生长素的极性运输抑制剂，抑制顶端分生组织细胞分裂，促进腋芽萌发，因此植株矮化、分枝多，结构式见图 7-53。

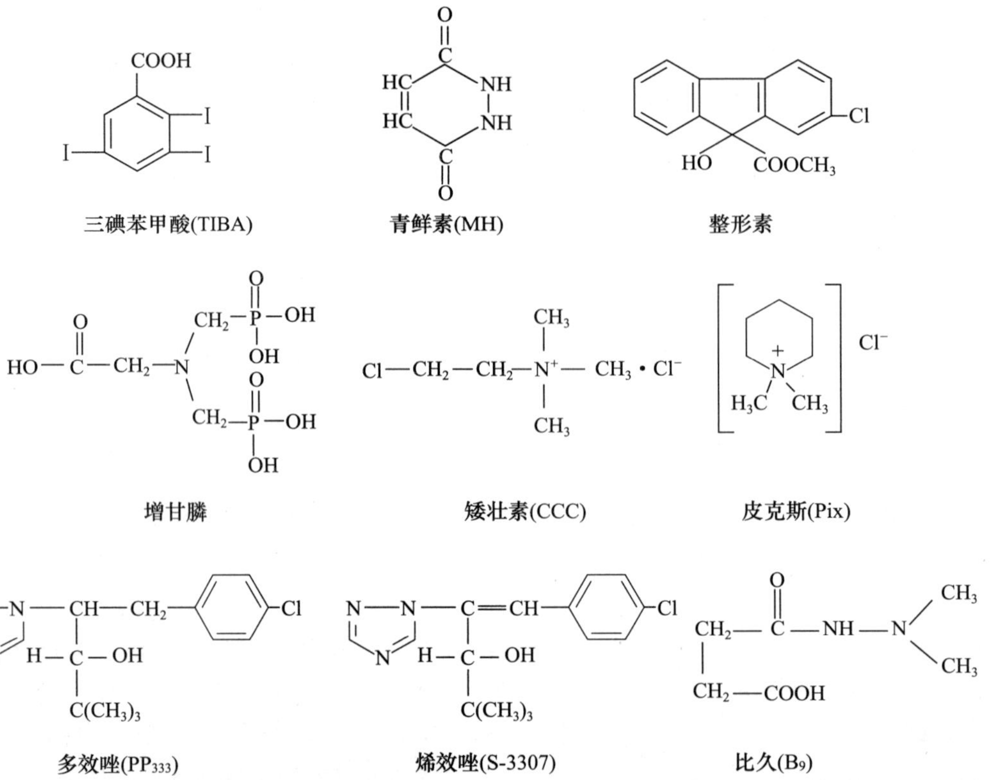

图 7-53　植物生长抑制剂和生长延缓剂的化学结构

(3)青鲜素(maleic hydrazide,MH)　又名马来酰肼,化学名称是顺丁烯二酸酰肼,结构式见图 7-53。其作用与生长素相反,抑制芽的生长和茎的伸长。其结构与尿嘧啶相似,可以代替尿嘧啶,但不起作用,因此阻止核酸的合成,抑制生长。MH 可抑制鳞茎和块茎在贮藏期的发芽。MH 有致癌作用,建议使用时注意适宜的剂量范围和安全间隔期,且不宜用于食用作物。

(4)整形素(morphactin)　化学名称是 2-氯-9-羟基芴-9-羧酸甲酯,结构式见图 7-53。可阻碍生长素从顶芽向下转运,提高吲哚乙酸氧化酶活性,使生长素含量下降。它能抑制顶端分生组织细胞分裂和伸长、茎伸长和腋芽滋生,使植株矮化成灌木状,常用来塑造木本盆景。

(5)增甘膦　化学名称是 N,N-双(膦酰基甲基)甘氨酸,结构式见图 7-53。可抑制植物生长,并抑制酸性转化酶活性,增加糖分的积累和贮藏,主要用于甘蔗和甜菜的增糖。

7.8.1.3　植物生长延缓剂

抑制植物内源 GAs 的生物合成,抑制茎尖伸长区的细胞伸长,使节间缩短而导致植物矮化的生长调节剂均为植物生长延缓剂(plant growth retardant)。外施 GAs 往往可以逆转生长延缓剂的抑制效应。这类物质不影响顶端分生组织的生长,不影响叶片的发育和数目,一般也不影响花的发育。

根据生长延缓剂的作用位置和方式的不同,可分为两类,分别抑制 GAs 合成的环化和氧化步骤。前者在生产上应用最为广泛的是矮壮素,还包括皮克斯。抑制氧化步骤的生长延缓剂开发较晚,包括三唑类的多效唑、烯效唑及嘧啶类的嘧啶醇等。

(1)矮壮素(chormequat chloride,CCC)　化学名称是 2-氯乙基三甲基氯化铵,俗名氯代氯化胆碱,结构式见图 7-53。CCC 抑制赤霉素生物合成过程中的环化步骤,可以使节间缩短,植株变矮、茎变粗,叶色加深。在生产上用于小麦等作物的抗倒伏,防止棉花徒长,减少蕾铃脱落,也可促进根系发育,增强作物的抗逆性。CCC 不易被土壤所固定或被土壤微生物分解,一般土壤施用效果较好。

(2)皮克斯(Pix)　化学名称是 1,1-二甲基哌啶嗡氯化物(1,1-dimethyl piperidinium chloride),又名缩节胺、助壮素等,它与 CCC 作用相似,结构式见图 7-53。生产上主要用于控制棉花徒长,使节间缩短,叶片变小,并且减少蕾铃脱落,从而增加棉花产量。Pix 在土壤中易分解,半衰期约为 2 周。

(3)多效唑(paclobutrazol,PP_{333}) 又名氯丁唑,是英国ZCJ公司20世纪70年代推出的一种新型高效生长延缓剂,结构式见图7-53。PP_{333} 抑制赤霉素生物合成的氧化步骤,矮化植株,增加分蘖,增强植物抗逆性等。PP_{333} 又是杀菌剂。然而,PP_{333} 的残效期长,其在土壤中的半衰期是6～12个月,目前有被烯效唑取代的趋势。

(4)烯效唑(uniconazole,S-3307) 又名优康唑,高效唑,结构式见图7-53。同 PP_{333} 一样抑制赤霉素的生物合成,抑制细胞伸长效果强烈,有矮化植株、抗倒伏、增产、除杂草和杀菌(黑粉菌、青霉菌)等作用。根部吸收S-3307可在植物体内传导。叶片吸收后向上传导而不向下传导,因此土壤施用比喷施叶片效果好。

(5)比久 是二甲胺琥珀酰胺酸的俗称,也称 B_9,结构式见图7-53。B_9 可抑制赤霉素的生物合成,抑制果树顶端分生组织的细胞分裂,使枝条生长缓慢,抑制新梢萌发,因而可代替人工整枝。B_9 残效期长,可能有致癌的危险,因此不宜用在食用作物上。

7.8.1.4 乙烯释放剂

由于乙烯在常温下呈气态,在田间大规模使用不便,迄今已研制了多种乙烯释放剂,能以水溶液喷洒,被植物吸收后,能在植物体内释放出乙烯。应用最广泛的是乙烯利,化学名称是2-氯乙基膦酸。工业制剂为棕黄色黏稠强酸性液体。在 $pH<3$ 的条件下稳定,当 $pH>4$ 时,分解放出乙烯,pH越高,乙烯释放速率越快。乙烯利被植物吸收后,因植物细胞的pH一般大于5,所以乙烯会释放出来,调控植物的生长发育。另外,还有乙烯硅(通用名称为etacelasil,商品名称为Alsol)及脱果硅(商品名称为Silaid)也可释放出乙烯。

7.8.2 植物生长调节剂的合理应用

利用植物生长调节剂解决农业生产中存在的问题,是一个不易掌握的难题。因为生产问题复杂,植物生长调节剂种类又繁多,一些调节剂之间既有相似的生理效应,又有各自独特的作用方式。即使是同一种调节剂,也会因使用浓度、部位、方法和时期不同,而产生不同甚至相反的效果。因此,在实际应用中,除了熟悉各种调节剂的基本性能外,还需要掌握调节剂的应用策略。

1. 分析生产问题的本质

要应用调节剂解决生产问题,首先要了解生产问题的本质。需运用植物生理学、生物化学和植物解剖学等知识,并结合现场考察,才有可能判断出问题的本质,并提出合理的措施。如要保花保果,就要使花果得到充足的营养,抑制花(果)柄基部离层细胞的分化,重点应是离层形成问题。

2. 拟出方案

(1)选择恰当的生长调节剂 根据生产问题的本质及调节剂的性质和功能选择合适的种类。在同一类调节剂中,进一步考虑效果及使用安全性等问题。例如在防止棉花徒长和促进结铃方面,起初人们应用CCC,但会引起药害。1978年后开始应用Pix,增产效果更好。三唑类生长调节剂中,烯效唑的抑制生长效果又比多效唑强。

每种调节剂虽有其独特的效应,但常常不全面,有局限性。如与其他调节剂混合使用,则可取长补短,有时甚至起到相乘的效果。

(2)决定处理时期 植物吸收生长调节剂后,运输到作用部位,发生一系列生理生化反应。这个过程需要一定的时间,因此实际应用时根据生产问题的发生时间,需要提早几天喷施生长调节剂,土壤施用则需要提前更长时间,施用过早或过迟都难以达到效果。如控制禾谷类作物徒长,应选择拔节初期施用调节剂,过迟无效,过早效果也差。

另外,施用生长调节剂时,要考虑环境因素。一般温度升高使用调节剂的效果会好,因为有利于调节剂的吸收和传导。但过强的阳光加速调节剂的分解,风雨天气会降低调节剂的应用效果。

(3)确定处理部位 要根据生产问题的本质确定处理部位。如用2,4-D防止落花落果,应将药液涂在花朵上以抑制花柄中离层的形成,避免对嫩叶及芽的伤害。

(4)选择施用方式 根据调节剂进入植物体的最佳途径,选择合适的施用方式。如 PP_{333} 进入植物体主要通过根部吸收,而通过叶面吸收的很少,所以应土施。

(5)拟订施用浓度和次数 施用药剂的浓度和次数是解决问题成败的关键之一。如2,4-D可因施用浓度的高低,表现出促进生长、促进单性结实乃至杀死阔叶植物等不同效应,这就要求根据目的拟订出合适的浓度范围。

3. 进行小规模预备试验

在拟订试验方案后，一定要进行小规模的预备试验。作物的种类、品种、土壤条件和气候等的不同均会影响调节剂的效果。此外，同一调节剂因生产厂家、批号及存放时间的不同而存在差异。通常先处理 3～4 株，3～5 d 后观察，若无烧伤和其他异常现象，即可大规模应用。植物如有异常，则应降低浓度或改变其他，再行试验，直到安全为止。

4. 配合农业技术措施

植物生长调节剂是由植物激素发展起来的，是调节植物生长发育的微量化合物，它不能代替化肥、农药及其他栽培措施。它只是在植物生长发育中某个环节起调节作用，而用一般农艺措施不易完成(如化学杀雄)或者费工费力(如控制徒长)。要使调节剂获得理想的效果，一定要配合其他措施。如 NAA 和 IBA 处理插条后，如果不保持苗床一定的湿度和温度，是很难生根的。

思考题

1. 什么是植物激素？什么是植物生长物质？什么是植物生长调节剂？

2. 各种植物激素有哪些主要的生理作用？分别列举 3 项。

3. 植物激素调控植物生长发育的作用机制是什么？

4. IAA 在植物体内的合成途径有哪些？

5. IAA 在植物体内的运输方式有哪些？其特有的运输方式的作用机理？

6. 如何调控细胞中激素的水平？

7. 赤霉素诱导大麦糊粉层中 α-淀粉酶合成的信号转导途径及其作用机制？

8. GAs 拮抗物有哪些？这些 GAs 拮抗物的生理效应？举两三例它们在生产上的应用。

9. ABA 为什么能促进气孔关闭？

10. 细胞分裂素为何可以延迟叶片衰老？

11. 胚发生早期，种子内的 ABA 含量非常低，中期时 ABA 含量达到最高，这有什么生理意义？

12. 乙烯生物合成过程受哪些因素的调控？

13. 利用乙烯的三重反应作为模式系统，可筛选到乙烯的哪几类突变体？

14. ABA 和 GA 在生物合成、代谢过程中有哪些相互联系？

15. 植物生长发育过程中激素间的相互作用表现在哪些方面？列举 3 例。

16. 调节赤霉素生物合成的酶有哪几种？

17. 简述生长素的信号转导途径。

18. 为什么说 ABA 是胁迫(逆境)激素？

19. 分别简述生长调节物质 BRs、JAs、SA、SLs、PAs、的生理功能。

第 8 章 植物生长生理

植物的生长(growth)是指植物在体积和质量上的不可逆的增加,以细胞的生长为基础,通过细胞分裂增加细胞数量,通过细胞伸长扩展细胞体积,从而实现形态指标上量的变化。植物的分化(differentiation)是指来自同一合子或遗传上同质的细胞转变为形态结构、生理功能各异的细胞、组织和器官的过程,是差异化的生长,反映细胞、组织和器官在质上的变化,如细胞分化、组织分化以及器官分化等。而发育(development)则是生长和分化的总和,反映的是组织、器官或整体在形态和功能上有序地量变与质变的动态变化过程。植物的生长、分化和发育皆受遗传信息的控制和环境因素的调控,控制植物生长、分化和发育的基因表达具有时间上的顺序性和空间上的特定性,同时受到环境影响。

8.1 植物细胞的生长和分化

植物的生长建立在各种器官生长的基础上,而器官生长的基础则是细胞的生长和分化。细胞的生长过程始于细胞分裂、细胞伸长和扩大,以及分化定型(详见 8.6)。因此,细胞的发育过程通常分为 3 个时期,即分裂期、伸长期和分化成熟期,各时期都有其形态和生理上的特点。

8.1.1 细胞的分裂

8.1.1.1 细胞分裂周期

处于分裂阶段的分生细胞,原生质稠密,细胞体积小,细胞核大,无液泡或液泡小而少,细胞壁薄,合成代谢旺盛,束缚水/自由水比值较大,细胞亲水力高。这些分生细胞长到一定阶段要发生有丝分裂形成两个子细胞。通常把母细胞分裂结束形成子细胞到下一次细胞再分裂成两个子细胞所经历的时期称为细胞周期(cell cycle)。细胞周期包括分裂间期(interphase)和分裂期(mitotic stage,M 期)2 个阶段(图 8-1A)。分裂间期可分为 DNA 复制前期(G_1 期)、DNA 复制期(S 期)和 DNA 复制完成到有丝分裂开始之前的 G_2 期。有丝分裂期(M 期)可分为前期、中期、后期、末期。细胞周期进行中,除了 DNA 和蛋白质含量发生显著的变化外,呼吸速率也有较大变化,如分裂期细胞的呼吸速率较低,而分裂间期的 G_1 期和 G_2 期后期呼吸速率都很高。G_2 期较高的呼吸速率为分裂期提供了充足的能量。

在细胞周期 G_1 期,CDK 处于非活化状态,CDK 通过 G_1 细胞周期蛋白(C_{G_1})结合和在活化部位的磷酸化;激活的 CDK-细胞周期蛋白复合体推动细胞周期转移到 S 期;在 S 期末,C_{G_1} 蛋白降解,CDK 去磷酸化,导致 CDK 又回到非活化状态,细胞周期进入 G_2 期。在 G_2 期,非活化状态的 CDK 绑定细胞分裂期中的细胞周期蛋白 C_M,同时 CDK-细胞周期蛋白复合体在活化部位和抑制部位都被磷酸化,此时 CDK-细胞周期蛋白复合体由于抑制部位被磷酸化仍处于非活化状态。在 G_2 末期,蛋白质磷酸化酶将抑制部位的磷酸基水解,CDK-细胞周期蛋白复合体就被激活,激活的 CDK 促进细胞周期从 G_2 期进入细胞分裂期。在细胞分裂末期,CDK 上的磷酸基脱掉,M-细胞周期蛋白被分解,CDK 重新变为不活化状态,进入下一轮分裂周期。

8.1.1.2 细胞周期的调控

细胞周期受到一系列互作蛋白的调控,如细胞周期蛋白(cyclins)和细胞周期蛋白依赖性蛋白激酶(cyclin-dependent protein kinases,CDKs)。CDK 与细胞周期蛋白形成的 CDK-cyclin 复合物有被磷酸化或去磷酸化,当 CDK 的活化位点和抑制位点都被磷酸化时,CDK-cyclin 复合物仍不被活化;只有当抑制位点的磷酸被去除后,活化位点有磷酸,复合物才被活化。因此 CDK-cyclin 通过磷酸化或去磷酸化,以及磷酸化位点有效地调节细胞周期的进程(图 8-1B)。

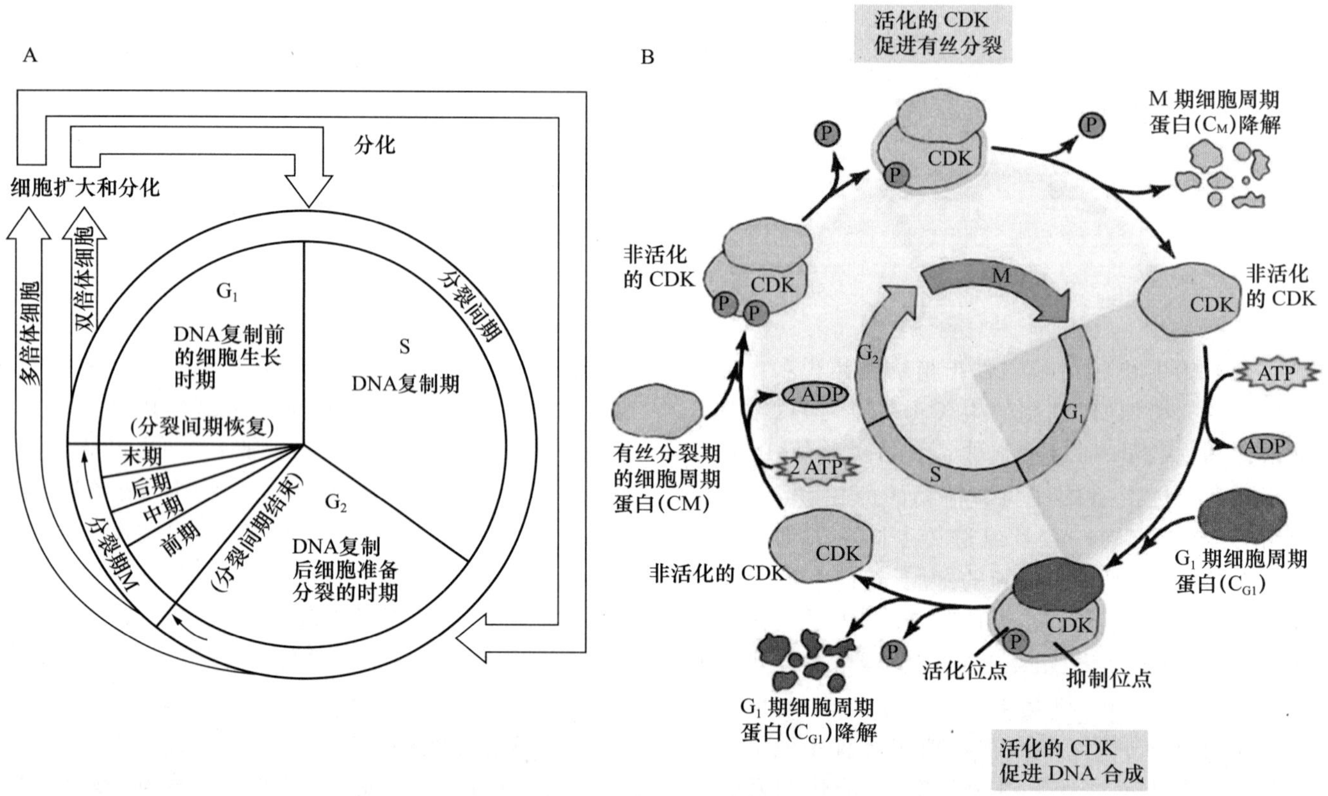

图 8-1 细胞周期示意图(A. 参照 Salisbury 和 Ross,1992)和细胞周期的 CDK 调控(B. 参照 Taiz 和 Zeiger,2010)

细胞周期还受到激素的调控。在对烟草悬浮液细胞和拟南芥的研究中发现,细胞分裂素和生长素刺激分裂间期的 G_1 期细胞周期蛋白 D(CycD)与 CDK 的结合,形成 CycD/CDK 复合物,通过磷酸化作用,将 CDK 变成 CDK-P 复合物,在 S 期 CDK-P 与 CycB(细胞周期蛋白 B)结合,形成 CDK-CycB-P 复合物,此时处于非活化期。当细胞分裂素依赖性磷酸酶将复合物上的抑制性磷酸基团去除后,活化状态的 CDK-CycB 使细胞分裂进入分裂期(M 期),启动细胞分裂周期。GAs、ABA 也参加了细胞分裂周期过程(图 8-2),GA 诱导了 CDKs 的基因表达,促进细胞分裂间期由 G_1 期进入 S 期和由 G_2 期进入 M 期,而 ABA 阻止细胞周期从 G_1 期进入 S 期,抑制细胞分裂。另外,植物生长调节剂、维生素、温度等诸多因素也会影响细胞周期的进程。维生素 B_1(硫胺素)、维生素 B_6(吡哆醇)等 B 族维生素也能促进细胞分裂。

8.1.2 细胞的伸长及其调控

在根和茎顶端的分生组织中,除了顶部的一些分生组织细胞仍保留强烈的细胞分裂能力外,其余大多数细胞则逐渐过渡到伸长阶段,根和茎的伸长主要依赖于细胞的伸长生长。进入伸长期的细胞以其体积的增加和液泡化为主要特征,此时,细胞的呼吸速率会增加 2～6 倍,酶活性增强,蛋白质、核酸也显著增加,保证了细胞质的增加。呼吸增强和蛋白质的积累是细胞伸长的基础。

细胞伸长除了建立在细胞质的增加基础之上外,还与细胞壁的结构、成分有着密切关系。细胞壁成分的增加可使伸长生长中的细胞保持细胞壁一定的厚度。细胞壁结构的变化是细胞吸水、体积增大的主要因素。

在细胞伸长过程中,首先需要生长素诱导细胞壁酸化,细胞壁松弛,新合成的细胞壁成分如纤维素、半纤维素、果胶等填充和沉积到扩展的细胞壁中,使细胞壁增厚。细胞壁酸化受到植物激素的调控。生长素和赤霉素影响细胞壁的可塑性,使细胞壁变松弛,从而促进细胞的伸长。其中,生长素诱导细胞壁酸化,促进茎的生长尤为重要(详见 7.1.4.2 和 7.2.4.1)。

此外,植物细胞的伸长还受到油菜素内酯(BR)的正向调控及乙烯和脱落酸的负向作用。环境条件中,水分对细胞伸长的影响较大,水分不足,细胞伸长生长就会减慢。

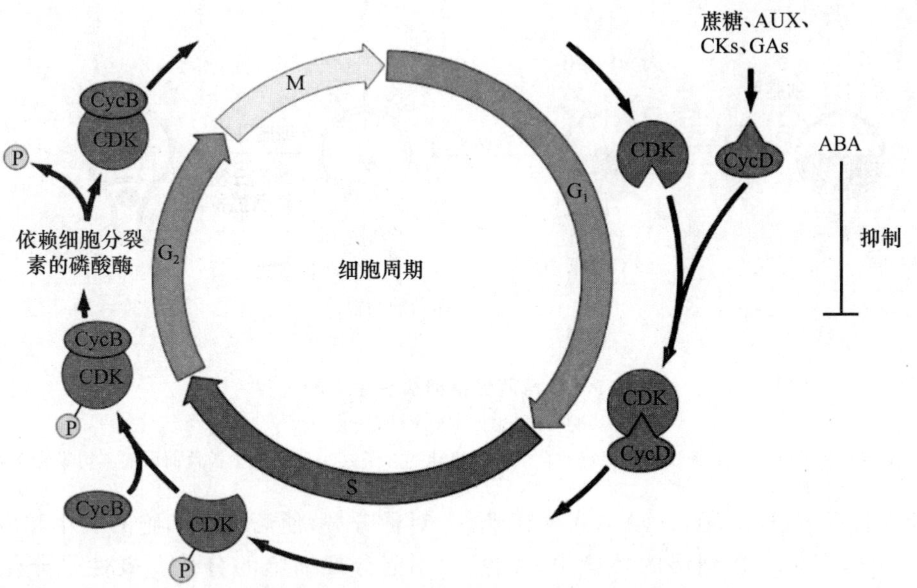

图 8-2　生长素与细胞分裂素等对细胞分裂周期的调控

(引自 Hopkins 和 Huner,2008)

8.1.3　细胞的分化及影响因素

一般情况下,细胞分化要经过 4 个过程:①诱导细胞分化信号的产生和感受;②分化细胞特征基因的表达;③分化细胞结构和功能基因的表达;④上述基因表达的产物导致分化细胞结构和功能的特化。

以具有细胞分化典型特征的植物维管细胞的分化为例,首先,植物激素作为细胞分化的信号在其分化中起着重要作用。生长素是导管分子分化的诱导信号。在植物组织培养过程中,生长素和细胞分裂素的相对含量决定了愈伤组织是分化成根还是分化成芽(详见 7.1.3 和 7.3.3)。其次,蔗糖浓度会影响到木质部和韧皮部的分化。将丁香茎髓的愈伤组织进行培养,当蔗糖浓度较低(1%～2.5%)时,则分化形成木质部;当蔗糖浓度较高(>3.5%)时,则分化形成筛管(韧皮部);当蔗糖浓度在中等水平(2.5%～3.5%)时,则木质部和韧皮部都形成,且中间还有形成层。再次,存在于基因组中的一些转录因子往往诱导或阻碍特定基因的表达,在细胞的分化中起着重要作用,在拟南芥 26 000 个基因中大约有 1 500 个编码转录因子,如 *MADS box* 和 *homeobox* 基因家族,是发现的在植物分化与发育中特别重要的两大转录因子,拟南芥基因组中大约有 30 个 *MADS box* 基因,控制着根、叶、花、胚珠和果实的发育。转录因子可决定细胞、组织、器官的特异性,细胞所处的位置决定了其分化的方向,细胞之间的信号传递调节基因的表达并控制细胞的发育。

此外,光照、温度、营养、pH、离子和电势等环境条件以及地心引力也都能影响细胞的分化。如短日照处理,可诱导菊花提前开花;低温处理,能使小麦通过春化(详见 9.2)而进入幼穗分化;对作物多施氮肥,则能使其延迟开花。

以墨角藻假根产生为例来说明环境对细胞分化的作用(图 8-3)。褐藻中的墨角藻的受精卵在水中可自由游动。当受精卵受到单方向光照时,背光的一面在受精后 14 h 开始形成突起,而纺锤体的轴是与光照方向平行的,因而形成的胞壁与光的方向垂直。新形成的细胞壁将细胞分割为大小不等的两个细胞,较大的发育成叶状体,较小的则成为假根,墨角藻以假根固定在附着物上。进一步研究发现,照光能使 Ca^{2+} 在细胞中产生浓度梯度,即照光的一面 Ca^{2+} 从细胞中流出,而背光的一面 Ca^{2+} 则从介质中流入。同时由肌动蛋白组装的微丝以及大量的线粒体、高尔基体、核糖体等细胞器都聚集在背光一侧,细胞核也向背光一侧移动。这样,Ca^{2+} 梯度和微丝聚集使细胞产生极性而引起不均等的分裂。与墨角藻受到不均一刺激不同的是,把蕨类植物的原叶体置于液体培养基中进行振荡培养,由于重力及光照的单方向刺激均受干扰,原叶体与培养基的接触也变得均一,从而使其生长不再表现出极性,而长成一团不定形的愈伤细胞。

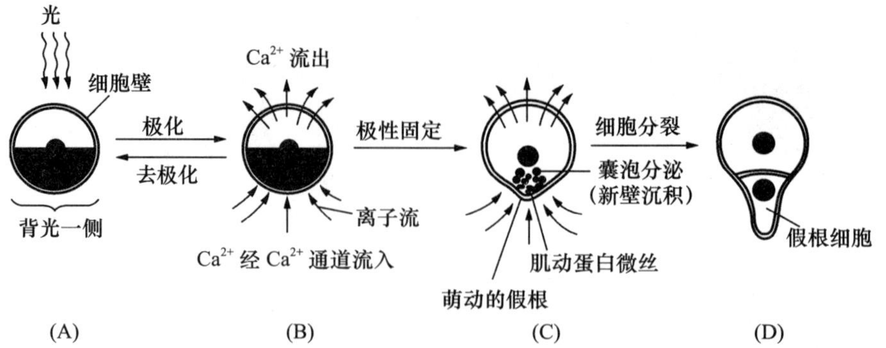

图 8-3　墨角藻受精卵极性建立的过程

（引自余叔文和汤章城，1998）

(A)未极化的合子；(B)极性尚未稳定的合子；(C)极化的合子；(D)胚胎产生极性而引起不均等的分裂

柳树枝条的极性生长试验(图 8-4)也表明细胞分化与极性(polarity)有关。在潮湿的环境中，无论是将柳树枝条正置还是倒置，总是形态学的上端分化出芽，形态学的下端分化出根，证明植物器官、组织或细胞都具有极性。另外，植物体还具有再生作用，即植物失去一部分组织细胞后，在适宜的条件下，又重新形成完整新个体的现象，如扦插、果树修剪等。

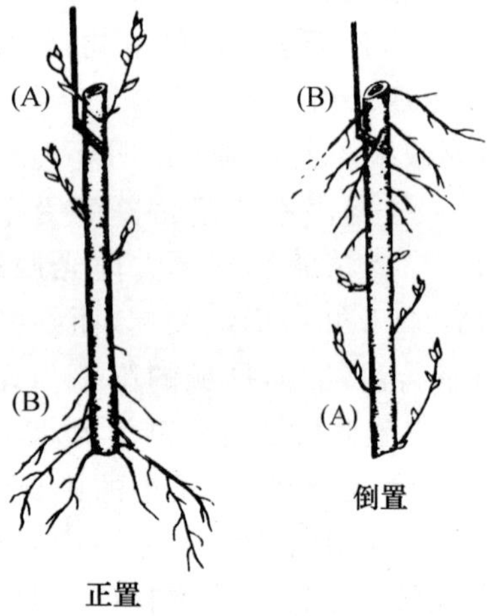

图 8-4　柳树枝条的极性生长示意图

（引自蒋德安，2011）

(A)形态学上端；(B)形态学下端

极性(polarity)是指细胞(也可指器官、组织或植株)在不同轴向上存在某种形态结构和生理生化上的梯度差异现象。主要表现在细胞质的不均一性，细胞器数量的多少，核位置的偏向等方面。植物的极性在受精卵中既已形成，受精卵的第一次分裂就表现为不对称分裂，形成一个基细胞和一个顶细胞，基细胞进一步分化成幼根原基，而顶细胞则进一步分化成茎的生长点。可见，极性的建立会引发不对称分裂，使两个子细胞的大小和内含物不等，由此引起分裂细胞的分化。极性是分化的第一步，没有极性就没有分化。如图 8-5 所示荠菜胚的发育过程就是在极性的基础之上完成的。

8.1.4　植物细胞全能性与组织培养

组织培养(tissue culture)是指在无菌条件下将离体的植物器官、组织、细胞以及原生质体，在人工控制的培养基上培养，使其生长、分化并形成完整植株的技术，是生物技术的重要组成部分。从植物体上分离下来，被培养的器官、组织及细胞团等称为外植体(explant)。

组织培养的理论基础是植物细胞具有全能性(totipotency)，即植物体的每一个有核的细胞中都包含着产生一个完整植株的全套基因，在适宜的条件下，任何一个有核细胞都有发育形成一个新个体的潜在性能。植物组织培养技术正是利用细胞全能性以及细胞极性和再生特性，将其从植物体中分离出来并给予一定的培养条件，使这些已分化的细胞脱分化，然后在一定条件下再分化，最后形成再生植株。所谓脱分化(dedifferentiation)，是指已分化的组织细胞失去原来的分化状态，形成结构均一的愈伤组织(callus)或细胞团的过程。再分化(redifferentiation)是指脱分化状态的细胞或细胞群，再度分化形成不同类型的细胞、组织、器官，乃至最终再生成完整植株的过程。通常，愈伤组织的再分化有两种类型：一是器官发生型，即直接分化形成芽与根，从而获得小植株；二是胚胎发生型，即分化形成一些类似胚胎结构的细胞(或细胞群)，称之为胚状体(embryoid)，胚状体的一端分化形成芽原基，另一端分化形成根原基，进而获得小植株。外植体的脱分化或进一步再分化，一方面受其内部基因的控制，另一方面可以受到激素的调控。在培养基中加入不同种类和比例的生长调节剂，可使已经分化的组织脱分化形成愈伤组织，愈伤组织进一步再分化出根或芽，最终发育成小植株(图 8-6)。

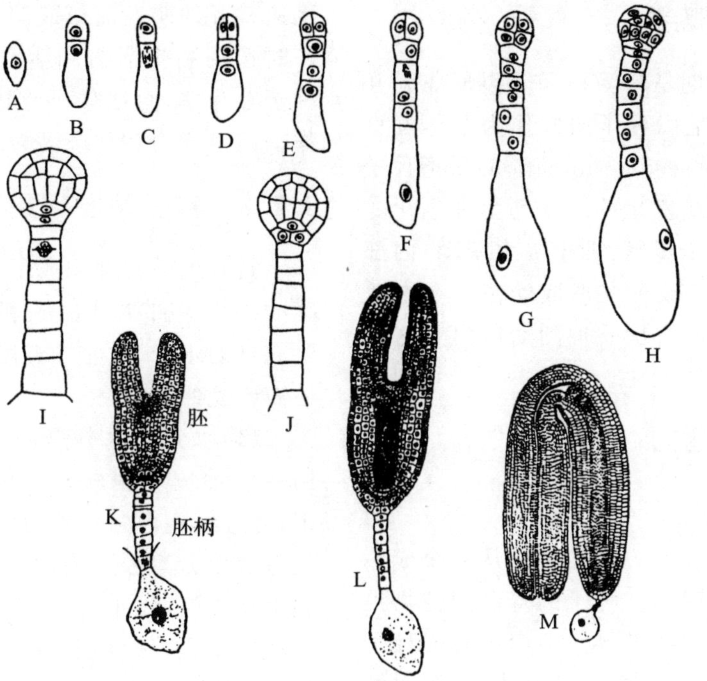

图 8-5　荠菜胚的形成

(引自 Sinnott，1960)

A. 和 B. 受精卵的第一次不均等分裂；C. 至 H. 胚与胚柄的形成；I. 球状胚；J. 至 K. 由于球状胚近胚柄处的胚细胞垂周分裂，形成心形胚，出现叶和根的分化，近胚柄侧形成胚根；L. 鱼雷形胚；M. 成熟胚，具有子叶、胚根、胚芽，胚内有维管束

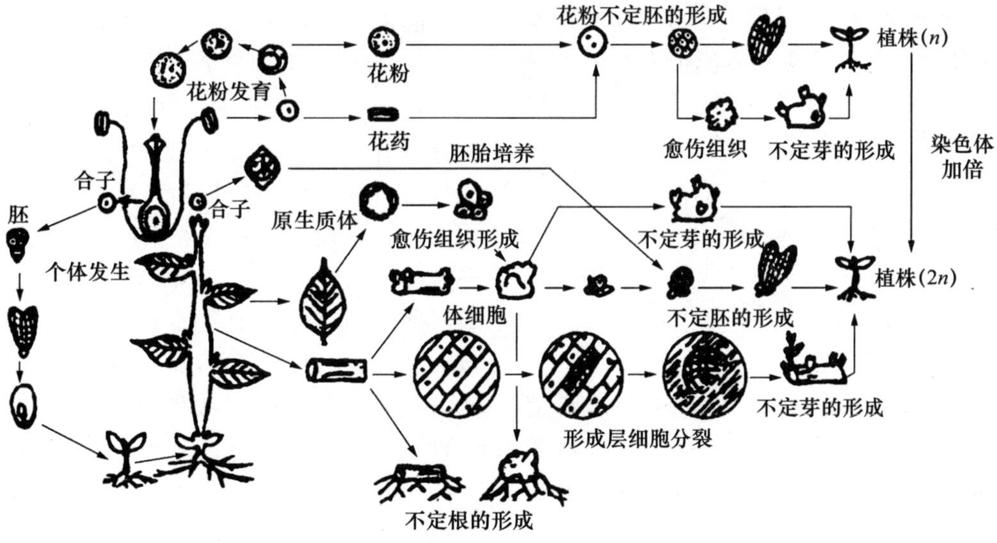

图 8-6　由高等植物的细胞、组织和器官培养成植株的过程

(引自王忠，2000)

8.2 种子萌发

8.2.1 种子萌发的概念

植物个体的生命周期是从受精卵分裂形成胚开始的，但人们习惯上还是以种子萌发作为个体发育的起点。所谓种子萌发(seed germination)是指种子从吸水到胚根突破种皮所发生的一系列生理生化变化过程。大致可分为3个步骤：种子吸水萌动；内部物质与能量转化；胚根突破种皮形成幼苗。在农业生产实践中，种子萌发是指从播种到幼苗出土之间所发生的一系列生理生化变化。

8.2.2 种子寿命与活力

8.2.2.1 种子寿命

种子寿命(seed longevity)是指种子从完全成熟到丧失生活力所经过的时间。种子的寿命因植物种类及其所处环境的不同而有差异。寿命极短的种子如柳树种子成熟后只在12 h内有发芽能力，杨树种子的寿命一般不超过几个星期。大多数农作物种子的寿命为数年，而莲籽(莲的瘦果)可达百年至千年。种子寿命的长短还与种子的贮藏条件有关。一般来说，在干燥、低温条件下，种子的寿命较长；反之，高温、潮湿的环境(湿、热环境使种子呼吸加强，贮藏物质消耗加快，同时放出热量，加快病菌繁殖、害虫滋生，使种子发霉变质)，易使种子丧失生活力。但一些热带植物(如椰子、荔枝、龙眼、杧果等)的种子正好相反，它们不耐脱水干燥，也不耐零上低温贮存。这类种子被称为顽拗型种子(recalcitrant seed)，有别于其他正常性种子(orthodox seed)。顽拗型种子寿命短，只有几天，可是如使种子保持一定含水量并贮藏在适宜温度中，就可延长其寿命到几个月甚至更长。

8.2.2.2 种子生活力

种子生活力(seed viability)是指种子能够萌发的潜在能力或种胚具有的生命力。一般来说，种子的生活力就是种子的发芽率，没有生活力的种子不能萌发。

测定种子生活力最准确的方法是发芽试验，即在合适的萌发条件下，测定种子的发芽率，以发芽率的高低反映其生活力大小。但在生产实践中，限于时间、试验条件等，往往采用简单、快速的物理化学测定方法(蔡庆生等，2013)。

8.2.2.3 种子活力

种子活力(seed vigor)是指在田间状态下种子迅速整齐地萌发而形成健壮幼苗的能力。在田间生产时选用高生活力和活力的种子，不仅可获得高的种子发芽率，而且有利于形成健壮的幼苗，从而提高作物抗逆能力和增产潜力。

8.2.3 种子萌发需要的外界条件

具有生活力并完成了休眠的植物种子只有在适宜的外界条件下才能顺利萌发，大多数种子萌发需要充足的水分、适宜的温度和充足的氧气，有的种子还需要光照。

(1)水分　水分是种子萌发的关键因素。其作用是使种皮膨胀软化，氧气能够透过，增强呼吸作用；促进细胞内各种酶的催化活动，使细胞质从凝胶状态转变为溶胶状态，促进贮藏物质转化、运输，供胚生长利用，代谢活动加强；同时，胚根、胚芽才容易突破种皮。干燥种子最初的吸水是依靠吸胀作用进行的。吸胀作用的大小与原生质凝胶物质对水的亲和性有关，蛋白质、淀粉和纤维素对水的亲和性依次递减。不同类型种子萌发吸水量因其含蛋白质、淀粉和纤维素成分的不同而存在差异，一般吸水量为其风干重30%～80%即可发芽，但蛋白质成分较多的大豆种子萌发要求最低吸水量为风干重的120%，而含淀粉多的禾谷类种子最低吸水量相对较低，水稻种子为35%～40%，小麦种子为60%，玉米种子为44%。

(2)氧气　种子萌发过程中代谢活跃，需要旺盛的呼吸作用提供能量和物质支持，因此需要充足的氧气维持呼吸作用的顺利进行。大多数种子能够在正常空气中萌发。在农业生产中，土壤板结、水分过多会导致土壤通气不良而导致种子进行无氧呼吸，长时间的无氧呼吸消耗过多的贮藏物，同时，产生大量酒精，致使种子中毒，影响种子萌发，故应及时松土、排水，播种深度要适当，小粒种子及含脂肪较多的种子播种时宜浅不宜深。

(3)温度　温度影响种子萌发过程中一系列酶参与下的生理生化反应，适宜的温度保持酶的活性，可促进酶促反应。种子萌发有最高、最适和最低温度三基点，其中最适温度是指在短时间内使种子萌发达到最高百分率的温度。不同植物种子萌发对温度的要求不同，这与其原产地密切相关。多数植物种子所需的最低温度为 0～5 ℃，低于此温度不能萌发；最高温度为 35～40 ℃，高于此温度也不能萌发；最适温度为 25～30 ℃。一般原产北方高纬度地区的作物（如麦类等）需要温度较低，而原产南方低纬度地区的作物（如水稻、玉米等）需要温度较高。农业生产上春播低温是种子萌发通常遇到的问题，可通过地膜覆盖、大棚育苗等措施来保证种子萌发，培育壮苗。变温处理（通常低温 16 h，高温 8 h，变温幅度大于 10 ℃）有利于种子萌发，而且还可提高幼苗的抗寒力。自然界中的种子大都是在变温情况下萌发的。

（4）光　根据种子萌发对光的不同需求，将种子分为 3 类：①中光种子：萌发时对光无严格要求，在光下或暗中均能萌发，大多数栽培作物种子属于该类型；②需光种子（light seed）：萌发时需要光照，如烟草、莴苣、胡萝卜、拟南芥、紫苏和许多杂草种子等，又称喜光种子；③需暗种子（dark seed）：只能在黑暗处萌发，遇光则萌发受抑制，如茄子、番茄、韭菜、瓜类等，又称嫌光种子。光对种子萌发的影响是通过光敏色素（参见 8.6）实现的。

8.2.4　种子萌发时的生理生化变化

8.2.4.1　种子吸水变化

种子的吸水可分为急剧吸水、吸水停滞和胚根长出后的重新迅速吸水 3 个阶段（图 8-7 上图）。种子吸水的第 1 阶段是吸胀作用（物理过程）。第 2 阶段，细胞利用已吸收的水分进行代谢。至第 3 阶段，由于胚的迅速生长及细胞体积增大，重新大量吸水，该阶段的吸水是与代谢活动密切相关的渗透性吸水。只有具萌发力的种子才进入第 3 阶段，死种子和休眠种子只有吸水的第 1、第 2 阶段。

8.2.4.2　呼吸作用和酶的变化

种子萌发过程中呼吸作用和吸水过程相似，也分为 3 个阶段（图 8-7）。种子吸水的第 1 阶段，呼吸作用也迅速增加，这主要是由已经存在于干种子中并在吸水后活化的呼吸酶及线粒体系统完成的。在吸水的迟滞期，呼吸作用也停滞在一定水平，这一方面是因为干种子中已有呼吸酶、线粒体系统已经活化，而新的呼吸酶和线粒体还没有大量形成；另一方面，此时胚根还没有突破种皮，氧气的供应也受到一定限制。吸水的第 3 阶段，呼吸作用又迅速增加，因为胚根突破种皮后，氧气供应得到改善，而且此时新的呼吸酶和线粒体系统已经大量形成。在吸水的第

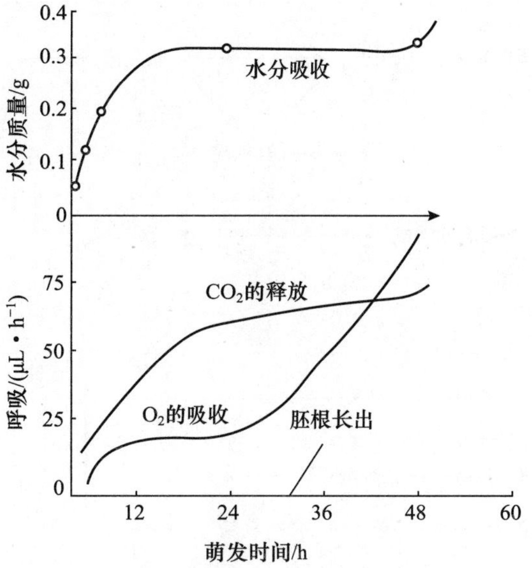

图 8-7　豌豆种子萌发时吸水和呼吸的变化

（李合生，2019）

1 和第 2 阶段，CO_2 的产生大大超过 O_2 的消耗，RQ>1，而第 3 阶段 O_2 的消耗则大大增加。这说明种子萌发初期的呼吸作用主要是无氧呼吸，而随后进行的是有氧呼吸。

8.2.4.3　有机物的转化

种子中贮藏有大量的大分子有机物，如淀粉、脂肪、蛋白质等，这些大分子有机物在酶的作用下分解为简单的、便于转运的小分子化合物，供给正在生长的幼胚，一方面作为呼吸底物进一步分解，释放能量，供生命活动需要；另一方面作为新建器官的各种原料（图 8-8）。

（1）碳水化合物的转化　禾谷类种子的胚乳内贮藏有大量的淀粉。种子萌发后，在淀粉酶作用下淀粉被水解为可溶性糖。萌发初期主要靠 β-淀粉酶，该酶在干种子中呈束缚态，吸水后活化。随着种子的萌发又逐渐形成 α-淀粉酶，将淀粉水解为麦芽糖，麦芽糖再进一步水解为葡萄糖。稻米胚乳中的 β-淀粉酶随着储藏时间的延长而降低，因而新米饭比陈米饭糊化程度大，有黏性，且有甜味，口感好。试验证明，糊粉层中 α-淀粉酶的合成需要赤霉素的诱导，而赤霉素是在胚中合成后再运输到糊粉层中的。此外，在豌豆等种子内的淀粉水解，主要是靠淀粉磷酸化酶的作用。淀粉酶和磷酸化酶要求的最适温度不同，前者要求高温，后者适合于低温。在低温条件下（如 0～9 ℃）马铃薯块茎的可溶性糖增加，淀粉含量减少，葡萄糖-1-P 含量也相应

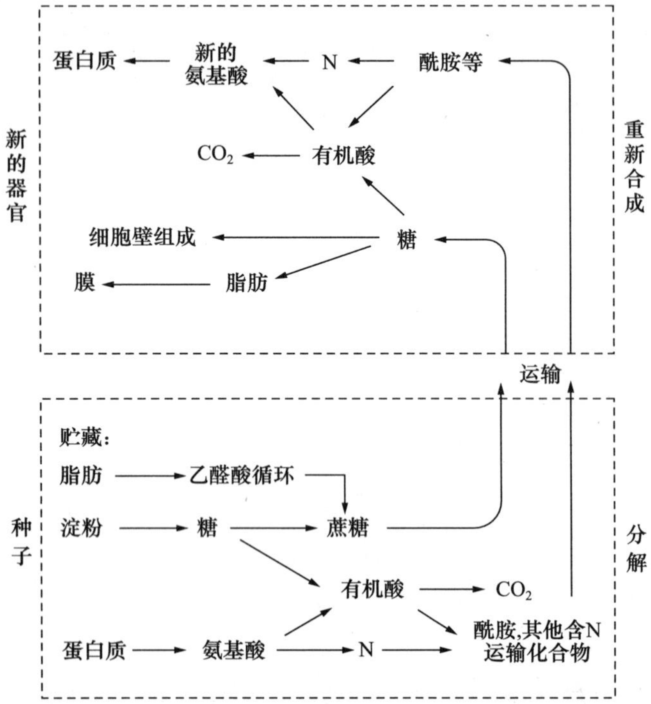

图 8-8　萌发种子中贮藏物质的降解转化

(参照李合生,2019)

增加，说明低温下淀粉磷酸化酶将淀粉分解为葡萄糖。苹果、甘薯、蔬菜等在冬天储藏过程中变甜就是这个道理。另外，夏天香蕉比冬季香蕉甜度大、口感好，也是由于夏季高温淀粉酶水解淀粉成单糖的结果。

(2)脂肪的转化　油料作物的种子萌发时，在脂肪酶的作用下，将脂肪水解为甘油和脂肪酸。脂肪酸能提高脂肪酶的活性，因而脂肪酶的作用具有自动催化的性质，所以油料种子贮藏时间过长或在高温、高湿条件下，常易发生酸败。脂肪酸经β-氧化途径分解为乙酰辅酶A，再经乙醛酸循环转变为蔗糖。甘油则在酶的催化下变成磷酸甘油，再转变成磷酸二羟丙酮参加糖酵解反应，或进一步经糖异生途径转变为葡萄糖、蔗糖，转运至胚轴供生长用。

(3)蛋白质的转化　萌发的种子靠种子中贮藏的蛋白质来满足氮素的需要。种子萌发时，贮藏蛋白质在蛋白酶的作用下，分解为游离氨基酸，并主要以酰胺(谷氨酰胺和天冬酰胺)的形式运输到胚轴供生长用。最近发现，在豌豆种子萌发过程中，高丝氨酸可能担负着氨基的运输作用。蛋白质水解产生的氨基酸，除了可作为再合成蛋白质的原料，也可以通过脱氨基作用转变为有机酸或游离的氨(NH_3)。有机酸可以进入呼吸代谢途径彻底氧化分解或转化为糖，也可作为形成氨基酸的碳架。氨以酰胺的形式贮存起来，即可消除氨态氮大量积累而造成的毒害作用，又可供新的氨基酸合成之用。

(4)植物激素的变化　种子萌发过程中有许多激素的参与。未萌发的种子通常不含游离态的生长素，萌发初期种子内束缚态的生长素转为游离态，并且合成新的生长素。落叶松种子经层积处理后，种子吸水萌发时，生长抑制剂含量逐渐下降，而赤霉素含量逐渐升高。大麦种子萌发时胚细胞的赤霉素浓度增加，赤霉素从胚细胞分泌到糊粉层细胞，诱导α-淀粉酶和其他酶的形成。此外，在种子萌发早期，细胞分裂素和乙烯都有所增加，而ABA和其他抑制剂则明显下降。

综上所述，种子萌发时发生的各种生理生化变化可归纳为图8-9。

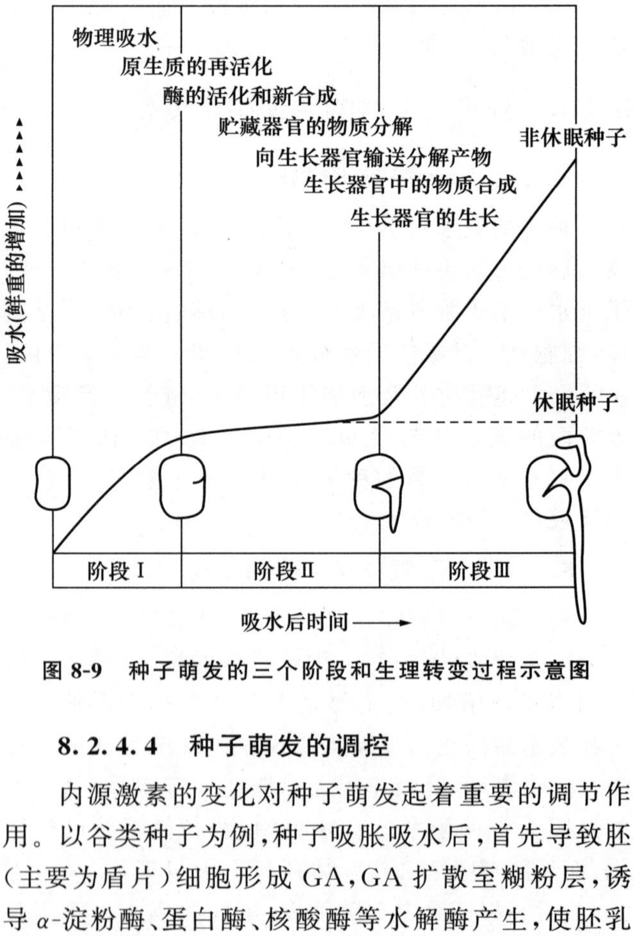

图 8-9　种子萌发的三个阶段和生理转变过程示意图

8.2.4.4　种子萌发的调控

内源激素的变化对种子萌发起着重要的调节作用。以谷类种子为例，种子吸胀吸水后，首先导致胚(主要为盾片)细胞形成GA，GA扩散至糊粉层，诱导α-淀粉酶、蛋白酶、核酸酶等水解酶产生，使胚乳中的贮藏物质降解(详见7.2.4.2)。其次，细胞分裂素和生长素在胚中形成，细胞分裂素刺激细胞分裂，促进胚根胚芽的分化与生长；而生长素促进胚根胚芽的伸长,以及控制幼苗的向重力性生长。

在种子萌发过程中,幼胚(苗)生长所需的养分最初都是靠种子内贮藏物质转化的,种子内贮藏物质的分解和转运可使幼苗从异养顺利地转入自养,因此在生产上应选粒大、粒重的种子播种。

8.3 植物生长周期

植物在整个生长周期中,不断产生新的器官,而且茎端和根端始终保持胚性状态,茎和根中又具有形成层细胞,因此茎端和根端会不断地生长(伸长和加粗),在一些百年甚至千年的古树上如银杏和松树,分生组织仍能长出嫩枝或嫩芽,保持生长能力。

8.3.1 生长大周期与植物生长曲线

在植物的生长过程中,细胞、器官及整个植株的生长速率都表现出"慢—快—慢"的基本规律,即开始时生长缓慢,以后逐渐加快,至最高点再逐渐减慢,以至于最后停止生长的规律,称为生长大周期(grand period of growth)。生长大周期是这 3 个生长阶段的总和。如果以时间为横坐标,以植株的净增长量变化(生长速率)为纵坐标作图,可得到一条抛物线;若以植株的生长累积量(如株高)为纵坐标作图,则得到一条"S"形的生长曲线(图 8-10)。生长曲线反映了植物生长大周期的特征,即由 3 部分组成:对数期(logarithmic phase)、直线期(linear phase)和衰老期(senescence phase)。植物生长大周期的产生与细胞生长过程有关,因为器官或整个植株的生长都是细胞生长的结果,而细胞生长的 3 个时期,即分生期、伸长期、分化期呈"慢—快—慢"的生长规律。从整个植株来看,初期植株幼小,合成干物质少,生长缓慢;中期产生大量绿叶,使光合能力加强,制造大量有机物,干重急剧增加,生长加快;后期因植物的衰老,光合速率减慢,有机物积累减少,同时还有呼吸消耗,使得干重非但不增加,甚至还会减少,表现为生长转慢或停止。

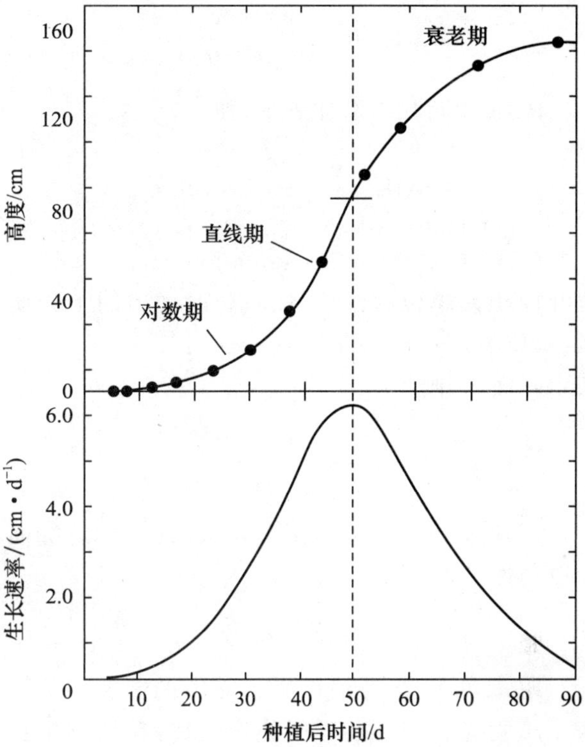

图 8-10 玉米的生长曲线

(引自李合生,2012)

生长大周期是植物生长的固有规律,认识生长大周期对农林业生产具有指导意义。首先,由于植物生长是不可逆的,为促进或抑制植物生长,必须在生长速率最快期到来之前采取措施才有效。例如,要控制水稻和小麦的徒长,可在拔节前使用矮壮素或节制水肥供应,如果在拔节后采取相应措施,则达不到目的。其次,同一植物不同器官生长大周期的各时期不尽相同,在控制某一器官生长时,还应注意到对其他器官的影响。例如,推迟水稻、小麦灌溉拔节水不宜太晚,否则会影响幼穗分化和生长,造成穗小而减产。

8.3.2 植物生长分析的指标及其应用

1. 生长积量

生长积量指生长积累的数量,即植株某一时期的实际生长数量,可用株高、面积、重量(干重、鲜重)等表示。

2. 生长速率

生长速率是表示植物生长快慢的量,一般有以下两种表示方法。

(1)绝对生长速率(absolute growth rate,AGR) 单位时间内植株的绝对增加量。如以 t_1、t_2 分别表示最初与最终两次测定的时间,以 W_1、W_2 分别表示最初与最终两次测得的重量(体积、面积、长度等),则

$$AGR=\frac{W_2-W_1}{t_2-t_1}$$

(2)相对生长速率(relative growth rate,RGR) 单位时间内植株绝对增加量占原来生长量的相对比例。如果仍用绝对生长速率的各种符号,则

$$RGR=\frac{W_2-W_1}{W_1(t_2-t_1)}$$

RGR 也可用百分比表示，即

$$RGR=\frac{W_2-W_1}{W_1}\times 100\%$$

(3)净同化率(net assimilation rate,NAR)　单位叶面积或单位叶片质量、单位时间内的干物质增量(单位为 $g \cdot m^{-2} \cdot d^{-1}$ 或 $mg \cdot g^{-1} \cdot d^{-1}$)。以 L 表示叶面积，则

$$NAR=\frac{W_2-W_1}{L \cdot t}$$

(4)叶面积比(leaf area ratio,LAR)　总叶面积除以植株干重。即

$$LAR=L/W$$

RGR 可以作为植株生长能力的指标；LAR 代表了植物光合组织与呼吸组织之比，在植物生长早期比值最大，可以作为光合效率的指标，但不能代表实际的光合效率，因其数值随呼吸消耗量和植株年龄而变化。光照、温度、水分、CO_2、O_2 和无机养分等影响光合作用、呼吸作用和器官生长的环境因素都能影响 RGR、LAR 和 NAR，因此这些参数可以用来分析植物生长对环境条件的反应。决定 RGR 的主要因素是 LAR 而不是 NAR。生长分析参数值在不同植物间始终存在差异，以 RGR 为例，低等植物通常高于高等植物；在高等植物中，C_4 植物高于 C_3 植物；草本植物高于木本植物；在木本植物中，落叶树高于常绿树，阔叶树高于针叶树。NAR 也有类似倾向，但差异较小(表 8-1)。

表 8-1　几种植物的相对生长速率(RGR)和净同化率(NAR)

物种	RGR ($mg \cdot g^{-1} \cdot d^{-1}$)	NAR ($g \cdot m^{-2} \cdot d^{-1}$)
草本		
玉米(C_4)	330	22
绿苋(C_4)	370	21
大麦(C_3)	116	10
落叶木本		
欧洲白蜡(C_3)	43	4
常绿木本		
酸橙(C_3)	20	3
云杉(C_3)	8	3

8.3.3　植物生长的周期性

8.3.3.1　植物生长的昼夜周期性

植物生长随着昼夜交替变化而呈现有规律的周期性变化的现象，称为植物生长的昼夜周期性(daily periodicity)。影响植物昼夜生长的诸因素中，以温度的影响最明显。通常把植物的生长速率随温度的昼夜周期发生有规律变化的现象，称为植物生长的温周期性(thermo periodicity of growth)。植物生长的昼夜周期性变化是植物在长期系统发育中形成的对环境的适应性。在自然条件下，昼夜温差大即日温较高和夜温较低的情况下植物生长较好。因为白天温度高，光照强，光合作用合成的有机物多；晚间温度降低，呼吸作用减弱，物质消耗减少，积累增加。较低的夜温还有利于根系的生长以及细胞分裂素的合成，从而有利于植物的生长。例如，番茄虽然是喜温作物，但系统发育是在变温下进行的。在白天温度较高(23～26 ℃)，而夜间温度较低(8～15 ℃)时生长最好，果实产量也最高。若将番茄放在白天与夜间都是 26.5 ℃的人工气候箱中或改变昼夜的时间节奏(如连续光照或光暗各 6 h 交替)，植株生长得不好，产量也低。如果夜温高于日温，则生长受抑更为明显。水稻在昼夜温差大的地方栽种，不仅植株健壮，而且籽粒充实，米质也好，这是因为白天气温高，光照强，有利于光合作用以及光合产物的转化与运输；夜间气温低，呼吸消耗下降，则有利于糖分的积累。一般来说，植株生长速率与昼夜的温度变化有关。如越冬植物，白天的生长量通常大于夜间，因为此时限制生长的主要因素是温度。但是在温度高、光照强、湿度低的日子里，影响生长的主要因素则为植株的含水量，此时在日生长曲线中可能会出现两个生长峰，一个在午前，另一个在傍晚。如果白天蒸腾失水强烈造成植株体内水分亏缺，而夜间温度又比较高，日生长峰则会出现在夜间。

8.3.3.2　植物生长的季节周期性

农作物的生长发育进程大体有以下几种情况：春播、夏长、秋收、冬藏；春播、夏收；夏播、秋收；秋播、幼苗(或营养体)越冬、春长和夏收。总之，一年生、二年生或多年生植物在一年中的生长都会随季节的变化而呈现一定的周期性，即所谓生长的季节周期性(seasonal periodicity of growth)。这种生长

的季节周期性是与温度、光照、水分等因素的季节性变化相适应的。春天，日照延长，气温回升，为植物芽或种子的萌发提供了最基本的条件。到了夏天，光照进一步延长，温度不断提高，夏熟作物开始成熟，其他作物则进一步旺盛生长，并开始孕育生殖器官。秋天来临，日照缩短，气温下降，叶片接收到短日照的信号后，将有机物运向生殖器官，或贮藏在根和芽等器官中；同时，体内糖分与脂肪等物质的含量提高，组织含水量下降，原生质趋向凝胶状态；生长素、赤霉素、细胞分裂素等促进植物生长的激素由游离态转变为束缚态，而脱落酸等抑制生长的激素含量增加，因此植物体内代谢活动大为降低，最终导致落叶。一年生植物完成生殖生长后，种子成熟进入休眠，营养体死亡；而多年生植物，如落叶木本植物，其芽进入休眠。

一年生植物生长量的周期变化呈“S”形曲线，也是植物生长季节周期性变化的表现。多年生树木的根、茎、叶、花、果实和种子的生长并不是平行进行的，而是此起彼伏的。例如，成年梨树一年内可分为五个相互重叠的生长期(图 8-11)：①利用贮藏物质的生长期，从早春至开花(2～4 月份)。在此期间，根系首先生长，随后花和叶才开始生长。②利用代谢产物的生长期，从开花到枝条生长停止(4～7 月份)。③枝条充实期，也称果实发育盛期(7～9 月份)。④贮藏养分期，果实采收后至落叶前(9～11 月份)，地上部的代谢物向根部输送。⑤冬季落叶之后的休眠期(11 月份至翌年 2 月份)。成年梨树每年周而复始经历着这五个生长时期，大体可代表落叶性果树的生长周期性。

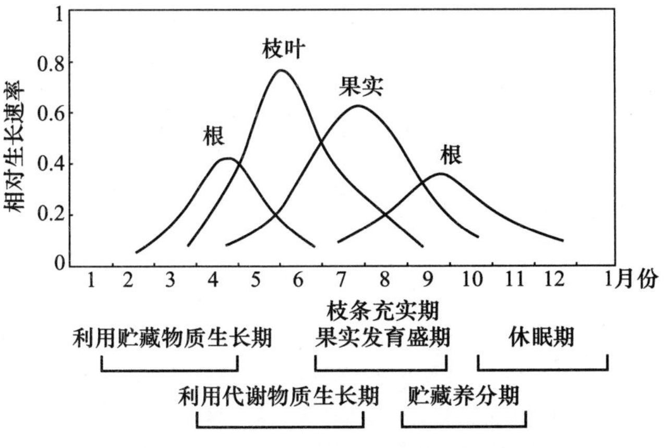

图 8-11　梨树周期性生长动态示意图

(引自王忠，2009)

此外，树木的生长轮一般呈一年一圈，故称“年轮”(图 8-12)。在同一圈年轮中，春夏季由于适于树木生长，形成层细胞分裂快，体积大，所形成的木材质地疏松，木材密度低，颜色浅淡，被称为“早材”；到了秋冬季，形成层细胞分裂减弱，细胞体积小但壁厚，形成的木材质地紧密，木材密度高，颜色较深，被称为“晚材”。同一年轮中早材和晚材的界限有的非常分明，如松属、黄杉属、刺柏属等植物的木材；有的界限是突变型的，如环孔材的被子植物；而散孔材的被子植物是渐变型的。许多热带树木特别是生长在终年温暖潮湿的环境中的树木，没有年轮或者年轮不明显，如许多热带的红树和杧果等都没有明显的年轮。由于植物的生长直接受到各种环境条件的影响，故年轮的形成也可以反映生长年份具体的环境状况，如干旱或林火、病害等。年轮是植物生长季节周期性表现最好的例子。

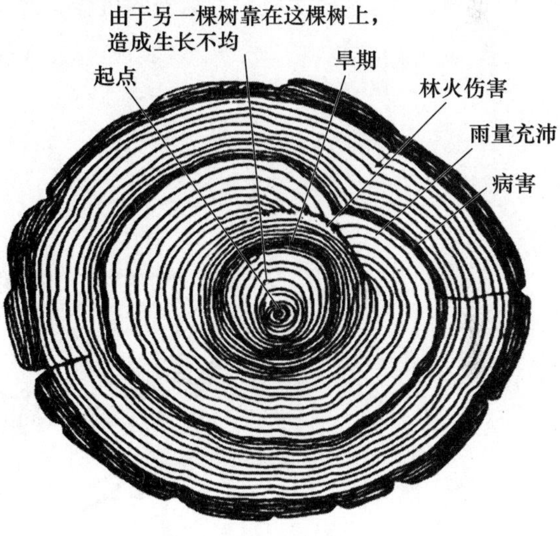

图 8-12　树干横切面示生态条件对生长轮生长状况的影响

(引自徐汉卿，1996)

8.3.3.3　生物钟

上述的植物生长对昼夜与季节变化的反应很大程度是由于环境条件的周期性变化而引起的，而另有一些植物的生命活动则并不取决于环境条件的变化。20 世纪 30 年代初期，邦宁(Bunning)和斯特恩(Stern)用记纹鼓记录菜豆叶片的运动现象，菜豆叶片在白天呈水平状，晚上呈下垂状的“就眠运动”，即使在外界连续光照或连续黑暗以及恒温条件下仍然在较长的时间中保持那样的周期性变化，首先确认了它是一种内源性节奏现象。由于这种生命活动的内源性节奏的周期为 20～28 h，24 h 左右，因此称为近似昼夜节奏（circadian rhythm），亦称生理钟（physiological clock）或生物钟（biological clock）。

近似昼夜节奏的现象在生物界中广泛存在，从单细胞到多细胞生物，包括植物、动物还有人类。植物方面的例子很多，如小球藻的细胞分裂，膝间藻的发光现象，许多种藻类和真菌的孢子成熟和散放，高等植物的花朵开放、叶片运动、气孔开闭、蒸腾作用、伤流液的流量及其中氨基酸的浓度和成分、胚芽鞘的生长速度等。离体组织也有昼夜节奏表现，如在植物组织培养中也可观察到培养物膨压和生长速度的内在性昼夜变化。

有些生物钟表现出明显的生态意义，如有些花在清晨开放，为白天活动的昆虫提供了花粉和花蜜；菜豆、酢酱草、三叶草等叶片的“就眠运动”，在白天呈水平位置，这对吸收光能有利；有些藻类释放雌雄配子只在一天的同一时间发生，这样就增加了交配的机会。

生物钟的一个特征是在恒定条件下，它的周期长度不是准确的 24 h。不同个体周期长度稍有不同，如菜豆叶子在弱光下的运动周期长度为 27 h。而燕麦胚芽鞘生长速率的节奏为 23.3 h。如果将通常在夏季夜间开放的昙花放在日夜颠倒的条件下约 1 周，可使昙花在白天盛开。

生物钟的另一个特性是能被外界信号重拨。自然界中的重拨信号一般为黎明或黄昏的光暗变化。对菜豆而言，重拨的环境信号是暗期后的光期。生物钟对温度变化不敏感，因而温度仅能稍稍改变周期长度。外界信号的重拨对内生节奏起约束作用，即自然界由于地球自转的昼夜变化而把近似昼夜节奏约束到 24 h，每天重拨和每天约束，会使内生节奏与自然界的节奏变化相配合。

近年来，对植物生物钟作用机制的研究在不断深入（图 8-13）。普遍认为植物生物钟（circadian clock）是一种控制植物节律性生长发育的内源性系

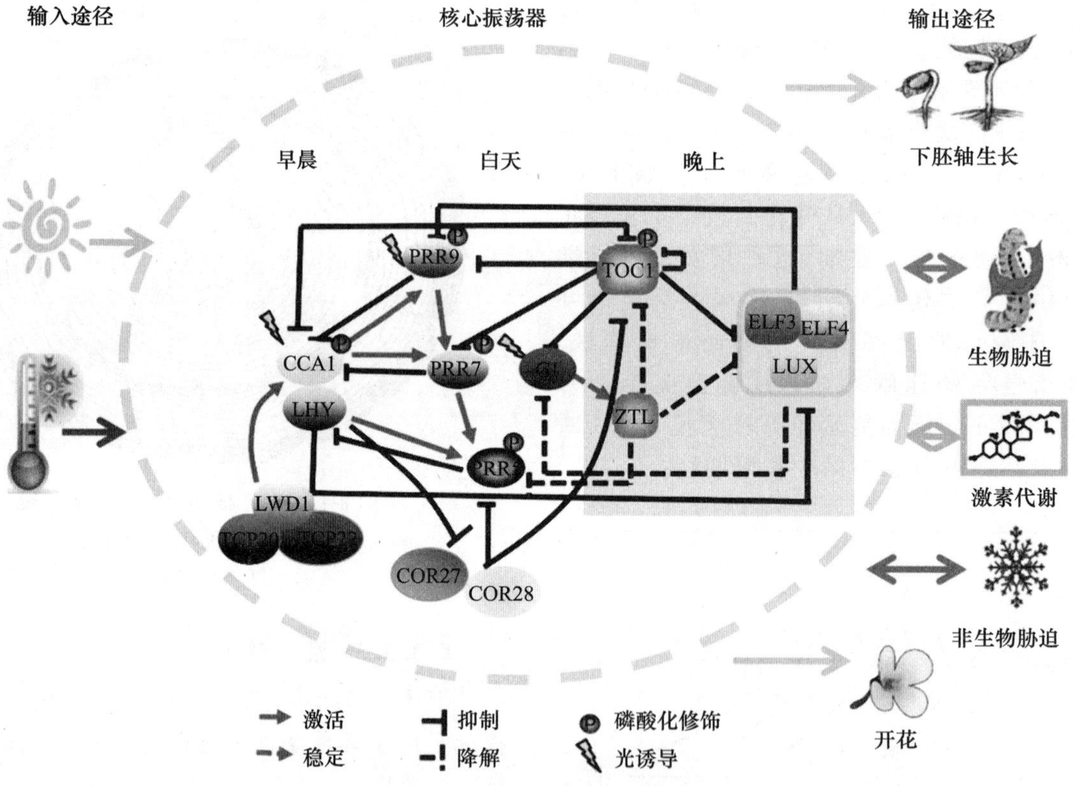

图 8-13　拟南芥生物钟的分子机制

（引自魏华等，2018）

拟南芥生物钟系统主要包括输入途径、核心振荡器和输出途径三大部分。其中核心振荡器由多个相互联锁的转录翻译反馈环组成，是生物钟系统的重要组成部分，包括早循环、中心循环和晚循环，它能够整合外界环境信号协调多种生理进程（虚线椭圆内部分）。相关基因：*CCA1*（circadian clock associated 1）、*LHY*（late elongated hypocotyl，胚轴晚期延长因子），*TOC1*（timing of CAB expression 1）和 *PRRs*（pseudoresponse regulators *PRR3*，*PRR5*，*PRR7*，*PRR9*）、*GI*（gigantea）、*ZTL*（zeitlupe）、*CHE*（CCA1 hiking expredition）、*ELF4*（early flowering 4）、*LUX*（Lux arrhythmo）

统,可激发各种植物生理特征节律性表达,并使之维持稳定的保守调节机制。植物生物钟可辅助植物预感周围的环境变化,如光照、温度和湿度等。主要由感受外界光照、温度及湿度等变化的输入途径(input pathway)、核心振荡器(core oscillator)和感受外界节律性变化后为适应环境生存而表现的一系列生理特征的输出途径(output pathways)3部分构成(图8-13)。其中,核心振荡器是生物钟最重要的调控元件,包括3个转录-翻译反馈环:早(早晨)循环(morning loop)、中(白天)循环(core loop)、晚(晚上)循环(evening loop)。核心振荡器接收传入的环境时间信号,在细胞中产生内源性的昼夜节律,并将时间信息传达到输出途径,从而控制众多生命活动,如下胚轴伸长、病原体防御、生物和非生物胁迫响应、细胞分裂、激素代谢和光周期调控的开花、气孔开放、蒸腾速率、细胞分裂等近似昼夜节奏的现象。

生物钟的分子机制在模式植物拟南芥中的研究较为透彻。早循环主要是以 CCA1/LHY(LATE ELONGATED HYPOCOTYL)与 PRRs(PSEUDO RESPONSE REGULATORS)的 PRR7/PRR9 组成的早反馈环。每日清晨 CCA1/LHY 的表达量升至顶峰,促进以 PRR9 为始的 PRRs 家族基因的转录,而 PRR7/PRR9 反过来抑制 CCA1/LHY 的表达,另外 CCA1/LHY 也抑制 PRR9/7 的表达,从而形成早反馈环。中心循环(白天)是以 CCA1/LHYTOC1(即 PRR1)为主导的反馈通路。随着时间的推移,PRRs 家族成员的表达量以 PRR9、PRR7、PRR5、PRR3、TOC1 的顺序依次升高,进而使得 CCA1/LHY 降至最低。晚循环主要由 ELF3(EARLY FLOWERING 3)、ELF4 和 LUX(LUX ARRHYTHMO)组成的 EC 复合物,EC 复合体与 CCA1/LHY 相互调节,间接促进 CCA1/LHY 的表达,反过来 CCA1 和 LHY 会直接结合在 EC 复合体启动子上抑制其转录,形成晚反馈环(图 8-13)。

8.4 植物生长的相关性

高等植物是由各种器官组成的统一的有机体,因此,植物各部分间的生长互相有着极密切的关系。植物各部分间相互协调与制约的现象称为生长的相关性(correlation)。这种相关性是通过植物体内的营养物质和信息物质在各部分之间的相互传递或竞争来实现的。植物生长的相关性主要表现在3个方面:地下部分与地上部分生长的相关性、主茎与侧枝生长的相关性以及营养生长与生殖生长的相关性。

8.4.1 地下部分与地上部分生长的相关性

植物地上部分和地下部分的功能及所处的环境不同,在营养物质与信息物质的交流和供求关系上就存在着相互依赖和相互制约。根部的活动和生长有赖于地上部分所提供的光合产物、生长素、维生素等,其中的 ABA 被认为是一种逆境信号,在水分亏缺时,根系快速合成并通过木质部蒸腾流将 ABA 运输到地上部分,调节地上部分的生理活动。同时,地上部分的生长和活动则需要根系提供水分、矿质、氮素以及根中合成的植物激素(CTK、GA 与 ABA)、氨基酸等。其中叶片合成的化学信号和如细胞膨压等水分状况信号传送至根系,调节地下部分的生长和生理活动。图 8-14 概括了土壤干旱时根冠间的物质与信息交流情况。所以,地上部分和地下部分存在相互依赖的关系,所谓"根深叶茂""本固枝荣"就是这个道理。

然而,当环境条件不利时,则地下部分和地上部分的生长就会表现出相互制约的一面(主要表现在对水分、营养的争夺上),并可从根/冠(root/top ratio,R/T)的变化上反映出来。根/冠是指植物地下部分与地上部分重量(干重或鲜重)的比值,可以反映地下部分与地上部分相对生长情况及环境条件对它们生长的影响。环境条件、栽培措施、生长调节剂等都会影响植物的根/冠。例如土壤水分不足时,根系的生长就会受到抑制,从而更大程度地抑制地上部分的生长,使根/冠增大。反之,土壤水分过多,通气不良,限制了根系活动和生长,而地上部分则可得到良好的水分供应,保持旺盛生长,导致根/冠值下降。农业生产上出现的"旱长根、水长苗"的现象就是这个道理。

在农业生产上,通过适当的水肥管理等措施来调控根/冠比,促进收获器官的生长,可达到增产的目的。例如,以地下部分为主要收获对象的甘薯、胡萝卜、甜菜、马铃薯等,生长前期保持充足的土壤水肥供应,以促进茎叶的生长,增加光合面积,多合成光合产物;而在生长后期应减少氮肥和水的供应,增施磷、钾肥,有利于根/冠比的增大,促进光合产物向下运输并积累淀粉,从而提高这些作物的产量。

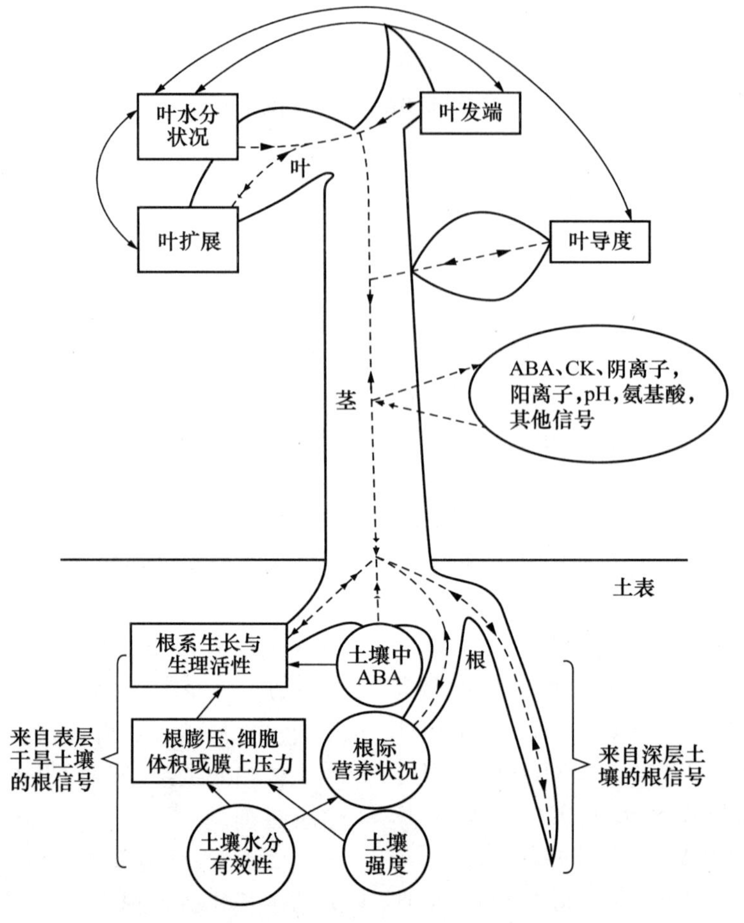

图 8-14　土壤干旱时根中化学信号的产生以及根冠间的物质与信息交流

（引自 Davies 和 Zhang，1991）

◄-►表示化学信号传递；○表示土壤作用；□表示植物生理过程；◄—►表示相互间影响；叶发端，指叶的分化和初期生长；土壤强度，主要指土壤质地对根的压力，土壤中 ABA 主要来源于微生物的合成与根系的分泌，它能被根系吸收

8.4.2　主茎(顶芽)与侧枝(侧芽)的生长相关性

植物的顶芽生长占优势，并抑制侧芽（或侧根）生长的现象，称为顶端优势（apical dominance 或 terminal dominance）。顶端优势现象普遍存在于植物界，但是不同植物顶端优势的强弱有所不同。草本双子叶植物向日葵、麻类，以及禾谷类作物玉米、高粱等的顶端优势非常显著。木本植物的杉树、柏类等的顶端优势也较明显，且距离顶端越近的侧芽，受到的抑制越强，因而树冠呈宝塔形。而灌木的顶端优势则通常较弱。对顶端优势产生的原因有多种解释，一般都认为与营养物质的供应和内源激素的调控有关。K. Goebel 于 1900 年提出了营养假说，该学说认为顶芽构成了“营养库”，垄断了大部分营养物质。顶端分生组织先于侧芽分生组织形成，具有竞争优势，优先利用营养物质，造成侧芽营养的缺乏。从解剖结构来看，侧芽与主茎之间无维管束连接，不易得到充足的营养供应，而顶芽是生长中心，且输导组织发达，因而竞争营养的能力强。亚麻试验结果表明，在营养不足的情况下侧芽被抑制的现象更为明显。生长素具有形成和维持顶端优势的作用，细胞分裂素可解除顶端优势对侧芽的抑制作用（详见 7.7）。

生产上可以根据不同需要，利用顶端优势控制植物的生长，以达到增产的目的。例如，松、杉等用材树需控制其侧枝生长，使主茎强壮，挺直；玉米、高粱、麻、向日葵及烟草等作物也需保持顶端优势；而棉花、番茄等则常常需要摘心、打顶以消除顶端优势，促进分枝生长；果树则需修剪整枝，以消除顶端优势，增加侧枝数量，促进多开花多结果。在花卉栽培上，利用顶端优势的原理，可采取打顶或去蕾的方法来控制花的数量和质量；茶树栽培中增加侧枝，可促进茶叶产量和质量；绿篱修剪可促进侧芽生长，而形成密集灌丛状；苗木移栽时的伤根或断根，则可促进侧根生长。也可利用植物生长调节剂代替人工打顶,例如使用三碘苯甲酸可抑制大豆顶端优势,促进腋芽成花,提高开花结荚率从而增加产量;B_9 对多种果树有克服顶端优势、促进侧芽萌发的效果。

植物除了有顶端优势外,某些果树(苹果、桃子)和园林植物、阔叶树顶端优势不明显,但存在先端优势或成层现象,即主茎顶芽不抑制侧枝伸长,而是所有枝条的顶芽(或新梢梢尖)抑制本枝条下部芽生长的现象。由于一年生枝条只在尖端长出少数生长旺盛的枝条,下部光秃或仅形成少量的短枝,主枝自然显现出成层排列,导致树冠也表现出很强的层性,即成层现象,这种现象在果树和园林植物上常利用其先端优势和成层现象进行整形修剪,增加果实产量或装饰环境。

8.4.3 营养器官与生殖器官的生长相关性

营养器官的生长和生殖器官的生长表现出既相互依赖又相互对立的关系。一方面,营养生长为生殖生长奠定了物质基础,因为生殖器官的形成与生长主要依赖于营养生长积累的同化产物;另一方面,营养器官生长过旺,消耗养分多,又会影响到生殖器官的生长,如果树、棉花等枝叶徒长,往往不能正常开花结实,甚至花果严重脱落,果树晚冬或早春修剪,去除旺枝,减少养分消耗,促进开花结果就是这个道理。生殖器官的生长会通过营养竞争抑制营养器官的生长,生殖器官在生长过程中会产生一些激素类物质,反过来影响营养器官的生长。一年生、二年生作物及多年生一次结实的植物(如竹子),进入生殖生长便意味着植株即将死亡。多年生多次结实植物,一旦开花虽不会引起植物体衰老死亡,但如果一年结果过多,将会消耗大量的营养贮备,造成植株体内养分积累不足,不但影响当年生长,还会影响第二年花芽的分化,使花果减少;反之,结果情况正好相反,即形成所谓"大小年"。

在生产实践中,适当控制水、肥,合理进行果树修剪及必要的疏花疏果,对于调整营养器官生长和生殖器官生长的关系,保证果实品质和丰产是十分必要的。对于收获营养器官的植物,如茶树、桑树、麻类及蔬菜中的叶菜类,就需要促进营养器官的生长,抑制生殖器官的生长,所以,常采取供应充足的水分、增施氮肥、摘除花或花芽等措施。如果以收获生殖器官为主,则在生育前期应促进营养器官的生长,为生殖器官的生长打下良好的基础,后期则应注意增施磷、钾肥,以促进生殖器官生长。

由于开花结果过多而影响营养生长的现象在生产上经常遇到,如某些种类的竹林在大量开花结实后会衰老死亡,这在肥水不足的条件下更为突出。生殖器官生长抑制营养器官生长的主要原因,可能是由于花、果是当时的生长中心,对营养物质的竞争力大的缘故。

在协调营养生长和生殖生长的关系方面,生产上积累了很多经验。例如,加强肥水管理,既可防止营养器官的早衰,又可不使营养器官生长过旺。在果树生产中,适当疏花疏果以使营养上收支平衡,并有结余,以便年年丰产,消除大小年。

8.5 植物生长的影响因子及其调控

8.5.1 影响植物生长的因子

植物的生长除受到内部因素的影响外,还受到外界环境条件的影响和调节。影响植物生长发育的环境因素主要是温度、水分和光照等,同时也受到环境中生物因子的影响,如生物竞争、寄生、感染、相生相克的化感作用等,都直接或间接地影响植物的生长。

8.5.1.1 温度

由于温度能影响光合、呼吸、矿质与水分的吸收、物质合成与运输等代谢功能,所以也影响细胞的分裂、伸长、分化以及植物的生长。因此,植物的生长要在一定的温度范围内才能进行。每种植物的生长都有温度三基点,即生长的最低温度、最适温度和最高温度。生长的最低温度高于最低生存温度,生长的最高温度低于最高生存温度。最适温度一般是指生长最快时的温度,而不是生长最健壮的温度。能使植株生长最健壮的温度,称协调最适温度,通常要比生长最适温度低。这是因为,细胞伸长过快时,物质消耗也快,其他代谢如细胞壁的纤维素沉积、细胞内含物的积累等就不能与细胞伸长相协调地进行。温度三基点因植物原产地不同而有很大差异。同一植物的不同器官,不同的生育时期,生长温度的三基点也不一样。例如根系能活跃生长的温度范围一般低于地上部分。

影响植物昼夜生长的温度、水分和光照等诸因素中,以温度的影响最明显,即所谓生长的温周期性，了解植物生长的温周期现象，在温室及大棚栽培中调节昼夜温度变化，对提高作物产量具有重要意义。

8.5.1.2 光

光是植物生长的必需条件之一。一方面，光通过光合作用制造有机物为植物生长发育提供物质和能量基础，间接影响植物的生长；另一方面，光还可以作为一种重要的环境信号调节植物基因的表达，直接影响植物的形态建成。光照强度直接影响植物组织的分化。在足够的光照下，植物生长得粗壮结实，结构紧密，形成的叶片较多且厚。光线不足时，叶片较少且薄，机械组织分化较差，茎秆脆弱，易倒伏，易受病虫害侵袭。在黑暗中生长的幼苗，茎细长脆弱，机械组织不发达，节间长，茎尖端呈钩状弯曲，还表现出侧枝不发育，叶片小且不展开，缺乏叶绿素而呈黄白色，这种幼苗称为黄化幼苗，这种现象称为黄化现象(etiolating)。

在黑暗中植物器官快速伸长，促使植物从土壤或黑暗处快速伸到见光处，以利于光合自养的进行，这对植物适应环境具有重要意义。由于黄化苗的组织分化差，植株柔嫩多汁，所以黄化现象被广泛应用于蔬菜栽培中，如用遮光、培土等方法来栽培韭黄、蒜黄、豆芽和葱白等。农业生产中也常因植株群体过密，以致光线不足，分化较差，造成倒伏而致减产。因此，要合理密植，加强水肥管理，使株间通风透光，防止黄化现象的出现。

不同波长的光对植物生长速度和形态建成的作用也不相同。用能量相同而波长不同的光线照射黑暗中生长的黄化幼苗，结果显示红光促进叶片伸展，抑制茎的过度伸长，促使黄化苗恢复正常，这是因为红光提高了 IAA 氧化酶的活性，降低了 IAA 的水平；蓝紫光抑制植株生长，使苗矮小；紫外光比蓝紫光的抑制作用更强，不仅能提高 IAA 氧化酶的活性，还能抑制淀粉酶的活性，阻碍淀粉的利用。高海拔地区氧气稀薄，紫外光易透过，因此高海拔地区的植株生长相对矮小。生产上用有色塑料薄膜(红、绿、蓝色)覆盖育出的秧苗，比用无色薄膜育出的苗苗壮且分蘖多，主要原因就在于有色薄膜可吸收部分光能，提高棚内温度，同时利于透过蓝紫光，促苗矮壮。

8.5.1.3 水分

植物的生长对水分供应最为敏感。植物正常生长，原生质必须处于水分饱和状态；细胞分裂和伸长也需要充足的水分，且细胞伸长对缺水更为敏感。因此，供水不足，植株的体积增长会提早停止。在生产上，为使稻麦抗倒伏，最基本的措施就是控制第 1、2 节间伸长期的水分供应，以防止基部节间的过度伸长。小麦、水稻抽穗，主要是穗下节间的伸长，此期缺水会使穗全部或部分包藏在叶鞘内并影响产量，所以，小麦、水稻第 2、3 节间伸长期应适当干旱，而抽穗期则要有充足的水分供应。

8.5.1.4 生物因子

在寄生情况下，寄生物(可以是动物、植物和微生物)有时能杀伤、杀死或抑制寄主植物的生长，如菟丝子寄生在大豆上会严重危害大豆植株的生长。有时则能引起寄主植物的不正常生长，如形成瘤瘿。在共生情况下则共生双方的生长均受到促进，如根瘤菌与豆类的共生。

生物体也可通过改变生态环境来影响另一生物体。这表现在两方面：一是相互竞争(allelospoly)，如对环境生长因素光、肥、水等的竞争，高秆植物对短秆植物生长的影响，杂草的滋生蔓延对农作物的影响等。二是相生相克(allelopathy)，即通过分泌化学物质来促进或抑制周围植物的生长，相生相克也常被称为它感作用(又称化感作用)。引起它感作用的化学物质几乎都是一些分子质量较小、结构较简单的植物次生物质，如直链醇、脂肪酸、醛、酮、肉桂酸、萘醌、生物碱等，最常见的是酚类和萜类化合物。例如，桉树叶中含有各类酚类化合物，这些化合物阻碍周围植物(杂草)的生根、生长和发育而保持本身的群落，阻止了其他植物侵入；番茄植株释放的鞣酸、香子兰酸、水杨酸等能严重抑制莴苣、茄子种子的萌发和幼苗生长，对玉米、黄瓜、马铃薯等作物的生长也有抑制作用。还有许多作物根系分泌物或残体分解物组成连作障碍的活性物质，这些作物不宜连作，否则生长很差，如甘蔗残株腐烂产生羟苯甲酸、香豆酸、丁香酸等，抑制甘蔗截根苗的萌发与生长。

植物之间也存在相互利用、相互促进和相互抑制生长发育的情况，即相生相克现象。例如，豆科与禾本科植物混种(小麦和豌豆、玉米和大豆等)，豆科植株上的根瘤固定的氮素能供禾本科植物利用；而禾本科植物由根分泌的载铁体(如麦根酸)能络合土壤中的铁供豆科植物利用，使豆类能在缺铁的碱性土壤里生长。在种植过苜蓿的土壤里种植番茄、黄瓜、莴苣等植物生长良好，这是因为苜蓿分泌三十烷醇。洋葱和食用甜菜、马铃薯和菜豆种在一起，有相互促进的作用。当然在生态系统中的相克现象更为普遍。如：番茄植株释放的鞣酸、香子兰酸、水杨酸等能严重抑制莴苣、茄子种子的萌发和幼苗生长，对玉米、黄瓜、马铃薯等作物的生长也有抑制作用。多种杂草产生的它感化合物可严重阻抑作物的生长，如苇状羊茅的分泌物影响油菜、红三叶草生长，其粗提物含有许多次生物质，包括多种酚类化合物能抑制菜豆、绿豆发芽和生长。许多植物残体也会产生它感物质，如玉米、小麦、燕麦和高粱的残株分解产生的咖啡酸、氯原酸、肉桂酸等抑制高粱、大豆、向日葵、烟草生长；小麦残株腐烂产生异丁酸、戊酸和异戊酸，抑制小麦本身生长造成连作障碍；水稻秸秆腐烂产生羟基苯甲酸、苯乙醇酸、香豆酸等抑制水稻秧苗生长；甘蔗残株腐烂产生羟苯甲酸、香豆酸、丁香酸等，抑制甘蔗截根苗的萌发与生长。

因此，研究和了解植物间生长的相互关系，在农林生产实践中具有重要的意义。在作物布局上可利用有益的作物组合，尽量避免与相克的作物为邻，对有自毒现象的应避免连作。如中国科学院上海植物生理研究所的科研人员在富营养化的水域中种植凤眼莲，一方面利用凤眼莲快速生长的特点大量吸收水中营养物质，另一方面利用凤眼莲对藻类的相克效应，清除大部分藻类，澄清、绿化水面和净化水质。

8.5.2 植物生长的调控

植物是一个高度复杂的多细胞有机体，要保证植物的正常生长发育，各个器官、组织及各细胞之间必须进行精确的协调与控制。植物生长的控制发生在 3 个层次上：胞内控制、胞间控制和胞外控制。胞内控制大多在基因水平进行，基因通过所编码的蛋白质来控制细胞生理生化活动；胞间控制的主要角色是植物激素，起着协调不同组织和细胞间的生理活动的作用；而胞外控制是外在的环境因素对植物生长发育的影响。应该指出的是，这 3 种水平的控制作用并非相互独立，几乎在所有情况下都是相互交叉、相互影响的。如基因表达水平的改变可以影响细胞内激素浓度以及细胞对激素的敏感性，反之，许多激素的生理作用又和特定基因表达的诱导和控制有关；环境因子对植物的影响，也必须通过胞内外信号（包括激素信号）的传递，并在大多情况下涉及基因表达的改变来实现的，内源激素及基因表达的改变也反过来影响植物对环境响应的敏感性。因此，植物生长发育的调控是上述 3 种水平的控制因子相互协调、相互作用、网络式调控的结果。

8.5.2.1 基因调控

植物细胞具有全能性，包含着植物生长发育所需的全套基因，不同基因在不同生长发育阶段的表达情况各异，从本质上讲，植物的生长发育就是基因在不同时空顺序表达的结果。随着分子生物学的飞速发展，突变体研究技术在拟南芥等模式植物中的广泛应用，人们对生长发育的基因控制已经有了相当的了解，在种子萌发、植物生根、茎的伸长、叶片及侧枝的发生发育等基因调控分子机理方面取得了重要进展。在拟南芥中，生长素控制根发育的路径和分子机理已经取得了一定的进展，如 *AUX*/*IAA* 基因家族的突变体、*SHY2*/*IAA3*、*SLR1*/*IAA14*、*IAA28* 和 *MSG2*/*IAA19* 都表现出侧根生长减少或没有侧根的特点。过量表达 *AUX1*、*TIR1* 或者 *NAC1* 能促进侧根的发育。在拟南芥侧枝的产生与发育研究中，发现了一些调控侧芽、侧枝发育的基因，如增加分枝的 *AXR1212* 基因、*SPS*/*BUS* 基因，减少分枝的 *YUCCA* 基因等。另外在双子叶植物番茄、豌豆等，单子叶植物水稻、小麦和玉米中叶发现了一些与侧芽、侧枝发育相关的基因，如在番茄中发现的隐性 *LS* 基因，玉米中控制花穗产生的 *KN1* 基因，水稻中发现的水稻高产基因 *OsDREB1C* 等。

在根和茎顶端分生组织（分别为 root apical meristem，RAM 和 shoot apical meristem，SAM）的中心，具有缓慢分裂、自我更新的干细胞群（stem cell），干细胞是 SAM 产生的所有细胞的祖细胞，这些干细胞对维持细胞的分裂非常重要，如长寿植物（狐尾松、银杏等）中的分生组织干细胞可以发挥数千年的作用。SAM 由中央区（central zone，CZ）、外围区（peripheral zone，PZ）和肋状区（ribmeristem zone，RZ）组成，位于 SAM 的顶部中心中央区包含干细胞，可以分为不同的细胞层，典型的双子叶植物有 L1、L2 和 L3 3 层，单子叶植物只有 L1 和 L2 2 层（图 8-15A，B）。中央区的两侧为外围区，外围区中的细胞虽然源自中央区，但与中央区的细胞截然不同，分裂得非常快，能够产生器官原基，进而分化成叶片。在中心和外围区域的下面是肋状区，它主要通过分裂形成茎的中心，随着茎的生长，细胞向上和向外扩大体积。

图 8-15 彩图

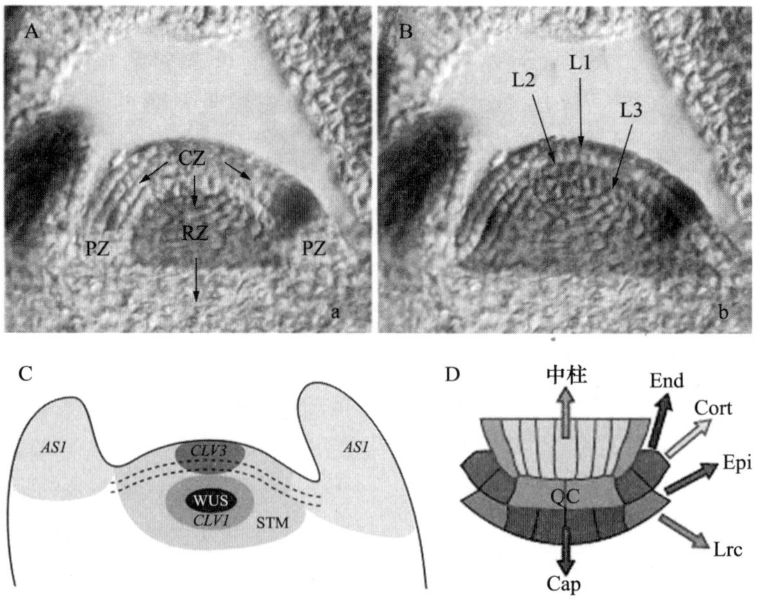

图 8-15　茎端分生组织 SAM 结构组成示意图(A 和 B),茎端分生组织 SAM 发育相关重要基因表达模式(C)和根顶端分生组织 RAM 干细胞结构组成(D)

(引自 Buchanan 等,2015)

CZ:中央区,PZ:外围区,RZ:肋状区;*AS1*:调控外围区发育的基因,*CLV3*:调控中央区 L1 和 L2 层顶端分生组织发育的基因;WUS:位于中央区的同源盒蛋白,*CLV1*:调控中央区 L3 层顶端分生组织发育的基因,STM:干细胞转录因子;QC:静止中心,End:内皮层,Cort:皮层,Epi:表皮,Lrc:侧根冠,Cap:中柱鞘。图 A 和 D 中的箭头表示干细胞分裂方向

目前研究较为透彻的顶端分生组织干细胞的基因主要有 *CLAVATA*(*CLV*)系列,*CLV* 基因编码一种类似蛋白激酶的受体,在细胞间信号传递中起作用。*CLV1* 基因主要在中央区的 L3 层表达,编码 LRR(leucinerich repeat)受体激酶;另一个基因 *CLAVATA3*(*CLV3*)编码一个 13 个氨基酸的 CLE 肽(信号肽),是激活 CLV1 蛋白激酶的配体,主要在中央区的 L1 层和 L2 层表达,*CLV3* 在中央区较深的细胞中起着短距离信号的作用(图 8-15C)。同源盒蛋白 WUSCHEL(WUS)位于中央区底部的 L3 层,由紧靠顶端的中心细胞群产生,组成组织中心,是维持干细胞(STM)所必要的。*WUS* 基因仅在分生组织 L3 层的少量细胞中表达。WUS 抑制了几种拟南芥响应调节(ARR)基因,它们是细胞分裂素信号的负调控因子。信号肽 CLV3、与 CLV1 和 CLV2 组成负反馈调节环,能够抑制 *WUS* 基因在组织中心区的表达,而 *WUS* 的转录水平能够促进 *CLV3* 基因在中央母细胞区的表达。即 *CLV3* 能够抑制 *WUS* 基因的表达,而 *WUS* 则可促进 *CLV* 表达,形成 *WUS*/*CLV3* 反馈调节环,*WUS* 表达形成的信号因子转运至干细胞,在干细胞中呈梯度分布,以维持干细胞活性,使周边区的细胞能接受这种信号因子发生脱分化回到干细胞状态,从而维持干细胞数量的稳定。在维持 SAM 干细胞中发挥重要功能的转录途径中,除了 WUS/CLV3 途径外,还有转录因子 STM(shoot meristemless),编码 Class Ⅰ KNOX(Knotted 1-like homeobox)家族的蛋白。SAM 中 STM 和 WUS 的作用是互补的:STM 阻止细胞分化,WUS 使一部分细胞特化为干细胞,STM 和 WUS 的共同作用保持着 SAM 中干细胞增殖和器官原基形成的平衡,维持 SAM 正常活动。

根顶端分生组织(RAM)是位于根冠形态学上端的一簇分裂细胞(图 8-15D)。根尖分生组织和根冠汇聚点的细胞分裂缓慢,近乎不分裂,为静止中心(quiescent centre,QC)。环绕静止中心的一层细胞为分裂旺盛的干细胞。拟南芥的 QC 由 4～7 个细胞组成。WUS 的同源蛋白 WOX5 调控着根干细胞的功能,是静止中心细胞的标记基因,WUS/WOX5 蛋白在维持根尖干细胞活性起重要调控作用。

调节根和芽发育及侧根、腋芽发育基因的作用方式主要有 3 种:一种是属于转录因子,是通过调控其他基因的转录来发挥作用的;另一种是通过改变激素的含量,尤其是生长素与细胞分裂素的平衡来起作用的;还有一种基因是编码可以在植物体内长距离运输的信号物质来起调节作用的。需要指出的是，生长发育的基因调控，可以发生在转录水平、转录后水平、翻译水平和翻译后水平（即蛋白质加工水平），其他调控因子例如激素和环境因子与基因的相互作用，也可能发生在这几个水平上。

8.5.2.2 植物激素的调控

植物激素作为一种化学信号，介导着细胞与细胞之间、器官与器官之间、植物与环境之间的相互作用，贯穿于植物生长发育的全过程。植物激素对生长的调控主要通过基因表达的改变来实现，并且激素之间的相互作用对植物生长调控起重要作用。生长素与细胞分裂素相互作用对植物顶端优势和侧芽的影响详见7.1和7.2。此外，生长素对茎伸长、叶片伸展起重要作用。对拟南芥的试验证明，生长素在叶片生长发育过程中具有关键的调控功能。在细胞水平上，生长素影响细胞分裂、伸展和分化，并可作为细胞增殖的一个信号决定器官的最终大小和形状。赤霉素能显著促进水稻茎秆的节间伸长和树木新梢的伸长生长；油菜素内酯（BR）能促进许多果树如苹果、核桃等的叶片扩大和新梢伸长。生长素和乙烯与根的发生、生长关系密切。生长素促进侧根发生、伸长的作用在苗木扦插生根和组织培养中有较为广泛的应用。如生长素能够促进离体核桃、杨树、苹果、大豆、猕猴桃等植物器官不定根、侧根的发生和伸长。生长调节剂如三碘苯甲酸、整形素、矮壮素、缩节胺等生长抑制剂或生长延缓剂对茎的顶端或亚顶端分生组织的细胞分裂和伸长有抑制作用，使节间变短。赤霉素、油菜素内酯等生长促进剂，能促进叶菜类如芹菜、菠菜、苋菜等茎叶的生长。对烟草和大麦的研究表明，IAA既能促进植物节间具有生物活性的赤霉素GA_1的合成，又同时能抑制GA_1的失活降解。因此，IAA通过这种双重效应使节间能持续合成GA_1并维持其恒定水平，以保持其促进伸长生长的作用。油菜素内酯在促进茎和根的伸长方面与生长素具有协同作用。研究表明，油菜素内酯和生长素协同调控许多植物胚轴的伸长，如绿色黄瓜胚轴切段、拟南芥的胚轴等。这种协同作用，不是依赖于调节两种激素的合成水平，而是调节两种激素信号转导途径中相同靶基因的转录水平。除此之外，油菜素内酯还与赤霉素在促进绿豆上胚轴和黄瓜下胚轴生长方面有叠加效应。IAA和乙烯共同调节在植物茎尖顶部弯钩的形成、根毛伸长、根生长等生长发育过程。外源高浓度的IAA主要通过上调乙烯合成中两种关键酶ACC合酶和ACC氧化酶的表达促进乙烯合成，而高浓度的ETH也许改变了生长素运输、代谢或组织对生长素的敏感性，因此，两种激素间形成循环的反馈式调节。ACC能通过加强或延长生长素的信号途径中的转录产物，促进胚轴伸长。在不定根的发育方面，不定根形成的启动分化阶段与高浓度的ABA和高水平GA_3相伴随，而根原基生长阶段与低水平ABA有关。GA_3对IBA（吲哚丁酸）具有增效作用，而在根原基的伸长阶段，以低水平的ABA和一定量的GA_3为宜。

8.5.2.3 环境调控

生长发育是基因在一定时间、空间上顺序表达的过程，而基因的表达除了受遗传因素支配外，也受周围环境的调控。遗传基因规定个体发育的潜在模式，其实现在很大程度上受控于环境信息。在多变的环境条件影响下，植物为了生存下去，将环境刺激（如光照、温度、水分、气体、矿质、重力、机械伤害及病原等）转化为细胞内信号，产生适应环境的细胞反应，调节生长发育进程。因此，环境对植物生长的调控作用是通过信号传递过程来实现的。其分子途径可分为4个阶段：细胞感受胞外刺激，跨膜信号转导，胞内次级信号（第二信使）放大、传导，特异信号表达产生细胞反应。对于植物个体的某一活细胞而言，胞外刺激信号（external signal）包括外源的环境刺激信号，也包括来自个体内其他细胞的内源物理化学信号（如电信号、水信号、激素信号等）。信号传递具体过程尤其是跨膜信号转导及胞内信号传递等已在第7章相关部分详细论述，在此不再赘述。

需要强调的是，当环境刺激作用位点与效应位点处在植物体的不同部位时，就必须有胞外信号分子作长距离的信息传递。例如含羞草小叶感受刺激后，由电信号传递刺激至叶枕，使叶枕不同部位细胞膨压发生变化而导致小叶闭合；重力作用于根冠细胞造粉体，使根的伸长区产生反作用并由生长素传递信息；土壤干旱引起地上部叶片气孔关闭时，由根尖产生脱落酸等传递信息至叶片；叶片被虫咬伤引起周身性防御反应可能由寡聚糖等传递信息。胞外的刺激信号如植物激素和某些环境因素如光、重力等，只有少部分可以直接跨过细胞膜系统引起生理反应，大多数需经膜系统上的受体识别后，通过膜上信号转换系统转变为胞内信号，才能调节细胞代谢反应及生理功能。此外，环境因子对植物生长的调节，在大多情况下涉及基因表达的改变来实现，也可直接通过调节蛋白(酶)的活性来进行。

8.6 光形态建成

光是光合作用的能量来源，除此之外，光还是调节植物生长发育的重要信号。通常将光调节植物生长、分化与发育的过程称为植物的光形态建成(photo morphogenesis)，或称光控发育作用。光作为环境信号调节植物整个生命周期的许多生理过程，如种子萌发、植株生长、生殖、衰老和休眠等。这种调节通常是通过对生物膜功能的影响、诱导基因的表达等一系列过程，促进细胞的分裂、分化与生长来实现的。相反，在黑暗中生长的植物表现出各种黄化特征，如下胚轴伸长、茎细长柔弱、顶端呈钩状弯曲和叶片小而呈黄白色，称为暗形态建成(skoto morphogenesis)。光合作用是一种高能反应，光照强度在光补偿点以上时才会有光合产物积累。而光形态建成是一种低能反应，所需的光能只有光合作用中光补偿点能量的1/30～1/10。在光形态建成中，光只作为信号去激发光受体，推动细胞内一系列反应，最终表现为形态结构和生理的变化。

至今发现，植物体中至少有3种光受体：①光敏色素(phytochrome)，感受红光及远红光区域的光(650～740 nm)；②隐花色素(cryptochrome)和向光素(phototropin，Phot)，感受蓝光(450～500 nm)和近紫外光A区域的光(UV-A受体，320～400 nm)；③UV-B受体，感受紫外光B区域的光(280～320 nm)。与植物中含有的大量光合色素相比，光受体色素含量是微量的，但它们对外界环境变化非常敏感，能够感受不同波长、不同方向、不同强度光的变化，经过信号转导、级联放大、基因表达和细胞反应等一系列过程，调节植物的生长和发育。在这些光受体中，光敏色素是发现最早、研究最为深入的一种光受体。

8.6.1 光敏色素的发现与分布

早在20世纪初，德国的植物生理学家Sachs就观察到暗中幼苗生长的黄化现象，并用试验证明这是区别于光合作用的形态建成。Flint(1936)在研究光质对莴苣种子萌发的影响中时发现，促进莴苣种子萌发的最有效光在红光区域(650～680 nm)，而抑制种子萌发的光在远红光区域(710～740 nm)。Borthwick(1952)用大型光谱仪将白光分成单色光后处理莴苣种子，发现红光促进萌发最有效的光为660 nm，抑制种子萌发的最有效光为730 nm，进一步发现红光促进种子萌发的作用可被远红光所逆转(表8-2，图8-16)，推断可能是单一的色素分子存在两种可逆转换的光吸收形式。后来同一研究小组的Butler(1959)研制出双波长的分光光度计，在黄化芜菁子叶和黄化玉米幼苗体内检测到了这种能够收红光或远红光相互转化并继而引发一系列可逆生理反应的色素蛋白复合体，并将其命名为光敏色素，光敏色素是植物体内最重要的光受体，它的发现是20世纪植物光形态建成研究中的里程碑。

表8-2 红光(R)和远红光(FR)对莴苣种子萌发的控制

(引自Bothwick等，1952)

照光处理	种子萌发率/%
R	70
R+FR	6
R+FR+R	74
R+FR+R+FR	6
R+FR+R+FR+R	76
R+FR+R+FR+R+FR	7
R+FR+R+FR+R+FR+R	81
R+FR+R+FR+R+FR+R+FR	7

R：照红光1 min；FR：照远红光4 min；26 ℃。

目前已知光敏色素存在于藻类、地衣、苔藓、蕨类、裸子植物和被子植物中，光敏色素分布在植物的各个器官中，但在植物体内分布并不均匀，黄化幼苗的光敏色素含量达10^{-6}～10^{-7} mol·L^{-1}，比绿色幼苗多20～100倍。禾本科植物的胚芽鞘尖端、黄化豌豆幼苗的弯钩、茎尖和根尖等部分的光敏色素含量较多(图8-17)。通常蛋白质丰富的分生组织含光敏色素较多。在亚细胞水平上，光敏色素主要分布在细胞质膜、线粒体、质体、核膜、内质网和细胞质中。

图 8-16 彩图

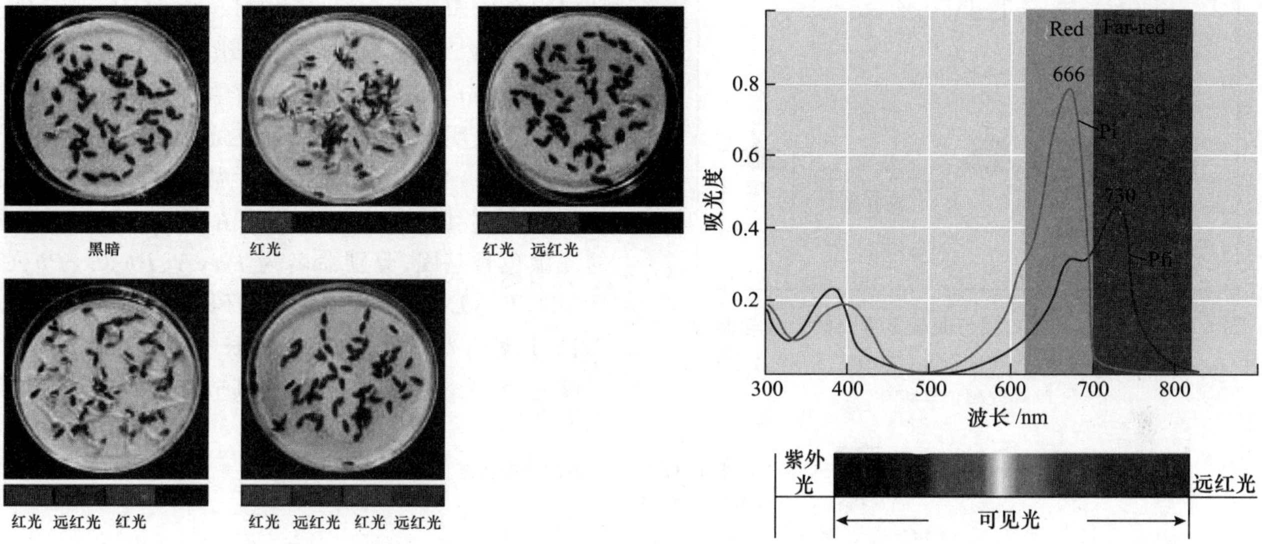

图 8-16 红光和远红光可逆照射对莴苣种子萌发的影响及光敏色素吸收光谱

(引自 Taiz 和 Zeiger,2010)

Red:红光;Far-red 远红光

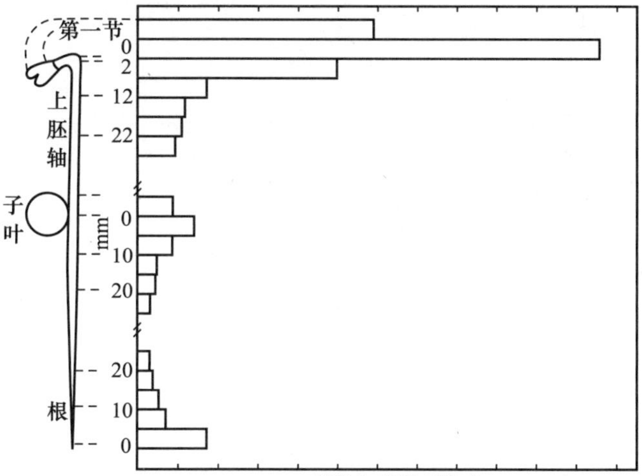

图 8-17 黄化豌豆幼苗中光敏色素的分布

(引自 Kendrick 和 Frankland,1983)

8.6.2 光敏色素的基本性质

8.6.2.1 光敏色素的化学性质

天然光敏色素是一种极易溶于水的、分子质量约为 250 ku 的色素蛋白,它是由两个亚基组成的二聚体,每个亚基有 2 个组成部分:吸收光的色素分子,即生色团(chromophore)和一个称为脱辅基蛋白(apoprotein)的多肽链(图 8-18),两者共同组成全蛋白(holoprotein)。脱辅基蛋白单体分子质量 125 ku,由被子植物中的一个小基因家族编码;生色团由一开链的 4 个吡咯环组成,具有独特的吸光特性。生色团在质体中由血红素通过叶绿素合成的分支途径合成,后被运出到胞质中,通过硫醚键与胞质中脱辅基蛋白的半胱氨酸残基相连接(图 8-19A),这个组装过程是个自我催化(autocatalytic)的过程,不需要添加其他蛋白质或辅因子。

光敏色素有 2 种光吸收类型:一种是红光吸收型(redlight-absorbing form,Pr),呈蓝绿色;另一种是远红光吸收型(far-redlight-absorbing form,Pfr),呈黄绿色。两者各自具有独特的吸光特性,Pr 的吸收高峰在 660 nm,Pfr 的吸收高峰在 730 nm,Pr 是生理钝化型,Pfr 是生理活化型。当 Pr 吸收 660 nm 红光(R)后,就转化为生理活化型的 Pfr;相反,当吸收 730 nm 远红光(FR)后,Pfr 转化为 Pr。Pr 型比较稳定,Pfr 型不稳定,在黑暗条件下 Pfr 型会逆转为 Pr 型,降低 Pfr 型浓度。Pfr 也会被蛋白酶降解(图 8-19B 和 C)。

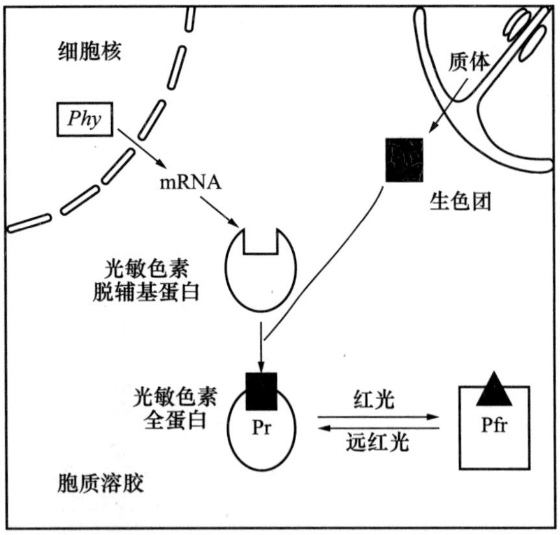

图 8-18　光敏色素生色团与脱辅基蛋白的合成与装配

（参照 Taiz 和 Zeiger，2006）

Phy：光敏色素基因

8.6.2.2　光敏色素的类型及其基因

光敏色素在植物体内至少存在 2 种类型：一种在黄化幼苗中含量较高，在黑暗中才能合成，而在光下不稳定，称为黄化组织光敏色素（etiolate tissue phytochrome，PHYⅠ），它的吸收峰在 666 nm；另一种以绿色组织为主，在光下相对稳定，且在光下和暗中均可合成，称为绿色组织光敏色素（green tissue phytochrome，PHYⅡ），吸收峰在 652 nm。分子生物学试验表明，被子植物中存在光敏色素基因（称作 *Phy*）家族。例如玉米的 *Phy* 数 2～4 个，燕麦的 *Phy* 数超过 4 个。在拟南芥幼苗中发现了 5 种不同的光敏色素基因，分别命名为 *PhyA*、*PhyB*、*PhyC*、*PhyD*、*PhyE*。其中 *PhyA* 编码的蛋白 PHYA 属 PHYⅠ型的光敏色素，接收波长 700～750 nm 连续远红光，对光不稳定，在光下，其 mRNA 的活性受到

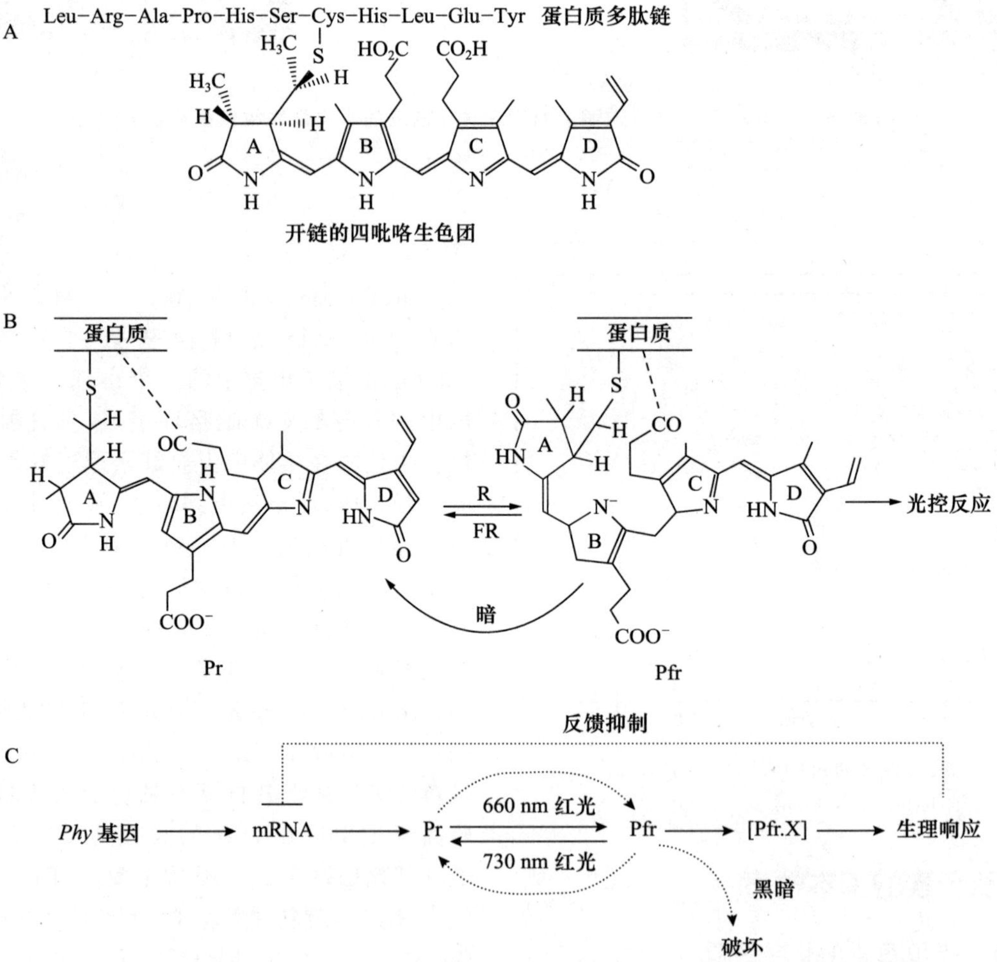

图 8-19　光敏色素的结构及 Pr 与 Pfr 的转变

A. Pr 结构，示硫醚键连接的生色团和部分蛋白质的多肽链（引自 Lagairias 和 Repoport，1980）；

B. Pr 与 Pfr 结构的转变；C. Pr 与 Pfr 的转变及作用（参考 Hopkins 和 Hüner，2008）

抑制，其余 4 种基因编码的蛋白 PHYB、PHYC、PHYD、PHYE 属 PhyⅡ型的光敏色素，具有高度的光稳定性，不受光的影响，接收 600～700 nm 红光，属组成型表达。至今已证明，*PhyA*、*PhyB* 基因编码的蛋白可组装成全光敏色素 PHYA 和 PHYB，其中 PHYA 主要控制远红光对幼苗下胚轴的伸长作用，而 PHYB 主要控制红光对幼苗下胚轴的抑制作用。

8.6.2.3 光敏色素的光化学转换

Pr 与 Pfr 在小于 700 nm 的各种波长下都有不同程度的吸收，有相当多的重叠，说明在自然光照下植物体内同时存在着 Pfr 型和 Pr 型两种形式。光敏色素对绿光几乎没有吸收，绿光可作为研究光敏色素的安全光源。在一定的波长下，活体中具生活性的 Pfr 浓度占光敏色素总浓度（$c_{Ptot}=c_{Pr}+c_{Pfr}$）的比例称为光稳定平衡（photo stationary equilibrium，Φ），即 $\Phi=c_{Pfr}/c_{Ptot}$。如白芥幼苗在饱和红光下 Φ 值为 0.8，即总光敏色素的 80%是 Pfr，20%为 Pr；而在饱和远红光下的 Φ 值为 0.025，即总光敏色素的 2.5%为 Pfr，97.5%为 Pr。自然条件下植物光反应的 Φ 值为 0.01～0.05 就可以引起显著的生理变化。Pr 与 Pfr 之间的转变只有几毫秒的中间反应，光化学反应仅限于生色团，而黑暗反应只有在水条件下才能发生。因此干种子没有光敏色素反应，只有在水浸泡后才具有光敏色素的反应。

8.6.3 光敏色素的反应类型

1. 根据对光量的需求划分

根据对光量的需求，可将光敏色素反应分为下面 3 种类型。

（1）极低辐照度反应（very-low fluence response，VLFR） 反应可被 1～100 nmol・m^{-2} 的光诱导，在光稳定平衡值仅为 0.02 时就满足反应条件，即使在实验室的安全光下反应都可能发生。这样极低辐照度的红光可刺激暗中生长的燕麦芽鞘伸长、拟南芥种子的萌发。

（2）低辐照度反应（low fluence response，LFR） 也称为诱导反应，所需的光能量为 1～1 000 μmol・m^{-2}，是典型的红光-远红光可逆反应。反应可被一个短暂的红闪光诱导，并可被随后的远红光照射所逆转。如莴苣种子需光萌发、转板藻（*Mougeotia*）叶绿体运动等属于这一类型（图 8-19）。

（3）高辐照度反应（high irradiance response，HIR） 也称高光照反应，反应需要持续强的光照，其饱和光照比低辐照度反应强 100 倍以上。光照时间越长，反应程度越大，红光反应不能被远红光逆转。黄化苗的反应光谱高峰在远红光、蓝光和紫外光 A 区域，而绿苗的反应高峰主要在红光区域。目前已知，在远红光下，高辐照度反应受 PHYA 调节，而红光下的却受 PHYB 调节。如光敏色素参与的黄化幼苗变绿、花色素的形成、下胚轴的伸长等属于此类型。

2. 根据反应的速率划分

根据反应的速率，将光敏色素在光形态建成中参与调节的反应分为下面 2 种类型。

（1）快反应 指植物从吸收光子到诱导出形态变化的反应很迅速，反应时间以分、秒计。这种反应主要表现 Pr 和 Pfr 在细胞中的分布。光对转板藻叶绿体运动的影响属于快反应，照光 60 s 后可观察到转板藻叶绿体的转动（图 8-20）。

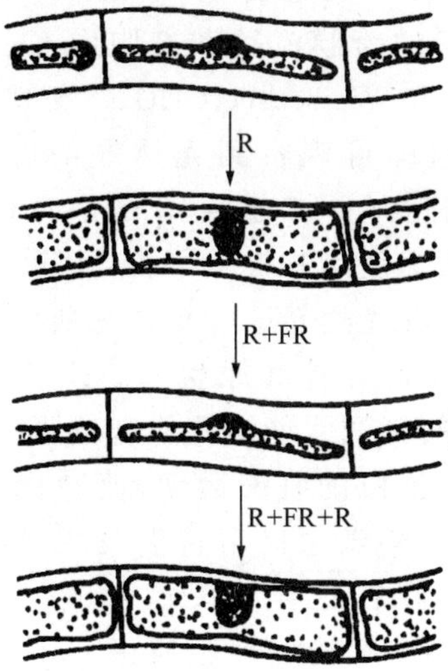

图 8-20 红光和远红光对转板藻叶绿体运动的影响

（引自 Dreyer 和 Weisenseel，1979）

（2）慢反应 指光敏色素吸收光子后对植物形态建成的调节比较缓慢，反应时间以小时或天计，反应终止后不能逆转，如种子萌发、开花等。

8.6.4 光敏色素的作用机制

目前对光敏色素的作用机制主要有 Hendricks（1967）提出的膜假说和 Mohr（1966）提出的基因调节假说。

8.6.4.1 膜假说

该假说认为，光敏色素的活跃形式 Pfr 能直接与生物膜发生作用，改变细胞中一种或多种膜的特性或功能而参与光形态建成。试验证明，光敏色素 Pfr 均能结合到质膜、内质网、叶绿体和线粒体等膜上。从经红光照射的燕麦幼苗中分离出的线粒体上可测定出有较高含量的 Pfr 存在，而未经红光照射的线粒体上未能测到 Pfr 的存在，这表明光活化的 Pfr 能与线粒体被膜结合。光敏色素调控的快速反应都与膜性质的变化有关。离体绿豆根尖在红光下诱导膜产生少量正电荷，所以能黏附在带负电荷的玻璃表面，而远红光则逆转这种黏附现象，这种效应称为棚田效应（Tanada effect）（图 8-21）。照远红光后 1.7 s，就可观察到巨藻（*Nitella*）原生质膜内侧的电势比外侧低的极化作用被消除。光敏色素被认为在豆科植物的小叶运动中起光调节作用，在吸光后，光敏色素改变了膜的透性，引起 K^+ 的流动，最终引起小叶运动。光敏色素和膜的结合可能影响膜质子泵活性，导致膜电势快速变化，引起 K^+ 通道状态变化，发生 K^+ 的跨膜流动和细胞内 Ca^{2+} 的浓度变化。Dreyer 和 Weisenseel（1979）发现，转板藻在照光 60 s 内即可观察到光诱导的叶绿体运动。而且在照射 30 s 红光后，3 min 内转板藻体内 [Ca^{2+}] 积累速度增加 2～10 倍，这种效应可被照射 30 s 的远红光逆转。叶绿体之所以能在细胞内转动，是由于叶绿体和原生质膜之间存在肌动球蛋白纤丝，而钙调素能活化肌动球蛋白轻链激酶，导致肌动球蛋白的收缩运动，使叶绿体转动。根据上述现象，科学家提出转板藻从光敏受体到生理反应之间存在这样一条信号链：红光→Pfr 增多→跨膜 Ca^{2+} 流动→细胞质中 Ca^{2+} 浓度增加→钙调素活化→肌动球蛋白轻链激酶活化→肌动球蛋白收缩运动→叶绿体转动。

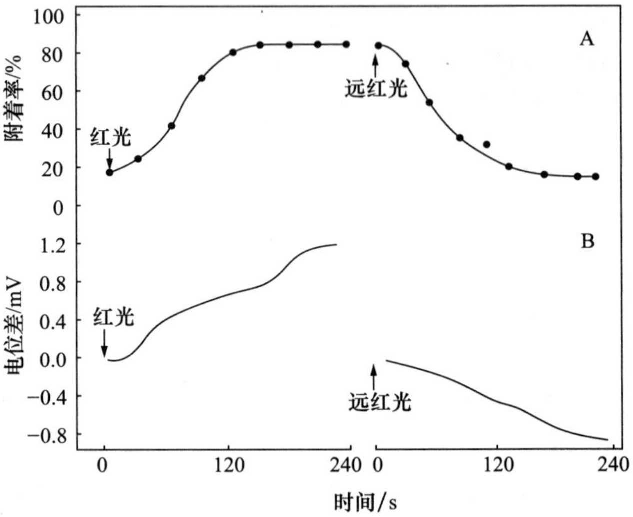

图 8-21　红光或远红光处理后，绿豆根尖在带负电荷的玻璃表面的动力学(A)和根尖电位差的变化(B)

（引自潘瑞炽，2004）

8.6.4.2　基因调节假说

上述光敏色素诱导的膜电势变化、离子流动、叶绿体转动等反应可以在数分钟内迅速完成，但对种子的萌发、花的分化与发育、酶蛋白合成的影响等需要较长的时间，这些过程都涉及基因的转录与蛋白质的翻译。光敏色素调节基因的表达都发生在转录水平上，至今已发现有 60 多种酶和蛋白质受光敏色素调控，包括光合作用的捕光色素蛋白（LHCP）、Rubisco、NADPH-脱植基原叶绿素氧化酶、硝酸还原酶、苯丙胺类生物合成酶系、光敏色素的合成等都受光敏色素调控，其中，以对编码 Rubisco 小亚基（SSU）的基因 *rbcS* 和编码捕光色素蛋白（LHCP）的基因 *cab* 的研究较为深入。试验证明，在 *rbcS* 和 *cab* 转录起始点上游启动子区 DNA 序列中存在光调节因子（light regulated element，LRE），红光照射后使 Pr 转换为 Pfr，可能激活细胞质中的调节蛋白，这种特异蛋白和 *LRE* 结合，起到光开关的作用，使 *rbcS* 基因得以转录，进而合成 SSU 蛋白，进入叶绿体。与在叶绿体中合成的大亚基 LSU 结合，组装成 Rubisco 全酶。同样 LHCP 合成后装配在类囊体膜上的光系统复合物中（图 8-22）。

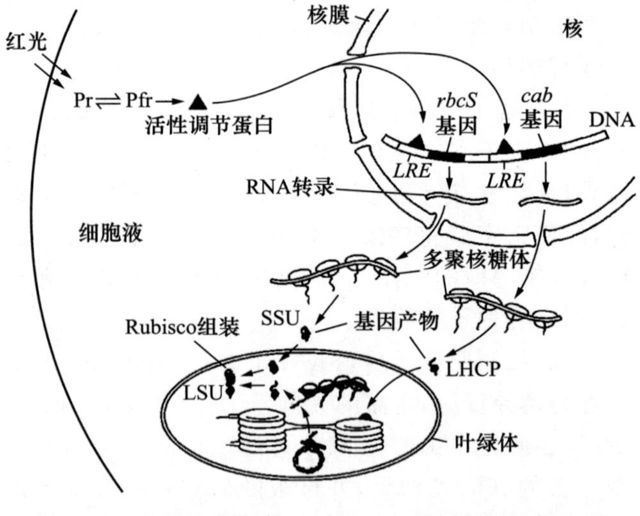

图 8-22　光敏色素调节 *rbcS* 和 *cab* 基因转录的模式图

（引自 Schafer 等，1986）

8.6.4.3 光敏色素与信号转导

植物中所有光敏色素调控的变化都是从色素对光的吸收开始的。红光使光敏色素N端的丝氨酸残基磷酸化，其后可能会使其他蛋白质发生磷酸化，以至启动或者抑制细胞质或核内的正、负调控因子的基因表达(图 8-23)。

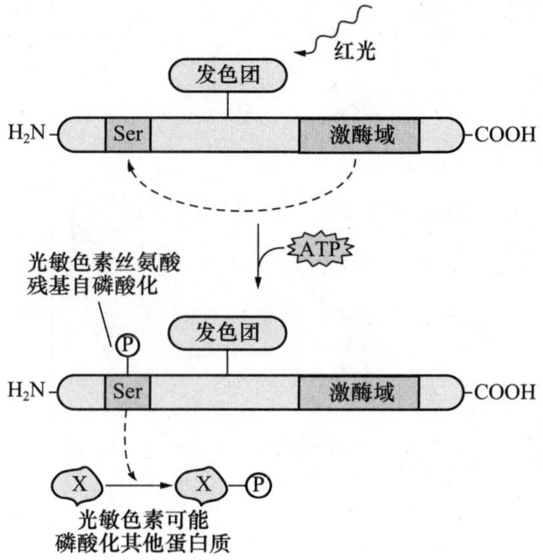

图 8-23 光敏色素自磷酸化模型

(引自 Taiz 和 Zeiger,2006)

光敏色素在吸光后发生光化学转换和 Pfr 的自磷酸化，形成活化态的 PfrA 和 PfrB。活化态的光敏色素与G蛋白相互作用，经过钙调素和 cGMP，活化细胞核内转录因子(X 和 Y)，进而导致光调节基因的表达。细胞质中活化态的光敏色素可以进入细胞核中，直接调节转录。

其中，活化态的 PfrA 在光下可进一步促进 COP1 (constitutive photomorphogenic 1，一个保守的E3泛素连接酶)从细胞核输出到细胞质，抑制 COP1 的活性，从而阻止 COP1 降解 HY5(hypocotyl 5，一种光形态转录因子)，进而促进光诱导基因的表达。另外，活化态的 PfrB 在光下诱导 PIF3(phytochrome interacting factor 3)、二磷酸苷激酶 2(nucleoside diphosphate kinase 2,NDPK2)蛋白的磷酸化和降解，解除 PIF3 对光形态建成的抑制，促进光诱导基因的表达(图 8-24)。可见，光敏色素调控基因表达的信号转导途径有多条，它们共同调控植物的生长发育。

8.6.5 光敏色素的生理作用及形态建成

植物个体发育的整个过程都离不开光敏色素的作用，已知有 200 多个反应受光敏色素调节。例如从调节种子的萌发到幼苗的正常生长，从叶片表面气孔和表皮毛的形成到体内维管束的分化，从植株地上部分形态发育到地下部分的生长以及根冠比的调节，从叶绿体的发育到光合活性的调控，从贮藏淀粉、脂肪的降解到蛋白质、核酸的合成，从光周期控制花芽分化到叶片等器官衰老的调节等一系列植物生长发育过程都存在着光敏色素的作用。表 8-3 列举了高等植物中一些由光敏色素控制的反应。

表 8-3 高等植物中一些由光敏色素控制的反应

种子萌发	叶分化和扩大	光周期	偏上性
小叶运动	叶脱落	花诱导	质体形成
弯钩张开	单子叶植物叶片展开	花色素形成	向光敏感性
节间延长	块茎形成	性别表现	节律现象
子叶张开	根原基起始	膜透性	肉质化

另外，光敏色素与植物体内的激素代谢也有关。例如黄化大麦经红光照射后，赤霉素含量急剧上升，因为 Pfr 型光敏色素可促进卷曲幼叶中赤霉素的形成和质体中释放出赤霉素；红光可减少植物体内游离生长素的含量；光下乙烯生物合成受阻而使幼苗下胚轴弯曲张开和伸直。植物激素也可以模拟某些光诱导反应，如 GA、CTK 可替代或部分替代光的作用，使光休眠种子萌发，但激素与光敏色素诱发的光形态建成反应是否有必然的联系尚难断定。

8.6.6 其他光受体

8.6.6.1 隐花色素与向光素

目前发现的蓝光受体有两种：隐花色素和向光素。蓝光反应的光谱在蓝光区有 3 个吸收峰(在 450、420 和 480 nm 左右，呈“三指状”)，这是区别于光合色素、光敏色素和其他光受体的典型特征(图 8-25)。在近紫外光区有一个峰(在 370～380 nm)，大于 500 nm 波长的光对其是无效的，这也是判断隐花色素介导的蓝光、紫外光反应的试验性标准。

编码隐花色素蛋白的基因是多基因家族，如蕨类和苔藓植物至少有 5 个隐花色素基因，而拟南芥有 2 个隐花色素基因。在拟南芥中已鉴定出隐花色素家族的两个成员 CRY1 和 CRY2。CRY1 是拟南芥不同器官在暗中和光下都表达的可溶性蛋白，在光下抑制植物的生长。在转基因拟南芥植株中 CRY1 的过量表达可抑制下胚轴伸长，表现为对光、UV-A 和绿光高

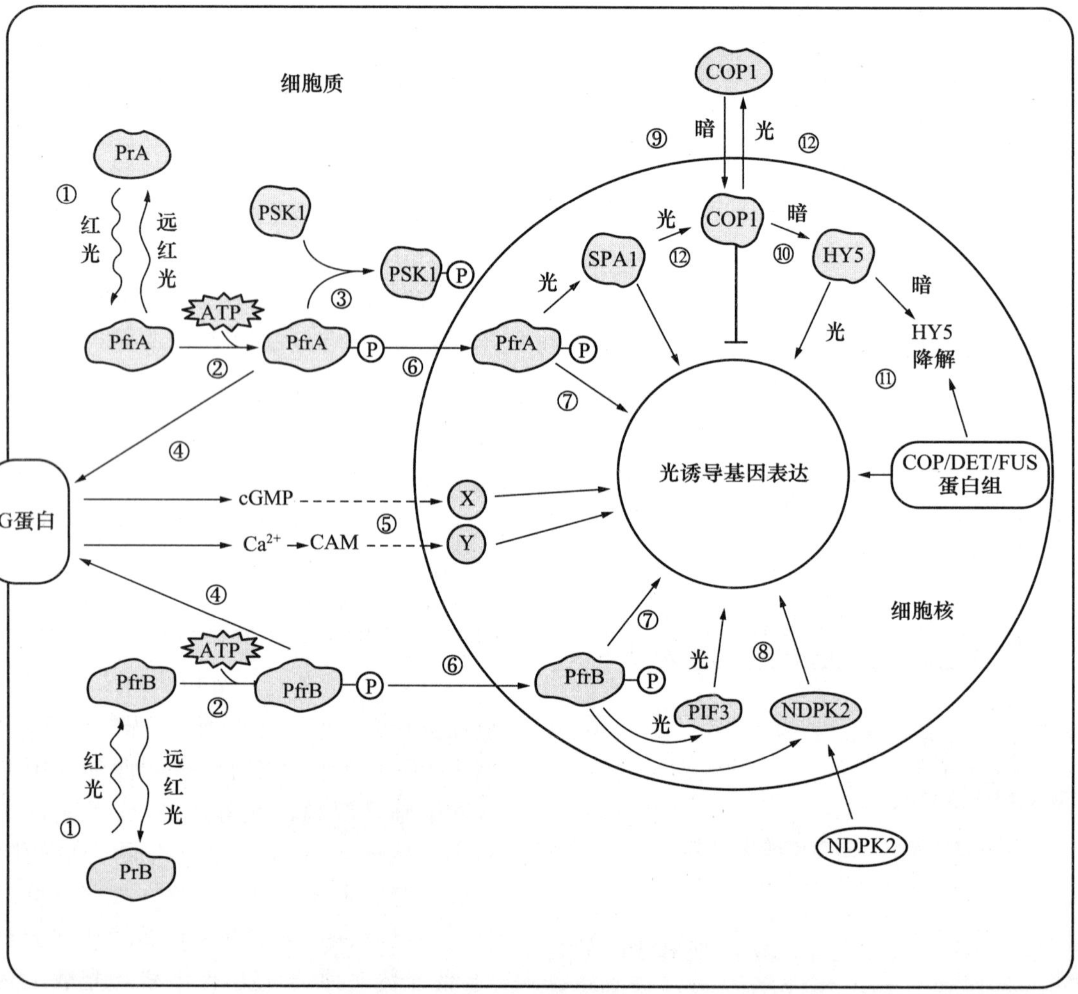

图 8-24　光敏色素调节基因表达的信号转导途径及组分

(引自 Sharma,2001)

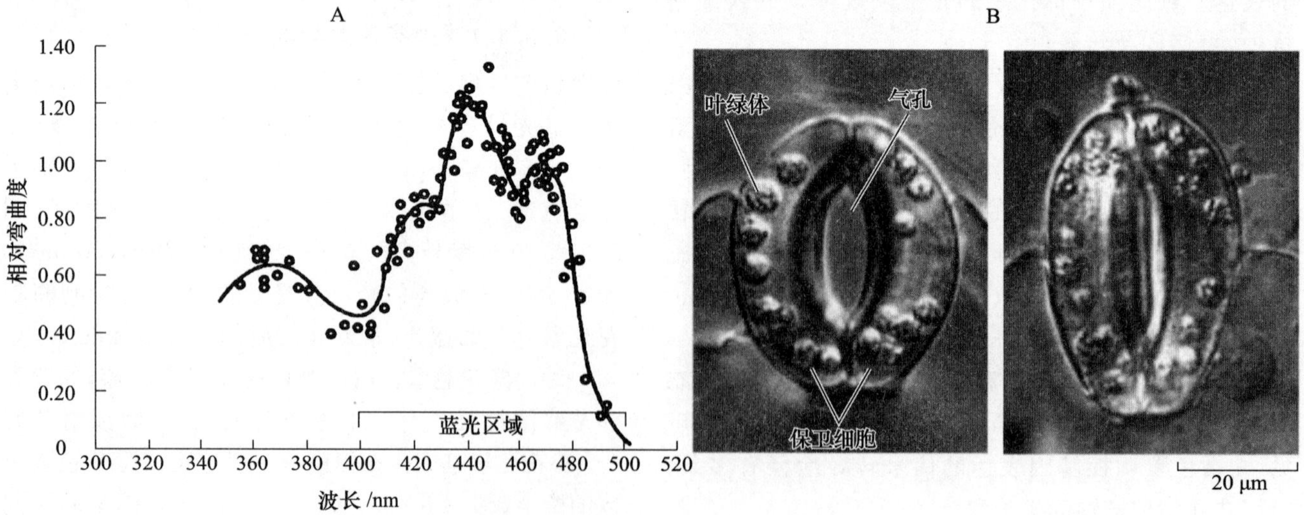

图 8-25　蓝光引起燕麦向光性的作用光谱(A)及促进蚕豆的气孔开放(B)

(引自 Taiz and Zeiger,2010)

B左:蓝光下的气孔;B右:黑暗下的气孔

度敏感。CRY2 通过依赖蓝光的磷酸化作用进行调控，在暗中，CRY2 未磷酸化，不具活性，稳定；在蓝光下 CRY2 磷酸化，引发光形态建成反应。

向光素包括的生色团色素有叶黄素、胡萝卜素、蝶呤(pterin)等。现在人们已经在拟南芥、水稻、玉米等植物中发现了编码向光素的基因，主要有 *PHOT*1 和 *PHOT*2。向光素的相关蛋白存在于植物的不同器官中。

近年来的研究指出，蓝光受体是一类黄素结合蛋白，其生色团可能是由黄素(FAD)和蝶呤共同组成的。在蓝光、近紫外光引起的信号传递过程中涉及 G 蛋白、蛋白磷酸化和膜透性的变化。此外，在一些反应中光敏色素与隐花色素有协同作用，然而与光敏色素调控的反应不同，蓝光效应一般不能被随后处理的较长波长的光照所逆转。

8.6.6.2　紫外光 B 受体

紫外光 B 受体是吸收 280～320 nm 波长紫外光(UV-B)，引起光形态建成反应的光受体，其吸收峰在 290～300 nm。一些作物如小麦、大豆、玉米等在 UV-B 照射下，植株矮化，叶面积减小，导致干物质积累下降。UV-B 使大豆的某些品种光合作用下降，气孔关闭，叶绿体结构破坏，叶绿素及类胡萝卜素含量下降，希尔(Hill)反应下降，光系统Ⅱ电子传递受影响等。紫外光辐射能诱导叶表皮产生抗紫外物质，如类黄酮、花青素和生物碱等，这是因为 UV-B 能引起查尔酮合酶(CHS)和苯丙氨酸解氨酶(PAL)的 mRNA 及酶活力增加。近年来对拟南芥中 *CHS* 基因的研究表明：UV-B 和蓝光单独诱导成熟拟南芥叶片组织中表达，使表达量提高 10 倍。近年来由于氯氟代烃(chlorofluorocarbon)的增多引起了大气中臭氧层的破坏，导致到达地面的 UV-B 增加，因而 UV-B 辐射增加对植物的影响以及对此的生理响应已引起人们的关注。

8.7　植物的运动

植物虽然不能像动物那样自由整体地移动，但是它的某些器官在内外因素的作用下能发生空间位置的有限移动，即植物运动(plant movement)。高等植物的运动可分为向性运动(tropic movement)、感性运动(nastic movement)和近似昼夜节律的生理钟运动(见 8.3.3)。

8.7.1　向性运动

植物向性运动是由光、重力等单方向外界刺激引起的，运动方向取决于外界的刺激方向。根据刺激因素的不同，将向性运动分为向光性(phototropism)、向重力性(gravitropism)、向触性(thigmotropism)和向化性(chemotropism)等，并规定迎着刺激方向运动的为正运动，背着刺激方向运动的为负运动。向性运动是生长分布不均等引起的，是不可逆的运动。当生长器官停止生长或者除去生长部位时，向性运动就会消失。

8.7.1.1　向光性

植物生长器官受单方向光照射而引起的生长弯曲现象称为向光性，蓝光是诱导向光弯曲最有效的光(图 8-25)。根据植物向光性弯曲的部位不同，将向光性分为 3 种类型：①植物器官向着光照的方向弯曲，称为正向光性(positive phototropism)，如向日葵、棉花、花生、大豆、苜蓿等植物的茎向光源方向弯曲。②植物器官背着光照方向弯曲，称为负向光性(negative phototropism)，如拟南芥和常春藤的气生根背光弯曲。王忠(1999)用透明容器(如玻璃缸)水培刚萌发的水稻等，并以单侧光照射根，也观察到根具有负向光性，即种子根向背光的一面倾斜生长(与水平面夹角约 60°)。③植物器官保持与光照方向垂直的能力，称为横向光性(dia-phototropism)，如叶片通过叶柄扭转使其处于对光线适合的位置。

向光性在植物生活中具有重要的意义。由于具有向光性的特点，叶子能尽量处于最适宜利用光能的位置，称为叶镶嵌现象(leaf mosaics)。有人推测这种现象是由于叶片遮蔽部分运输较多生长素到该侧的叶柄，因此该侧叶柄生长快，叶柄向光弯曲。另外，某些植物生长旺盛的叶子，对阳光方向改变的反应很快，它们竟能随着太阳的运动而转动，叶片与光垂直，这种现象称为太阳追踪(solar-tracking)，如向日葵和棉花等。这种现象是由于溶质(包括 K^+)控制叶枕的运动细胞而引起的。

植物感受光的部位是茎尖、芽鞘尖端、根尖、某些叶片或生长中的茎。一般来说，地上部器官具有正向光性，根部为负向光性。

1. 向光性运动的机制

目前，植物向光性运动机理有两种假说，即生长素分布不均匀假说和抑制物质分布不均匀假说。

(1)生长素分布不均匀假说(Cholodny-Went theory) 早在1881年达尔文就报道过蓝光诱导植物的向光性反应,他观察到金丝雀虉草(*Phalaris canariensis*)胚芽鞘在单侧蓝光照射下会向光弯曲。许多研究证明这种植物的向光性反应是由于生长素浓度的差异分布而引起的(图8-26)。温特(Went,1928)用生物测定法证明,燕麦胚芽鞘经单侧光照射后,背光一侧的生长素含量比向光的一侧多,生长素活性的分布比例向光面约为32%,背光面68%(相对比值为27∶57,表8-4)。因此许多学者认为,植物向光性是由于光照下生长素自顶端向背光侧运输,背光侧的生长素浓度高于向光侧,使背光侧生长较快而导致茎叶向光弯曲的缘故,故称之为生长素分布不均匀假说,这是解释向光性运动的经典理论。

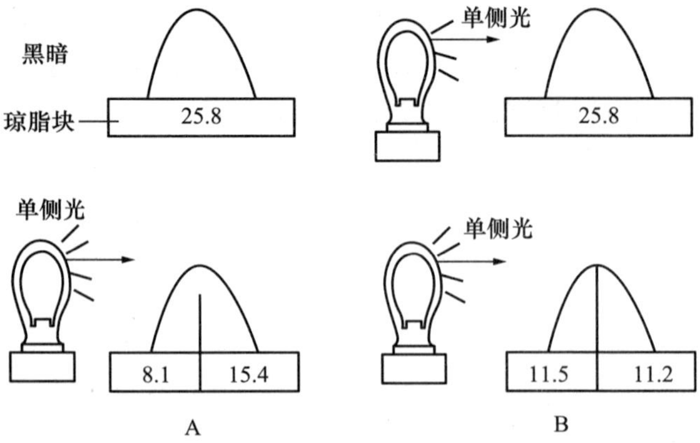

图8-26 玉米胚芽鞘间断单侧光照射引起生长素侧向的重新分布

(引自蒋德安,2000)

A. 尖端用盖玻片隔开一部分;B. 尖端用盖玻片完全隔开

表8-4 不同方法测定单方向光刺激后从燕麦胚芽鞘扩散进入琼脂的IAA分布

(根据 Went,1928;Hasegawa,1989 测定值换算)

测定方法	含量或相对活性	向光侧	背光侧	黑暗(对照)
生物测定法	IAA(pg)/半胚芽鞘	38.7±3.4	101.1±7.8	92.9±5.5
(燕麦胚芽鞘弯曲法)	相对活性/%	21	54	50
	Went测定值/%	27	57	50
物理化学方法	IAA(pg)/半胚芽鞘	269±18	250±26	232±19
(气相色谱法)	IAA(pg)/半胚芽鞘	58	54	50

(2)抑制物质分布不均匀假说(Bruinsum-Hasagawa theory) 20世纪70年代,人们采用生物测定法和物理化学方法重复了温特的试验,用生物测定法得到了与温特类似的数据,但物理化学方法显示,向光侧和背光侧的IAA含量没有明显差异(表8-4)。因此可以推测,引起植物向光性的物质可能不单纯是生长素,还可能包括生长抑制物质,称为抑制物质分布不均匀假说。许多研究证明了该假说的正确性。向日葵下胚轴的生长抑制物质可能是黄质醛(xanthoxin);萝卜苗下胚轴的生长抑制物质可能是萝卜宁(raphanusanin)和萝卜酰胺(raphanusamide);燕麦胚芽鞘中的生长抑制物质可能是6-甲氧基-2-苯并噻唑啉酮(6-methoxy-2-benzoxazolinone,MBOA)。这些抑制剂的浓度不仅在向光侧增加,而且还与光强呈正相关。由此表明,向光性产生的原因是由于向光侧的生长抑制物质多于背光侧,向光侧生长受到抑制(表8-5)。生长抑制剂抑制植物生长的原因可能是妨碍了IAA与IAA受体结合,减少IAA诱导与生长有关的mRNA的转录和蛋白质的合成。还有试验表明,生长抑制物质能阻止表皮细胞中微管的排列,引起器官的不均衡伸长。

表8-5 绿色向日葵下胚轴受单侧光照射后生长抑制剂活性的相对分布

(引自 Franssen,1981)

刺激持续时间/min	生长抑制物质/%		弯曲度/(°)
	向光侧	背光侧	
0	51.5	48.5	0
30～45	66.5	33.5	15.5
60～80	59.5	40.5	34.5

注:采用水芹根生物测定法,幼苗平均抑制剂含量相当于每克鲜重60 ng顺式黄质醛。

目前,在解释植物向光性运动的两种假说中,经典的生长素分布不均匀假说面临严峻的挑战,似乎抑制物质分布不均匀假说占优势。两种学说尚有争议,学者们还没有统一的看法,尚待进一步深入地研究。

2. 向光性运动的光受体与信号转导途径

光谱分析发现,对向光性起主要作用的光波是420～480 nm的蓝光,其峰值在445 nm左右,其次是360～380 nm的紫外光,峰值约在370 nm(图8-27)。从作用光谱推测,引起向光性运动的光受体为蓝光受体。由于β-胡萝卜素和核黄素的吸收光谱与燕麦胚芽鞘的向光性作用光谱相似度较高,推测向光性的受体可能是β-胡萝卜素和核黄素类的物质。

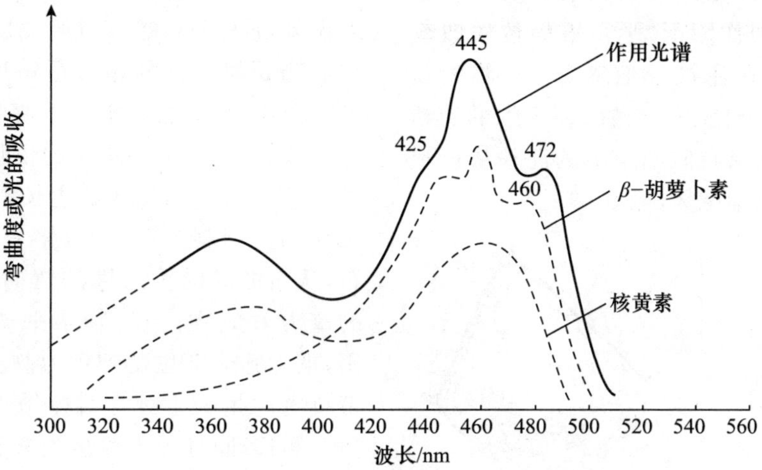

图8-27 燕麦胚芽鞘的向光性作用光谱及核黄素和β-胡萝卜素的吸收光谱

(引自王忠,2000)

向光素分子N末端含有两个LOV(light oxygen voltage)区域,即LOV1和LOV2,这两个区域都是生色团黄素单核苷酸(flavin mononucleotide,FMN)的结合位点,而C末端则含有一个丝氨酸/苏氨酸的蛋白激酶区域。向光素的信号转导途径大致为:植物细胞质膜中的向光素在接受蓝光刺激信号之后,诱导组织中相关的蛋白发生磷酸化作用,使得细胞中信号传递载体发生相应的反应,从而导致植物器官的运动。在蓝光诱导的气孔开放反应中,向光素将保卫细胞中H^+-ATPase磷酸化,增强保卫细胞内部的负电势梯度,使得保卫细胞内发生K^+积累并导致水势降低,引起保卫细胞吸水后膨胀,最终气孔开放。而在胚轴向光性反应中,蓝光激活的phto1将生长素载体磷酸化,改变生长素载体的活性和它们在胚轴向光侧和背光侧的分布,以致两侧的生长素分布不均,从而发生向光性弯曲生长。

8.7.1.2 向重力性

植物在重力影响下,保持一定方向生长的特性,称为植物的向重力性。种子或幼苗在地球上受到地心引力影响,不管所处的位置如何,总是根朝下生长,茎朝上生长。顺着重力作用方向的生长称正向重力性(positive gravitropism),逆着重力作用方向的生长称负向重力性(negative gravitropism),侧枝、叶柄、地下茎、次生根等以垂直于重力的方向水平生长称为横向重力性(diagravitropism)。根的正向重力性有利于根向土壤中生长,以固定植株并摄取水分和矿物质。茎的负向重力性则有利于叶片伸展,并从空间获得充足的空气与阳光。将植物幼苗横放,过一段时间后,根会向下弯曲,而茎会向上弯曲生长,作物如水稻、小麦由于风或其他原因倒伏后,茎会弯曲向上生长等现象都是向重力性的表现。将植物放在不断旋转的回转器(clinostat)中进行生长试验,发现根向下生长、茎朝上生长的原因是重力加速度引起的。在太空和其他失重的情况下,植物的根和茎都不发生向重力性弯曲生长。重力的感受部位在离根尖1.5～2.0 mm的根冠、离茎端约10 mm的幼嫩组织以及其他尚未失去生长机能的节间、胚轴、花轴等,感受重力的受体是含淀粉体或叶绿体的细胞。植物对重力的反应,受重力加速度、重力方向和持续时间的影响。在地球上,重力加速度和重力方向是恒定的。因而,向重力性反应主要受持续时间影响。目前解释植物向重力性运动的机制主要有3种学说。

(1)平衡石学说(statolith theory) Haberland-

Nemee 的平衡石学说认为，植物的平衡石是一种淀粉体(amyloplast)，1 个淀粉体细胞含有 10～20 个直径为 4～10 μm 的淀粉粒。根部的平衡石在根冠的柱细胞中，茎部的平衡石分布在维管束周围的淀粉鞘中。有人发现拟南芥的一种突变体中，无淀粉的质体也可能起平衡石的作用。平衡石学说认为柱细胞中的淀粉体(相对密度为 1.3)具有感受与传递重力信息的功能。重力作用下，平衡石的位置改变给细胞质以压力，作为刺激被细胞感受。若将根从垂直方向(g)改为水平方向(g')放置，细胞中的淀粉体向 g' 方向沉降，其结果右侧细胞中的淀粉体压迫内质网的程度要比左侧细胞大(图 8-28)。

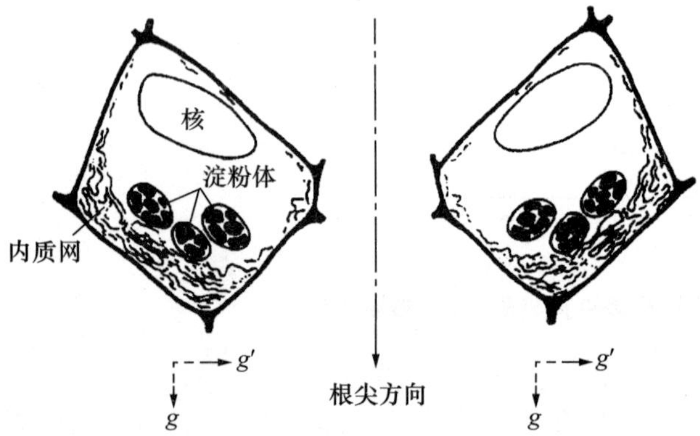

图 8-28　柱细胞构造及淀粉体受重力的移动

(参照 Sievers 和 Volkmann,1972)

许多试验指出，Ca^{2+} 对 IAA 运输及分布起重要作用。玉米根冠部预先用 Ca^{2+} 螯合剂 EGTA 处理后，重力影响 IAA 极性运输的现象会随之消失，但若在根横放前先用 Ca^{2+} 处理根冠，IAA 极性运输则恢复。当把含有 Ca^{2+} 的琼脂块置于垂直方向放置的玉米根冠一侧时，根会被诱导转向放琼脂块的一侧而弯曲生长。当测定重力对放射性 Ca^{2+} 在根冠中运输的影响时发现，放射性 Ca^{2+} 更多地运到受重力刺激的下侧。根据这些试验结果，有人提出了 Ca^{2+} 和生长素在根向重力性过程中重新分布的模式。根的向重力性信号感受及传导的可能过程归纳如图 8-29 所示：①根由垂直改为水平后，柱细胞下部的淀粉体随重力方向沉降，此过程被视为重力感受；②淀粉体的沉降触及内质网，使 Ca^{2+} 从内质网释放；③Ca^{2+} 在胞质内与钙调素(CaM)结合(根冠中存在较高浓度的 CaM)；④Ca^{2+}-CaM 复合体激活质膜 ATPase；⑤活化的 ATPase 把 Ca^{2+} 和 IAA 从不同通道运出柱细胞，并向根尖运输。IAA 在地上部合成，经维管系统运输到根，当根尖处于与重力线方向平行时，根冠细胞中淀粉体沉降在柱细胞的底端，此时 Ca^{2+} 和运到根冠的 IAA 向四周平均分配。然后 IAA 再经根皮层向基方向运至根伸长区，以促进伸长区细胞均衡伸长，使根仍与重力线方向平行生长[图 8-30(A)]。但当根处于水平方向时[图 8-30(B)]，淀粉体沉降至柱细胞下侧，从而促进 Ca^{2+} 与 IAA 在下侧释放。Ca^{2+} 还增强 IAA 进入向基性的运输流，使 IAA 更多地经皮层运输到根的下侧，并在下侧积累。这种超最适浓度的 IAA 会抑制根下侧的伸长，从而引起根向下弯曲的运动反应。

(2)Cholodny-Went 的生长素学说　20 世纪 30 年代 Cholodny-Went 的生长素学说认为重力感受部位在感受到刺激后，引起器官两侧生长素不均匀分布，从而形成向重力性的弯曲生长。生长素是植物的重力效应物，当植物水平放置时，由于重力的作用，重力感受部位受到重力刺激后产生电势差，引起带负电的生长素分布发生改变，器官上侧的生长素向下侧移动，导致上侧生长素含量减少，下侧生长素含量增多。由于根对生长素很敏感，生长素稍多时，根的生长就会被抑制，因而向下弯曲；相反，茎对生长素不敏感，茎横放时，下侧由于生长素含量增多而生长快，茎就向上弯曲生长，呈负向重力性。Bosl-Noh 等发现，IAA 的外向输出载体蛋白 PIN，正常分布在靠近筛管细胞的基底部，当 PIN 的分布发生变化时，IAA 的分布也发生变化，当趋向于侧向分布时，植物的向光性和向重力性均大大增强，有力地证明了 IAA 在植物的向光性和向重力性反应中的重要作用。

(3) 双叉理论(bifurcation theory)　Mesland (1992)根据非线性不平衡热力学理论，提出重力整体作用(holistic action of gravity)概念，即所谓的双叉理论。双叉理论认为细胞核和细胞骨架在细胞对重力感受和传导中起着很重要的作用，推测在细胞中可能存在重力敏感窗(gravity sensitive window)。以扁豆幼苗为材料，通过不同处理条件下细胞核行为的研究发现，细胞核和细胞骨架确实起着重力感受器的作用。

除了平衡石、生长素、细胞器等影响植物的向重力性运动之外，近年来的研究发现，Ca^{2+} 和 ABA 在向重力性中也发挥重要作用。对玉米根冠做各种处理时，根冠内的脱落酸向下移动，然后向根的生长部位(分生区和伸长区)运输，该处下侧脱落酸含量较高，抑制该侧细胞分裂和伸长，根向下弯曲生长，茎则

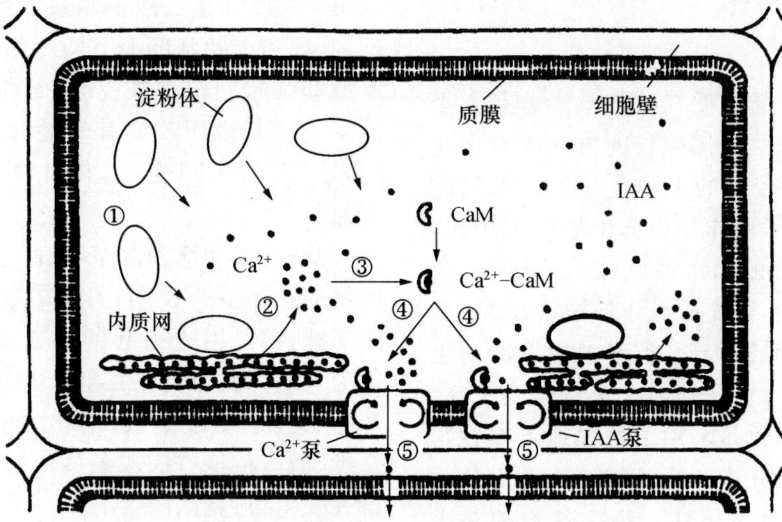

图 8-29　根向重力性反应在柱细胞中的信息感受与传导

（引自 Evans，1986）

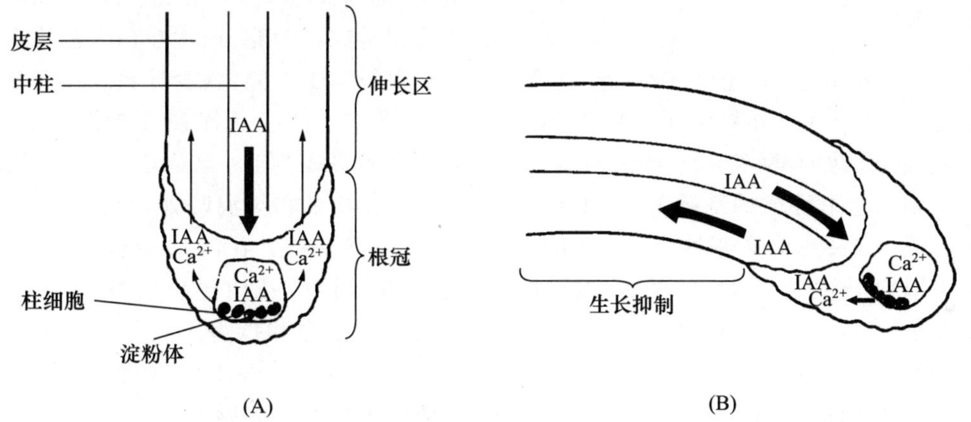

图 8-30　根在向重力性反应中 Ca^{2+} 和生长素的重新分布

（引自 Hasenstein & Evans，1988）

（A）根尖方向与重力方向平行；（B）根尖方向与重力方向垂直

向上弯曲生长。Belyavskaya（1996）和 Weisenseel（1997）研究表明，钙离子是重力感受和转导的第二信使。均匀地外施 $^{45}Ca^{2+}$ 于根上，水平放置，发现 $^{45}Ca^{2+}$ 向根的下侧移动。将含有钙离子螯合剂（如 EDTA）的琼脂块放在横放玉米根的根冠上，无向重力性反应，如改用含 Ca^{2+} 的琼脂块，则恢复向重力性反应。进一步研究发现，玉米根内有钙调素，根冠中的钙调素浓度是伸长区的 4 倍。外施钙调素的抑制剂于根冠，则根丧失向重力性反应。

8.7.1.3　向触性

许多攀缘植物，如豌豆、黄瓜、丝瓜、葡萄等，它们的卷须一边生长，一边在空中自发地进行回旋运动，当卷须的上端触及粗糙物体时，接触物体的一侧生长较慢，而另一侧生长较快，使卷须在 5～10 min 内发生弯曲而将物体缠绕起来。这种由生长器官受到单方向机械刺激而引起的回旋运动，称为向触性。向触性反应可能的机理是，卷须某些幼嫩部位表皮细胞的外壁很薄，原生质膜具有感触性，容易对外界机械刺激产生反应。当这些细胞受到机械刺激后，质膜内外会产生动作电位，并迅速传递。动作电位传递的过程中质膜的透性被改变，从而影响离子、水分及营养物质的分布，而使接触物体一侧的细胞膨压减少，伸长受抑，而其背侧细胞膨压增加，促进伸长，产生卷须的卷曲生长。也有人认为，向触性反应是卷须受机械刺激，引起生长素不均匀分布，背侧

IAA 含量高，促进生长所致。

8.7.1.4 向化性

向化性是由某些化学物质在植物周围分布不平均引起的定向生长。植物根部生长的方向就有向化现象，它们是朝向肥料较多的土壤生长的。深层施肥的目的之一，就是为了使作物根向土壤深层生长，以吸收更多的肥料。根的向水性(hydrotropism)也是一种向化性。当土壤干燥而水分分布不均时，根总是趋向潮湿的地方生长，干旱土壤中根系能向土壤深处伸展，其原因是土壤深处的含水量较表土高。香蕉、竹子等以肥引芽，也是利用了根和地下茎在水肥充足的地方生长较为旺盛的生长特点。高等植物花粉管的生长也表现出向化性。花粉落到柱头上后，受到胚珠细胞分泌物(如退化助细胞释放的 Ca^{2+})的诱导，就能顺利地进入胚囊。

8.7.2 感性运动

感性运动是由外界刺激(如光暗转变、触摸等)或内部时间感应机制引起的，外界刺激方向不能决定运动方向。感性运动有两类：①生长性运动(growth movement)，是不可逆的细胞伸长，如偏上性运动等；②膨压运动(又称为紧张性运动)(turgor movement)，由叶枕膨压变化产生，是可逆性变化，如叶片感夜运动等。感性运动多数属膨压运动，是由细胞膨压变化所导致的。

8.7.2.1 偏上性和偏下性

叶片、花瓣或其他器官向下弯曲生长的特性，称为偏上性(epinasty)；叶片和花瓣向上弯曲生长的现象，称为偏下性(hyponasty)。叶片运动是因为从叶片运到叶柄上下两侧的生长素数量不同，因此引起生长不均匀。生长素和乙烯可引起番茄叶片偏上性生长(叶柄下垂)，赤霉素处理可引起偏下性生长。

8.7.2.2 感夜性

植物的感夜运动(nyctinasty movement)主要是由昼夜光暗变化信号引起的叶片的开合运动。一些豆科植物如大豆、花生、合欢和酢浆草，白天叶片张开，夜间合拢或下垂，称之为植物叶的就眠运动。特别奇特的是跳舞草(*Codariocalyx motorius*)，在常温强光的环境下，跳舞草的 2 片侧小叶会不停地摆动，上下飞舞，或作 360°大旋转。光照越强或声波振动越大，运动的速度就会越快，直至晚上所有叶片下垂闭合睡眠为止。解剖观察发生感夜运动的植物发现，叶枕和小叶基部上下两侧细胞的体积、细胞壁的厚薄和细胞间隙存在差异，当细胞质膜和液泡膜因感受光的刺激而改变其透性时，叶枕上下两侧细胞的膨压发生不同变化，使叶柄或小叶朝一定方向弯曲。

此外，三叶草和酢浆草、睡莲的花以及许多菊科植物的花序昼开夜闭，月亮花、甘薯、烟草等花的昼闭夜开，都是由光引起的感夜运动。感夜运动可以作为判断一些植物生长健壮与否的指标。如花生叶片的感夜运动很灵敏，健壮的植株一到傍晚小叶就合拢，而当植株有病或条件不适宜时，叶片的感夜性就表现得很迟钝。

8.7.2.3 感热(温)性

由温度变化使器官背腹两侧不均匀生长引起的运动，称为感温性(thermonasty movement)。如郁金香和番红花的花，通常在白天温度升高时，花瓣的内侧生长快于外侧生长，导致花朵开放，夜晚温度降低时，花瓣外侧生长而使花瓣闭合，这样，随着每天内外侧的昼夜生长，花朵增大。如果将郁金香和番红花从较冷处移至温暖处，很快又会开花，合适的温差在 10 ℃左右。花的这种感热性是不可逆的生长运动，是由内外花瓣生长速率不同所致。花的感热性对植物繁育和抵御不良环境具有重要的意义，可使植物在适宜的温度下进行授粉，还可保护花的内部免受不良条件的影响。

8.7.2.4 感震性

感震性(seismonasty movement)是由机械或物理震动刺激而引起的植物运动。常见的是含羞草叶片的运动，不仅在夜晚将小叶合拢，即使在白天，当小叶受到震动时，在几秒钟内，小叶也会成对合拢，叶柄下垂。含羞草的受刺激部位是小叶，可发生动作的部位是叶枕，两者之间隔一段叶柄，但刺激信号可沿着维管束传递。另外，食虫植物如猪笼草、绵地罗、茅膏菜等的触毛对机械触动产生的捕食运动是一种反应速度更快的感震性运动。

8.7.2.5 植物膨压运动的机制

植物感夜运动和感震性运动的原因都是叶柄基部叶枕的细胞发生膨压变化。植物的感夜运动是由于叶柄基部叶枕的细胞发生周期性的膨压变化引起的。叶片在白天合成生长素，转运到叶枕下部细胞，K^+ 与 Cl^- 也被运到生长素浓度高的地方，引起叶枕下部细胞吸水，膨压增加，导致叶片高挺。到了晚上，生长素合成和运输减少，K^+ 与 Cl^- 被运出细胞，引起叶枕下部细胞失水，膨压降低，小叶合拢。在此过程中光敏色素可能参与了叶枕下部细胞的膜透性调节。

含羞草叶片下垂也是由于复叶叶柄基部的叶枕中细胞膨压的变化所引起。含羞草小叶和复叶叶柄基部具有叶褥，叶褥为一特殊的细胞群。小叶叶褥上半部细胞胞间隙较大，胞壁较薄，而下半部细胞排列紧密，胞壁较厚。复叶叶褥上下部细胞状况与小叶叶褥的正好相反。当小叶和复叶受到震动刺激后，胞间隙较大、胞壁较薄的细胞透性增大，水分外流到胞间隙，细胞膨压下降，该处组织疲软，而胞壁较厚的细胞仍保持紧张状态，从而导致小叶合拢，复叶下垂。含羞草还可对热、冷、电、化学等刺激作出反应，并以 $1\sim3\ cm\cdot s^{-1}$（强烈刺激时可达 $20\ cm\cdot s^{-1}$）的速度向其他部位传递。对于含羞草小叶感受刺激后，如何转换信号而引起动作部位的膨压变化，目前有两种观点：一种认为是由电信号的传递，诱发了感震性运动；而另一种认为是由化学物质信号传递。关于植物膨压运动的信号传导机制尚不甚清楚。

思考题

1. 植物生长发育有哪些基本规律？
2. 生长、分化和发育三者之间有何联系？
3. 细胞的分化受哪些因素控制？
4. 哪些因素影响种子的萌发？种子萌发各阶段有哪些生理生化变化？
5. 什么是生长的相关性？试述植物生长相关性的表现及其在生产中的具体应用。
6. 影响植物根冠比的因素有哪些？生产上如何调节植物的根冠比？
7. 产生顶端优势的可能原因是什么？如何利用顶端优势指导生产实践？
8. 营养生长和生殖生长的相关性表现在哪些方面？如何协调二者的关系以达到栽培上的目的？
9. 光对植物生长产生哪些影响？
10. 光敏色素是如何调控植物生长发育的？其作用机理是什么？列举光敏色素主要参与的生理反应。
11. 用你所学到的生理知识解释“高山矮态”“根深叶茂”“果树大小年”等现象。
12. 光作为信号，如何对植物生长发育产生影响？

第9章 植物生殖生理

植物从营养生长转入生殖生长最明显的形态变化是茎尖分生组织从分化枝叶转为生殖器官（花芽）。花芽分化（flower bud differentiation）是成花诱导之后，植物茎尖的分生组织不再产生叶原基和腋芽原基，而分化形成花或花序原基的过程，它是植物生活史上的一个重大转折点。无论是一年生、二年生或多年生植物在成花之前都必须达到一定的生理状态，然后才能感受外界条件，最后达到成花。植物营养生长到一定阶段时，达到能够感受适宜的外界环境条件刺激（光周期、温度、水分等）而诱导成花的一种生理状态，称为花熟状态（ripeness to flower state）。未达到花熟状态之前的状态称幼年期（juvenile phase）。处于幼年期的植物即使满足了其开花所处的外界条件也不能开花。已达到花熟状态的植物受到适宜的外界环境的刺激，生长点便开始朝成花方向转变，生长点部分细胞获得成花信息以后转向生殖生长，便是成花决定。细胞在获得成花决定之后，便开始发生一系列生理生化变化，接着便进行形态分化，进入花器官的形成阶段（图 9-1）。

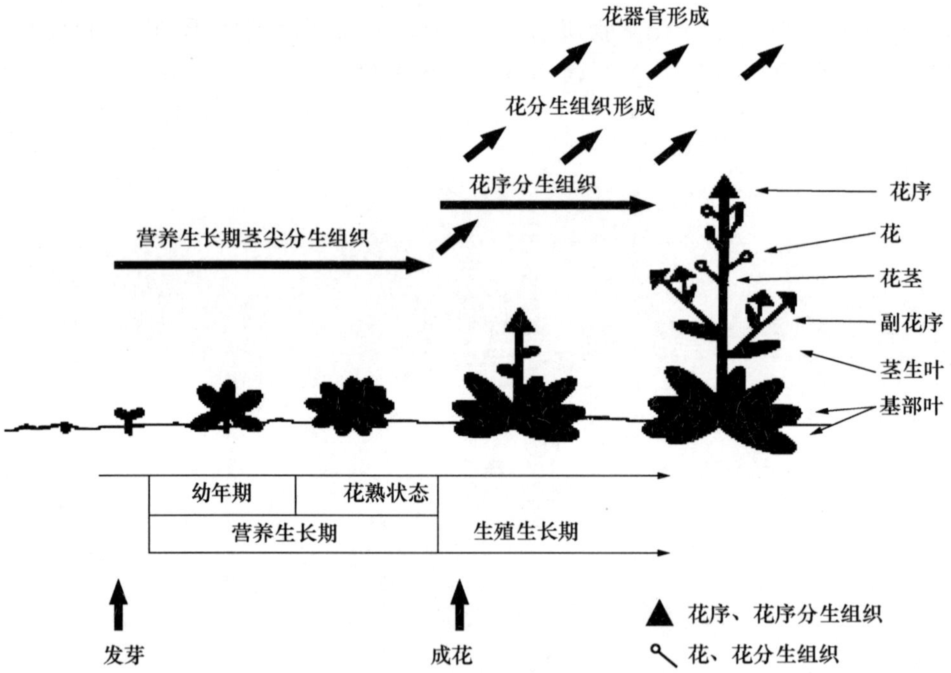

图 9-1 植物生长发育模式

（引自横田，2002）

花的发育过程是一个复杂的过程，一般包括三个阶段：首先是成花诱导（flower induction），某些环境刺激诱导植物从营养生长向生殖生长转变；然后是成花启动（floral evocation），分生组织经过一系列变化分化成形态上可辨认的花原基（floral primordia），亦称之为花的发端（initiation of flower）；最后是花的发育（floral development）或称花器官的形成。其中成花诱导对生殖生长具有决定作用。植物成花诱导的最敏感的因子为低温和适宜的光周期。此外，植物的成花过程还需要适量的水、氧气和碳水化合物等外界条件。

9.1 幼年期

9.1.1 幼年期的基本定义及其特征

植物从种子萌发到花熟状态之前的生长阶段为幼年期，在此期间任何处理都不能诱导开花。

高等植物幼年期的长短因植物种类不同而差异很大。一般来说，草本植物的幼年期较短，只需几天或几周，如油菜、牵牛花发芽后 2～3 d、甘蓝发芽后约 11 周内是幼年期；还有的草本植物根本或几乎没有幼年期，如花生种子在休眠芽中已出现了花序原基，随着植株的生长，花芽也分化完成。没有幼年期的植物在刚发芽之后，只要在适当的外界条件下就可以分化出花芽。但大多数木本植物的幼年期较长，几年到几十年不等(表 9-1)，由民谚"桃三杏四梨五年，想吃核桃得九年"可见树木幼年期之长。

表 9-1 一些树木的幼年期

(引自裴保华，1992)

树种	幼年期/年	树种	幼年期/年
茶树	5	欧洲松、油松、毛桦	5～10
柑橘	5～7	梨	3～7
甜橙	6～7	北美黄杉	15～20
苹果	7.5	挪威云杉	20～25
华北落叶松	7～8	山毛榉	30～40

植物的幼年期与花熟状态在形态和生理特征上均有明显的区别。表 9-2 显示木本植物常春藤和草本植物玉米幼年期和成年期在形态特征上的差异。此外，在生理特征上则表现为：幼年期生长快，呼吸代谢强，核酸代谢和蛋白质合成快等。转入成年期后，组织成熟，代谢和生理活动较慢，光合速率和呼吸速率都下降。幼年期茎的切段易发根，而成年期的切段不易发根，这可能与幼年期切条内含较多生长素有关。

表 9-2 常春藤和玉米的幼年期和成年期的特征

(参照 Taiz 和 Zeiger，2006)

植物	部位	幼年期特征	成年期特征
常春藤	叶形	三或五裂掌状叶	完整的卵圆形叶
	叶序	互生叶序	旋生(spiral)叶序
	花色素苷	嫩叶及茎有花色素苷	没有花色素苷
	毛	茎被短柔毛	茎无毛
	生长习性	攀缘及斜向生长	直生
	顶芽	枝条无限生长，无顶芽	枝条有限生长，具鳞叶的顶芽
	气生根	有	无
	发根能力	强	差
	开花	不开花	开花
玉米	角质层厚度	1 μm	3 μm
	表皮细胞形状	圆形	矩形
	上表皮蜡质	有	无
	气生根	有	无
	泡状细胞	无	有
	侧芽	分蘖状	穗状或没有

由于植株发育是由幼年期逐渐转入成年期的，所以同一株植物自基部向顶端不同的部位成熟度不一样。从器官本身出现的早晚而言，下部枝叶先出现为老，而上部枝叶后出现为幼，但就它们所代表的植物生活时间而言，则恰恰相反，下部枝叶因其出现时植株较年轻而为幼年枝叶，上部枝叶由于出现时植株较年老而为成年枝叶，即下部的枝叶较年轻而上部的枝叶较年老，中部则为中间型（图 9-2）。例如，从常春藤茎基取材插植，繁殖出的植株呈幼年期特征；从顶端取材插植，则长出的植株呈成年期特征；从中部取材，长出的植株呈成年期和幼年期混合特征。在冬季，落叶植物顶端叶片脱落而基部叶片不脱落，这就是幼年期的特征。以基部或顶端为接穗嫁接，则前者一两年后仍不开花，而后者则两年甚或一年开花。

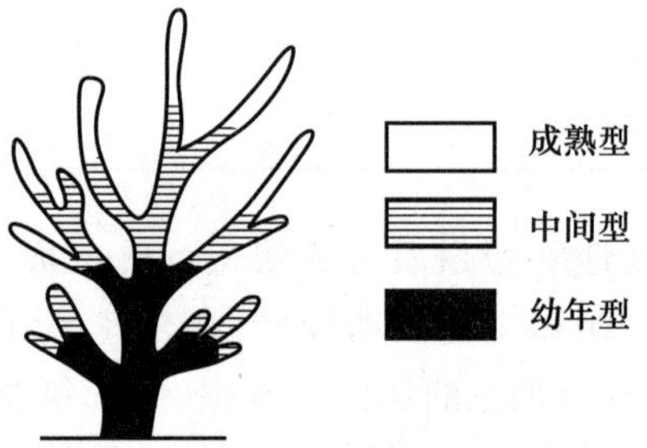

图 9-2　树木幼年期和成年期的部位

（引自潘瑞炽，2012）

9.1.2　提早成熟

由于植株处于幼年期不能开花，所以要设法加速生长，迅速通过幼年期。人为使桦树在连续长日照下生长，其幼年期由 5～10 年缩短到 1 年以内，该过程中长日照可能具有加速植物生长、缩短幼年期的作用。也可以通过嫁接提早植物开花，典型的例子是将幼年期苹果的芽嫁接到成熟、矮化的砧木上，可使苹果提前开花。

内源赤霉素在幼年期转变为成年期过程中起作用。对于常春藤、甘薯、柑橘、李等植物，外施赤霉素可延长幼年期；但对于杉科、柏科和松科中的一些植物，外施赤霉素反而促进开花。研究指出，靠近地面的根对维持幼年期很重要。例如，处于幼年期的常春藤的气生不定根中含有高浓度的赤霉素，如果将气生不定根除去，其茎顶端的赤霉素含量则下降，幼年期就向成年期转变。

9.2　春化作用

9.2.1　春化作用的概念及植物春化类型

Anon(1839)给冬性品种的麦类低温处理后，发现即使春播也能抽穗结实。Klippart(1857)将冬小麦种子浸水冷冻数月后，也能在春天播种而正常抽穗结实，于 1858 年提出“春化”概念。Gassner(1918)对这一现象进行了比较系统的研究，他使冬黑麦和春黑麦分别在 1～2 ℃、5～6 ℃、12 ℃和 24 ℃的温度下萌发，然后种植在室外，他发现萌动期间的温度对春黑麦的开花并无影响，所有在同一天播种的不同温度下萌发的春黑麦，几乎在同一时期开花，但是冬黑麦则只有在 1～2 ℃下萌发的植株才开花。因此，Gassner 认为冬黑麦必须在萌动期或萌发以后经过一段时间的低温才能开花。在一些高寒地区，由于气温太低不能在冬季播种小麦，Lysenko(1928)将处于吸胀状态的冬小麦种子进行低温处理后，于次年春天播种，当年夏末便能开花结实，冬小麦似乎春化了。于是 Lysenko 便提出了春化作用这一名词，明确低温诱导促进植物开花的作用称为春化作用(vernalization)。

植物开花对低温的要求大致有两种类型：一类植物对低温的要求是绝对的，二年生和多年生草本植物多属此类，它们在第一个生长季长成莲座状的营养植株，并以这种状态越冬，经过低温的诱导，于第二年夏初抽薹开花。如果不经过一定天数的低温，就一直保持营养生长状态，绝对不开花。另一类是冬小麦等许多一年生冬性植物对低温的要求是相对的，低温处理可促进植物开花，未经低温处理的植株虽然营养生长期延长，但最终也能开花，它们对春化作用的反应表现出量的需要，随着低温处理时间加长，到抽穗需要的天数逐渐减少，未经低温处理的，达到抽穗的天数最长，但最终也能开花。

各种植物所要求的春化温度和天数不同。例如，根据原产地的不同，可将小麦分为冬性、半冬性和春性三种类型，我国华北地区的秋播小麦多为冬性品种，黄河流域一带多为半冬性品种，而华南一带一般播种春性品种。一般来说，冬性越强，要求的春化温度越低，所需春化的天数也越长（表 9-3）。

表 9-3 各种类型小麦通过春化需要的温度和天数

类型	春化温度范围/℃	春化天数/d
冬性	0～3	40～45
半冬性	3～6	10～15
春性	8～15	5～8

如果在植物经历低温春化过程之中终止低温春化处理，置于较高温度(25～40 ℃)下，先前的春化诱导效应会被削弱或消失，该现象被称为脱春化作用(devernalization)。如果将经历脱春化的植物再重新返回到低温春化条件下，可以继续进行春化，这种脱春化的植物重新恢复低温春化的现象称为再春化作用(revernalization)。

9.2.2 植物感受春化低温的部位

不同植物感受低温的部位不同，有的植物感受低温的部位是茎尖端的生长点。如栽培于温室中的芹菜，由于得不到成花诱导所需的低温而不能开花结实，但若用橡胶管把芹菜茎顶端缠绕起来，管内不断通过冷水流，使茎尖生长点获得局部低温处理，就能通过春化而在长日下开花结实；反之，将整株芹菜置于低温条件下，而在缠绕芹菜顶端的橡胶管内不断通过温水流(水温 25 ℃左右)，使茎尖生长点获得局部高温处理，植株即使在长日条件下也不能开花结实。

另外，研究发现冬性禾谷类作物如冬小麦，在母体中发育的幼胚亦能有效地感受低温，芹菜茎尖端生长点周围的幼叶也能被春化，宿根椴花(*Lunaria rediviva*)正在展开的幼叶也能感受低温完成春化，而成熟组织则不能感受低温春化。种种试验说明植物在春化作用中感受低温的部位是呼吸旺盛的分生组织和能进行细胞分裂的组织。

9.2.3 植物感受春化低温的时期

春花作用的时期因植物种类而异，一般植物从种子萌发到植物营养生长的苗期都可感受低温而通过春化。冬性一年生植物冬小麦、冬黑麦等，可以在种子萌动状态进行春化，也可在苗期进行，其中以三叶期春化效果最佳。而另一些二年生和多年生植物，不能在种子萌动状态下进行春化，而且它们的幼苗在对低温敏感之前需要达到一定的大小(花熟状态)。例如，甘蓝幼苗茎的直径达 0.6 cm 以上，叶宽达 5 cm 以上时，才能感受低温的刺激而通过春化；月见草要有 6～7 片叶时，才能进行低温春化。

另外，植物不同发育时期进行春化的效果是不同的。例如，拟南芥在种子和幼苗阶段都可接受低温春化，但敏感程度不同。在种子萌动的早期对春化处理很敏感，紧接着有一个敏感性下降的时期，然后随着年龄的增加，敏感性再度增强。

9.2.4 春化效应的传递

植物感受低温春化的部位是呼吸旺盛的分生组织和能进行细胞分裂的组织，植物如何传递感受春化后的信息，对此不同植物嫁接试验得到了完全相反的结果。

春化效应可以嫁接传递的最经典的证据是天仙子嫁接试验。将已春化的二年生天仙子植株上带有一片叶的枝条嫁接到未春化的天仙子砧木上，可诱导未经春化的天仙子砧木开花。在二年生甜菜、甘蓝、胡萝卜和二年生宿根椴花上也获得了相似的结果。

然而，多数学者认为春化作用是在进行细胞分裂的部位进行的，春化的效应局限于分生组织，能通过细胞分裂将春化效应传递给子细胞，而不能通过输导组织将春化效应外运，诱导未春化部分开花。最有力的支持证据是菊花嫁接试验，已春化菊花的春化效应不能通过嫁接传递给未春化菊花。将一株未春化的萝卜植株的顶端嫁接到已春化植株上，未春化的接穗也不开花。

根据春化效应不能通过嫁接进行传递的部分事实，认为春化作用是活化了某个或某些基因或细胞器，因而只能通过“细胞世系”传递。依春化效应可以累积、去除以及在某些植物中可以传递的事实，可认为春化作用的化学本质是诱导产生了某种“成花刺激物质”。如何理解这些矛盾的事实，有人设想春化作用是分几个阶段进行的复杂过程，首先是分生组织受低温诱导，进入某种“春化状态”，而后在适当条件下合成成花刺激物质。

9.2.5 春化作用过程的生理生化变化

首先，春化作用是植物在对一般生物化学反应不适宜的低温条件下进行的，因此，经历春化的植物代谢过程复杂，其代谢途径和方式发生改变。冬小麦春化初期以氧化磷酸化为主，春化中期脱氢酶活性占优势，春化后期则进入核酸、蛋白质代谢和春化基因产物形成敏感期，达到一定的累积低温（完成春化）后，启动春化基因。

其次，植物在经历春化过程中，体内各种小分子物质大幅度增加，如维生素 C、可溶性糖和脯氨酸等，这可能是春化过程中由以糖的氧化过程为主转为以核酸代谢和以蛋白质代谢为主的原因，但外源引入这些物质并未促进花芽分化。因此，低温促进这些物质在幼苗内的积累并不是导致春化和花芽分化的原因。

再次，春化作用也诱导植物体内蛋白质和核酸含量的显著提高。这可能是春化过程的中后期以核酸和蛋白质代谢为主的结果。

除此之外，春化作用还诱导植物体内产生特定的 mRNA，合成一些新的春化特异性蛋白。

迄今为止，尚未阐明正在进行春化作用的细胞内的具体生化过程。

9.2.6 春化作用的生理与分子机制

9.2.6.1 春化作用过程中的激素作用

植物激素在春化作用中起着不可或缺的作用。其中，GAs 在植物由营养生长转向生殖生长中处于主导地位，植物对于低温春化的需求可以部分或全部被 GAs 所替代，GAs 可在已通过春化的冬小麦发育过程中起加速作用。但是，GAs 并不能诱导所有需春化的植物开花。另外，植物对 GAs 的反应也不同于春化作用，经春化处理的植物花芽的形成与茎的伸长几乎同步，而 GAs 对开花的反应是先诱导茎伸长，之后才诱导花芽形成。

CTK 可能对于成花启动不起决定作用，而是对成花反应起促进或抑制作用。菜薹抽薹过程中茎端生长点 CTK 含量先升后降，说明 CTK 可能有利于物质向茎端生长点作用部位的调运，使代谢活动加强，从而促进花芽的分化。

IAA 参与成花启动和花分化发育，通常在花芽分化初期要求 IAA 处于较低水平。ZT/IAA 和 GA_3/IAA 的比值在花芽分化初期皆呈先升后降再升趋势，花芽分化是各种激素相互协调共同作用的结果。

关于 ABA 是否参与成花诱导，目前认识尚不一致。有报道提出 ABA 的存在会抑制毒麦茎尖花序的产生。另有报道，冬性越强的大白菜品种，抽薹时花茎中的 GA_3、IAA 含量越低，而 ABA 的含量变化则相反。

近年有研究报道，在高等植物体内普遍存在一种微量生理活性物质——玉米赤霉烯酮（zearalenone）。在春化过程中植物体内会出现玉米赤霉烯酮含量的高峰。此外，外施玉米赤霉烯酮有部分代替低温的效果，但其在植物春化中的调控作用还有待进一步研究。

9.2.6.2 春化作用的分子机制

春化作用可以诱导一些特异基因的活化、转录和翻译，从而导致一系列生理生化代谢过程的改变，最终进入花芽分化、开花结实。在模式植物拟南芥中，春化作用主要是通过表观遗传抑制开花通路一个关键的开花抑制因子（flowering repressor）——FLC（flowering locus C）的转录表达，促进开花。在冬性一年生的拟南芥中，通常由于显性基因 *FRIGIDA*（*FRI*）的存在，导致 *FLC* 基因高表达，维持营养生长，延缓植株开花。只有经过冬天长时间的低温处理，FLC 的表达才会受到抑制，同时这种抑制在植物恢复到温暖的生长条件后还可以稳定地维持，促进植物开花（图 9-3）。长时间低温处理诱导春化相关基因 *VRN3* 的表达，VRN3 蛋白是 PHD-finger 功能域蛋白，与 VRN2 等形成春化特异性 PHD-PRC2 复合物，结合在 *FLC* 的第一个外显子和第一个内含子的连接区域，在靠近 *FLC* 转录起始位点的 2 个或 3 个核小体引入抑制性表观遗传修饰组蛋白 H3 第 27 位赖氨酸三甲基化（H3K27me3）。当植物恢复到温暖时，H3K27me3 在整个 *FLC* 基因位点上扩散，维持 *FLC* 转录抑制，最终促进成花素基因 *FT* 的表达，诱导植物开花。因此，春化过程可以看作是低温诱导条件下开花基因不断解阻遏而得到表达的过程。

9.3 光周期现象

9.3.1 光周期现象及光周期反应的类型

9.3.1.1 光周期现象

光周期（photoperiod）是自然界一天中白昼和黑夜的相对长度。除赤道地区每天的夜长和日长终年不变，以及南北极地有半年均为白天，另半年均为黑夜之外，地球上处于极地与赤道之间的地带每天的日长和夜长随季节而变化（图 9-4）。以北半球为例，

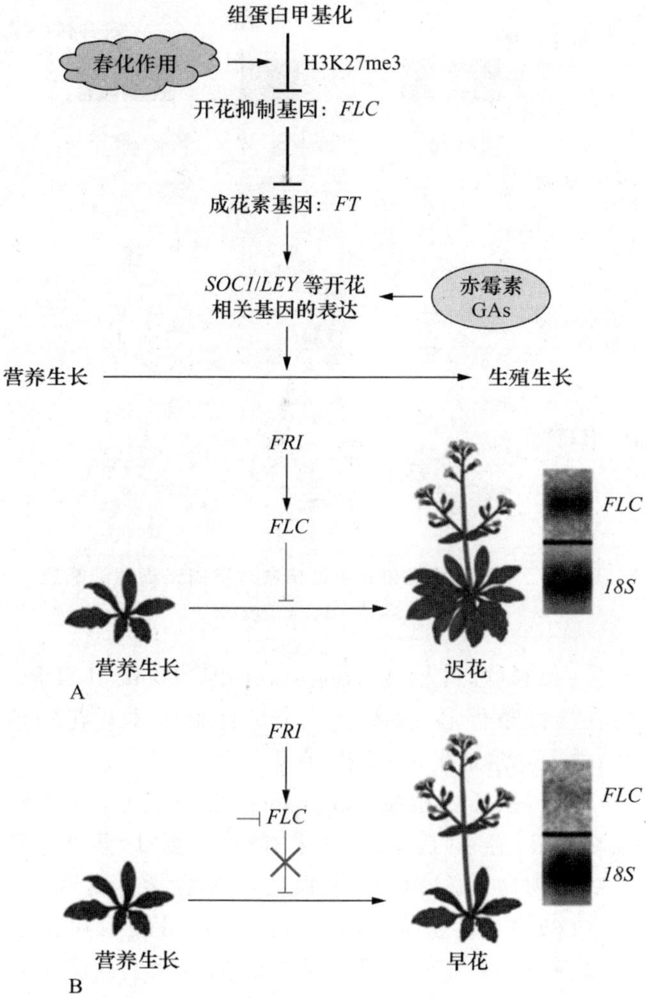

图 9-3 春化作用诱导拟南芥开花分子模式图

（参考 Sharma 等，2020；Rouse 等，2002）

H3K27me3，即组蛋白 H3 第 27 位赖氨酸三甲基化，可以关闭开花抑制基因 *FLC* 的表达。*FLC*（*FLOWERING LOCUS C*）、*FT*（*FLOWERING LOCUS T*）、*SOC*1（*SUPPRESSOR OF OVER-EXPRESSION OF CONSTANS* 1）、*LFY*（*LEAFY*）。

→表示促进作用；⊥表示抑制作用

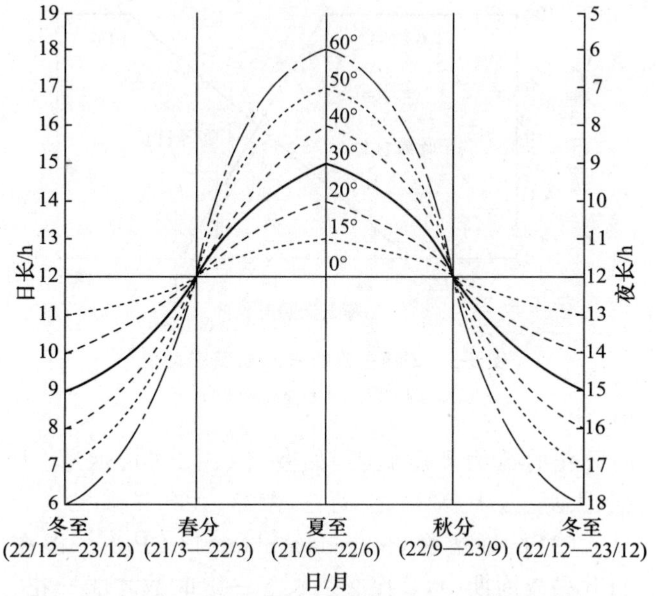

图 9-4 北半球不同纬度地区昼夜长度的季节性变化

（引自萧浪涛和王三根，2004）

日照在夏至（21/6—22/6）最长，冬至（22/12—23/12）最短，春分（21/3—22/3）和秋分（22/9—23/9）各为 12 h，年复一年，植物体长期处于一年四季日长的规律变化中，产生了对日长的适应反应，通过感受日长和夜长的季节性变化，在一年中的特定时间段内，完成其生长发育的特定反应。植物体通过感受白天和黑夜相对长度而控制生理反应的现象称为光周期现象（photoperiodism）。

9.3.1.2 光周期反应类型

早在 1912 年，法国的 Julien Tournois 研究了日照时数对植物开花的影响，他将蛇麻子、大麻等从播种开始置于春天的自然日照下，分别作持续光照和遮光缩短日照到 6 h 处理，经缩短日照时数处理组开花最早，由此提出短日或长夜条件会引起蛇麻子、大麻类植物提早开花。1920 年，美国育种学家 Garner W W 和 Allard H A 发现植物开花与日照长度有关，观察到美洲烟草（*Nicotiana tabacum* cv Maryland Mammoth）在佛罗里达州能正常开花结实，而在华盛顿近郊的自然条件下长到 3～5 m 高却不开花结实，他们将这种烟草的盆栽实生苗在冬季放在温室中，植株长到 1 m 即开花。如果在温室中补充人工光照，植株生长繁茂，但不开花。他们还做了温度和光质对烟草开花的影响，但明显影响开花的是每昼夜中黑暗与日照的相对长度。后来又观察到不同植物的开花对日照长度有不同的反应，因而断定对植物开花起决定作用的是光周期。

此后，在掌握了大量试验和实践结果的基础上，依据植物开花对光周期的要求和反应，将植物分为多种光周期反应类型，其中短日植物和长日植物最为普遍（图 9-5）。

（1）短日植物（short-day plants，SDPs） 指在 24 h 昼夜周期中，日照必须短于一定时数才能开花、开花被短日（长夜）促进的植物。如果在特定时期适当缩短短日植物生长环境的光期或延长暗期，则可诱导提前开花；相反，如果延长光期、缩短暗期，植物会延迟开花或不开花。温带地区秋季日照逐渐缩短

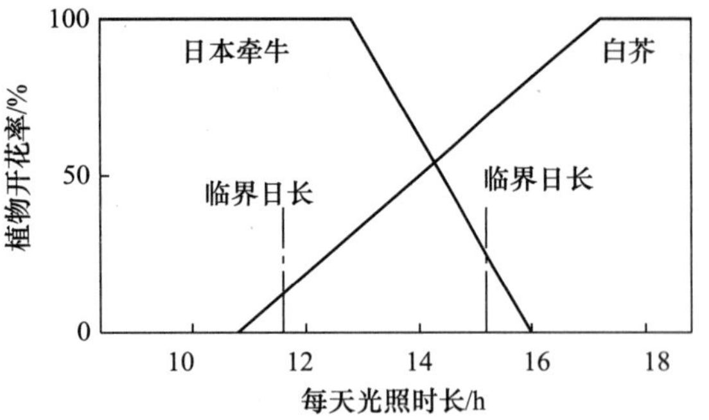

图 9-5　2 种主要的光周期反应类型

（参照 Taiz 和 Zeiger，2006）

时开花的植物多属此类，如苍耳（图 9-6）、烟草、水稻、大豆、玉米、牵牛花、菊花、紫苏、大麻等。

（2）长日植物（long-day plants，LDPs）　指在 24 h 昼夜周期中，日照必须长于一定时数才能开花、开花被长日（短夜）促进的植物。如果在特定时期适当延长光期、缩短暗期可促进长日植物开花；而缩短光期、延长暗期，则会延迟开花或不开花。温带地区初夏日照逐渐加长时开花的植物多属此类，如麦类、油菜、菠菜、甘蓝、萝卜、甜菜、天仙子、白芥、莴苣、拟南芥、三叶草（图 9-6）等。

必须强调，短日植物开花所需的日照长度不一定短于长日植物所需的日照长度，定义某植物为短日植物还是长日植物取决于它们对临界日长的反应。临界日长（critical day length）指在昼夜周期中诱导短日植物开花所需的最长日照长度或诱导长日植物开花所需的最短日照长度。在光周期诱导期，处在短于临界日长下的短日植物和处在长于临界日长下的长日植物可以被诱导开花，反之则不能开花。

除短日植物和长日植物这 2 类典型的光周期反应类型外，还有下列其他类型：

（3）日中性植物（day-neutral plants，DNPs）　指开花对日照长度没有严格要求、只要它的生活周期达到花熟状态，在任何日照条件下都可以开花的植物，如番茄（图 9-6）、茄子、辣椒、菜豆、棉花、黄瓜、月季花、凤仙花、君子兰等。

图 9-6 彩图

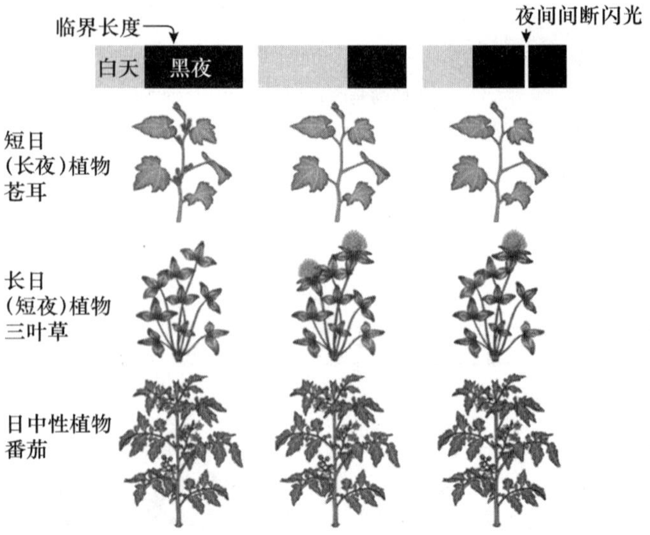

图 9-6　短日、长日和日中性植物对不同光周期的响应

（参照 Buchanan 2015）

（4）长-短日植物（long-short-day plants，LSDPs）指在长日条件后，接着有一个短日条件才开花的植物，如大叶落地生根、芦荟、夜香树等。

（5）短-长日植物（short-long-day plants，SLDPs）指在短日（春季）后，接着要求有长日（夏日）条件才开花的植物，如风铃草、瓦松、白三叶草、山萝卜属等。

（6）中日性植物（intermediate-daylength plants）指只有在一定日长下才能开花的植物。这类植物对日长的要求范围很狭窄，长于或短于一定日长范围均保持营养生长状态。例如，某一甘蔗品种的成花要求为 11.5～12.5 h 日长。

（7）两端光周期植物（amphophotoperiodism plants）　与中日性植物相反，这类植物在中等日照条件下保持营养生长状态，而在长于或短于某日长范围时才开花，如狗尾草、麻迪菊（*Madia sative*）等。

植物开花对日照长短的不同反应取决于其原产地生长季节的光周期规律。对光周期的响应可以在植物中形成一种有效机制，使植物的生命周期和环境的季节性变化形成同步。我国地处北半球，南方的纬度低，春秋之间处于短日照条件，因此，起源于南方的植物多为短日植物。另外，低纬度的短日植物的响应有助于与热带雨季的节律同步发展。在中纬度地带（我国北方），夏季长日照，秋后短日照，加之夏秋季节温度适合于植物生长发育，所以长日植物、短日植物都有；长日植物在春末夏初开花，短日植物在秋季开花。在高纬度地带（东北），由于冬季短日照时期温度过低，只有在长日照时才有适合植物生长的气候条件。因此,起源于高纬度地带的植物,多为长日植物。与野生种相比,经长期人工驯化的栽培种对于日照的适应范围加大,对于成花诱导日照要求降低。

9.3.2 光周期诱导及感受部位

9.3.2.1 光周期诱导

植物在一定的发育时期,如花熟状态和光敏感期,经过一定时间的适宜光周期处理,便可保持诱导的效果而开花,该过程即为光周期诱导(photoperiodic induction)。某种光周期反应类型植物并非整个生长周期都需要特定光周期的诱导才能开花,并且,这种光周期处理并不需要一直持续到花芽分化。适宜的光周期处理只是对植物成花反应起诱导作用,花芽的分化并不出现在光周期诱导的当时,往往出现在光周期诱导之后的若干天,甚或几十天不等。

不同植物通过光周期诱导所需的天数也不同(表 9-4),有的短日植物如苍耳、日本牵牛、水稻、浮萍等,只需一个适宜的光周期处理日,以后即使处于不适宜的光周期条件下,仍可诱导花芽分化。大部分短日植物需一个短日天数(SD)以上。有些长日植物如毒麦、油菜、菠菜、白芥菜等,也只需要一个长日照的光周期诱导,其他长日植物则需一个长日天数(LD)以上。植物通过光周期诱导所需的时间,与植株年龄以及环境条件特别是温度、光强等密切相关。一般增加光周期诱导的天数,可加速花原基的发育,增加花的数目。

表 9-4 部分植物通过光周期诱导所需的天数

光周期反应类型	植物种类	光周期诱导天数(SD,短日照天数;LD,长日照天数)
短日植物	苍耳、日本牵牛、水稻、浮萍	1 SD
	大豆	2～3 SD
	大麻	3～4 SD
	紫苏、菊花	12 SD
长日植物	毒麦、油菜、菠菜、白芥菜、拟南芥	1 LD
	天仙子	2～3 LD
	甜菜	13～15 LD
	胡萝卜	15～20 LD

对于多数植物而言,开花仅是光周期现象之一。光周期反应还与植物生长发育的全部机能、与控制植物生命活动周期的种种过程有关。例如,对短日植物进行短日处理时,营养生长会受阻,成花受到促进,提早结实,生活周期缩短;相反,长日处理短日植物,则其营养生长受到促进,地上部茎叶等营养器官发达,成花受阻或被推迟。同理,长日植物在长日或短日条件诱导下也分别具有类似效应。

9.3.2.2 感受光周期刺激的部位

苏联学者柴拉轩(Chailakhyan,1936)观察短日植物菊花的光周期处理试验过程(图 9-7),分别用长日和短日处理菊花整株、叶片和茎顶端,结果发现,只要菊花的完全展开叶处于短日照条件下,不论顶端是接受长日照还是短日照,都能开花。相反,如果叶片处于长日照下,生长点虽然接受短日照却不能开花。得出结论:菊花感受光周期刺激的部位主要是叶片。因此,尽管发生光周期反应的部位是植物生长点,但其并不直接感受光周期诱导。

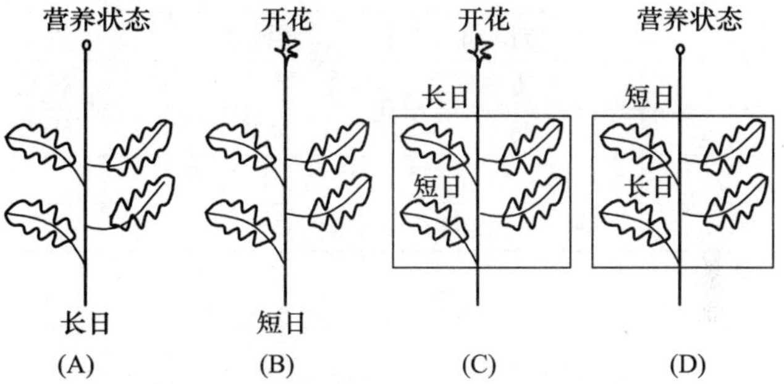

图 9-7 不同的光周期处理菊花整株、叶片和顶端对它开花的影响

(引自王宝山,2004)

(A)在长日照下的全株菊花,不开花;(B)全株受短日照处理,开花;(C)叶子短日照处理,顶端长日照处理,开花;(D)叶子长日照处理,顶端短日照处理,不开花

同样 Hamer 和 Bonner(1938)以短日植物苍耳的摘除叶片试验也证明,完全展开叶是感受光周期刺激的器官。同时还发现叶片必须达到一定的个体发育年龄才能感受光周期刺激。所谓叶的个体年龄,是指叶的生长节位,节位越高,个体越老。苍耳长出 4～5 片完全展开叶时,才能接受光周期的诱导,而就生理年龄而言,刚刚充分展开的叶对光周期最敏感,幼叶和老叶的敏感性较低。

在一定条件下,植物的其他部位也可能接受光周期的刺激。典型例子为,一种藜去叶后仍能接受短日照条件的诱导而成花。在这种情况下，接受光周期诱导的器官可能是茎，也可能是顶芽中非常年幼的叶。另外，有人将不带芽的紫雪花的茎切段置于短日照下诱导4周，结果产生了花芽。可见某些植物的茎组织也可以接受光周期刺激。但是，对完整植株而言，完全展开的叶片起着接受光周期诱导的主导作用。

9.3.3 光敏色素在光周期反应中的作用

9.3.3.1 光暗交替对植物光周期的诱导

地球上一天24 h由光期和暗期交替组成，一天中如果日照时间长，黑夜暗期则短，反之则反。因此，植物光周期反应类型中的长日植物也可称之为短夜植物，短日植物即为长夜植物。那么，在光暗循环中，光期和暗期两者长短谁对植物成花诱导起决定作用？

光暗交替对开花的调节试验结果表明，暗期长短在光周期诱导中起决定作用（表9-5）。对于长日植物，即便不能满足其长于临界日长的光期条件，只要提供短夜条件就能开花。对于短日植物，即便满足其短于临界日长的光期条件，如果用红光间断暗期，在不保证长夜条件下则不能开花。如果提供长于临界日长的光期后做长夜处理，短日植物能够开花，而长日植物保持营养生长。可见，暗期长短是决定成花诱导成功与否的重要条件。因此，将短日植物称作长夜植物、长日植物称作短夜植物更能真实反映植物成花诱导对暗期的要求。对于短日植物而言，开花所需的最短暗期长度是决定长夜植物成花的临界夜长；而对于长日植物而言，开花所需的最长暗期长度则是短夜植物的临界夜长。

表9-5 光暗交替对植物成花诱导作用的调节

<table>
<tr><th>处理</th><th colspan="5">24 h昼夜交替</th><th>长日植物</th><th>短日植物</th></tr>
<tr><td>1</td><td colspan="2">光期 16 h(长日)</td><td colspan="3">暗期 8 h</td><td>开花</td><td>不开花</td></tr>
<tr><td>2</td><td>光期 8 h(短日)</td><td colspan="4">暗期 16 h(长夜)</td><td>不开花</td><td>开花</td></tr>
<tr><td>3</td><td>光期 8 h</td><td>黑暗</td><td>照光</td><td colspan="2">黑暗</td><td>开花</td><td>不开花</td></tr>
<tr><td>4</td><td>光期 8 h</td><td>黑暗</td><td>红光</td><td colspan="2">黑暗</td><td>开花</td><td>不开花</td></tr>
<tr><td>5</td><td>光期 8 h</td><td>黑暗</td><td>红光</td><td>远红光</td><td>黑暗</td><td>不开花</td><td>开花</td></tr>
<tr><td>6</td><td>光期 8 h</td><td>暗期 8 h(短夜)</td><td colspan="4">开花</td><td>不开花</td></tr>
<tr><td>7</td><td colspan="2">光期 16 h (长日)</td><td colspan="4">暗期 16 h (长夜)</td><td>开花</td></tr>
</table>

值得注意的是，远红光具有取消红光间隔暗期的效果。该结果意味着光敏色素参与了成花反应。

9.3.3.2 光敏色素与光周期现象

让植物处于适合的日照条件下进行诱导，夜间用各种单色光进行闪光间断暗期处理，几天后观察花原基的发生，结果显示：阻止短日植物（苍耳和菊花）和促进长日植物（冬大麦）开花的作用光谱相似，以620～660 nm波长的红光最有效，而725 nm波长的远红光逆转效应最大（图9-8）。试验证明，光敏色素是暗期间断作用的光受体。

光敏色素对植物成花起着重要作用。由于光敏色素具有光化学转换特性，一般认为，光敏色素与开花的关系为：影响成花刺激物质的形成不是光敏色素Pr和Pfr的绝对含量，而是Pfr/Pr的相对比值。长日植物成花刺激物质的形成要求较高的Pfr/Pr比值，而短日植物要求低的Pfr/Pr比值。在光期结束时，光敏色素主要呈Pfr型，这时Pfr/Pr比值高。进入暗期后，Pfr逐渐逆转为Pr，或是Pfr降解而减少，使Pfr/Pr比值逐渐降低。在连续长暗期中，Pfr/Pr比值降低到一定的阈值水平，就可触发短日植物成花刺激物质形成的代谢过程而促进成花。长日植物成花刺激物质的形成要求高的Pfr/Pr比值，因此长日植物需要短的暗期，甚至在连续光照下也能成花。如果暗期被红光间断，Pfr/Pr比值升高，因此抑制短日植物成花、促进长日植物成花。

一些研究还表明，无论是短日植物还是长日植物，都不仅是要求单一Pfr/Pr比值的高或低，而是表现既要求“高Pfr反应”又要求“低Pfr反应”。在光期末，照射远红光抑制许多短日植物成花的现象说明短日植物此时要求高的Pfr，而在暗期开始后的一定时间，又要求“低Pfr反应”；对于长日植物，在暗期开始时照射远红光促进成花，而在暗期的后期照射红光能最有效地促进成花，说明也有“低Pfr反应”和“高Pfr反应”。总的来说，长日植物对Pfr/Pr比值的要求不如短日植物严格，有试验表明在适宜的R/FR混合照射时，长日植物开花最迅速。已发现

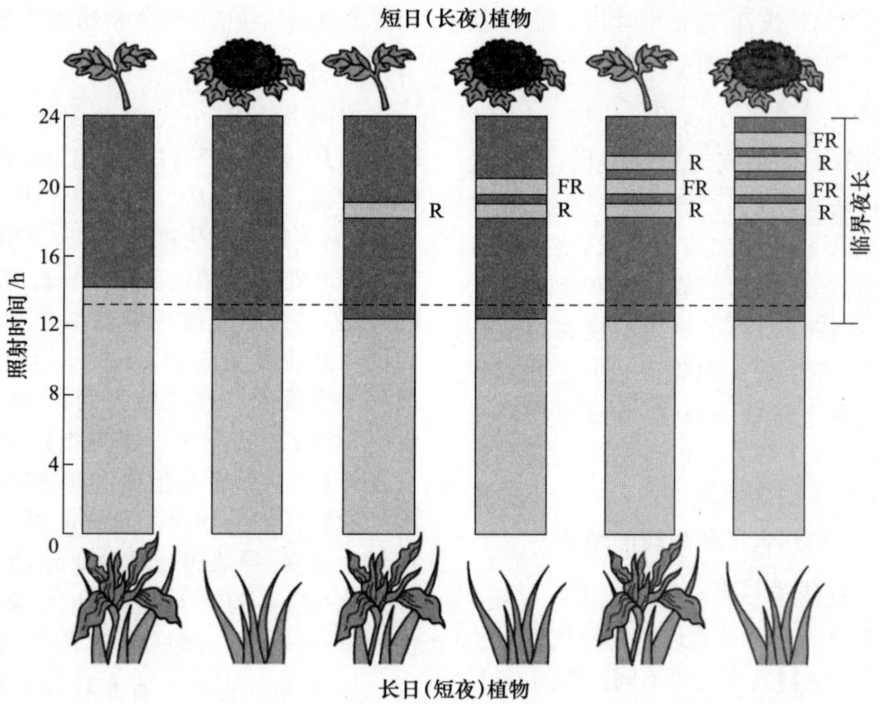

图 9-8 彩图

图 9-8 不同的光周期和红光与远红光间断暗期处理对短日植物和长日植物开花的调节

(引自 Taiz 和 Zeiger，2015)

R，红光；FR，远红光

光下生长的植物中存在两种不同类型的光敏色素：光稳定型和光不稳定型光敏色素，二者共同参与成花的光周期调控。光稳定型光敏色素在光下转化为 Pfr 型后负责持续的 Pfr 反应；而光不稳定型的 Pfr 负责测定由光到暗的转变。两种类型的光敏色素可使植物一方面感知光-暗转变，另一方面又可保持一定数量的 Pfr，引起相应的生理反应。

9.3.4 光周期诱导的机制

大量研究证明，在适宜的温度、光周期和其他综合条件的诱导下，植物体内发生了一系列生理和生化变化，如成花刺激物、蛋白质和核酸的合成，最后完成成花的诱导过程，从而由营养生长转变为生殖生长，但是有关诱导开花的具体生理生化过程目前尚不甚清楚。

1. 光周期诱导的传递

植物感受光周期刺激的部位是叶片，而形成花的部位在茎顶端分生组织，在最初的感受部位和发生成花的反应部位之间存在着叶柄和一小段茎的距离，这使人们想到必然有信息自感受光周期的叶片传导至茎顶端。苏联学者柴拉轩用嫁接试验来证明这种假说，将 5 株苍耳嫁接串联在一起，只要其中一株的一片叶接受了适宜的短日光周期诱导，即使其他植株都在长日照条件下，最后所有植株也都能开花(图 9-9)。这证明确实有刺激开花的物质通过嫁接在植株间传递并发挥作用。

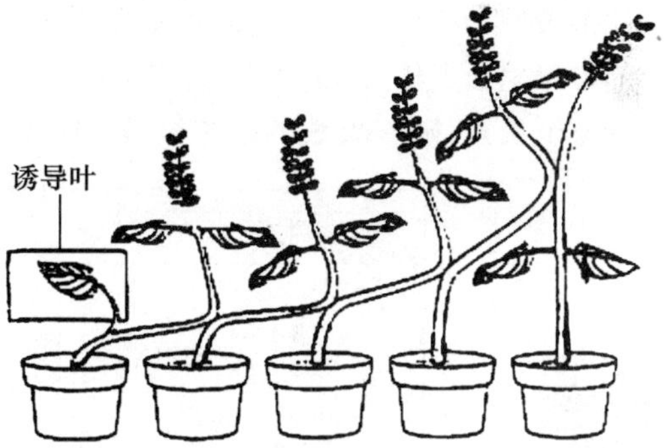

图 9-9 苍耳嫁接试验

(引自王忠，2009)

利用环割或蒸汽处理叶柄或茎，干扰或阻止韧皮部的运输，可延迟或抑制开花，这表明成花刺激物质传导的途径是韧皮部。埃文斯(Evans)用对短日植物苍耳去叶的试验来探讨成花刺激物质运输的情况。在苍耳植株接受暗期诱导刚结束时，立即去掉叶片，植株则不能成花；若在暗期结束数小时后再去叶，植株就能开花，并发现叶片在植株上保留 1～2 d，则可诱导最大的开花效果。这说明成花刺激物的运输需要一定的时间，植物成花刺激物运输的速度因植物种类而不同。有的较慢，每小时只有几厘米；有的较快，可达每小时几十厘米，接近于光合产物在韧皮部的运输速度。

2. 成花刺激物的性质

柴拉轩最早提出了有关成花素的假说：①感受光周期反应的器官是叶片，它经诱导后产生成花刺激物；②成花刺激物可向各方向运转，到达茎生长点后引起成花反应；③不同植物的成花刺激物具有相似的性质；④植株在特定条件下产生的成花刺激物不是基础代谢过程中产生的一般物质。上述的嫁接和去叶等试验结果都支持这一假说，肯定植物在经过适宜的光周期诱导后，产生了可传递的成花刺激物。成花刺激物即为所谓的成花素（florigen），但是对成花素的分离与鉴定并未得到预期的结果。

3. 光周期诱导的物质代谢

研究表明，光周期处理后植物体内物质代谢发生了很大的变化，且不同植物表现趋势不同。例如，长日照是诱导洋葱鳞茎形成的必要条件，延长光照时间及暗期红光间断能提高蛋白质及氨基酸等含量。而日中性作物黄瓜，经 8 h 短光照处理使其雌花率升高，16 h 长光照处理使其雌花率降低。长日植物小麦和短日植物谷子在诱导光周期处理下，幼苗叶内 α-淀粉酶活性稳定增强，而在非诱导光周期条件下生长的同龄材料中，α-淀粉酶活性都表现为高—低—高的起伏变化。未经光周期诱导的青萍生长点核酸无明显变化，而经过光周期诱导后的青萍生长点，随着天数的增加核酸不断增加，说明成花过程与核酸变化有密切的关系。

4. 光敏色素假说

拟南芥有 5 个光敏色素基因（*PhyA*、*PhyB*、*PhyC*、*PhyD* 和 *PhyE*），每个基因编码特异的光敏色素蛋白。其中，*PhyB* 突变体表现为提早开花，而 *phya* 突变体表现为推迟开花，表明 *PhyB* 基因产物有抑制开花的作用，而 *PhyA* 基因产物有促进开花的作用。另外，光敏色素能活化和调节植物某些特定的与开花有关的基因（或基因组），促进新的蛋白或酶的生成。已有试验表明，光敏色素能通过蛋白激酶、蛋白磷酸酯酶等影响蛋白质的磷酸化和去磷酸化作用，从而影响蛋白质和 DNA 的结合能力，最终影响到基因的活化。光敏色素还能使膜蛋白的结构发生改变，导致膜透性的变化，从而引起一系列生理生化变化。有人认为，光敏色素可能通过第二信使——钙调素（CaM）对细胞的代谢过程产生影响。

5. 光周期诱导下与开花相关的基因

光周期反应的生理过程既受环境诱导，又受遗传基因调控（图 9-10）。在合适的光周期下，植物通过光敏色素（PHYA、PHYB、PHYC、PHYD、PHYE）和隐花色素（Cry1、2）感受光信号，在生物钟的参与下，调节开花过程的一个重要基因 *CO*（*CONSTANS*）表达，再由 *CO* 诱导其他基因的表达，如 *LFY*、*FT*、*AP1* 等基因，最终引起花芽分化。其中，GA 对某些开花相关基因（如 *LFY* 等）的表达有明显的促进作用。

图 9-10 彩图

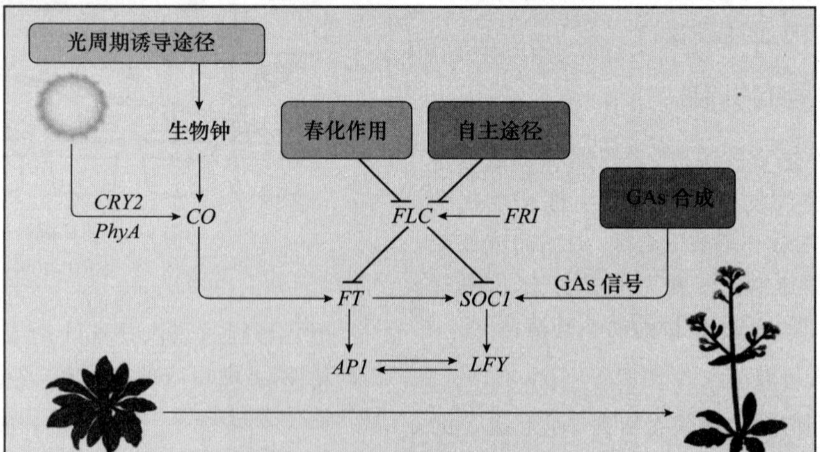

图 9-10 GAs 对植物开花的调节

（参考 Buchanan 等，2015）

CRY2（cryptochrome 2），蓝光受体隐花素、调控光周期诱导的成花基因；*PhyA*（phytochrome A）光敏色素 A 基因；*CO*（constans），整合光信号和生物钟信号、诱导开花的重要基因；*FLC*（flowering locus C），开花抑制因子；*FRI*（frigida），编码特异性支架蛋白的基因；*FT*（flowering locus T），成花素基因；*SOC1*（suppressor of overwxpression of constans 1），整合光周期途径、春化途径、自主途径、赤霉素途径等信号控制植物开花的基因；*AP1*（apetala 1），花器官形态特征基因；*LFY*（leafy）花分生组织特性基因

9.3.5 植物激素及营养物质对植物成花的影响

9.3.5.1 植物激素对植物成花的影响

1. 赤霉素与成花诱导

植物成花除了受光周期诱导、春化作用、自发因素影响外,还受植物激素调控。在已知的五大类经典植物激素中,GAs对植物开花的影响最大。有人证明GAs可促进30多种长日植物在短日条件下成花,GAs可代替20多种植物对低温的需求。外源GAs处理可以使红杉属的红杉、巨杉及崖柏属的大侧柏等植物的成花进程明显加快。无论长日植物或短日植物,在长日条件下,内源GAs的含量都有所增加,暗期间断也增加内源GAs的含量,施用GAs合成抑制剂(如矮壮素CCC)则抑制长日植物成花。GAs信号通过诱导*SOC*1基因表达,进而诱导下游*LFY*基因的表达,促进成花(图9-10)。

长日植物成花对GAs的需要还表现出专一性。例如,用GA_3不能诱导高山勿忘草成花,但用GA_4和GA_7能有效地促进成花。但是GAs对有些长日植物的成花诱导是无效的,特别是一些顶端优势明显(即非丛生的)的长日植物,即使大量地、反复地施用GAs,也不能诱导它们成花。

2. 生长素、乙烯与成花诱导

生长素类物质对植物的成花有一定的影响。在适当光周期条件下进行成花诱导时,如用适当浓度的IAA、NAA溶液喷施叶片,则成花过程受到阻抑。特别是将生长素施用在诱导暗期后的白昼时,抑制作用更为明显。如将苍耳插条浸泡在含有IAA的溶液中,则插条的光周期诱导受到抑制。此外,生长素对其他短日植物如高凉菜等的光周期诱导也表现出同样的抑制效应。用抗生长素的三碘苯甲酸处理大豆、苍耳,则促进成花。但IAA对长日植物如天仙子、蝇子草、毒麦等的成花则有促进作用。这可能与长日植物和短日植物的内源生长素水平存在差异有关。

也有生长素促进短日植物成花的例子。如van Overbeek向一年生菠萝植株中注入一定浓度的生长素溶液,7周后出现花原基分化,施用乙烯也有同样效果。生长素对菠萝的促花效应可能是通过乙烯起作用的。

3. 细胞分裂素与成花诱导

细胞分裂素能促进紫罗兰、藜属、牵牛属和无根浮萍等短日植物的成花,对长日植物拟南芥的成花也有促进作用。在短日下,秋海棠属、紫罗兰属以及苍耳的细胞分裂素含量均较高。不过在紫罗兰属植物中,细胞分裂素含量的增加,不是在光周期诱导过程中出现的,而是在光周期诱导之后出现的。

4. 脱落酸与成花诱导

Wareing P F等证明,在黑醋栗(短日植物)的叶上喷施脱落酸,可使其在长日下开花。几种其他的短日植物,如牵牛、藜属、草莓等用脱落酸处理后,也能在长日下开花。对于长日植物如毒麦、菠菜,脱落酸却是抑制开花的,这与脱落酸在短日下含量增加和短日条件抑制长日植物开花的结果是一致的。但是在毒麦中脱落酸的抑制作用是在发育开始的时候,且在茎中而不是在叶中起作用。

5. 甾类化合物与成花诱导

甾类激素在植物的成花诱导中起着重要调节作用,其中尤以雌性激素在植物成花诱导中的作用研究得最多。Kopcewicz(1969)等报告雌二醇可以促进甘蓝、菊苣、西洋红和浮萍开花,并观察到菜豆花芽形成期间雌性激素开始出现,随着花的发育雌性激素含量逐渐增加,到菜豆茎形成阶段又下降。在诱导日长下,短日植物白苏和红藜、长日植物天仙子和西洋红中的雌性激素含量均增加。张劲松等发现在瓠豆的花蕾出现直至花开放的过程中,雌酮的含量也是逐渐增加的。说明这些雌性激素与植物的成花过程密切相关。

用甾类化合物处理也能促进植物的成花。Woodburn用经过长日处理的毒麦中的甾类提取物饲喂正在培养中的藜的幼芽,促进了开花,而在短日下的毒麦提取物则没有这种作用。有人从已形成花芽的植物叶中提取出表现成花效应的一种脂溶性物质,该物质会影响花芽形成。从开花的苍耳中获得了一种甲醇粗提取液,经纯化后也有促进花芽形成的效应。

不同种类植物激素对成花诱导的效应不同,不同植物类型对植物激素诱导的反应也不同。没有一种植物激素可以诱导所有相同光周期特性的植物在非诱导条件下成花。即便是能诱导几十种植物在非诱导条件下成花的赤霉素,也仍有相当多的同类型植物对施用赤霉素无成花反应。可能的原因是植物花的分化和发育不是受某一类激素的调控,而是多种植物激素共同作用的结果,而某种激素的不足或含量过高都可能抑制植物的成花过程。植物的成花过程是分段进行的，在成花诱导的不同阶段，可能有不同的激素起主导作用。通过调节刺激与抑制开花的各种激素之间的相互作用或平衡，可以调控植物开花；或者通过调节植物激素的比例，导致与成花过程有关的基因阻抑某种特殊 mRNA 的合成，诱导酶蛋白合成，从而调节成花过程。

9.3.5.2 营养物质对植物成花的影响

早在 20 世纪初，Klebs G 通过大量试验证明，植物体内的营养状况可以影响植物的成花。他观察到植物体内碳水化合物与含氮化合物的比值高时植物开花，而比值低时不开花，据此提出开花的碳氮比(C/N)理论。此后有人用番茄作试验，也证实 C/N 比高则开花，反之，则延迟或不开花。但后来发现，C/N 比高促进开花的植物仅是某些长日植物或日中性植物，而对短日植物不适用；C/N 比高，有利于花器官的发育，而不是一种信号调节。

用碳氮比学说虽然不能很好地解释植物成花诱导的本质，但开花过程的实现确实也需要营养物质的保证，农业生产上可以通过控制肥水来调节 C/N 比，从而控制营养生长和生殖生长，如水稻生育后期肥水过大，引起 C/N 比过小，营养生长过旺，生殖生长延迟，导致徒长、贪青晚熟；如果在适当的时期，进行落干烤田，提高 C/N 比，可促使苗壮、提早成熟。在果树栽培中，也可用环状剥皮等方法，使上部枝条积累较多的糖分，提高 C/N 比，促进花芽分化，以提高种子为生产目的的作物产量。

9.3.5.3 成花素

植物由营养生长向生殖生长转变的过程称为开花诱导，这一过程受自身遗传因子和外界环境因素等共同决定，从而影响了开花基因的表达。近年来通过对双子叶模式植物拟南芥开花分子生物学的研究表明，开花位点 *FT*(*FLOWERING LOCUS T*)促进开花。FT 是光周期途径植物开花时间决定的关键整合因子，且 *FT* 基因的表达产物 Hd3a(HEADING DATE 3a)/FT 蛋白有可能是成花刺激物质，即成花素。目前通过拟南芥和水稻编码成花素基因的研究，建立了一个模式，即植物主要通过叶片感受光周期的刺激，从而产生成花刺激物质 Hd3a/FT，并经长距离的运输到达顶端分生组织，促进植物开花。分子生物学的研究表明，Hd3a/FT 蛋白可与 14-3-3 蛋白形成复合体，并被转运到细胞核与转录因子 FLOWERING LOCUS D(FD)结合，共同促进下游成花基因 *APETALA 1* (*AP1*)、*LEAFY* (*LFY*)等的表达，最终促进植物开花。

FT 作为一种成花素类物质，在调控植物开花中起着重要作用，近年来对 *FT* 基因分离和功能的研究发展很快，已经在拟南芥、水稻、番茄、小麦、杨树、葡萄和柑橘等多种植物中分离到 *FT* 基因。

9.4 光周期现象和春化作用理论的应用

植物光周期现象和春化作用的研究既丰富了植物发育生理理论，又对作物育种、作物栽培、园艺管理等有广泛的实践指导价值。

9.4.1 植物引种

所谓引种是指将植物种质资源引入异地种植的过程。由于植物在长期的系统发育过程中，对当地的环境形成适应性，其开花结实时期具有规律性。在异地引种时，必须考虑所引植物适宜的光周期和春化反应特性，原产地与引种地间的光、温周期性变化差异，引种植物的经济用途。

以短日植物大豆为例，如果北种南引，低纬度南方地区更容易满足大豆对短日的需求，生育期将缩短，花期提前，因此须选引迟熟品种，以保证足够长的营养生长时期，形成足够的生物量，避免因过早进入生殖生长期导致低产；反之，南种北引大豆，则须选用早熟品种资源，因为北方高纬度地区较难满足大豆对短日的需求，生育期将延长，花期推迟，如果花期过晚，气温下降，会引起结荚、结实严重减少，导致低产。

对于以收获营养器官为目的的植物，这些植物生产过程中形成的生物量就是经济产量，如麻类、烟草等短日植物，黑麦草、高羊茅等冬性春化、长日植物，增产的途径通常是延长其营养生长期，推迟开花期，引种时尽量人为地不满足它们对低温、适宜光周期的需求。如南麻北种，自然条件下即可延长麻类植物的营养生长期，甚至保持不开花，使茎秆旺盛伸长生长，提高麻类品质和产量。如果在引种地留种，则需适时遮光诱导。

9.4.2 作物育种

杂交育种是作物高产育种的一个重要途径。来源广泛的杂交材料、父母本双方花期相遇等是确保杂交成功的重要前提。必须根据父母本各自的光周期特性和春化特性，制订推延或加速开花、调节花期的方案，以确保杂交授粉受精的顺利进行。以水稻杂交为例，除分期播种、调节花期外，可在苗期对晚熟品种实施遮光处理，或对早熟品种实施延长光照、暗期间断处理，优先满足晚熟品种对短日的需要，或不提供早熟品种对短日的需求环境，使晚熟品种花期提前，早熟品种花期延迟，以使两者花期相遇。

植物育种材料在单年内多代繁育将有利于育种周期的缩短，加速育种进程。为了加速世代繁育，缩短育种年限，可利用异地种植的方法以满足育种材料对低温、日长的需求。短日植物水稻，通常冬季在低纬度地区——海南岛进行南繁，我国多所涉农高校在海南设立作物南繁基地；长日植物小麦，可人工春化处理，夏季在高纬度、冬季在南方高海拔地区繁育种子。

9.4.3 花期调控

对于园艺花卉，可根据市场需求，用缩短光照或人工照光等手段来调节花期。典型的例子是“五月菊”。菊花为短日植物，通常在秋季开花。经过遮光处理的菊花可以提前至“五一”开花；延长光照或夜间闪光间断处理可以推迟至正月春节开花。对于长日植物来说，如山茶花、杜鹃等花卉，只有在光周期长于临界光周期才能开花。例如山茶花在 16 ℃以上、光照 12 h 以上才能形成花芽。

对于以收获营养体为经济目的的中日性植物甘蔗，可以通过夜间闪光间断处理，抑制开花，以提高产量。

9.4.4 蔬菜生产

光周期对于蔬菜的形态、产量及品质也至关重要。以生菜为例，在光照时长为 10 h/d 时，生长形态最佳，产量最高，维生素 C 和可溶性糖的含量也最高；延长光照时间，可显著降低其亚硝酸盐含量，并提高总膳食纤维和叶绿素的含量。总之，当光周期设置在 10 h/d 时，既可促进生菜生长和改善品质，又可以达到节约能耗的效果。

番茄和辣椒分别是光周期敏感型和不敏感型植物的代表，它们对光周期和光质的需求差异很大。光期与暗期循环次数的不同，会显著影响番茄幼苗叶绿素的生物合成，而番茄苗龄的增长会减缓明光周期的影响。光周期 3.5/2.5 h(光期/暗期）和红蓝光光强配比 1∶1 均有利于辣椒苗叶绿体发育并改善低光强下的光合作用。

9.5 花器官的形成

9.5.1 花器官形成的形态和生理生化变化

经过成花诱导之后，植物茎顶端发生成花反应，其显著标志是茎顶端分生组织的形态及生理生化过程都发生了一系列的变化，由营养生长锥转变成生殖生长锥，发生花芽分化。花芽分化又称花器官的形成，包括花原基的形成、花芽各部分的分化与形成。在花芽分化初期，茎端生长点在形态上和生理生化方面发生了显著的变化。

9.5.1.1 形态变化

不论是禾本科植物的幼穗分化或双子叶植物的花芽分化，在经过光周期诱导后（有的植物既要经低温春化，又要经光周期诱导），最初的形态变化都是生长锥的伸长和表面积的增大。例如，经春化后，小麦生长锥开始伸长，其表面的一层或数层细胞分裂加快，而生长锥的内部细胞分裂较慢并逐渐停止。由于表层和内部细胞分裂速率不同，致使生长锥表面出现皱褶，由原来分化叶原基的生长点开始形成花原基，再由花原基逐步分化出花器官。短日植物苍耳在接受光周期诱导后，首先表现为生长锥膨大、突起，这意味着生长锥由营养状态转变为生殖状态，此后自基部周围产生球状物并逐渐向上部推移，形成朵朵小花(图 9-11)。

图 9-11 苍耳接受短日照诱导后生长锥的变化

(引自 Salisbury，1955)

9.5.1.2 生理生化变化

在生长锥分化成花芽的过程中，其内部也发生了一系列的生理生化变化。花芽开始分化时，生长锥中可溶性糖含量增加，细胞的代谢水平明显提高。例如水稻幼穗分化时，葡萄糖、果糖和蔗糖的含量均增加，其中蔗糖含量在花器官分化后一直继续上升。在花芽分化前，生长锥中的多糖积累增加，开始分化时逐渐减少，但分化后幼穗里的多糖又再次增加。

应用组织化学和放射性同位素示踪试验，观察到茎尖分生组织中 RNA 合成与花芽分化有关。短日植物苍耳经光周期诱导后，茎顶的中心区和边缘细胞 RNA 合成加速，核仁变大，有丝分裂明显加快，RNA 和蛋白质的含量增加。长日植物白芥经过一次长日照诱导以后，边缘分生组织细胞分裂活力提高 6 倍，总蛋白质、组蛋白以及 RNA 含量都有所提高。若利用 RNA 合成抑制剂 5-氟尿嘧啶处理处于诱导暗期初始 8 h 的苍耳芽部，可抑制其开花。可见核酸的合成对花芽的分化具有关键性的作用。同时也证实，与花芽分化有关的特异 mRNA 转录发生在茎尖分生组织区域。

在花器官分化时，氨基酸和蛋白质的含量均增加。前者不仅含量增加，而且种类也增多。日本牵牛在花芽分化时，其分生组织中的内质网和核糖体增多，这可能是为了适应分化时蛋白质合成的需要。这也表明某些基因的有序表达参与了花器官的分化和形成。

9.5.2 花芽分化的调控

在植物的成花过程中，花的诱导和花器官形成是两个紧密相连但不同的过程。因此，当植株在适宜的环境条件下，完成了成花诱导后，在花器官的形成及开花过程中还需要其他一些适合的条件来保障植物完成成花过程而开花。例如，经过光周期诱导后的水稻、小麦在合适条件下，可以完成颖花的分化和发育；但如果条件不合适，就会在分化过程中停止，造成“颖花退化”而影响产量。水稻颖花退化率一般在 20%以上。玉米在缺肥和光线不足的条件下，雌穗的正常生长和分化受影响而造成“空秆”。花器官形成受到营养状况、内源激素水平、环境因素等多方面的调控。

9.5.2.1 营养调控

营养是花芽分化以及花器官形成与生长的物质基础，其中碳水化合物对花芽的形成尤为重要，它是合成其他物质的碳源和能源。花器官形成需要大量的蛋白质，氮素营养不足，花芽分化缓慢而且花少，但是氮素过多，C/N 比失调，植株贪青徒长，花反而发育不好。例如水稻颖花分化时需要大量养分，但是由于发育的先后和养分供应的限制，使在同一穗上的不同颖花所获得的营养量有差异，处在上部枝梗与枝梗顶端的花发育早，优先获得较多的营养物质，成为强势花而发育正常；而处在下部枝梗的颖花因发育迟，则成为生长不良的弱势花。也有报道，精氨酸和精胺对花芽分化有利，磷的化合物和核酸也参与花芽分化。

9.5.2.2 内源激素对花芽分化的调控

花芽分化特别是果树的花芽分化受内源激素的调控。如 GAs 可抑制多种果树的花芽分化，CTK、ABA 和 ETH 则促进果树的花芽分化。IAA 的作用比较复杂，低浓度起促进作用，而高浓度起抑制作用。GA 可提高淀粉酶活性促进淀粉水解，而 ABA 对 GA 有拮抗作用，有利于淀粉的积累。在夏季对果树新梢进行摘心，则 GA 和 IAA 减少，CTK 含量增加，这样能改变营养物质的分配，促进花芽分化。也有报道说，多胺能明显地促进花芽分化。

总之，当植物体内淀粉、蛋白质等营养物质丰富，CTK 和 ABA 含量较高而 GA 含量低时，有利于花芽分化。在一定的营养水平条件下，内源激素的平衡对成花起主导作用。但在营养缺乏时，花芽分化则要受营养状况所左右。体内的营养状况与激素间的平衡相互影响而调节花芽的分化。

9.5.2.3 环境因子对花芽分化的调控

影响花芽分化的环境因子主要是光照、温度、水分和矿质营养等。其中，光对花器官形成的影响最大。植物花芽分化期间，若光照充足，有机物合成多，则有利于开花。如在花器官形成时期，多阴雨，则营养生长延长，花芽分化受阻。在农业生产中，对果树的整形修剪、棉花的整枝打杈，可以避免枝叶的相互遮阳，使各层叶片都得到较强的光照，有利于花芽分化。

一般植物在一定的温度范围内，随温度升高而花芽分化加快。温度主要通过影响光合作用、呼吸作用和物质的转化及运输等过程，从而间接影响花芽的分化。在水稻的减数分裂期，如遇 17 ℃以下的低温，花粉母细胞发育受影响，不能正常分裂，绒毡层细胞肥大，不能向花粉粒供应充足的养分，从而形成不育花粉。苹果花芽分化的最适温度为 22～30 ℃，若平均气温低于 10 ℃，花芽分化则处于停滞状态。

不同植物的花芽分化对水分的需求不同。稻、麦等作物的孕穗期，尤其是花粉母细胞减数分裂期对缺水最敏感，此时水分不足会导致颖花退化，而夏季的适度干旱可提高果树的 C/N 比，有利于花芽分化。

氮肥过少，不能形成花芽；氮肥过多，枝叶旺长，花芽分化受阻。增施磷肥，可增加花数，缺磷则抑制花芽分化。因此，在适量的氮肥条件下，如能配合施用磷、钾肥，并注意补充锰、钼等微量元素，则有利于花芽分化。

9.5.3 植物性别表现类型

高等植物中存在着性的差别，既有雌性器官和雄性器官之分，也有雌性个体和雄性个体之分。高等植物一般在个体发育后期才完成性别表达，其性别分化极易受到环境因素或化学物质的影响。

大多数高等植物是雌雄同株同花植物（hermaphroditic plants）或雌雄异株植物（dioecious plants），表现为仅开雄花的雄性系（androecious line）和仅开雌花的雌性系（gynoecious line）；也有一些是雌雄同株异花植物（monoecious plants）。此外，在雌雄同株异花植物中有既开雄花又开两性花的雄花两性花同株植物（andromonoecious plants）和既开雌花也开两性花的雌花两性花同株植物（gynomonoecious plants）（Willson，1983）。一些雌雄异株植物，如大麻、菠菜的雌、雄株之间还有一些中间类型。表 9-6 列出了高等植物性别表现的主要类型。

表 9-6 高等植物性别表现的主要类型

（修改自武维华，2003）

性别表现类型	同一植株上可能形成的花型	代表植物
雌雄同株同花型（hermaphroditism）	两性花	水稻、小麦、番茄、拟南芥
雌雄同株异花型（monoecism）	雌花和雄花	玉米、黄瓜、白麦瓶草
雌雄同株二型花型	长花柱和短花柱	部分荞麦
雌雄异株型（dioecism）	雌花或雄花	菠菜、大麻、杨、柳
雌花两性花同株型（gynomonoecism）	雌花和两性花	金盏菊、灰绿藜
雌花两性花异株型（gynodioecism）	雌花或两性花	小蓟
雄花两性花同株型（andromonoecism）	雄花和两性花	硬毛茄、槭树、元宝枫
雄花两性花异株型（androdioecism）	雄花或两性花	柿树
三性花同株型（trimonoecism）	雌花和雄花和两性花	番木瓜
三性花异株型（trioecism）	雌花或雄花或两性花	番木瓜

9.5.3.1 雌雄个体的生理差异

雌雄异株或异花的植物，两类个体间的代谢方面有明显的差异。

（1）呼吸速率　雄株高于雌株，如桑、大麻、番木瓜等植物。

（2）酶活性　雄株的过氧化氢酶活性比雌株高 50%～70%。

（3）同工酶　据报道，银杏、菠菜等植物雄株幼叶的过氧化物酶同工酶的谱带数少于雌株。

（4）氧化还原能力　雌株具有较高的还原能力，而雄株具有较高的氧化能力。

（5）内源激素含量　如大麻雌株叶片中的 IAA 含量较高，而雄株叶片中 GA 含量较高；玉米的雌穗原基中有较高的 IAA 水平和较低的 GA 水平，但在雄穗原基中恰恰相反，有高水平的 GA 和低水平的 IAA；在雌雄异株的野生葡萄中，雌株的 CTK 含量高于雄株。

（6）核酸　雌株的 RNA 含量以及 RNA/DNA 的比值高于雄株。

（7）其他物质　雌株的叶绿素、胡萝卜素和碳水化合物的含量高于雄株。

9.5.3.2 性别分化的调控

据研究，有花植物开始进入生殖阶段时，都能分化出雌蕊与雄蕊，只是由于某种原因使一方得到继续发育，另一方受到抑制而退化，于是出现单性花。但是在某些因子影响下，这种抑制作用被部分或全部解除，于是就产生了性别转化现象。

1. 遗传控制

大多数雌雄异花或雌雄异株的植物，其花器官发育早期均为两性的，但在发育的不同时期，一种性器官败育而仅有另一种性器官得到完全发育至成熟。植物性别表现类型的多样性有其不同的遗传基础。

(1)性染色体　在许多雌雄异株植物中发现了性染色体。有的植物和动物一样，雄性个体有 XY 型染色体，而雌性个体中为 XX 染色体。如大麻的染色体是 $2n=20$，其中 18 个是常染色体，2 个是性染色体。

(2)性基因　在雌雄同株异花植物中，在同一植株上产生不同性别的花，是由相关的性基因控制在何时何处产生雄花或雌花，如已经鉴定了影响黄瓜性别表达的多个基因位点。通过对玉米突变体的研究也发现了一些与其性别决定有关的基因，如 *ts1* 和 *ts2* 两个位点调节雄穗中产生雄花或雌花，它们的突变并不影响营养体发育，而是影响了正常的性别决定过程。

2. 植株年龄

雌雄同株异花的植物性别随年龄而变化。通常雄花的出现往往在发育的早期，然后才出现雌花。如玉米的雄花先抽出，而后在茎秆的一定部位出现雌花。在黄瓜、丝瓜等瓜类的植株上，雄花着生在较低的节位上，而雌花着生在较高的节位上。

3. 环境条件

影响性别分化的环境因子主要包括光周期、温周期和营养等。

经过适宜光周期诱导的植物都能开花，但雌雄花的比例却受诱导之后的光周期影响。总的来说，如果植物继续处于诱导的适宜光周期下，会促进多开雌花；如果处于非诱导光周期下，则多开雄花。例如长日植物蓖麻，在花芽形成前 10 d，每天光照延长至 22 h，就大大增加雌花的数量；长日植物菠菜，在光周期诱导后给予短日照，在其雌株上也能形成雄花；短日植物玉米在光周期诱导后继续处于短日照下，可在雄花序上形成果穗。

光周期不仅能调节开花，而且能控制性别表达和育性。20 世纪 80 年代初，中国科学家发现农垦 58 水稻的一种突变体农垦 58S 具有短日诱导可育性，而在长日照条件下，其花粉完全败育，这就是后来命名的湖北光周期敏感核不育水稻。在幼穗二次枝梗原基分化期到花粉母细胞形成期若受到长日照处理则会产生雄性不育，若该时期受到短日照处理则花粉正常，这是一种自然发生的突变体，其特性取决于对日照长度敏感的一对隐性雄性核不育基因的表达。这种水稻的育性随光照长度变化而发生改变的现象称为育性转化(fertility change，fertility alteration)。用经典的检测光敏色素作用的方法证实，光敏色素是这种水稻接受光周期的光受体。专家们认为，光敏色素雄性不育性的表现程度是一个依遗传特性、光周期性质、环境温度不同而变异的量值。

较低的夜温与较大的昼夜温差条件对许多植物的雌花发育有利。如夜间较低温度有利于菠菜、大麻、葫芦等植物雌花的发育，但黄瓜在夜温低时雌花减少。对于番木瓜，在低温下雌花占优势，在中温下雌雄同花的比例增加，而在高温下则以雄花为主。

通常水分充足、氮肥较多时促进雌花分化，而土壤较干旱、氮肥较少时则雄花分化较多。

4. 植物激素与性别表达

植物内源激素和一些生长调节剂具有控制性别分化的作用。不同性别植株或性器官内源植物激素含量有所不同。外施生长物质可以有效地控制植物的性别表现。IAA 一般增加雌株和雌花，如用 IAA 处理雌雄同株的黄瓜，不仅可以降低第一朵雌花的着生节位，而且可增加雌花的数目。GA 则正相反，主要促进雄性器官的发育，而不利于雌性器官的分化。对雌雄异株的大麻施用 GA 后，雄株由 50%增加到 80%，而雌株却下降到 20%。CTK 有利于雌花的形成，可以使黄瓜雌花的数量增加。乙烯也和 IAA 一样，促进雌花发育。在农业生产上采取熏烟来增加雌花数量，原因是烟中含乙烯和 CO，CO 的作用是抑制 IAA 氧化酶活性，保持较高水平的 IAA 而有利于雌花的分化。机械损伤增加雌花数量也是因为增加了乙烯所致。三碘苯甲酸(TIBA)和马来酰肼可抑制雌花的产生，而矮壮素(CCC)则能抑制雄花的形成，与 GA 相对抗。它们对植物性别分化的作用，可能是通过调节植物内源激素的水平和不同激素的相对比例而起作用的。

9.5.4 花器官发育的 ABC 模型及其基因调控

1991 年，Coen 和 Meyerowitz 通过对来源于拟南芥（*Arabidopsis thaliana*）和金鱼草（*Antirrhinum majus*）花的同源异型基因的分析和归纳，提出了 ABC 模型，用于解释花器官同源异型基因控制花形态发生的分子机制。经典 ABC 模型把双子叶花从外到内分为花萼、花瓣、雄蕊、雌蕊（心皮）四轮，认为其中有 A、B、C 三类基因活性存在。在拟南芥中 A 类基因包括 *AP1*（*Apetala 1*）和 *AP2*（*Apetala 2*），B 类基因包括 *AP3*（*Apetala 3*）和 *PI*（*Pistillata*），C 类基因包括 *AG*（*Agamous*）。其作用方式为：A 类基因控制第一、二轮花器官的发育，其功能丧失会使第一轮的萼片变为心皮，第二轮的花瓣变成雄蕊；B 类基因控制第二、三轮花器官的发育，其功能丧失会使第二轮的花瓣变为花萼，第三轮的雄蕊变为心皮；C 类基因控制第三、四轮花器官的发育，其功能丧失会使第三轮的雄蕊变为花瓣，第四轮的心皮变成花萼。即同一组基因控制相邻两轮花器官的发育，而且 A、C 两类基因彼此负控制，也就是说 C 类基因突变则 A 类基因表达，反之亦然（图 9-12）。

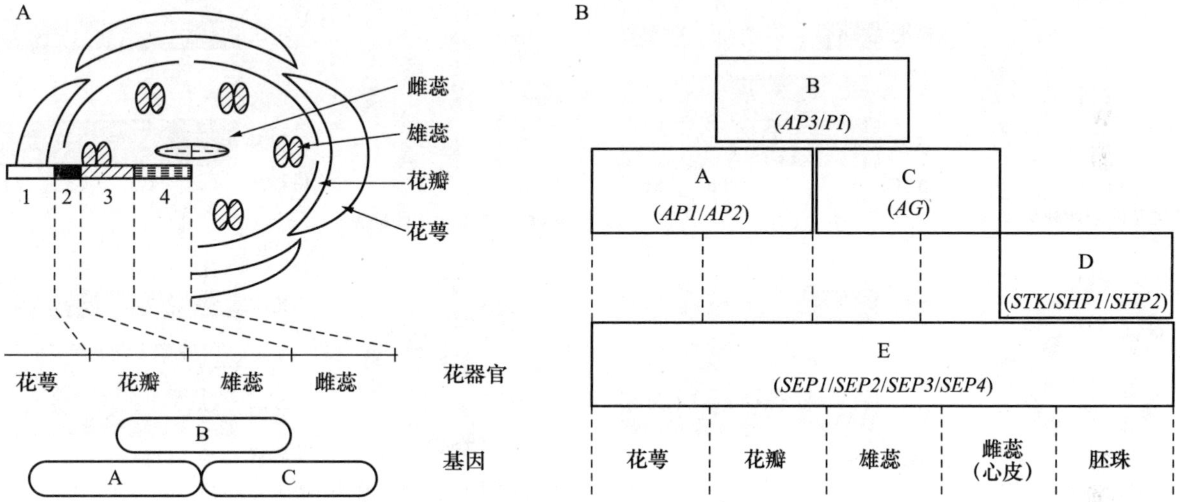

图 9-12 植物花形态建成遗传控制的 ABC 模型

（A，引自幸田等，2003）和 ABCDE 模型（B，参考 Li 等，2003）

随着研究的深入，ABC 模型不断得到修正，人们在拟南芥中又相继发现 D 类和 E 类基因。控制胚珠发育的 D 类基因包括 *SEEDSTICK*（*STK*）、*SHATTERPROOF1*（*SHP1*）和 *SHATTERPROOF2*（*SHP2*），参与整个花器官发育的 E 类基因包括 *SEPALLATA1*（*SEP1*）、*SEPALLATA2*（*SEP2*）和 *SEPALLATA3*（*SEP3*）、*SEPALLATA4*（*SEP4*）。据此花发育模型修正为目前的 ABCDE 模型（图 9-12B）。该模型认为，花发育是由同源异型基因（A、B、C、D 和 E）的活性调控，这些同源异型基因协同作用，共同调控花器官的发育，其中 A+E 活性调控第 1 轮（花萼）的发育，A+B+E 活性调控第 2 轮（花瓣）的发育，B+C+E 活性调控第 3 轮（雄蕊）的发育，C+E 活性调控第 4 轮（心皮）的发育，D+E 活性调控胚珠的发育。

任何一类基因缺失，均导致相邻两轮花器官的改变，如 A 类基因功能缺失，则第 1 轮（花萼）和第 2 轮（花瓣）的发育受到影响，并且对 C 类功能基因也有抑制作用，花的结构模式发生改变（图 9-13）。

9.5.5 花器官形成的环境调控

9.5.5.1 光周期条件与花器官形成

光周期条件不只是与成花诱导有关，而且还影响花器官的形成和花的育性。增加诱导光周期数，能使花的发育更快地进行。例如，冠尾草的成花诱导只需 3 个长日照，但花的正常发育至少要求 14 个长日照，如果少于 14 个长日照，原来的花序可能退化为枝叶。短日植物平顶凤仙花，即使经过 90 个短日照后再转移到长日条件下，也有可能使花退回到营养生长状态，产生畸形花。经 5 个短日照处理的大

图 9-13 彩图

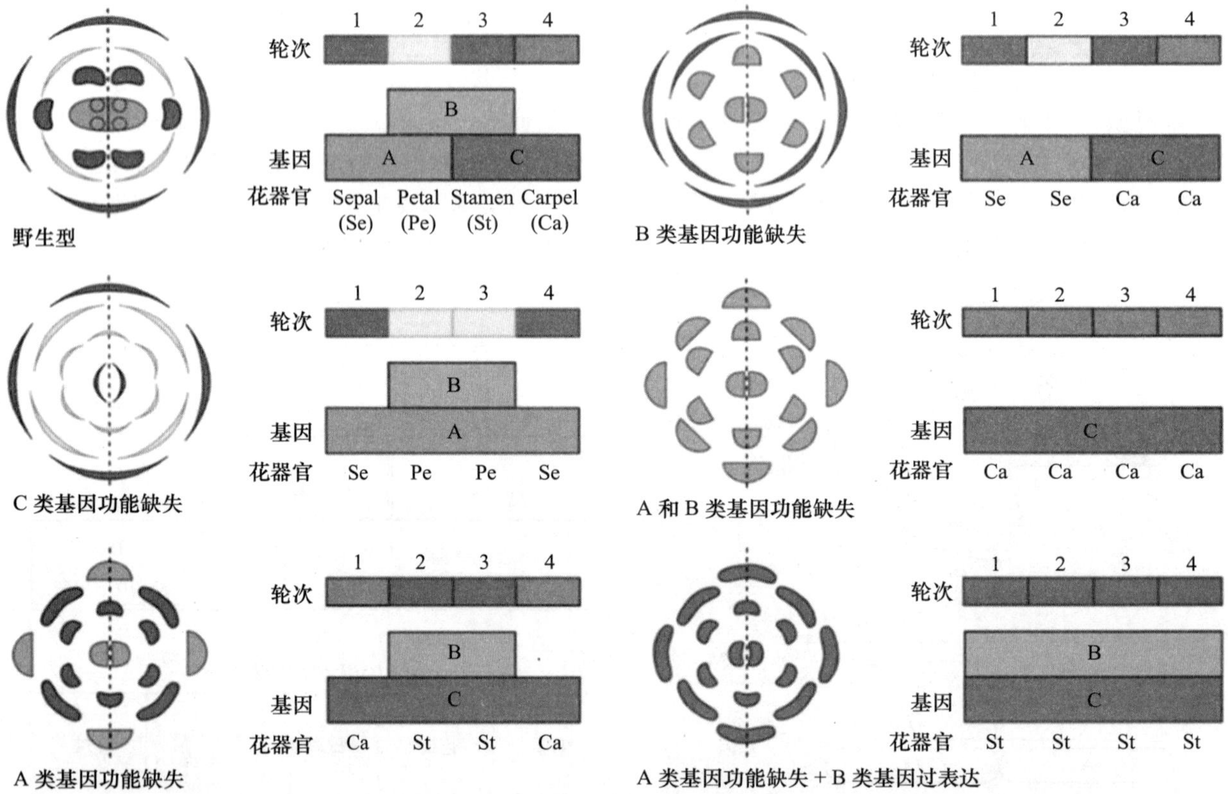

图 9-13　植物花形态建成遗传控制的 ABC 模型中单个或多个基因突变后的表型

（引自 Buchanan 等，2015）

Se，Pe，St，Ca 分别表示萼片、花瓣、雄蕊、雌蕊

豆转为长日照处理时，虽然花冠发育并未明显受阻，但花粉母细胞不能发生减数分裂。长日植物中也有类似情况，如将雄蕊原基已很好发育的小麦转为短日照处理时，许多小花都会退化，花药中没有花粉。据石敏松报道，湖北光敏核不育水稻农垦 58 的花粉育性明显地受光周期条件控制，即短日条件下可育，长日条件下败育。元生朝等报道，农垦 58 花粉育性转换的临界日长为 13 h 45 min。

光照强度对花的分化也有明显影响。例如大豆遮光试验证明，光强度增加，花的发育加快，数目增多。

9.5.5.2　温度对花器官形成的影响

温度对花器官的形成影响很大，例如水稻花序的发育在一定范围内随温度的升高而加快，温度降低则发育速度减缓甚至停止，在花粉母细胞减数分裂期，如遇到 17～20 ℃以下的低温，则花粉母细胞进行异常分裂，四分体分裂不完全，花粉败育。玉米在顶花形成不久时如转入短日照，并进行低夜温处理，几乎整个花序不育。苹果、桃、李等的花是夏秋高温条件下形成的，但处于休眠状态，需要在冬季低温条件下解除休眠，于第二年春季开花。

9.5.5.3　栽培管理对花器官形成的影响

水分对花器官形成过程影响很大。例如小麦花粉母细胞形成期和减数分裂期，对水分亏缺特别敏感，如果水分不足，不只是使幼穗发育速度减缓，而且引起颖花退化，花粉败育，严重减产。

氮肥不足，花器官的发育速度减缓，花的数目减少，严重缺氮时，根本不能进行花的分化。但氮肥施用过量，也会因营养体生长过旺而延缓花的发育，引起花器官发育不良。因此对一些长日植物来说，适当控制氮肥施用量，会促进花的发育，开花期提早。但对一些果树来讲，适当增加氮肥，既促进营养生长，也有利于花器官的发育。

种植密度会影响花的正常发育，如水稻种植密度过大，退化小穗增多。小麦亦如此。棉花密度过大则落花、落蕾增多。

9.6 植物受精生理

9.6.1 花粉和柱头的活力

对于大多数农作物或果树，在生产中都是以收获种子或果实为栽培目的，而种子或果实则是植物在受精后完成生殖生长的产物。植物在开花之后，经过花粉在柱头上萌发、花粉管伸长进入胚囊，完成雄性生殖细胞(精子)与雌性生殖细胞(卵细胞)融合的过程称为受精(fertilization)。受精与否，直接影响作物的经济产量。如水稻的空秕粒，玉米的“秃顶”，大豆和果树的落花，棉花的落蕾、落花、落果等，多是由于未完成受精而造成的。受精的好坏，还影响作物的品质。而花粉和柱头生活力的强弱是影响受精的直接因素之一。

9.6.1.1 花粉的生活力

花粉(pollen)是花粉粒(pollen grain)的总称，花粉粒由花粉母细胞减数分裂后形成。花粉粒通常有两层壁，外壁蛋白来源于孢子体的绒毡层，是花粉与雌蕊组织发生相互识别的物质，与受精亲和性有联系，特称“识别蛋白”(图 9-14)。内壁蛋白由花粉本身的细胞合成。

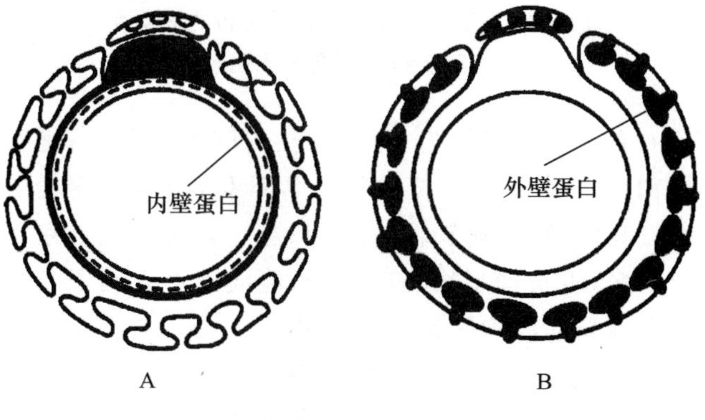

图 9-14 花粉内壁蛋白和外壁蛋白

(引自李合生，2012)

A. 具有一个萌发孔的花粉粒的内壁蛋白定位；
B. 同一种花粉的外壁蛋白定位

在自然条件下，不同植物花粉的生活力存在很大差异。一般禾谷类作物花粉的生活力维持的时间较短，如水稻花药开裂后，花粉的生活力在 5 min 后即下降 50%以上，小麦花粉在花药开裂 5 h 后结实率下降到 6.4%，玉米花粉的生活力较前二者长，但也只能维持 1～2 d。果树花粉的生活力能维持较长时间，如苹果、梨可维持 70～210 d，向日葵花粉的生活力可维持 1 年。

植物花粉生活力的大小，不仅影响作物的受精效率和籽粒产量，而且在杂交育种过程中，若遇亲本花期不遇，则需要先采集花粉，以贮藏备用，因此，花粉生活力的强弱就显得尤为重要。

植物的花粉一般较小，贮藏的营养物质有限，而花粉的呼吸作用又比较强烈，花粉生活力的降低就是其高强度的呼吸导致养分消耗过度所致。同时，花粉中内含物的数量和组分也与花粉的育性密切相关。凡是可育花粉，其内含物中淀粉、蔗糖特别是脯氨酸的含量较高。遇碘不变蓝色的，则为未发育花粉，蔗糖的缺乏可引起花粉退化，而不育花粉中脯氨酸往往缺乏或含量很少。

另外，花粉的生活力还受到外界环境的影响，如干燥、低温、空气 CO_2 量的增加和 O_2 量的减少，都将有利于花粉的贮存。

(1)湿度　对于大多数花粉，在 20%～50%的相对湿度下，花粉代谢强度减弱、呼吸作用减弱，有利于花粉较长时间保持生活力。如苹果花粉在 3 ℃、相对湿度为 10%～25%时，可保存 350 d，萌发能力仍在 60%以上。但禾谷类植物花粉有些特殊，一般要求较高的湿度，如玉米花粉在干燥空气中只能存活 24 h，而在潮湿空气中能存活 48 h。

(2)温度　温度是影响花粉贮存的另一个重要环境因素。一般认为，1～5 ℃是花粉贮存的最适温度。适当低温延长花粉寿命，主要是降低花粉的代谢强度，减少贮藏物质的消耗。如小麦花粉在 20 ℃时，只能存活 15 min 左右，在 0 ℃下可存活 48 h；玉米花粉在 20 ℃时，只能存活 25 h，在 5 ℃时，可存活 56 h，在 2 ℃时则可存活 120 h。某些果树的花粉在贮藏时要求更低的温度，如苹果花粉在－15 ℃下贮藏 9 个月，仍有 95%的萌发率。此外，还可通过－80 ℃(干冰温度)和－196 ℃(液氮温度)甚至更低温度进行生物材料的超低温保存。如 1922 年，Knowlton 最早报告了经－180 ℃贮存的金鱼草花粉尚有活力；玉米花粉经过一年的超低温保存还有 36.5%～53.8%的萌发率。

(3) CO_2 和 O_2　增加贮藏容器中的 CO_2 的含

量，可延长花粉寿命。如在干冰(固体状态的 CO_2)上贮存花粉，其寿命明显延长。减少 O_2 分压可延长花粉的贮藏寿命，如苜蓿花粉在 −21 ℃下真空贮藏，经 11 年后仍有一定的生活力。

(4)光　光照对花粉的贮藏力也有一定影响，一般以遮阳或在暗处贮藏较好。如苹果花粉在暗处贮藏的，其萌发率为 33.4%，在散射光下为 30.7%，而在直射日光下只有 1.2%。

9.6.1.2　柱头的生活力

柱头是雌蕊接受花粉的部位，一方面其表面有许多乳突细胞可容纳花粉粒，另一方面表皮细胞向外排泌黏性较大的油状物能黏着花粉。根据柱头在成熟时分泌物的多少，将柱头分为湿润型和干燥型两类。湿润型柱头乳突细胞突起较短，成熟时分泌物较多。干燥型柱头细胞突起较长，成熟时表面分泌物较少。因此，在作物杂交育种过程中，需要了解柱头的活力什么时候开始，什么时候最强，什么时候丧失，为授粉工作提供科学根据，以便提高制种的产量和质量。

雌蕊柱头承受花粉能力持续时间的长短，主要与柱头的生活力有关。柱头的生活力一般都能持续一定时期，具体时间长短则因植物的种类而异。如水稻柱头的生活力在一般情况下能持续 6～7 d，但其承受花粉的能力日渐下降，所以，杂交时还是以开花当日授粉为宜。小麦柱头在麦穗从叶鞘抽出 2/3 时就开始有承受花粉的能力，麦穗完全抽出后第 3 天授粉结实率最高，到第 6 天则下降，但可持续到第 9 天。玉米雌穗基部的花柱，长度为当时穗长的 1/2 时，柱头即开始有承受花粉的能力，在花柱抽齐后 1～5 d 柱头承受花粉能力最强，6～7 d 后开始下降，到第 9 天即急剧下降。一个雌穗上柱头丧失生活力的顺序，和花柱在穗轴上发生的先后是一致的，即穗中、下部先丧失，顶端后丧失。

柱头承受花粉的能力与柱头的代谢有关。在柱头初生阶段，代谢能力低，承受花粉能力也低；当柱头发育成熟后，代谢能力最强，承受花粉能力也最强；柱头进入衰老期，代谢下降，承受花粉能力也随之下降。

柱头不耐低温，在环境温度 1～1.5 ℃时会被冻死。但它对高温的忍受能力比花粉强，用 45 ℃的温汤去雄(杀死花粉)，对柱头没有伤害。

9.6.2　花粉与柱头的相互识别

在自然条件下，柱头能接受多种植物的花粉，但不是所有落到柱头上的花粉都能正常萌发。花粉落在雌蕊柱头上能否正常萌发并导致受精，决定于双方的亲和性，即花粉和雌蕊组织之间的“认可”或“拒绝”的识别(recognition)反应。识别反应决定于花粉壁蛋白质和柱头乳突细胞表面的蛋白质薄膜(pellicle)之间的相互关系。当种内花粉落到柱头表面后，花粉很快释放出外壁识别蛋白，扩散进入柱头表面，与柱头表层感受器——蛋白质薄膜中所含有的识别糖蛋白相互作用。如果双方是亲和的，花粉管尖端(内壁)产生能溶解柱头薄膜下角质层的酶(角质酶)，使花粉管穿过花柱而伸长，直至受精。若花粉释放的外壁识别蛋白与柱头表面的识别糖蛋白不亲和，柱头的乳突细胞立即产生胼胝质(callose，化学成分是 β-1,3-葡聚糖)，阻碍花粉管穿入，而且花粉管尖端也被胼胝质封闭，使受精失败(图 9-15)。

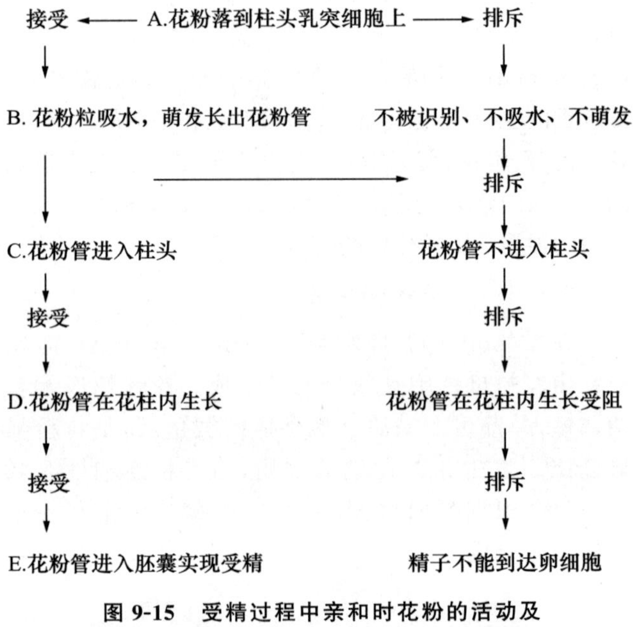

图 9-15　受精过程中亲和时花粉的活动及不亲和时的各种障碍

有一种观点认为，花粉和柱头的不亲和性，是花粉和柱头中抑制生长的物质含量高，阻碍了花粉的萌发和伸长；花粉和柱头亲和时，二者所含生长素不断增多，生长抑制物迅速下降，造成向着有利于花粉萌发伸长的激素平衡状态发展。

花粉和柱头相互识别作用，是植物在长期进化过程中形成的，它保证了物种的稳定、繁衍与进化。然而在育种实践中，常常要克服花粉与雌蕊组织之间的不亲和性，从而达到远缘杂交的目的。通常采用下列几种措施克服杂交或自交不亲和性。

(1)花粉蒙导法　即在授不亲和花粉的同时，混入一些杀死的但保持识别蛋白的亲和花粉，从而蒙骗柱头，达到受精的目的。例如，加拿大杨(*Populus deltoides*)与银白杨(*Populus alba*)进行种间杂交，本是不亲和的，但在银白杨花粉中混入经γ射线杀死的加拿大杨花粉，然后再给加拿大杨授粉，则可得到15%的结实率。

(2)蕾期授粉法　即在雌蕊组织尚未成熟、不亲和因子尚未定型的情况下授粉，以克服不亲和性。

(3)物理化学处理法　采用变温、辐射、激素或抑制剂处理雌蕊组织，以打破不亲和性；或者用电刺激柱头(90～100 V)、CO_2处理雌蕊(3.6%～5.9% CO_2、5 h)以及盐水(5%～8% NaCl)处理雌蕊等，都可克服自交不亲和性。

(4)离体培养　利用胚珠、子房等的离体培养，进行试管授精，可克服原来自交不亲和植物及种间或属间杂交的不亲和性。

(5)细胞杂交、原生质体融合或转基因技术　以克服种间、属间杂交的不亲和性，达到远缘杂交的目的。

9.6.3　花粉管的伸长

花粉落在柱头上，经过识别之后，在适宜的条件下，花粉粒从柱头的分泌物中吸收水分，并很快发生水合作用，使其内部压力增大，花粉粒的内壁从外壁上的萌发孔向外突出形成花粉管，此过程称为花粉的萌发(图9-16)。花粉管长出后，在角质酶的作用下，穿过柱头乳突已被侵蚀的角质膜，经乳突的果胶质——纤维素壁，向下进入柱头组织的细胞间隙，向花柱生长。花粉管的伸长是定向的，总是朝向花柱、子房、胎座、胚珠、胚囊方向伸长。

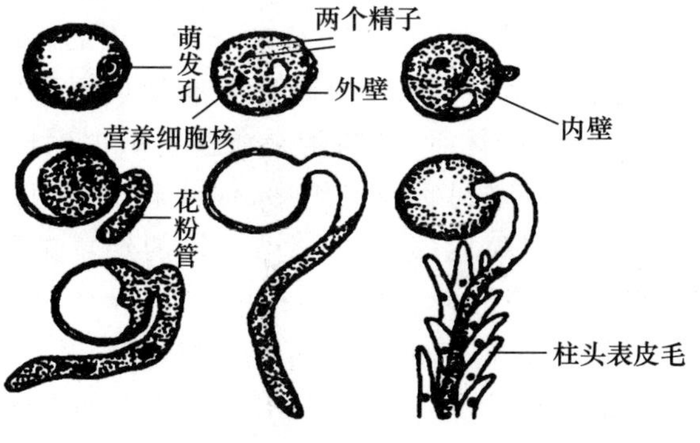

图9-16　水稻花粉粒萌发和花粉管的形成

(引自李合生，2012)

花粉管在雌蕊中所以能定向生长，是由于雌蕊中存在着向化性物质，花粉管尖端向着向化性物质较多的方向生长而伸长。在金鱼草雌蕊中，从柱头到胚珠，Ca^{2+}呈陡度分布，因此有人认为钙是一种向化性物质，但钙的这种作用在其他植物中未被证实。现在认为，花粉管的向化性生长可能不是由一种物质决定，而是几种物质共同作用的结果。花粉管早期生长受花粉营养细胞核中所产生的mRNA控制，只有产生足够的mRNA之后，花粉管才能生长。

花粉管的生长方式是顶端生长，生长只局限于花粉管顶端区，花粉管生长时细胞器集中于顶端区(图9-17)，而管的基部则被胼胝体塞堵住。花粉管向子房生长的过程中，经过柱头细胞间隙进入花柱的引导组织(transmitting tissue)，与它的胞外基质(extracellular matrix，ECM)紧密接触，ECM由复杂的蛋白质混合物组成。已从烟草引导组织ECM中分离出引导组织特异糖蛋白(transmitting tissue-specific glycoprotein，TTS)，TTS属于阿拉伯半乳聚糖家族，具有刺激花粉生长和引导花粉管向子房生长的功能。另外，在烟草花柱中还有一种与花粉管生长密切相关的雌蕊类伸展蛋白，它是一组羟基脯氨酸富集的糖蛋白，有刺激花粉管生长和吸引花粉管定向伸长的作用。大量基因在花粉中表达，但尚未分离到对花粉发育和功能调控至关重要的基因。

花粉萌发和花粉管在生长过程中所需要的营养物质，一方面靠花粉本身贮藏的物质提供，另一方面也要从雌蕊体系中得到。花粉萌发和花粉管伸长受糖、硼、有机物、环境因素、授粉量等多个方面的影响。

(1)糖　在花粉的人工培养时，向培养基中加入一定浓度的蔗糖，可促进花粉萌发和花粉管伸长。这是因为蔗糖可以维持花粉管的渗透平衡，防止花粉因吸水胀裂。同时糖还可作为花粉萌发时的营养物质及能源物质，这已用标记^{14}C的蔗糖等证明。一般适合花粉萌发的糖浓度为10%～20%。

(2)硼　硼对花粉的萌发和花粉管伸长是很必要的。1933年，施莫克(Schmuck)报道了外源硼对花粉萌发具有明显的作用，尽管花粉本身含有较高的硼。若在培养基中加入硼酸，对大多数植物花粉萌发和花粉管的生长都表现出良好的效果，特别是在高温下效果更显著。所以很多农作物，在开花时喷施100～150 mg/L的硼酸，可提高结实率。硼在花粉萌发和花粉管生长中的作用是：可促进花粉对糖的吸收与代谢，有利于果胶质的合成，促进花粉管壁的形成。

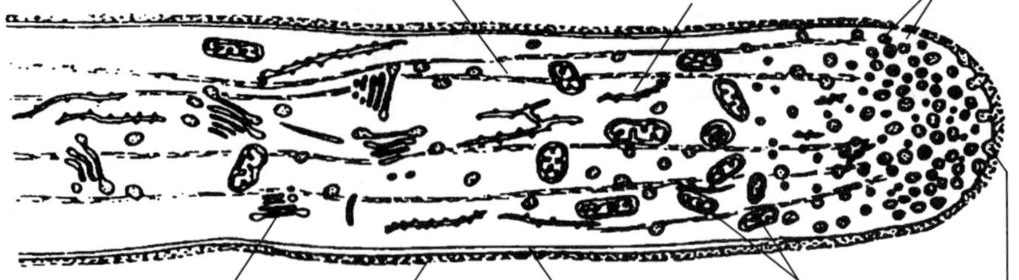

图 9-17　花粉管顶端生长区域,示意管壁结构和细胞器分布

(引自 Mascanhas,1993)

(3)有机物　最早发现的对花粉萌发有促进作用的有机物是酵母提取液,后来有人提出维生素 B_1、维生素 B_2 和维生素 C 对花粉萌发和花粉管生长有利。将含有胡萝卜素的花粉和不含胡萝卜素的花粉混合后进行培养,结果可诱导后者花粉萌发,证明了胡萝卜素对花粉萌发和花粉管伸长具有促进作用。GA 在多数情况下促进花粉管的伸长,对花粉萌发没有影响,这可能与 GA 能加速生殖细胞核分裂有关。

(4)环境因子　一般花粉萌发的最适温度与开花温度差不多,如苹果为 10～25 ℃,葡萄为 27～30 ℃,水稻为 30～35 ℃。如果雨水太多,湿度过大,花粉易破裂,但是太干旱(空气相对湿度低于 30%),花粉萌发也会受影响,水稻花粉萌发的最适相对湿度为 70%～80%。大多数植物的花粉在相当大的 pH 范围内可萌发,但少数植物,如芸香属花粉只有在 pH 6.5 时才能萌发。

(5)集体效应　花粉的密度越大,萌发的比例越高,花粉管生长越快,这种现象称为集体效应(group effect)。如在棉花授粉试验中观察到,若将大量的花粉涂到柱头上,花粉萌发整齐迅速,到达子房的花粉管百分率也高。

9.6.4　受精过程中雌蕊的生理生化变化

当花粉管进入胚囊后,花粉管的先端破裂,这可能是由于胚囊分泌酶的作用,或是受胚囊的刺激而产生自溶作用的结果。破裂后的花粉管在胚囊中释放出 2 个精子;一个含质体较多的精子和卵细胞结合,形成具有 $2n$ 的合子,随后发育成胚;另一个含线粒体较多的精子与中央细胞融合,形成具有 $3n$ 的胚乳核,随后发育成胚乳。两个精细胞分别与卵细胞和中央细胞相融合的现象,称为双受精(double fertilization)。

授粉后,从花粉萌发到花粉管的生长直至受精作用的完成,花粉和花粉管与雌蕊的柱头和花柱之间不断进行着物质和信息的交换,互相产生深刻的影响,这个影响不仅仅局限于彼此直接接触的部位,而且广泛地影响整个雌蕊组织的生理生化变化,具体表现为:

(1)呼吸速率的增强　与未授粉时相比,授粉后雌蕊组织的呼吸速率一般表现出成倍增加的趋势。如棉花在受精时,雌蕊的呼吸速率增高 2 倍;兰科植物授粉 1 d 以后,合蕊柱的呼吸速率和过氧化氢酶的活性约增加 1 倍;百合花受精后子房的呼吸速率出现两次高峰,一次是精卵结合时,另一次在胚乳游离核旺盛分裂期。

(2)IAA 含量显著增加　受精后雌蕊组织中 IAA 含量迅速而显著增加是雌蕊完成其使命得以结实并形成种子的基础。通过测定得知,雌蕊组织中的 IAA 一部分是由花粉本身产生、花粉管在伸入花柱及子房的过程中携带而来的,但这部分量很少,主要是在授粉受精过程中由花柱和子房合成的。试验证明:花粉中除含有 IAA 外,还含有使色氨酸转变成吲哚乙酸的酶体系,花粉管在雌蕊组织中生长时,能将这些酶分泌到雌蕊组织中,促使雌蕊组织内的色氨酸合成吲哚乙酸。Lund(1956)的烟草试验证明,随着花粉管的伸长,雌蕊各部分 IAA 含量高峰按花柱顶部、花柱基部和子房的顺序出现。子房中 IAA 含量的迅速增加,会促使合子与初生胚乳核的分裂与生长,吸引营养物质从营养器官大量运往子房,使子房迅速膨大生长。生产上应用生长物质 2,4-D、NAA、CTK 等处理未受精子房,促进养分向子房输运，产生无籽果实。

(3)有机物质的转化和运输加快　由于呼吸速率和赤霉素含量的增加，子房代谢的变化，促使植物体内大分子物质转化为可运输的小分子，促进根系对水分与矿物质的吸收和利用，整个植株生命活力加强，大量的营养物质集中运向子房，子房膨大形成果实。如玉米授粉后，大量的磷由植物其他部分流入雌蕊，使得雌蕊的磷含量增加近 1 倍。

(4)各种细胞器迅速生成　植物受精后不久(时间因植物而异)在脐端即可看到线粒体、内质网、质体及核糖体等分散移动，并围绕核重行分布排列。同时细胞中原有的呈游离状态的核糖体，在受精后可迅速形成大量的多聚核糖体。

9.6.5　无融合生殖

植物的无融合生殖(apomixis)最早由 John Smith 于 1841 年在 *Alchornea ilicifolia*(即 *Coelebogyne ilicifolia*)中发现。早期定义"无融合生殖"泛指包括营养繁殖在内的一切形式的无性生殖。1963 年，Battaglia 将无融合生殖定义为：发生在胚珠内不经受精作用而产生种子的生殖方式，它包括单倍体和二倍体无融合生殖。单倍体无融合生殖指有性胚囊内的卵不经受精作用而直接进行胚胎发生，所形成的种子胚为单倍体；二倍体无融合生殖专指发生在植物胚珠中不经减数分裂和受精作用而产生种子(胚)的生殖方式。前者经过了减数分裂，后者未经减数分裂。对作物改良意义最大的是二倍体无融合生殖。因此，现在所谓的"无融合生殖"一般是专指二倍体无融合生殖。

无融合生殖可分为以下几类：

(1)减数胚囊中的无融合生殖　减数分裂后形成的胚囊中的单倍体细胞，不经受精直接发育为胚。由此发育成的植株几乎是完全不育的，因此没有后代，又称为不可重复的无融合生殖。它包括单倍体孤雌生殖(haploid parthenogenesis)、单倍体孤雄生殖(haploid androgenesis)、单倍体无配子生殖(haploid apogamy)3 种形式。

(2)未减数胚囊中的无融合生殖　在这类无融合生殖中，胚囊都是未经过减数分裂而产生的，即不经过大孢子发生阶段，因此也称为无孢子生殖(apospory)。由于其产生的后代属于二倍体，有正常的生殖能力，因此又称为可重复的无融合生殖。它包括二倍体孢子生殖(diplospory)或生殖细胞无孢子生殖(generative apospory)和体细胞无孢子生殖(somatic apospory)2 种形式。

(3)半融合　未减数胚囊中雄配子核进入卵细胞，但并不与卵融合而独自分裂的一种特殊的无融合生殖。形成的胚分别来自雌核与精核，为二倍体、单倍体嵌合体，胚乳为五倍体。

(4)不定胚现象　不是由配子体的成分而是由珠心或珠被的体细胞长入胚囊中而转变成胚的现象。这种不定胚能产生多个，可分为 2 种：一种是自由的或独立的，它不需要经过授粉和受精而自发产生；另一种情况是，不定胚的产生需要授粉或受精刺激。

无融合生殖在自然界中虽然不是很普遍，但在育种上却具有重要意义。第一，减数胚囊中的无融合生殖产生的后代都是单倍体，经染色体加倍后这些单倍体的后代就可以成为纯合的二倍体。第二，未减数胚囊中的无融合生殖可以用来固定杂种优势。由于不经过两性细胞结合、不发生受精，所以这种无融合生殖产生的后代不会发生分离。如果把具有杂种优势的杂种转变为这种可重复的无融合生殖，则杂种的显性纯合或杂合性就会稳定下来。杂种的珠心组织或珠被进入胚囊产生的不定胚也可起到同样的作用。第三，各种影响受精的不良条件不会影响无融合生殖的进行。在雌雄异株植物中，即使没有雄株，通过无融合生殖也能很好地繁殖后代。第四，不定胚能延续母体的遗传性。不定胚由于是母体体细胞产生的，在容易发生自然杂交的植物中，可以保持品种遗传的稳定性。

思考题

1. 所有植物都能南北引种吗？为什么？
2. 植物的花期能调节吗？如何调节？列举研究和生产实践中的实例。
3. 为什么要在冬前秋季种植冬小麦、油菜等作物？
4. 南繁的生理学依据以及在研究和生产实践中的作用与意义是什么？
5. 哪些因素影响花器官的形成？
6. 植物的不亲和性表现为哪些类型？不亲和性的意义是什么？在什么情况下需要克服不亲和性？如何克服不亲和性？
7. 春化作用和光周期理论在指导相关研究和农业生产实践中有哪些作用？列举几例。

第10章 植物成熟和衰老生理

10.1 种子的发育与成熟生理

种子由胚珠发育而来，是种子植物世代交替的起点和终点，也是重要的经济器官。在生长发育过程中，种子从形态、生理生化上都发生很大变化，其最终结果决定作物产量与品质。加强对种子发育和成熟变化的理解，具有重要意义。

10.1.1 种子发育及基因表达

种子结构一般包括胚、胚乳和种皮 3 部分，其分别由受精合子、受精极核和珠被发育而成。种子的发育一般可划分为胚胎发生期、种子形成期和成熟休眠期。胚胎发生期进行细胞分裂和组织分化，形成胚胎；种子形成期进行细胞生长和贮藏物质积累；成熟休眠期种子脱水，进入休眠状态。

种子的发育过程受到众多基因的调控。以大豆后期发育阶段的合子胚做材料，发现处于中熟期的胚内存在的 15 000 种 mRNA 中，90%以上也在幼胚和成熟胚中存在，并且贮存在成熟种子中，出现在幼苗、叶中，只有少量的基因仅在胚中表达(图 10-1)。

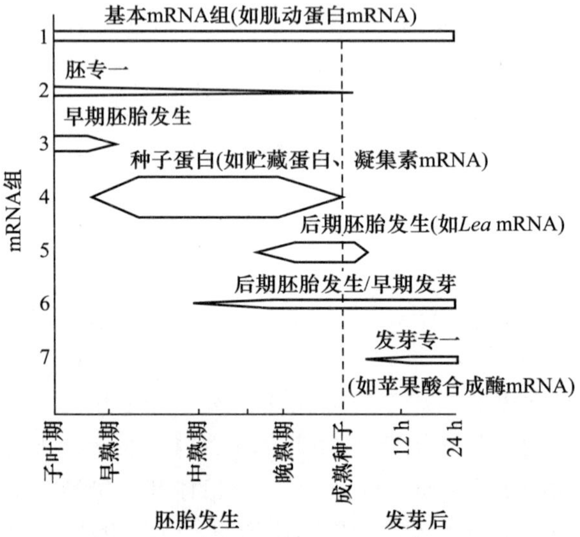

图 10-1 种子发育过程和发芽过程中丰富型 mRNA 的表达

(引自李合生等，2012)

图中线条框的粗细表示每组 mRNA 的丰度

极性的建立是植物胚胎发育的关键。目前已克隆到众多与植物胚胎极性的建立相关的基因。*EMB30* 是第一个从拟南芥中鉴定到的胚胎极性建立相关基因(Shevell 等，1994)。该基因在拟南芥早期胚胎发育中的顶-基轴模式建立(apical-basal pattern formation)过程中发挥了重要作用。其在整个发育过程中持续表达，编码的蛋白质可能参与囊泡的定向运输，影响细胞分裂、延伸和粘连，促进合子的非对称分裂，最终形成顶端和基部的区域。该基因的突变体合子的第一次分裂是对称的，造成胚胎失去根部和下胚轴。*AGL11* mRNA 在胚珠发育后期阶段主要集中在合点端，这种基因分布能保持到授粉后的种子发育阶段。可以推测 *AGL11* 可能编码一种信号物质或与编码信号物质有关的基因互作，保持胚珠或胚囊以极性存在。*SIN* 可能编码或控制合子胚胎发生必需的物质，调控胚发育过程中细胞间的通讯，控制胚胎发育格局。*KN1* 表达的位置对顶端分生组织(shoot apical meristem，SAM)形成起重要作用。*FK* 基因调控中部胚性区细胞分裂，形成胚轴、胚根和胚根顶端分生组织原基。*STM* 基因是控制拟南芥分生组织形成的重要调控基因，属于 *KN1* 家族成员，基因缺失突变的拟南芥幼苗缺少顶端分生组织。*BBM* 基因促进细胞增殖和胚胎发生时的形态发生。*LEC1*、*LEC2* 和 *FUSCA3* 是形态发生和成熟期正常发育所需的胚胎调控基因。*MONOPTERO*(*MP*)基因编码一种含 DNA 结合域的蛋白质，影响胚中维管组织和胚体模式的建立。贮藏蛋白基因在种子发育的特定时间及部位表达。许多作物种子编码贮藏蛋白的基因被克隆，多数属于多基因家族，如玉米中有20多种醇溶蛋白，编码基因多达75个；油菜的2S水溶性蛋白的编码基因数为2～5个。贮藏蛋白的合成发生在种子发育过程中的一个不连续阶段，编码贮藏蛋白或其多肽组分的基因受时空调节，这些蛋白质的mRNA仅在贮藏组织的特定细胞中。小麦种子贮藏蛋白分为麦谷蛋白和麦醇溶蛋白，约占总蛋白含量的85%，其中麦谷蛋白由相对分子质量不同的谷蛋白亚基组成。目前已经鉴定出近30个编码高分子量麦谷蛋白亚基的 *HMW-GS* 基因（high molecular weight glutenin subunit）及其他诸多贮藏蛋白基因。

种子发育以其成熟干燥休眠为最后阶段，此时，种子以脱水为特征，也是种子从发育到成熟的演变过程，与种子发育相关的基因进入暂时钝化状态，而与种子成熟有关的基因开始活跃表达。

胚发生晚期丰富蛋白（late embryogenesis abundant proteins，LEAs）是高亲水的可溶蛋白，相对分子质量小（10～30 ku），具有高亲水性和热稳定性，可作为渗调蛋白参与抗脱水，调节种子发育和休眠过程。在种子发育的中、后期表达，在后期含量很高，而在种子萌发早期消失。目前，已鉴定出若干LEA蛋白基因，如玉米、小麦等的 *Em* 基因，水稻的 *RAB* 基因，大麦的 *PHVal* 基因，玉米的 *MLG3* 基因、胡萝卜的 *Dc3* 和 *Dc8* 基因等。*LEA* 基因表达的调节至少存在ABA依赖型、ABA诱导型和非ABA应答型3种方式。顽拗型种子的所有种子特异性LEA蛋白和部分非种子特异性LEA蛋白表达均显著低于正常种子。

ABA在转录水平上促进许多种子贮藏蛋白的基因表达，如大豆的豆球蛋白、油菜的水溶蛋白 napin、小麦的麦胚凝集素、LEA等。如种子受ABA处理，油菜籽的2S芜菁蛋白、11S十字花素以及大豆的7S β-大豆球蛋白的 β 亚基的mRNA都增加。ABI3通过与ABI5等bZIP转录因子相互作用诱导贮藏蛋白和LEA蛋白合成。

10.1.2 种子成熟过程中的生理生化变化

1. 贮藏物质的合成与积累

种子贮藏物质丰富，有淀粉、脂肪、蛋白质、非丁等高分子化合物。在成熟过程中，这些物质含量变化较大，从营养器官转运来的可溶性的低分子化合物如糖、氨基酸等在种子中逐渐转化为不溶性的高分子化合物，并积累起来。

（1）淀粉和糖类　禾谷类种子贮藏物质以淀粉为主，被称为淀粉种子。在种子成熟过程中，催化淀粉合成的酶类活性提高，将可溶性糖转化成淀粉（图10-2）。已有证据表明，与淀粉合成密切相关的酶主要有淀粉磷酸化酶、淀粉合成酶。在水稻籽粒灌浆期，蔗糖合成酶、ADPG焦磷酸化酶、Q酶是控制胚乳淀粉积累的关键酶。

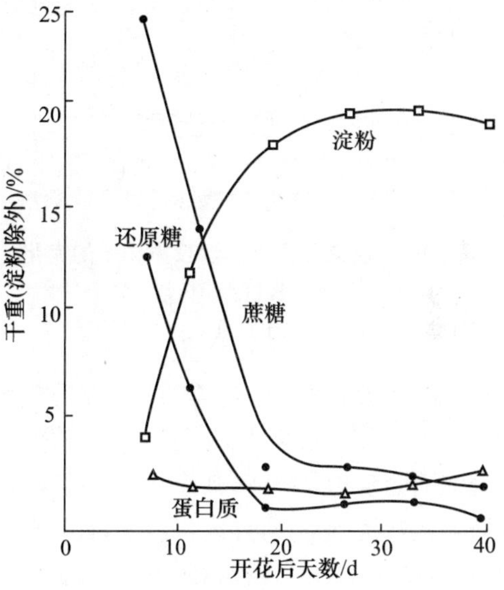

图10-2　小麦开花后主要物质的变化

（引自曹宗巽和吴相钰，1980）

（2）脂肪　花生、油菜、大豆等种子脂肪含量很高，被称为油料种子。这类种子在成熟过程中，先积累糖类，然后由糖类转化为脂肪（图10-3）。成熟后期具有以下特点：①游离脂肪酸转变成脂肪，酸价（中和1 g油脂中游离脂肪酸所需KOH的毫克数）降低。种子成熟初期所含的较多游离脂肪酸在成熟过程中逐渐减少，转变成脂肪。②饱和脂肪酸转变为不饱和脂肪酸，碘价（100 g油脂所能吸收碘的克数）升高。

（3）蛋白质　豆科植物种子主要贮藏蛋白质，被称为蛋白质种子。贮藏蛋白积累的部位主要是豆类作物的子叶以及禾谷类作物的胚乳和糊粉层，在其中形成蛋白体（protein body）或蛋白质贮藏液泡（proteins storage vacuole）。在禾谷类和其他禾本科植物胚乳中，谷蛋白是主要的贮藏蛋白，但水稻、燕麦例外，其主要贮藏蛋白是谷蛋白型的醇溶谷蛋白和球蛋白；在多数双子叶植物，特别是豆科植物种子中，球蛋白是主要的贮藏蛋白；一种富含硫的2S

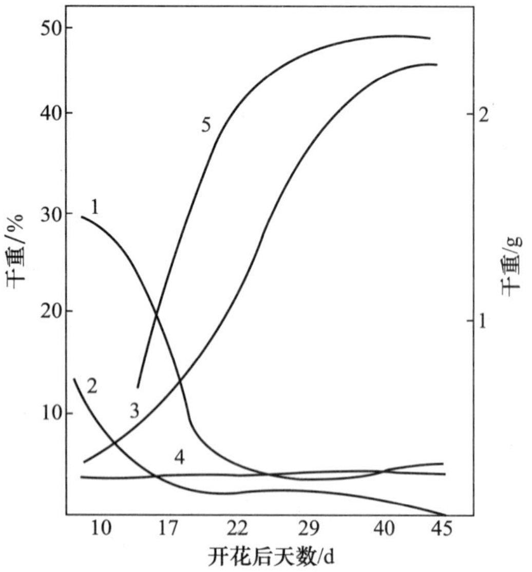

图 10-3 油菜种子成熟过程中物质的变化

（引自曹宗巽和吴相钰，1980）

1. 可溶性糖 2. 淀粉 3. 千粒重 4. 含氮物质 5. 粗脂肪

白蛋白（沉降系数命名）广泛存在于双子叶植物，包括豆科、十字花科等植物中。

种子发育过程中，叶片和其他器官中的氮素以氨基酸或酰胺形式转运到豆荚，合成蛋白质，暂时贮藏，然后分解成酰胺，以酰胺的形式转运到种子，再合成蛋白质。贮藏蛋白的合成和积累是一个高度受调控过程。在种子发育后期，形成的 LEA，参与种子抗脱水过程，起到保护细胞结构和代谢的作用，还参与种子休眠调节。

（4）非丁　即肌醇六磷酸钙镁，又称为植酸钙镁，为主要的磷酸贮藏物质，由种子中淀粉合成时脱下的游离磷酸与肌醇、钙、镁结合形成，约占贮藏磷酸总量的 50%。水稻成熟种子中 80% 的磷以非丁形式贮存在糊粉层中；种子萌发时，非丁分解出磷、钙、镁，供幼苗生长利用。

此外，随着种子成熟，其含水量逐渐下降，每克干重成熟种子含水量低于 0.1 g，水势为 −350 ～ −50 MPa，种子干重趋于稳定，进入休眠状态，以利于贮藏，抵御恶劣环境。

2. 呼吸速率的变化

种子成熟过程是有机物合成积累的过程，需要能量供给，因而与呼吸速率密切相关。干物质积累迅速时，呼吸旺盛；种子接近成熟时，逐渐降低。

3. 内源激素的变化

种子的生长发育受到内源激素调控。在种子成熟过程中，内源激素发生规律性变化，而激素的变化可以进一步调节种子的生长发育。小麦籽粒发育研究表明，受精前小麦胚珠玉米素含量很少；受精后玉米素迅速增加，在受精末期达到最大值，然后减少，玉米素增加，能够促进籽粒细胞分裂，增加细胞数量。抽穗到受精前，GA 有一个小的峰值，然后下降，可能促进细胞伸长，与穗子抽出有关；受精后籽粒开始生长时，GA 迅速增加，3 周达到最大值，然后减少，此时 GA 调节有机物向籽粒的运输和积累。胚珠内含少量 IAA，籽粒生长时 IAA 显著增加，收获前 1 周籽粒鲜重达到最大值之前，IAA 达到最高峰，籽粒成熟后 IAA 消失（图 10-4）。IAA 的变化也主要与其调节有机物向籽粒的运输和积累有关。此外，籽粒成熟期 ABA 大量增加，与休眠的调节有关。

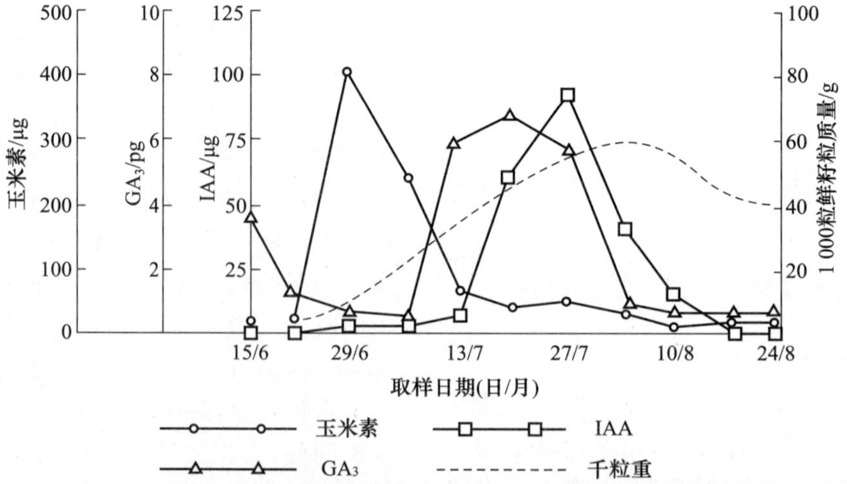

图 10-4 不同生育期的小麦籽粒的玉米素、GA、IAA 含量及千粒重的变化

（引自潘瑞炽，2012）

10.1.3 影响种子成熟和成分的外界因素

种子成熟过程和组成成分主要受其遗传特性控制，但也受到外界环境的影响，主要外界条件包括气候条件、栽培管理措施等。

1. 气候条件

温度是影响种子成熟和组成成分的重要气候因子之一，对油料种子的含油量和油分影响很大。适当低温有利于油脂的累积，温度较低而昼夜温差大时，有利于不饱和脂肪酸的形成，相反，则利于饱和脂肪酸的形成。所以，一般南方油料种子含油率较低，饱和脂肪酸含量高，蛋白质含量高；北方特别是东北地区油料种子含油率较高，不饱和脂肪酸多，蛋白质少。水稻种子在成熟过程中遇到高温时，米质疏松，垩白多，品质差，口感不好；较低温度时，有机物质积累多，垩白少，品质好，故一般晚稻米品质优于早稻，粳稻优于籼稻。

风旱不实现象是指干燥和热风使种子灌浆不足而减产的现象，通常发生在我国河西走廊等易发生"干热风"的地区。"干热风"导致小麦等作物减产的主要原因是造成萎蔫，同化物无法继续向灌浆籽粒转运，籽粒中合成酶活性降低，水解酶活性增强，妨碍贮藏物质积累，使籽粒干缩和早熟。

干旱还影响籽粒的化学成分。种子在较早时期干缩，合成受阻，可溶性糖来不及转变为淀粉，被糊精胶结在一起，形成玻璃状而非粉状的籽粒，因此，蛋白质含量相对较高。由于北方雨量及土壤水分比南方少，所以，北方小麦蛋白质含量显著高于南方小麦。据分析，杭州、济南、北京和黑龙江克山小麦的蛋白质含量分别为 11.7%、12.9%、16.1% 和 19.0%，差异显著。

光照直接影响种子内有机物积累、籽粒品质。小麦籽粒中约 2/3 的干物质来源于抽穗后叶片及穗子本身的光合产物，抽穗后光照充足，则叶片光合速率高，输入籽粒同化物多，产量高；反之，产量降低。

2. 栽培管理措施

田间栽培管理措施对种子成熟和组成成分也有较大影响。从种子成熟和产量而言，作物生长后期施氮肥过多，会导致贪青晚熟，粒重降低；增施磷、钾肥，有利于光合产物向籽粒运输，促进灌浆成熟和产量提高。从种子组成成分而言，对淀粉种子，氮肥提高蛋白质含量，磷、钾肥促进糖类向籽粒或贮藏器官转运，增加淀粉含量；对油料种子，增施磷、钾肥有利于脂肪的合成和积累，提高含油率，氮肥过多则会使植物体内大部分糖类和氮化物结合形成蛋白质，降低含油率。

10.2 果实的生长和成熟生理

果实(fruit)是由子房或连同花的其他部分发育而成的。单纯由子房发育而成的果实称真果，如桃、番茄、柑橘等；除子房外，还包含花托、花萼、花冠等花的其他部分共同发育而形成的果实称假果，如苹果、梨、瓜类等。果实的发育应从雌蕊形成开始，包括雌蕊的生长、受精后子房等部分的膨大、果实形成和成熟等过程。果实成熟(maturation)是果实充分成长以后到衰老之间的一个发育阶段。而果实的完熟(ripening)则指成熟的果实经过一系列的质变，达到最佳食用的阶段。通常所说的成熟也往往包含了完熟过程。

10.2.1 果实的生长与调节

果实生长主要有两种模式：单"S"形生长曲线(single sigmoid growth curve)和双"S"形生长曲线(double sigmoid growth curve)(图 10-5)。属于单"S"形生长模式的果实有苹果、梨、香蕉、板栗、核桃、石榴、柑橘、枇杷、菠萝、草莓、番茄、无籽葡萄等。这一类型的果实在开始生长时速度较慢，以后逐渐加快，直至急速生长，达到高峰后又渐变慢，最后停止生长。这种慢—快—慢生长节奏的表现与果实中细胞分裂、生长膨大以及成熟的节奏相一致。属于双"S"形生长模式的果实有桃、李、杏、梅、樱桃、有籽葡萄、柿、山楂和无花果等。这一类型的果实表现出慢—快—慢—快—慢的生长节奏，在生长中期出现一个缓慢生长期，为果肉暂时停止生长、养分主要向种子集中、内果皮木质化、果核变硬和胚迅速发育的时期。果实第二次迅速增长的时期，主要是中果皮细胞的膨大和营养物质的大量积累。

幼果生长前期的细胞分裂期所需的有机营养主要来自体内的贮备，而果实生长中后期是果肉细胞的主要膨大期，需要大量碳水化合物，由当年生叶片供应。因此，果实的生长与植株体内营养储备和供应能力密切相关，受到水、肥、光照、温度、生长调节剂等因素调节。疏花、疏果是增大果实的有效措施。BA 可促进细胞分裂，GA 则可延长细胞增大时期和延迟成熟期，使果实增大。

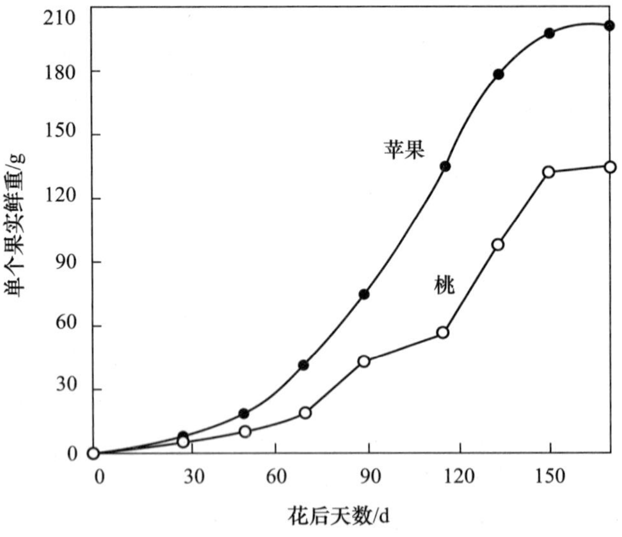

图 10-5　果实的生长曲线模式

（引自王忠，2009）

苹果为“S”形、桃为双“S”形生长曲线

10.2.2　果实成熟过程中的生理生化变化

在成熟过程中，果实从外观到内部发生了一系列变化，如呼吸速率的变化、乙烯（C_2H_4）的生成、贮藏物质的转化、色泽和风味的变化等，形成特有的色、香、味，使果实达到最适于食用的状态。

1. 呼吸速率

根据果实成熟过程中呼吸速率的变化规律，可将果实分为跃变型和非跃变型 2 类。呼吸跃变（respiratory climacteric）是指在果实成熟过程中，呼吸速率最初下降，然后突然上升，随后又急剧下降，此时果实进入完熟的现象。具有呼吸跃变现象的果实称为跃变型果实，主要有苹果、梨、香蕉、桃、李、杏、柿、无花果、猕猴桃、杧果、番茄、甜瓜、哈密瓜、鳄梨、番木瓜、番石榴、番荔枝、橄榄等（图 10-6）；无明显呼吸跃变现象的果实称为非跃变型果实，主要有柑橘、橙子、葡萄、樱桃、草莓、柠檬、荔枝、可可、菠萝、橄榄、腰果、黄瓜、凤梨、甜椒、菜豆、西瓜等。

多数果实的跃变可发生在母体植株上，而鳄梨和杧果的一些品种在连体时不完熟，离体后才出现呼吸跃变和成熟变化。呼吸跃变的到来，说明果实已完全成熟和衰老，不适合继续贮藏。

乙烯对果实成熟衰老起重要的调控作用。外源乙烯处理能提高果实的呼吸速率，促进成熟衰老（图 10-7）。不同类型果实对乙烯的反应不同。对于跃变型果实，外源乙烯只在跃变前起作用，具有自我催化作用，可诱导大量内源乙烯的产生，与所用浓度关系不大，是不可逆反应。非跃变型果实则相反，外源乙烯促进呼吸速率的增加可发生在整个成熟期间，反应程度与所用浓度有关，是可逆的，但不促进内源乙烯增加。对此，Murchie 等（1972）提出跃变型果实中乙烯生成有两个调节系统：系统Ⅰ和系统Ⅱ。系统Ⅰ乙烯是跃变前果实中生成的小量基础乙烯，系统Ⅱ乙烯是成熟过程中跃变时自我催化大量生成。即一旦合成了一定量乙烯（系统Ⅰ乙烯）或外加乙烯达到阈值，就可激活系统Ⅱ，诱导乙烯大量生成，促进成熟。有些品种系统Ⅱ在短时间内产生的乙烯可比系统Ⅰ多几个数量级。非跃变型果实的乙烯生成速率相对较低，变化平稳，整个成熟过程中只有系统Ⅰ活动，缺乏系统Ⅱ。因此，外加乙烯浓度越高时，促进成熟效果越明显。

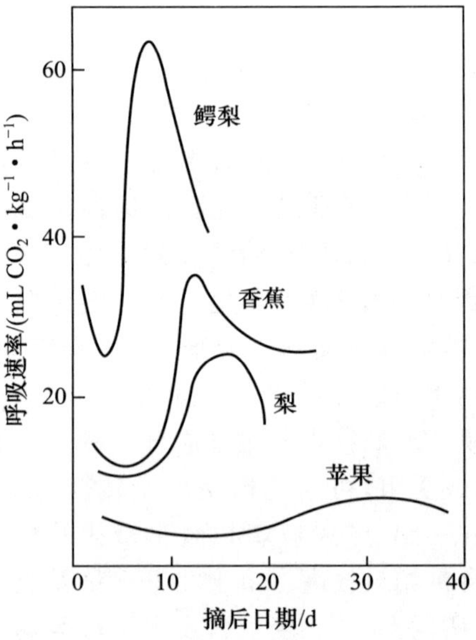

图 10-6　果实成熟过程中的呼吸跃变

（引自潘瑞炽，2012）

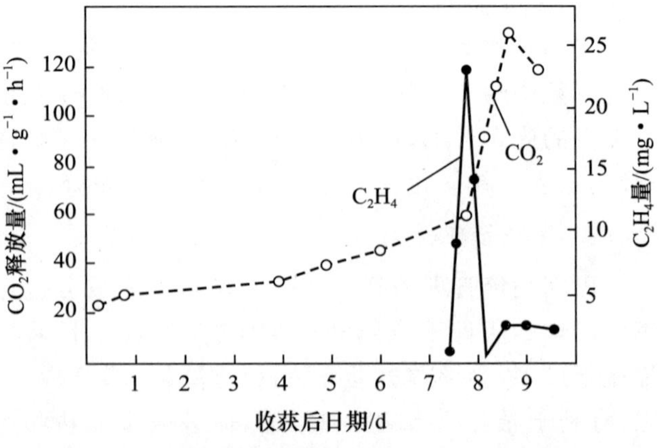

图 10-7　香蕉成熟过程中的乙烯产生与呼吸高峰

（引自潘瑞炽，2012）

2. 物质的转化

随着果实的成熟，内部有机物发生转化，使果实显现出不同的色、香、味等特点。

(1)色泽变鲜艳　果实生长早期，由于果皮中含有叶绿素，一般为绿色。随着果实的成熟，果皮叶绿素逐步降解，叶绿体转变为有色体；类胡萝卜素相对稳定，还合成花色素苷、多酚类化合物等，多数果实颜色由绿色渐变为黄、橙、红、紫或褐色。这种颜色的变化常作为果实成熟度的直观标准。

(2)甜度增加　大多数果实含有丰富的碳水化合物，未成熟果实以淀粉为主。随着果实成熟，甜度增加，甜味来自淀粉等贮藏物质的水解产物如蔗糖、葡萄糖和果糖等。各种果实的糖转化速度和程度不尽相同。香蕉的淀粉水解很快，几乎是突发性的，香蕉由青变黄时，淀粉从占鲜重的20%～30%下降到1%以下，而同时可溶性糖的含量则从1%上升到15%～20%；柑橘中糖转化很慢，有时要几个月；苹果则介于这两者之间。葡萄果实中糖分积累最高，达到鲜重的25%或干重的80%。部分果实如在未成熟前就采摘下来，则果实不能变甜，如葡萄、杏、无花果、桃、樱桃、猕猴桃等。

(3)酸味降低　果实的酸味是由于有机酸积累的结果。有机酸主要贮存在液泡中，以游离、盐、酯或糖苷等状态存在，一般苹果含有机酸酸0.2%～0.6%，杏1%～2%，柠檬7%。果实中有机酸种类主要有：柠檬酸(柑橘、菠萝中含量较多)、苹果酸(苹果、梨、桃、李、杏、梅含量较多)、酒石酸(葡萄含量较多)等，一般果实中同时含有几种有机酸。有机酸可来自 CO_2 的固定、三羧酸循环、氨基酸的脱氨等。生果中含酸量高，随着果实的成熟，含酸量下降。有机酸减少的原因主要有：合成被抑制；部分酸转变成糖；部分被用于呼吸消耗；部分与 K^+、Ca^{2+} 等阳离子结合生成盐；某些酯化反应。

(4)果实软化　果实软化是成熟的一个重要特征。引起果实软化的主要原因是细胞壁物质的降解。果实成熟过程中，多聚半乳糖醛酸酶(polygalacturonase，PG)、果胶酶、纤维素酶、半乳糖苷酶、木葡聚糖转葡糖苷酶(xyloglucan endotransglycosylase，XET)等与细胞壁有关的水解酶活性上升，使细胞壁结构成分及聚合物分子大小发生显著变化，如果胶和半纤维素降解，纤维素长链变短，半纤维素聚合分子变小，从而使胞间层分离，pH下降，细胞壁柔软性和多孔特性增强。果肉细胞淀粉粒中的淀粉降解为可溶性糖也是果实软化的原因之一。

(5)香味产生　成熟果实发出它特有的香气，这是由于果实内部存在着微量的挥发性物质。它们的化学成分相当复杂，约有200种，主要是酯、醇、酸、醛、酚、杂环化合物、萜烯类、含硫化合物等一些低分子化合物。香蕉的香味来自乙酸戊酯；苹果中含有乙酸丁酯、乙酸己酯、辛醇等挥发性物质；柑橘的香味主要来自柠檬醛；香稻品种香气成分主要是2-乙酰-1-吡咯啉。这些挥发性化合物多在果实成熟后期合成并释放出来。

(6)涩味消失　有些果实未成熟时有涩味，如柿子、香蕉、李子、苹果等。涩味源于细胞液中的单宁等物质。单宁是一种不溶性酚类物质，可以保护果实免于脱水及病虫侵染。单宁与人口腔黏膜上的蛋白质作用，使人产生强烈的麻木感和苦涩感。果实成熟过程中，单宁可被过氧化物酶氧化成无涩味的过氧化物，或凝结成不溶性的单宁盐，还有一部分可以水解转化成葡萄糖，因而涩味消失。

3. 内源激素的变化

在果实成熟过程中，除了乙烯的变化外，其他的激素也有明显变化。一般在幼果生长期，AUXs、GAs、CTKs含量增加，到果实成熟时，都下降至最低点，而ETH和ABA则增加。猕猴桃果实采后初期，ABA含量迅速升高，在2～4 d达到最大值，之后快速下降；在ABA下降过程中，ETH进入跃变期，果实后熟进程加快。

10.2.3 果实成熟的机制

果实成熟是一个非常复杂的过程，其确切的机制仍不清楚。研究表明，果实成熟与基因表达密切相关，并受到激素和环境因子的影响和调控。目前已从番茄、香蕉、甜瓜、梨等果实中分离到了许多果实成熟调控基因，这些基因主要与细胞壁降解(如多聚半乳糖醛酸酶、果胶甲酯酶)、乙烯生物合成与信号转导(如ACC合酶、ACC氧化酶、乙烯受体蛋白、乙烯响应基因)、类胡萝卜素合成(如原八氢番茄红素焦磷酸合成酶)等有关的基因。这些基因表达使得细胞壁结构变化及多糖(果胶、纤维素、半纤维素)降解，果实成熟软化。

近年来，番茄基因组学研究进展为番茄果实成熟关键基因定位和克隆提供了遗传和分子工具，筛选到大量突变体(图10-8)。发现成熟特异转录因子MADS-RIN[RIPENING-INHIBITOR (RIN) MADS-box gene]和 *CNR-SPB*[*COLOURLESS NON-RIPENING* (*CNR*) *SPB*-box genes]对于乙烯介导或非乙烯介导的成熟调控是必要的，如 MADS-box 类转录因子 *RIN* (*RIPENING-INHIBITOR*)与 SPB-box 类转录因子 CNR (COLOURLESS NON-RIPENING)，这些转录因子对果实成熟的调控机制也已基本确定(图 10-8)。

图 10-8 彩图

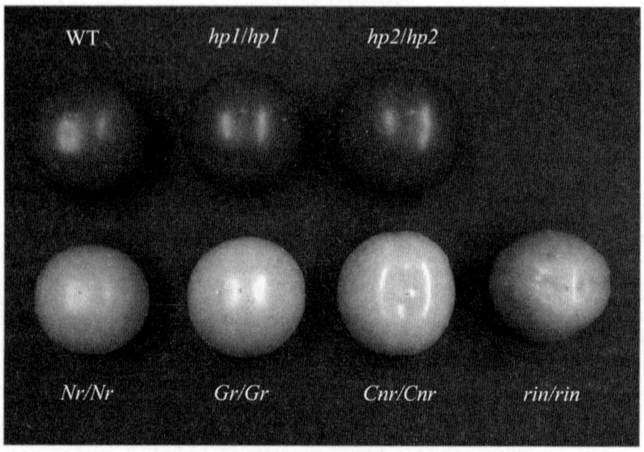

图 10-8　采后 10 d 的番茄 Ailsa Craig 品种的野生型和各种突变体

(引自 Giovannoni，2007)

WT：野生型；*hp*(high-pigment)，*hp1*/*hp1*，1；*hp2*/*hp2* 富含色素的突变体；*Nr*(Never-ripe)，*Nr*/*Nr*，永不成熟突变体；*Gr*(Green-ripe)，*Gr*/*Gr*：青番茄突变体；*Cnr*(Colorless non-ripening)，*Cnr*/*Cnr*，无色不成熟突变体；*rin*(ripening-inhibitor)，*rin*/*rin*，成熟抑制突变体

乙烯是植物体内一种重要的内源激素，它调节着生长发育，特别是果实的成熟衰老过程(图 10-9)。乙烯通过影响乙烯反应元件，如转录因子 EIN3 家族，调节乙烯响应基因的转录水平，提高纤维素酶、果实成熟相关基因水平，从而促进果实成熟。在果实的成熟进程中，ABA 也起着重要作用。多数实验表明，ABA 增加发生在成熟之前，因此推测 ABA 的增加诱发了成熟启动，而不是成熟引起 ABA 的增加。多胺可负反馈调控脂氧合酶(lipoxygenases，LOX)途径的 LOX 自我活化，抑制 ACC 向乙烯转化，调节细胞膜脂过氧化作用和乙烯的生物合成，在果实的成熟衰老进程中发挥作用。LOX 途径是高等植物脂肪酸氧化的途径之一，产物直接或间接地促进植物组织衰老。有研究发现 LOX 的活性变化与猕猴桃果实成熟软化呈极显著的负相关关系，交替氧化酶(alternative oxidase，AOX)与 LOX 的协同作用，可能是乙烯生物合成的调控因子之一。

磷脂酶可能通过分解磷脂，加剧细胞膜的降解和衰老，产生的游离自由基毒害细胞膜系统，激活其他脂氧合酶等一些与果实成熟衰老相关酶，参与乙烯、脱落酸等衰老因子的信号传导，促进果实的成熟衰老。

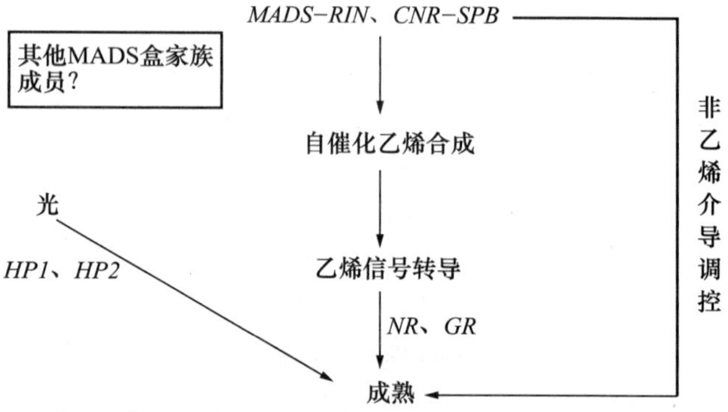

图 10-9　果实成熟调控过程

(引自 Giovannoni，2007)

10.2.4　果实成熟的调控

1. 基因工程技术

基因工程技术在调节果实成熟中的应用，不仅有助于深入研究成熟有关的生理生化基础，也为解决生产实际问题提供了诱人的前景。用反义 RNA 链去抑制靶基因活性、达到对目的基因调控的反义 RNA(antisense RNA)技术，是果实延熟的常用基因工程技术。一个成功的例子是 ACC 合酶反义转基因番茄，已投入商业生产。将 ACC 合酶的反义 cDNA 导入番茄，转基因植株的乙烯合成严重受阻。这种表达反义 RNA 的纯合子果实，放置三四个月不变红、不变软，也不形成香气，只有用外源乙烯处理，果实才能成熟变软，成熟果实的质地、色泽、芳香和可压缩性与正常果实相同。

pTOM13 为从番茄中克隆的 ACC 氧化酶基因，低水平乙烯即可诱导该基因表达。利用反义 RNA 技术获得转反义 *pTOM13* 的植株，抑制 ACC 氧化酶基因的表达，该植株在遭受伤害和成熟时乙烯合成受到抑制，产生的乙烯只相当于正常量(野生型)的 5%。这些果实可以完全成熟，但不会过熟腐烂，而在同样条件下的野生型，则产生正常数量的乙烯，表现出过

熟的症状(图 10-10)。也可通过导入 S-腺苷蛋氨酸水解酶基因使 S-腺苷蛋氨酸(SAM)水解,降低果实中的 ACC 和乙烯合成。利用基因工程改变果实色泽,提高果实品质方面的研究也已取得一定的进展。成熟的番茄果实中累积了大量的番茄红素(lycopene),番茄红素可以在番茄红素 β-环化酶(lycopene beta-cyclase, beta-Lcy)的作用下转化为 β-胡萝卜素(beta-carotene)。在番茄果实中过量表达 *beta-Lcy* 基因可以显著提高果实中 β-胡萝卜素的含量,果实的颜色也因番茄红素与 β-胡萝卜素比例的不同而呈现从橙色到红色的颜色变化。调节花青苷合成的关键酶查尔酮合成酶和苯丙氨酸解氨酶基因的表达,能有效地改变矮牵牛、烟草和菊花的花色,因此很有可能用同样的方法能改变苹果等果实的色泽。

图 10-10 彩图

图 10-10 转反义 *pTOM13* 番茄(左)与野生型(右)成熟后的表型

(引自 Buchanan 等,2000)

2. 环境和化学调控

CO_2 可以作为乙烯的拮抗剂,在低浓度乙烯条件下,有效抑制乙烯的作用,但当乙烯浓度超过 1 $\mu L \cdot L^{-1}$ 时,效果消失。当空气中 O_2 的水平减少到 1%~3%时,苹果中乙烯的产生减少 50%,原因在于 O_2 是 ACC 氧化酶的辅助底物,低 O_2 降低 ACC 氧化酶的活性。降冰片二烯(norbornadiene, NBD)是乙烯作用的竞争性抑制剂,但具有浓烈气味,不适于商业处理。Ag^+ 可消除乙烯的作用效果,这个过程可能是非竞争性抑制作用,也可能是通过竞争性抑制方式与乙烯受体作用,但也存在安全和环境污染问题。丙烯类物质是乙烯的有效抑制剂,如环丙烯(cyclopropene, CP)、1-甲基环丙烯(1-methylcyclopropene, 1-MCP)和 3,3-二甲基环丙烯(3,3-dimethylcyclopropene, 3,3-DMCP)等,常温下无色、无味、无毒。CP 和 1-MCP 的活性是 3,3-DMCP 的 1 000 倍,但 1-MCP 的稳定性高于 CP。

热处理技术对延熟也有较好效果。热处理是指将热处理后的果实置于低温后恢复室温,从而延缓果实成熟。如以 38 ℃处理绿熟的番茄果实 3 d,置于低温(2 ℃)后恢复室温,果实能够正常成熟,但比未经处理的成熟晚。其作用机理与抑制乙烯生成、抑制 PG 酶活性和番茄红素的合成有关。

ABA 可作为跃变型和非跃变型果实成熟的共同调控因子,促进果实糖分积累、软化、着色。CTK 对大多数植物具有广泛的延缓衰老作用,外源 6-BA 处理对果实起到保鲜、延迟衰老的作用。生长素可延迟成熟和衰老。较高浓度的生长素促进 ACC 合酶活性,促进乙烯产生,但并不能促进果实成熟,可能是 IAA 影响了组织对乙烯的敏感性。生长素类似物(benzothiazole-2-oxyacetic acid, BTOA)处理葡萄果实,使葡萄成熟延迟近 2 周,并使伴随成熟而发生的 ABA 增加也延迟,可能是通过影响与成熟有关的基因表达而起作用。GA 可延迟衰老,阻止柑橘果皮叶绿素的分解,延缓甜橙果肉变软和类胡萝卜素的积累,增加果实的新鲜度,减少枯蒂。

适当浓度钙能够降低呼吸强度,推迟呼吸跃变的出现,减缓果实硬度下降,抑制过氧化物酶(POD)、淀粉酶、多酚氧化酶(PPO)、过氧化氢酶(CAT)等酶活性,明显减缓果实采后生理代谢活动,降低与衰老有关的膜透性增加,减少自由基对膜的伤害,延缓果实衰老进程。

10.2.5 果实采后贮藏保鲜

果实采收后,由于脱离了母体,再没有母体营养和水分的供应,只能依赖自身贮存的有机物质和水分维持生命活动,这导致贮存的有机物质和水分减少,品质逐渐下降甚至失去商品价值。为了满足人们不同时期、不同地域对某一果品的要求,缓解产销矛盾,平衡市场,对果实采后贮藏保鲜十分必要。

果品的贮藏寿命和货架期主要取决于果实的遗传特性和贮藏条件。延长果实贮藏期一要考虑其生物学特性,选择合适品种,采取合理栽培措施,提高果实质量;二要创造适宜的贮藏环境条件,减少果实采后的代谢活动和水分散失，避免生理失调的发生和病原微生物引起的病害，延缓衰老进程。常用的贮藏保鲜技术有常温贮藏、低温贮藏、气调贮藏等。

(1)常温贮藏　这是利用环境条件中的温度随季节和昼夜而变化的特点，结合人为措施如通风换气、加覆盖物或添加保鲜剂等，使简单的贮藏场所的贮藏条件达到或接近果品贮藏要求。该技术贮藏场所构建简单，成本低，但贮藏效果通常不够理想。常见的贮藏方式有沟坑式、窑窖式、通风库。在荔枝的常温保鲜中，可以采用无毒副作用的蜡脂、乳化剂、稳定剂、防腐剂、护色剂和生理活性物质等组成的保鲜剂，在荔枝表面形成保护膜，能在 27～30 ℃下贮藏 6～8 d，好果率达 80%以上。

(2)低温贮藏　这是目前果实采后应用最广的贮藏方式之一。它是将果实贮藏在一般为 0～10 ℃的低温库房中，利用低温来降低果实呼吸强度，减少有机物质和水分的消耗，降低乙烯的释放，延缓果实成熟和衰老进程；低温环境还能抑制病菌滋生和致病力，降低果实发病率。如常温下贮藏，荔枝果实呼吸速率高，新鲜淮枝品种呼吸速率达 61.4 mg $CO_2 \cdot h^{-1} \cdot kg^{-1}$，2～4 ℃贮藏 48 h，下降为 7.24 mg $CO_2 \cdot h^{-1} \cdot kg^{-1}$。该技术还可与杀菌剂和包装材料相配合，提高贮藏效果。低温贮藏要防止由于低温对果实造成的生理病害。

(3)气调贮藏　这是通过降低贮藏环境中的 O_2 浓度，提高 CO_2 浓度来抑制果实的呼吸强度，最大限度地抑制其代谢活动，阻止乙烯生成和作用活性，延缓衰老，从而达到保持品质和延长贮藏寿命的目的。该技术对呼吸跃变型果实贮藏效果最好，如苹果、梨、猕猴桃等。气调贮藏要注意控制 O_2 和 CO_2 浓度，防止因 O_2 浓度过低造成的生理失调，品质下降。可结合利用低温并配加湿设备，提高贮藏效果。

10.3　植物的衰老生理

10.3.1　植物衰老的表现形式与意义

植物的衰老(senescence)通常指植物的器官或整个植株的生理功能的衰退，是受发育和环境信号调控的程序性的、导致死亡的一系列衰退过程。衰老总是先于一个器官或整株的死亡，是植物细胞、组织、器官乃至整体发育的最后一个阶段。衰老可以发生在分子、细胞、组织、器官以及整体水平上。

1. 植物衰老的类型

根据植株与器官死亡的情况将植物衰老分为 4 种类型：①整体衰老(overall senescence)。由于系统生理机能丧失，整株植物衰老死亡。如一年生玉米、水稻、大豆、黄瓜等，二年生植物萝卜、白菜等，多年生的竹子、龙舌兰等，在开花结实后，整株植物就衰老死亡。这些植物衰老又称一次性结实衰老(monocarpic senescence)。②地上部衰老(top senescence)。由于特定季节的到来，植株地上部分衰老死亡，地下部分继续存活。如多年生草本植物和球根植物，地上部每年死亡，而根系和其他地下器官仍然继续生存多年。③脱落衰老(deciduous senescence)。由于季节性因素，造成植株所有叶片衰老脱落，而茎和根仍保持生活力。如多年生落叶木本植物，发生季节性的叶片同步衰老脱落。④渐进衰老(progressive senescence)。叶片及其他组织器官按生长、成熟的先后顺序衰老或脱落死亡，由新生的组织器官逐渐取代。比如多年生常绿木本植物的茎和根能生活多年，而叶片和繁殖器官则渐次衰老脱落。

在细胞水平上，衰老可分为 2 类：有丝分裂衰老(mitotic senescence)和有丝分裂后衰老(postmitotic senescence)。有丝分裂衰老主要是细胞停止了有丝分裂，细胞没有死亡，但没有了有丝分裂能力，在酵母、生殖细胞或培养的哺乳动物细胞中，又称细胞衰老或复制衰老。如果哺乳动物中的某个细胞失去有丝分裂衰老，就变为癌细胞。有丝分裂衰老在植物中主要体现在顶端分生组织停止分裂、果实早期发育。有丝分裂后衰老则是细胞的主动退化和磨损过程，不能再进行细胞分裂。有丝分裂后衰老是衰老细胞主动的退化过程，最终导致死亡，如下述讲到的细胞程序性死亡，在植物体中的叶片衰老、花衰老、心皮衰老等属于此类型。

2. 植物细胞程序性死亡

细胞程序性死亡(programmed cell death，PCD)是一种特殊类型的衰老形式，是细胞主动结束其生命的生理性死亡过程。PCD 涉及若干过程：①配子体形成包括胚囊形成；②胚乳囊退化；③种子萌发时胚乳、糊粉层细胞死亡；④～⑥组织器官的发育；⑦叶片衰老；⑧～⑨植物体对环境信号和病原体(菌)的反应(图 10-11)。其中，胚乳、糊粉层细胞死亡、根系生长时根冠细胞死亡、死细胞导管组织的形成等是植物发育过程所必需的。而通气组织的形成和超敏反应则分别是植物体对外界缺氧环境的适应和对病原微生物的防御。PCD 对于植物的正常生殖发育、营养器官的生长、植物胁迫应答、衰老死亡等过程都十分重要。

3. 植物衰老的过程

植物衰老通常发生在器官成熟以后，形态发生和生长已经停止。衰老的发生有一些明显的形态变化，叶片变黄、花瓣开放后的萎蔫等是植物衰老的明显特征。衰老发生的快慢很大程度受到内在和环境因素的影响。有的衰老发生十分迅速，如日本牵牛的花瓣在开花一天后就衰老，通常在早晨 5:00～6:00 开始开放（阶段 0），13:00～14:00 保持开放（阶段 1），然后花瓣开始卷曲（阶段 2），花从蓝色变成紫色（阶段 3），卷曲加剧，到完全内卷（阶段 4）（图 10-12）。叶片衰老可分为 3 个阶段：启动阶段、重组阶段和末期。启动阶段是由于激素、环境和发育进程决定衰老激发时间节点，恰当的时间节点至关重要，太早会降低植物 CO_2 同化能力，太晚会缩短叶片营养物质向发育中的果实转运的时间。重组阶段由合成代谢向分解代谢过程转变，该阶段容易肉眼可见，因为叶绿素降解，使叶片颜色从绿色变为黄色。该阶段需要进行中间产物的降解和副产物的解毒、回收营养物质的再活化，伴随抗氧化能力的丧失。末期完成叶片衰老。该阶段表现为剩余组分降解，核 DNA 片段化，膜老化，如线粒体、细胞核等剩余细胞器降解，细胞完整性和活力不可逆丧失。

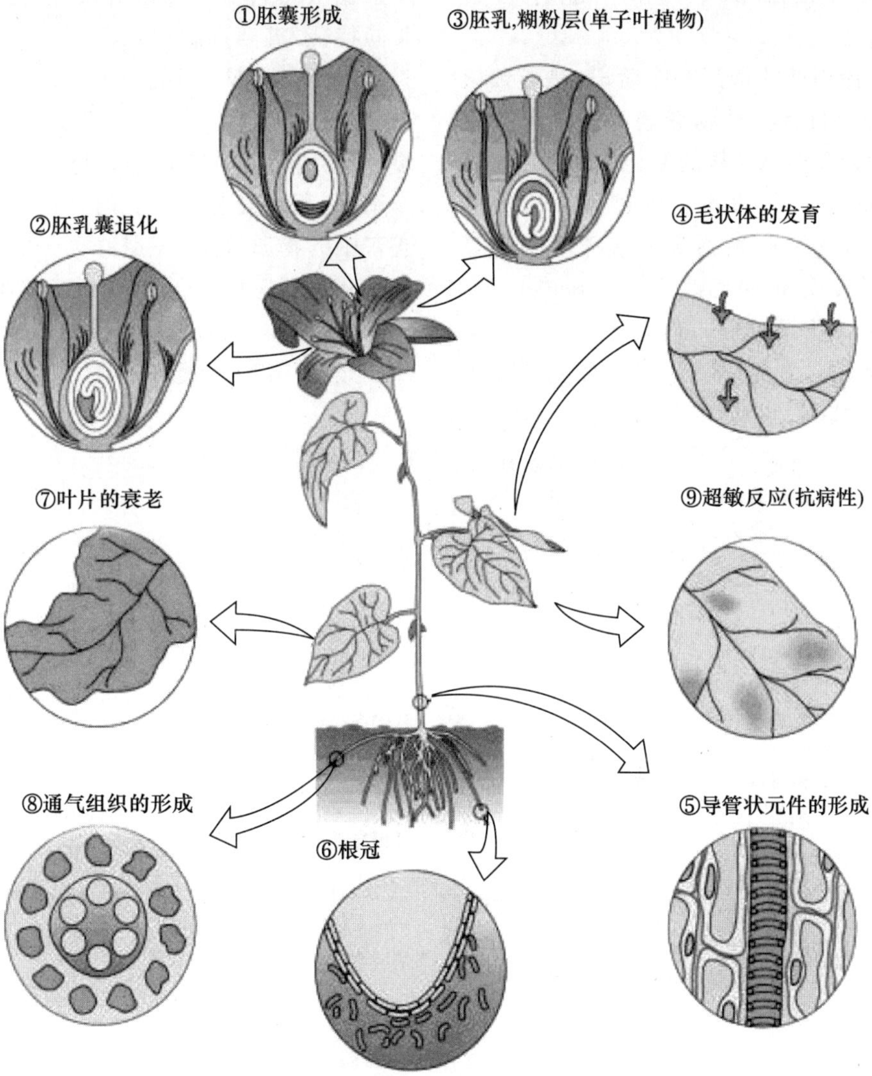

图 10-11 彩图

图 10-11　植物细胞和组织中的细胞程序性死亡

（引自 Buchanan 等，2015）

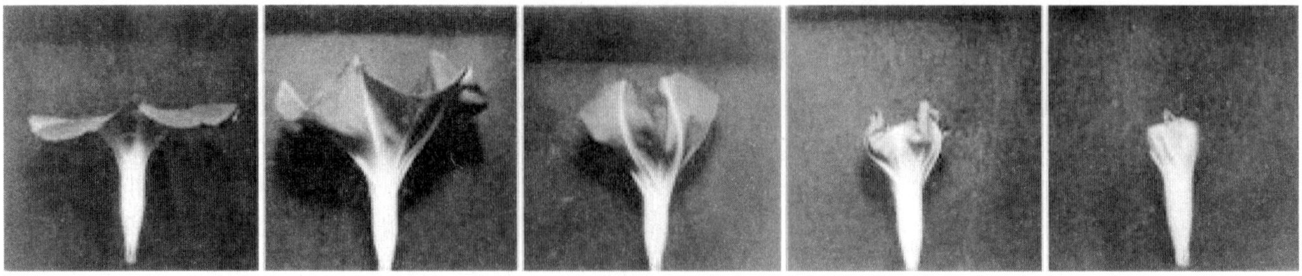

图 10-12　日本牵牛花花瓣的衰老过程

（引自 Buchanan 等，2000）

有的衰老过程较长，需要几个月甚至几年才能完成。如拟南芥植株 1～2 个月，长命松（*Pinus longaeva*）叶子则有 45 年的寿命，沙漠植物千岁兰（*Welwitschia mirabilis*）的单片叶子能存活数十年。

衰老是植物生命周期的最后一个阶段，是导致植物死亡的一系列恶化过程。植物衰老时发生了一系列不可逆的生理功能和形态结构的变化。图 10-13 显示从信号启动到细胞死亡的叶衰老过程。该模型中，信号转导级联放大受到植物激素或环境因子等多种诱导因素调节，关闭 SDGs（senescence down-regulated genes，衰老下调基因），启动 SAGs（senescence-associated genes，衰老启动基因），合成各种水解酶，如蛋白酶、核酸酶、脂肪酶、叶绿素降解酶，启动衰老过程。其后，细胞转入受控的再分化阶段，细胞结构重新分化，构成物质糖、核苷、氨基酸通过韧皮部转移到其他地方，重新用于合成利用，部分矿质元素也从衰老叶片转移出来，产生许多 PCD 特有的共同特征，直至细胞死亡。

植物衰老具有积极的生物学意义，不仅能使植物适应不良环境条件，也对物种进化起重要作用。温带落叶树，在入冬前全树叶片脱落，从而降低蒸腾作用，有利于安全越冬。通常植物在衰老时，其营养器官中的物质降解、撤退并再分配到种子、块茎和球茎等新生器官中去。如花的衰老及其衰老部分的养分撤离，能使受精胚珠正常发育；果实成熟衰老使得种子充实，有利于繁衍后代。

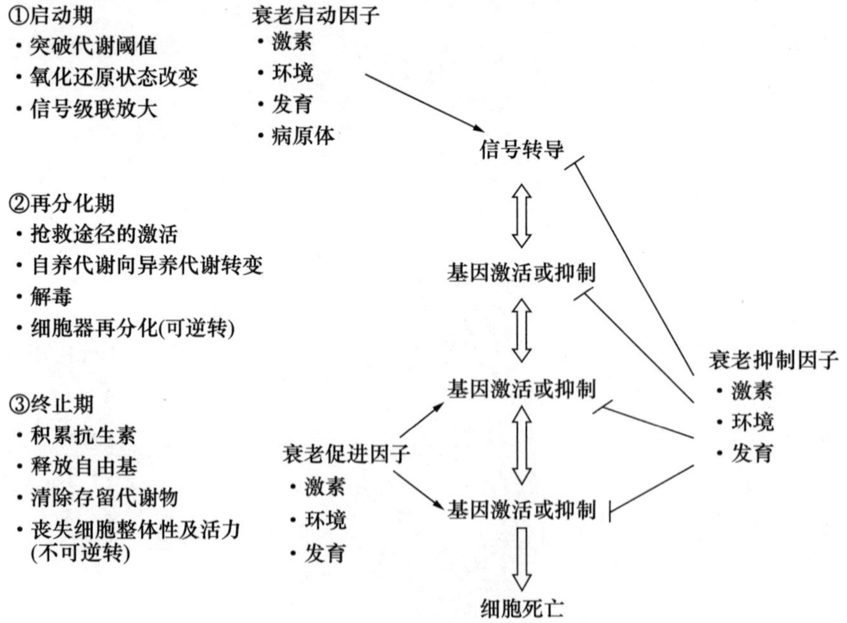

图 10-13　从信号启动到细胞死亡的叶片衰老步骤

（引自 Buchanan 等，2000）

10.3.2 植物衰老的生理生化变化

植物生活史中发生各类生物学过程转变，如叶片从形成、生长到衰老、脱落，在不同时间段中发生明显的形态变化，以及内在生物学过程转变：由早期的合成代谢转变为分解代谢；促进生长与分裂的激素——赤霉素、细胞分裂素的响应转变为抑制生长促进休眠、衰老的激素——茉莉酸、脱落酸的响应。各种过程的强度不同(图 10-14)。

图 10-14 彩图

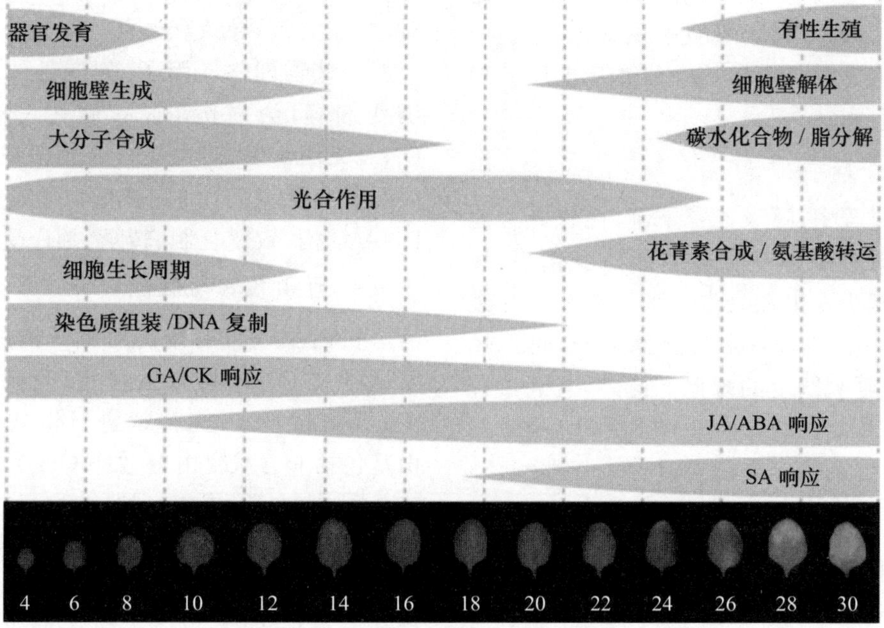

图 10-14 叶片生活史中发育过程转变(上为生物学过程，下为叶片形成后的天数)

(引自 Woo 等，2019)

1. 生物膜的破坏

细胞衰老始于生物膜。正常情况下，细胞膜处于液晶相，流动性强，稳定性高，具有选择透过性。细胞趋于衰老时，膜磷脂减少，脂肪酸饱和程度增加、链加长，由液晶相转变为凝胶相，膜流动性降低，失去弹性。同时，选择透过性功能丧失，透性加大，膜脂过氧化加剧，膜结构逐步解体。此外，在衰老过程中，具膜结构的细胞器如叶绿体、线粒体、核糖体、细胞核等的膜结构发生衰退、破裂以至解体，丧失生理功能，并释放各种水解酶等，使细胞发生自溶现象，加速细胞的衰老和解体。

2. 蛋白质的变化

植物衰老过程伴随着蛋白质水解活动显著增加。半胱氨酸蛋白酶是最常见的一类蛋白酶，其主要定位在中央大液泡、衰老相关液泡中，后者仅分布在衰老叶片的光合细胞中。叶片衰老时，叶绿体蛋白转移，蛋白质合成能力降低，分解加快，蛋白质含量显著下降，同时伴随着游离氨基酸，特别是谷氨酰胺和天冬酰胺的积累和外运到其他组织。可溶性蛋白和膜结合蛋白均分解，如叶片 Rubisco 降解，导致光合能力降低。

3. 核酸的变化

叶片衰老时，一些核糖核酸酶活性增强，核酸含量下降，RNA 较 DNA 下降快。其含量下降与合成能力降低、分解加快有关。在烟草叶片衰老过程中，蛋白质下降 15%，RNA 下降 16%，DNA 下降 3%。一般认为叶绿体和线粒体的 rRNA 对衰老过程最敏感。RNA 含量的下降伴随着核糖体的解体,核糖体解体可作为衰老的主要特征。

4. 光合速率下降

在叶片衰老过程中,光合速率下降。原因主要有:一是叶绿体数量减少,体积变小,间质破坏,类囊体膨胀、裂解;二是光合色素含量特别是叶绿素含量迅速降低,而类胡萝卜素降解较慢,使原来被掩盖的类胡萝卜素颜色得以呈现,叶片失绿变黄,这是叶片衰老的最明显特点;三是 Rubisco 分解,光合电子传递与光合磷酸化、碳同化反应受阻等。还与气孔开度减少,阻力增大,光呼吸增强等有关。此外,通过苯丙烷类化合物代谢,在衰老组织中积累花青素苷、鞣酸、酚类、类黄酮、木质素等,而使秋天叶片呈现红、紫、黄等各种色彩。

5. 呼吸速率下降

在叶片衰老过程中,呼吸速率下降,但较光合速率下降慢。原因是线粒体变化较叶绿体变化小,线粒体膨大和数量减少发生在衰老后期。有些叶片衰老时,呼吸速率迅速下降,后来又急剧上升,再迅速下降,表现出类似呼吸跃变的现象。此外,衰老过程中,氧化磷酸化逐步解偶联,产生 ATP 减少,导致细胞供能不足,进一步加快衰老的发展。

6. 内源激素的变化

植物衰老过程涉及一系列内源激素的变化,一般情况下,IAA、GAs、CTK 含量逐步下降,ABA、乙烯含量上升。

10.3.3 植物衰老的机制

植物衰老的机制至今还不完全清楚,已提出了多种假说,简要介绍如下。

1. 营养亏缺假说

由 Molish 于 1982 年提出。该假说认为进入生殖生长后,由于营养物质向生殖器官运输,使营养器官营养耗竭而衰老死亡。营养物质从衰老部分向存留结构动员转移是衰老过程发生的标志。主要证据有通过摘花处理,可将正常生长期只有几个月的植物寿命延长到多年。Nooden 等(1980,1984)等试验表明,对大豆不断进行摘花处理,在 15 个月后获得 8 m 高的植株,植株保持绿色和营养生长。但此假说无法解释如下事实:在诱导开花的短日条件下,不断摘去苍耳的花,并不能阻止植株的衰老与死亡;雌雄异株的大麻、菠菜的雄株,尽管雄花消耗养分少,但衰老进程同样伴随开花而进行;有些植物,如玉米、辣椒,去掉花不紧不能延缓衰老,反而促进衰老。对于二年生植物叶片就更难以解释。这些事实说明,营养亏缺不是衰老的决定因素。

2. DNA 损伤假说

由 Orgel 等提出。该学说认为,植物衰老是由于基因表达在蛋白质合成过程中引起误差积累造成的。在基因表达过程中,DNA 会产生碱基配对错误,产生无功能蛋白质,当产生的错误超过某一阈值时,机能失常,导致衰老。

一些物理化学因子,如紫外线、电离辐射、化学诱变剂等,会损伤 DNA,破坏 DNA 的结构功能,DNA 无法修复,蛋白质合成错误或无法合成。紫外线照射会使 DNA 的胸腺嘧啶形成二聚体,从而影响 DNA 结构,致使复制、转录、翻译受到影响。

3. 自由基损伤假说

自由基是带有未配对电子的原子、离子、分子、基团和化合物,具有不稳定,寿命短;化学性质活泼,氧化能力强;能持续进行链式反应等特点。自由基包括非含氧自由基(如 $\cdot CH_3$)、氧自由基($O_2^- \cdot$、$\cdot OH$、$ROO \cdot$、$RO \cdot$ 等)和含氧非自由基($^1O_2$、H_2O_2)。自由基可通过多条途径产生和转变,如活性氧的产生可通过酶催化反应、Fenton 反应产生和转变。氧爆发(oxidative burst)会使超氧化物积累,而超氧化物不是很稳定,毒性也不是很强,也不易穿过细胞膜,但可经过酶的作用转变为毒性更强的 H_2O_2,H_2O_2 则能穿过细胞膜,而且转变为毒性更强的活性氧中间体。植物体内活性氧的主要来源如图 10-15 所示。

在植物体内存在自由基清除系统,其功能是防止自由基的产生或清除已产生的自由基。清除系统包括酶保护系统和非酶保护系统(抗氧化物质),前者有超氧化物歧化酶(superoxide dismurse,SOD)、过氧化氢酶(catalase,CAT)、过氧化物酶(peroxidase,POD)、谷胱甘肽还原酶(glutathione reductase,GR)等;后者有内源抗氧化剂,如还原型谷胱甘肽(GSH)、类胡萝卜素、Cyt f、Fd、甘露醇、维生素 E、维生素 C。人工合成的苯甲酸钠、二苯胺、2,6-二叔丁基对羟基甲苯、没食子酸丙酯也有抗氧化作用。

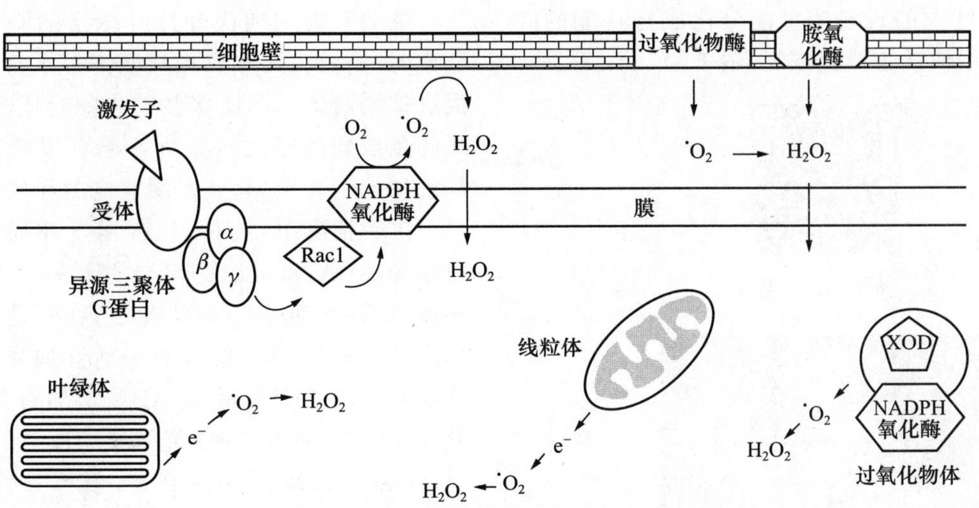

图 10-15 植物细胞内活性氧来源

（引自 Mahalingam 和 Fedoroff，2003）

XOD：黄嘌呤氧化酶；Rac1：单核细胞中与 GTP 结合的蛋白

自由基会剪切和降解大分子质量 DNA，对膜脂和蛋白质造成伤害。正常条件下，植物体内自由基产生和清除系统处于平衡状态，自由基浓度很低（10^{-5}～10^{-3} mol·L^{-1}），对植物没有伤害。自由基可能还在信号转导中发挥重要作用，大量证据表明一氧化氮（nitric oxide，NO）、H_2O_2 等是植物体内重要的信号因子，能调节基因表达，在植物抗病、虫、非生物逆境中发挥重要作用。当植物遇到不良环境时，自由基产生迅速增加，而清除能力下降。自由基超过一定阈值会引发和加速植物衰老，其作用机理主要有：①加速酶蛋白的降解，如促进 Rubisco 降解；②导致膜脂过氧化，产生丙二醛（malonaldehyde，MDA），丙二醛使蛋白质交联聚合，引起酶、蛋白质失活，膜完整性受到破坏（表现在膜透性增加、离子渗漏）；③加速乙烯的产生；④引发 DNA 损伤，改变蛋白质性质。在水稻、烟草、菜豆等植物叶片以及番茄、荔枝果实衰老研究中，都已证实随着衰老进程的发展，SOD、CAT 活性降低，活性氧增加，MDA 含量上升，反映出膜脂过氧化加剧。

4. 植物激素调节假说

植物激素在衰老过程中有重要的调节作用。一般认为 ETH、ABA、油菜素内酯（BR）、茉莉酸（JA）和茉莉酸甲酯（MJ）、水杨酸（SA）促进衰老，独脚金内酯（strigolactones，SLs）在与 ETH 交互作用下，可参加叶片衰老；而 CTK、GA、IAA、多胺类等能够延缓衰老。

乙烯是典型的衰老促进剂，叶片衰老的刺激因子，但不是必需因子。外施乙烯，可诱导植物叶片和花的衰老与果实成熟。如对拟南芥叶片施用乙烯，可促进野生型叶片衰老，其变化与自然衰老变化是相同的，而对乙烯不敏感的突变体 *etr*1 则不起作用。乙烯调控果实成熟已在生产上广泛应用，乙烯使香蕉等呼吸跃变型果实加快成熟，颜色均匀，硬度、香味、口感更好。乙烯促进衰老的可能机制是引起呼吸链电子传递转向抗氰途径，电子转移速率增加 4～6 倍，物质消耗增多，ATP 合成减少，促进衰老。乙烯对叶片衰老的刺激不是单独起作用，只有当各器官的发育达到适当阶段，它对衰老的诱导作用才有效。

CTK 是叶片衰老的自然调节因子，具有延缓衰老的作用。成熟叶片依赖于根来源的 CTK 推迟衰老。在一次性结实衰老中，随着种子成熟，植物体衰老启动，摘去种子能够延缓衰老。将 *IPT* 基因（编码异戊烯基转移酶）导入烟草，当叶片开始衰老时，CTK 合成加快，叶片 CTK 水平上升，植株保持绿色和光合作用，与非转基因对照相比，叶片衰老明显推迟，维持光合作用时间更长（图 10-16）。此外，高水平 CTK 还限制了 *ipt* 基因进一步表达，防止 CTK 过量产生。烟草叶片复绿试验更有力地证明 CTK 是一个抗衰老因子，且高级阶段的衰老具有可逆性。烟草开花时，植株最底端最老叶片已经完全变黄，如果把最低节位以上的茎全部切除，用 CTK 处理已变黄叶片，叶片则会完全恢复绿色。在复绿过程中衰老启动基因 *SAG* 的表达受到抑制，质体装配的基因开始表达，黄叶中的衰老体重新分化成有功能的叶绿体，光合作用活性也得到恢复(图 10-17)。

图 10-16 彩图

图 10-16　CTK 对烟草叶片衰老的影响

(引自 Taiz 等，2015)

左为转 *IPT* 基因植株，右为非转基因的对照植株

茉莉酸类则加快叶片叶绿素的降解，促进乙烯合成，提高蛋白酶和核糖核酸酶等水解酶活性，从而促进植物衰老。内源多胺的生物合成与乙烯生物合成的蛋氨酸途径共同竞争 S-腺苷甲硫氨酸(SAM)，与乙烯作用相反，起到延缓衰老的作用。

多数情况下，ABA 具有诱发叶片衰老的效应，但内源 ABA 和组织的衰老并没有一致的相关性。外源 ABA 处理水稻离体叶片，在叶片衰老的同时，体内纤维素酶和核糖核酸酶活性加强。在黑暗中，燕麦叶片的衰老与叶内 ABA 增加有关，ABA 引起气孔关闭，促进衰老；在光下则相反。

GA 可延缓叶片的衰老，但不具普遍性。生长素在衰老中的作用与 GA 相似，多数情况下可延迟叶片衰老的发生，但在一些特殊情况下，外施生长素会促进衰老。一般来说，生长素对草本植物可延迟叶的衰老，对木本植物则促进衰老。内源生长素或 GA 的浓度与衰老的关系还不清楚。

植物衰老不只是受某一类激素的调节，是各类内源激素的平衡及其综合效应的结果，相关激素之间通过信号交互作用调节衰老的发生(图 10-18)。幼叶中，生长素和细胞分裂素是主要的促生长、抗衰老激素，生长素通过 ARF2-ANT 抑制衰老启动基因 *SAGs* 的表达。老叶中，JA、ETH 和 ABA 为主要的启动和促进衰老激素。在黑暗和 JA 诱导的叶片衰老中，JA 信号途径抑制子 JAZ 的靶基因 *MYC2/3/4*

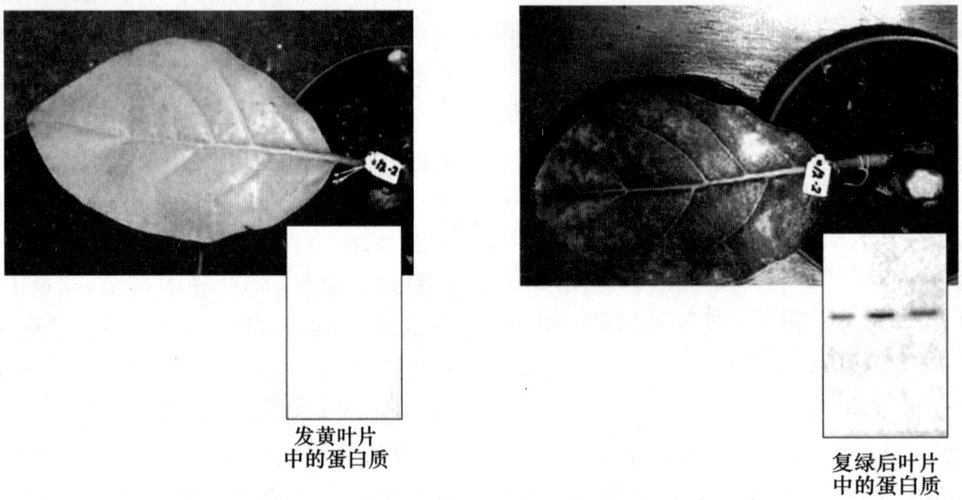

图 10-17　烟草复绿试验与蛋白质电泳图谱

(引自 Buchanan 等，2000)

左图为已经完全变黄的烟草植株最底端叶片及其蛋白质电泳图谱；

右图为用 CTK 对左图叶片处理后，叶片复绿情况及其蛋白质电泳图谱

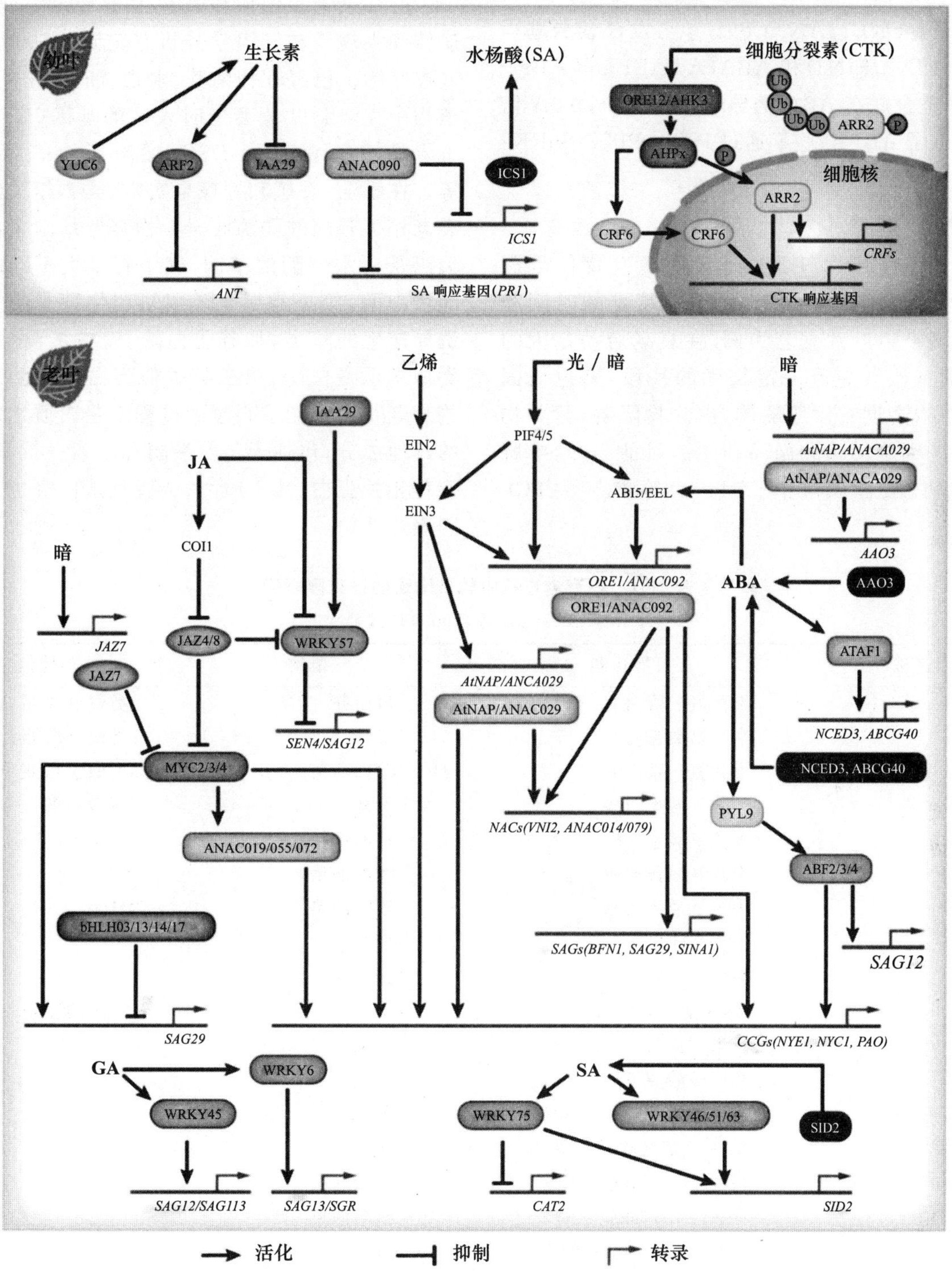

图 10-18 激素对叶片衰老的影响

(引自 Woo 等,2019)

SAG(senescence associated gene),衰老启动基因;CCG(circadian control gene),生物钟控制基因

激活 CCGs 和 SAGs。*MYC2/3/4* 下游的 NAC 转录因子 *ANAC019/055/072* 也可激活 CCGs，导致叶绿素降解。*ORE1/ANAC092* 参与发育衰老进程中的乙烯(EIN2，EIN3)和 ABA(ATAF1 and ABI5/EEL)信号整合。在 ABA 诱导叶片衰老中，ABA 信号关键调节子 *ABF2/3/4* 通过 PYLs-PP2C-SnRK2 调节途径直接激活 CCGs 和 SAGs。

5. 细胞程序性死亡

细胞程序性死亡(PCD)既受内源发育信号调控，也受外源环境信号作用，发生在特定的时间和特定的区域。以叶片衰老为例，在衰老启动基因的调控下，细胞核断裂成一定长度的片段，染色质固缩，细胞结构高度有序地解体，内含物降解，营养物质向非衰老细胞转移和循环利用。目前已知，半胱氨酸蛋白酶、酸性磷酸酶、ATP 酶等参与了 PCD 过程。

6. 基因假说

叶片衰老重组阶段发生大量转录组变化，反向遗传和大规模转录组学分析鉴定到 6 500 多个差异调控基因。已经在拟南芥、水稻、油菜、玉米、番茄等植物中克隆到叶片衰老时表达的基因(表 10-1)，如玉米的 *See*，油菜的 *LSC*，拟南芥的 *SAG*、*SENU* 等。在番茄、香蕉和柠檬果实中，成熟相关基因具有衰老相关基因的同源区。植物衰老基因主要是一些编码蛋白水解酶的基因，其中有 3 类不同的半胱氨酸蛋白酶：第一类属于禾本科植物种子萌发时大量诱导产生的酶类，如谷蛋白酶、糊粉蛋白酶；第二类类似木瓜蛋白酶；第三类类似蛋白加工酶。还有一些衰老基因可能编码衰老过程中蛋白质水解系统中的其他成分，包括天冬氨酸酶和泛素。抗真菌蛋白、病程相关蛋白、几丁质酶、金属硫蛋白等也是衰老基因表达产物。

表 10-1 在衰老过程中转录增强的已克隆基因

(引自 Buchanan 等，2000，并做补充)

基因名称	可能功能	植物	其他信息
SAG2	半胱氨酸蛋白酶	拟南芥	类似 γ-谷蛋白酶
See1	半胱氨酸蛋白酶	玉米	类似 γ-谷蛋白酶
LSC7	半胱氨酸蛋白酶	欧洲油菜	类似 γ-谷蛋白酶
See2	半胱氨酸蛋白酶	玉米	液泡加工
SAG12	半胱氨酸蛋白酶	拟南芥	
LSC790	半胱氨酸蛋白酶	欧洲油菜	
LSC760	天冬氨酸蛋白酶	欧洲油菜	
UBC4	泛素载体蛋白	烟草	
UB17	多聚泛素	马铃薯	
RNS2	RNA 酶	拟南芥	衰老的花瓣
MS	苹果酸合酶	黄瓜	
ICL	异柠檬酸裂解酶	黄瓜	
pBPCK-7A	磷酸烯醇式丙酮酸羧激酶	黄瓜	
gMDH	NAD^+-苹果酸脱氢酶	黄瓜	子叶
LSC101	果糖-1，6-二磷酸醛缩酶	欧洲油菜	
LSC540	甘油醛-3-磷酸脱氢酶	欧洲油菜	
See3	丙酮酸、正磷酸双激酶	玉米	
$LSC2C_213$	丙酮酸、正磷酸双激酶	欧洲油菜	
PTIPII	β-半乳糖苷酶	芦笋	收获期后
PLD	磷脂酶 D	蓖麻子	未脱落的叶片
Atgsr2	谷氨酰胺合成酶	拟南芥、萝卜、水稻	
LSC460	谷氨酰胺合成酶	欧洲油菜	
pTIP12	天冬酰胺合成酶	芦笋	收获期后
LSC54	金属硫蛋白 I	欧洲油菜	

续表10-1

基因名称	可能功能	植物	其他信息
JET12-like	金属硫蛋白	接骨木	
LSC2C₂10	金属硫蛋白Ⅱ	欧洲油菜	
rgMT	金属硫蛋白Ⅱ	水稻	胁迫诱导
LSC30	铁蛋白	欧洲油菜	
LSC680	ATP 硫酸化酶	欧洲油菜	
GSTII-27	谷胱甘肽 S-转移酶	玉米	
LSC650	过氧化氢酶	欧洲油菜	
LSC550	细胞色素 P450	欧洲油菜	
LSC2C₂60	细胞色素 P450	欧洲油菜	
LSC2C₂26	细胞色素 P450	欧洲油菜	
LSC94PR1a	几丁质酶	欧洲油菜	
LSC2C₂22	几丁质酶	欧洲油菜	
LSC2C₂12	抗真菌蛋白	欧洲油菜	
TOM13	ACC 氧化酶	番茄	果实成熟
TOM75	MIP 膜通道	番茄	果实成熟，水分胁迫
LSC8	NADH-UQ 氧化还原酶	欧洲油菜	
WRKY6,53	WRKY 转录因子	拟南芥	叶片衰老
NAC1	NAC 转录因子	拟南芥叶片衰老	

注：其他信息给出酶的类别或者可以检测到基因表达的其他条件。PR：病程相关蛋白；ACC：1-氨基环丙烷-1-羧酸；MIP：主要内在蛋白。

植物衰老基因的表达模式比较复杂，建立衰老过程中基因表达调控模型是阐明基因假说的重要目标。有些衰老基因在早期表达，另一些在晚期表达；一些仅在自然衰老但尚未脱落的组织中表达，另一些仅在脱落的组织中表达；一些是器官特异性表达，另一些在衰老的组织中均有表达，如编码糖原异生作用的酶的 *SAG* 在衰老叶片、子叶和萌发种子中都有表达。叶绿素降解是叶片衰老的原因之一，目前，对叶绿素分解代谢基因的调控已比较清楚，其受众多家族的转录因子调控（图 10-19）。编码叶绿素 b 还原酶将叶绿素 b 还原为叶绿素 a 的 *NYC1* 基因受 *ABF4*、*ABI5*、*ANAC019/046/092*、*EEL*、*EIN3*、*MYC2* 和 *PIF5* 等转录因子正调控。另一叶绿素 b 还原酶基因 *NOL* 被 ORE1 激活。NONYELLOWINGs（NYEs）/STAYGREENs（SGRs）具有去镁活性，参与叶绿素 a 到叶黄素的转变。*ABF2/3/4*、*ABI5*、*ANAC016/019/046/072/092*、*EEL*、*EIN3*、*MYC2* 和 *PIF4/5* 转录因子直接激活 *NYE1/SGR1* 基因表达，*ABF2/3/4* 和 *ANAC019/046* 激活 *NYE2* 基因表达。值得注意的是一个 MADS 盒家族转录因子 *SOC1*（*SUPPRESSOR OF OVEREXPRESSION OF CO 1*）直接抑制 *NYE1* 和 *PHEOPHYTINASE*（*PPH*）表达。PPH 水解去镁叶绿素 a 产生去镁叶绿酸盐 a 和叶绿醇。

10.3.4 环境条件对植物衰老的影响

除受遗传因素控制外，环境条件对植物衰老也有一定的调节作用，适宜环境可延缓衰老，逆境条件则促进衰老的发生。影响植物衰老的主要环境因素有光、温度、气体、辐射、干旱、营养亏缺、病原微生物以及存在于水、空气和土壤中的有毒物质等。

1. 温度

低温和高温条件下，促进自由基产生，打破植物体内自由基平衡，使生物膜脂相变和膜脂过氧化，加速衰老的发生和进程。

2. 光照

各类研究已表明，光对衰老的启动和发展具有直接作用，但影响较复杂。适合强度光照能延缓衰老，弱光和黑暗加速衰老；强光和紫外光则促进自由基产生，诱发衰老。日照长度对衰老也有一定影响。长日照促使 GAs 合成，利于生长，延缓叶绿素降解，从而延缓衰老，所以路灯下枝条落叶较晚；短日照则促使 ABA 合成，加速衰老脱落。光质也影响衰老的发生。红光可阻止叶绿素和蛋白质含量下降，延缓衰老；远红光则能消除红光的作用；蓝光可显著延缓绿豆幼苗叶绿素和蛋白质的减少，延缓叶片衰老。

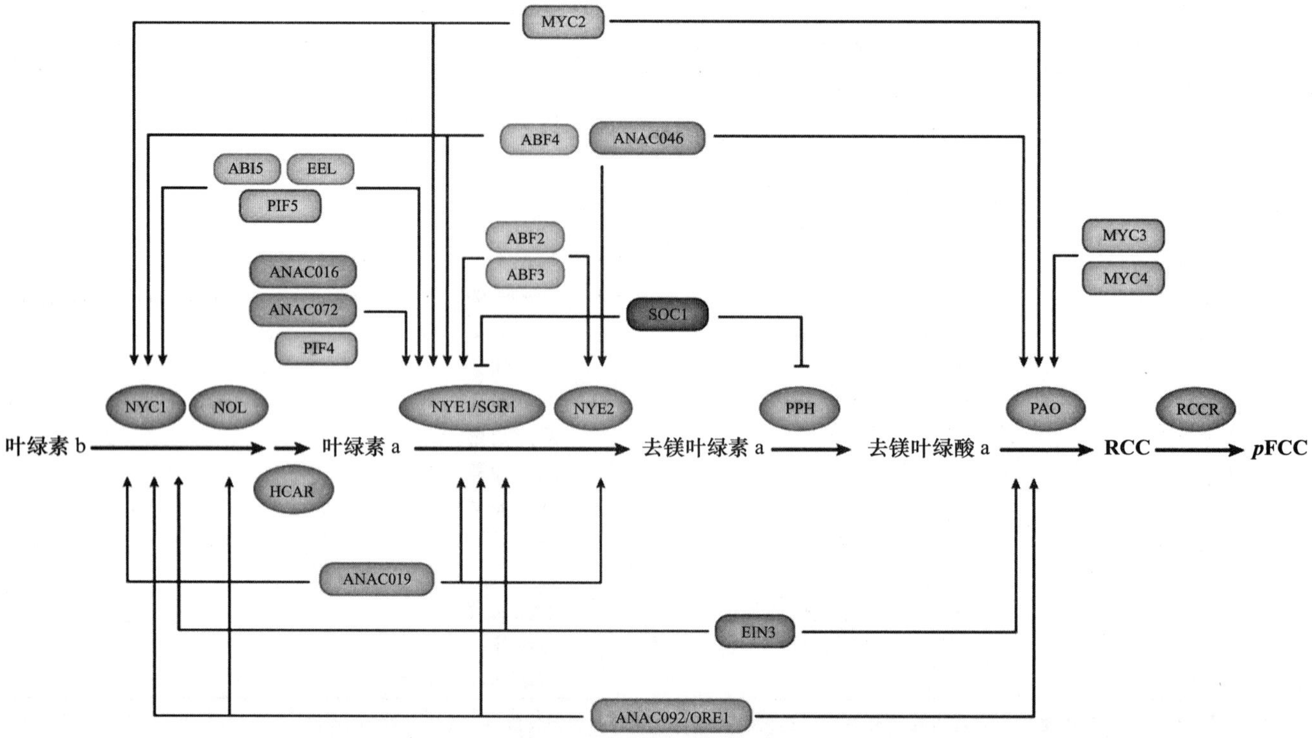

图 10-19　脱镁叶绿素 a 加氧酶/藻胆素途径中叶绿素分解基因的转录调控

（引自 Woo 等，2019）

RCC(red chlorophyll catebolites)红色叶绿素代谢物；*p*FCC(primary fluorescent chrolophyll catebolite)初级荧光叶绿素代谢物

3. 气体

O_2 过高，加速自由基形成，从而加快植物衰老。高浓度 CO_2 可抑制乙烯形成和呼吸速率，延缓衰老，用 5%～10% CO_2 并结合低温可延长果实和蔬菜的贮藏期。O_3 污染可加速植物衰老。

4. 水分

水分胁迫促进乙烯和 ABA 的形成，加速蛋白质、叶绿素的降解，叶绿体解体，降低光合作用，提高呼吸速率，加速物质分解，增加自由基，加速衰老。淹水加速植物衰老，与细胞分裂素和乙烯受到影响有关。盐胁迫也引起植物早衰。

5. 矿质营养

矿质元素缺乏促进植物衰老。氮不足叶片易衰老，增施氮肥，可延缓叶片衰老。Ca^{2+} 具有稳定膜的作用，减少乙烯的释放，延缓果实成熟衰老。Ag^{+}、Ni^{2+} 可延缓水稻叶片衰老。镉、铝等诱导衰老的发生。

此外，病毒、细菌、真菌等病原微生物通过增加 ABA 而使侵染叶片早衰。

10.3.5　植物衰老的调控

1. 遗传调控

衰老是由植物遗传程序控制的，受到系列基因调节，包括衰老下调基因和衰老相关基因，前者在衰老期间表达下调，降低或关闭部分生理活动，如参与光合作用的基因；后者在衰老期间被诱导表达，包括水解酶、乙烯合成酶、脱氧核糖核酸酶、核糖核酸酶、蛋白酶、磷脂酶等基因。可通过这些基因或衰老启动子工程技术来促进或延缓衰老，目前主要途径有抑制促进衰老激素如乙烯的形成，或者使抑制衰老激素如细胞分裂素过量产生。如前述的转 *ipt* 基因及后面的转乙烯受体基因 *etr1* 就是延缓叶片衰老的成功案例。

2. 激素调控

植物的衰老受多种激素调控，细胞分裂素是最重要的延缓激素，而乙烯则为最重要的加快衰老激素。一般来说，低浓度生长素、细胞分裂素、赤霉素、油菜素内酯、多胺等能够延缓衰老，而脱落酸、乙烯、茉莉酸、高浓度生长素促进衰老。在生产实践中，已广泛应用各种激素或生长调节剂来调控衰老，如用乙烯利对香蕉、柿子、苹果、梨、番茄等的果实进行催熟，用6-苄基腺嘌呤延缓蔬菜、食用菌的衰老。但要注意由于内源激素水平、器官对激素敏感性的差异，会造成外源激素对不同物种的效应程度不同。

3. 环境因素调控

在生产实践中，可通过栽培管理技术和贮藏条件来改变环境，调控植物衰老。如通过合理的肥水管理延缓作物叶片、根系衰老，延长作物光合作用时间，提高产量；使用 $AgNO_3$、Ca^{2+}、氨基乙氧基乙烯甘氨酸(aminoethoxyvinyl glycine，AVG)等延长鲜切花寿命；利用低温结合低氧延长果蔬贮藏期限。

10.4 器官脱落生理

10.4.1 植物器官脱落及机制

脱落是指植物组织或器官与植物体分离的过程，分正常脱落、胁迫脱落、生理脱落三种类型。正常脱落是衰老或成熟引起的，胁迫脱落是逆境所致，生理脱落则是植物自身的生理活动引起的。

1. 离层的产生与脱落

离层是在叶柄、花柄、果柄等基部的几层细胞先进行几次分裂所产生的数层小细胞，脱落前，细胞衰退，变得中空而脆弱，纤维素酶、果胶酶活性明显增加，胞间层甚至初生壁乃至整个细胞解体；同时，维管束的导管也失去作用，在重力、风力等作用下，器官沿离层脱落(图 10-20)。

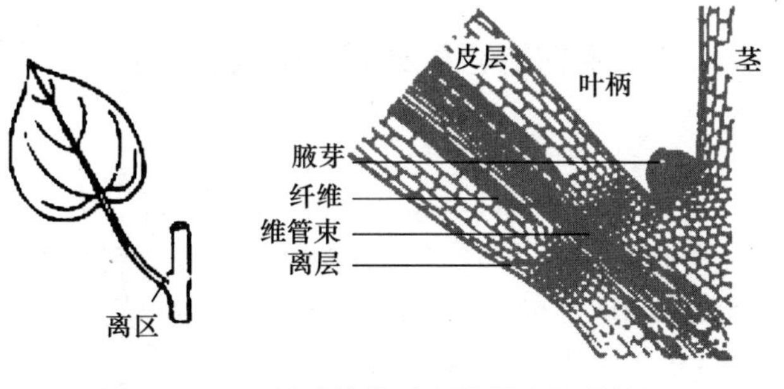

图 10-20 双子叶植物叶柄基部离层纵切面

(引自 Steward 和 Krikorian，1971)

2. 植物激素与脱落

(1)生长素 生长素与离层形成直接相关，其对器官脱落的效应与浓度、时间、部位有关。已证明有些果实的自然脱落与生长素含量的降低密切相关，较高的生长素含量可抑制器官脱落。但进一步试验表明，生长素施于近轴端，促进器官脱落，而施于远轴端，则抑制脱落。因此，Addicott 等于 20 世纪 50 年代提出生长素梯度学说，来解释生长素与器官脱落的关系。该学说认为不是离层内的生长素的绝对含量，而是离层两端生长素的浓度梯度控制着离层的形成，从而控制器官的脱落。生长素浓度梯度大，即远轴端生长素含量高于近轴端时，离层不能形成，器官不脱落；梯度小时，即远轴端生长素含量低于或等于近轴端时，加快离层形成，器官脱落。

(2)乙烯 乙烯作为脱落过程的主要调节剂，既引起或加速器官衰老，调节离层形成，又促进离层细胞中水解酶类，包括纤维素酶、果胶酶的诱导合成。许多研究表明，大多数植物叶片和花果自然脱落、幼胚败育、病虫害等都使乙烯增多，促进脱落，促进脱落的药剂也促进乙烯的释放。转基因植物研究更进一步证实了乙烯促进脱落的作用。在外源 50 mg·kg^{-1} 乙烯处理后，野生型桦树的大部分树叶脱落，转拟南芥乙烯受体 ETR1 的显性突变基因 *etr1* 植株叶片没有脱落，原因是 *etr1* 结合乙烯，负调节乙烯反应(图 10-21)。

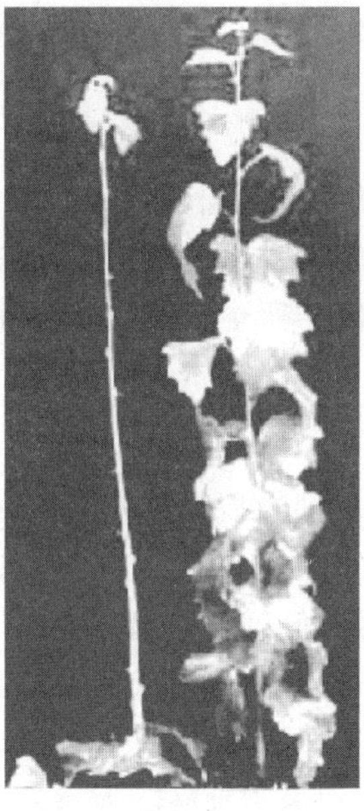

图 10-21 乙烯对桦树(*Betula pendula*)叶片脱落的影响

(引自 Vahala 等，2003)

左为野生桦树；右为转拟南芥乙烯受体基因 *etr*1 桦树

一些乙烯合成抑制剂如 CO_2、Ag^+、AVG，能够延缓幼花、幼果的脱落。

从以上可见，生长素和乙烯都与叶片脱落密切相关，那么生长素和乙烯的关系如何？它们是怎样起作用的？Reid 提出了激素控制叶片脱落的模型（图 10-22），他把叶片脱落分为 3 个明显区别又顺序联系的时期：①叶片维持期。在感知外界或内在启动脱落的信号前，叶片健康生长，功能正常，维持远轴端高于近轴端的生长素浓度梯度，离层细胞处于非敏感状态。②脱落诱导期。远轴端生长素浓度下降，远轴端与近轴端的生长素浓度梯度降低甚至形成相反的浓度梯度，离层细胞对乙烯敏感性增强。促进叶片衰老的处理如乙烯能够通过干扰生长素的合成和运输而促进脱落。③脱落期。被激活的离区细胞对低浓度的乙烯做出响应，合成和分泌纤维素酶以及其他细胞壁降解酶，导致叶片脱落。

（3）ABA　ABA 能够促进器官的脱落，其主要作用是：促进乙烯的释放，增强器官对乙烯的敏感性，降低或抵消生长素、CTK、GA 对器官衰老的延缓作用，从而促进脱落。但仅能诱导少数植物器官脱落。

（4）GA 和 CTK　GA 和 CTK 能够延缓衰老而减少脱落。生产上常用 GA 来促进番茄、棉花、苹果、柑橘等幼果发育，进行保花、保果。

图 10-22 彩图

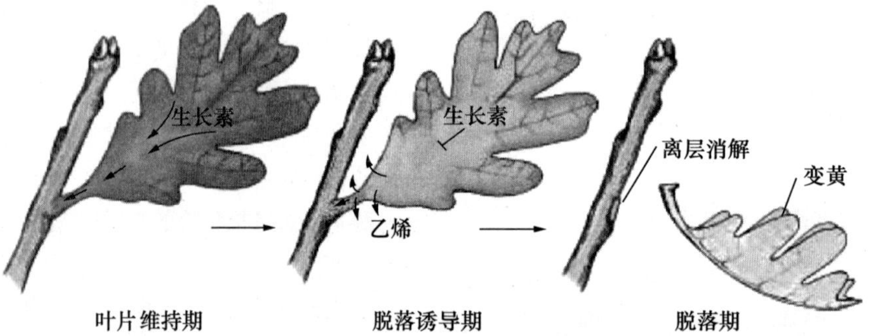

图 10-22　生长素和乙烯在叶片脱落中的作用

（引自 Reid，1995）

10.4.2　环境条件对脱落的影响

1. 温度

温度过高或过低，促进脱落。高温条件一方面引起土壤干旱促进脱落；另一方面促进呼吸作用，加速有机物的消耗。秋季低温是影响树木落叶的重要原因。

2. 氧气

高氧或低氧加速脱落。高氧（25%～30%）时，能够促进乙烯的合成，增加光呼吸，消耗过多的光合产物，加速脱落。低氧则抑制呼吸作用，降低根系对水分及矿质元素的吸收，造成植物发育不良，也会导致脱落。如淹水使土壤中氧分压降低，植物无氧呼吸导致叶片、花和果实脱落。

3. 水分

干旱或淹水促进脱落。原因是破坏植物体内各种激素平衡，提高 IAA 氧化酶的活性，使 IAA 含量及 CTK 活性降低，促进离层的形成。

4. 矿质元素

缺 N、Zn、B、Ca 会导致脱落。缺 N、Zn 会减少 IAA 的合成；缺 B 会使花粉败育，导致花而不实；Ca 是细胞壁中果胶酸钙的重要组成部分。

5. 光照

强光抑制或延缓器官脱落，弱光促进脱落。作物密度过大时，下部叶片过早脱落，原因是弱光下光合速率降低，糖类物质合成减少。长日照延迟脱落，短日照促进脱落，可能与 GA、ABA 的合成有关。

10.4.3　植物器官脱落的调控及应用

1. 脱叶与保叶

在生产实践中，经常需要脱叶或保叶。脱叶有利于甘蔗、大豆、棉花等作物的采收，可采用化学脱叶剂乙烯利、氯酸镁、硫氰化铵、2，3-二氯异丁酸、N-苯基-N′-1，2，3-噻二唑-5-脲（TDZ）等。

在花卉、蔬菜、烟草生产中，多需要延缓叶片衰老和脱落。此时，可用适当浓度的 NAA、$AgNO_3$、硫代硫酸银等，以抑制乙烯的形成。

2. 疏花、疏果和保花、保果

合理疏花、疏果（主要是去掉部分幼果）能够使植株营养物质分配合理，保证成花质量，最终提高果实品质和档次，特别是大年的荔枝、龙眼等，花量过多，成幼果多，但营养不足，会导致幼果脱落，影响成果质量。常用疏花的化学药剂有二硝基化合物、石灰硫黄合剂等，使用浓度 0.08%～0.2%，能够杀死花粉、柱头，抑制花粉管伸长。疏果则常用 NAA、乙烯利、萘乙酰胺等。为了机械采收葡萄或柑橘等果实，常用氟代乙酸、亚胺环己酮等先使果实脱离母体枝条。此外，也可用萘乙酸或萘乙酰胺使梨、苹果疏花疏果，以避免坐果过多而影响果实的品质。

在果蔬、棉花生产中，保花、保果，减少落花、落铃则是另一必要措施，特别是针对小年的荔枝、龙眼、棉花落铃等，常用药剂有 GA、萘乙酸钠、2,4-D、B_9 等。如用 10～25 $mg \cdot L^{-1}$ 2,4-D 溶液喷施，可防止番茄落花、落果；采用乙烯合成抑制剂 AVG 能有效地防止果实脱落，乙烯作用抑制剂硫代硫酸银能抑制花脱落；在棉花结铃盛期施用 20 $mg \cdot L^{-1}$ 赤霉素溶液，可防止和减少棉铃脱落。

此外，还可通过改善水肥条件、与衰老基因表达有关的基因工程手段来调控脱落。

思考题

1. 种子发育及成熟过程中有哪些生理生化变化？
2. 顽拗性种子不耐脱水的主要原因是什么？保存时可采取什么措施？
3. 影响果实生长与成熟及大小的主要因素有哪些？
4. 乙烯与果实成熟的关系及其作用机理有哪些？
5. 肉质果实成熟期间在生理生化上有哪些变化？
6. 影响果实着色的因素有哪些？
7. 植物衰老时在生理生化上有哪些变化？
8. 引起植物衰老的可能因素有哪些？
9. 环境因素对衰老有什么影响？
10. 如何调控器官的衰老与脱落？其内在机制是什么？

第11章 植物逆境生理

一般植物要完成种子萌发、生长、运动、开花、结实等生长发育过程，需要充足的水分、合理的矿质营养、适宜的光照、温度和足够的氧气等环境条件。然而在自然条件下，世界地域辽阔，各地由于所处地理位置、气候条件、病虫害及由于工农业发展所带来的环境污染等情况的差异，即使同一地区，一年四季也有冷、热、旱、涝之分，植物常常是生活在多变的环境中，而且与动物相比，植物在所生活的环境中“植立不动”，空间位移性差。因此，自然界的植物在生长过程中几乎不可避免地要遭受多种不良环境的影响，有时这种影响有时是极为严重甚至是致死的。因植物种类和不良环境因素的不同，植物也会有不同的表现，有的能维持生存，有的则受害死亡。比如，在茫茫沙漠，由于高温、缺水，大部分植物无法生存，但仍可见到少数如仙人球、仙人掌等植物的生长、繁衍；在盐碱地区，仅有柽柳、碱蓬、盐角草等植物生长良好；在“世界屋脊”——我国西藏高原 5 000 m 处，可见顶着皑皑白雪绽放的雪莲花；等等。

我国幅员辽阔，地形复杂，气候多变。研究植物在各种不良环境下的生命活动规律，特别是植物在长期进化和适应环境变化的过程中逐步形成的抵御不良环境变化的生理和分子机制，对于提高我国农、林、草业生产水平和生态环境的保护有着重要的理论和现实意义。

11.1 植物逆境生理通论

11.1.1 逆境与胁迫的概念

自然界中的植物并非总是生活在适宜的环境条件下，经常要遭受干旱、冷冻、高温、盐渍、病虫害、大气污染等不良环境因素的影响。凡对植物生长或生存不利的各种环境因子统称为“逆境”(stress)。对于植物而言，逆境也就是环境胁迫，因此，“stress”一词也常被译为“胁迫”。

相对于植物的环境胁迫可分为非生物胁迫(abiotic stress)(即物理、化学胁迫，如干旱、低温、高温、盐渍、辐射等)和生物胁迫(biotic stress)(如病害、虫害、杂草、鼠害等)，具体的逆境因子也可粗略地分为自然产生的和人为造成的，前者如冷、热、涝、旱等，后者如水、土壤、大气的污染等(图 11-1)。

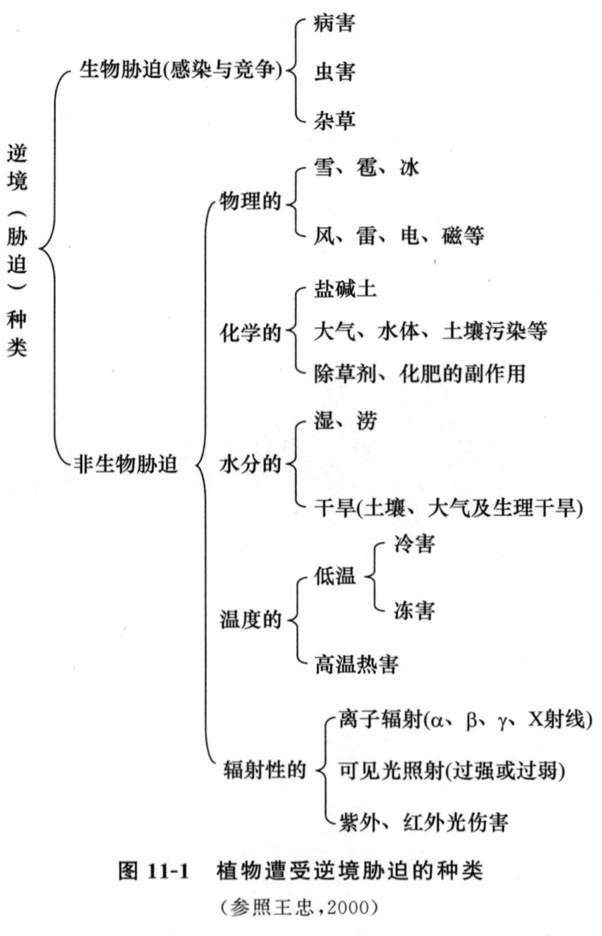

图 11-1 植物遭受逆境胁迫的种类

(参照王忠，2000)

11.1.2 逆境对植物生理代谢过程的影响

1. 植物体内水分状况的变化

众多的研究已经表明，植物在干旱、低温、高温、盐渍和病害等逆境胁迫下体内水分状况的明显变化是首先要面临的问题，都存在水分亏缺(water deficit，WD)的共性。其原因主要是在上述逆境下，植物吸水能力明显降低，蒸腾量虽也减少，但由于蒸腾量大于吸水量，植物细胞失水，组织含水量降低，普遍发生萎蔫现象。

2. 植物细胞质膜透性的变化

植物细胞的质膜、液泡膜等膜系统被认为是逆境伤害的敏感部位，其明显表现是膜透性加大，胞内物质明显外渗，电解质渗漏率或电导率加大。这常被用作衡量植物遭受逆境影响程度或植物抗性强弱的主要指标之一。

3. 光合作用的变化

在各种逆境下，植物的光合作用强度都呈现下降的趋势。逆境导致光合作用下降的原因很多。在高温胁迫下，植物光合作用的下降可能与叶绿体结构受损、光合酶的变性失活有关，也可能与脱水时气孔关闭、增加气体扩散阻力有关。在干旱条件下，由于气孔关闭而导致光合作用的降低则更为明显。

4. 呼吸作用的变化

植物在逆境条件下的呼吸作用变化不一，其变化有 3 种类型：①呼吸速率逐渐下降，如植物在冻害、高温、盐渍和淹水胁迫发生时；②呼吸速率先升后降，如植物在冷害和干旱胁迫发生时；③呼吸速率明显增强，如植物在感染病菌时，呼吸显著增高，且这种呼吸速率的增高与菌丝体本身的呼吸无关。

5. 植物体内物质代谢的变化

在干旱、低温、高温等逆境下，植物体内磷酸化酶和蛋白酶的水解活性提高，淀粉水解和蛋白质降解加剧，而合成降低，使体内可溶性糖类(如葡萄糖、蔗糖等)和可溶性氮含量增加。同时，在逆境下某些蛋白质(如逆境诱导蛋白)合成能力也增强。此外，植物内源脱落酸(ABA)含量明显增加也是植物响应各种逆境的一种普遍表现。目前，各种逆境条件下植物体内特异蛋白的基因表达和内源 ABA 参与的环境信号转导系统的研究已深入到分子水平，正受到国内外研究者的普遍关注，它们对于揭示植物的抗逆机制和提高植物的抗逆性将会起到非常重要的作用。

11.1.3 植物对逆境的适应及其机理

植物对各种逆境因子的适应和抵抗能力称为植物抗逆性，简称抗性(resistance)。这是植物在长期的系统发育或进化过程中或经抗性锻炼(hardening)后逐渐形成的。植物抗性的方式主要表现在避逆性(stress avoidance)和耐逆性(stress tolerance)两方面。

避逆性指植物在遇到不良环境时，能够在体内建立某种屏障，以避开胁迫的直接伤害，在相对适宜的环境中完成生活史，如调整生育期、形成特殊形态结构(如茎肉质化，叶表面覆盖茸毛、蜡质等)。如生长于沙漠地区的某些植物(如滨藜属植物)只能在雨季生长，或肉质化(如茎)，可以保持大量水分，维持高水势，从而减轻干旱的伤害；位于高温地带的植物(如蓝绿藻)，其蒸腾作用特别剧烈，这样可以迅速降低体温，以避免高温伤害。

耐逆性指植物处于内外环境都不利的条件下，通过代谢的变化来降低甚至修复由逆境造成的损伤或影响，使其仍保持正常的生理活动。如植物遭遇干旱或低温时，细胞内的渗透调节物质会增加，以降低细胞渗透势，提高细胞保水能力。例如，一些苔藓植物，在极度干旱的环境中仍能存活，在水分充足时，又可以旺盛生长；一些盐生植物可在高达 5% 的盐渍环境中正常生长，忍受高浓度的盐分胁迫；等等。

上述 2 种方式中前者是不利因素未进入组织，多来源于植物的形态、解剖特点，组织本身通常不会产生相应的伤害反应；后者是植物虽经逆境影响，但在可忍耐的范围内，植物可通过生理反应修复或减轻伤害，这往往与植物的内部生理机制有关。但植物对逆境的抵抗往往具有双重性，两种方式不能截然分开，可在植物体上同时出现。

以上是从植物的表型适应角度概述了植物对抗胁迫的主要方式。目前，随着生物科学技术的不断发展，研究手段和技术水平的不断完善和提高，人们已经可以越来越多地从细胞、亚细胞乃至分子水平揭示植物抗逆的生理和分子机理。下面将植物对不良环境的生理适应分别予以阐述。

1. 生物膜

生物膜系统是植物细胞或细胞器与周围环境的一个界面结构，它既能接受和传递环境信息，又能对环境胁迫做出反应，在保持植物体正常生理生化过程的稳定性上起重要作用。生物膜系统主要由蛋白质和类脂组成。其中膜蛋白部分主要有调节离子、其他溶质运输的通道蛋白、载体蛋白以及进行某些代谢反应的酶等，而膜上类脂的物理状态对膜蛋白的活性影响很大。

植物生物膜系统是各种逆境伤害的敏感部位。在电镜下观察得知，各种细胞器的膜系统在胁迫条件下都会膨胀或破损，透性加大，膜脂和膜蛋白组分会发生改变，影响膜结构和功能的完整性。所以生物膜和抗逆性有着密切的联系，维持膜结构和功能的完整性是形成植物抗逆性的必要条件，这种维持能力的差异可在一定程度上构成不同植物抗性的差异。

对低温胁迫的研究证明，膜脂组分碳链越短，不饱和脂肪酸越多，不饱和度越大，其固化温度越低，植物抗低温的能力就越强。例如，水稻粳稻品种的抗冷性大于籼稻品种，就是因为在相同温度下形成的水稻胚的膜脂脂肪酸不饱和度，粳稻大于籼稻；经过低温锻炼的植物，不饱和脂肪酸的比例增加，使植物冷害减轻。但植物的抗热性与膜脂不饱和脂肪酸的关系与上述相反。

2. 渗透调节

干旱、低温、高温、盐渍等多种逆境都会直接或间接地对植物形成水分亏缺或渗透胁迫，在这种情形下，某些植物体内可主动积累多种有机和无机物质来提高细胞液浓度，降低渗透势，提高细胞吸水或保水能力，从而适应水分胁迫环境。人们把这一过程称为渗透调节（osmotic adjustment 或 osmoregulation）（图 11-2）。

图 11-2 彩图

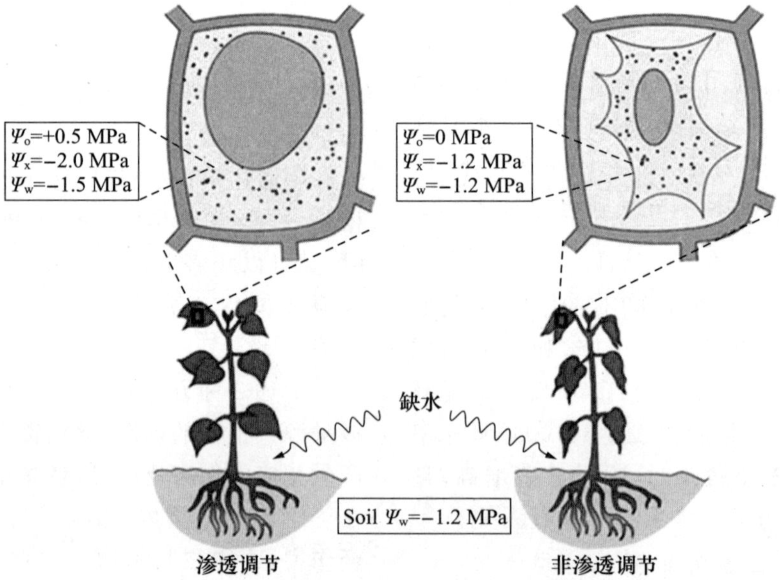

图 11-2 水分亏缺条件下植物细胞的渗透调节效应

（引自 Buchanan 等，2015；Bhatla，2018）

大量研究表明，渗透胁迫发生时，植物细胞会被动地丢失一些水分，除此之外，逆境会诱导参与渗透调节的基因（如参与脯氨酸合成的吡咯啉-5-羧酸合成酶基因 *P5CS*，参与甜菜碱合成的甜菜碱醛合成酶基因 *BADH* 等）的表达，形成一些渗透调节物质（osmoprotectants）（图 11-3）。参与渗透调节作用的物质既有从外界环境进入细胞的无机离子，如 K^+、Na^+、Cl^- 等；也有植物体内合成的亲和性（compatible）的有机溶质，有机溶质中主要有脯氨酸（proline）、甜菜碱（betaine）、甘油、多元醇（polyols）[如甘露醇（mannitol）、山梨醇（sorbitol）等]、糖类[如蔗糖、果聚糖（fructosan）、海藻糖（trehalose）等]。

脯氨酸作为渗透调节物质具有如下优点：①pI 为 6.3，是个近中性化合物，因此，它在细胞质中大量积累，不会引起胞质 pH 的明显改变；②相对分子质量小，溶解度高，降低细胞质渗透势的潜力大；③毒性较低；④对细胞内许多酶有保护效应，保持膜结构的完整性；⑤合成脯氨酸的酶系统对胁迫反应敏感，胁迫时可快速积累以降低细胞渗透势。因此，脯氨酸被认为是一种很有效和重要的有机渗透调节物质。植物受到胁迫时，其含量会急剧上升，甚至达到几十至几百倍。外施脯氨酸可对植物渗透胁迫有一定的缓解作用。

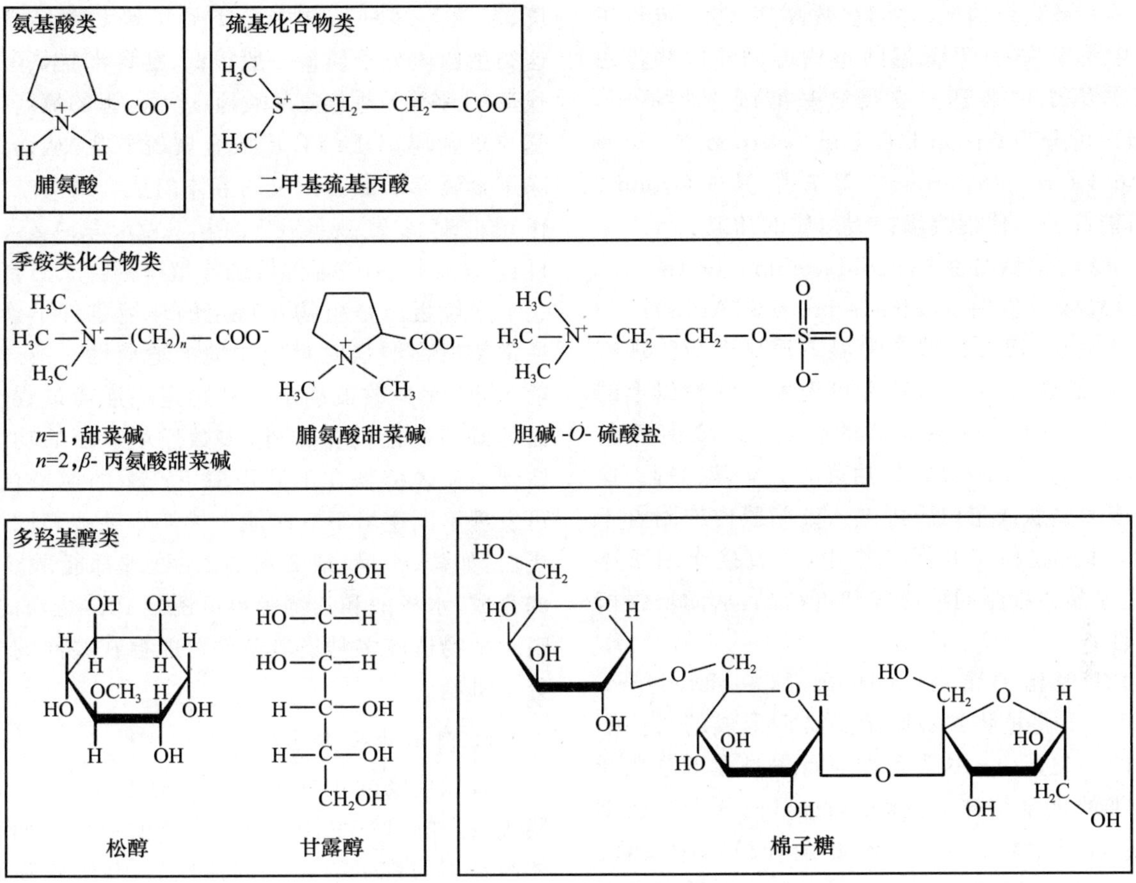

图 11-3 几种渗透调节物质的结构式

(引自 Buchanan 等,2015)

甜菜碱是另一种重要的细胞质渗透调节物质。它是一类季铵类化合物,化学名称为 N-甲基代氨基酸,通式为 R_4NX。植物中的甜菜碱主要有 12 种,其中甘氨酸甜菜碱(glycine betaine)是最简单也是最早发现、研究最多的一种,其他比较重要的有丙氨酸甜菜碱(alanine betaine)和脯氨酸甜菜碱(praline betaine)。在干旱或 NaCl 胁迫下,大麦、小麦、黑麦等作物体内积累甜菜碱。在盐生植物中它累积在细胞原生质里,形成低渗透势,从而与液泡中的盐分保持渗透平衡,维持植物在盐渍条件下的正常生理活动。

需要指出的是,用无机离子进行渗透调节比较经济,但过多积累会伤害细胞并抑制其中许多酶的活性,此过程主要在液泡中进行;利用有机物质进行渗透调节,虽然无直接毒害作用,但消耗了大量的光合产物。

3. 逆境蛋白

在逆境条件下,植物体内部分基因的正常表达和蛋白质的合成受到抑制,而启动一些与逆境相适应的基因表达。现已发现多种因素如高温、低温、干旱、缺氧、病原菌、紫外线、化学物质(如重金属)等能诱导形成新的蛋白质(或酶),这些蛋白质统称为逆境蛋白(stress proteins)。逆境蛋白的种类很多,下面介绍主要的几类。

(1)渗压素或渗调蛋白(osmotin) 是某些植物(如烟草)悬浮培养细胞受 NaCl 和 ABA 诱导产生的分子质量约为 26 ku 的蛋白,它可占细胞蛋白总量的 10%~12%,定位于液泡内含体,可能是一种脱水储存蛋白。番茄中该基因(*pNP24*)已被鉴定。

(2)热激蛋白或热休克蛋白(heat shock proteins,HSPs) 是短期高温处理诱导植物体内合成的一类高度保守的逆境蛋白,它们也可受除高温之外的其他很多生物和非生物逆境的诱导。在正常的生长条件下,HSPs 在细胞中也大量存在。现在已知的大多数 HSPs 具有典型的分子伴侣(chaperone)的生理功能。

(3)胚发生晚期丰富蛋白(late embryogenesis abundant proteins,LEAs) 是在种子成熟脱水期开

始合成的一系列蛋白质，它们多数高度亲水，定位于细胞质中。干旱、盐及低温胁迫均可诱导这些蛋白质在营养组织中表达。按照氨基酸顺序的不同，LEA 蛋白可分为 Group 1，Group 2，Group 3，Group 4，Group 5，Group 6，Group 7 等 7 组，其中 Group 2 LEA 可能起分子伴侣或保护蛋白质的功能。

(4)冷驯化诱导蛋白(cold-acclimation-induced proteins)或抗冻蛋白(antifreeze proteins，AFPs) 为植物经低温或 ABA 处理在常温下诱导合成。现有研究表明，低温(2～6 ℃)锻炼可诱发 100 种以上的抗冻基因(antifreeze genes)的表达，如拟南芥的 *COR*(*cold-regulated*)基因、油菜的 *BN* 基因等。这些新合成的多肽或蛋白质可嵌入细胞膜内或附着于膜表面，对膜起稳定和保护作用，或直接作用于冰晶，阻止冰晶在细胞间隙形成和再结晶，从而增强植物抗冻性。

(5)病程相关蛋白(pathogenesis-related proteins，PRs) 是植物被病原菌感染后形成的与抗病性有关的一类蛋白。这类蛋白质首先是在烟草花叶病毒感染的烟草植株中检测到的，目前至少已在烟草、番茄、玉米、大麦、柑橘等 20 余种植物中发现。这类蛋白质没有病原特异性，而是由寄主反应类型决定的，说明是寄主起源的。PRs 主要存在于细胞间隙，相对分子质量一般不超过 40 ku，常具有水解酶活性。几丁质酶和 β-1，3-葡聚糖酶是其常见的代表，它们对病原真菌的生长有抑制作用。

(6)厌氧蛋白(anaerobic stress proteins，ANPs) 是植物在缺氧条件下(如淹水)，原来的蛋白(正常蛋白)合成受阻时新合成的一组蛋白质。目前已在玉米、大豆、水稻、高粱、大麦等多种植物中发现了 ANPs 的存在。现在已经确定有些 ANPs 是催化糖酵解和无氧呼吸有关的酶类，其中乙醇脱氢酶(ADH)是研究最多的一种。由于乙醇发酵是高等植物细胞在缺氧条件下产生 ATP 的主要代谢途径，在缺氧时 ADH 等含量和活性增加，对于改善细胞的能量供应和提高植物抵抗缺氧环境是有利的。

(7)重金属结合蛋白(heavy metal binding proteins) 是植物在遭受重金属(如铜、锌、铅等)胁迫时，体内迅速合成的一类束缚重金属离子的多肽。根据其合成和性质的差异，可将其分类为金属硫蛋白(metallothioneins，MTs)和植物螯合肽(phytochelatins，PCs)。迄今已在番茄、水稻、玉米、烟草、甘蔗、菠菜等多种植物中分离到了镉和铜结合蛋白。这类蛋白质分子质量一般很低，富含半胱氨酸(Cys)残基，几乎无芳香族氨基酸，通过 Cys 上的巯基(—SH)基与重金属离子结合形成金属硫醇盐，从而起到解除重金属离子毒害以及调节体内重金属离子平衡的作用。现已发现 Cd^{2+}、Pb^{2+}、Zn^{2+}、Ag^{+}、Ni^{2+}、Hg^{2+}、Cu^{2+}、Au^{+} 等都可诱导植物螯合肽的合成。

逆境蛋白是植物在特定的环境条件下产生的，通常使植物增强对相应逆境的适应性。不过，到目前为止，除少数被确定为植物适应逆境过程中所必需的酶或功能性蛋白外，多数逆境蛋白的功能尚不清楚。比较植物在不同逆境下产生的逆境蛋白，还可发现不同逆境下有时能诱导产生某些相同的逆境蛋白，如盐、干旱、缺氧和 ABA 处理都能诱导 HSPs 的合成，水杨酸和乙烯等也可诱导 PRs 蛋白的合成，暗示植物适应多种逆境条件可能存在共同的生理和分子机制。

4. 自由基与活性氧

需氧生物的正常生命活动离不开氧，但氧的某些代谢产物对有机体又有着有害的一面。如果生物体内积累过多的自由基与活性氧，其细胞膜及生物大分子将会遭受破坏。活性氧(reactive oxygens，ROS)指生物体内由氧直接或间接转化而成并且性质活泼的含氧物质的总称，如：$\cdot O_2^-$(超氧阴离子)，$\cdot OH$(羟自由基)，H_2O_2，ROO·(脂类过氧化物)，$^1O_2$(单线态氧)等。自由基(free radicals)指游离存在的带有不成对电子的原子或基团。前例中的 $\cdot O_2^-$，$\cdot OH$，和 ROO· 也属于自由基(含氧自由基)，可见活性氧和自由基两者在概念上虽有区别，也有交叉。在正常情况下，植物体内发挥清除活性氧功能的有酶系统和非酶系统(详见 10.3.3)，使植物细胞内活性氧的产生和清除处于一种动态平衡或稳态(homeostasis)状态，活性氧的总体水平很低，不会伤害细胞。但植物遭受逆境时，这个平衡被打破，导致活性氧积累，通过膜脂过氧化作用，产生较多丙二醛(MDA)、乙烯等物质，膜结构破坏。膜系统破坏，就会导致一系列生理生化紊乱，严重时植物就会死亡。维持活性氧产生和清除动态平衡或稳态的能力可体现植物抗逆性的差异。

5. 交叉适应与脱落酸

有研究表明，烟草叶子受到脱水胁迫后，获得了对随后低温和缺氧胁迫的抵抗力。遭盐胁迫的黄瓜幼苗改善了其后对低温的抗性。植物的这种对不同逆境因子的相互适应现象称为交叉适应(cross adaptation)。

从植物对各种胁迫环境的生理响应中可发现有许多共同之处。例如,各种胁迫都会引起水分亏缺或脱水胁迫、原生质膜透性加大、光合作用下降、呼吸作用紊乱和物质分解大于合成等。从生理适应的角度也发现许多相似之处,如多种逆境下植物体内ABA、乙烯含量都会增加,都会积累脯氨酸等渗透调节物质,都有保护生物膜的活性氧清除系统(包括酶的和非酶的),都会产生逆境蛋白(其中有些是相同或相似的),由此人们推测,植物对各种胁迫的适应可能也存在共同的机理。

植物在多种逆境条件下体内的ABA明显积累,故ABA有"胁迫激素"(stress hormone)之称。有研究表明,外施适当浓度($10^{-6}\sim10^{-4}$ mol·L^{-1})的ABA可以提高作物的抗寒、抗冷、抗旱和抗盐能力。潘瑞炽等认为,ABA可减少膜的伤害、减轻自由基伤害、减少水分丧失和促进脯氨酸等物质的合成等。现代植物生理和分子生物学的研究表明,ABA是引起交叉适应的关键物质之一,它在各种胁迫条件下,可通过诱导某些特异性基因的表达或参与植物逆境信号的转导过程,提高植物的抗逆性。例如,用从ABA处理过的植株中分离到的mRNA进行体外翻译,发现一种20 ku的特异多肽和ABA诱导的耐冷性增加有密切关系。

11.1.4　提高植物抗逆性的一般途径

1. 抗性锻炼(hardening)

将种子或植株或某个器官、组织置于不良环境中一段时间后,可提高其抗逆能力,此过程称为锻炼。比如水稻的"蹲苗",就是使水稻秧苗处于比较干旱的条件下,抑制其地上部的生长,而根系则变得更加发达,从而增强其抗旱能力。把已吸水膨胀的棉花或玉米种子浸入3% NaCl溶液1 h,可提高种子在盐土中的萌发率及以后的生长势,提高耐盐性,增加产量。利用逆境下组织培养方法已获得抗盐性强的大麦、烟草等植物。

2. 化学调控

利用化学药剂处理,可改变植物内部生理过程,提高抵抗逆境能力。比如在生产上人们利用苯汞乙酸等抗蒸腾剂,减少水分散失,从而提高植物抗旱能力。少施N肥,多施P、K肥和应用植物生长延缓剂CCC、PP_{333}等都可使植物生长健壮,抗逆性增强。适当浓度的$CaCl_2$处理可提高大麦植株的耐盐性。外施ABA可提高植物的多种抗性,国内已有商品化的ABA(产品名S-诱抗素)出售,使用效果反映良好。

3. 遗传选育抗逆品种

这是提高植物抗逆性的根本途径,效果最为理想。一般可通过杂交育种、筛选突变体及分子育种等方法来进行,不过其技术难度较大,研究成本和实验周期长。

11.1.5　植物抗逆性与信号转导

从外界各种不良环境刺激到植物做出抗逆性反应是一系列复杂的信号转导过程:细胞对环境逆境信号的感知、转导和反应,产生胞间信使;胞间信使在细胞或组织间传递至受体细胞的作用位点;受体细胞对胞间信使的接收、转导和应答反应。

以干旱、低温、高温等逆境为例,植物细胞从感知这些逆境导致的渗透胁迫信号到诱导受体细胞产生一系列生物学反应的过程主要包括依赖ABA生物合成介导的信号转导和不依赖ABA介导的信号转导2类途径(图11-4)。

1. 依赖ABA途径

依赖ABA途径又分为2条:一是ABA通过逆境诱导合成的转录因子*MYC2*/*MYB2*诱导耐逆性基因的表达;二是ABA诱导AREB/ABF磷酸化,与ABA保守顺式作用元件ABRE(abscisic acid responsive elements)特异结合,启动逆境胁迫诱导的基因表达。

2. 不依赖ABA途径

利用ABA缺失或者ABA不敏感的拟南芥突变体,研究发现渗透胁迫、热胁迫和冷胁迫都会诱发不依赖ABA的途径。通过含有AP2/ERE结构域类转录因子与下游靶基因启动子上的脱水响应元件DRE(dehydration response element)/CRT(C-repeat)结合,诱导这些基因的表达。

在干旱胁迫下,植物体内脱落酸(ABA)合成加快,含量会迅速上升数十乃至上百倍以上,依赖ABA介导的信号转导途径最终会使叶片的气孔关闭,以减少水分的丧失,从而增强植株的抗旱性。

图 11-4 彩图

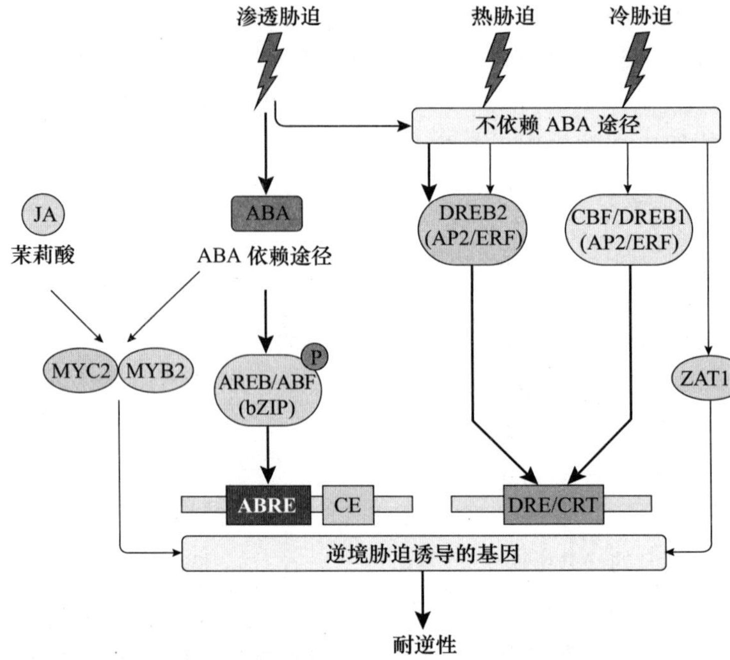

图 11-4　渗透胁迫下植物细胞内的信号转导途径

（引自 Buchanan 等，2015）

11.2　植物的干旱胁迫生理

水分是植物生长乃至一切正常生命活动必需的重要环境条件之一。当植物耗水大于吸水时，就会发生水分亏缺（water deficit）。过度水分亏缺的现象，称为干旱（drought）。旱害（drought injury）则是指土壤水分缺乏或大气相对湿度过低对植物的危害。植物对干旱胁迫的适应和抵抗能力称为抗旱性（drought resistance）。我国西北、华北地区有大片的干旱或半干旱区，同时干热风在这些地区时有发生，南方各省虽然雨量充沛，但由于各月份分布不均，山地土壤蓄水力差，也有干旱危害发生。

11.2.1　干旱的类型

1. 根据引起水分亏缺的原因划分

根据引起水分亏缺的原因，将干旱分为 3 种类型。

（1）大气干旱　指在高温、强光、大气相对湿度过低（10%～20%）时，由于蒸腾强烈，植物的失水量大于根系吸水量而引起植物受害的现象。高温、强光还会造成植物的热害，干热风就是高温和干旱同时对农作物造成的危害。我国西北等地就常有大气干旱发生。

（2）土壤干旱　指土壤中缺乏植物能吸收的水分的情况，根系吸水困难，植物体内水分平衡遭到破坏，致使植物生长缓慢或停止的现象。在土壤干旱发生时，植物生长困难或完全停止，受害情况比大气干旱严重。我国西北、华北、东北等地区均常有土壤干旱发生。大气干旱如持续时间过长会引起土壤干旱，这两种干旱常同时发生。

（3）生理干旱　指土壤水分并不缺乏，只是因为土壤温度过低、土壤溶液浓度过高（如盐碱土、施肥过多等）、积累有毒物质过多、土壤黏性过大等原因，妨碍植物根系吸水，造成植物体内水分亏缺，从而使植物受到危害的现象。

2. 根据水分胁迫的程度划分

根据水分胁迫的程度，将中生植物的干旱划分为 3 个等级。

（1）轻度干旱胁迫　水势略降低零点几个兆帕，或相对含水量降低 8%～10%。

（2）中度干旱胁迫　水势下降一般不超过 −1.5～−1.2 MPa，或相对含水量降低 10%～20%。

（3）重度干旱胁迫　水势下降超过 −1.5 MPa，或相对含水量降低 20%以上。

11.2.2　植物体内水分亏缺的度量

含水量是植物水分状况的重要度量指标，植物组织含水量不但直接影响植物的生长、气孔状况、光合功能甚至作物产量，而且还对果蔬品质以及种子和粮食的安全贮藏具有至关重要的作用。所以，植物组织含水量的测定和植物体内水分亏缺的度量在植物生理学研究中具有重要的理论和实践意义。

植物体内水分亏缺的度量指标主要有：①水势(water potential，Ψ_w)（见第 1 章）；②绝对含水量；③相对含水量(relative water content，RWC)；④水分饱和亏(water saturation deficit，WSD)。相对含水量和水分饱和亏可作为比较植物保水能力及推算需水程度的指标。当植物组织含水量降低到产生不可恢复的永久性伤害时的水分饱和亏，称为临界饱和亏。

绝对含水量的表示方法有两种：一是以鲜重为基数表示（鲜重法）；二是以干重为基数表示（干重法）。

鲜重法：组织绝对含水量（占鲜重%）$=(W_f-W_d)/W_f\times100\%$

干重法：组织绝对含水量（占干重%）$=(W_f-W_d)/W_d\times100\%$

式中：W_f 为组织鲜重，W_d 为组织干重。

植物组织相对含水量(RWC)是指组织含水量占饱和含水量的百分数，即

$$RWC=(W_f-W_d)/(W_t-W_d)\times100\%$$

式中：W_t 为组织被水充分饱和后的重量。在科学研究中，相对含水量较绝对含水量常用且更可靠。

水分饱和亏(WSD)是指植物组织实际相对含水量距饱和相对含水量(100%)差值的大小，常用下式表示：

$$WSD=1-RWC$$

实际测定时，可用下式计算：

$$WSD=(W_t-W_f)/(W_t-W_d)\times100\%$$

11.2.3 干旱伤害植物的机理

当干旱发生时，植物蒸腾失水超过了根系吸水，体内水分平衡被打破，细胞水势下降，膨压降低，出现叶片和茎幼嫩部分下垂，这种现象称为萎蔫(wilting)。根据导致植物发生萎蔫的原因是否是由于土壤中缺少可利用水，分为暂时萎蔫(temporary wilting)和永久萎蔫(permanent wilting)（详见 1.3.4.1）。通常所说的旱害指的是永久萎蔫对植物所产生的伤害。干旱对植物的伤害主要表现在下列几个方面。

1. 生长受到抑制

当发生干旱胁迫时，分生组织细胞分裂减慢或停止，细胞伸长受到抑制，生长速率降低。干旱胁迫后，植株矮小，叶面积减小，产量显著降低。

2. 膜结构受损及细胞器的机械性损伤

当细胞失水达到一定程度时，膜的磷脂分子排列出现紊乱，往往亲脂端相互吸引形成孔隙，正常的膜脂双层结构和膜蛋白被破坏，因此膜的选择透性丧失，透性加大，膜蛋白也会与溶质一起渗漏。叶绿体片层、内质网膜等细胞器膜也因水分胁迫遭到破坏，形成叠状体，破坏细胞区室化。线粒体发生变形，内嵴数目减少。

3. 正常的生理代谢紊乱

(1)各部位间水分分配异常　水分不足时，不同器官不同组织间的水分，按水势高低重新分配，水势高的部位的水分流向水势低的部位。一般幼叶向老叶夺水，促使老叶死亡和脱落；胚胎组织把水分分配到成熟部位的细胞中去，使小穗数和小花数减少；严重缺水时幼叶从花蕾或果实中吸水，造成瘪粒、空粒和落花落果等现象，影响产量。

(2)光合作用减弱　干旱胁迫抑制光合作用，这种抑制效应既有气孔效应，又有非气孔效应。水分亏缺时，气孔开度减小甚至完全关闭，气孔阻力增大，影响 CO_2 的吸收，使光合作用下降，这种现象称为光合作用的气孔抑制(stomatal inhibition)。当水分胁迫严重时，叶绿体处于低水势环境，其片层结构受损，希尔反应减弱，光系统Ⅱ活力下降，电子传递和光合磷酸化受抑制，导致光合速率下降，这种现象称为光合作用的非气孔抑制(non-stomatal inhibition)。按照 Farquhar 和 Sharkey(1983)的理论，只有当气孔导度和胞间 CO_2 浓度同时下降，气孔限制值上升，才能认为这类光合作用受阻主要是由于气孔因素造成的，即为气孔抑制。

(3)呼吸作用先升后降　当缺水时，呼吸作用在短时间内上升而后下降，这是因为细胞中酶的作用方向趋向于水解，即水解酶的活性加强，合成酶的活性降低，从而增加呼吸速率。但在水分亏缺较严重时，会导致氧化磷酸化解偶联，P/O 比下降，呼吸产生的能量多以热能形式散失掉，ATP 合成减少，从而影响多种代谢和生物合成过程的进行，呼吸作用又会逐渐降低至正常水平以下。

(4)核酸和蛋白质分解加剧,脯氨酸积累　在干旱条件下,植物细胞脱水,DNA 和 RNA 含量减少。其主要原因是干旱促使 RNA 酶活性增加,使 RNA 分解加剧,而 DNA 和 RNA 的合成代谢则减弱。另外,干旱时植物体内蛋白质分解加速,合成减少,这与蛋白质合成酶的钝化和能源(ATP)的减少有关。植物在干旱后,在灌溉和降雨时适当增施氮肥有利于蛋白质合成,补偿干旱所造成的不利影响。在干旱或盐渍等渗透胁迫时,植物体内蛋白质减少而游离的氨基酸增多,特别是脯氨酸,可增加数十倍甚至上百倍。脯氨酸积累的原因可能有:脯氨酸合成加快;蛋白质分解加剧;脯氨酸氧化作用减弱。一般认为,脯氨酸可作为比较有效的细胞渗透剂(cytoplasmic osmoticum),在植物的抗旱性中起重要的渗透调节和稳定蛋白质特性的作用。需要指出的是,在干旱时也有些蛋白质的合成受到促进,如种子成熟时干燥胚中 LEA 蛋白明显增多,起到缺水时保留水分和稳定细胞膜的作用。

(5)激素的变化　干旱时植物体内细胞分裂素(CTKs)含量降低,ABA 和乙烯含量增加。ABA 能有效地促进干旱时气孔的关闭和降低蒸腾强度,而 CTKs 作用相反。所以 ABA 能缓解植物体内水分亏缺,而 CTKs 却加剧体内的水分亏缺。乙烯含量的上升可加快植物部分器官的脱落。

4. 机械损伤

干旱对细胞的机械损伤是造成植株死亡的重要原因。在干旱脱水时,液泡发生收缩,对原生质产生一种内向的拉力,使原生质与其相连的细胞壁同时内向收缩,在细胞壁上形成很多褶皱,损伤原生质的结构。相反,失水尚存活的细胞如果再度吸水,尤其是骤然大量吸水,可引起细胞质、壁不协调膨胀,使粘在细胞壁上的原生质撕破,再度机械损伤,最终导致细胞死亡。

11.2.4 植物抗旱的机理

1. 旱生植物的类型

根据植物对水分的需求,可把植物分为水生植物(hydrophyte)、中生植物(mesophyte)和旱生植物(xerophyte)3 种生态类型。旱生植物对干旱的适应和抵抗能力、方式有所不同,大体有 2 种类型。

(1)避旱型植物　这类植物在土壤和植物本身发生严重的水分亏缺之前就已完成其生活史,或具有巧妙的机制以避开白天强光和高温导致的过度蒸腾失水。如生长于沙漠地区的某些植物(如滨藜属植物)只能在雨季生长;景天酸代谢(CAM)植物如仙人掌夜间气孔开放,固定 CO_2,白天则气孔关闭,这样就防止了较大的蒸腾失水。

(2)耐旱型植物　这类植物一般具有细胞体积小、渗透势低和束缚水含量高、气孔和角质层阻力大、根系发达等特点,可忍耐干旱逆境。植物的耐旱能力主要表现在其对细胞渗透势的调节和细胞膨压的维持能力上。在干旱时,细胞可通过增加可溶性物质或肉质化(如茎)来改变其渗透势。膨压则通过渗透调节,增强细胞壁组织弹性以及使细胞体积变小来维持,从而避免植物细胞和组织脱水。“复苏植物”就是典型的例子,这类植物能够耐受极度脱水,而又能在环境适宜的情况下完全恢复正常的生理状态。一种锈状黑蕨能忍受 5 d 相对湿度为 0 的干旱,胞质失水可达干重的 98%,而在重新湿润时又能复活。苔藓、地衣、成熟的种子耐旱能力也特别强。

2. 植物抗旱性的机理

(1)形态结构特征　抗旱性强的植物根系发达而深扎,能更有效地利用土壤水分。根冠比(R/T)大可作为选择抗旱品种的形态指标。如高粱根冠比比玉米大,所以高粱较玉米抗旱性强。叶片细胞体积小,可减少细胞失水收缩和吸水膨胀时产生的机械伤害。气孔密度大,维管束发达,叶脉致密,表皮茸毛多、角质化程度高或脂质层厚,不仅可加强蒸腾作用和水分传导,更有利于根系吸水,避免因蒸腾失水多于根系吸水造成的伤害。

(2)生理生化特征　细胞液的渗透势较低(脯氨酸等渗透调节物质显著积累);细胞质有很高的亲水能力,细胞保水能力强,可抗过度脱水。缺水时,酶的合成大于分解,合成活动仍占优势,相对于抗旱性弱的植物,其代谢受干旱影响较小;ABA 显著积累,增强了气孔调节功能,加快气孔关闭和降低蒸腾。保水能力或抗脱水能力强是植物抗旱性的最为关键的生理指标。

(3)生育期的影响　植物的抗旱性在不同的生育期有所不同。人们将植物对水分缺乏最敏感、最易受害的时期称为水分临界期。以小麦为例,从分蘖末期到抽穗期和从开始灌浆到乳熟末期为其两个水分临界期。这两个时期缺水,将分别严重影响开花和营养物质从母体各处运到籽粒,进而影响产量。抗旱品种则在水分临界期对水分不太敏感,或者在干旱时合成代谢改变较小。

目前研究作物抗旱性和进行抗旱品种选育，一般都以上述特征作为指标。例如，不同抗旱性作物的根冠比(R/T)(以干重表示，根的单位是mg，地上部的单位是g)是不同的，高粱是209，玉米是146，农林2号水稻是117，IR20水稻是49。R/T值越大，越抗旱，否则越不抗旱。

11.2.5 提高植物抗旱性的途径

1. 选育抗旱品种

选育抗旱品种是提高植物抗旱性的基本措施。

2. 抗旱锻炼

人工地给植物以亚致死程度的干旱条件，经受干旱锻炼，使植物代谢减弱，提高适应干旱的能力。例如，在农业生产上采用的“蹲苗”“搁苗”“饿苗”及“双芽法”等。玉米、棉花等在苗期适当控制水分，抑制生长，这称为“蹲苗”；蔬菜移栽前先拔起，让其适当萎蔫一段时间而后再栽，这称为“搁苗”；甘薯切下的藤苗很少立即扦插，一般要置放阴凉处1～3 d，甚至更长时间，这称为“饿苗”；“双芽法”是播种前的种子锻炼，即先让谷物种子吸水，然后再风干，如此重复两三次，再播种。

3. 化学调控

化学调控是指利用化学试剂或植物生长调节剂处理，提高植物抗逆性的方法。如用0.25 $mol \cdot L^{-1}$ $CaCl_2$溶液浸种20 h，或用0.05% $ZnSO_4$喷洒叶片都有提高抗旱与抗热的效果。

抗蒸腾剂(anti-transpirant)(如苯汞乙酸、黄腐酸等)可以通过控制气孔开度、降低蒸腾失水，也可以通过提高冠层光能的反射，减少用于叶面蒸腾的能量，提高植物抗旱性。前者如外源施用S-诱抗素和矮壮素(CCC)，后者如叶面喷施高岭土。

4. 合理施肥

增施磷、钾肥，适当控制氮肥，可提高作物的抗旱性，达到“以肥调水”的目的。磷可促进有机磷化合物的合成，提高原生质胶体的水合度。钾能改善植物的糖代谢，增加细胞的渗透浓度，保持气孔保卫细胞的紧张度，促进气孔开放，有利于光合作用。而氮素过多，易造成植物地上部茎叶徒长，蒸腾失水增多，抗旱能力减弱。

11.3 植物的湿涝胁迫生理

11.3.1 湿害和涝害

水分过多对植物的不利影响称为涝害，但水分过多的数量概念比较含糊。一般有两层含义：一是土壤水分超过了田间的最大持水量，土壤水分处于饱和状态，植物根系完全生长在沼泽化的泥浆中，这种涝害被称为湿害(waterlogging)。湿害不是典型的涝害，但本质上与涝害大体相同，对植物生长或作物生产有很大影响。另一种含义是指水分不仅充满了土壤，而且地面积水，淹没了植物的全部或一部分，这才是典型的涝害(submergence)。植物对水分过多的适应能力称为抗涝性(flood resistance)。

在低洼、沼泽地带发生洪水或暴雨之后，常常有涝害发生。涝害会使作物生长不良，轻则减产，重则绝收。在我国和世界各地，涝害的发生具有相当大的普遍性，已成为给农业生产带来巨大损失的重要气候因素之一。

11.3.2 涝害对植物的影响

不论是湿害还是涝害，都是使植物生长在缺氧的环境中，因缺氧而产生了一系列不利的影响。缺氧是涝害影响植物生长的主要原因。

1. 生长受抑

缺氧引起植物生长量降低，形态、结构发生异常。受涝的植株生长矮小，叶黄化，根尖变黑，叶柄偏上生长。根细胞在缺氧时，线粒体发育不良。当种子在淹水中萌发时，只有芽鞘伸长但不长根，只有在通气后根才出现。

2. 代谢紊乱

缺氧时，有氧呼吸受到抑制，而无氧呼吸加强，导致乙醇、丙酮酸、乳酸等物质的积累，产生毒害。无氧呼吸还使根系缺乏能量，降低了根对矿质离子的正常吸收活性。物质分解大于合成。当涝害发生，特别是植株完全被淹没时，还会产生弱光胁迫，叶片光合作用明显降低，甚至完全停止。

3. 营养失调

由于缺氧使得土壤中的好气性细菌(如氨化细菌、硝化细菌等)的正常生长活动受到抑制，影响了矿质营养供应；相反，土壤中的厌气性细菌(如丁酸细菌)活跃，从而增大土壤溶液的酸度，降低其氧化还原势，使土壤内形成大量有害的还原性物质(如H_2S、Fe^{2+}、Mn^{2+}等)，使必需元素Mn、Fe等易被还原流失，引起植株营养缺乏。

4. 乙烯增加

在淹水条件下，植物体内乙烯含量明显增加。例如水涝时美国梧桐体内乙烯含量提高10倍左右。高浓度的乙烯可引起叶片卷曲，叶柄偏上生长，叶片脱落，花瓣褪色等。研究表明，水涝时促使植物根系大量合成乙烯的前体物质ACC，它上运到茎叶后接触空气即转变为乙烯。

11.3.3 植物对涝害的适应机理

植物对涝害的适应能力决定于其对缺氧的适应能力。

1. 具有发达的通气组织(形态适应)

水涝时很多植物可以通过胞间空隙(通气组织)把地上部吸收的O_2输入根部和缺氧部位。植物是否能适应淹水胁迫在很大程度上取决于其体内有无通气组织。据推算，水生植物的细胞间隙约占植株总体积的70%，而陆生植物只占20%。比如水生植物浮萍就具有发达的细胞间隙系统，通过它们可以顺利地把氧气输送到根部，水稻的根和茎也具有发达的通气组织；而玉米、小麦等植株的根和茎则缺乏这样的通气组织，所以它们对淹水胁迫的适应能力弱，不过它们的根部经缺O_2诱导也可形成通气组织(图11-5)。淹水缺氧之所以能诱导根部通气组织形成，主要是因为缺氧刺激乙烯的生物合成，乙烯的增加刺激纤维素酶活性加强，把皮层细胞的胞壁溶解，最后形成通气组织。

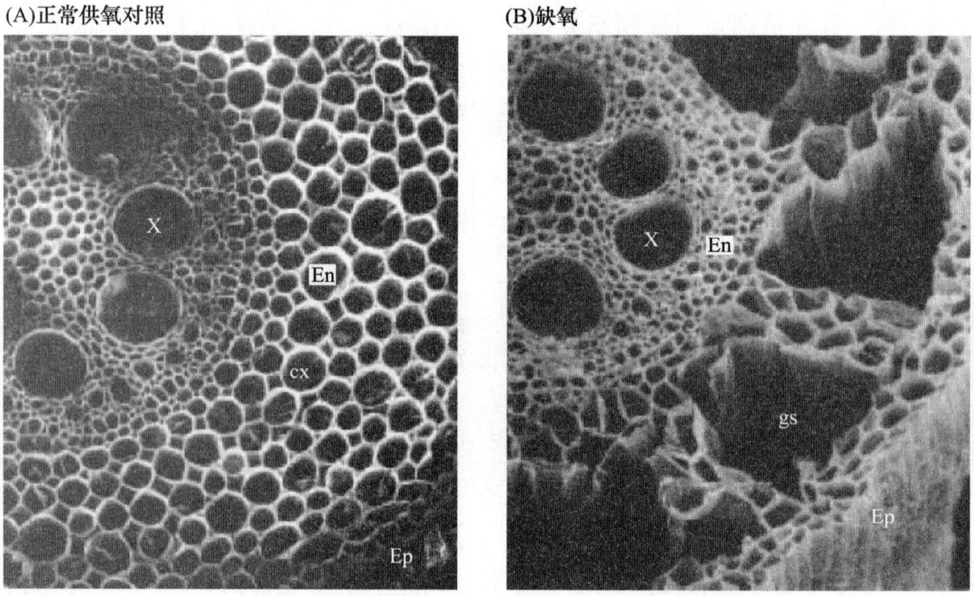

图11-5 不同供氧状态下玉米根横切面的扫描电镜照片

(引自Taiz和Zeiger，2006)

cx：cortex，皮层；En：endodermis，内皮层；Ep：epidermis，表皮；gs：gas-filled spaces，通气组织；X：xylem，木质部

2. 代谢调节(生理适应)

植物通过某种方式补偿体内氧的不足，如柳树(耐涝植物)根在无氧条件下可以用NO_3^-的O_2以补偿O_2的亏缺，也可以通过代谢上的变化，消除无氧呼吸所积累的有毒物质，如甜茅属植物缺氧虽然短期会刺激糖酵解途径，但随即以戊糖磷酸途径取代糖酵解过程，从而减少了有毒物质的积累。有些耐湿植物可通过提高乙醇脱氢酶(ADH)活性减少乙醇的积累。厌氧蛋白(ANPs)就是植物在淹水缺氧条件下新合成的一组新蛋白质或多肽，其中有些ANPs如乙醇脱氢酶含量和活性的增加，对于提高植物抵抗缺氧能力是有利的。

11.4 植物的低温胁迫生理

11.4.1 植物的冷胁迫生理

温度是影响植物生长、发育的重要环境因子，也影响植物的地理分布。植物生长、发育对温度的反应有三基点,即最低温度、最适温度和最高温度。低于最低温度,植物将会受到寒害(colding injury),具体包括冷害(chilling injury)和冻害(freezing injury),前者是冰点以上(0 ℃以上)低温,对一些起源于热带和亚热带的喜温植物(如番茄、黄瓜、水稻等)造成的伤害;后者是冰点以下(0 ℃以下)低温,对一些起源于温带的植物(如小麦)造成的伤害。

11.4.1.1 冷害和抗冷性

一些起源于热带和亚热带的喜温植物在遇到比正常温度低得多且又在冰点以上的低温时,就会出现明显的生理障碍,使其受到伤害甚至死亡,这称为冷害。植物对冰点以上低温的适应性称为抗冷性(chilling resistance)。在我国,冷害经常发生于早春、晚秋,对作物的危害主要是在种子萌发期、苗期与籽粒或果实形成期。例如,棉花、大豆种子在吸胀初期遭遇低温,可能会完全丧失发芽力。棉花、玉米等在春天播种后,遇零上低温,会出现死苗或僵苗不发。水稻开花前遭受冷空气侵袭,就会造成空瘪不实。荔枝的果实和甘薯的块根在过低温度下贮藏会引起腐烂,缩短贮藏时间。总之,冷害问题已成为许多地区限制农业生产、制约经济发展的主要因素之一。近年来,随着塑料大棚、地膜覆盖等技术在生产中的推广和应用,此问题在局部已基本得到解决,但限于成本较高,很难在较大范围内普及使用,因此研究植物冷害的机理和提高植物抗冷性的措施仍显得迫切和必要。

11.4.1.2 冷害的机理

冷害的机理主要包括以下两方面(图 11-6):

1. 膜相和膜结构改变

在低温下生物膜(如原生质膜、叶绿体膜等)的脂类会出现相分离和相变,从流动的液晶相转变为凝胶相。膜结构的改变首先是由于膜相的改变,膜收缩并出现破损,使膜透性加大,胞内物质大量外渗;其次是使结合在膜上的酶蛋白解离或酶亚基分离,酶活性下降或丧失。膜脂相变温度随其脂肪酸碳链的长度增加而增加,随不饱和脂肪酸如油酸(oleic acid)($C_{18:1}$)、亚油酸(linoleic acid)($C_{18:2}$)、亚麻酸(linolenic acid)($C_{18:3}$)等所占比例的增加而降低。

膜脂相变温度与膜脂脂肪酸不饱和指数(index of unsaturated fatty acid,IUFA)呈负相关,即不饱和脂肪酸含量越高,越耐低温。如粳稻亚种细胞膜

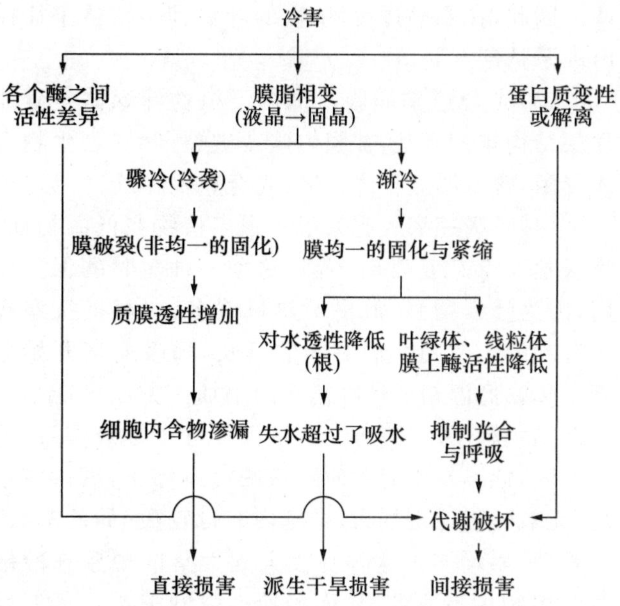

图 11-6 冷害对植物的影响机制

(引自 Levitt,1980)

中含较多的亚油酸,其 IUFA 较籼稻亚种明显要高,故前者多为抗冷品种,后者则多为冷敏感品种。此外,膜脂脂肪酸不饱和指数与膜流动性有关。杨福愉等(1983)证明水稻抗冷品种的膜流动性大于冷敏感品种。温带植物较热带植物更耐低温的原因之一,就是构成膜脂的不饱和脂肪酸含量和不饱和程度较高,可有效降低冷害时的膜脂相变温度,维持流动性,使植物表现抗冷性。去饱和酶(desaturase)是植物体内存在的可降低膜脂脂肪酸饱和程度的酶,如甘油-3-磷酸酰基转移酶、ω-3-脂肪酸去饱和酶等,它们能够催化膜中脂肪酸的去饱和反应,提高不饱和脂肪酸含量,从而提高植物的抗冷性。

2. 生理代谢过程紊乱

(1)胞质环流减慢或停止　把对冷害敏感的植物(如番茄、烟草、玉米、西瓜、甜瓜等)的叶柄表皮毛在 10 ℃下放置 1~2 min,胞质环流就变得缓慢甚至完全停止。而把对冷害不敏感的植物(如甘蓝、胡萝卜、甜菜、马铃薯等)置于 0 ℃时仍有胞质环流。胞质环流过程需要 ATP 提供能量和细胞膜维持完整性,而胞质环流减慢或停止则说明了冷害使 ATP 代谢受到抑制,膜结构发生变化。

(2)水分和养分吸收下降　植物根系在低温下生长缓慢,活细胞原生质黏度增大,呼吸减弱,能量供应减少,导致根系吸水、吸肥能力显著下降,但蒸腾仍保持一定速率,吸水跟不上蒸腾,水分平衡失

调。因此，在寒潮过后，植物的叶尖、叶片、枝条往往出现干枯甚至脱落。

(3)光合速率减弱　低温下植物叶绿体类囊体片层结构排列紊乱，被膜内陷或破裂，叶绿素生物合成受阻，含量明显下降，导致光合速率降低。

(4)呼吸速率大起大落　很多植物在低温初期，呼吸速率会比正常时还高，这是一种暂时的保护作用，因为呼吸增强，放出的热量就多，这对抵抗寒冷是有利的。但随低温时间的延长，呼吸速率开始显著下降。低温初期呼吸速率的增加一方面可能是由于低温刺激了乙烯的产生，从而促进了呼吸作用；另一方面，低温发生时胞质环流减慢或停止，氧供应不足，无氧呼吸比例加大，细胞内有毒物质(如乙醇、乙醛等)积累增多。这种呼吸大起大落的现象在冷敏感的植物中特别明显，而耐冷性强的植物在低温发生时一般不出现呼吸速率的增加，即使有所增加当气温回暖时也会很快恢复正常。

11.4.1.3　提高植物抗冷性的措施

1. 低温锻炼

很多植物(包括抗冷性较强的植物)如果预先给予适当的低温锻炼(cold acclimation)，而后就可以抵抗或适应更低的环境温度。如番茄苗在移出温室前须先经过 1～2 d 10 ℃冷锻炼处理，栽后可抗 5 ℃左右低温；黄瓜苗经 10 ℃锻炼后即可抗 3～5 ℃低温。

2. 化学诱导

喷施植物生长延缓剂，延缓生长，提高植物体内脱落酸水平，提高植物抗冷性。或利用油菜素内酯等，可减轻植物在低温条件下的膜脂过氧化作用，从而稳定细胞膜的结构与功能，以适应低温逆境。如用 PP_{333}、油菜素内酯等浸种或苗期喷施，提高水稻幼苗的抗冷性。玉米、棉花播种前用 TMTD(福美双)$[(CH_3)2NCSS]_2$ 浸种，可提高其抗冷性。

3. 合理施肥

适当增施磷、钾肥，少施或不施氮肥，有利于提高作物的抗冷性。

4. 选育抗冷性品种

通过细胞工程、基因工程、分子育种及杂交育种技术选育抗冷性强的植物新品种。

11.4.2　植物的冻胁迫生理

11.4.2.1　冻害和抗冻性

在冰点以下低温时植物体内会发生结冰，造成冬季植物的受伤甚至死亡，称作冻害。具体有冰冻害、霜害和冰雪害等形式。有时冻害与霜害相伴发生，故冻害往往也称霜冻。植物适应和忍耐冰点以下低温的现象，称为抗冻性(freezing resistance)。我国各地尤其是北方及江淮地区，在冬季与早春时有冻害发生。例如，在北方，冬季白菜叶子会出现透明的冰渍状。冻害也是限制农业生产的重要自然灾害之一。

11.4.2.2　冻害的机理

1. 冻害对植物的直接伤害

由冰点以下温度使组织或细胞的水分结冰引起的伤害。根据温度下降和结冰方式的不同，结冰伤害可分为胞间结冰和胞内结冰 2 种。

(1)胞间结冰　通常是在温度缓慢下降的情况下，细胞间隙和细胞壁附近的水分结成冰，即胞间结冰，又称胞外结冰。由于细胞间隙水分结冰，引起细胞间隙的水势降低，进而从水势较高的地方吸水，使细胞间隙的冰晶不断扩大。胞间结冰伤害的具体表现有：造成胞内原生质过度脱水，破坏蛋白质分子，细胞质凝固变性；冰晶对细胞质造成的机械损伤；融冰伤害，即温度回升时，冰晶体迅速融化，细胞壁易恢复原状，而细胞质却因来不及吸水膨胀而被撕破。然而胞间结冰并不一定会使植物死亡。大多数经过抗寒锻炼的植物在气温逐渐回升时，细胞间隙的冰晶逐渐融化，细胞重新吸回失去的水分而恢复它们的代谢作用。如白菜等抗冻性较强的植物有时虽然被冻得呈玻璃透明状，但在回温解冻时仍然可存活。我国西北地区果树越冬时出现“抽条”现象，可能是因为枝条中冰的升华或枝条白天解冻时液态水蒸发，又不能从植物体其他仍处于冰冻状态的部位吸收到水分，造成过度脱水，抽干而死。

(2)胞内结冰　当温度骤然下降时，除了胞间结冰外，细胞内的水分也会结冰，一般是先在原生质内结冰，然后扩展到液泡，即为胞内结冰。其造成伤害的主要原因是冰晶的机械伤害，使细胞结构遭受不可逆的机械损伤。这种伤害往往是致死性的，植物很难存活。

2. 冻害对植物的间接伤害

冻害损伤严格地说就是冰晶的机械伤害，其引起的间接伤害主要表现在以下两方面。

(1)膜伤害　植物细胞的膜系统对结冰最敏感，植物细胞在发生结冰时会同时产生脱水、机械和渗透 3 种胁迫伤害，使膜蛋白变性或改变膜中膜脂和膜蛋白间的排列及相互作用，膜透性加大，胞内溶质大量外流。如柑橘的细胞在－6.7～－4.4 ℃时所有的膜(质膜、液泡膜、叶绿体和线粒体膜)都被破坏。此外，膜脂相变也使得一部分与膜结合的酶(如位于叶绿体类囊体上的 ATPase 和线粒体内膜上的 ATP 合成酶)与膜分离而失去活性，光合或氧化磷酸化解偶联，ATP 形成明显受阻，导致代谢失调，严重时植株死亡。

(2)蛋白质损伤　Levitt(1972)提出了结冰伤害的蛋白质损伤的巯基(—SH)假说，认为结冰对细胞的伤害主要是细胞质结冰脱水使蛋白质分子逐渐相互接近，相邻肽链外部的—SH 彼此接近，两个—SH 经氧化形成二硫键(—S—S—)，使蛋白质分子凝聚。当解冻再度吸水时，肽链松散，氢键处断裂，而二硫键还保存，肽链的空间位置发生变化，蛋白质分子的空间构象改变，活性也发生改变，引起细胞伤害和死亡(图 11-7)。

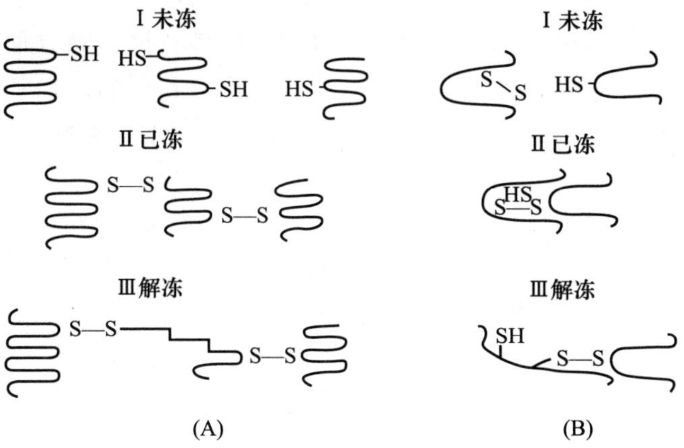

图 11-7　冰冻时蛋白质分子内与分子间二硫键形成示意图

(引自 Fitter 和 Hay，1987)

(A)相邻肽链外部的—SH 相互靠近，氧化形成—S—S—；(B)一个蛋白质分子的—SH 与另一个蛋白质分子内部的—S—S—作用形成分子间的—S—S—

因此，植物组织抗冻性的基础在于阻止细胞内蛋白质分子间二硫键(—S—S—)的形成。已有试验结果表明，当植物脱水后，细胞内—SH 含量多而—S—S—少的，其抗冻性就强。

11.4.2.3　植物对冻害的生理生态适应

1. 生态适应

在地球上不论气候如何寒冷的地区，也能找到适应低温的植物。即使抗寒性很强的植物在未进行抗寒锻炼前，对寒冷的抵抗力也是不高的。如针叶树在冬季可忍耐－40～－30 ℃的严寒，但在夏季人为给予－8 ℃便会冻死。此外，其他生态因子，如照光、适当干旱、营养充足(除 N 外)也可增强植物抗冻性。

2. 生理适应

植物在冬季来临之前，随着气温的逐渐降低，体内发生了一系列适应低温的形态和生理生化变化，抗寒力逐渐增强。这种抗寒力逐渐提高的过程，称为低温驯化(cold acclimation，CA)或抗寒锻炼(cold hardening)。植物的抗寒性因植物种类、生育期、器官等不同而有很大差异，但要获得相应抗寒力，低温驯化或抗寒锻炼的过程是必要的。如冬小麦在夏天 20 ℃时，抗寒力很弱，只能抗－3 ℃的低温；秋天在 15 ℃时，开始能抗－10 ℃的低温；冬天 0 ℃以下时，可抗－20 ℃的低温；春天温度上升回暖时，抗寒力又下降。低温驯化或抗寒锻炼是一个复杂的生物学过程，涉及众多生理、生化和分子生物学上的变化，包括膜结构与组成的改变，脯氨酸、甜菜碱、可溶性糖等渗透调节物质的增加，调节与植物低温适应相关基因的表达等方面(图 11-8)。

(1)植株含水量下降　随着温度的下降，植物体内含水量逐渐下降，但束缚水/自由水比值相对增加。由于束缚水不易结冰和蒸腾，因此总含水量的下降和束缚水比例的相对增加对增强植物的抗冻性是有利的。

(2)呼吸减弱　植物的呼吸随着温度的下降逐渐减弱，其中抗冻性弱的植株或品种减弱得很快，而抗冻性强的则减弱得较慢。植物细胞呼吸的减弱和代谢活动的降低，使得细胞内糖分消耗减少，有利于糖分积累，使细胞不易结冰，从而增强植物抗冻性。

(3)生长停止，进入休眠　冬季来临时，植株呼吸减弱，体内脱落酸含量增多，顶端分生组织生长变得很缓慢，甚至停止生长，进入休眠状态。许多试验证明，生长缓慢和代谢减弱是植物对不良环境的适应性反应。

(4)保护性物质增多　具体有 ABA(起促休眠和信号作用)、可溶性糖类(主要是葡萄糖和蔗糖，起降低冰点和酶保护剂作用)、脂类(集中在细胞质表层，防结冰和失水)、脯氨酸(降低渗透势和防失水)和一些抗氧化物质(清除活性氧)等。

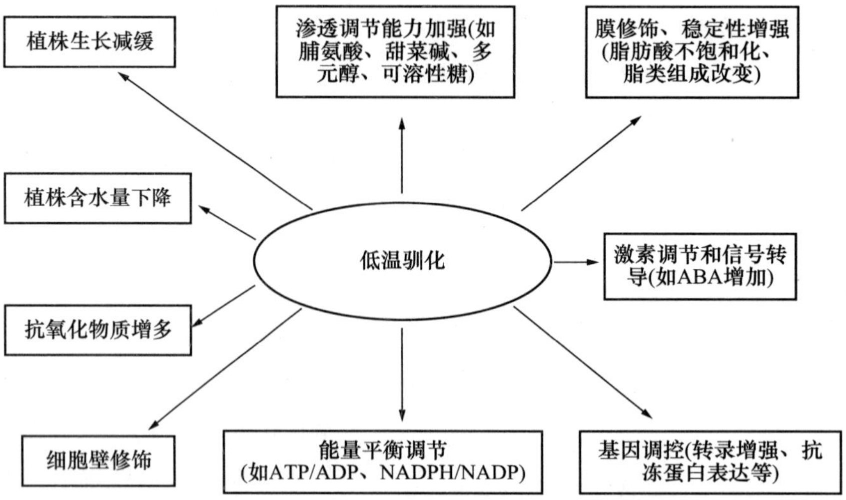

图 11-8　植物在低温驯化过程中的变化

(引自 Xin 和 Browse,2000)

(5)膜脂组成改变　适当增加不饱和脂肪酸的比例,以提高膜的稳定性。

(6)低温诱导蛋白形成　试验证明,植物经低温诱导能活化某些特定基因并经转录翻译合成新的蛋白质。例如拟南芥、苜蓿、油菜、菠菜等,经低温诱导后均有不同程度的新肽或蛋白质的合成,称为低温诱导蛋白(low-temperature-induced proteins)或冷调节蛋白(cold regulated proteins,CORP),如抗冻蛋白(antifreeze proteins,AFPs)、CBF(C-repeat binding factor)转录因子、胚发生晚期丰富蛋白(late embryogenesis abundant proteins,LEAs)等。这些新多肽或蛋白质有的能直接降低细胞液的冰点,减少细胞冰冻脱水,有的可调节植物冷调节基因(cold-regulated genes,*COR*)的表达,最终达到增强植物抗寒性的目的。

11.4.2.4　植物对低温生理生态适应的分子生物学研究

在低温胁迫时,植物感受低温信号并传递低温信号到核内,激活转录因子,进而调节基因表达,引起一系列生理生化反应,产生抗寒能力,这是一个复杂的信号网络系统。有证据表明,细胞膜不仅是低温信号的初级靶标,而且在对低温胁迫信号的感受方面起重要的作用,但目前仍不十分清楚植物如何感知低温信号。现有研究表明,冷驯化或低温锻炼(2～6 ℃)可诱发 100 种以上的抗冻基因(antifreeze gene)表达,如拟南芥的 *COR* 基因、油菜的 *BN* 基因等。对于这些新合成的多肽或蛋白质,其可能的功能主要有:作为抗冻剂,防止冰晶的形成;作为防脱水剂,防止脱水伤害细胞;作为低温胁迫下细胞主要代谢途径中的关键酶;作为植物在低温下信号转导系统的组成部分,参与低温信号转导过程。由于发现的抗冻基因和抗冻蛋白种类较多,弄清它们与植物抗寒性的关系及其作用方式显得特别重要。

1. 抗冻基因

对于植物冷驯化的分子机理,目前研究得最多的是 CBF 转录因子调控的信号转导途径。*CBF* 基因家族是一个包括 *CBF1*、*CBF2*、*CBF3*、*CBF4* 的小基因家族,其成员在植物抗寒、抗旱及抗盐碱方面起着很大的作用。4 种 CBF 蛋白中有相同的结构基序,即 AP2 结构域,它是一种 DNA 结合结构域,约 60 个氨基酸,其作用是与 *COR* 基因启动子中的 CRT/DRE(C-repeat/dehydration responsive element)调节元件结合。在低温驯化或锻炼条件下,*CBF* 基因表达,AP2 与 CRT/DRE 结合,从而激活 *COR* 基因表达冷调节蛋白(CORP),植物的抗寒性相应提高(图 11-9)。冷诱导表达的拟南芥 *CBF* 基因是不依赖于 ABA 的(图 11-4)。

2. 抗冻蛋白

当植物遭遇低温时,叶片表皮细胞和周围细胞会形成特殊的蛋白质,与冰晶表面结合,抑制或减缓冰晶进一步向内生长和扩大。这类蛋白质称作抗冻蛋白(AFPs)。它们具有多个亲水性缚冰区域,能直接作用于冰晶,阻止冰晶在细胞间隙形成和再结晶。一些植物抗冻蛋白与病程相关蛋白有序列同源性,具有抗冻和抗病双重活性(双功能蛋白)。从拟南芥

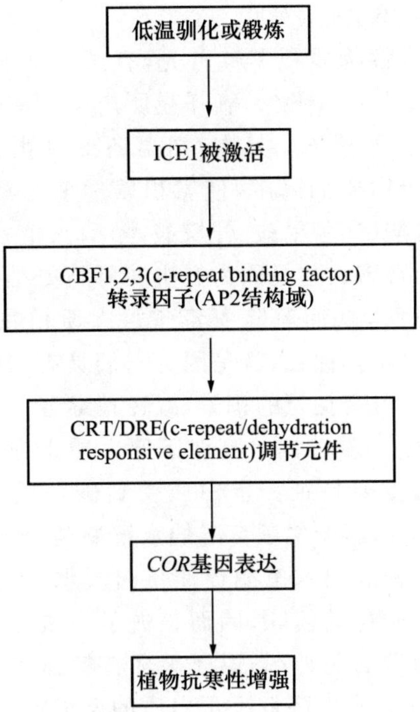

图 11-9　低温驯化提高植物抗寒性的分子机理示意图

（引自 Gong 等，2020）

中鉴定出的冷诱发基因与鱼编码抗冻蛋白的 DNA 同源。从冷驯化的白菜叶片中分离的抗冻蛋白在体外试验中能保护非驯化菠菜的类囊体不被冷冻和解冻伤害。把胡萝卜的抗冻蛋白基因转至烟草中表达，可使烟草在－2 ℃条件下存活时间延长（Fan 等，2002）。黄永芳等（1997）采用花粉管通道法和子房注射法，将美洲拟鲽 *AFP* 基因导入番茄，转基因番茄在低温下生长优于对照，而且致死温度也比对照降低 2 ℃。

11.4.2.5　提高植物抗冻性的途径

1. 抗冻锻炼

在植物遭遇低温冻害之前，逐步降低温度，可使植物的抗冻能力提高。抗冻锻炼可分为人为的抗冻锻炼和自然条件下的抗冻锻炼。后者如秋冬季播种一年生越冬作物，经历寒冬前自然条件下的逐步降温，经历零上低温驯化后，植株体内的可溶性糖增加，有助于限制零下低温时冰晶的产生。经历零下低温（－5～－3 ℃）锻炼后，组织含水量及自由水含量减少，束缚水相对增多；体内激素比例发生改变，IAA 和 GA 含量下降，ABA 含量增加；同化物积累明显增加，尤其是胞内可溶性糖类的积累，增加了胞液浓度，降低冰点，抗冻能力显著提高。

但需指出的是，这种锻炼后抗冻性的提高不是无限的，植物的抗冻能力最终还是由其遗传性决定的。

2. 化学调控

主要是用一些植物生长物质（特别是一些植物生长延缓剂）来提高植物的抗冻性。例如，槭树在短日照下用生长延缓剂 Amo-1618 与 B9 处理，即可增强其抗冻能力；用 S-诱抗素可保护苹果幼苗不受冻害；用矮壮素（CCC）处理可提高小麦抗冻特性等。

3. 栽培措施

植物抗冻性的形成是其对各种环境条件的综合反应，因此环境条件的变化可影响抗冻性。据此在农业生产上要采取各种有效的农艺措施，加强田间管理，防止冻害的发生。比如适时播种，松土通气，增加钾肥比例，促使幼苗健壮；寒流霜冻来临前进行冬灌、盖草等措施，以抵御寒潮袭击；早春育秧或大田秧苗，采用薄膜苗床或地膜覆盖，对防止冻害也有很好的效果。

11.5　植物的热胁迫生理

11.5.1　热害对植物的影响

由高温引起植物伤害的现象，通称为热害（heat injury）。但热害的温度很难界定，因为不同种类的植物对高温的忍耐程度有很大差异，仅以高等植物来说，水生和阴生植物（如地衣和苔藓等）的热害界限在 35 ℃左右，而一般陆生的高等植物热害界限可大于 35 ℃，某些极度喜温植物（如蓝绿藻）在 65～100 ℃才受害。所以热害的温度不能绝对划分，而且热害的温度还和作用时间密切相关，作用时间越短，植物可忍耐的温度越高。在农业生产上，热害和旱害常相伴发生，抗热性的机理也可解释抗旱性，抗旱性机理中也包含有抗热性。两者在现象上的差别在于热害导致叶片出现明显死斑，叶绿素破坏严重，器官脱落，细胞结构破坏变形等，而旱害症状不如前者显著。植物对热害的适应能力称为抗热性（heat resistance）。我国西北、华北等地区有时刮干热风，西北和南方等地区有时遭遇太阳猛烈暴晒，都会使植物发生严重热害。此外，向阳的果树和树干常出现的“日灼病”，就是由于温度快速升高而引起的一种热害现象。植物受高温伤害后会出现多种症状：树干（特别是向阳部分）干裂；叶色变褐、变黄，叶片出现死斑;鲜果烧伤;花序或子房脱落等。

高温对植物的伤害可分为直接伤害和间接伤害两方面。

1. 直接伤害

直接伤害是高温直接影响的结果,伤害发生迅速,一般只需几秒到几十分钟即可出现热害症状,且受害症状可从受热部位向非受热部位传递蔓延。其伤害的原因有以下 2 点。

(1)蛋白质变性　高温能破坏蛋白质的空间构型,打断蛋白质肽链的氢键,使蛋白质分子失去二级和三级结构,蛋白质分子展开,从而失去其原有的生物学特性,即变性。一般蛋白质的最初变性都是可逆的,随着高温的继续影响,蛋白质分子内巯基氧化,形成二硫键,就转变为不可逆的凝聚状态,这与冻害有类似之处。一般植物器官、细胞的含水量越少,如种子越干燥,其抗热性就越强;幼苗含水量越多,越不耐热。

(2)脂类液化　生物膜主要是由蛋白质和脂类组成的,两者之间是靠静电或疏水键联系的。随着温度升高,膜蛋白变性,脂类分子的活动性增加并超过了它与蛋白质间的静电引力,从膜结构中游离出来,形成一些液化的小囊泡,从而破坏了膜的结构,膜功能受损。与冷害相似,植物抗热性强弱也与生物膜膜脂中脂肪酸的饱和程度有关,但具体关系相反。脂类液化程度取决于膜中脂肪酸的饱和程度和碳链长度,饱和脂肪酸越多和碳链长度越长,越不易液化,耐热性愈强,如耐热藻类的饱和脂肪酸含量显著比中生藻类的高。

2. 间接伤害

间接伤害是指高温导致植物体代谢异常,渐渐使植物受害。高温越高或持续时间越长,伤害程度也越严重。具体表现如下。

(1)碳饥饿(carbon starvation)　植物光合作用的最适温度是 25～30 ℃,而呼吸作用的最适温度一般在 25～35 ℃之间,即一般呼吸作用的最适温度要比光合作用的最适温度要高。如马铃薯的光合适温为 30 ℃,而呼吸适温接近 50 ℃。在生理学上,把呼吸速率与光合速率相等时的温度称为温度补偿点(temperature compensation point)。因此,当植物处于温度补偿点以上的温度时,呼吸大于光合,光合作用制造的物质抵不上呼吸消耗,或者是光合产物运输受阻或接纳能力降低,都可使植物处于饥饿状态,时间过久,就会死亡。

(2)毒性物质积累　首先,有试验证明,高温可破坏有氧呼吸,导致无氧呼吸所产生的有毒物质如乙醇、乙醛等积累。其次,高温还抑制蛋白质的合成,促进蛋白质的降解,使氨积累过多而毒害细胞。当把有机酸(如苹果酸、柠檬酸等)引入植物体内,可减轻氨的毒害。这是因为有机酸可与氨结合形成氨基酸或酰胺,从而解除氨毒害。肉质植物(如仙人掌)之所以耐热性强,就是因为它们具有很旺盛的有机酸代谢,可避免氨的积累,减轻其毒害。

(3)蛋白质破坏　高温下原生质蛋白质的破坏是热害的重要特征。蛋白质受到破坏的主要原因有:高温下细胞产生了自溶的水解酶类,或者是溶酶体破裂后释放出水解酶促使蛋白质水解;高温破坏了氧化磷酸化的偶联,因而丧失了为蛋白质生物合成提供能量的能力;高温还破坏核糖体和核酸的生物活性,从根本上降低了蛋白质的合成能力。因此,高温下蛋白质含量下降是其分解加剧和合成减少两方面造成的综合结果。

11.5.2　植物的耐热机理

1. 内部因素

植物对高温的适应能力首先决定于生态习性,不同生态环境下生长的植物耐热性不同。一般来说,生长在干燥炎热环境下的植物耐热性高于生长在潮湿冷凉环境下的植物。例如起源于热带和亚热带的玉米、高粱、甘蔗等 C_4 植物,其光合最适温度和温度补偿点均较高,可达 40～45 ℃,而水稻、小麦等 C_3 植物的光合最适温度为 20～25 ℃,温度补偿点小于 30 ℃,因此,C_4 植物的耐热性明显高于 C_3 植物。

植物的不同部位或在不同的生育期,其耐热性也有差异。成长叶片的耐热性大于嫩叶,更大于衰老叶。种子休眠时耐热性最强,随着种子吸水膨胀,耐热性下降,开花期耐热性较差。果实越趋成熟,耐热性越强,如葡萄未成熟时只能忍受 43 ℃,成熟时能忍受 62 ℃。油料种子对高温的抵抗能力大于淀粉种子,一般来说,含油量越高,耐热性越强。细胞汁液越浓(含水量越少),蛋白质分子越不易变性,耐热性越强。但是肉质植物例外,它的含水量很大,耐热性也很强(如仙人掌可耐 65 ℃的高温)。这主要和它的细胞质黏性大和束缚水比例高有关。

耐热植物在代谢上的基本特点是构成原生质的

蛋白质或酶对热不敏感，不易因高温而变性或凝聚，因此，在高温下仍可维持一定程度的正常代谢。蛋白质分子内疏水键、二硫键的多少及牢固程度与其热稳定性呈正相关。另外，维持蛋白质合成活性，使变性或凝聚的蛋白质很快得到补偿，无疑也是有利于抗热的。

生长在沙漠、干热地区的一些植物，在高温下有机酸代谢旺盛，有机酸与 NH_4^+ 结合可消除高温下因蛋白质分解所释放的多余的 NH_3 的毒害，从而增强耐热能力。

2. 外部因素

温度对植物的耐热性有直接影响。如干旱环境下生长的藓类，在夏天高温时耐热性强，在冬天低温时耐热性差。高温锻炼可提高植物的耐热性。如把鸭跖草栽培在 28 ℃下 5 周后，其叶片耐热性比对照（生长在 20 ℃下 5 周）提高了 4 ℃（从 47 ℃增加到 51 ℃）。将萌动的种子放在适当高温下锻炼一段时间，然后播种，可提高其耐热性。

湿度与植物的耐热性也有关系。通常湿度高时，细胞含水量高，其耐热性降低。栽培作物时控制淋水或充分灌溉，可使细胞含水量不同，耐热性有很大差异。

矿质营养的供应与植物耐热性也有关系。如白花酢浆草等植物在氮素过多时耐热性降低，而营养缺乏时其热致死温度反而提高，其原因可能是氮素充足增加了植物细胞含水量。

3. 热激蛋白

热激蛋白（heat shock proteins，HSPs）是生物体受高温刺激后大量表达的一类蛋白，最早是在果蝇中发现的，现已证明它普遍存在于动物、植物和微生物中。例如大豆幼苗从 25 ℃转至 40 ℃（仅低于热致死温度）3～5 min 时，细胞中一些常见的 mRNA 和蛋白质合成受阻，而其他 30～40 种蛋白质（即 HSPs）的转录和翻译受到促进。

HSPs 的分子质量一般为 15～104 ku，主要存在于细胞质、线粒体、叶绿体和内质网等部位。现在已知的大多数 HSPs 具有典型的分子伴侣的生理功能，在正常生理条件下，它们的生理功能是帮助蛋白质正确折叠、装配、运转及降解；在胁迫条件下它们能够稳定蛋白和膜的结构，防止变性蛋白聚合，以及帮助蛋白质再折叠，恢复其原有的空间构象和生物活性，从而有利于其转运过膜，提高细胞的耐逆性。根据 SDS-PAGE 电泳表现的分子质量大小可把植物 HSPs 分为五大类：HSP110、HSP90、HSP70、HSP60 和小分子 HSP（smHSP）。每一类 HSPs 在结构上都有不同程度的保守性。HSPs 不仅在植物受热胁迫时合成和对植物耐热性有利，也可在其他环境胁迫（如干旱、低温、盐渍、ABA 处理、机械伤害等）下合成，并提高植物的相应耐性，这说明 HSPs 对植物的多种胁迫伤害有交叉保护作用（cross-protection）。

11.5.3 防止和减轻植物热害的途径

在农业生产上，由于高温和干旱常相伴发生、互为因果和不易区分，因而单独防止和减少热害较少，常与抗旱结合起来。具体的方法有：

1. 选择培育适宜的耐热植物品种

可根据某一地区的温热状况，即该地区的最高、最低温度及时限进行选择。一般原产热带、亚热带的植物耐热性较强，而温带、寒冷地带的植物均不耐热。不过，同种植物品种间的耐热性也会有些差异。

2. 改进栽培方法

例如，将萌动的种子在适当高温下锻炼一段时间再播种；适当灌溉，促进蒸腾，既可防旱又可降温；合理密植，保证通风透光，以利于散热；实行间作套种，使高秆和低秆植物、耐高温和不耐高温植物互相配合，各得其所；人工遮阳，可用于小规模经济作物的集约化栽培；N 肥过多不利于抗热，高温季节作物少施 N 肥等。

3. 化学调控

例如，喷施 $CaCl_2$、KH_2PO_4、$ZnSO_4$ 等可增加生物膜的热稳定性；施用生长素、激动素等生理活性物质，能防止高温造成的损伤等。

11.6 植物的盐胁迫生理

土壤中盐分过多，特别是可溶性盐类（如 NaCl、Na_2CO_3 等），对植物造成的伤害称盐害（salt injury），也称为盐胁迫（salt stress）。植物对盐胁迫的适应、抵抗和忍耐能力统称为抗盐性（salt resistance）。

在气候干燥和地势低洼、地下水位较高的地区（水分蒸发会把地下盐分带到土壤表面）以及滨海地带，土壤中含有较多盐类。钠盐是形成盐分过多的主要盐类，习惯上把以 NaCl 和 Na_2SO_4 为主要成分的土壤称为盐土（saline soil），把以 Na_2CO_3 和 $NaHCO_3$ 为主要成分的土壤称碱土（alkaline soil）。但两者常同时存在，实际上把盐分过多的土壤统称为盐碱土（saline and alkaline soil）。土壤含盐量可以用盐度表示。盐度常以 25 ℃下土壤溶液的电导率值表示，单位为 $dS \cdot m^{-1}$ 或 $mS \cdot cm^{-1}$。在以单价盐 NaCl 为主的土壤中，1 $dS \cdot m^{-1}$ 相当于可溶性盐总量 0.64 $g \cdot L^{-1}$（0.064%）或 11 $mmol \cdot L^{-1}$。一般把土壤电导率值为 2～4 $dS \cdot m^{-1}$ 的土壤称为轻盐化土，土壤电导率值为 4～8 $dS \cdot m^{-1}$ 的土壤称为中盐化土，土壤电导率值为 8～15 $dS \cdot m^{-1}$ 的土壤称为重盐化土，土壤电导率值大于 15 $dS \cdot m^{-1}$ 的土壤称为重盐土。一般盐土含盐量在 2～5 $g \cdot L^{-1}$（0.02%～0.05%）时就已对植物生长不利，而盐土表层含盐量往往可达 6～100 $g \cdot L^{-1}$。

据估计，全世界的盐碱地约占陆地面积的 6%，其中包括 20% 的耕地。我国盐碱土主要分布在西北、华北、东北和沿海地区，约有 1 亿 hm^2，其中盐碱耕地约有 660 万 hm^2。随着工农业的发展，灌溉地（提供世界粮食的 1/3）中有 1/3 遭到盐害（次生盐渍化），加之塑料大棚的大面积推广和应用，海水倒灌形成的沿海滩涂，盐碱地还有不断扩大的趋势。可以说，土壤盐渍化对农业的威胁已成为一个全球性的问题。

11.6.1 盐胁迫对植物的伤害

一般将植物的盐害分为原初盐害和次生盐害。原初盐害是指盐胁迫对质膜的直接破坏，如膜的组分、透性和物质运输等发生变化，使膜结构和功能受到伤害；或者是盐分进入细胞后对各种酶活性产生影响，从而使相关代谢紊乱。原初盐害可理解为盐离子本身产生的毒害作用，即离子胁迫或离子毒害。次生盐害是由于土壤盐分过多使土壤水势过低，从而对植物产生渗透胁迫，植物发生吸水困难甚至脱水现象；或者是由于离子间的竞争而引起某种营养元素的缺乏，进而影响植物的新陈代谢过程（图 11-10）。

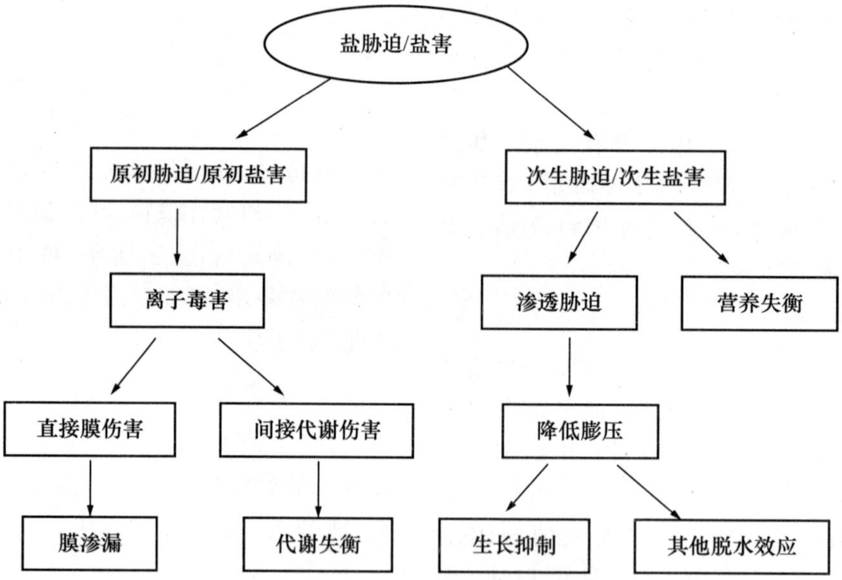

图 11-10 盐胁迫对植物的伤害机制

（改自 Levitt，1980）

1. 膜透性改变

当外界盐浓度增大时，由于离子的胁迫作用使细胞膜功能发生改变，膜透性加大，细胞内物质外渗（常以电导率表示）加剧。例如，用不同浓度 NaCl 溶液处理玉米幼苗时，根系细胞内的电解质大量外渗，外渗量（电导率）随 NaCl 溶液浓度的增大和处理时间的延长而增加。有研究表明，盐胁迫下植物细胞膜透性的变化与其耐盐性强弱有关，即耐盐性强的植物材料在同等盐胁迫下的膜透性变化较耐盐性弱的植物材料要小。此外，在盐胁迫下，植物细胞内活性氧或自由基含量上升，诱导膜脂发生过氧化作用，也会导致膜的完整性降低，选择透性丧失。

2. 生理代谢紊乱

盐分过多可抑制叶绿素合成及各种光合酶的活性，使光合速率下降。低盐时植物的呼吸作用一般受到促进，而高盐时则受到抑制。如紫花苜蓿在 5 g · L^{-1} NaCl 处理时，呼吸比对照高 40%，而在 12 g · L^{-1} NaCl 处理时呼吸下降 10%。盐胁迫影响蛋白质代谢，使其合成受阻而分解加剧。另外，盐胁迫下植物体内有毒物质（如游离 NH_4^+）过多积累，对细胞产生毒害作用，例如在轻盐化土壤上生长的棉花，其叶片中的氨含量为正常的 2 倍，在重盐化土壤上则为 10 倍。

3. 渗透胁迫

土壤中的可溶性盐类过多，会降低土壤溶液的渗透势而使其水势下降。根据水分从高水势向低水势流动的原理，根细胞的水势必须低于其周围介质的水势才能吸水，所以土壤盐分越多，其水势越低，植物根系吸水则越困难，甚至会发生失水现象。因而，盐害的这种渗透胁迫伤害实际表现为旱害，或称为生理干旱。在大气湿度相对较低的情况下，随着蒸腾的加强，盐害更为严重。

4. 营养失衡与单盐毒害

主要由于植物在吸收矿质元素的过程中，盐分（如 Na^+、Cl^-、Mg^{2+}、SO_4^{2-}）与各种营养元素互相竞争，从而阻止植物对某些矿质元素（如 K^+、Ca^{2+}、HPO_4^{2-}、NO_3^-）的吸收，造成营养亏缺或平衡失调。植物对离子的不平衡吸收，不仅使植物发生矿质营养亏缺或失衡，抑制了生长，而且还会产生单盐毒害现象。例如，生长在 NaCl 含量高的介质中的大麦、小麦、水稻等，往往出现 K、P、Ca 的缺乏症，影响植物的生长发育，极度缺乏导致植物死亡。

盐胁迫对植物多方面的伤害最终表现为对植物生长发育过程和生物产量的综合影响。盐胁迫对耐盐性不同的植物的相对作物产量产生的影响不同（图 11-11）。

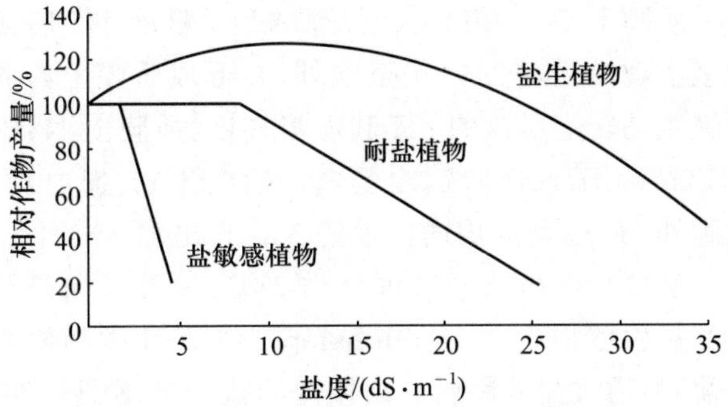

图 11-11 三类植物的产量对盐度的响应

（参照 Breckle，2002）

11.6.2 植物抗盐的方式及其生理机制

根据植物的耐盐能力，可把植物分为盐生植物（halophyte）和淡土植物（glycophyte，又称甜土植物）。盐生植物是盐渍生境中的天然植物类群，常生活于渗透势在 −0.33 MPa 以下（相当于 70 mmol · L^{-1} 或 4 g · L^{-1} NaCl 以上，高的可达 20 g · L^{-1}）的土壤环境中，如海蓬子、碱蓬等，约有 550 种，分属 75 科 220 属。绝大多数农作物是淡土植物，在非盐土上生长具有竞争优势，其耐盐性一般在 6 g · L^{-1} 盐浓度以下，其耐盐性可分为 4 类：敏感（如草莓、四季豆、柑橘等）；中度敏感（如玉米、水稻、番茄等）；中度耐盐（如小麦、大豆等）；耐盐（如大麦、棉花、糖甜菜等）。

植物抗盐的方式主要有拒盐型（salt exclusion）、排盐或泌盐型（salt excretion）、稀盐型（salt dilution）和积盐型（salt accumulation）等。盐生植物抗盐方式多为排盐或泌盐、积盐和稀盐型，而淡土植物多为拒盐型，少数为稀盐型。植物的抗盐方式可从避盐和耐盐两方面来加以探讨。

11.6.2.1 避盐

（1）拒盐型 这类植物细胞的原生质膜透性小，在环境介质中盐分浓度较高时，能保持对离子的选择透性，尽量不让外界盐分进入植物体内，或降低植物地上部的盐分浓度，从而避免盐分的胁迫作用。例如，耐盐性不同的大麦品种，生长在同一浓度的 NaCl 溶液中，抗盐性强的品种体内的 Na^+、Cl^- 的浓度较抗盐性弱的品种低得多。另外，这种拒盐过程也可发生在植物局部组织，如盐离子进入根系后，只积累在根细胞的液泡内，较少向地上部运输。例如，耐盐性强的大麦品种叶片中 Na^+、Cl^- 含量低的原因主要是根系对 Cl^- 的吸收较低，而所吸收的 Na^+ 留存于根中较多，向地上部运输较少。菜豆、大豆等植物也都具有这种拒盐能力。

（2）排盐或泌盐型 植物吸收了盐分但并不在体内积存，而是主动地通过茎、叶表面的特殊结构——盐腺（salt gland）、腺毛（gland hair）、囊泡等排出体外，通过风吹雨淋而冲洗掉。现在认为，盐腺是一个依赖线粒体提供 ATP 释放能量驱动的离子泵。这是泌盐盐生植物最通常的抗盐方式。抗盐植物还有一种在细胞水平上的排盐方式，即 Na^+ 的外排。质膜上 H^+-ATPase 水解 ATP，驱动 H^+ 跨膜初级主动转运，把 H^+ 运至胞外，并形成质膜上跨膜次级主动转运所需的 pH 和电势梯度，质膜上 Na^+/H^+ antiporter(逆向运输蛋白，又称 SOS1 蛋白)利用胞外 H^+ 返回胞内的过程把 Na^+ 排出胞(体)外。

泌盐盐生植物一般可分为 2 类：一类是向外泌盐的盐生植物(exo-recretohalophyte)。这类植物具有盐腺，通过盐腺将吸收到体内的盐分分泌到体外；另一类是向内泌盐植物(endo-recretohalophyte)，它们的叶表面具有囊泡，将体内的盐分分泌到囊泡中暂时贮存起来，如果遇到大风、暴雨或触碰等，囊泡破裂将盐分释放出来。这类植物在中国有藜科的滨藜属(*Atriplex*)、藜属(*Chenopodium*)、猪毛菜属(*Salsola*)植物，其中滨藜属植物中国有 10 余种。

(3)稀盐型　有些植物既不能拒盐，也不能泌盐，而是把吸收到植物体内的大量盐分，通过吸水和快速生长、肉质化生长或细胞内的区域化分配(compartmentalization)等方式来加以稀释。例如，大麦生长在轻度盐渍土壤中，在拔节以前体内 NaCl 浓度较高，但随着拔节快速生长，胞内 NaCl 浓度降低，生长越快，离子浓度越低。这在一些抗盐性较强的品种中表现得更为明显。仙人掌等肉质化的植物通过细胞内大量贮水冲淡盐分的浓度实现盐分稀释。红甜菜等植物可把从外界吸收的大量离子集中区域化分配到液泡中，这样既可降低胞质盐离子的毒害作用，又可增大液泡的浓度，降低其水势，保证细胞的吸水。

11.6.2.2　耐盐

耐盐是植物通过自身的生理或代谢的适应，忍受已进入细胞的盐类，这种方式无论是对盐生植物或淡土植物的抗盐能力都具有非常重要的意义。渗透调节是植物耐盐的主要机理之一。参与渗透调节的保护物质主要包括无机离子和有机相容性溶质(compatible solute)两大类。无机离子有 Na^+、K^+、Cl^-、Ca^{2+} 等，在细胞中积累可降低细胞本身的渗透势和水势，从而达到与外界的渗透平衡，但 Na^+、Cl^- 等盐离子在细胞内积累过多会对植物产生离子毒害作用，耐盐性较强的植物可通过在细胞内的区域化分配，如在液泡中积累，既可降低其对功能细胞器的伤害，又有利于盐胁迫下细胞内外渗透平衡的维持。Na^+ 在液泡内区域化的过程主要由液泡膜上的 H^+-ATP 酶、H^+-PP 酶共同形成的质子泵和液泡膜上 Na^+/H^+ 逆向运输蛋白协同完成。植物也可通过合成可溶性糖[蔗糖，果糖，复合糖如果聚糖(fructan)和海藻糖(trehalose)，多元醇(polyols)如甘露醇和山梨醇等]、脯氨酸(proline)、甘氨酸甜菜碱(glycine betaine)等有机相容性溶质来进行渗透调节。不过，用无机离子进行渗透调节比较经济，但过多积累会伤害细胞；利用有机物质进行渗透调节，会大量消耗光合产物。

这类植物耐盐的方式可称之为积盐型。如许多叶肉质化真盐生植物及茎肉质化真盐生植物，前者把盐离子积累在叶片肉质化组织及绿色组织的液泡中，后者把盐离子积累在绿色组织的液泡中及肉质化中柱中。前者有藜科的碱蓬属(*Suaeda*)植物，如盐地碱蓬(*S. salsa*)、碱蓬(*S. glauca*)等；猪毛菜属(*Salsola*)植物，如猪毛菜(*S. collina*)、天山猪毛菜(*S. junatvii*)。后者主要为藜科中的盐穗木属(*Halostachys*)植物，如盐穗木(*H. caspica*)；盐节木属(*Halocnemum*)植物，如盐节木(*H. strobilaceum*)；盐爪爪属(*Kalidium*)植物，如圆叶盐爪爪(*K. schrenemum*)、尖叶盐爪爪(*K. cuspidatum*)等；海蓬子属(*Salicornia*)植物，如海蓬子(*S. europaea*)等。

还有一类植物，有人称之为假盐生植物(pseudo-halophyte)，有蝶形花科的百脉根属(*Lotus*)植物，例如百脉根(*L. corniculatus*)；车轴草属(*Trifolium*)植物，如草莓车轴草(*T. fragiferum*)；禾本科中的芦苇属(*Phragmites*)植物，如芦苇(*P. communis*)。它们可将盐离子积累在薄壁细胞的液泡和根部木质部薄壁组织中。

11.6.3　植物抗盐的分子机制及信号转导

盐对植物的胁迫表现在离子胁迫、营养失衡和渗透胁迫等几方面。其中，盐过敏感调控(salt overly sensitive, SOS)信号转导途径具有 Na^+ 离子转运、盐分区域化与 K^+ 吸收两个分支；渗透胁迫信号转导途径则包括依赖 ABA 介导的信号转导和不依赖 ABA 介导的信号转导两个分支。分别通过实现离子稳态和渗透稳态，增强植物抗盐性(图 11-12)。目前已鉴定得到了 5 个耐盐基因：*SOS1*、*SOS2*、*SOS3*、*SOS4* 和 *SOS5*。其中，*SOS1*、*SOS2* 和 *SOS3* 分别编码质膜上的 Na^+/H^+ 逆向转运蛋白、丝氨酸/苏氨酸类蛋白激酶、钙结合蛋白，参与介导了盐胁迫下植物细胞内离子稳态的信号转导途径，调控盐胁迫下细胞内 Na^+ 的外排和 Na^+ 向液泡内的区域化分布以及细胞对 K^+ 的吸收。

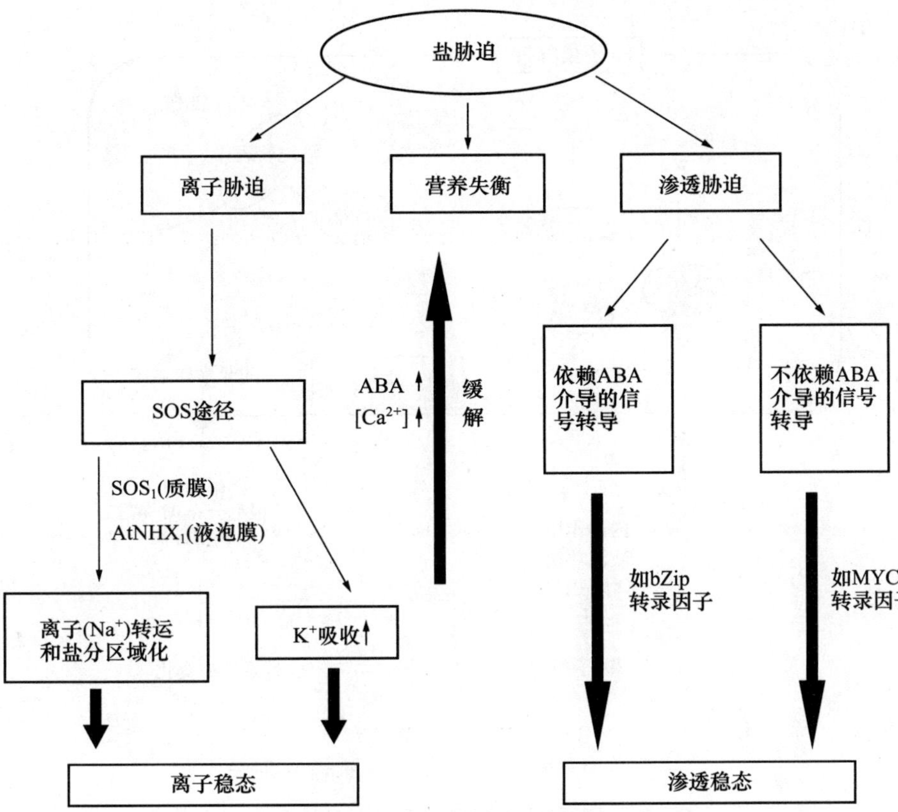

图 11-12　植物对盐胁迫的信号转导过程

（参照 Zhu，2003）

在根中，SOS 蛋白除了具有维持 Na^+ 平衡功能外，还具有新的作用，如 SOS 蛋白在皮层/细胞骨架动力学中起作用。在轻度盐胁迫环境下，*SOS3* 基因通过调控生长素梯度，经过生长素转运体（PINs），对植物侧根发育起着重要的作用（图 11-13）。

11.6.4　提高植物抗盐性的途径

1. 培育抗盐新品种

广泛收集和利用我国丰富的野生植物资源，尤其是盐生野生植物，运用杂交育种、组织培养、遗传工程和分子育种等技术并互相结合，把其抗性基因导入栽培植物并进行选育，这是提高植物抗盐性最有效的方法，也是今后植物耐盐性和盐碱地生物改良研究的工作重点。

2. 抗盐锻炼

植物对盐胁迫的适应性或抗盐性有一个适应锻炼的过程，因此利用植物幼龄期可塑性高、适应力强的特点，可在播种前用盐溶液处理种子，进行抗盐锻炼，可提高其在生长发育过程中的抗盐能力。如把棉花种子在 0.3%～0.4% 的 NaCl 或 $CaCl_2$ 溶液中浸种，可显著提高棉花种子在盐土中的萌发能力，并促进它以后的生长发育。

3. 植物生长调节剂处理

植物自身的快速生长是很重要的抗盐机制之一。使用生长素类调节物质可以有效促进植物生长，使植物吸收大量的水分而避免体内盐分浓度的增加。例如，用 IAA 浸种或喷施可以促进小麦等作物生长和吸水，提高其抗盐性。GA 和 CTK 在菜豆、豌豆上也有类似效应。另外，喷施 ABA 以诱导气孔关闭，从而降低蒸腾作用和盐分的被动吸收，也可以提高植物的抗盐能力。

4. 盐碱土改良

具体措施有：合理灌溉、泡田洗盐；增施磷肥和有机肥，种植耐盐绿肥植物（如田菁）、种植耐盐树种（白榆、沙枣、紫穗槐等）或耐盐碱作物（向日葵、甜菜等）。

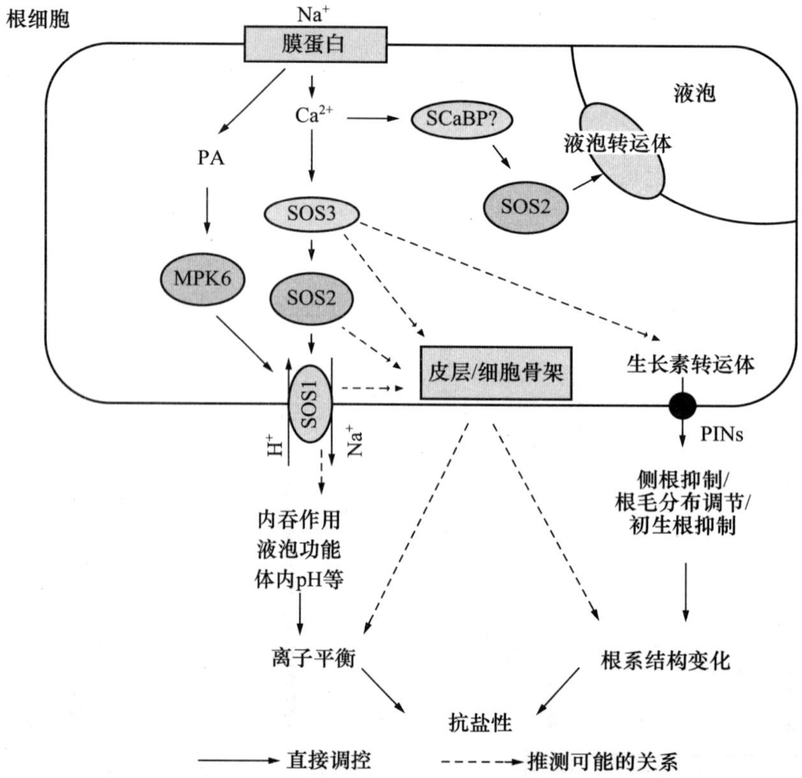

图 11-13　植物体内 SOS 信号调控盐胁迫响应

（引自 Ji 等，2013）

11.7　植物与环境污染

11.7.1　环境污染的含义及种类

随着近代工业的飞速发展，大批厂矿企业、居民区和现代交通工具等所排放的废渣、废气和废水（即俗称的“三废”），以及农业上大量应用化肥、农药所残留的有害物质越来越多，远远超过环境的自然净化能力，即造成了环境污染（environmental pollution）。

环境污染不仅直接危害人类的身心健康与安全，而且也对植物的生长发育造成非常有害的影响。如果处理不当，可造成农作物减产，甚至绝收，给农业生产造成巨大损失，甚至可以破坏整个生态系统。就其污染的因素而言，可分为大气污染、水体污染、土壤污染和生物污染几种。其中以大气污染和水体污染的危害面较广，而且也容易转化为土壤污染和生物污染。

11.7.2　不同环境污染对植物的危害

11.7.2.1　大气污染物对植物的危害

大气污染物主要是燃料燃烧时排出的废气，工业生产中排出的粉尘、废气以及汽车尾气等。大气污染物主要有二氧化硫（SO_2）、氟化物、臭氧（O_3）、氯气（Cl_2）、粉尘和光化学烟雾等。植物叶片是植物与周围大气进行气体交换最活跃的部分，有害气体进入植物的主要途径是气孔。有些气体直接对气孔开度有影响，如 SO_2 促使气孔张开，增加叶片对 SO_2 的吸收；而臭氧（O_3）则促使气孔关闭。如果植物体内积累的气体浓度超过了其敏感阈值，就会造成对植物的伤害。大气污染物能否危害植物，决定于多种因素，不仅与有害气体的种类、浓度和作用时间有关，而且同植物的种类、发育阶段、生长状况及其他环境条件有关。

植物受大气污染的危害程度可分为急性危害、慢性危害和隐性危害 3 类。急性危害是指植物在短期内（几小时、几十分钟甚至更短）接触高浓度的污染物所造成的危害，如叶片出现伤斑、枯萎、脱落，甚至植株死亡。慢性危害是指低浓度的污染物在长时间作用下造成的危害，如叶片发黄到缺绿变白、生长发育进程受影响。隐性危害是指植物外表生长发育基本正常，无肉眼可见症状，只是由于生理代谢受到影响，导致作物品质和产量下降。此外，大气污染不仅给植物造成直接伤害，还会产生一些间接影响，如由于生长发育不良而导致的抗性减弱，易受病虫害侵袭等。

1. SO_2 对植物的危害

SO_2 是含硫的各种燃料燃烧时的产物之一，大型炼油厂、冶炼厂、热电站、化肥厂和硫酸厂是散发 SO_2 的中心。因为其排放量大，是我国当前最主要的大气污染物，危害也最广泛，一般浓度达到 0.05～10 $mg \cdot L^{-1}$ 时就有可能危害植物。

硫是植物必需的矿质元素之一，植物所需要的硫一部分来自大气，因此一定浓度的 SO_2 对植物是有利的。但大气中的含硫量超过了植物的需要，就会给植物造成伤害。SO_2 危害植物的机理主要是由于它是一种还原性很强的酸性气体。它通过气孔进入叶片，溶于浸润细胞壁的水分中成为亚硫酸氢根离子（HSO_3^-）和亚硫酸根离子（SO_3^{2-}），并产生氢离子（H^+），H^+ 可降低细胞的 pH，干扰代谢过程；SO_3^{2-} 和 HSO_3^- 直接破坏蛋白质的结构，使酶失活，使叶绿素变成去镁叶绿素而受到破坏，光合速率下降，同时无效呼吸加剧；间接影响是产生更多自由基（如 $O_2^- \cdot$ 和 $\cdot OH$），严重伤害细胞。在雨天可以形成"酸雨"，使土壤酸化，不利于植物的生长，其典型症状是植物叶片叶脉间缺绿。各种植物对 SO_2 的抗性有所不同，敏感的植物如悬铃木、棉花、大豆、小麦、月季等，抗性强的植物有丁香、桂花、玉米、高粱、仙人掌、刺槐等。

2. 氟化物对植物的危害

氟化物包括氟化氢（HF）、四氟化硅（SiF_4）、硅氟酸（H_2SiF_6）及氟气（F_2）等，其中排放量最大、毒性最强的是 HF。当浓度为 1～5 $\mu g \cdot L^{-1}$ 时，较长时间接触可使植物受害。凡是以冰晶石（$3NaF \cdot AlF_3$）、含氟磷矿[$Ca_3(PO_4)_2 \cdot CaF_2$]和萤石（CaF_2）等为生产原料的工厂，如炼铝厂、磷肥厂、钢铁厂、玻璃厂等，都可能排放氟化物到大气中，煤燃烧过程中也会有 HF 气体放出。

气态氟化物也是主要通过气孔进入植物体内，其危害原因主要有：F^- 能与酶蛋白中的金属元素 Ca^{2+}、Mg^{2+} 等离子结合成络合物，使酶失活；是一些酶如烯醇酶、琥珀酸脱氢酶、酸性磷酸酯酶等的抑制剂；使叶绿素合成受阻，叶绿体破坏。试验证明，用不同浓度的各种空气污染物处理大麦、燕麦等作物，HF 对光合作用的抑制作用最强。HF 产生危害的典型症状是叶尖或边缘出现红棕色至黄褐色的坏死斑，受害组织与正常组织之间常形成明显界限。植物的幼叶、幼芽最易受氟化物的危害。

不同植物对氟化物的敏感程度也有区别，如唐菖蒲、葡萄、玉米、烟草、芝麻等属敏感型，而丝瓜、棉花、小麦、油菜、柳、侧柏等表现较强抗性。

3. 光化学烟雾对植物的危害

汽车尾气中的一氧化氮（NO）和烯烃类碳氢化合物升到高空后，在阳光中紫外线的作用下，发生各种光化学反应，形成臭氧（O_3）、二氧化氮（NO_2）、醛类（RCHO）和硝酸过氧化乙酰（peroxyacetyl nitrate，PAN）等气态的有害物质，再与大气中的粒状污染物（如硫酸液滴、硝酸液滴等）混合呈浅蓝色烟雾状。由于这种污染物主要是通过光化学作用形成的，因此称其为光化学烟雾（photochemical smog）。

（1）O_3　是一种强氧化剂，能氧化破坏质膜，增加胞内物质外渗，影响正常氧化还原过程，破坏叶绿素，促进戊糖磷酸呼吸途径，利于酚类化合物形成，并氧化成棕红色化合物，故伤斑呈黄、褐等色。当大气中 O_3 浓度为 0.1 $mg \cdot L^{-1}$，延续 2～3 h，烟草、苜蓿、菠菜、蚕豆等植物就会出现受害情况。其伤害的典型症状是叶面上出现密集、细小的黄色、褐色或白色斑点，严重时出现大面积的失绿斑块。

（2）NO_2　与 SO_2、O_3 和 HF 等有所不同，低浓度的 NO_2 不会引起植物伤害，高浓度时才会产生急性危害。一般情况下，当其浓度达到 2～3 $mg \cdot L^{-1}$ 时，植物出现的初始症状是叶片上形成不规则的水渍斑，在暗中这种伤斑仍为绿色，见光后就开始失绿、褪色而坏死。空气中的 NO_2 进入叶片后，与水形成亚硝酸（HNO_2）和硝酸（HNO_3），酸度过高，就会伤害组织。NO_2 伤害程度与光照有关，在黑暗中或弱光下接触 NO_2 比在晴天光照下接触 NO_2 更容易产生伤害。这主要是因为植物中存在硝酸还原酶和亚硝酸还原酶，在光照下它们可使进入植物体内的 NO_2 迅速还原，但在暗中，亚硝酸还原酶不起作用或作用很小，所以光下植物能忍受一定浓度的 NO_2 而不出现伤害症状。对 NO_2 来说，蚕豆、黄瓜等是敏感植物，而石楠则是抗性很强的植物。

（3）过氧乙酰硝酸酯（peroxy acetyl nitrate，PAN）　有剧毒，空气中浓度只要在 20 $\mu g \cdot L^{-1}$ 以上就会伤害植物。伤害症状有初期叶背呈银灰色或古铜色斑点，以后叶背凹陷、变皱、扭曲，呈半透明状。严重时,叶片两面都坏死。PAN能抑制植物的光合作用,影响戊糖磷酸代谢途径和植物细胞壁的合成。不同植物对PAN的敏感性不同,番茄、烟草等对PAN很敏感,$15 \sim 20\ \mu g \cdot L^{-1}$ 延续4 h即受害,而玉米、秋海棠、棉花等抗性强的植物可忍耐 $75 \sim 100\ \mu g \cdot L^{-1}$ 延续2 h也不受害。

4. Cl_2 对植物的危害

有些化工厂、农药厂、冶炼厂在生产过程中会逸出大量 Cl_2。Cl_2 对植物的毒性要比同浓度的 SO_2 高2~4倍,它进入叶片后很快破坏叶绿素,产生褐色伤斑,严重时全叶漂白、枯卷甚至脱落。各种植物中,白菜、番茄、冬瓜、向日葵、大麦、水杉、枫杨等对 Cl_2 较敏感,而茭白、豇豆、银杏、丁香、侧柏、无花果等抗性较强。

11.7.2.2 水体和土壤污染物对植物的危害

1. 水体污染物对植物的危害

随着工农业的迅速发展和城市人口的大量集中,含有各种污染物质的工业废水和生活污水大量排入水系,再加上大气污染物质、矿山残渣、化肥农药的残留成分为雨水所淋溶,使各种水体受到不同程度的污染,水质显著变劣。污染水体的污染物大致有金属污染物(汞、镉、铬、锌、镍、砷)、非金属污染物(硒、硼等)、有机污染物(酚、氰、三氯乙醛、苯类化合物、醛类化合物、石油等)3类,其中酚、氰、汞、铬、砷等被称为"五毒"。还有一些含病菌的污水也会污染植物,比如城市下水道的污水等,进一步对食用者产生危害。

水中含有的这些污染物质,不仅危害水生生物资源和人们的健康与安全,也影响植物的正常生长。比如,当污水中酚含量超过 $50\ \mu g \cdot L^{-1}$ 时,蔬菜的生长就会受到明显抑制,并使根变褐腐烂,叶色变黄。氰化物对植物呼吸过程有强烈的抑制作用,根短稀疏,甚至停止生长、干枯死亡。另外,污染水质中的各种金属和非金属如汞、镉、铝、铅、铬、铜、锌、镍、砷、硒、硼等,其中有些是植物必需的微量元素,但在水中含量过高,会对植物造成严重危害,主要是这些重金属元素可抑制酶的活性,或与蛋白质结合使其变性,破坏质膜的选择透性,阻碍植物的正常代谢。

2. 土壤污染物对植物的危害

土壤污染主要来自水体污染和大气污染。用污水灌溉农田,有毒物质会沉积在土壤中;大气污染物随雨、雪降落到地表渗入土壤,以及施用某些残留量较高的化学农药(如六六六)和放射性物质不慎进入土壤等都会造成土壤污染。

土壤污染对植物的生长发育会产生非常严重的影响,具体表现在:土壤污染会引起土壤酸碱度的变化,如 SO_2 气体淋溶于土中之后土壤酸化,水泥厂的粉尘会使土壤碱化。土壤中沉积富集的有害物质达到一定量时,就会直接影响植物的生长甚至杀死植物,更为严重的是,生长在被污染的土壤中的植物,污染物能被植物吸收富集,转化为生物污染,通过食物链转而危害人、畜健康。例如,生长在电厂、玻璃厂、陶瓷厂等地区的牧草,富集大量的镉,人们吃了长期食用这种牧草的牛、羊后,体内会积累镉,造成严重的"骨痛病"。

11.7.2.3 重金属污染物对植物的危害

重金属系指相对密度在5.0以上的金属元素。砷、硒是非金属,但是它们的毒性及某些性质与重金属相似,所以将砷、硒列入重金属污染物范围内。Cu、Pb、Zn、Fe、Co、Ni、V、Ti、Mn、Cd、Hg、Cr、W、Mo、Ag等为环境中常见的重金属。某些重金属如Mn、Cu、Zn等是植物生长的必需元素,在适当的浓度范围内,它们可以刺激植物的生长;而Hg、Cd、Pb、As等,则属非必需元素。无论是必需元素还是非必需元素,当重金属含量超过某一浓度时,都会对植物产生不同程度的毒害作用,轻则植物体的代谢过程发生紊乱,生长发育受阻,重则导致植物死亡。例如,镉会引起植株矮小,根系伸长受阻,叶片褪绿,分蘖减少以及产量下降等;影响植物对铁的吸收,引起植物体内缺铁。铅和汞对植物有剧毒。铬抑制水仙花的光合作用,使其植株矮小、叶片卷曲、根系呈褐色且发育不良。钨对固氮生物有毒,因其能竞争性地抑制对钼的吸收。砷毒害会引起小麦水分运输能力下降;因其与磷共用吸收转运体,故砷毒害能抑制磷的吸收,导致植物缺磷,幼叶及茎呈紫红色;砷还影响植物体内磷的代谢,从而影响磷酸化反应及ATP的合成。

1. 金属超富集现象

在矿区等重金属元素富集的土壤,一些植物经过长期的适应和演变,其体内可以积累相当高浓度的重金属元素。通常把植物体内重金属元素含量超过普通植物100倍以上的植物称为重金属超富集植物(heavy metal hyperaccumulator)。目前,确定重金属超富集植物的基本条件有2个:①地上部分与根系的金属浓度比大于1;②地上部分重金属浓度超过一定范围,如Zn、Mn>1%,Cu、Cr、Ni、Pb、Co、

As、Se＞0.1%，Cd、U＞0.01%，Hg＞0.001%。迄今为止，世界上发现的重金属超富集植物有400多种，分属于40多个属，其中70%以上属于Ni超富集植物。通过研究这些植物吸收和积累金属元素的生理和分子机制，有利于选育或培育富含人体必需元素的农产品，如富Zn、Fe、Se等农作物，改善人们的矿质营养。此外，重金属超富集植物还可以应用于植物修复(phytoremediation)领域，利用植物对重金属的超富集特性，清除土壤、水体等环境的重金属污染物，对污染环境进行绿色、原位的修复。

2. 重金属在植物体内的螯合

植物对重金属的适应性机制主要有2种：一是通过细胞壁的吸附和有毒离子的外排来减少细胞中离子的浓度；二是通过螯合和区域化将离子积累在特定的器官、组织或细胞器，从而降低重金属离子对植物的伤害。例如，麦瓶草(*Silene vulgaris*)的耐Zn品种可通过细胞内的区隔化分布把重金属主要集中在液泡中，其液泡中的Zn是敏感品种的2.5倍。谷胱甘肽(GSH)、植物螯合肽(PCs)、金属硫蛋白(metallothioneins，MTs)等含巯基化合物及氨基酸(如脯氨酸和组氨酸)、胺(如精胺、亚精胺、腐胺、烟酰胺)及有机酸(如麦根酸)等均可以螯合细胞中的重金属离子，并通过ATP结合盒(ATP-binding cassette，ABC)将其转运至液泡中，以降低细胞质中重金属离子的浓度。PCs是由谷氨酸(Glu)、半胱氨酸(Cys)和甘氨酸(Gly)3种氨基酸在γ-谷氨酰半胱氨酸合成酶(γ-ESC)和PC合酶(PCS)的催化下合成的一类多肽物质，其结构为$(Glu\text{-}Cys)_n\text{-}Gly$($n=2\sim11$)(图11-14)。Cu、Cd、As等多种重金属均可诱导PCs的生物合成(图11-15)。研究结果表明，过量表达γ-ESC、谷胱甘肽合成酶(GS)或PCS可以增加植物体内GSH和PCs的生物合成，提高植物对重金属的耐性和积累。而丁硫氨酸-亚砜亚胺(BSO，一种γ-谷氨酰半胱氨酸合成酶抑制剂)则可以抑制植物体内PCs的合成，使植物对重金属的敏感性增加。拟南芥的PC_S突变体对Cd极其敏感。

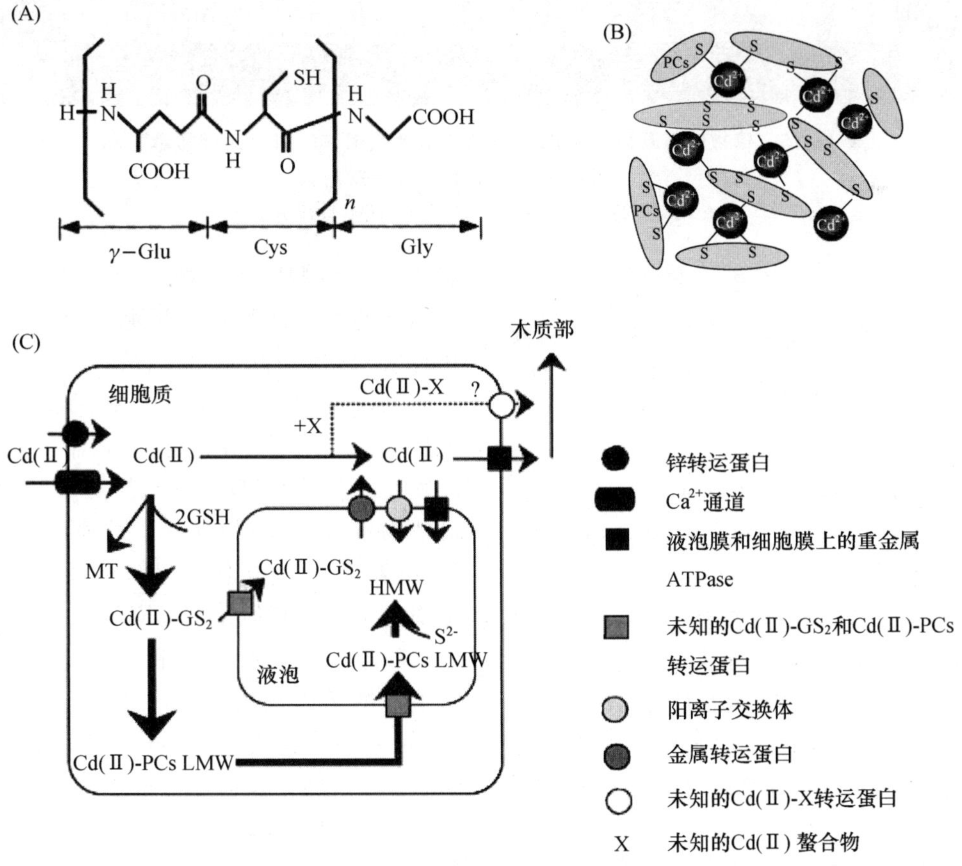

图11-14 植物中植物螯合肽(PCs)的结构及功能

(引自Hirata等，2005；Verbruggen等，2009)

(A)PCs的基本结构，$n=2\sim11$；(B)PCs与Cd的螯合；(C)非超积累植物根系对Cd的解毒机制

LMW：低分子质量植物螯合肽；HMW：高分子质量植物螯合肽

与 PCs 不同，MTs 是由基因直接编码的一类富含巯基的小分子蛋白。在拟南芥和烟草中表达 MTs 基因可以增强植物对 Cd 和 Cu 的抗性。因含有大量的巯基，谷胱甘肽和金属硫蛋白与金属离子螯合的同时，还参与植物体内活性氧(ROS)的清除，减轻过量重金属引起的氧化胁迫伤害。外源 H_2O_2 处理或衰老引起的活性氧可以诱导金属硫蛋白基因的表达，转入金属硫蛋白基因可降低转基因植物体内由于过量重金属引起的活性氧的积累。

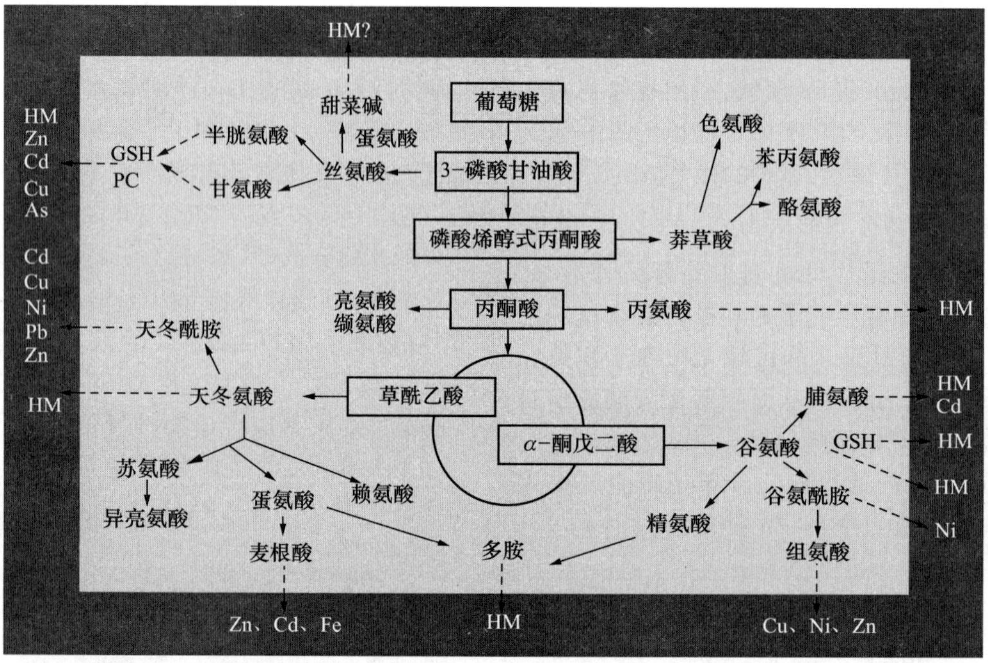

图 11-15　植物中氨基酸的合成途径及与重金属相关的氮代谢产物示意图

(引自 Sharma 和 Dietz,2006)

GSH:谷胱甘肽;PC:植物螯合肽;HM:重金属

3. 植物对重金属污染的修复

随着人们对环境保护的日益重视，科学家们开始探索利用生物来修复重金属污染土壤的新方法，其中植物修复(phytoremediation)技术被认为是一种成本低、无二次污染、易为公众所接受的自然过程。广义上的植物修复技术是指利用植物提取、吸收、分解、转化或固定土壤、沉积物、污泥或地表水、地下水中有毒有害污染物技术的总称。植物修复技术的基本思路之一是种植超积累植物(hyperaccumulator，又称超富集植物)于受污染的土壤，植物吸收重金属并将其转移到地上部，收获植物，焚烧后回收重金属，从而降低土壤中重金属的含量，实现治理目标。一些超量积累植物能同时超量吸收、积累 2 种或几种重金属元素。

用于植物修复的植物，既包括高大的乔木，如杨树、桦树、柳树、橡树，野生的灌木、草类，如象草、柳枝稷、黑麦草、苋、苜蓿等，也包括农作物，如向日葵、烟草、玉米、大豆、芥菜，还包括水生植物，如浮萍、水葫芦等多种多样的植物品种；植物修复的介质既包括固相的土壤、沉积物、污泥，也包括液相的地下水和地表水；植物修复的过程既包括对污染物的吸收和清除，也包括对污染物的原位固定或分解转化，即植物萃取技术、植物稳定技术、根际过滤技术、植物挥发技术、根际降解技术(表 11-1)。植物修复过程受植物本身、土壤物理化学性质(包括土壤结构、水分、黏粒组成、有机质含量与组成、pH)、土壤根际微生物及土壤中其他化学元素等多种因素的影响。

随着分子生物学技术的发展，越来越多的修复性蛋白的基因从植物、微生物和动物中陆续分离出来，如汞还原酶基因(*merA*)、甲基汞裂解酶基因(*merB*)、汞转运蛋白基因(*inerT*)、金属硫蛋白基因(*MT*)、植物螯合肽合酶基因(*PCS*)、铁离子还原酶基因(*FRO2*)和锌转运蛋白基因(*ZIP*)。这些基因的发现和克隆为人们清晰、准确地了解重金属代谢的生物化学机制创造了基本条件，同时也为重金属污染物的生物学控制提供了科学基础。

表 11-1 典型的植物修复过程

（改自 USEPA，2001）

修复过程	修复目标	污染物介质	污染物	所用植物	应用状态
植物萃取	提取、收集污染物	土壤、沉积物、污泥	Ag、As、Cd、Co、Cr、Cu、Hg、Mn、Mo、Ni、Pb、Zn、^{90}Sr、^{137}Cs、^{235}Pu、$^{226\sim242}U$	印度芥菜、遏蓝菜、向日葵、杂交杨树、蜈蚣草、生物能源草	实验室、中试及野外工程试验均已开展
根际过滤	提取、收集污染物	地下水、地表水	重金属、放射性元素	印度芥菜、向日葵、水葫芦	实验室及中试
植物挥发	从介质中提取污染物，挥发至空气中	地下水、土壤、沉积物、污泥	有机氯溶剂 As、Se、Hg	杨树、桦树、印度芥菜	实验室、野外工程应

11.8 植物逆境生理在相关科学研究中的应用

逆境是影响植物生长、发育的主要环境限制因素。植物在长期应对和适应各种逆境环境的过程中，逐步形成一套感知逆境胁迫、传导逆境信号，并在分子、细胞、生理或生态水平上多级响应的精细调控机制。

目前，在微观方面，植物逆境生理研究在基本生理指标上不再局限于植株生长速率、水势、光合速率、各类渗透调节物质和活性氧清除物质含量、抗氧化酶活性变化等，而是从分子生物学和遗传学的角度去深入揭示上述变化的内在机制，把植物在遭受逆境（低温、干旱和盐胁迫等）胁迫时各类细胞器（液泡、线粒体、细胞核、细胞骨架等）的结构与功能、物质代谢的改变与相关基因表达的变化结合起来进行综合分析，获得了许多与植物抗性性状形成有关的重要基因，为植物抗逆性的基因工程、耐逆植物或作物的基因改良等研究提供了必要的理论基础和科学依据。比如，在高等植物中发现的 *SOS*、*HKT*、*NHX* 等基因编码的各种 Na^+ 转运蛋白，构成了高等植物体内的 Na^+ 转运系统，参与了植物在盐胁迫下体内 Na^+ 的转运和再分配，它们对植物适应高盐环境起着至关重要的作用，如转 *AtNHX1* 基因油菜或番茄均可在 200 mmol · L^{-1} NaCl 的生境中生长、开花、结籽或结果；与植物抗旱有关的 ABA 的生物合成、信号转导和 ABA 应答基因表达的研究，揭示了 ABA 在调控植物抗旱性信号响应网络过程中 NO、PAs（多胺）、ROS（活性氧）、Ca^{2+} 等逆境信号物质协同参与的生理与分子机制；各类渗透调节物质、活性氧清除物质和抗氧化酶在植物抵抗各种逆境过程中的作用机制以及相关关键酶基因的超表达研究，可在不同程度上提高转基因植物的抗逆性，如 *Cu/Zn SOD* 基因在转基因烟草中的超表达，提高了对强光和低温引起的氧化胁迫的抗性。此外，由于近十多年来，分子生物学技术的快速发展和渗透，一些与植物耐逆性直接相关的表形性状（如株高、叶面积、干鲜重、产量等）和生理性状（如植株水分利用效率、叶片水势、丙二醛含量等）的数量性状位点（quantitative trait locus，QTL）分析，使数量性状的遗传剖析和控制植物耐逆性状的基因定位成为现实，DNA 分子标记及其分子连锁图谱已成为定位单个 QTL 的有效方法和工具，也大大促进了耐逆植物或作物的传统育种与分子标记辅助育种（molecular mark assisted breeding）的有机结合。

在宏观方面，植物逆境生理所研究的逆境生态条件也不再局限于低温、干旱、盐碱、高温、病虫害等传统意义上的单一逆境因子对某一种个体植物生长和发育的影响，而是上升到全球气候变化对植物或植物群落的生态效应，比如全球气候变暖或极寒天气的出现，温室气体如二氧化碳（CO_2）、甲烷（CH_4）、氧化亚氮（N_2O）、氢氟碳化合物（HFCs）、全氟碳化合物（PFCs）、六氟化硫（SF_6）的排放，大气平流层臭氧层的减少和相应 UV-B 辐射的增强等。目前研究报道较多的是大气 CO_2 或 O_3 浓度的变化对一些植物生理机能尤其是光合作用的影响，如 CO_2 浓度升高可以提高一些 C_3 植物叶片的光合速率，使其中碳水化合物积累和碳/氮比值增加，进而影响植物株地上与地下部生物量的分配，土壤中根系和微生物的活动乃至植物群落的结构和功能。在一年生禾谷类作物(如水稻、小麦)上的研究表明,CO_2 浓度倍增可明显提高作物产量,不过在一些沙漠地区生长的多年生小灌木植物(如 *Lycium andersonii*、*Krameria erecta*)上却未发现明显累积效应。有科学家预测,如果人类不控制排放 CO_2,到 2100 年,越来越多的化石和生物质燃料的燃烧将使大气最底层——对流层中的全球平均 O_3 浓度提高 50%,臭氧浓度的提高将影响地球上植被(包括农作物)吸收 CO_2 的能力,对植被造成巨大损害,其中农作物的产值将大大降低。大气臭氧层的减少是导致地球表面 UV-B 辐射增强的主要因素,UV-B 辐射增强一方面可在分子水平上直接或间接地损害植物的 DNA 和蛋白质结构,从而影响植物细胞的功能和多种生理生化过程;另一方面也会对植物的形态学特征(如叶表皮、花等)产生影响,并在植株个体、种群和生态系统等层次上表现出来。在全球 UV-B 辐射增强的背景下,阳生树种可能会提早退出植物群落。

随着人类工农业生产和日常生活活动范围的不断扩大,不良环境和异常气候问题也日趋突出,传统植物生理学中的植物基础生理或代谢部分,比如水分生理、矿质营养生理、光合生理、呼吸代谢、激素生理、生长生理等方面的科学研究在各级各类科研项目申报指南和立项课题实施过程中,都越来越多地与逆境生理部分结合起来。此外,植物科学各分支学科(如分子生物学、遗传学、作物栽培学、生态学、植物形态解剖学、植物生物学等)的迅猛发展、相互渗透与交叉促进,也使得植物逆境生理的研究已大大突破其传统的研究技术和领域,向更微观或宏观或两者相结合的层次深入发展,植物逆境生理学也渐渐成为植物生理学各章节和植物科学各分支学科快速发展和相互联系的重要纽带。

思考题

1. 植物在生长发育过程中一般会遭遇哪些不良环境?试举几个能在不良环境下生存的植物实例。

2. 不良环境会对植物造成怎样的伤害?各种耐逆植物在形态和生理上具有哪些特点?

3. 如何提高植物适应不良环境的能力?适应机制是什么?

4. 简述冷害和冻害对植物细胞伤害的异同点。

5. 简述植物耐盐的生理与分子基础。

参考文献

[1]贝丽霞,梁喜龙,张美萍,等. 植物生理学. 北京:中国农业出版社,2018.

[2]曹仪植 宋占午. 植物生理学. 兰州:兰州大学出版社,1998.

[3]曹宗巽,吴相钰. 植物生理学. 北京:人民教育出版社,1980.

[4]高秀华,傅向东. 赤霉素信号转导及其调控植物生长发育的研究进展[J]. 生物技术通报,2018,34: 1-13.

[5]李合生. 现代植物生理学.3 版. 北京:高等教育出版社,2012.

[6]蒋德安. 植物生理学.2 版. 北京:高等教育出版社,2011.

[7]金苗,任泽,史建鹏,等. 太湖水体富营养化中农业面污染源的影响研究. 环境科学与技术,2010,33(10): 106-109;119.

[8]潘瑞炽. 植物生理学.7 版. 北京:高等教育出版社,2012.

[9]裴保华. 植物生理学. 北京:中国林业出版社,1992.

[10]王宝山. 植物生理学. 北京:科学出版社,2004.

[11]王三根,梁颖主编. 植物生理学. 北京:科学出版社,2020.

[12]王小菁 植物生理学. 北京:高等教育出版社,2019.

[13]王忠. 植物生理学. 北京:中国农业出版社,2000.

[14]王忠. 植物生理学.2 版. 北京:中国农业出版社,2009.

[15]萧浪涛,王三根. 植物生理学. 北京:中国农业出版社,2019.

[16]魏华,王岩,刘宝辉,王雷. 植物生物钟及其调控生长发育的研究进展[J]. 植物学报,2018,53: 456-467.

[17]武维华 植物生理学.3 版,北京:科学出版社,2018.

[18]吴庆余. 生命科学导论.2 版. 北京:高等教育出版社,2005.

[19]余叔文,汤章城. 植物生理与分子生物学.2 版. 北京:科学出版社,1998.

[20]史蒂芬. 柏拉蒂著. 木本植物生理学.3 版. 尹伟伦,郑彩霞,李凤兰等,译.北京:科学出版社,2011.

[21]横田明穗. 植物分子生理学入门. 3 版. 学会出版センター,2002.

[22]清水硕. 植物生理学:改定版. 东京:裳华房出版,2002.

[23]幸田泰则,桃木芳枝. 三宅博大门弘幸. 植物生理学—分子から个体へ. 三共出版,2003.

[24]Bentley R. 1999. Secondary Metabolite Biosynthesis: The First Century. Critical Reviews in Biotechnology. 19:1-40.

[25]Bhatla SC. Abiotic Stress. In: Bhatla SC,Lal MA (eds.),Plant Physiology,Development and Metabolism,Springer Nature Singapore Pte Ltd. 2018,P. 969-1028.

[26]Borthwick HA,Hendricks SB,Parker MW,Toole EH,Toole V. A reversible photoreaction controlling seed germination. Proc. Natl. Acad. Sci. USA,1952,38: 662-666.

[27]Breckle SW. Salinity,halophytes and salt affected natural ecosystems. In: Läuchli A,Lüttge U (eds.),Salinity: Environment Plants Molecules. Dordrecht,the Netherlands: Kluwer Academic Publishers,2002.

[28]Buchanan BB,Gruissem W,Jones R L (eds.). Biochemistry and Molecular Biology of Plants. 1st & 2nd ed. John Wiley & Sons,Ltd,2000,2015.

[29]Chapman E,Estelle M. Cytokinin and auxin intersection in root meristems. Genome Biol. 2009,10.

[30]Cronshaw J. Phloem structure and function. Ann. Rev. Plant Physiol.,1981,32: 465-484.

[31]Davies WJ,Zhang J. Root signals and the regulation of growth and development of plants in drying soil. Annu. Rev. Plant Physiol. Plant Mol. Biol.,1991,42:55-76.

[32]Ding Y, Sun T, Ao K, Peng Y, Li X, Zhang Y. Opposite roles of salicylic acid receptors NPR1 and NPR3/NPR4 in transcriptional regulation of plant immunity. Cell, 2018, 173: 1454-1467.

[33]Dreyer EM, Weisenseel MH. Phytochrome-mediated uptake of calcium in *Mougeotia* cells. Planta, 1979, 146: 31-39.

[34] El-Showk S, Ruonala R, Helariutta Y. Crossing paths: cytokinin signaling and crosstalk. Development 2013, 140: 1373-1383.

[35]Epstein E, Bloom AJ. Mineral nutrition of plants: principles and perspectives. 2nd ed. Sunderland: Sinauer Associates, Inc. , 2005.

[36]Fitter AH, Hay RKM. Environmental physiology of plants. 2nd ed. Academic Press, New York, 1987.

[37]Franssen J M, Bruinsma J. Relationships between xanthoxin, phototropism, and elongation growth in the sunflower seedling *Helianthus annuus* L. Planta, 1981, 151(4): 365-370.

[38]Froelich DR. Phloem ultrastructure and pressure flow: sieve-element-occlusion-related agglomerations do not affect translocation. The Plant Cell, 2011, 23: 4428-4445.

[39]Gallei M, Luschnig C, Friml J. Auxin signalling in growth: Schrödinger's cat out of the bag. Curr Opin Plant Biol. 2020, 53: 43-49.

[40]Giovannoni JJ. Fruit ripening mutants yield insights into ripening control. Curr Opin Plant Biol. , 2007(10): 283-289.

[41]Gong Z, Xiong L, Shi H, er al. Plant abiotic stress response and nutrient use efficiency. Sci. China Life Sci. , 2020, 63: 635-674.

[42]Gray WM, Kepinski S, Rouse D, Leyser O, Estelle M. Auxin regulates the SCF^{TIR1}-dependent degradation of AUX/IAA proteins. Nature, 2001, 414: 271-276.

[43]Gunning BES, Steer MW. Plant Cell Biology, Structure and Function. Boston: Jones and Bartlett Publishers, Inc. , 1996.

[44]Hall BP, Shakeel SN, Schaller GE. Ethylene receptors: ethylene perception and signal transduction. J. Plant Growth Regul. 2007, 26(2): 118-130.

[45]Hasegawa K, Sakoda M, Bruinsma J. Revision of the theory of phototropism in plants: a new interpretation of a classical experiment. Planta, 1989, 178(4): 540-544.

[46]Hasenstein KH, Evans ML. Effects of cations on hormone transport in primary roots of *Zea mays*. Plant Physiol. , 1988, 86: 890-894.

[47]Hedden P, Sponsel VA Century of Gibberellin Research. J Plant Growth Regul. 2015, 34: 740-760.

[48]Hernández-García J, Briones-Moreno A, Blázquez MA. Origin and evolution of gibberellin signaling and metabolism in plants. Semin Cell Dev Biol. 2021, 109: 46-54.

[49]Hirata K, Tsuji N, Miyamoto K. Biosynthetic regulation of phytochelatins, heavy metal-binding peptides. J. Biosci. Bioeng. , 2005, 100(6): 593-599.

[50]Hirose N, Takei K, Kuroha T, et al. Regulation of cytokinin biosynthesis, compartmentalization and translocation. J. Exp. Bot. 2008, 59: 75-83.

[51]Hopkins WG, Hüner NPA. Introduction to Plant Physiology. 4th ed. Hoboken: John Wiley & Sons, Inc. , 2008.

[52]Ji H, Pardo JM, Batelli G, Van Oosten MJ, Bressan RA, Li X. The salt overly sensitive (SOS) pathway: established and emerging roles. Mol. Plant, 2013, 6(2): 275-286.

[53]Kapilan R, Vaziri M and Zwiazek JJ. Regulation of aquaporins in plants under stress, Biol. Res. , 2018, 51: 4.

[54]Kendrick RE, Frankland B. Phytochrome and Plant Growth. 2nd ed. London: Edward Arnold, 1983.

[55]Kimball B A, Kobayashi K, Bind M. Responses of agricultural crops to free-air CO_2 enrichment. Advances in Agronomy, 2002, 77: 293-368.

[56]Knoblauch M, Peters WS, Ehlers K, et al. Reversible calcium regulated stopcocks in legume sieve tubes. Plant Cell, 2001, 13: 1221-1230.

[57]Lagarias J C, Rapoport H. Chromopeptides from phytochrome. The structure and linkage of the Pr form of the phytochrome chromophore. J. Am. Chem. Soc. , 1980, 102: 4821-4828.

[58]Lawson T and Matthews J, Guard cell metabolism and stomatal function, Ann Rev Plant Biol, 2020, 71: 22. 1-22. 30.

[59]Levitt J. Responses of Plants to Environmental stress. 2nd ed. New York: Academic Press, 1980.

[60]Li GS, Meng Z, Kong HZ, Lu AM. ABC model and floral evolution. Chinese Sci. Bul. , 2003, 48(24): 2651-2657.

[61]Liu T,Zhang X,⋯ Wan J. *Dwarf and High tillering* 1 represses rice tillering through mediating the splicing of *D*14 pre-mRNA. Plant Cell,2022.

[62]Lucas W J,Lee J Y. Cell-to-cell communication in plants: plasmodesmata as a supracellular control network. Nat. Rev. Mol. Cell Biol. ,2004,5:712-726.

[63]Marschner H. Mineral Nutrition of Higher Plants. Academic Press,London,2012.

[64]Mahalingam R,Fedoroff N. Stress response,cell death and signaling: the many faces of reactive oxygen species. Physiol. Plant,2003,119:56-58.

[65]Mascarenhas JP. Molecular mechanisms of pollen tube growth and differentiation. The Plant Cell,1993,5:1303-1314.

[66]Matsushita T,Mochizuki N,Nagatani A. Dimers of the N-terminal domain of phytochrome B are functional in the nucleus. Nature,2003,424(6948): 571-574.

[67]Matthews JSA,Vialet-Chabrand S and Lawson T,Role of blue and red light in stomatal dynamic behavior. J. Exp. Bot. , 2020,71: 2253-2269.

[68]Morffy N,Strader LC. Old town roads: routes of auxin biosynthesis across kingdoms. Curr Opin Plant Biol. ,2020,55: 21-27.

[69]Osmond CB. Crassulacean acid metabolism: a curiosity in context. Ann. Rev. Plant Physiol. 1978,29: 379-414.

[70]Planas-Riverola A,Gupta A,Betegon-Putze I,et al. Brassinosteroid signaling in plant development and adaptation to stress. Development 2019,146 (5): dev151894.

[71]Pott D,Osorio S,Vallarino JG. . From central to specialized metabolism: An overview of some secondary compounds derived from the primary metabolism for their role in conferring nutritional and organoleptic characteristics to fruit. Front. in Plant Sci. ,2019,10: 835.

[72]Price GD,Badger MR,von Caemmerer S. The prospect of using cyanobacterial bicarbonate transporters to improve leaf photosynthesis in C3 crop plants. Plant Physiol. 2011 Jan;155(1):20-26.

[73]Reid MS. Ethylene in plant growth,development and senescence In: Davies P J. Plant hormone: physiology,biochemistry and molecular Biology. 2nd ed. Dordrecht: Kluwer,Netherlands,1995: 383-406.

[74]Rekhter D,Lüdke D,Ding Y,et al,Isochorismate-derived biosynthesis of the plant stress hormone salicylic acid. Science, 2019,365: 498-502.

[75]Riou-Khamlichi C,Huntley R,Jacqmard A,Murray J. Cytokinin activation of Arabidopsis cell division through a D-type cyclin. Science,1999,283: 1541-1544.

[76]Rouse D T,Sheldon C C,Bagnall D J,et al. FLC,a repressor of flowering,is regulated by genes in different inductive pathways. The Plant J. ,2002,29(2):183-191.

[77]Ruan J,Zhou Y,Zhou M,et al. Jasmonic acid signaling pathway in plants. Int. J. Mol. Sci. 2019,20(10): 2479.

[78]Salisbury FB. Kinetic studies on the physiology of flowering. Thesis of Doctor: California institute of technology Pasadena, California,1955.

[79]Salisbury FB,Ross CW. Plant Physiology. 4th ed. Belmont: Wadsworth Publ. Co. ,1992.

[80]Seki M,Umezawa T,Urano K,Shinozaki K. Regulatory metabolic networks in drought stress responses. Curr. Opin. Plant Biol. ,2007,10(3): 296-302.

[81]Sharma N,Geuten K,Giri B S,Varma A. The molecular mechanism of vernalization in Arabidopsis and cereals: role of Flowering Locus C and its homologs. Physiol Planta. 2020,170: 373-383.

[82]Sharma R. Phytochrome: a serine kinase illuminates the nucleus. Curr. Sci. India,2001,80: 178-188.

[83]Sharma SS,Dietz KJ. The significance of amino acids and amino acid-derived molecules in plant responses and adaptation to heavy metal stress. J. Exp. Bot. ,2006,57(4): 711-726.

[84]Shinozaki K,Yamaguchi-Shinozaki K. Gene networks involved in drought stress response and tolerance. J. Exp. Bot. ,2007, 58(2): 221-227.

[85]Sievers A,Volkmann D. Does differential pressure of amyloplasts on a complex endomembrane system cause geopereeption in roots ? Planta (Berl.),1972,102: 160-172.

[86]Sinnott E W. Plant morphogenesis. New York: McGall-Hill,1960.

[87]Stadler R,Wright K M,Lauterbach C,et al. Expression of GFP-fusions in Arabidopsis companion cells reveals non-specific

protein trafficking into sieve elements and identifies a novel post-phloem domain in roots. Plant J. ,2005,41:319-331.

[88]Stewward FC,Krikorian AD. Plants,chemicals and growth. New York and London: Academic Press,1971.

[89]Stec B. Structural mechanism of RuBisCO activation by carbamylation of the active site lysine. Proc. Natl. Acad. Sci. USA. 2012,109(46): 18785-18790.

[90]Thimann KV,Skoog F. Studies on the growth hormone of plants: Ⅲ. the inhibiting action of the growth substance on bud development. Proc. Natl. Acad. Sci. USA,1934,19(7): 714-716.

[91]Tsay YF,Chiu CC,Tsai CB. Nitrate transporters and peptide transporters. FEBS Lett. ,2007,581: 2290-2300.

[92]Taiz L,Zeiger E. Plant Physiology. 4th & 5th ed. Massachusetts: Sinauer Associates Inc Publishers,2006,2010.

[93]Taiz L,Zeiger E,Møller IM,Murphy A. Plant Physiology and Development. 6th ed. Sinauer Associates,Inc. Publishers Sunderland,Massachusetts USA,2015.

[94]Tryee MT,Jarvis PG. Water in tissues and cells. In: Lange OL,Nobel PS,Osmond CB et al. Physiological plant ecology. Springer-Verlag,Berlin,1982: 36-77.

[95]Turgeon R,Medville R. Phloem loading: a reevaluation of the relationship between plasmodesmata frequencies and loading strategies. Plant Physiol. ,2004,136:3795-3803.

[96]Umezawa T,Nakashima K,Miyakawa T,et al. Molecular basis of the core regulatory network in ABA responses: sensing, signaling and transport. Plant Cell Physiol. 2010,51(11): 1821-1839.

[97]Vahala J,Ruonala R,Keinänen M,et al. Ethylene insensitivity modulates ozone-induced cell death in birch. Plant Physiol. 2003,132:185-195.

[98]Verbruggen N,Hermans C,Schat H. Mechanisms to cope with arsenic or cadmium excess in plants. Curr. Opin. Plant Biol. ,2009,12:364-372.

[99]Wang B,Wang Y,Li J. Strigolactones. In: Hormone Metabolism and Signaling in Plants,2017,327-359.

[100]Weiss D,Ori N. Mechanisms of cross talk between gibberellin and other hormones. Plant Physiol. ,2007,144: 1240-1246.

[101]Woo HR,Kim HJ,Lim PO,Nam HG. Leaf senescence: systems and dynamics aspects. Annu. Rev. Plant Biol. ,2019,70: 347-376.

[102]Wright KM,Oparka KJ. Metabolic inhibitors induce symplastic movement of solutes from the transport phloem of *Arabidopsis* roots. J Exp. Bot. ,1997,48(315):1807-1814.

[103]Xin Z, Browse J. Cold comfort farm: the acclimation of plants to freezing temperatures. Plant Cell Envir. , 2000, 23: 893-902.

[104]Yang C,Lu X,Ma B,Chen S,Zhang J. Ethylene signaling in rice and Arabidopsis: Conserved and diverged aspects. Mol. Plant,2015,8: 495-505.

[105]Zhang JH. China's food security is threatened by the unsustainable use of water resources in North and Northwest China. The 3rd conference of plant physiology and plant molecular biology teaching and research,Guangzhou,China,2013,4.

[106]Zimmermann S,Sentenac H. Plant ion channels: from molecular structures to physiological functions. Curr. Opin. Plant Biol. ,1999,2: 477-482.

[107]Zhu JK. Regulation of ion homeostasis under salt stress. Curr. Opin. Plant Bio. ,2003,6:441-445.

附 录

附录1 20世纪以来植物生理学相关的诺贝尔奖及密切关联的大事件

(参照清水,2002;王忠,2000; https://baike.baidu.com)

年份,发明/获奖者	主要内容
1902, Haberlandt G	提出植物体细胞具有再生完整植株的潜力
1905, Blackman F F	区分光合作用中的光反应和暗反应
1906, Willstätter R M	确定叶绿素的化学构造
1910, Boysen-Jensen	证明与植物向性有关的物质的存在
1915, Willstätter R M	纯化植物色素并阐明其结构获诺贝尔化学奖
1919, Paál	证明植物向性与生长共同作用机制
1920, Garner 和 Allard	发现光周期
1923, Went F W	证明植物生长素的存在
1926, Kurosawa E(黑泽英一)	发现疯长水稻体内恶苗病菌毒素将脲酶结晶化
1929, Embden, Meyerhof, Parnas	阐明糖酵解(EMP)途径
1930, Fischer H	叶绿素化学结构研究获诺贝尔化学奖
1934, Gane R	认识乙烯与植物果实成熟间的关系
1935, Yabuda 和 Sumuki(薮田和住木)	分离并命名赤霉素
1937, Krebs H	发现和命名柠檬酸循环
1938, Hill R	发现希尔反应
1939, Kamen M D	使用同位素标记技术研究光合作用
1944, Woodward R B	合成含叶绿素在内的有机化合物(1965年诺贝尔化学奖)
1945, Virtanen A I	农业化学与营养化学的研究与发现获诺贝尔化学奖
1947, Robinson R	对具有重要生物学意义的植物产物,特别是生物碱的研究
1953, Racker 和 Gunsalus	发现戊糖磷酸途径(PPP)

续表

年份,发明/获奖者	主要内容
1954,Calvin M	明确光合作用过程中 CO_2 固定途径(1961 年诺贝尔化学奖)
1954,Arnon D I	研究光合作用机制
1955,Skoog F K	命名激动素并确定其结构
1959,Butler W H	发现光敏色素
Cross B E	明确 GA_3 结构
1960,Woodward R B	人工合成叶绿素分子
1961,Mitchell P D	提出化学渗透学说(1978 年诺贝尔生理医学奖)
1962,Murashige 和 Skoog	配制 MS 培养基
1963—1965,大熊和 Addicott F T	分离纯化出脱落酸
1966,Hatch M D, Slack C B	明确 C_4 途径
1970,Kok B	阐明 H_2O 裂解放氧机理
Mitchell J W	发现油菜素内酯
1982,Mitchel H 等	阐明光合作用反应中心的三维结构(1988 年诺贝尔生理医学奖)
1988,Deisenhofer J 等	阐明光合细菌反应中心结构,获诺贝尔化学奖
1992,Marcus R A	提出包括光合作用在内的生命体系中的电子传递体系理论,获诺贝尔化学奖
1997,Polo B 等	阐明了三磷酸腺苷(ATP)合成中的酶催化机理,首次发现了离子传输酶,即钠钾离子泵,获诺贝尔化学奖
2001,Leland H H 等	发现细胞周期的关键调节因子,获诺贝尔生理医学奖
2002,Brenner S 等	发现器官发育和细胞程序性死亡的遗传调控机制,获诺贝尔生理医学奖
2003,Agre Peter 和 Roderick M	对细胞膜中的离子通道结构和机理的研究获诺贝尔化学奖
2004 Aaron C	发现泛素介导的蛋白质降解获诺贝尔化学奖
2006,Andrew F 等	因发现了 RNA 干扰——双链 RNA 引发的沉默现象,获诺贝尔生理医学奖
2006 Roger D K	对真核转录的分子基础的研究获诺贝尔化学奖
2008,下村脩和 Martin C	因发现和改造了绿色荧光蛋白(GFP)获诺贝尔化学奖
2009,Elizabeth H B 等	发现“端粒和端粒酶如何保护染色体”,获诺贝尔生理医学奖
2009,Venkatraman R 等	对核糖体结构和功能方面的研究获诺贝尔化学奖
2012,Gurdon J 和山中伸弥	发现成熟细胞可被重写成多功能细胞,获诺贝尔生理医学奖
Robert J L 和 Brian K K	对 G 蛋白偶联受体的研究获诺贝尔化学奖
2013,Rothman J E 等	发现了细胞囊泡运输的运行与调节机制,获诺贝尔生理医学奖
2015,Lindahl T 等	DNA 修复的细胞机制研究获诺贝尔化学奖
2016,大隅良典	细胞自噬的机制,获诺贝尔生理医学奖
2017,Hal J 等	发现控制昼夜节律的分子机制,获诺贝尔生理医学奖
2019,Kaelin W G 等	细胞如何感知和适应氧气供应,获诺贝尔生理医学奖
2020,Charpentier E, Doucha J	开发了一种基因组编辑方法
2021,Manabe S 等	对地球气候的物理建模、量化变化和可靠地预测全球变暖,获诺贝尔物理学奖

附录 2　与植物生理学相关的重要资源及课程推荐

重要资源及课程推荐
植物生理学第 6 版(主编:Lincoln Taiz,Eduardo Zeiger,Ian M. Møller 和 Angus Murphy)
植物生物化学与分子生物学第 2 版(主编:Bob B. Buchanan,Wilhelm Gruissem 和 Russell L. Jones)
Teaching Tools in Plant Biology (美国植物生物学协会)
植物生物化学与分子生物学第 2 版(主编:Bob B. Buchanan,Wilhelm Gruissem 和 Russell L. Jones;主译:瞿礼嘉,赵进东,秦跟基,钟声,李继刚和顾红雅)
植物生理学(Plant Physiology,牛津大学出版社)
植物生理学报(Plant physiology journal,中国植物生理与植物分子生物学学会与中国科学院分子植物科学卓越创新中心共同主办)
中国大学 MOOC-植物生理学(华中农业大学)
中国大学 MOOC-植物生理学(湖南农业大学)
相关微信平台 Ad 植物微生物 BioArt 植物 PlantReports 农业科学微平台 农环世界 植物科学最前沿 中国农业科技导报

注:表中资源具体信息请查阅相关网站。

附录3　中英文名词对照与检索(按照拼音顺序排列)

D

E

F

G

H

J

K

L

M

N

P

Q

R

S

T

W

X

Y

Z

附录4 英中文名词对照与检索(按照字母顺序排列)